Francesc Magrinyà

TEORÍA CERDÀ

La revolución urbana e industrial

UNIVERSITAT POLITÈCNICA
DE CATALUNYA
BARCELONATECH

Libro editado con el soporte de las siguentes entiades:

Ajuntament de Barcelona, Col·legi d'Enginyers de Camins, Colegio de Ingenieros de Caminos, ECCAT Enginyeria civil i Ajuntament de Centelles

Primera edición: febrero de 2026

© Francesc Magrinyà, 2026
© Iniciativa Digital Politècnica, 2026
     Oficina de Publicacions Acadèmiques Digitals de la UPC
     Edificio K2M, Planta S1, Despacho S103-S104
     Jordi Girona 1-3, 08034 Barcelona
     Tel.: 934 015 885
     www.upc.edu/idp
     E-mail: info.idp@upc.edu

DOI: 10.5821/ebook-9791388098192
ISBN UPC: 979-13-88098-18-5
ISBN digital UPC: 979-13-88098-19-2
ISBN Abacus: 978-84-19968-65-4
DL: B 3571-2026

AGRADECIMIENTOS

Este libro es el trabajo de una vida. Junto a mi actividad como ingeniero, urbanista y docente, la obra de Cerdà ha sido para mí como el Guadiana: siempre presente.

Decía un amigo que, para profundizar en filosofía, hay que tener a un autor de referencia, como Kant, por ejemplo, que haya tratado las grandes cuestiones filosóficas, para así poder contrastar las aportaciones de otros filósofos. Para mí, Cerdà juega el mismo rol en la disciplina urbanística. Su obra teórica, trata desde una visión holística propia del siglo XIX, de los grandes temas de la urbanización, muchos de ellos plenamente vigentes. Su relectura ha sido siempre esencial para mí y uno de los ejes motores de este trabajo.

Pero la presente obra no habría llegado a buen puerto sin el encargo inicial de Albert Serratosa, catedrático de Urbanismo de la Escuela Técnica Superior de Ingeniería de Caminos, Canales y Puertos, una persona que marcó mi vida al brindarme la oportunidad de ser el coordinador de la exposición "Cerdà. Urbs i Territori" en septiembre de 1994, y el diseño de una versión reducida que circuló por 100 ciudades del mundo (1995-1998). Ello me permitió viajar con ella en varios de sus destinos, difundiendo la obra de Cerdà con seminarios en decenas de ciudades y sus universidades. Mi agradecimiento póstumo a Albert Serratosa.

Además, a partir de esta experiencia pude desarrollar una tesis doctoral en 2002, que me había propuesto Gabriel Dupuy en 1991, tras el máster. Junto a él y el equipo del Laboratoire Techniques, Territoires et Sociétés (LATTS) de la École d'Ingénieurs des Ponts et Chaussées, realicé una estancia muy fructuosa y enriquecedora en París entre 1995 y 1997. Junto con Jean-Marc Offner, Olivier Coutard, Agnes Sander y otros muchos compañeros del grupo Réseaux, participé en la aventura de la lectura de un urbanismo de redes que ha marcado profundamente mi visión de esta disciplina.

Más tarde, de nuevo a iniciativa de Albert Serratosa, reapareció la figura de Cerdà. La celebración del Año Cerdà en 2009 (150 años del Plan de 1859) contribuyó a consolidar el reconocimiento de su obra. En esa ocasión, tuve la suerte de hacer equipo con Fernando Marzá en el comisariado de la exposición "Cerdà, 150 años de modernidad". El esfuerzo de síntesis que me transmitió Fernando ha sido siempre una referencia para mí. Además, aprovechamos la ocasión para restaurar muchos de los materiales originales de Cerdà y de la construcción de Barcelona, con la colaboración del Archivo Histórico de la Ciudad de Barcelona y del Archivo Histórico del COAC, que ha sido sin duda una aportación al reconocimiento de su obra.

Durante un largo período, había realizado multitud de publicaciones, pero faltaba una lectura de la obra de Cerdà que pusiese en valor el origen de su obra, una versión accesible de su teoría y su actualidad, que había esbozado en parte en mi tesis doctoral. A cada paso se reivindicaba su figura, pero faltaba una lectura desde una perspectiva global, que integrara todo el material aparecido en esos años.

La ocasión para realizar esta obra deseada surgió con el parón del COVID y ha sido el resultado de muchas reflexiones dispersas sobre la obra de Cerdà y de la construcción de la ciudad, con compañeros como Manuel Herce, Joan Miró, Teresa Navas, Miguel Mayorga, Josep Mercadé y Pere Macias, de la UPC, así como del ilustrador Lluïsot, a quien quiero agradecer su generosidad e implicación con las ilustraciones. Todos ellos han leído partes del libro en su proceso de elaboración y les agradezco sus comentarios. Más tarde, las conversaciones con Horacio Capel y Mercè Tatjer fueron un apoyo incondicional en esta etapa.

La elaboración final de un primer texto, antes de iniciar su edición, no hubiese sido posible sin la colaboración de Teresa Navas, Joan Fuster, Óscar Barberán, Joaquim Calafí, Catie de Balmann y Raül Valls, que me hicieron anotaciones y comentarios sin los cuales no me habría sentido seguro para su edición. Al final de redacción, aparecieron amigas y amigos como Anna Chávez, Isabel Segura o Carles Cols, que me acercaron al personaje a través de sus investigaciones.

En la etapa final de este trayecto, la obra basculaba entre una edición digital o una edición también impresa. En ese momento, fueron claves los apoyos de Gemma Calvet i Manel Camós por su impulso para financiar la edición impresa, así como el apoyo de Pere Macias y Carlos Nárdiz, del Colegio de Ingenieros de Caminos, o de Gerard Estanyol y Xavier Font, del Colegio de Ingenieros Civiles de Catalunya, y Anna Chávez, del Ayuntamiento de Centelles, así como la apuesta de Maria Buhigas, arquitecta jefa del Ayuntamiento de Barcelona, para avanzar en los trabajos de edición de este libro. En fin, la tarea de maquetación y edición no habría sido posible sin la colaboración de Jordi Prats y Ana Latorre, de Iniciativa Digital Politécnica, la oficina de publicaciones de la UPC, y de Montse Ingla, Jordi Galli, Gemma Figueras i Georgina Miró, de Abacus Futur.

Finalmente, en este largo trayecto, no puedo dejar de dedicar un agradecimiento sincero a mi hijo Gabi, que me ha acompañado siempre y al que he robado horas de atención, y a mis padres y hermanos y a los numerosos amigos que han escuchado mis obsesiones con cariño.

A todos ellos, y a otras muchas personas que me dejo en el tintero, mi agradecimiento más sincero.

CONTENIDO

III. Los principios y los instrumentos de la teoría urbanística de Cerdà

IV. El sistema viario y el via-intervías como intermediarios de una lectura urbana y territorial

V. El principio según el cual cada modo de transporte genera una nueva forma de urbanización y sus implicaciones urbanas y territoriales

VI. Los principios de independencia y sociabilidad y su aplicación: la ruralización de lo urbano y la urbanización de lo rural

VII. Las cinco bases de la urbanización: los instrumentos para la aplicación de una teoría urbanística en el caso de la reforma y el ensanche de Barcelona

VIII. Una lectura de la teoría urbanística de Cerdà en perspectiva de futuro

PREFACIO

Gracias a Francesc Magrinyà, gran especialista en la obra de Ildefons Cerdà, por dedicarle este libro, porque, a diferencia de otros escritos, a menudo particulares o especializados, en este nos da una visión esencial sobre el diseñador del Ensanche de Barcelona.

Ante todo, es la personalidad y la vida de Cerdà lo que se nos revela. Se sabe que se formó en la Escuela de Ingenieros de Caminos de Madrid y que recibió la influencia de los pensadores franceses de su tiempo Henri de Saint-Simon y Pierre-Joseph Proudhon, además de la extraordinaria figura que fue Ferdinand de Lesseps.

Pero es indudablemente más allá de eso que debemos mirar su legado como lo hace Francesc Magrinyà.

Profundamente científico, impulsado por la fe en los valores racionales, Cerdà abordó muchos temas, desde lo urbano hasta lo rural, sin abandonar nunca esta posición, incluso cuando le perjudicaba para su carrera. Las influencias de los grandes pensadores están acreditadas, pero la ciencia sigue siendo un valor fundamental para Ildefons Cerdà.

Para comprender la posición científica de Cerdà, debemos ir más allá de la *Teoría general de la urbanización* y profundizar en los numerosos escritos que dedicó a este tema. Es necesario apreciar la fuerza de este pensamiento, que le permite ir más allá de los principios de la extensión urbana para captar los acontecimientos que vive su tiempo: el saneamiento, los ferrocarriles, los telégrafos y sus consecuencias en la actualidad.

En este sentido, aunque los registros son muy diferentes y la obra de Gaudí es posterior, el acercamiento con el diseñador de la Sagrada Familia y el Park Güell tiene sentido, como ya señaló el arquitecto Salvador Tarragó.

Lo que sucedió después, el relativo olvido de Cerdà, duró más de un siglo. Este descuido no es obra suya. Varios autores lo reconocen, especialmente los que se encargaron de la reedición de la obra de Cerdà en 1968, con la colaboración activa de Fabián Estapé o, poco más tarde, los comentarios de Antonio López de Aberasturi, bajo la dirección de Françoise Choay. Como señala Francesc Magrinyà, es el resultado de duros conflictos políticos entre el Gobierno central de España y los ayuntamientos —por no hablar del papel más silencioso, pero poderoso, de los propietarios de la antigua Barcelona. Algunos elogiaron a Cerdà, otros lo vilipendiaron. Algunos, con Puig i Cadafalch al frente del Ayuntamiento, querían construir la avenida Diagonal a imagen de los bulevares parisinos. Pero no fue posible modificar las líneas del plan de damero de Cerdà, integrando las propuestas más orgánicas de principios del siglo xx. Por tanto, no es inverosímil que el Eixample haya preservado la gran ciudad catalana de la llegada de modelos urbanos extranjeros —franceses, ingleses o americanos—, como puede observarse en otras ciudades del mundo. A pesar de las apariencias, hoy no es tan seguro que nos hayamos desprendido por completo, ni siquiera indirectamente, de estos conflictos. En cualquier caso, Cerdà, aunque había conocido la experiencia haussmaniana (con sus viajes a París entre 1856 y 1858) y había tomado sus referencias, no se benefició, como lo hizo Hausmann en su época, del apoyo de un poder central fuerte, como el de Napoleón III de Francia, que apoyó al poderoso equipo de Eugène Belgrand y Adolphe Alphand.

Lo que Francesc Magrinyà ha destacado claramente de la obra de Cerdà, más allá de su relevancia histórica, es su notable actualidad, un aspecto sobre el cual queramos insistir en este prefacio.

En *El urbanismo de las redes*, libro al cual Francesc Magrinyà tiene la amabilidad de remitirse, al tiempo que apela a Arturo Soria, mostré que el urbanismo de los años noventa seguía siendo "urbano" pero que, al mismo tiempo, el mundo estaba cambiando y los habitantes de las ciudades estaban teniendo en cuenta estos cambios. El advenimiento del automóvil, las canalizaciones eléctricas, la distribución generalizada de agua potable y las telecomunicaciones ya habían transformado la naturaleza de las relaciones entre las entidades urbanas, haciendo que las prácticas y las percepciones de las personas fueran completamente diferentes. La "focalización" en la vivienda y en los equipamientos "urbanos", tal como se habían concebido antes del siglo XIX, ya no era relevante en la era de los centros comerciales, del trabajo femenino, del cuidado de los niños, de la radio y del teléfono.

Por supuesto, se puede notar que Cerdà ya había anticipado, a su manera, buena parte de estos cambios. El acceso al agua potable, la eliminación de las aguas residuales, la comunicación rápida en tren e incluso la comunicación instantánea por telégrafo sentaron las bases del urbanismo en red, un hecho que los analistas en la década de los noventa no habían dejado de señalar. Pero, hoy, casi cincuenta años más tarde, la referencia a Cerdà es aún más llamativa. La comunicación de cualquier punto a cualquier punto de nuestro planeta, una idea que perseguía a Cerdà, se ha convertido en una realidad.

Al volante de sus coches eléctricos autónomos, gracias a las tierras raras de África, América del Sur o Asia, los hombres y las mujeres de hoy se comunican con todo el mundo a través de satélites o cables submarinos. La ubicación del trabajo, antaño emblemática para las empresas, se está diluyendo en un teletrabajo poco localizado y difícil de controlar, a la espera de la revolución de la inteligencia artificial. La vivienda, que alguna vez fue la unidad básica de la familia, se está subdividiendo a medida que se diversifican las necesidades. Esperamos el fin de semana para tomar el avión que nos permitirá llegar al destino Airbnb. Como imaginó Cerdà –pero también, después de él, Soria y Mata con su Ciudad Lineal, luego Frank Lloyd Wright con su utopía *Broadacre City* y, por supuesto, Robert Fishman. Hoy la palabra

urbanismo ya no tiene el mismo significado. No es casualidad que ya en 1990 quisiéramos publicar el texto seminal de Fishman *Metropolis Unbound: the New City of the Twentieth Century*, un título especialmente revelador, si se compara con la obra de Cerdà. Por supuesto, como también observó Cerdà, las manzanas, los edificios y los barrios no han desaparecido, porque queda un trasfondo de apego a los antiguos territorios que no puede desaparecer tan rápidamente.

Sin embargo, la situación actual revela el enfoque extremamente relevante del autor de la *Teoría general de la urbanización*. Esto es lo que Francesc Magrinyà, siguiendo a Albert Serratosa, ya presentó en la exposición "Cerdà. Urbs i Territori" en 1994. Destaca en esta nueva publicación, a partir de las brillantes intuiciones de Ildefons Cerdà, su extensión con un enfoque extrapolado al urbanismo de las redes. Para ser más convincente, Magrinyà se basa en dos elementos más modernos: la fractalidad, por un lado, y la teoría de redes, por el otro. En cuanto a la fractalidad, Cerdà había intuido su relevancia en su enfoque de ciudad/campo. Lamentablemente, no tuvo a su disposición en su tiempo el enfoque esclarecedor de Benoît Mandelbrot, y especialmente desarrollos informáticos como el *box counting* que le siguieron. Para las redes, Cerdà, al establecer los nuevos vínculos que posibilitaban los inventos de su tiempo, también intuyó el poder del concepto. Pero no fue hasta el trabajo de Albert-László Barabási que se evidenció la fuerza de los vínculos reticulares, que Cerdà ya había previsto, y que Barabási formularia en 2002 en su famosa publicación *Linked, The New Science of Networks*.

Por último, gracias a Francesc Magrinyà, disponemos hoy de esta gran publicación, inspirada en el pasado y orientada hacia el futuro, que da al autor del Eixample todo el espacio que se merece.

Gabriel Dupuy
Profesor emérito, Universidad de París 1 Panthéon-Sorbonne

I. HACIA UNA LECTURA SINTÉTICA DE LA TEORÍA URBANÍSTICA DE CERDÀ

1. A las puertas de una cuarta revolución urbana: la necesidad de una nueva teoría urbanística y territorial

Ildefons Cerdà, ingeniero de caminos nacido en 1815, tres años después de la constitución de Cádiz de 1812, falleció en 1876, un año después de la caída de la primera república (1873-1875), de la que fue un líder destacado en la provincia de Barcelona. Su obra cristalizó con la "Teoría general de la urbanización" de 1867, el primer tratado moderno de la disciplina urbanística, y todavía hoy, de plena actualidad.

Su obra se ubica claramente en la revolución urbana, que podemos situar entre la Revolución francesa de 1789 y la crisis del petróleo de 1973. La época actual, dominada por grandes transformaciones urbanas y metropolitanas, evidencia la necesidad de articular nuevos tratados que permitan afrontarlas.

Nos situamos en los inicios de una cuarta revolución urbana, caracterizada por el impacto del potencial de las nuevas tecnologías de la comunicación y por la transición hacia un capitalismo financiero globalizador que acelera las transformaciones urbanas. Como relata Soja, un geógrafo norteamericano de referencia sobre los estudios de las transformaciones de las aglomeraciones urbanas de finales del siglo XX, nos encontramos con con territorios definidos como posmetrópolis y que experimentan fenómenos de desterritorialización y de reterritorialización vinculados a oleadas de globalización. Estas agrupaciones metropolitanas conllevan reestructuraciones económicas aceleradas y reestructuraciones por gentrificación, así como la creación de mosaicos sociales estructurados con geografías monoétnicas y multiculturales.[1] La metrópolis de Los Ángeles es el referente de Soja, pero estos fenómenos se replican de forma extensiva en los territorios metropolitanos a escala global. Para afrontar una teoría urbanística de la cuarta revolución urbana, es necesario comprender previamente la base de la tercera revolución urbana, que se formalizó especialmente con la revolución industrial. En este sentido, la teoría urbanística de Cerdà es un buen marco para construir unas nuevas bases, centradas en las redes de servicios urbanos, de transporte y de telecomunicaciones.

2. La teoría urbanística de Cerdà: un producto de la tercera revolución urbana

Los historiadores de la urbanización caracterizan la evolución de la humanidad a través de las grandes revoluciones urbanas. Si tomamos el referente de Edward Soja,[2] podemos establecer tres grandes revoluciones urbanas.

Una primera, con la aparición de la ciudad como agrupamiento estable, es el caso de Jericó y Çatal Hüyük. Estas ciudades están asociadas a sendas organizaciones y administraciones que configuran, por primera vez, lo que hoy conocemos como ciudad, en torno al 6500 a. C. Una segunda, con la formalización de una ciudad-Estado capaz de organizarse alrededor de un poder autoritario basado en la escritura, que es capaz de construir una infraestructura para una explotación agrícola estable y ampliar su radio de acción sobre otras nuevas ciudades y territorios (Ur, Babilonia), hacia el 1750 a. C. Una tercera revolución urbana surge con la aparición de la metrópolis asociada a la modernidad y al capitalismo urbano-industrial y al Estado-nación. Es el ejemplo de Manchester, Paris o Barcelona en el siglo XIX.

La teoría urbanística de Ildefons Cerdà (v. fig.1) se inscribe, pues, en la tercera revolución urbana, y se erige como un referente mayor de los tratados urbanísticos.[3] A su vez, la experiencia de ensanche de Barcelona se sitúa, de forma relevante, junto a otras experiencias de referencia, como la reforma urbana de París de Haussmann (1852-1870), la creación de ciudades jardín en la metrópolis de Londres (1909-1915) y las extensiones y transformaciones que representan los nuevos barrios obreros en Viena, Ámsterdam o Frankfurt (1919-1935).

Figura 1. Retrato de Ildefons Cerdà.
Fuente: Fons Cerdà, Urbs i Territori

un discurso "científico" que genera la creación de una serie de disciplinas según el pensamiento positivista, referente de esta revolución urbana. En este marco, se inscribe la aparición de ciencias como la biología con Humboldt, la economía con Adam Smith o la sociología con August Comte. Y también en este contexto se inscribe la propuesta de creación de una ciencia de la urbanización a través de la *Teoría general de la urbanización* de 1867 (en adelante, TGU)[4] y de la construcción del Ensanche de Barcelona como aplicación de su teoría. Cabe destacar que esta publicación es coetánea de *La evolución de las especies* de Darwin (1859) o *El Capital* de Marx (1867), que son referentes significativos de una etapa histórica de formalización de las transformaciones urbanas de la tercera revolución urbana.

La aportación teórica de Ildefons Cerdà (1815-1876) trasciende el contexto histórico que vivió, pues es considerado un referente de la tratadística de la tercera revolución urbana, con Le Corbusier y Alexander.[5]

Por otra parte, su aportación no ha sido reconocida hasta finales del siglo XX. De hecho, gran parte de la obra de Cerdà es tergiversada y queda en el olvido, y no se inicia un proceso de clarificación y reconocimiento hasta fechas muy recientes, especialmente por el valor de su obra construida: el Ensanche de Barcelona. Así, en 1979 se publicaron unos extractos de la TGU[6] y hasta 2018 no se publicó una versión en inglés.[7] Para entender a Cerdà y su obra es necesario tener presente que sus propuestas surgen en el marco de uno de los territorios que va a vivir con más fuerza las contradicciones de la revolución industrial urbana. Barcelona es una ciudad amurallada que vive intensamente la introducción del fenómeno de la revolución industrial.

Por otro lado, cabe destacar que su obra surge en un período liberal de transformación significativa de la sociedad española en el siglo XIX.[8] Tras la muerte de Fernando VII (1833), se inicia una etapa con períodos especialmente revolucionarios: el trienio de 1840-1843; el bienio pro-

En la tercera revolución urbana, la transición del sistema feudal al nuevo sistema burgués implica la aparición de un nuevo poder y de unas instituciones legitimadas por

gresista de 1854-1856, con la huelga de 1855 referenciada por Engels;[9] la revolución de septiembre de 1868, y la I República de 1873-1874. A ello se unen eventos significativos, como la revolución de 1848 en París, que dará pie al conocido *Manifiesto comunista* de Marx y Engels y a la entrada del pensamiento sansimoniano en el París de Napoleón III a partir de 1851. Saint Simon defendía:

"un acuerdo mediante el cual los jefes industriales controlarían la sociedad. En lugar de la iglesia medieval, la dirección espiritual de la sociedad debería recaer en los hombres de ciencia. Lo que Saint-Simon deseaba, por tanto, era un Estado industrial dirigido por la ciencia moderna en el que la asociación universal suprimiera la guerra"[10]

Tal como veremos, Cerdà se ve influenciado por el movimiento sansimonista, que promueve el desarrollo de las redes ferroviarias en Francia, pero también en Italia y España, y de la banca que las sustenta (Rothschild y Pereire, entre otros). El capital se reinvierte en las transformaciones urbanas, donde el referente es el París de Haussmann, pero también en ciudades como Madrid y Barcelona. El período liberal vivido por Cerdà, de más de cuatro décadas (1833-1875), tiene un marcado carácter transformador de la sociedad española, que se verá interrumpido por el inicio del período conservador de la Restauración a partir de 1876.

Cerdà es una de las personalidades significativas de esta época, junto con algunos personajes coetáneos clave del desarrollo político de la revolución liberal en España, con los cuales interacciona para la creación de su obra. Jaume Balmes, filósofo de referencia del siglo XIX en España y confesor de la reina Isabel II, es amigo de la familia de Cerdà; Ferdinand de Lesseps, cónsul francés en Barcelona en el período 1841-1848, referente sansimonista y ejecutor del canal de Suez en 1859, comparte con Cerdà su participación en asociaciones como la Sociedad Económica de Amigos del País[11] o la Sociedad Filomática de Barcelona; Pedro Felipe Monlau, higienista de referencia en España,[12] desencadena el debate higienista con la publicación de *Abajo las Murallas!* en 1841, obra que marca el inicio de la destrucción de las murallas y la extensión de la ciudad; Laureano Figuerola, economista, ministro de Hacienda, implementa el librecambismo e instaura la moneda española conocida como *peseta* y es autor de *Estadística de Barcelona* de 1849 –Figuerola será un referente científico para Cerdà.[13] Pascual Madoz, gobernador civil de Barcelona, es el ministro ejecutor de una segunda desamortización (1855) y el político que sostiene a Cerdà en sus inicios como técnico del Gobierno Civil.[14] Ciril Franquet, gobernador civil en el período en que Cerdà ejerce de técnico del Ensanche de Barcelona, será uno de los introductores de la modernización en la legislación del agua en España.[15] Francesc Pi i Margall es el ideólogo político introductor de las tesis federalistas que serán el referente político español de esta generación modernizadora en España.[16]

Cerdà, se implicará en la política a partir de 1851, cuando se presenta junto con Madoz por en una candidatura del partido progresista de Barcelona al congreso de diputados. La obra de Cerdà no se entiende si no se enmarca en el contexto de dicho período modernizador de España, en el cual son claves todos estos personajes coetáneos. El progresivo conocimiento de la época y del personaje permite interconectar obras y realizaciones muy relacionadas entre sí y, en definitiva, establecer las influencias recibidas y proyectadas por Cerdà, al fin de encuadrar y entender mejor su obra y pensamiento.[17]

Cabe remarcar que en aquellos años se publican algunas obras básicas para que pueda desarrollar su teoría urbanística. Entre ellas cabe destacar la publicación *Sociedad del conocimiento de ciudades* (1843)[18] y la recolección de material de las ciudades hispano-americanas elaborada por Madoz y Coello.[19] Además, Cerdà tiene ocasión de visitar nuevas experiencias de construcción de viviendas en Bruselas (Bélgica)[20] y de conocer las experien-

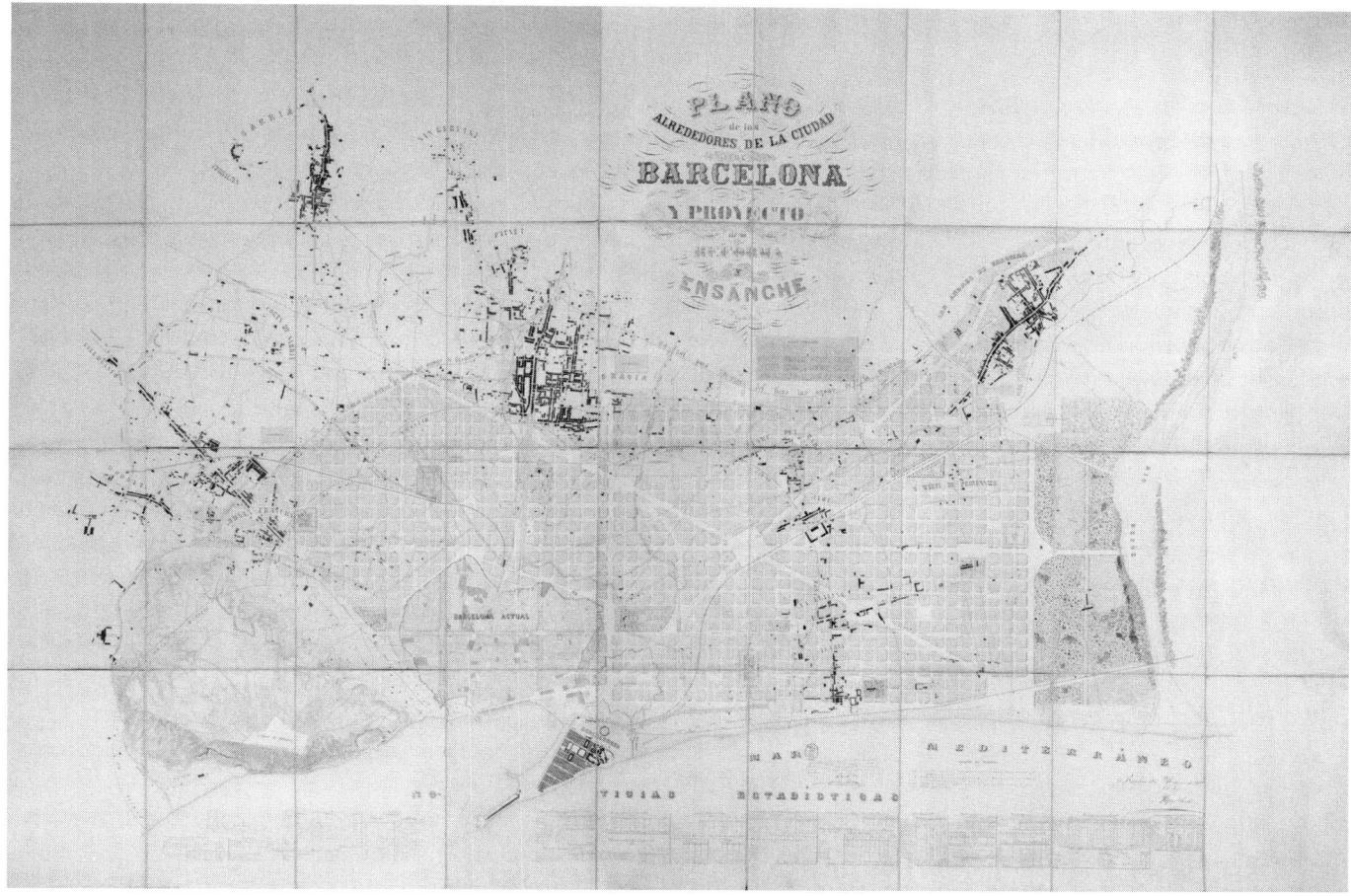

Figura 2. Proyecto de Reforma y Ensanche de 1859 de Ildefons Cerdà.
Fuente: Archivo de la Real Academia de Bellas Artes de San Fernando de Madrid

cias de Edimburgo y París. Junto a ello, cabe destacar la influencia del movimiento sansimonista, liderado por los ingenieros de la Escuela Politécnica de París y del cual la Escuela de Ingenieros de Caminos de Madrid es deudora. También cabe mencionar el conocimiento *in situ* de la experiencia de reforma urbana del París de Haussmann, a quien Cerdà conoce personalmente en su estancia parisina (1856-1858).[21] Por otra parte, las nuevas exposicio-

nes universales de Londres (1851) (v. fig. 90) y París (1855) (v. fig. 91) son algunas de las referencias de la revolución urbana que se producen en las ciudades europeas y a las cuales Cerdà tiene acceso a través de publicaciones que se refieren a ellas.[22]

Por otra parte, Cerdà tiene la oportunidad de colaborar con los nuevos gestores de servicios urbanos en España, como es el caso del agua con Léodegard

Marchessaux en Valencia; la introducción del gas en Barcelona con Charles Lebon, a partir de 1844, y el ferrocarril con las nuevas compañías ferroviarias que se introducen en España, lideradas por los hermanos Pereire (Crédit Mobilier MZA) y la familia Rothschild (Compañía de Ferrocarriles del Norte).[23]

El Plan de reforma y ensanche de Barcelona (v. fig. 2), vigente entre 1859 y 1953; la formalización de unas bases para una nueva disciplina; el arsenal de instrumentos aportados para el análisis de las ciudades, y las dinámicas espaciales constituyen una aportación de primer orden a la disciplina urbanística. La capacidad de ejecución de uno de los planes urbanísticos de referencia en el mundo por su extensión y su permanencia en el tiempo nos lleva a hacer una relectura de su obra.

La *Teoría general de la urbanización* y el Ensanche de Barcelona son las grandes aportaciones urbanísticas de Cerdà a la tercera revolución urbana.

3. La recuperación de la obra de Cerdà

Recientes investigaciones sobre la vida y la obra de Cerdà han establecido elementos sin los cuales no es posible entender un olvido tan contumaz.[24] Como se ha señalado, su obra se sitúa en una generación liberal, propia de la Ilustración, que lidera un período modernizador de España (1833-1875). Cerdà forma parte de una corriente ideológica que es clave para entender la España del siglo XIX. Su muerte, en 1876, coincide con el final de esta generación liberal y federalista y con el inicio de la Restauración en España. Como señala Soria,[25] la nueva etapa supone en Barcelona el asentamiento de una corriente conservadora, con personajes como Mañé i Flaquer o Duran i Bas, que han sido coetáneos de Cerdà y opositores a sus teorías. Ellos serán los líderes ideológicos del período de la Restauración.[26] Por otro lado, en cuanto a los gustos arquitectónicos,

los referentes arquitectónicos de Cerdà se sitúan en un neoclasicismo característico del período liberal, asociado al pensamiento de la Ilustración, mientras que el movimiento arquitectónico modernista se caracterizará por romper con estos esquemas (v. figs. 3, 4 y 5). Una de las figuras ideológicas más destacadas en el rechazo de la obra de Cerdà es Pau Milà i Fontanals, que ejercerá una influencia notable en personajes conservadores de la época como Joan Mañé i Flaquer, Manuel Duras i Bas, Estanislau Reynals i Rabassa o Felip Bertran i d'Amat.[27] Pau Milà i Fontanals formará a varias generaciones en el último cuarto de siglo XIX, entre las cuales destacará Josep Puig i Cadafalch, prominente arquitecto modernista, político y máximo crítico de la obra de Cerdà. El nuevo pensamiento romántico buscará en las referencias medievales las formas a seguir. En este marco, aparecerá el modernismo, que se planteará romper las alineaciones igualitarias y racionales de los terrenos del Ensanche de Barcelona (v. figs. 3 y 4). La "manzana de la discordia" será el punto álgido del contrapunto entre las ordenanzas decantadas por Cerdà y la arquitectura modernista. El primero en romper la baraja será Josep Puig i Cadafalch con la Casa Amatller (v. fig. 5).

El Ensanche arranca con fuerza en el período inicial, entre su aprobación (1860) y el crac financiero de la bolsa de Londres en 1865, que tendrá sus efectos en Barcelona a partir de 1866. En esta etapa, Cerdà es el garante de la construcción inicial del proyecto, con el control de la ocupación de los terrenos de las murallas y la construcción del sector de la derecha del Ensanche.

Más tarde, una vez superada la crisis económica, se desarrolla el Ensanche bajo la égida de las nuevas élites, que se articulan en torno a los antiguos terratenientes, los líderes de la revolución textil con la máquina de vapor y los indianos. Su puesta en escena será en el marco de la Exposición Universal de 1888,[28] con el liderazgo del alcalde Rius i Taulet, siguiendo el plano de alineaciones de Cerdà.

Figura 3. Comparación de modelos de vivienda. Estilo neoclásico: Casa de la esquina Roger de Llúria-Consell de Cent (1863); estilo modernista: Casa Milà, conocida como La Pedrera, de Gaudí (1905). La normativa del Plan Cerdà impedía que las fachadas sobresalieran de la línea de alineación.
Fuente: Soria, 1996.

4

Figura 4. Comparación de detalles constructivos. Estilo neoclásico: Casa de la esquina Roger de Llúria-Consell de Cent (1863); estilo modernista: Casa Batlló en el Pg. de Gràcia (1905-1910).
Fuente: Soria, 1996.

Figura 5. Comparativa de las casas de la "manzana de la discordia", antes y después de la elevación de la Casa Amatller.
Fuente: Archivo Mas.

5

A partir de 1901, La Lliga será el partido político de referencia en el Ayuntamiento durante el primer cuarto del siglo XX. Uno de sus dirigentes más destacados será el arquitecto Puig i Cadafalch, que plantea un cambio de paradigma basado en la renovación urbana de Barcelona siguiendo el modelo de bulevares de París. Este modelo se contrapone a la cuadrícula igualitaria de Cerdà. Este período se caracteriza por el rechazo a Cerdà y su cuadrícula. Una muestra de ello es el escrito que publicará Puig i Cadafalch, líder municipal (1901-1915) y posteriormente presidente de la Mancomunitat de Catalunya (1917-1923), que aprovecha el proyecto de la Plaza de Catalunya para demonizar el Ensanche.[29] La Lliga Regionalista difundirá a partir de entonces, a través de la publicación *Génesis del Ensanche de Barcelona*, de Puig y Alfonso, un discurso sobre la imposición del proyecto de Cerdà por parte del Gobierno central, frente al proyecto de Antoni Rovira, escogido en el marco del concurso organizado por el Ayuntamiento. Este relato distorsionador, como veremos más adelante, es el que ha predominado hasta hace poco en el imaginario urbano de Barcelona, y todavía mantiene algunas trazas.[30] Posteriormente, Josep Pla difundirá este planteamiento en la obra *Barcelona, una discusión entrañable*,[31] y tendrá una gran difusión.

Para entender este rechazo tan profundo, cabe tener presente que el discurso de modernización de Puig i Cadafalch se articulaba en torno al concurso internacional convocado en 1903, que ganaría el Plan Jaussely en 1905, con un esquema de bulevares diagonales alrededor de los nuevos centros de enlace que nunca se lograrían construir. A pesar de la influencia ideológica en el relato de la evolución de la ciudad, este proyecto no se pudo llevar a cabo en el ámbito del Ensanche de Cerdà. Según Estapé, el propio Puig i Cadafalch, desde la Mancomunitat de Catalunya, de la que fue presidente (1914-1917), dio órdenes de recolectar y quemar todas las obras de Cerdà que se localizasen, especialmente la *Teoría general de la urbanización*.[32]

En 1888, algunos de los seguidores de Cerdà, entre ellos Pere Garcia Faria, promovieron la construcción de un monumento en su homenaje,[33] pero el intento fracasó. No fue hasta el Congreso Español de Urbanismo de 1959, celebrado en Barcelona, en conmemoración del centenario de la aprobación del Proyecto de Ensanche de Barcelona de 1859,[34] que se empezó a recuperar al personaje y su obra. Pero fue la obra construida del Ensanche, un siglo más tarde, la que puso en valor el pensamiento de Cerdà.

Con todo, este proceso de recuperación de su obra no se inició realmente hasta 1971, con la publicación en facsímil de la *Teoría general de la urbanización*, junto con una biografía de Ildefons Cerdà elaborada por Fabián Estapé, de gran valor. En esta primera publicación, destacaban sobre todo la discusión sobre el concurso del Ensanche organizado por el Ayuntamiento y el proceso de aprobación definitiva del Proyecto de Ensanche de Barcelona.

Más tarde, la recuperación de la obra de Cerdà se articuló en torno a tres perspectivas paralelas. Por una parte, autores como S. Tarragó y A. Soria desarrollaron en 1976 una lectura de la obra de Cerdà que recuperaba a un personaje olvidado y analizaba con todo detalle el plano del Proyecto de Ensanche de 1859, como única referencia de que se disponía hasta aquel momento, y del cual dedujo un modelo de equipamientos (v. fig. 203-204).

Posteriormente, A. Soria[35] y, más tarde, F. Choay, centrarían su análisis en el valor de la *Teoría general de la urbanización* como teoría urbanística. Este debate planteaba, a su vez, la cuestión de si el urbanismo era una ciencia. De hecho, Choay[36] es una de las personalidades que ponen en valor la obra de Cerdà a escala internacional: ha publicado una traducción de textos escogidos de Cerdà y lo ha defendido como uno de los tratadistas de referencia, junto con Alberti, Tomas Moro, Le Corbusier y Alexander.

HACIA UNA NUEVA FIGURA URBANÍSTICA: EL ENSANCHE

1855 ANTEPROYECTO DE ENSANCHE DE BARCELONA
1856 MONOGRAFÍA DE LA CLASE OBRERA
Estudio de los elementos de la urbanización

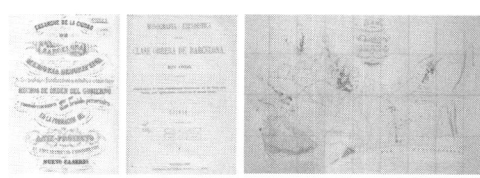

1859 TEORÍA DE CONSTRUCCIÓN DE CIUDADES
PROYECTO DE REFORMA Y ENSANCHE DE BARCELONA
Modelo de ensanche de ciudad: proyecto, ordenanzas y plan económico

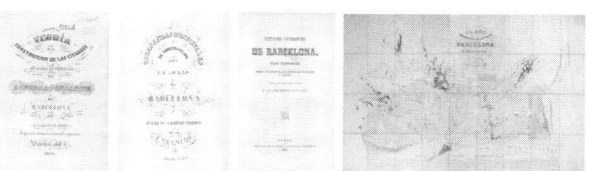

1863 FOMENTO DEL ENSANCHE DE BARCELONA
Introducción de sociedades de construcción del ensanche

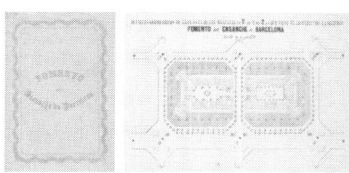

1861-1865 PLANO DE ALINEACIONES ENSANCHE DE BARCELONA
Aplicación del sistema de reparcelaciones al ensanche de Barcelona

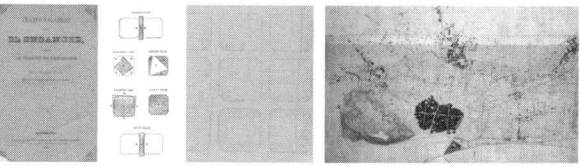

HACIA UNA TEORÍA GENERAL DE URBANIZACIÓN DEL TERRITORIO

1861 TEORIA DE VIALIDAD URBANA
PROYECTO DE REFORMA INTERIOR DE MADRID
Modelo de reforma interior de las ciudades

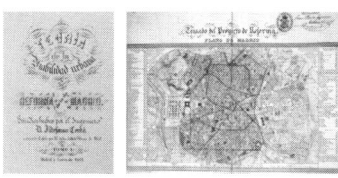

1863-68 TEORÍA DE ENLACE MARÍTIMO-TERRESTRE
ANTEPROYECTO DE DOCKS DE BARCELONA
Modelo de ensanche con articulacion de la movilidad ferroviaria

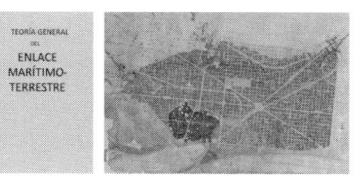

1867 TEORÍA GENERAL DE LA URBANIZACIÓN
Manual de urbanismo y aplicción
a los ensanches españoles

1872 TEORÍA GENERAL DE LA COLONIZACIÓN
Teoría general de la urbanización +
Teoría general de la ruralización

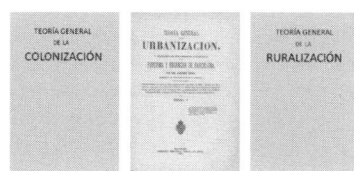

Figura 6. Esquema de las obras y de los proyectos de Cerdà encaminados a la creación del Ensanche como una nueva figura urbanística y a la elaboración de una nueva teoría general de la urbanización del territorio.
Fuente: Elaboración propia a partir de originales de la obra de Cerdà.

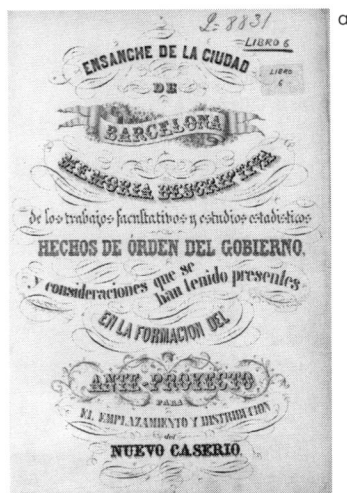
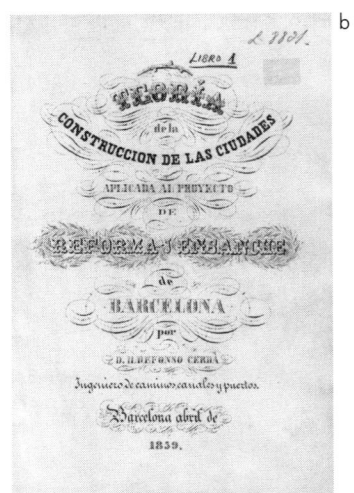
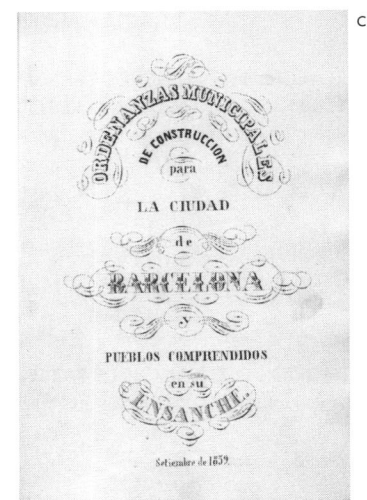
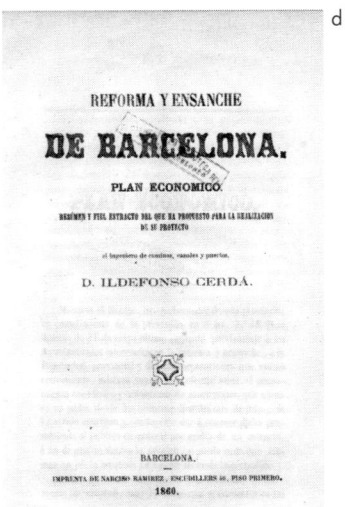
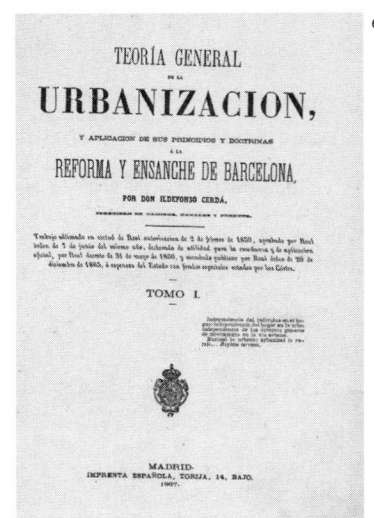
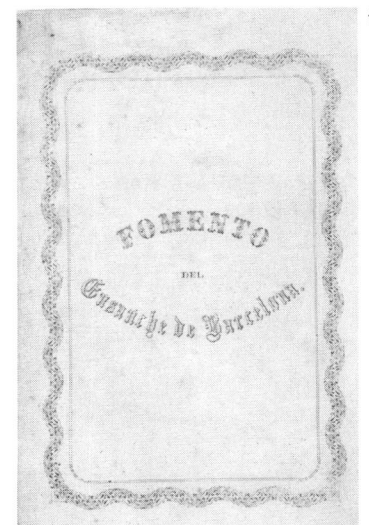

Figura 7. Portadas de las obras más significativas de la teoría urbanística de Cerdà:

a) Memoria del Anteproyecto de Ensanche de Barcelona. 1855. *Fuente: Archivo General de la Administración.*
b) *Sección del Ministerio de Educación y Ciencia.*Memoria del Proyecto de Reforma y Ensanche de Barcelona. Teoría de la construcción de las ciudades. 1859. *Fuente: Archivo General de la Administración. Sección del Ministerio de Educación y Ciencia.*
c) Ordenanzas municipales de construcción para la ciudad de Barcelona y los pueblos comprendidos en su Ensanche. 1859. *Fuente: Archivo General de la Administración. Sección del Ministerio de Educación y Ciencia.*
d) Reforma y Ensanche de Barcelona. Plan económico. 1860. *Fuente: Biblioteca del Ateneu Barcelonès.*
e) Teoría general de la urbanización. 1867. *Fuente: Colección Fernando Marzá-Neus Moyano.*
f) Fomento del Ensanche de Barcelona. 1863. *Fuente: Archivo Histórico de la Ciudad de Barcelona.*

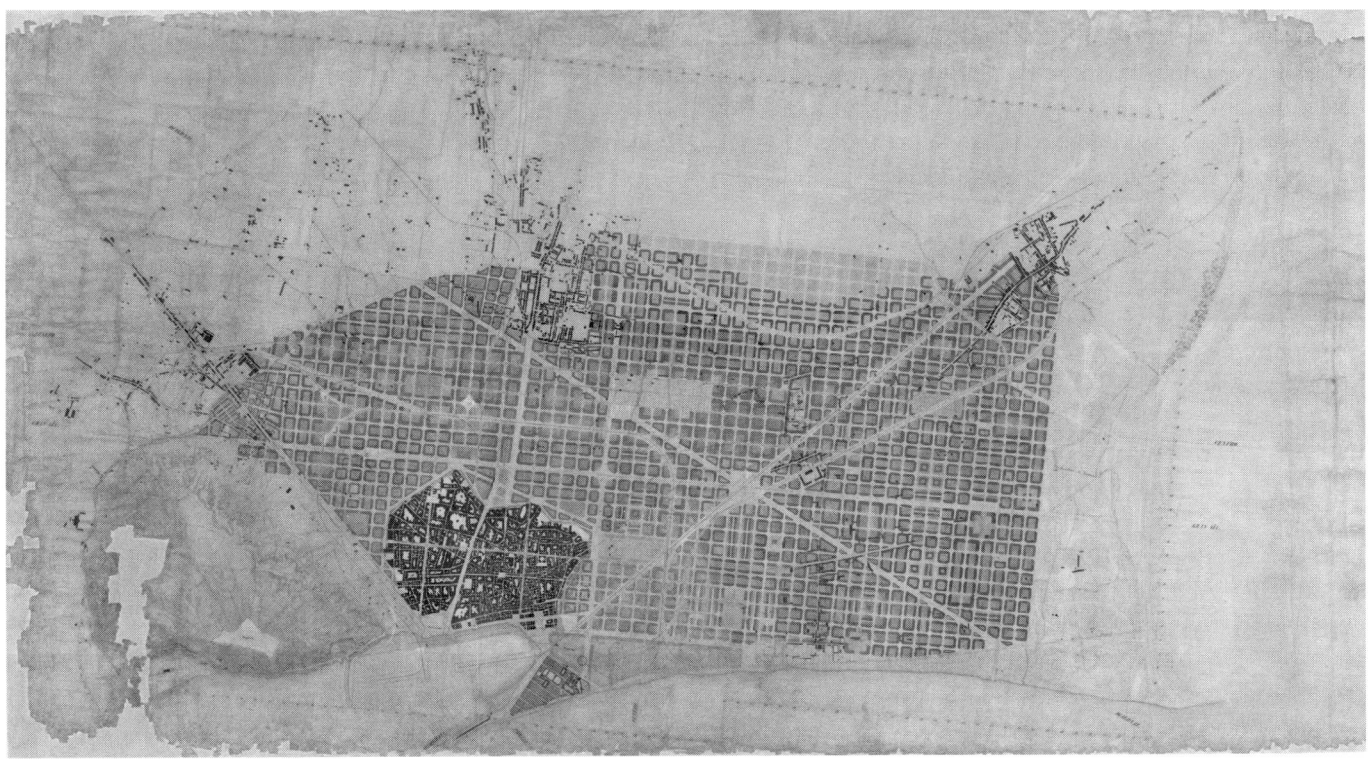

Figura 8. Plano del Anteproyecto de Docks de Barcelona desarrollado en la teoría del enlace de las vías marítimo-terrestres de 1863
Fuente: Archivo Histórico de la Ciudad de Barcelona.

Paralelamente, se perfilaba otra aproximación, caracterizada por analizar el Ensanche de Barcelona como un objeto urbanístico en sí mismo, y se desarrollaron una serie de estudios al respecto, liderados por el Laboratorio de Urbanismo de Barcelona. En este caso, predominaba una lectura de las formas urbanas de crecimiento, que separaba la obra de la teoría urbanística, en aras de una generalización del Ensanche como forma tipo de crecimiento urbano.

Todas estas distintas aproximaciones constituyen aportaciones significativas, pero presentan algunas limitaciones. En las aproximaciones al personaje, existe el peligro de realzar una figura y un proyecto aislados de su contexto. Las discusiones sobre el urbanismo como ciencia y las aportaciones de Cerdà en este sentido se plantean acotadas por el desconocimiento de gran parte de su producción teórica en ese momento (1976-1986). Por otra parte, los análisis del Ensanche de Barcelona como objeto de estudio tienen la limitación de no entrar en el análisis de la teoría implícita en el proyecto.

En cualquier caso, todas estas aproximaciones a un personaje, a una teoría y a una realización están condicionadas por el desconocimiento de parte de los documentos elaborados por el propio Cerdà y por un conocimiento limitado de la historia urbana del siglo XIX en España.

Este marco cambió radicalmente a partir de 1988, con el descubrimiento, por parte de Fuensanta Muro y Pilar Rivas, de una parte significativa de la obra de Cerdà en el Archivo de Alcalá de Henares, centrada en tres obras:

La Memoria adjunta a la presentación del Plan topográfico de 1855, que lleva por título *Memoria descriptiva de los trabajos facultativos y estudios estadísticos hechos por orden del Gobierno y consideraciones que se han tenido presentes en la formación del anteproyecto para el emplazamiento y distribución del nuevo caserío*, y que denominaremos Memoria del Anteproyecto de Ensanche de Barcelona (conocida como MAEB, en adelante) (v. fig.7.a). Como indica el título, esta es la memoria que acompañaba el plano topográfico de los alrededores de la ciudad amurallada para planear su extensión. Al parecer, tal como se indica en un artículo publicado en la *Revista de Obras Públicas*, el plano topográfico iba acompañado de un transparente esbozaba una primera propuesta para el Ensanche de Barcelona.[37] En esta Memoria, se ponían las bases de lo que después sería la Memoria del Proyecto de Reforma y Ensanche presentado en 1859. En 1855, Cerdà elaboró una reflexión sobre las condiciones de la vivienda y desarrolló cuatro modelos de vivienda de clase burguesa y cuatro modelos de vivienda de clase obrera (v. figs. 46-49). Así mismo, formalizaría distintas agrupaciones de viviendas para ir configurando un tejido urbano.

El proyecto completo presentado como *Proyecto de Reforma y Ensanche de Barcelona* de 1859, a la que acompañan: la Memoria denominada: *Teoría de la Construcción de Ciudades*, aplicada al *Proyecto de Reforma y Ensanche de Barcelona* (TCC en adelante)(ver fig.7.b); las *Ordenanzas de Construcción de Barcelona* (ver fig.7.c) y el *Pensamiento Económico* (ver fig.7d). Esta memoria ya era la formalización de lo que sería la base técnica del proyecto de Reforma y Ensanche, y donde se justificarían las dimensiones de la cuadrícula.

La *Teoría de la Viabilidad Urbana* de 1860 (TVU en adelante), obra teórica que formaba parte de un *Anteproyecto de Reforma Interior de Madrid*. Esta Memoria sería un documento mucho más avanzado sobre el concepto de vía-intervías que plasmaría posteriormente en la *Teoría General de la Urbanización*. Este documento representaría la reflexión sobre la reforma urbana, la introducción y justificación de un sistema viario de reforma urbana.

La presencia de estos escritos restituye el valor de la teoría de Cerdà y ofrece una nueva dimensión, más actual, de sus aportaciones a la disciplina urbanística. Los materiales descubiertos aportan imágenes gráficas, siempre fundamentales en la disciplina urbanística. Entre ellas, destacan las láminas del *Atlas de la Memoria del Anteproyecto de Ensanche* de 1855, donde se recogen las imágenes del conjunto de modelos de vivienda propuestos en un primer análisis para el ensanche de la ciudad de Barcelona, y las láminas del *Atlas de la Teoría de Construcción de Ciudades*, con todos los elementos constructivos de la vivienda. Cabe remarcar también la existencia de 162 figuras que debían formar parte de un atlas al cual se hace referencia en la *Teoría general de la urbanización* (en la TGU se llegan a citar 10 láminas que contienen estas figuras) (v. fig. 7.f). Estas figuras no se han llegado a localizar, aunque hay constancia de que se llegaron a imprimir. No obstante, es de suponer que son, en gran parte, una reelaboración de las imágenes de los atlas del MAEB, la TCC y la TVU recién descubiertas. La recuperación de este material por parte de Javier García Bellido y su publicación en facsímil en 1991[38] nos permiten profundizar de una forma cualitativamente distinta en la obra de Cerdà.

Distintos autores han elaborado nuevas aproximaciones tras los descubrimientos de los nuevos textos de Cerdà. En este contexto, se realizó una exposición sobre Cerdà en 1994,[39] donde se presentó este nuevo material y se ofreció una lectura evolutiva y temática de las aportaciones de los nuevos documentos. Entre ellas, destaca la lectura de los tres proyectos elaborados por Cerdà para el Ensanche de Barcelona y que explicitan su evolución

9

10

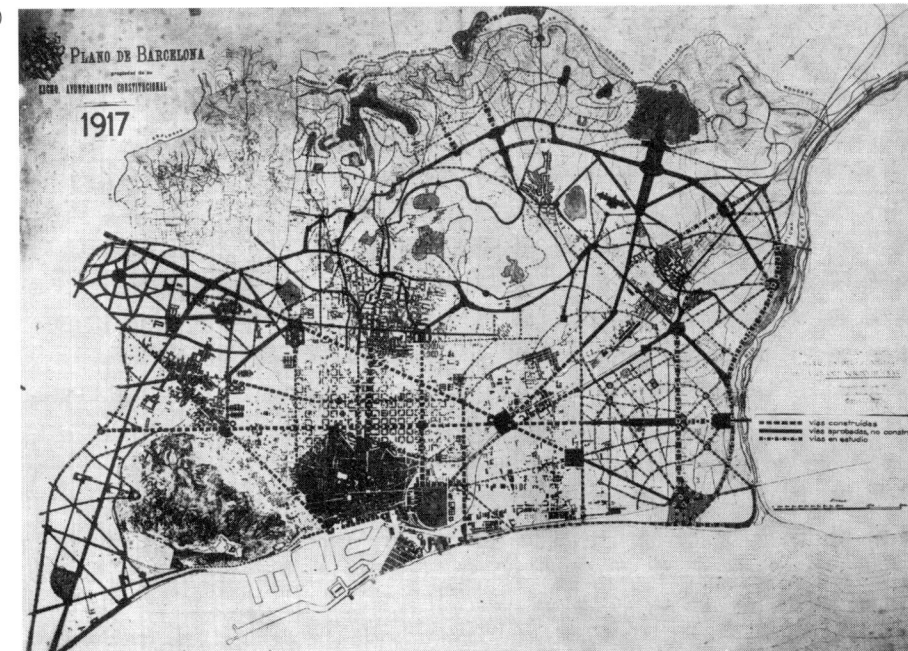

Figura 9. Plano del Anteproyecto de Enlaces de Barcelona de Jaussely de 1903-1907.
Fuente: Centre d'archives d'architecture du XX siècle. Cité de l'architecture et du patrimoine.

Figura 10. Plan general de Enlaces, aprobado en 1917, de Romeu y Porcel.
Fuente: Martorell, 1970.

teórica: el Anteproyecto de Ensanche de 1855, el Proyecto de Reforma y Ensanche de 1859 y la Reelaboración del Proyecto de Ensanche, en el marco del Anteproyecto de *Docks* de 1863 (v. figs. 327-330). Cerdà elaboró una teoría de enlaces marítimo-terrestres (TEMT, en adelante) en el marco del Anteproyecto de *Docks* de 1863. La memoria de este anteproyecto no se ha encontrado y tan solo hay referencias de informes que se refieren a él (v. fig.192). Como subproducto de la exposición "Cerdà. Urbs i Territori" de 1994, realizada a partir de este nuevo material, se elaboró un proyecto de exposición reducida, que circuló durante diez años por más de 100 ciudades del mundo durante el período de 1996-2006.

Por otra parte, surge el interés por una lectura de la teoría urbanística de Cerdà desde una nueva perspectiva global. Junto a los trabajos de esta exposición, destaca una antología de textos de la obra de Cerdà elaborada por A. Soria[40] y la tesis doctoral de F. Magrinyà.[41] La lectura de Soria valoriza la obra de Cerdà a partir de un seguimiento de las cinco bases de la urbanización propuestas por Cerdà a lo largo de sus textos. Magrinyà pone en valor la obra de Cerdà con una perspectiva actual de un urbanismo de redes. Por otra parte, la continuación del proceso de elaboración de estudios sobre la construcción del Ensanche en las últimas décadas ha permitido conocer con mucho mayor detalle el proceso de construcción no solo desde la perspectiva urbanística,[42] sino desde lecturas geográficas, económicas, y sociológicas.[43] Durante tres décadas, se han ido celebrando congresos de historia urbana de Barcelona, liderados por Ramón Grau,[44] que permiten un conocimiento más detallado de la Barcelona de la época y del contexto de la obra de Cerdà.[45]

Finalmente, en 2009 con motivo de la celebración de los 150 años de la aprobación del Proyecto de Ensanche de 1859 y, a iniciativa de la Fundació Urbs i Territori. Ildefons Cerdà, liderada por Albert Serratosa, se desencadena un proceso de recuperación de la obra de Cerdà que cristaliza en torno a la celebración del *Any Cerdà*. En este año, se celebran múltiples exposiciones[46] y eventos, que consolidan el conocimiento de la obra de Cerdà.

Junto con esta recuperación de una obra y un personaje, aparece una nueva lectura de su producción teórica desde la perspectiva del urbanismo de redes como nueva aproximación al urbanismo, en que la figura de Cerdà y su teoría urbanística son reivindicadas por G. Dupuy como una de las referencias centrales del urbanismo de redes.[47] Esta aproximación retística se impone cada vez con más fuerza sobre las aglomeraciones urbanas actuales y hace pertinente una lectura de la obra de Cerdà bajo esta perspectiva, que es con la que se articulan los textos de Cerdà en dicha publicación.

La recuperación de la obra de Cerdà se produce por tres valores fundamentales. Por un lado, por la fuerza que tiene la experiencia del Ensanche, un caso excepcional en la disciplina urbanística, especialmente por la capacidad del proyecto de perdurar en el tiempo. Legalmente, el proyecto de Ensanche de Cerdà para Barcelona nunca fue deslegitimado. De hecho, el siguiente proyecto urbanístico de referencia al de Cerdà de 1859, el de Jaussely de 1905 (v. fig. 9), ganador de un concurso internacional en 1903, nunca sería aprobado como planeamiento legalmente vigente. El plan que se aprobó finalmente fue el de Romeu y Porcel de 1917, que retomaba el modelo de Jaussely, pero aplicándolo solo fuera del ámbito del Ensanche de Cerdà (v. fig. 10). No fue hasta 1953, con el Plan comarcal de Barcelona, que se elaboró una nueva legislación aplicada sobre el territorio de Barcelona y sobre el ámbito del Ensanche Cerdà, pero este ya estaba culminado en su parte central.

La parte derecha del Ensanche, desde la Plaça de les Glòries hasta el río Besòs, ha permanecido básicamente según la estructura viaria del plan de alineaciones propuesto por Cerdà, salvo la desaparición del Parque del Besòs. De hecho, la cuadrícula recoge la edificación en bloques de polígonos. Todavía hoy, la nueva expansión de Barcelona, en el tramo final de la Diagonal hacia el mar, y la renovación urbana del Proyecto 22@, siguen la trama de Cerdà. El proceso de urbanización es un sistema complejo y de larga duración.

El modelo del Ensanche muestra cómo, con unos parámetros formales muy simples (las dimensiones de la manzana, el fondo de parcela ocupable, y las dimensiones de las calles y los cruces), ha sido posible formalizar con el tiempo una forma urbana que aloja en su seno una gran diversidad de actividades y mantiene siempre unas condiciones adecuadas de ventilación y asoleamiento, constituyendo un conjunto de gran calidad urbana.

Otra característica fundamental es la aportación urbanística de Cerdà como tratadista, tal como ya hemos señalado. Cerdà se erige como el primer tratadista moderno, frente a las distintas proposiciones anteriores, situadas en torno a un preurbanismo.[48] "Pero con un tratado que sigue vigente en gran medida, por su visión multidisciplinaria perfectamente articulada. Sus aportaciones se incardinan en un pensamiento holístico, con el uso de analogías urbanas como el paradigma vegetal y animal, y especialmente por el uso del pensamiento fractal (cita). Entendemos el fractal comú un objeto geométrico en el que una misma estructura, fragmentada o aparentemente irregular, se repite a diferentes escalas y tamaños. El uso de la fractalidad[49] le permite una mirada interescalar (habitación, vivienda, urbe), y la propuesta de una lectura evolutiva de la urbanización desde esta perspectiva original. El uso combinado de estos instrumentos de pensamiento lo convierte en un referente imprescindible para el ejercicio actual de la disciplina urbanística.

Finalmente, gran parte del interés que motiva la recuperación del pensamiento y la obra de Cerdà se encuentra en la consideración de los transportes y de las telecomunicaciones como elementos clave en la definición de la práctica actual del urbanismo. La importancia esencial de las relaciones, y en especial de la movilidad, evidenciada en *Urbanisme des réseaux*,[50] *The Rise of the Network Society, The Infomation Age: Economy, Society and Culture*[51] o *Splintering Urbanism*,[52] hacen de la obra

de Cerdà una referencia totalmente actual e indiscutible. Desde esta perspectiva, su obra no es solo objeto de estudio de la historia del urbanismo, que también lo es, sino que se proyecta como referente imprescindible en el futuro de la práctica urbanística.

4. La necesidad de una lectura sintética de la teoría urbanística de Cerdà desde una perspectiva actual

La *Teoría general de la urbanización*, a pesar de ser publicada por la Imprenta del Congreso de Diputados en Madrid en 1867, es bastante desconocida. Este es el primer tratado moderno del urbanismo, pero es un documento de 800 páginas sin ninguna imagen, ya que el *Atlas* que lo acompañaba se perdió. Pese a ser impreso desde una instancia oficial como el Congreso de Diputados, con el objetivo de erigirse en un manual para la construcción de ensanches de poblaciones en España, su difusión quedó paralizada, hasta el punto de que, en 1968, el economista y político Fabián Estapé, recuperador de la obra de Cerdà con la publicación en facsímil de la *Teoría general de la urbanización* y de una biografía suya,[53] solo localizó cuatro ejemplares de la obra. Aunque la obra se publicó en facsímil en francés (en parte) y en inglés,[54] el proceso de recuperación es todavía insuficiente, porque se requiere una visión del contexto del personaje y su obra. Esta publicación es un intento de hacer accesible y comprensible la obra teórica de Cerdà y su aplicación práctica, que es fundamental para una buena valoración de cualquier aportación urbanística.

Para ello, en primer lugar, se ha realizado el esfuerzo de poner en contexto la obra de Cerdà para entender dónde, cómo y por qué surge (cap. II). En segundo lugar, se han extraído los textos y las imágenes que hacen comprensible su aportación teórica. Para encuadrar sus aportaciones en un marco actual, con una visión ambiental, introducimos el concepto de independencia y su visión sistémica (cap. III). Cerdà ofrece un análisis caracterizado por la analogía del sistema urbano con el cuerpo humano y su fisiología, por un planteamiento de dualidades en equilibrio (estancia-movimiento; individuo-sociedad, independencia-relación) y por el recurso a la fractalidad (departamento de habitación, casa, ciudad, comarca). Su respuesta se centra en la analogía con el sistema del cuerpo humano y su fisiología y en una visión de la relación del sistema urbano con su entorno, siguiendo la tradición de Vitruvio, que consideraba los efectos de la luz, la temperatura, la ventilación, etc. Esta aproximación sistémica *avant la lettre* nos permite poner en valor sus aportaciones.

A continuación, hemos planteado una lectura transversal a partir de la TGU desde una lectura del urbanismo de las redes que la hace mucho más actual y pertinente (cap. IV: características cinética y topológica; capítulo V: característica adaptativa).

Nuestra opción es extraer los textos centrales de la TGU junto con aquellos textos e imágenes previos que Cerdà elabora y que son la base para la redacción de la TGU. La TGU está publicada en facsímil en Cerdà (1971). Las citaciones, de ahora en adelante, incluyen página y párrafo de esta publicación (el párrafo se ha numerado correlativamente). Estos textos son:

– Memoria del Anteproyecto de Ensanche de Barcelona de 1855 (MAEB). Las obras: TVU y NEC estan publicadas en facsímil en Cerdà y Madrid (1991). Las citaciones incluyen, de ahora en adelante, página y párrafo de esta publicación.

– Teoría de construcción de ciudades de 1859, presentada como Memoria del Proyecto de Reforma y Ensanche de Barcelona (TCC).

– Teoría de vialidad urbana de 1861, presentada como Memoria del Proyecto de Reforma de Madrid (TVU). Las

obras: TVU y NEC estan publicadas en facsímil en Cerdà y Madrid (1991). Las citaciones incluyen, de ahora en adelante, página y párrafo de esta publicación.

junto con escritos menores, pero no por ello menos fundamentales, como:

– "Necesidades de la circulación" (1863), donde define el tramo y el cruce a escala de proyecto (NEC).

– "Cuatro palabras" (1861), donde formaliza el sistema de reparcelación (CP).

– Ordenanzas de Construcción del Ensanche de Barcelona (1860), donde formaliza los elementos del futuro modelo de manzana (OCB).[55]

– "Pensamiento económico" (1860), donde fundamenta la Comisión de Ensanche como instrumento gestor de la construcción del Ensanche y donde razona el mecanismo de reforma urbana (PEC).

Todos estos textos sirven a Cerdà para articular su teoría urbanística de aplicación al caso de Barcelona (v. fig. 6).

En el guion de la TGU, se explicita la estructura de su pensamiento. Siguiendo el índice y observando los cuatro libros en que se divide el tratado, se observa que Cerdà sigue un proceso caracterizado por:
– un análisis del origen y la causa de la urbanización,

– un análisis de la evolución histórica de la urbanización,

– un estudio analítico de los elementos que constituyen la urbanización y

– un tratado sobre la influencia ejercida por los medios de transporte a lo largo de la historia de la urbanización.

De la lectura del índice de la TGU se desprende con claridad que los cuatro libros se articulan a través del concepto de vía-intervías, desde el cual analiza cada uno de los aspectos. Por ello, centraremos nuestra lectura de la obra de Cerdà desde esta perspectiva.

En cualquier caso, vamos a partir del concepto de urbanización de Cerdà:

"La urbanización se encuentra constituida y funcionando donde quiera que exista un grupo de albergues más o menos perfectos, más o menos numerosos, más o menos distantes entre sí, cuyo agrupamiento tenga por objeto y llene el fin de establecer relaciones y comunicaciones entre unos y otros." (TGU, 1867; p.44, § 71).

Esta perspectiva es una aportación original y actual de la concepción urbanística, al considerar que el punto de partida de la urbanización son las relaciones establecidas entre los albergues. La preponderancia que otorga a las relaciones en su teoría nos indica la pertinencia de un análisis desde las redes y sus tres características esenciales: cinética, topológica y adaptativa.

Para el desarrollo de este análisis, en primer lugar, retomaremos la noción de relación desde una perspectiva cinética (cap. IV), desarrollada a través de los conceptos cerdanianos de comunicatividad y vialidad. Cerdà intuye una nueva civilización, caracterizada por el movimiento y la expansión, frente a una sociedad tradicional que estaba estructurada por el quietismo. En su TGU, la comunicatividad da vida a un organismo urbano articulado a partir de las relaciones. Por ello, nos centramos en las consecuencias para la forma urbana que tiene la conexión de las urbes a la vialidad universal. Por otra parte, Cerdà plantea una aproximación urbanística desde una perspectiva topológica de redes: un equilibrio entre aislamiento y relación, expresado a través de las componentes respectivas del intervías y del sistema viario. Cerdà reconstituye una lectura de la forma urbana de las viviendas a través de la topología que define el sistema vías-intervías a distintas escalas y en su evolución en el tiempo.

Una de las aportaciones de Cerdà que le dan una gran actualidad es que ofrece una lectura de la urbanización desde la topología de las redes de las calles (espacios de movilidad) que integra con las manzanas (espacios de estancia).

La perspectiva adaptativa a las nuevas condiciones cinéticas plantea a Cerdà la necesidad de diseñar una nueva topología para la urbanización. Cerdà parte del análisis del sistema viario y posteriormente profundiza en el albergue. El concepto vía-intervías se convierte así en el instrumento de síntesis, generado a partir de la noción de aislamiento asociado al recinto, articulado por la relación a través de un sistema de vialidad que le trasciende. La apuesta de Cerdà por una lectura de la urbanización como una dualidad aislamiento-relación es el eje central de su teoría urbanística y una de sus aportaciones más trascendentales.

Desde esta perspectiva, nos interesaremos por una lectura original de la historia de la urbanización, de la evolución del objeto vía-intervías, según la introducción de los distintos modos de transporte propuesta por Cerdà (cap. V). A partir de su lectura detallada, analizaremos los efectos que genera la introducción de las nuevas posibilidades de conexión que ofrecen el transporte y la comunicación. Los procesos de jerarquización del sistema viario, tanto en sección como en el propio sistema, y el proceso de trituración de los intervías, nos permitirán caracterizar la concepción urbanística de Cerdà, donde la transformación significativa de las relaciones de estancia y movilidad se convierte en el objeto central de análisis.

A continuación, estudiaremos la relación entre campo y ciudad, centrada en la dualidad entre urbanizar lo rural y ruralizar lo urbano. La cuestión central para Cerdà es cómo tratar la densidad y la trituración de los tejidos, preservar la independencia y asegurar la sociabilidad (cap. VI).

Para ello, empezaremos por el análisis del control de la trituración en el intervías, el solar, la casa y la habitación. Observaremos cómo sus propuestas se sitúan inicialmente en una perspectiva higienista, articulada en torno al concepto de cubo atmosférico y que posteriormente evolucionarán hacia un concepto más global de independencia. Cerdà ya ha introducido la topología de las vías y los intervías, que ahora analiza desde la perspectiva de la relación entre continente y contenido a través de la funcionomía urbana. Cerdà presenta todos estos conceptos en el primer tomo de su TGU. Y en el segundo los aplica al tejido de la ciudad amurallada de Barcelona. En esta parte, se analizará el concepto de densidad y su relación con las condiciones de vida y económicas. He aquí el origen y la motivación de la obra de Cerdà, que surge de las nefastas condiciones higiénicas de la ciudad, de la incapacidad de la nueva clase trabajadora para poder sustentar con el sueldo sus necesidades de vivienda y alimentación, que llevaron a la famosa huelga de Barcelona de 1855, en que Cerdà actuó de mediador del conflicto. Un resultado de esta experiencia fue la redacción de la *Monografía de la clase obrera* en 1856, que sería la base de lo que denominó "contenido", entendido como la población y sus necesidades, que más tarde reproduciría en la TGU (1867). Cerdà aporta la deducción razonada de los intervías, que aseguran el principio de independencia, y la organización del sistema de vialidad y de equipamientos, que asegura la sociabilidad y da sentido a la aglomeración.

En el siguiente capítulo (cap. VII), valoramos su teoría contrastándola con la experiencia del Ensanche como campo de análisis, así como la disciplina urbanística actual desde los conceptos aportados por Cerdà. Por ello, analizamos los principios e instrumentos del proyecto ejecutivo del Ensanche, así como los mecanismos de transacción/transición, para analizar la evolución entre el proyecto y su realización. Para ello utilizamos el análisis del desarrollo de las formas urbanas y su evolución en el contexto de las interacciones entre parcelación (P), edificación (E) y urbanización (U). Asimismo, nos adentramos en el análisis de la cuadrícula y su ejecución, y los mecanismos que han permitido su vigencia a lo largo de un siglo y medio. La vivienda y los intervías y su densificación, la generación de un sistema de equipamientos, la generación de parques y jardines, los déficits, la coexistencia de la vivienda con el comercio y la industria y las conexiones a la vialidad universal se analizan desde la perspectiva de su capacidad de implementación, así como desde su gestión, en que la Comisión del Ensanche ha sido el instrumento de gobierno que ha permanecido durante casi un siglo (1860-1953). Finalmente, en este capítulo analizamos también los procesos de densificación y la comprensión de este proceso, pese a la apuesta de Cerdà por controlar la densidad. En este sentido, interesa el debate actual sobre qué significa un tejido saludable en un contexto de alta densidad y la necesidad de reorganizar el verde en un contexto de reorganización del sistema viario siguiendo el principio cerdaniano de independencia de los modos de transporte.

En el capítulo final (cap. VIII), además de sintetizar las aportaciones de Cerdà, nos planteamos una relectura de su obra desde la actualidad. La TGU y la experiencia urbanizadora de Barcelona con Cerdà son un referente del urbanismo de la modernidad. Además, los principios que lo han inspirado y los instrumentos que lo han posibilitado siguen siendo actuales y pertinentes, adaptados al nuevo contexto de postmetrópolis, siguiendo la nomenclatura propuesta por Soja, en el marco de la cuarta revolución urbana en ciernes.

Notas

1   SOJA, Edward (2000): *Postmetropolis: Critical Studies of Cities and Regions*. Los Ángeles: Blackwell Publishing. ISBN: 1577180011

2   SOJA, Edward (2000): Op. cit.

3   GARCÍA-BELLIDO, Javier (1994). "Inicios del lenguaje de la disciplina urbanística en Europa y difusión internacional de la «urbanización» de Cerdá" En: AAVV. (1994): *Homenaje a Antonio Bonet Correa*. Madrid: Revista de la Universidad Complutense & Xunta de Galicia.

4   CERDÀ, Ildefons [1867] (1971): *Teoría general de la urbanización*. Madrid: Imprenta Española, 186 7, 2 vols. En: ESTAPÉ, Fabián (1971): *Teoría general de la urbanización. Estudio sobre la vida y obra de Ildefonso Cerdá*, vol. I, II y III. Madrid, Instituto de Estudios Fiscales, 1971.

5   CHOAY, Françoise (1980): *Op. cit.*

6   CERDÀ, Ildefons [1867] (1979): La théorie générale de l'urbanisation. Edición presentada y adaptada por Antonio López de Aberasturi. París: Seuil. ISBN: 2020052407.

7   CERDÀ, Ildefons [1867] (2018): General theory of urbanization 1867. Guallart, V. (ed.). Barcelona: Actar.

8   FONTANA, Josep (1973): *Cambio económico y actitudes políticas en la España del siglo XIX*. Barcelona: Editorial Ariel.

9   MARX, K.; ENGELS, F. (1973):. *Revolución en España*. Barcelona: Ariel, 222 p.

10 Saint-Simon, Claude Henri de Rouvroy, Comte de. Encyclopædia Britannica, vol. 24. 1911. Fecha de consulta: 11 de noviembre de 2023.

11 DALMAU I PALET, Pol (2012): *La Societat Econòmica Barcelonesa d'Amics del País 190 anys d'història (1822-2012)*. Barcelona: Societat Econòmica Barcelonesa Amics del País.

12 GRANJEL, Mercedes (1983): *Pedro Felipe Monlau y la higiene española del siglo XIX* Salamanca: Universidad de Salamanca, 172p.

13 FIGUEROLA, Laureano [1849] (1993): *Estadística de Barcelona en 1849*. Barcelona: Impr. y Libr. Politécnica de Tomás Gorchs, 1849 (Ediciones facsímil: Madrid: Instituto de Estudios Fiscales, 1968; Barcelona: Editorial Alta Fulla, 1993).

14 GARCIA BELLIDO, Javier & MANGIAGALLI, Sara (2008). *Pascual Madoz y el derribo de las murallas en el albor del Ensanche de Barcelona*. Barcelona quaderns d'història, 165-205.

15 FRANQUET, Ciril (1864): *Ensayo sobre el origen, espíritu y progreso de la Legislación de Aguas*. Madrid, 2 vols.

16 PI I MARGALL, Francesc (1854): *La reacción y la revolución*. Publicaciones de La Revista Blanca.

17 MAGRINYÀ, Francesc (1999): Las influencias recibidas y proyectadas por Cerdà. Ciudad y Territorio. Estudios Territoriales, vol. XXXI, tercera época, 119-120: 95-117, primavera-verano. Disponible en https://recyt.fecyt.es/index.php/CyTET/article/view/85565

18 Se ha publicado una versión en facsímil. BRANCH, Melville C.; Society for the Diffusion of Useful Knowledge (1978): Comparative urban design: rare engravings, 1830-1843. Nueva York: Arna Press. ISBN: 040510524X. Reedición de planos publicados entre 1830 y 1844 por el superintendente de la Society for the Diffusion of Useful Knowledge (Londres).

19 COELLO, Francisco (1847-1870): Atlas de España y sus posesiones de Ultramar. En: MADOZ, Pascual (1845-1850): Diccionario geográfico-estadístico-histórico de España y sus posesiones de Ultramar, 16 vols. Madrid: Establecimiento Literario-Tipográfico de P. Madoz y L. Sagasti.

20 CERDÀ, Ildefons (1875) (1991). Indice cronológico, 1875. En: *Cerdà i Barcelona* (1991: 633-655).

21 ESTAPÉ, Fabián (1992): "Dues dècades d'impuls". En: LABORATORI D'URBANISME (1992): *Treballs sobre Cerdà i el seu Eixample a Barcelona. Readings on Cerdà and the Extension Plan of Barcelona*. Barcelona: Ayuntamiento de Barcelona; MOPU-Dirección General de Acción Territorial y Urbanismo, pp. 12-17. ISBN: 8476095171

22 De la Exposición internacional de Londres se dispone de la publicación de Figuerola: FIGUEROLA, Laureano (1851): *Informe sobre la Exposición Universal de la Industria verificada en Londres*. Barcelona: Impr. Tomás Gorchs. En el caso de la Exposición de París de 1855, el tema oficial fue: *Exposition Universelle des produits de l'Agriculture, de l'Industrie et des Beaux-Arts de Paris 1855*. A ella estuvieron vinculados sansimonistas como los Pereire con quienes Cerdà establecería contacto en su viaje a París en 1856-1858.

23 MAGRINYÀ, Francesc (2009): Cerdà, un tècnic modern: constructor de ciutat i gestor d'infraestructures de comunicacions i serveis urbans. En: NAVAS, Teresa (ed.) (2009) *La política pràctica: Cerdà i la Diputació de Barcelona*. Barcelona: Diputación de Barcelona, pp. 103-115. ISBN: 8498033381

24 SORIA, Arturo (1996): Cerdà: las cinco bases de la teoría general de la urbanización. Barcelona: Electa. ISBN: 8481560642

25 SORIA, Arturo (1996): Op. cit., pp. 40-42.

26 RIQUER, Borja de (2002): Acció política i pensament dels conservadors liberals catalans. De Martí d'Eixalà a Duran i Bas. Barcelona

Quaderns d'Història. Núm. 6, p. 201-215. Disponible en https://raco.cat/index.php/BCNQuadernsHistoria/article/view/105328

27 SORIA, Arturo (1996): *Op. cit.*

28 GRAU, Ramon. LÓPEZ, Marina (1988): *Exposició Universal de Barcelona. Llibre del centenari 1888-1988*. Barcelona: L'Avenc.

29 PUIG I CADAFALCH, Josep (1927): *La Plaza de Catalunya*. Barcelona: Catalonia.

30 PUIG Y ALFONSO, Francesc (1930): "Génesis del Ensanche de Barcelona". En: *Curiositats barcelonines*. Barcelona: Llibreria Puig, pp. 3-91.

31 PLA, Josep (1956): *Barcelona, una discusión entrañable*. Barcelona: Destino.

32 ESTAPÉ, Fabián (1992): *Op.cit. Readings on Cerdà and the Extension Plan of Barcelona*. Barcelona: Ayuntamiento de Barcelona, MOPU-Dirección General de Acción Territorial y Urbanismo, pp. 12-17. ISBN: 8476095171.

33 NADAL, Francesc (1989): "Urbanisme i ideologia: La polèmica entorn d'un projecte de monument a Cerdà", En: *Historia Urbana del Pla de Barcelona*. Barcelona: Ajuntament de Barcelona.

34 FLORENSA, A. (1959): *Ildefonso Cerdá: el hombre y su obra*. Edición de homenaje del Ayuntamiento de Barcelona, con motivo del centenario de la aprobación del Proyecto de Ensanche (1859-1959). Ayuntamiento de Barcelona.

35 SORIA Y PUIG, Arturo (1979): *Ildefonso Cerdá, hacia una teoría general de la urbanización*. Madrid: Colegio de Ingenieros de Caminos, Canales y Puertos & Turner.

36 CHOAY, Françoise (1980): *Op. cit.*

37 REVISTA DE OBRAS PÚBLICAS (1856): "Anteproyecto para el ensanche de la ciudad de Barcelona". *Revista de Obras Públicas*, vol. 4(4-6): 57-62.

38 MAGRINYÀ, Francesc; TARRAGÓ, Salvador (eds.) (1994): Catálogo de la exposición "Mostra Cerdà. Urbs i territori", septiembre 1994-enero 1995. Barcelona: Electa. ISBN: 8481560677

39 MAGRINYÀ, Francesc; TARRAGÓ, Salvador (eds.) (1994): *Op. cit.*

40 SORIA, Arturo (1996): *Op. cit.*

41 MAGRINYÀ, Francesc (2002): La théorie urbanistique de Cerdà et son application à l'Ensanche" de *Barcelone: une genèse d'urbanisme de réseaux*. Tesis doctoral leída en la École Nationale des Ponts et Chaussées; Université de Paris I. París, mayo de 2002.

42 SOLA MORALES, Manuel (de) (1974): *Las formas de crecimiento urbano*. reedición en Ediciones UPC (ver Laboratorio de Urbanismo, "Los Ensanches" en Los ensanches (I). El ensanche de Barcelona;

43 AA.VV. (1990): *La formació de l'Eixample de Barcelona. Aproximacions a un fenòmen urbà*. Barcelona: Olimpiada Cultural & L'Avenç; GARCÍA-BELLIDO, Javier (dir.) (2004): *Cerdà y su influjo en los ensanches de poblaciones*. Madrid: Ministerio de Fomento, 413 p. Reedición del n.º monografía doble de CyTET, vol. XXXI, nº 119-120, 1999, con bibliografía compilada.

44 GRAU, Ramon (2012): "Trenta anys de congressos per a vint segles de vida urbana. Una crónica". En: *Barcelona Quaderns d'Història*, [en línea], 2012, Núm. 18, p. 9, https://raco.cat/index.php/BCNQuadernsHistoria/article/view/261832

45 GRAU, Ramon (coord.) (2008): *Cerdà i els altres. La modernitat de Barcelona 1854-1874*. Barcelona: Institut de Cultura de Barcelona-Ajuntament de Barcelona, (ISSN: 1135-3058).

46 Las cuatro exposiciones más destacadas son: MAGRINYÀ, F.; MARZA, F. (2009): *Cerdà. 150 años de modernidad*. Barcelona: Edicions ACTAR, 320 p.; BUSQUETS, Joan; COROMINAS, Miquel (eds.) (2009): *Cerdà y la Barcelona del futuro. Realidad versus Proyecto*. Barcelona: CCCB y Dirección de Comunicación de la Diputación de Barcelona; NAVAS, Teresa (ed.) (2009): *La política pràctica: Cerdà i la Diputació de Barcelona*. Barcelona, Diputació de Barcelona; LOPEZ GUALLAR, Marina (ed.) (2010): *Cerdà i Barcelona. La primera metròpoli, 1853-1897*. Barcelona: MUHBA, Ayuntamiento de Barcelona, Instituto de Cultura y SECC Barcelona. También destaca la publicación: MONTANER, C.; NADAL, F. (2010): *Aproximacions a la història de la cartografia de Barcelona*. AHCB. Ayuntamiento de Barcelona; Instituto Cartográfico de Cataluña, Generalitat de Catalunya.

47 DUPUY, Gabriel (1991): *L'urbanisme des réseaux*. París: Armand Colin. Traducida al castellano: DUPUY, G. (1997): *El urbanismo de las redes. Teorías y métodos*. Barcelona: Oikos-Tau. En el marco de la preparación de esta obra, Gabriel Dupuy recopila una antología de textos fundadores de una visión del urbanismo de redes, cuyo texto inicial es un extracto de la *Teoría general de la urbanización* de 1867. *Vid.* DUPUY, G. (1989): "Réseaux: Anthologie 1781-1963". *FLUX*, número especial. GDR 903 Réseau, CNRS.

48 CHOAY, Françoise (1965): *L'urbanisme: utopies et réalités*. París: Seuil.

49 Este concepto se analizará en el Capítulo III. Para más información: MANDELBROT, Benoît (1982): *The fractal geometry of nature*. Freeman Press. Traducción al castellano: MANDELBROT, Benoît (1997): *La geometría fractal de la naturaleza*. Barcelona: Tusquets.

50 DUPUY, Gabriel (1991): *L'urbanisme des réseaux: théories et methodes*. París: Armand Colin. ISBN: 2200312946. DUPUY, G.; VAN SCHAICK, J.; KLAASEN, I. (2008): *Urban networks: network urbanism*. Vol. 7. Ámsterdam: Techne Press. ISBN: 9789085940197

51 CASTELLS, Manuel (1996): The rise of the network society. The information age: economy, society and culture. Vol. I. Cambridge: MA; Oxford: Blackwell. ISBN: 1557866171

52 GRAHAM, Stephen.; MARVIN, Simon (2001): Splintering urbanism: networked infrastructures, technological mobilities and the urban condition. Londres: Routledge.

53 ESTAPÉ, Fabián (1971): *Teoría general de la urbanización. Estudio sobre la vida y obra de Ildefonso Cerdá*. Vol. I, II y III. Madrid, Instituto de Estudios Fiscales.

54 CERDÀ, I. [1867] (1979): Op. cit.; CERDÀ, I. [1867] (2018): Op. cit.; SORIA (1996): Op. cit.

55 Para una mejor comprensión de los antecedentes de las Ordenanzas en Barcelona y el impacto de este documento en la construcción del Ensanche, véase: SABATÉ BEL, Joaquim (1990): Vers l'ordenança de l'Eixample. En: AA.VV. La formació de l'Eixample de Barcelona. Aproximacions a un fenomen urbà. Barcelona : Olimpíada Cultural y L'Avenç.

II. LA APARICIÓN DE UNA TEORÍA URBANÍSTICA EN EL CONTEXTO DE LA REVOLUCIÓN URBANA INDUSTRIAL

1. La revolución urbana industrial en Barcelona

2. La modernización política y técnica asociada a la revolución urbana en Barcelona

3. El pensamiento de Cerdà en el contexto de la revolución urbana

4. La formalización de una propuesta urbana: el Proyecto de Reforma y Ensanche de Barcelona

5. La formalización de una propuesta territorial: la ley de irradiación aplicada a la provincia de Barcelona

6. La aportación política y científica de Cerdà a la revolución urbana de Barcelona

1. La revolución urbana industrial en Barcelona

La teoría urbanística de Cerdà se sitúa claramente en la tercera revolución urbana, que podemos situarla entre la Revolución francesa de 1789 y la crisis del petróleo de 1973. En ella, es clave el concepto de modernización, que tiene múltiples acepciones. En nuestro caso, tomaremos la versión de Capel:[1]

> "La modernización tiene que ver, evidentemente, con la modernidad y, sobre todo, con lo moderno, algo que, a su vez, está íntimamente ligado a la idea de progreso. Moderno expresa la aceptación de que la sociedad puede mejorar y superarse, siempre con respecto a otro estadio anterior, que se considera de menor perfección. La aceptación de la idea de modernidad implica, así, la de marcha ascendente y progresiva de la historia, y es típica del pensamiento europeo."

Esta revolución urbana se caracteriza por un proceso evolutivo, asociado a las revoluciones tecnológicas del vapor y del ferrocarril a mediados del siglo XIX, de la electricidad y el tranvía a finales del siglo XIX y principios del XX, y del petróleo y el automóvil tras la II Guerra Mundial.[2] La aparición de las metrópolis de la tercera revolución urbana se produce, pues, en el marco de la modernidad y el capitalismo urbano-industrial, desarrollados fundamentalmente a partir del siglo XIX y durante una gran parte del siglo XX.

En paralelo, esta revolución urbana implica, además de revoluciones tecnológicas, una transformación económica, política, social e institucional. Pasar de una sociedad estamental, asociada al antiguo régimen, a una sociedad burguesa, en que los nuevos referentes son el capitalismo y la propiedad privada, implica una transición institucional y de representación social.[3] La revolución urbana genera, además, un acelerado proceso de emigración del campo a la ciudad. Si en el período anterior había un cierto equilibrio entre campo y ciudad, la revolución urbana de los siglos XIX y XX implica un cambio de una sociedad rural a una sociedad industrial, y más tarde a una sociedad de servicios.

A Cerdà le toca vivir la tercera revolución urbana en España, que ya llevaba unas décadas en Francia. La modernización de la sociedad española y catalana, a la cual se vincula la revolución urbana de Barcelona, va asociada a un progreso institucional, político y social, que implica avances y estancamientos, para lograr un nuevo avance, de forma reiterativa. El movimiento de las Cortes de Cádiz (1810-1814), el Trienio Liberal (1820-1823), la Regencia de Espartero (1840-1843), el Bienio Progresista (1855-1856), el Sexenio Liberal y la I República (1868-1875) son períodos de cambios, mientras que los periodos intermedios son de consolidación, como la década moderada (1844-1854),[4] en que se prepara el Bienio Progresista, y la crisis del moderantismo (1856-1868), que decanta el sexenio revolucionario y la I República como puntos culminantes de este esfuerzo transformador y modernizador de la revolución liberal.

Cerdà vive plenamente este impulso y se vincula a sus protagonistas desde que ingresa en la Escuela de Ingenieros de Caminos de Madrid hasta su muerte en 1876, que coincide con el final de la I República (1875). Cuando Cerdà llega a Barcelona en 1834, la ciudad vive los conflictos derivados de la entrada de la máquina de vapor y, en especial, de la introducción de un capitalismo industrial, asociado a la consolidación de la sociedad capitalista, que se plantea según una dualidad entre capital y trabajo. En esta lectura dialéctica, parece oportuno el balance que propone Fontana:[5]

"Sostengo la teoría, creo que bastante razonable, que desde los tiempos de la Revolución francesa las sociedades capitalistas avanzadas han vivido en una cultura de pactos y concesiones, generalmente a través de la mediación de los sindicatos, con el propósito de dar alguna satisfacción a las demandas de los de abajo para evitar una auténtica revolución que diera la vuelta a las cosas en el terreno económico, como la Revolución francesa las había dado la vuelta en el político, acabando con la monarquía absoluta y el feudalismo. Por decirlo sencillamente: desde la Revolución francesa hasta 1970, las clases dominantes de nuestra sociedad vivieron atemorizadas por fantasmas que les perturbaban el sueño, haciéndoles temer que podían perderlo todo a manos de un enemigo social: primero fueron los jacobinos, después los carbonarios y los masones, más adelante los anarquistas, los comunistas finalmente. Eran amenazas fantasmales, de revoluciones imposibles; pero el miedo era auténtico."

La revolución liberal desarrollada a mediados del siglo XIX en España está liderada en las posiciones de avance por liberales progresistas que formulan propuestas de reforma social. Siguiendo el esquema de Fontana, a mediados del siglo XIX la influencia jacobina ya es más que evidente, y se vive el influjo de los carbonarios y los masones. Durante este período, Cerdà entrará claramente en contacto con una red de personajes claves del liberalismo del siglo XIX, con presencia política, especialmente como diputados en el Congreso, con espíritu científico y voluntad reformadora, en una perspectiva de progreso desde la modernidad. En los períodos de avance que le toca vivir a Cerdà, tienen un rol muy preponderante personajes como Monlau, Madoz, Figuerola y Franquet, muy próximos política y familiarmente, tal como veremos a continuación, y que son centrales para la revolución urbana de Barcelona.

La aparición de la Ilustración impacta primero en la sociedad inglesa y, más tarde, en la francesa, con la Revolución de 1789. El pensamiento ilustrado llega a España de forma clara a finales del siglo XVIII y uno de sus referentes de esa época en Barcelona será Antonio Campmany, que reconstruirá una mirada histórica desde la Ilustración en sus *Memorias históricas sobre la marina, el comercio y las artes de la antigua ciudad de Barcelona*, obra de 1779[6] citada por Cerdà. La entrada del pensamiento ilustrado, racional y científico, con un espíritu reformador e implicado, irá tomando cuerpo en la vida pública.

En una primera fase, Balmes[7] y Monlau,[8] asociados al período de la Regencia de Espartero (1840-1843), lanzan la idea de destruir las murallas para crear una ciudad ilimitada. Más tarde, durante la década moderada,[9] Madoz y Figuerola lideran, con su espíritu científico, la nueva mirada científica que va a impulsar la teoría urbanística de Cerdà, con dos publicaciones clave: el *Diccionario geográfico-estadístico-histórico de España y sus posesiones de Ultramar* de 1845-1850, de Pascual Madoz,[10] y la *Estadística de Barcelona* de 1849, de Laureano Figuerola.[11] Todo ello decantará, en el Bienio Progresista (1854-1856) y en los años posteriores, la ejecución de la destrucción de las murallas y la extensión de la ciudad, lideradas por Pascual Madoz primero y después por Ciril Franquet como gobernadores civiles.

En una segunda fase, con el trabajo continuado de la Comisión de Estadística (1845-1870); de la desamortización de Madoz de 1855, continuadora de la de Mendizábal de 1835, y de los trabajos topográficos liderados por Coello a partir de 1858,[12] se realizará un salto territorial que establecerá las bases para la modernización económica del país, vinculada al desarrollo de la cartografía y la estadística.[13] La construcción del Estado liberal implicaba introducir impuestos a la propiedad privada y, para ello, era necesario cartografiar el territorio y construir la maquinaria que debería financiar el Estado liberal.

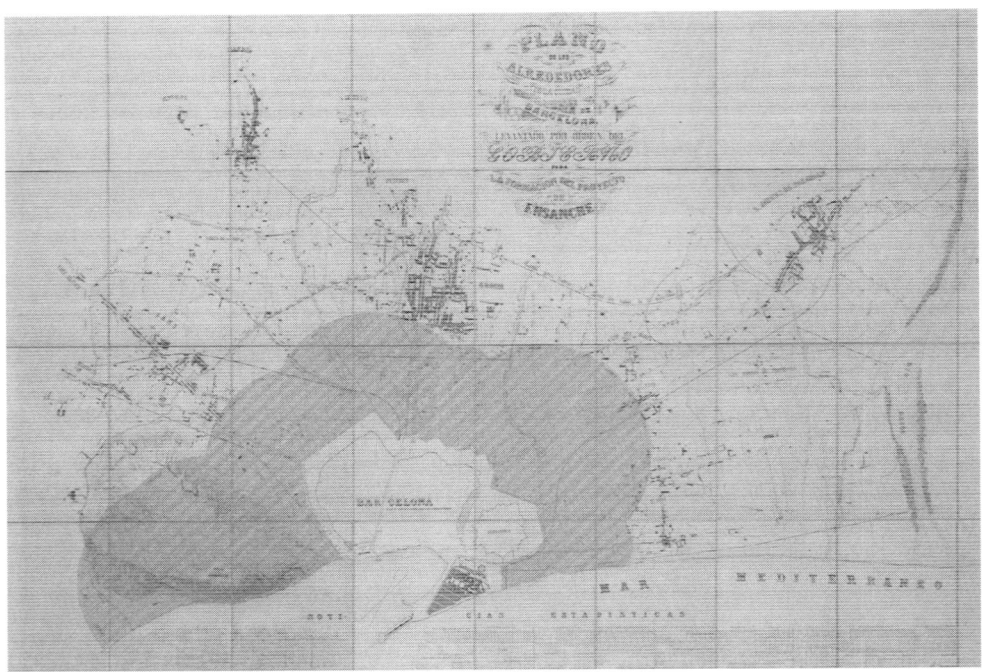

Figura 11. Plano topográfico de los alrededores de Barcelona con indicación del sector no edificable situado entre los recintos de murallas y un ancho de 1.250 m a su alrededor.
Fuente: Elaboración propia.

En este contexto, cabe destacar una primera oleada capitalista, liderada por las concesiones ferroviarias y las sociedades anónimas que permitía la nueva legislación, y que emprende una conquista territorial.[14]

La transformación del territorio se consolidará más tarde, pero en el Sexenio Revolucionario (1868-1874) se pondrán las bases para esta modernización. Uno de los actores clave será Laureano Figuerola, como ministro de Hacienda, que bajo el gobierno de Joan Prim logra avances institucionales de referencia, como el proyecto de reducción de aranceles y la creación de una moneda única, la peseta, elementos que consolidarán el liderazgo de la metrópolis de Barcelona sobre el mercado español.[15]

Cerdà se sitúa en este contexto trascendental de cambio, en que podemos distinguir dos períodos en los cuales su obra y acción acabarán siendo referentes urbanos y territoriales. El primero es la destrucción de las murallas y la aprobación y el desarrollo inicial del *Proyecto de Reforma y Ensanche de Barcelona* de 1859, como documento de planificación de referencia, durante más de un siglo, de la aglomeración urbana de Barcelona. El segundo es el control territorial desde la topografía, la estadística y las nuevas redes de transporte que van a colonizar y transformar el territorio. Podemos afirmar que, para Cerdà, el desarrollo previo de una base geográfica-estadística-histórica de España con el diccionario de Madoz[16]

Figura 12. Vista de la Rambla y el llano de Barcelona desde la iglesia del Pi (1855-1860).
Fotografía: Autor desconocido.
Fuente: Archivo Histórico del Colegio de Arquitectos de Cataluña.

Figura 13. Obras de construcción de la Universidad de Barcelona (1865) y, por detrás, vista del llano de Barcelona. Fotografía: Marcos Sala.
Fuente: Archivo Fotográfico de Barcelona.

14

Figura 14. Demolición del sector occidental de la muralla ejecutada décadas más tarde (1880-1889). Fotografía: Autor desconocido. *Fuente: Archivo Fotográfico de Barcelona.*

Figura 15. Proyecto de Ensanche fortificado alrededor del Paseo de Gracia, presentado por el diputado José Manuel Planas; gráfico del arquitecto Juan Cortés de Rivera, 1846. *Fuente: Archivo Histórico de la Ciudad de Barcelona.*

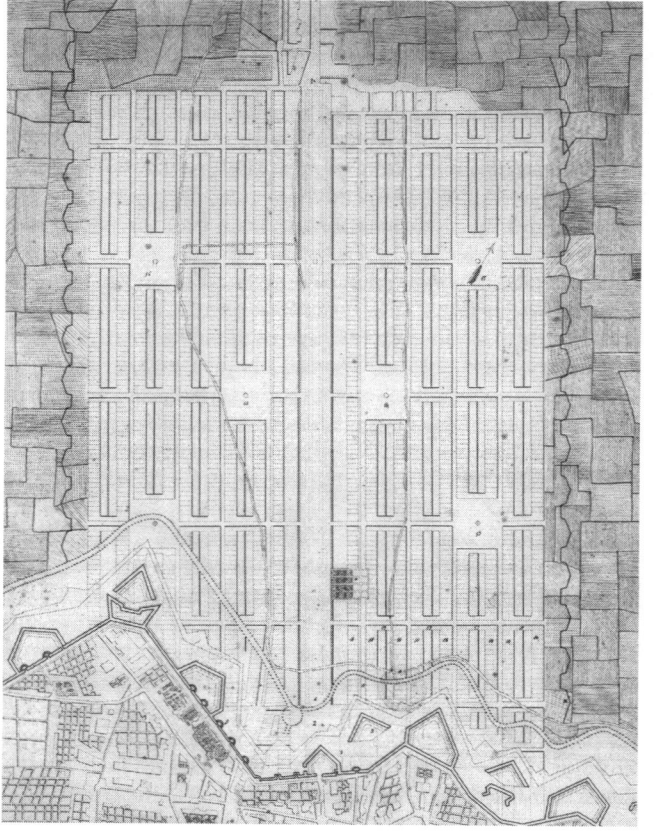

15

y el *Atlas* de Coello,[17] junto con la *Estadística de Barcelona de Figuerola,*[18] serán el soporte técnico de partida para su propuesta urbanística. La construcción de la primera línea de ferrocarril Barcelona-Mataró en 1848[19] y las nuevas líneas ferroviarias que se desarrollarán en las dos décadas siguientes serán los referentes de este salto territorial. Cerdà se une a ellos con el *Proyecto de ferrocarril de Granollers a Sant Joan de les Abadesses para acercar las minas de carbón a Barcelona,* de 1856.[20] Además, Cerdà participa, en tanto que director facultativo de la Sociedad del Fomento del Ensanche, como uno de los promotores de las sociedades anónimas urbanizadoras del Ensanche de Barcelona. Además, participará en las primeras propuestas territoriales de gobernanza de la provincia de Barcelona formuladas alrededor de su teoría de la irradiación, formalizadas por primera vez en la I República, en el marco del *Proyecto de división judicial* de 1872 y, más tarde, del *Proyecto de diez confederaciones de municipios* de 1873,[21] siendo Cerdà presidente de la Diputación de Barcelona.

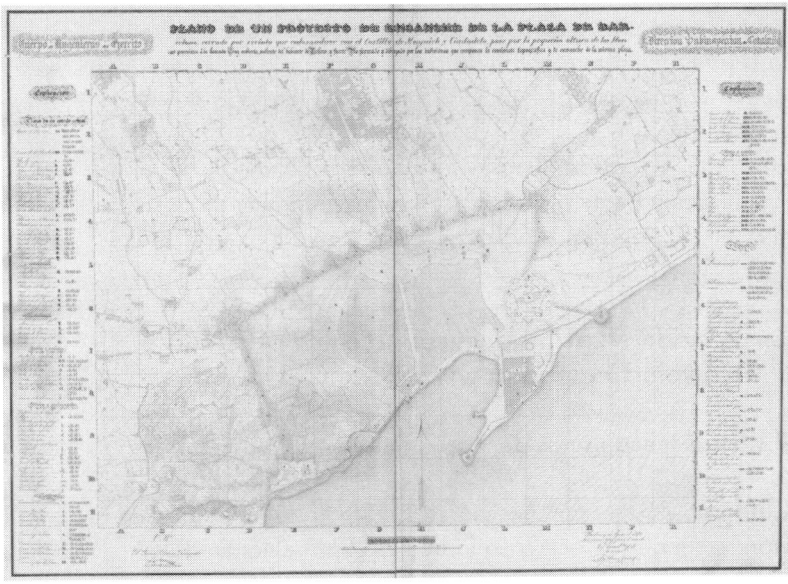

Figura 16. Proyecto de Ensanche limitado por las nuevas fortificaciones hasta Montjuïc (1848) de Manuel Ramón García. Comisión Topográfica y de Ensanche del Cuerpo de Ingenieros del Ejército.
Fuente: Archivo General Militar de Madrid.

Es en ese contexto crucial de transformación urbana y territorial, asociado a la tercera revolución urbana, que puede aparecer un personaje como Ildefons Cerdà y una teoría urbanística y territorial de referencia. Cerdà utilizará el concepto de mejora de la civilización. Para él:

"Es precisamente en la sociabilidad donde se manifiesta la civilización, y si la organización de la sociedad de la época no favorece su mejora, es debido a una administración nefasta, especialmente en las ciudades."[22]

Cerdà se sitúa claramente en una perspectiva en la cual, para una buena modernización urbana, es imprescindible dotar a la Administración de los instrumentos para una mejora urbana de la aglomeración. Para ello, redacta en 1867 la *Teoría general de la urbanización (TGU)*, junto con la *Carta al marqués de Corvera*, en 1875,[23] donde esboza la teoría general de la rurización, que se convertirán en las obras de síntesis teórica de su

producción y en el primer tratado urbanístico de la tercera revolución urbana.[24]

Cabe señalar, además, que en la carta al marqués de Corvera propone que, en cuanto se acabe la tercera guerra carlista, el Gobierno abra enseguida una Cátedra de Urbanización y Rurización Territorial en la Escuela de Caminos o en la de Arquitectura, con asistencia obligatoria de los alumnos de ambas carreras, sin perjuicio de establecer al propio tiempo, en el Ministerio de Fomento, una Dirección especial que esté al servicio tanto del Gobierno central como de las provincias, de las diputaciones provinciales y de los ayuntamientos.[25]

El interés actual de su obra radica precisamente en que la teoría urbanística y territorial de Cerdà sintetiza dos de los elementos clave de esta modernización: la adaptación a las nuevas condiciones de movilidad y comunicación y las propuestas asociadas al proceso de organización de lo urbano a partir de los principios higiénicos y de movilidad. Cerdà propone unas buenas condiciones de habitabilidad, así como el equilibrio entre lo urbano y lo rural. Además, se inician las reflexiones sobre la organización territorial y la gobernanza que debe asegurar la vialidad y los equipamientos en el territorio desde una perspectiva organizativa e institucional, que debería converger en la formulación de una teoría general de la colonización del territorio, tal como describe al final de su vida en su diario personal.[26]

2. La modernización política y técnica asociada a la revolución urbana en Barcelona

2.1. Los mecanismos de modernización de Barcelona

Cerdà se sitúa en una posición centrada en la modernización, en una perspectiva en la que es imprescindible dotar a la Administración de los instrumentos para la mejora urbana de las aglomeraciones y del territorio. Como hemos visto, el contexto en que surge su propuesta se caracteriza por una serie de transformaciones asociadas al proyecto liberal de modernización del país, sin las cuales Cerdà no habría podido consolidar su proyecto. Estas transformaciones se sitúan tanto en el marco institucional como en los diversos instrumentos asociados a la construcción de ciudad. Las transformaciones de referencia previas a la construcción del Ensanche las centramos en los siguientes ejes:[27]

– el rol de los nuevos instrumentos de estadística y cartografía (planos cartográficos, parcelarios y de alineaciones) para el diseño de ciudades burguesas en que la propiedad privada y la generación de riqueza por las actividades agrícolas e industriales son los nuevos elementos centrales.

– la reestructuración de las relaciones de poder, generadoras de una reordenación de las competencias técnicas y políticas.

– el paso del diseño de ciudades defensivas a la proyectación de ciudades industriales, y el consiguiente traspaso de la planificación de las ciudades de los ingenieros militares a los ingenieros de caminos y a los arquitectos.

– la Revolución Industrial y las nuevas tecnologías de comunicación como los motores de un cambio de modelo urbano;

– la necesidad de articular las redes de servicios urbanos y de transporte, en un marco de aparición de nuevos agentes urbanos asociados a las empresas constructoras y gestoras de redes.

Todo ello se ubica en un marco de transformación social y política que implica la revolución urbana. Esta va asociada a la instauración de la propiedad, como nuevo instrumento central de la revolución burguesa, y de la organización política, que ha de pasar de un régimen estamental a un régimen representativo, en que el sistema de sufragio universal democrático va a tardar décadas en formalizarse. La revolución liberal consigue, con la Constitución de 1869, la representación de toda la población masculina, independientemente de los recursos económicos. Pero, con la Restauración, se echa atrás la Constitución de 1876 y no será hasta 1890 que se consolidará el voto mayoritario masculino. Y más tarde, ya bien entrado el siglo xx, en la II República, las mujeres también conseguirán representación, a partir de 1931.

2.2. Elementos tecnológicos para la modernización urbana: los planos topográficos, los planes parcelarios, el sistema de alineaciones y los planos topográficos de infraestructuras

Durante el siglo XVIII, se realiza un gran esfuerzo por cartografiar el territorio y las ciudades a través de la labor del Cuerpo de los Ingenieros Militares.[28] [29]

Figura 17. Plano de la geodésica elaborada en 1792 por Pierre Méchain de ciudades de 1859.
Fuente: Tossal Gros. http://www.tossalgrosastro.com/Mechain.htm

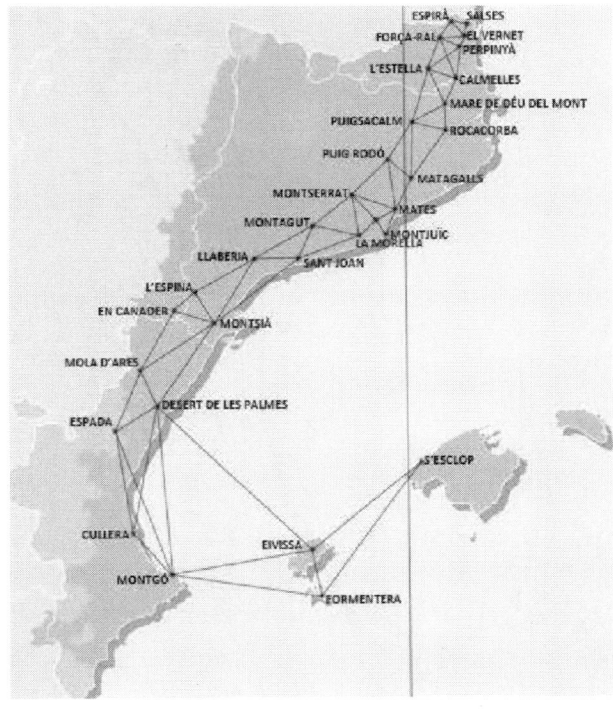

Figura 18. Plano con los puntos sobre los cuales realizó mediciones Méchain en Barcelona durante su estancia: 1. La Torre del Homenaje del Castillo de Montjuïc. 2. La Torre del Reloj del Puerto de Barcelona, antiguo faro del puerto. 3. El campanario norte o Torre de Sant Iu de la Catedral de Barcelona. 4. El terrado del Hostal La Fontana d'Or de la calle de Escudellers (hoy, Avinyó), esquina Ample. 5. Una torre de La Ciutadella.
Fuente: Capdevila, 2010.

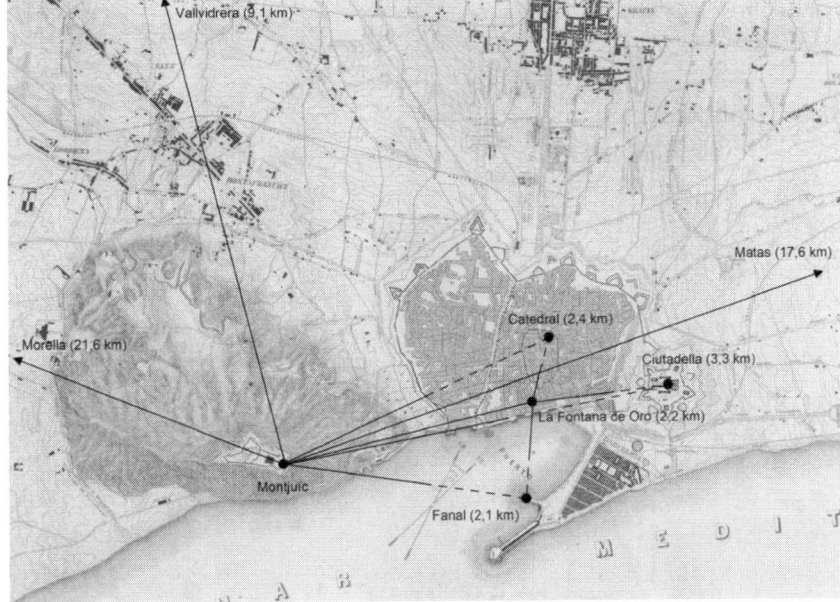

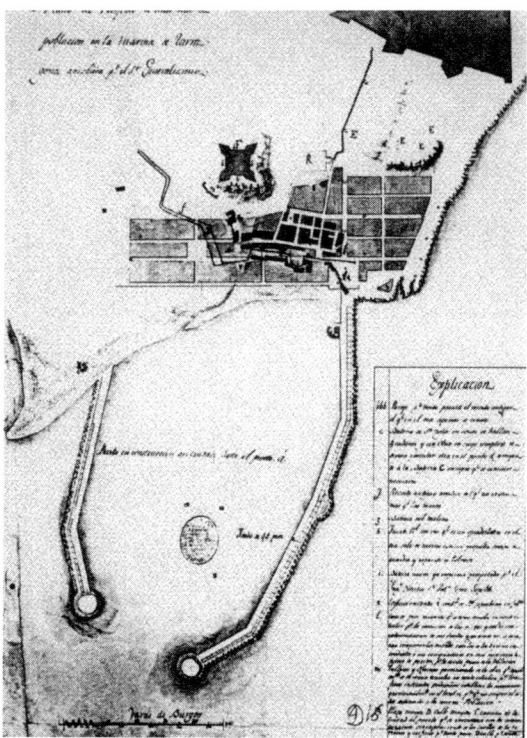

Figura 19. Plan de Ensanche de la ciudad de Tarragona y de las obras del puerto.
Fuente: Juan Smith, 1806, AMN, XXX-19

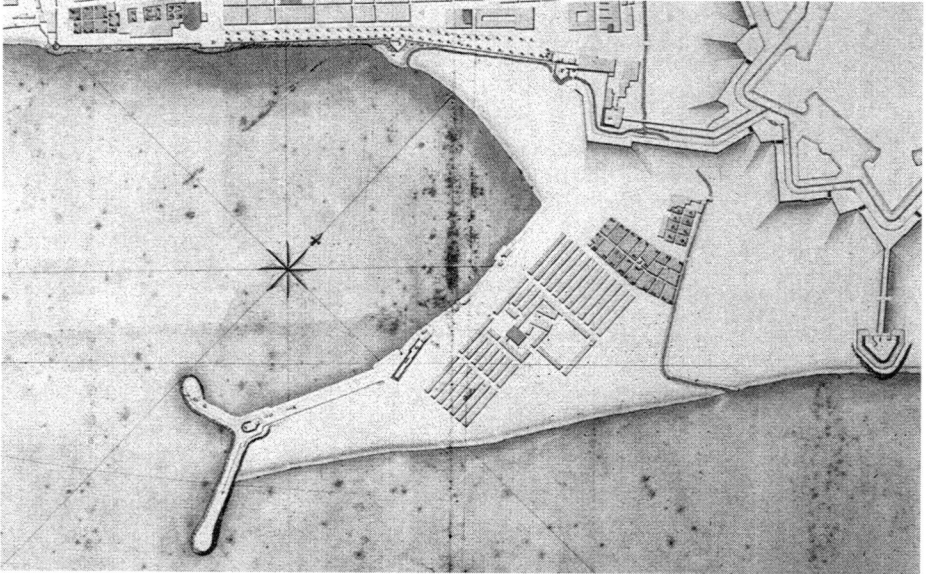

Figura 20. Detalle del plano de la Barceloneta
elaborado en 1745 por Juan Martín Cermeño.
Fuente: SHM, Castell de Montjuïc

Figura 21. Plano de la nueva fundación de la ciudad de Vigo, elaborado por el ingeniero de Caminos José Pérez en 1855.
Fuente: Fons Cerdà, Urbs i Territori

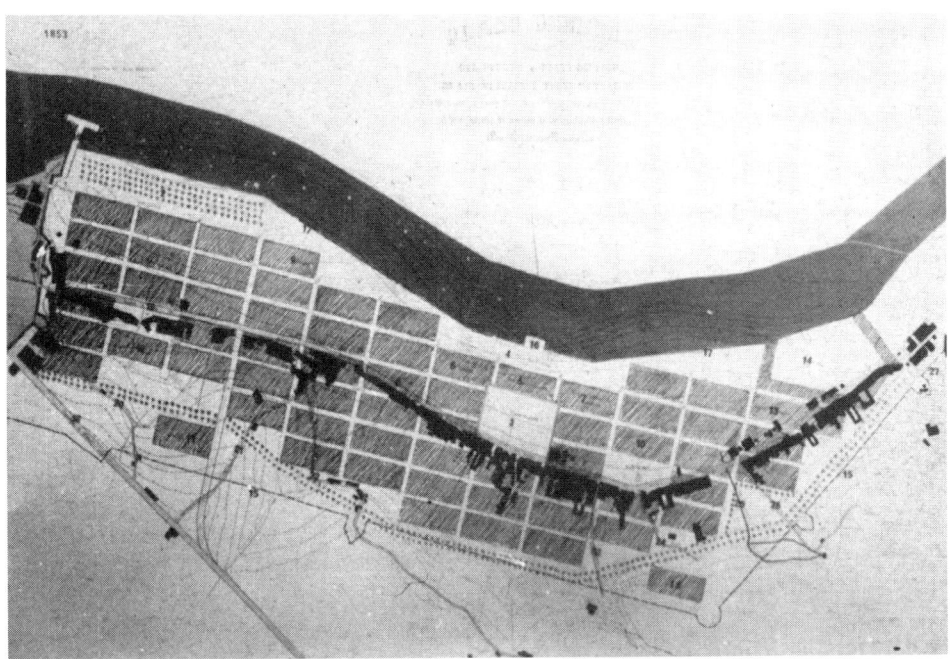

Figura 22. Plano del Ensanche de Marsella, recogido por Cerdà en la Teoría de construcción de ciudades de 1859.
Fuente: Fons Cerdà, Urbs i Territori

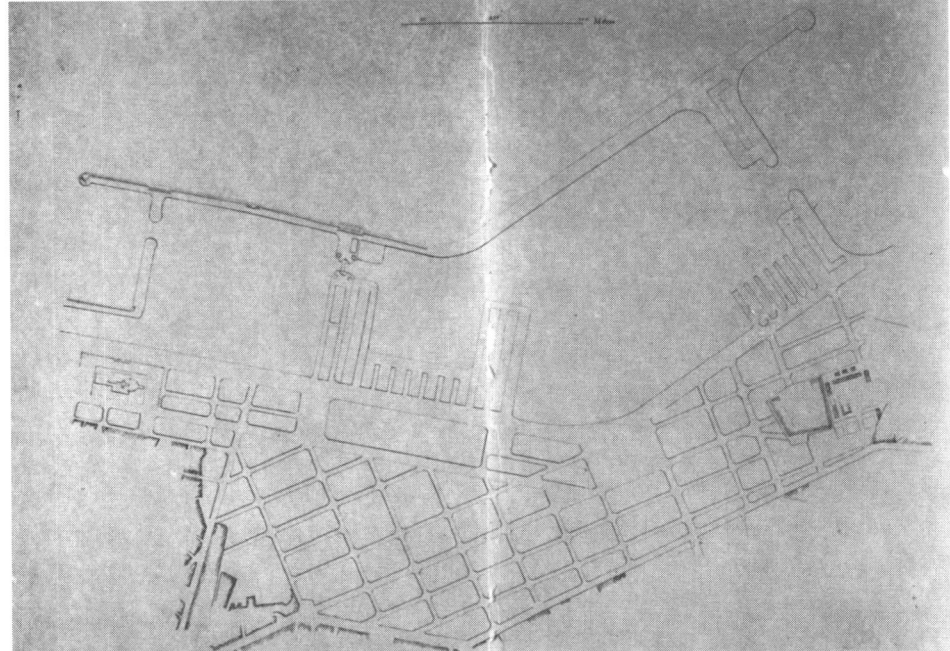

Un año después de la Revolución francesa de 1789 se encargan a la Academia de Ciencias de París los trabajos para establecer el metro como unidad de medida, definido como la diezmillonésima parte del cuadrante del meridiano terrestre. Para concretarlo, se lleva a cabo la determinación de la distancia sobre el meridiano que pasa por el Observatorio de París entre Dunkerque y Barcelona. Estas dos ciudades son las más cercanas al meridiano que, pasando por París, cruza por primera vez la línea de mar (canal de la Mancha y mar Mediterráneo), y se dispone, pues, de una cota de altura de referencia. Esta experiencia vinculará a los topógrafos y matemáticos de París con Barcelona. Se encarga a Pierre Méchain el cálculo de la geodésica del meridiano entre Rodez (Occitania) y Barcelona (ver fig. 17). Méchain llega a Barcelona el 10 de Julio de 1792. Los puntos de referencia para la malla geodésica son, entre otros, Montserrat, Montjuïc y la Torre del Reloj de la Barceloneta[30] (v. fig. 18). Este último, será el punto de referencia central del plano topográfico de Cerdà.

Cabe señalar que los ingenieros militares desarrollan un plano de los alrededores de Barcelona en 1823, obra de Ramon Plana. En el período 1823-1828, se produce una ocupación del ejército francés, conocida como la invasión de los "100.000 hijos de San Luis", con una guarnición en Barcelona de 6.000 soldados.[31] En ese período, el ejército francés elabora unos planos conocidos como el "Lever-nivelé de Barcelona (1823-1827)", que consta de 54 hojas a escala 1:1.000, que cubren la zona de exclusión militar.[32] Estos planos se elaboran con perspectiva defensiva y utilizan curvas de nivel. Tras la expulsión del ejército francés, los militares se llevaron consigo toda la cartografía elaborada, dejando la ciudad sin ninguna documentación cartográfica. Ante la necesidad de reconstruir los Archivos Topográficos de Ingenieros a partir de 1828 y, en especial, tras la muerte de Fernando VII, se plantea la necesidad de reconstruir una nueva topografía. Pero no es hasta 1843, con la participación

de los Cuerpos de Ingenieros Militares en la empresa de la Carta Geográfica de España, que se acelera el proceso de renovación cartográfica.[33]

En este marco, se inician en Barcelona los trabajos topográficos para los ensanches parciales en el período 1846-1852, por parte de la Brigada Topográfica y de Ensanche de Barcelona.[34]

A pesar de la modernización de la topografía, se contraponen dos concepciones: una, liderada por los ingenieros militares, que sigue razonando desde la perspectiva de ampliar el crecimiento de la ciudad, pero siguiendo con la idea de continuar fortificando las plazas militares (v. figs. 15 y 16), y otra, de los ingenieros de caminos, que busca romper con las murallas y plantear ensanches ilimitados.[35] En esta perspectiva, cabe señalar el Plano topográfico de Madrid de 1846 (v. fig. 119), obra de Juan Rafo y José Rivera, compañeros de Cerdà en la Escuela de Ingenieros de Caminos. Este precedente será clave para Cerdà a la hora de elaborar el Plano topográfico de los alrededores de Barcelona de 1855 (v. fig. 38).

Paralelamente a la motivación inicial de los ensanches de poblaciones asociados a los puertos, propia de los proyectos de nueva población, se redactan proyectos de alineaciones de plazas y calles emblemáticas, ligadas a las nuevas necesidades comerciales y de circulación en el interior de las ciudades. La apertura de la calle Ferran en Barcelona entre las Ramblas y la plaza Sant Jaume, realizada entre 1821 y 1846, y la de la calle Princesa, inaugurada en 1853,[36] o la experiencia de regulación y embellecimiento de la Puerta del Sol de Madrid de 1854, son ejemplos significativos de un proceso de rediseño del interior de las ciudades asociado a las nuevas necesidades de circulación e higiene. Es en este marco que se redacta, en 1846, la Normativa sobre formación de planos geométricos (v. fig. 24). Este será el referente topográfico y legal de Cerdà para la elaboración de los planos de alineaciones de Barcelona. La cartografía es el instrumento con el cual los liberales buscan objetivar la creación de riqueza, basada en la mejora de la producción agraria, la industrialización y la generación de un mercado de consumo.[37] Las Comisiones Provinciales Estadísticas, creadas a partir de la nueva Ley de contribuciones urbanas de 1845, generan una multitud de planos catastrales a escala municipal, como es el caso estudiado de la provincia de Barcelona.[38] En este contexto, Figuerola elabora su *Estadística de Barcelona*.[39] Aquí se entiende *estadística* (en su forma "estadista") como aquella disciplina que "describe la población o riqueza de un pueblo o nación".[40] Y, paralelamente, Madoz elabora el *Diccionario geográfico-estadístico-histórico de España y sus posesiones de Ultramar*.[41] Este afán estadístico busca situar la riqueza y generar recursos tributarios para el nuevo Estado liberal que ha de modernizar el país. La Comisión de Estadística redacta en 1859 la *Ley de Medición del Territorio*. Esta ley establece el levantamiento del catastro parcelario y declara su prioridad sobre la cartografía básica y sobre el *Mapa de España*, que quedan supeditados a la primacía de las necesidades fiscales. Todos los trabajos geográficos pasan a depender de la Comisión de Estadística, incluidos los del Ministerio de la Guerra, gracias a lo cual Coello se hace cargo de los fondos y del material de la anterior Junta Directiva del Mapa de España.[42] En 1861, se encarga a Francisco Coello la Dirección de Operaciones Topográfico-Catastrales de la nueva –y más poderosa– Junta General de Estadística y este se va haciendo cargo de todos los trabajos cartográficos oficiales, desde la cartografía catastral hasta la geológica o la forestal, hasta llegar a vicepresidente interino de la Junta General de Estadística en 1865. Este marco institucional permitirá a Cerdà plantear el salto urbano de la ciudad amurallada al ensanche de poblaciones en el período 1854-1865 con el *Proyecto de Reforma y Ensanche de Barcelona* de 1859 y, más tarde, en el período 1871-1874, el salto territorial a la escala de la provincia de Barcelona, cuando es diputado provincial. En este escenario, y siendo presidente de la Diputación, consigue aprobar el *Proyecto de Confederaciones de la Provincia de Barcelona* en 1873.

2.3. La reestructuración de las relaciones de poder: una reordenación de las competencias técnicas y políticas y la aparición de los ingenieros de caminos como nuevo cuerpo de referencia en la planificación urbana

El proceso de modernización implica, a su vez, una reordenación de las relaciones de poder entre los diferentes estamentos técnicos y políticos. La creación de las provincias en 1833 y la inserción de los gobiernos civiles y las diputaciones provinciales representarán una reordenación de los estamentos políticos y técnicos.[43] El proceso de reestructuración del poder técnico es tanto institucional como profesional.

A nivel profesional, el reparto entre ingenieros militares, arquitectos de la academia y maestros de obra del antiguo régimen queda alterado por el poder liberal con la transformación de los distintos cuerpos. Los arquitectos extienden su quehacer por encima de los maestros de obras. Pero la novedad es la aparición en la escena política y administrativa del Cuerpo de Ingenieros de Caminos. El 10 de octubre de 1845, se publica el Decreto sobre la promoción de obras públicas, que da la competencia a este nuevo colectivo. Ante esta novedad, los arquitectos defienden su posición y consiguen acceder al trazado de vías menores con la dirección de caminos vecinales, a través de los decretos de 1846 y 1848.[44] De la misma forma, los ingenieros militares deben reubicarse como profesionales liberales.[45]

En 1851, se crea el Ministerio de Fomento, dominado por los Ingenieros de Caminos, con el encargo de fomentar las obras públicas. Pero, a nivel institucional, en 1858 se produce otro paso decisivo: las competencias sobre el ensanche de las ciudades pasan del Ministerio de Gobernación al Ministerio de Fomento, sobre el cual los ingenieros de caminos tienen un gran ascendente. Además, surge una nueva reordenación de técnicos en la Administración con la figura de los técnicos del Gobierno civil y provinciales, que se contrapone a los técnicos municipales.[46]

En el cambio de competencias, la posición de los arquitectos queda disminuida, especialmente en el período 1833-1875. Los ensanches del período inicial (1855-1867) dependen directamente del Gobierno central y, a partir de 1858, del Ministerio de Fomento. En este escenario, podemos hablar de la aparición con fuerza del Cuerpo de Ingenieros de Caminos como de un nuevo cuerpo de técnicos de la obra pública que se hace con un lugar preponderante en las transformaciones urbanas y territoriales en España durante el período 1845-1868, especialmente en la modernización de las infraestructuras del país y, en concreto, en las intervenciones urbanísticas en las ciudades. Uno de los impactos más claros será el establecimiento de la figura de los ensanches en España (v. figs. 72 y 76). Cerdà se erigirá en el referente urbanístico de este gremio.

No es hasta la aprobación de la Ley de Ensanches de 1864 y, especialmente, a partir de la aprobación de su Reglamento en 1867, que el poder de gestión de los ensanches se desplazará del Gobierno civil a la esfera municipal, y los ayuntamientos recuperarán unas competencias que controlarán los arquitectos municipales. Cabe destacar, además, que, en el caso de Barcelona, al ser el Proyecto de Reforma y Ensanche de Barcelona de 1859 de ámbito plurimunicipal, el control continuará siendo del Gobierno civil y, por tanto, Cerdà tendrá un control esencial para llevar a cabo su proyecto de Ensanche, como analizaremos en el capítulo VII. Desde 1851, año de creación del Ministerio de Fomento, hasta el final de la I República, los ingenieros de caminos liderarán un período de modernización que sentará las bases de la revolución urbana en España.

2.4. Los ingenieros de caminos recogen el testigo de los ingenieros militares y aportan una mirada infraestructural y de servicios urbanos al planeamiento de las ciudades en el período 1835-1867

Durante el siglo XVIII, cerca de un millar de ingenieros militares lideran las obras públicas en España, especialmente a partir del 4 de julio de 1718, año de la proclamación de la primera ordenanza del Cuerpo de Ingenieros Militares.[47] Este cuerpo realiza proyectos tan diversos como la ampliación de muelles, arsenales, caminos, puentes, azudes y obras de regadío, proyectos de urbanización, fuentes, edificios públicos, edificios religiosos y fábricas.[48]

En 1760, con la llegada al trono de Carlos III, se abre el período más reformista del siglo XVIII, especialmente en lo referente a la red de caminos y canales de navegación fluvial. En aquellos años, el auge del comercio, de la actividad industrial y, sobre todo, del tráfico marítimo impulsa la elaboración de proyectos de extensión en las principales ciudades portuarias. Surge una tradición de proyectos diseñados por ingenieros militares inscritos en la tradición española de fundación de nuevas poblaciones, adaptados a las nuevas necesidades comerciales. El Proyecto del barrio de La Barceloneta, en Barcelona, obra de Juan Martín Cermeño en 1753 (v. fig. 20); un primer proyecto para Vigo, de Pavetto, en 1788; el Plano de Nueva Población de la Marina de Tarragona en 1806, de Antonio López Sopeña y Juan Smith (v. fig. 19),[49] y el Plano de los Muelles y Nueva Población de Santander, de Guillermo Calderón, en 1821, son ejemplos significativos de este período.

Con la creación del Cuerpo de Ingenieros de Caminos en 1799 y, especialmente, a partir de 1835, con la reapertura de la Escuela de Ingenieros de Caminos, este cuerpo empieza a estar presente en la realización de obras públicas. La consolidación que había experimentado la figura del Cuerpo de Ingenieros de Caminos a lo largo de la primera mitad del siglo XIX se refrenda con la creación del Ministerio de Fomento en 1851, que tiene encomendada como tarea principal fomentar las obras públicas controladas por este cuerpo. En esta primera etapa, los ingenieros de caminos siguen la tradición de los ingenieros militares, como es el ejemplo de Vigo con el proyecto de nueva población para la ciudad, de Marcoartu, en 1837, y el de José María Pérez, en 1853,[50] que Cerdà recogerá (v. fig. 21) o de Marsella (v.

fig. 22). Si se analiza este último proyecto, se observa que las obras asociadas a la nueva población para Vigo son la construcción del gran malecón para contener las aguas del mar, los conductos para canalizar las rieras y el sistema general de alcantarillas, los muelles y las obras del puerto, el camino de circunvalación o de ronda, el relleno de las calles y las conducciones de abastecimiento de agua.[51] Los ingenieros de caminos retoman la tradición del Cuerpo de Ingenieros Militares y le añaden las nuevas infraestructuras asociadas al ferrocarril y a las redes de servicios urbanos.

2.5. La Revolución Industrial, las nuevas tecnologías de comunicación y la destrucción de las murallas

Como ya hemos visto anteriormente, en la década de 1830 en Barcelona, como en otras ciudades europeas, la industria textil ha introducido la mecanización en sus fábricas y la población obrera ha aumentado significativamente.[52] La burguesía plantea el derribo de las murallas.[53] El crecimiento poblacional e industrial de Barcelona se realiza, de forma significativa, en el interior de las murallas, con una legislación que impide a la población obrera organizarse para defender sus derechos. No es extraño que las expectativas de los nuevos empresarios del sector textil y las revueltas obreras, especialmente en el período 1840-1843, decanten una discusión sobre el futuro de la ciudad y la necesidad de derribar las murallas. Con la publicación del folleto *Abajo las murallas!!!* de Monlau,[54] cristalizan las primeras demandas higienistas, que buscan mejorar las condiciones de salubridad de la ciudad ante una situación insostenible para la población. Pedro Monlau, dirigente político implicado en los movimientos progresistas, es representante de una nueva corriente higienista positivista, rigurosamente científica, que conoce durante su exilio en Francia (1837-1839). En ese mismo período, Jaume Balmes, filósofo y referente político conservador, pero abierto a las nuevas corrientes de la modernidad, es uno de los principales generadores de opinión a través de la revista

La Sociedad, donde defiende la noción de ciudad ilimitada como ciudad que debe crecer sin su recinto amurallado.[55] Esta idea se contrapone a las propuestas de recrecimiento de las murallas para la extensión de la ciudad que hasta el momento han diseñado los ingenieros militares (v. figs. 15 y 16). Hay un intento de destrucción de las murallas en 1841, pero el debate sobre esta destrucción y la extensión de la ciudad se detiene tras la fractura entre los liberales progresistas y los moderados en 1843.

En 1848, se retoma el debate. En primer lugar, se genera un movimiento político de confluencia. La evidencia de la llegada del progreso, representado por la inauguración de la línea del ferrocarril Barcelona-Mataró en 1848, y los cambios sociales asociados a la introducción de las máquinas a vapor en la industria, quince años antes (1832-1848), que se expresan con reivindicaciones obreras, obligan a un consenso entre los liberales con la creación del Institut Industrial de Catalunya. Es interesante señalar el probable impacto cultural de la revolución urbana de París de principios de 1848. En este contexto, la patronal reivindica a los gobiernos unas demandas asociadas a las nuevas condiciones industriales y sociales, y se produce un acercamiento político de los sectores progresistas, legalistas y demócratas. Como ya había sucedido en la elección parcial de 1850, donde salió escogido Vilaregut, se llega a un pacto, promovido por la Junta de Fábricas, que abraza a los progresistas, representados por Madoz, Vilaregut y Domènech, y a los conservadores que se separan de los moderados oficiales, sobre todo para defender el proteccionismo y oponerse al arancel de 1849.[56]

El Gobierno central de 1851, presidido por Juan Bravo Murillo, representante del ala más a la derecha del moderantismo, cae muy pronto. Bravo Murillo intenta sustituir la Constitución de 1845 y declara la suspensión de pagos del Reino de España en el mercado internacional (Arreglo de la Deuda), a lo cual se oponen los militares moderados ante la Reina que provocan su caída. Los gobiernos que seguirán (tardomoderados) hasta 1854

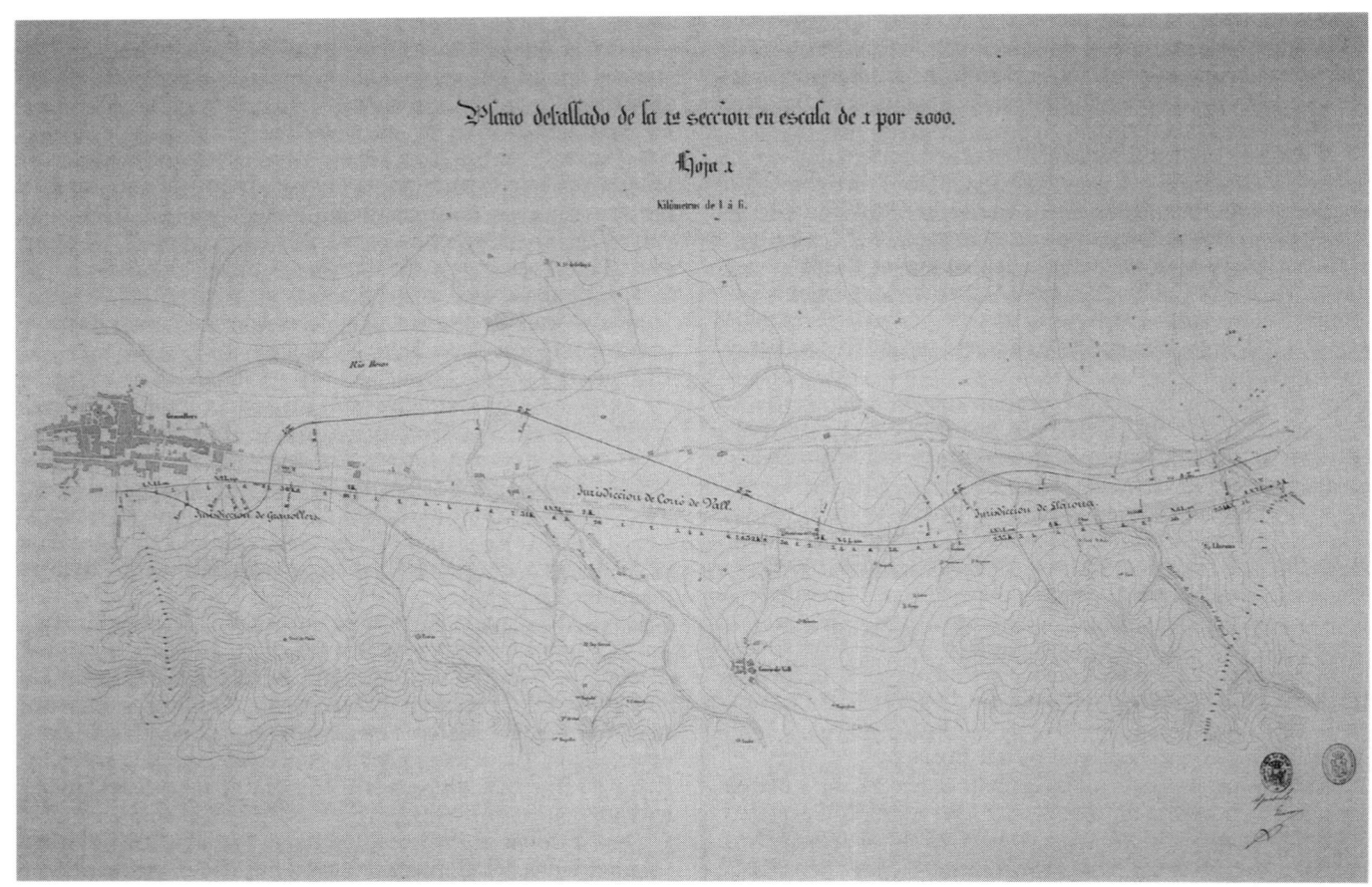

Figura 23. Plano del Proyecto de ferrocarril de Granollers a Sant Joan de les Abadesses, de Cerdà, en 1856, en que se pueden observar las curvas de nivel utilizadas por Cerdà en los planos de explanaciones.
Fuente: Archivo General del MOPT

serán de la misma cuerda política y los militares moderados liderados por O'Donnell pasarán a la oposición. No obstante, esta etapa decantará una segunda oleada progresista, con la llegada al Gobierno de la unión de los dos partidos liberales (Espartero-O'Donnell), que supondrá el inicio del Bienio Progresista en 1854.[57]

La fuerza de las novedades tecnológicas y su implementación en la sociedad de Barcelona vuelven a poner sobre el tapete la necesidad de prepararse para una nueva etapa de progreso en que resulta imprescindible adaptar el marco social y político. Así, en el período 1854-1856, la decidida acción de Madoz, primero como gobernador civil en 1854 y más tarde como ministro de Hacienda (1855), permite iniciar la destrucción efectiva de las murallas de Barcelona (v. fig. 14) y retomar el consiguiente debate sobre el ensanche de la ciudad.[58]

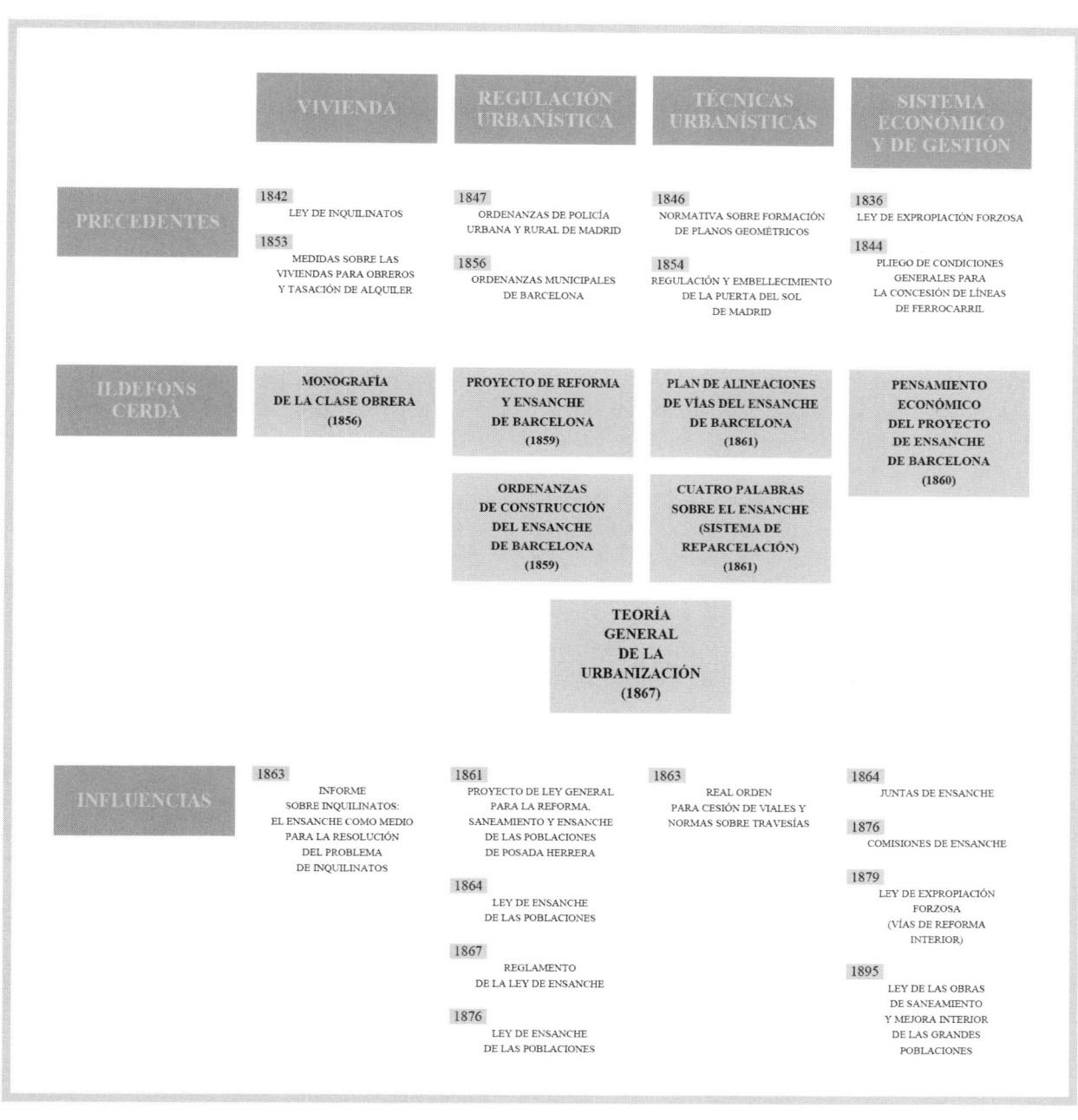

	VIVIENDA	REGULACIÓN URBANÍSTICA	TÉCNICAS URBANÍSTICAS	SISTEMA ECONÓMICO Y DE GESTIÓN
PRECEDENTES	**1842** LEY DE INQUILINATOS **1853** MEDIDAS SOBRE LAS VIVIENDAS PARA OBREROS Y TASACIÓN DE ALQUILER	**1847** ORDENANZAS DE POLICÍA URBANA Y RURAL DE MADRID **1856** ORDENANZAS MUNICIPALES DE BARCELONA	**1846** NORMATIVA SOBRE FORMACIÓN DE PLANOS GEOMÉTRICOS **1854** REGULACIÓN Y EMBELLECIMIENTO DE LA PUERTA DEL SOL DE MADRID	**1836** LEY DE EXPROPIACIÓN FORZOSA **1844** PLIEGO DE CONDICIONES GENERALES PARA LA CONCESIÓN DE LÍNEAS DE FERROCARRIL
ILDEFONS CERDÀ	**MONOGRAFÍA DE LA CLASE OBRERA (1856)**	**PROYECTO DE REFORMA Y ENSANCHE DE BARCELONA (1859)** **ORDENANZAS DE CONSTRUCCIÓN DEL ENSANCHE DE BARCELONA (1859)**	**PLAN DE ALINEACIONES DE VÍAS DEL ENSANCHE DE BARCELONA (1861)** **CUATRO PALABRAS SOBRE EL ENSANCHE (SISTEMA DE REPARCELACIÓN) (1861)**	**PENSAMIENTO ECONÓMICO DEL PROYECTO DE ENSANCHE DE BARCELONA (1860)**
		TEORÍA GENERAL DE LA URBANIZACIÓN (1867)		
INFLUENCIAS	**1863** INFORME SOBRE INQUILINATOS: EL ENSANCHE COMO MEDIO PARA LA RESOLUCIÓN DEL PROBLEMA DE INQUILINATOS	**1861** PROYECTO DE LEY GENERAL PARA LA REFORMA, SANEAMIENTO Y ENSANCHE DE LAS POBLACIONES DE POSADA HERRERA **1864** LEY DE ENSANCHE DE LAS POBLACIONES **1867** REGLAMENTO DE LA LEY DE ENSANCHE **1876** LEY DE ENSANCHE DE LAS POBLACIONES	**1863** REAL ORDEN PARA CESIÓN DE VIALES Y NORMAS SOBRE TRAVESÍAS	**1864** JUNTAS DE ENSANCHE **1876** COMISIONES DE ENSANCHE **1879** LEY DE EXPROPIACIÓN FORZOSA (VÍAS DE REFORMA INTERIOR) **1895** LEY DE LAS OBRAS DE SANEAMIENTO Y MEJORA INTERIOR DE LAS GRANDES POBLACIONES

Figura 24. Precedentes e influencias de la obra de Cerdà.
Fuente: Magrinyà, 1999.

2.6. La introducción de agentes urbanos gestores de empresas de redes de transporte ferroviario y de redes de servicios urbanos

La modernización urbana está asociada a la mejora de las condiciones higiénicas y a la introducción de las nuevas redes de servicios urbanos, que resultan imprescindibles ante la llegada de la industrialización y la consiguiente emigración campo-ciudad. Esta transformación urbana y territorial se verá apoyada por la mejora de las carreteras y los puertos y por la aparición del transporte mecanizado, con la introducción del ferrocarril.

Todos estos elementos están generando las primeras reformas de las grandes metrópolis. La primera referencia la encontramos en el proyecto de reconstrucción de Lisboa, liderado por el marqués de Pombal a partir del terremoto de 1755. La sección de la calle (v. fig. 62) es elaborada por el ingeniero militar Eugenio Dos Santos.[59] Unos años más tarde, Pierre Patte recoge diversas experiencias para las propuestas de embellecimiento de París en 1769[60] y publica una planta y una sección de calle ampliamente difundidas con la versión moderna de calle con servicios urbanos (v. fig. 63).[61] Pero será especialmente a principios de la segunda mitad del siglo XIX que este tipo de transformaciones tomará cuerpo. Los proyectos ferroviarios de Paxton en Londres centrarán el discurso de las redes de infraestructuras y transporte en la década de 1850[62] y los proyectos de saneamiento de Bazalgette en Londres (1855) y de Belgrand en París (1856) serán los referentes. En este escenario, las aperturas de bulevares asociadas a la introducción de las redes de saneamiento, de abastecimiento de agua y de gas de París de Haussmann (1852-1870) representarán el referente de transformación urbana de la época.

En España, los ingenieros de caminos, canales y puertos, que han empezado a ganar una especial legitimidad con las nuevas infraestructuras de transporte y de servicios urbanos, van a liderar el proceso de aparición de empresas concesionarias de estos servicios. La Real Orden de 31 de diciembre de 1844 y el Pliego de Condiciones de Concesiones de Ferrocarriles representan en España el punto de partida de una nueva concepción territorial en que existe el derecho de expropiación a un privado por utilidad pública de un servicio concesionado.

A partir de 1844, se otorgan múltiples concesiones ferroviarias que afectan el desarrollo urbano de las ciudades y, muy especialmente, de Barcelona.[63] La red de gas se introduce en Barcelona a partir de 1844 con la creación de la empresa La Catalana de Gas, como resultado de la confluencia de empresarios locales con el promotor francés Charles Lebon. Este empresario extiende un modelo de empresa de gas por distintas ciudades francesas y en Argel a través de la Compagnie Centrale d'Éclairage et de Chauffage par le Gaz, fundada en 1848, junto con el ingeniero M. L. Marchessaux.[64] Cerdà dirigió con él la traida de aguas de Valencia en 1845.[65]

Por otra parte, desde 1820, la red de agua de Barcelona estaba en proceso de transformación, que culminaría medio siglo más tarde con la creación en 1868 de la Compañía de Aguas de Barcelona con capital extranjero, que en 1882 se transformaría en la Sociedad General de Aguas de Barcelona.

Las redes de transporte y de servicios urbanos y sus empresas operadoras serán unos nuevos agentes urbanos que empezarán a influir en el planeamiento de las ciudades, en un escenario de transformación y modernización urbana.

3. El pensamiento de Cerdà en el contexto de la revolución urbana

3.1. Orígenes y formación de Cerdà

Si tuviéramos que resumir brevemente el recorrido personal de Cerdà, deberíamos remarcar, en primer lugar, su origen liberal. La residencia familiar del Mas Cerdà de

Centelles, a 50 km de Barcelona (v. fig. 25) es la casa de una saga familiar liberal que se remonta al siglo xv, como muy bien detalla Estapé.[66] Las luchas entre carlistas y liberales obligan a la familia, durante el período 1822-1828, a un cambio de domicilio en tres ocasiones entre Centelles y Vic.

Cuando Cerdà se dirige a Barcelona, donde reside inicialmente entre 1834 y 1835, se encuentra con una ciudad en ebullición. Destaca la inauguración, en 1832, de la fábrica "El vapor", de la familia Bonaplata, situada en la calle Tallers del Raval de Barcelona, que marcó el inicio de la industrialización moderna en Cataluña, con las máquinas de hilar y los telares mecánicos de fundición, además de las técnicas metalúrgicas para construirlas y repararlas. Hasta ese momento, las máquinas que utilizaba la industria textil eran de madera, movidas por la fuerza de un hombre o de un animal. Los efectos de la industrialización dentro de las murallas y la densificación de la ciudad amurallada se hacen sentir. Barcelona, plaza militar desde 1714, tiene prohibido construir en el recinto definido por unos arcos de circunferencia de 1.250 m, centrados en los puntos de tiro de las murallas, y sus límites llegan a los núcleos de los alrededores del municipio de Barcelona (Sants, Gràcia, Sant Martí) (v. fig. 11).

En este marco, y con la llegada de la industria, empiezan a manifestarse unas condiciones higiénicas deplorables, como lo muestran las epidemias de cólera que azotan Barcelona en 1834 y 1854. Estas condiciones, con el tiempo, acentuarán las revueltas de la población, que llegarán a su máxima expresión durante el Bienio Progresista (1854-1856).[67]

Cerdà había estudiado gramática latina y filosofía en Colegio Episcopal de Vic. En 1834, se inscribe en la Junta de Comercio de Barcelona para estudiar Matemáticas, Dibujo, Arquitectura y Náutica (1834-1835). Pero, ante la apertura de la Escuela de Ingenieros de Caminos, se dirige a Madrid en 1835 para ingresar en ella. Allí se encuentra una ciudad con una gran actividad intelectual motivada por el regreso de los liberales exiliados (1823-1833), gran parte de ellos provenientes de Inglaterra y Francia. La formación de Cerdà en la Escuela de Ingenieros de Caminos (1835-1841), seguidora de la tradición de la Escuela Politécnica francesa, le transmite un espíritu liberal y racionalista. Esta etapa de formación profesional e intelectual le permitirá articular un pensamiento de gran rigor, guiado siempre por la razón y por una filosofía positivista, muy esperanzada en el desarrollo continuado de la civilización a través de la ciencia.[68]

Es significativa la relación entre Cerdà y el filósofo y eclesiástico Jaume Balmes, un referente ideológico conservador, pero dispuesto a afrontar la modernidad. Balmes publica *El protestantismo comparado con el catolicismo* (1842-1844), en el cual, a diferencia del tradicionalismo católico más reaccionario, defiende la opción de un acercamiento entre el liberalismo de orden y la Iglesia. Existe una relación familiar a través de los respectivos hermanos de Cerdà y Balmes, que colaboran en la creación de una empresa de sombreros de piel. Una muestra de la estrecha relación de Balmes con Cerdà es que este actúa de intermediario en la correspondencia de Balmes con su amigo Antonio Ristol, político moderado de referencia en Vic. Cerdà le visita en su nombre en 1843, en la prisión de la Ciudadela de Barcelona.[69] Años más tarde, en 1865, Cerdà es comisionado por el Ayuntamiento de Barcelona para asistir al traslado de las cenizas de Balmes de Barcelona a Vic.[70]

Otro personaje clave en la Barcelona de la época es Ferdinand de Lesseps, cónsul general de Francia en Barcelona en el período 1841-1848. No disponemos de ninguna referencia explícita de una relación entre Cerdà y Lesseps. No obstante, cabe destacar la estrecha amistad de Balmes con Lesseps, hasta el punto de que este dedica en sus memorias un capítulo entero a Balmes,[71] del cual es un gran admirador. Lesseps es un personaje muy presente en la vida barcelonesa, como lo muestra su pertenencia a la Sociedad Filomática de Barcelona y a la Sociedad

Figura 25. Vista panorámica del Más Cerdà.
Fuente: *Fons Cerdà, Urbs i Territori*

Figura 26. El balneario de Caldas de Besaya en Cantabria, donde Cerdà murió en 1876. Fuente: *Fons Cerdà, Urbs i Territori*

Figura 27. Imagen de la inauguración de la línea de ferrocarril Barcelona Mataró en 1848. Fuente: Suárez, J. M. (1998): *Historia Gráfica del ferrocarril en España. Época.*

Figura 28. Proyecto de la carretera de Sitges a Canyelles, de I. Cerdà (1845-1846). Fuente: Arxiu Històric de Sitges

Figura 29. Proyecto de la carretera de Barcelona a Sarrià, de I. Cerdà (1845). Fuente: Biblioteca de Catalunya

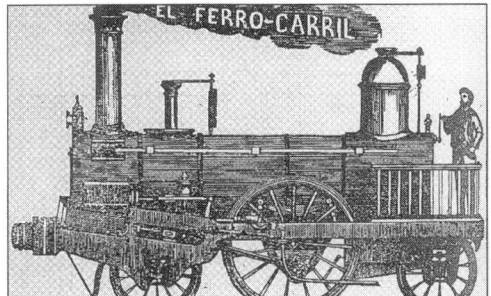

27

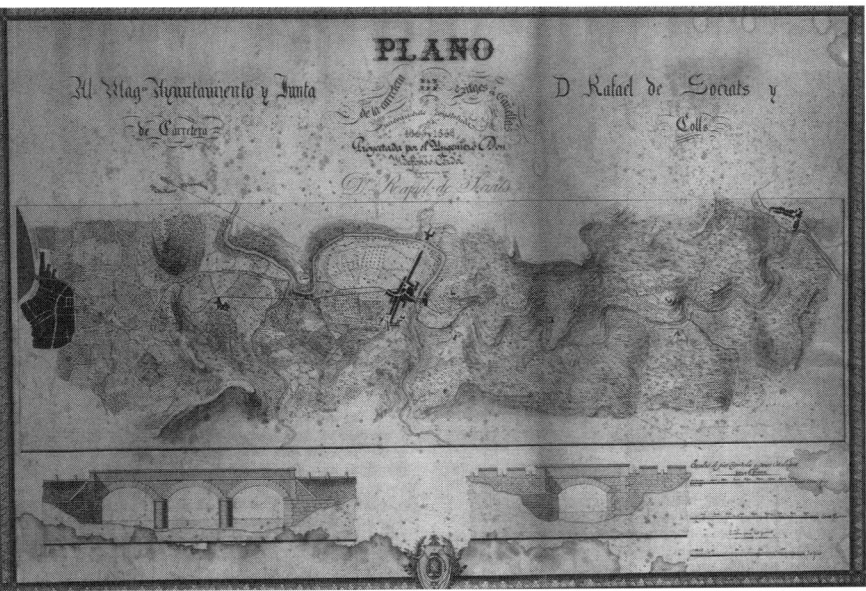

28

29

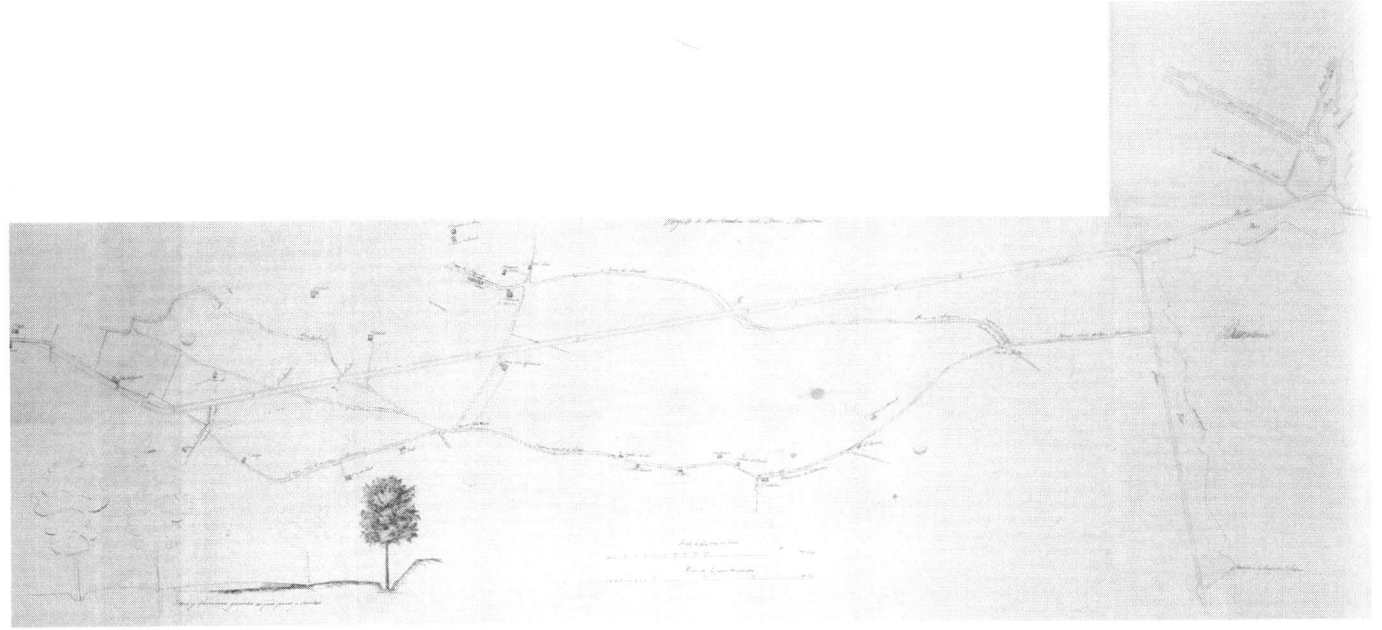

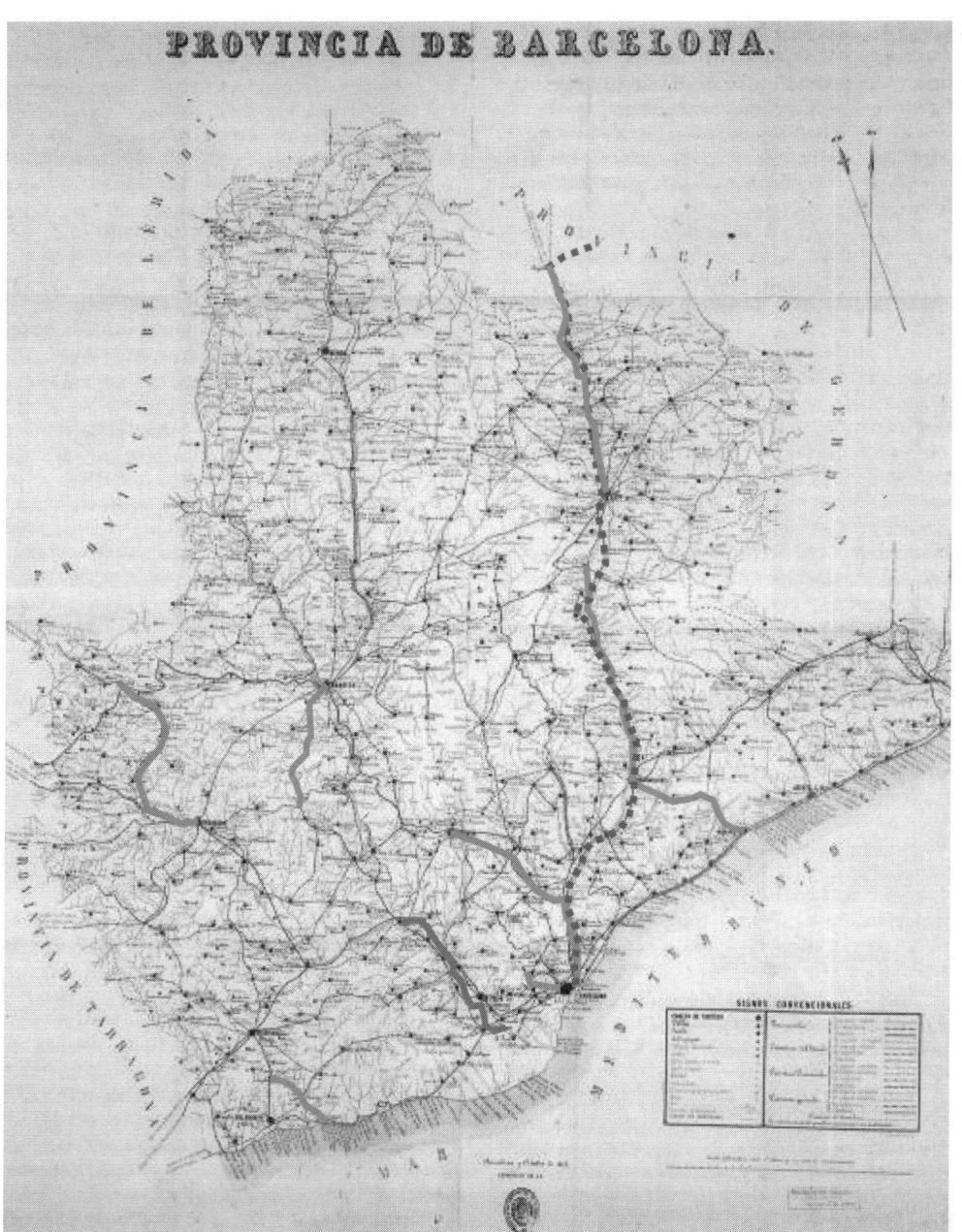

PROVINCIA DE BARCELONA.

31

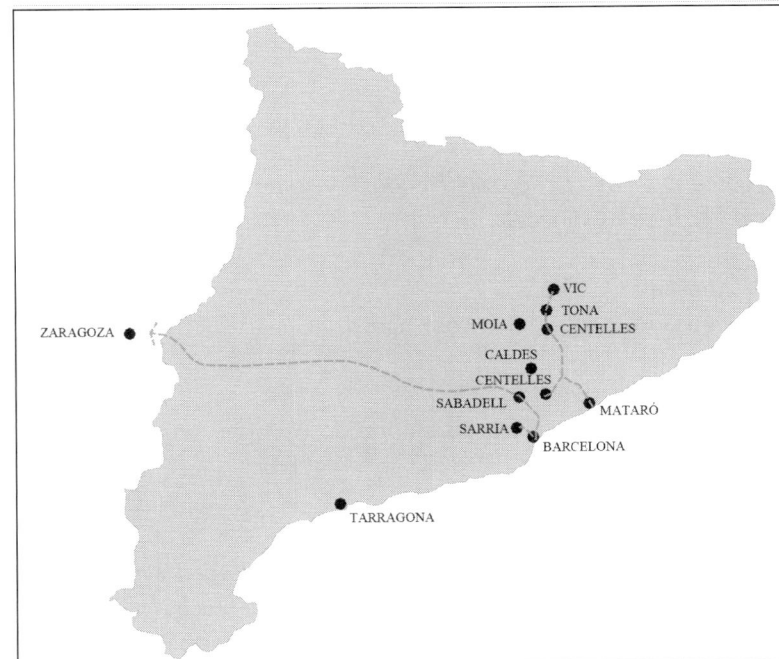

Figura 30. Mapa de los proyectos de carreteras (Vic-Ripoll; Barcelona-Sabadell; Igualada-Calaf; Barcelona-Sarrià; Sitges-Canyelles; Banyoles-Besalú; Girona-Besalú; Granollers-Tona; Mataró-Granollers; Manresa-El Bruc) y del canal de la Infanta en el rio Llobregat, en que intervino Cerdà como ingeniero de caminos del Cuerpo del Estado.
Fuente: Elaboración propia

Figura 31. Poblaciones y territorios en que intervino Cerdà a lo largo de su recorrido profesional.
Fuente: Elaboración propia

Económica Barcelonesa de Amigos del País, al igual que Cerdà. Lesseps es uno de los grandes valedores de la línea de ferrocarril Barcelona-Mataró de 1848, junto con Xifré y, naturalmente, Miquel Viada, que es el verdadero impulsor del proyecto.[72] Cuando, más tarde, Lesseps promociona la empresa del canal de Suez, será recibido en Barcelona con todos los honores por una comisión del Ayuntamiento que se constituye a tal efecto en 1858.[73] Es más que probable que Lesseps y Cerdà coincidiesen en múltiples ocasiones, en el periodo 1841-1848, cuando Lesseps ejerció de cónsul francés y Cerdà ya ejercía de ingeniero. Lesseps vivía en el barrio de la Barceloneta, en la calle Sant Miquel, 41, junto a la iglesia. Es más que probable que Cerdà y Lesseps coincidiesen en el Restaurant 7 Portes, inaugurado en el edificio Porxos de'n Xifré, donde Lesseps tuvo más tarde su residencia. Cabe señalar que Xifré, un rico propietario indiano, sería uno de los princi-pales accionistas del proyecto del Canal de Suez liderado por Lesseps y construido entre 1859 y 1869.

Al casarse en 1848, Cerdà fue a vivir a la calle Xuclà, 8.[74] en el barrio del Raval. En el Índice *cronológico*, encontramos las siguientes notas:

26 de Abril de 1856
Se deja la casa de la calle Flandes[75] y se pasa a la de la Plaza de Medinacelli.

12 de Julio de 1865
Hemos ido a dormir a la casa nueva.

27 de Septiembre de 1865
La familia de Serrallach ha empezado a dormir en el 1er piso de la casa n. 71 de la calle del Bruch.

22 de Junio de 1875
A las 8 ½ de la mañana, después de haberme despedido de mis estimados nietecillos, salí de la calle del Bruch n° 69 con Rosita dejando a Clavé en casa. Pepita Richardson,

Valentina Cusachs y Mme. Samson nos acompañaron a bordo del vapor correo Antonio López, en donde almorzamos juntos a las 9 ½. A las 2 y 45 minutos de la tarde, partía el vapor con dirección a Valencia.

29 de Junio de 1875
Calle del Barco n° 5, p^a 2

La calle Flandes es la denominación anterior de la calle Xuclà, donde vivió Cerdà tras casarse con Clotilde Bosch entre 1848 y 1856. Tenemos noticia de que, cuando nació su hija Clotilde (Esmeralda Cerdà) en 1861, residía en la Plaza Medinacelli n° 5.[76]

A partir de 1865 se desplaza a una casa del Ensanche situada en la actual Bruch, 49 (en la época de Cerdà, la numeración era Bruch, 69). Cabe señalar la proximidad con Serrallach (actualmente, Bruch, 51), arquitecto municipal de Barcelona y colaborador de Cerdà. Estas fincas pertenecen a una de las manzanas de la sociedad "Fomento del Ensanche", situadas entre Gran Via y Diputació, y entre Roger de Llúria y Girona (31 M/N 32 y 32 M/N33) (v. fig. 175).

Finalmente, abandonará esta residencia en junio de 1875 para desplazarse a Madrid, en la calle del Barco n° 5, p^a 2, y ya no volverá a Barcelona. Morirá un año más tarde en el Balneario de Caldas de Besaya, cerca de Santander (v. fig. 26).

3.2. La colaboración de Cerdà con los gestores de redes e infraestructuras de transporte y de servicios urbanos

Tras finalizar sus estudios de Ingeniería de Caminos, a partir de 1841 Cerdà ejerce de ingeniero de caminos del Cuerpo del Estado (1841-1848). En esta etapa, desarrolla su visión del territorio, especialmente a través de proyectos de carreteras en los distintos destinos (Barcelona, Tarragona,

Murcia, Teruel)[77] (v. figs. 30 y 31). Como señala Navas,[78] la Diputación de Barcelona, institución representativa del Estado liberal español, tiene un papel catalizador de las demandas de carreteras y se sirve del apoyo técnico del Cuerpo de Ingenieros de Caminos destinado al Distrito de Barcelona. Cerdà, bajo las órdenes de Antonio de Arriete, jefe del Distrito de Barcelona, es el autor de diversos proyectos de carreteras, como las de Sitges a Canyelles, de Mataró a Granollers, de Barcelona a Sabadell y Terrassa y de Barcelona a Sarriá en 1845, entre otros (v. figs. 28 y 29). También se le encarga el proyecto de Igualada a Calaf, la recomposición del camino de Esparreguera al Balneario de la Puda, y elabora un informe y un presupuesto para la reconstrucción del puente medieval de Sant Celoni.[79]

Por otra parte, tenemos noticia de que en estos años Cerdà realiza proyectos de canalización de aguas en el canal de la derecha del río Llobregat.[80] Tenemos noticia que en 1842 realiza un levantamiento topográfico asociado a un canal de riego en Cuevas de Almanzora en Almería.[81] Además, en el período 1845-1847, dirige, junto con M. L. Marchessaux, las obras de conducción de agua potable a la ciudad de Valencia.[82] Nótese que Marchessaux es socio del empresario de gas Charles Lebon, que se ha instalado en Barcelona a partir de 1844.

Tras un conflicto entre los socios locales de La Catalana de Gas y Lebon, este último constituye la Compañía Lebon en 1863, cuando obtiene la concesión del alumbrado público de Barcelona. A partir de aquel momento, se documenta una relación estrecha entre Lebon y Cerdà,[83] especialmente para la ubicación de la nueva fábrica de gas de la empresa en la Barceloneta, situada en el actual Parque de la Barceloneta, junto al actual Hospital del Mar.
En el desarrollo de la red del servicio de agua potable en Barcelona, cabe destacar que en 1861 se encarga a Josep Fontserè i Domènech el plano de todos los conductos de agua potable existentes. Este arquitecto participará, junto a Cerdà, en el levantamiento del *Plano topográfico de los*

alrededores de Barcelona de 1855 y en la elaboración del *Plano de alineaciones del Ensanche* de 1861.[84]

Todas estas experiencias serán un referente clave para Cerdà en la consideración de estas infraestructuras de transporte y de servicios urbanos para la planificación y construcción del Ensanche en el primer periodo (1854-1866) y para una aproximación al territorio a la escala de la provincia en el período 1856-1875.

3.3. La experiencia familiar y profesional de Cerdà con el sector del ferrocarril y su impacto en la generación de un pensamiento territorial

En 1844, se produce un hecho trascendental en la biografía de Cerdà: asiste en Nimes a la inauguración de un tramo de ferrocarril de la Compagnie du Midi. Este hecho es recordado por él en el Índice *cronológico*[85] y en las primeras páginas de la TGU:

"Contemplar aquellos largos trenes, con una gran cantidad de mercancías, donde iban y venían multitud de viajeros que parecían poblaciones enteras ambulantes cambiando apresuradamente de domicilio" (TGU, p.6; § 3).

Esta experiencia le evidencia la influencia futura de los nuevos medios de transporte en las ciudades y en el territorio en su conjunto. A partir de entonces, irá recopilando información sobre la urbanización. Este momento coincide con la generación del *Diccionario estadístico* de Madoz (1845-1850) y en los trabajos estadísticos de Figuerola, que culminarán en la *Estadística* de 1849.

En paralelo, desde 1844, Cerdà se vincula a proyectos de ferrocarril y de telecomunicaciones. En 1846, junto con el ingeniero de caminos Víctor Martí, participa en la instalación de la línea de telégrafo entre Valencia y la frontera francesa.[86] Martí es compañero de promoción de Cerdà en la Escuela de Ingenieros de Caminos y tienen una fuerte amistad, como lo demuestra el hecho de que Martí será uno de los albaceas del testamento de Cerdà.[87]

Cerdà está perfectamente vinculado al impulso ferroviario. Destaca su colaboración con Martí, que es el encargado de las explanaciones del ferrocarril de la línea de Mataró a Arenys de Mar. En 1851, él mismo realiza las obras de explanación del ferrocarril de Barcelona a Granollers.

Figura 32. Retrato de Ildefons Cerdà realizado por Martí Alsina.
Fuente: Cerdà Urbs i Territori

Estos trabajos se desarrollan hasta enero de 1854. Más tarde, elabora el *Proyecto de ferrocarril de Granollers a Sant Joan de les Abadeses* de 1856 (v. fig. 23), que supone traer el carbón de las minas de Sant Joan de les Abadesses a Barcelona.

Durante estos años, Cerdà dispone de un equipo integrado por Víctor Martí, su hermano Miquel y maestros de obra como Josep Fontserè i Mestres. En el momento álgido de su actividad como técnico y político, que coincide con el levantamiento topográfico del Ensanche, llegará a disponer de 25 personas a sus órdenes. En la tasación de los trabajos para la elaboración del Proyecto de Reforma y Ensanche de 1859, elaborado en julio de 1860, se incluye una lista de sus colaboradores principales: Miquel Cerdà (5 años), Tomàs Presas (3 años), Llorenç Heras (4 años), Andreu Bosch (3 años), Francesc Clavé (5 años), Pau Enrich (4 años), Camil Presas (4,5 años).[88]

1848 es otro año clave en la vida de Cerdà. El 20 de junio se casa con Clotilde Bosch, con quien tendrá tres hijas: Pepita (1849), Rosita (1850) y Sol (1851). Clotilde Bosch i Carbonell (1829-1900) es una pintora española del siglo XIX, hija del indiano e industrial José Bosch i Mustich (1853), que había hecho fortuna como industrial algodonero en Cuba. Los hermanos de Clotilde, José y Rafael Bosch i Carbonell serían diputados en Madrid en 1881 y 1886. Clotilde desarrollará su actividad como pintora en Madrid y posteriormente en Roma, donde contará con el apoyo de los pintores españoles allí instalados, como Eduardo Rosales, Mariano Fortuny, Lorenzo Vallés y Alejo Vera. Además, se formará con el pintor napolitano Michele Cammarano (1835-1920) que reside en Roma entre 1865 y 1866. Durante su estancia en Italia, pinta la obra *Lago de Castelgandolfo* (o *Lago Albano*), que presenta en la Exposición Nacional de 1866. Cabe destacar que Clotilde Bosch y su hija arpista viven en París y son acogidas por la Reina Isabel II, que vive en el exilio a partir del Sexenio Revolucionario (1868-1873).[89] La boda con Clotilde en 1848 emparenta a Cerdà con el mundo del ferrocarril, especialmente con el padre de Clotilde Bosch. A partir de aquel momento, tiene una relación personal muy estrecha con su suegro, que le apoyará en sus actividades hasta su muerte en 1856. Josep Bosch es miembro de la Junta de la Compañía del Ferrocarril de Barcelona a Mataró (como contador), junto con Manuel Gibert (director), tras la muerte, en febrero de 1848, de Miquel Biada, empresario e impulsor de la línea ferroviaria.[90]

Por otra parte, además del rol del presidente de la Compañía Camino de Hierro de Barcelona a Mataró, Manuel Gibert, amigo de Josep Bosch, impulsará junto con Joaquín de Gispert i Anglí la construcción del nuevo Teatro del Liceo. Manuel Gibert, como presidente de la Diputación de Barcelona, y Josep Maria de Gispert i Baldrich, en tanto que gobernador civil de Barcelona, habían tenido contacto estrecho con Cerdà en su condición de ingeniero del Distrito de Barcelona. De hecho, el Gobierno Civil y la Diputación de Barcelona eran promotores de diversos proyectos de carreteras. Si a ello unimos que Lesseps, uno de los máximos valedores e impulsores de las líneas ferroviarias y marítimas, era amigo de la familia a través de Balmes, podemos afirmar que Cerdà estaba perfectamente conectado y bien relacionado con las élites barcelonesas impulsoras de la modernización de la sociedad barcelonesa, en especial del sector ferroviario y de transportes en el período 1844-1875.

En febrero de 1848, se produce otro hecho clave en la biografía de Cerdà. La muerte de su hermano Josep implica que Cerdà hereda la fortuna familiar. En este momento, Cerdà se convierte en propietario y tiene el apoyo fundamental de su suegro Josep Bosch, que lo anima a lanzarse a desarrollar su actividad de forma independiente. En una carta privada, Josep Bosch escribe a Cerdà: "Ánimos y a la arena." Finalmente, hará efectiva su baja del Cuerpo de Ingenieros de Obras Públicas en 1849. Este hecho también le permitirá presentarse, como hacendado, en las elecciones a Cortes como diputado por la circunscripción de Barcelona en 1851. A partir de aquel momento, Cerdà centra todos sus esfuerzos en la idea de elaborar una nueva ciencia sobre la urbanización en que las comunicaciones y los transportes serán el elemento central, como explica en la TGU.[91]

Cabe remarcar que, como ya hemos mencionado anteriormente, a partir de la revolución de París, en febrero de 1848, el contexto político de Barcelona cambia. La insurrección parisina, protagonizada por sectores pequeñoburgueses, obreros y estudiantes, fuerza la abdicación de Luis Felipe y la proclamación de la Segunda República. El nuevo régimen republicano francés tiene un acusado matiz social e implementa, entre otras medidas, el sufragio universal masculino (frente al censitario), la libertad de prensa, la libertad de asociación y el derecho al trabajo. En junio, la revolución se radicaliza y la pequeña burguesía, que había estado del lado de las clases obreras, se alía con la alta burguesía. Tras la aprobación de la Constitución, es nombrado presidente de la República Luis Napoleón Bonaparte, sobrino de Napoleón, que en 1852 se proclama emperador con el nombre de Napoleón III. Este nuevo régimen da al traste con la mayor parte de las reivindicaciones revolucionarias e inaugura el Segundo Imperio Francés, que contará con el apoyo y el liderazgo de los sansimonistas, liderados por los financieros ferroviarios Pereire y Rotschild.

Como se ha mencionado anteriormente, ello tiene un gran impacto político en Barcelona, donde en junio de 1848 se inaugura el Institut Industrial de Catalunya, que representa un punto de inflexión en la generación de alternativas sociales y políticas, asociado al acercamiento político de los sectores progresistas, legalistas y demócratas, promovido por Madoz.[92] Se trata de una iniciativa de fabricantes e intelectuales barceloneses en torno a la Junta de Fábricas, que preside un moderado como Jaumendreu y dirige otro moderado, Ángel Villalobos. Hay fabricantes progresistas y moderados, e intelectuales también de ambos partidos, aunque los progresistas tienen un gran protagonismo porque el político proteccionista más destacado es Pascual Madoz.

En septiembre de ese mismo año, se inaugura la primera línea de ferrocarril en la Península entre Barcelona y Mataró como un gran evento de referencia (1848) (v. fig. 27). Los liberales, los conservadores y los progresistas van unidos para la modernización del país y la introducción del ferrocarril, liderada por los sansimonistas, que influyen mucho en algunos progresistas. Progresistas y conservadores (moderados proteccionistas contrarios a los gobiernos tardo-moderados) se unen y el año 1848 se convierte en una fecha clave de la articulación social, económica y política de la revolución urbana de Barcelona, que explica la apuesta de Cerdà en ese momento para dedicar su vida y su obra a la elaboración de una nueva disciplina: la ciencia de la urbanización.

3.4. Una actividad política y pública marcada por un entorno modernizador y unas élites articuladas en torno a la política, el cientifismo y la masonería

En las notas que redacta al final de su vida, unos días antes de su partida definitiva de Barcelona, nos ofrece unas pocas referencias, más humanas, sobre su vivencia y sus relaciones a lo largo de su vida. Estas notas nos ofrecen algunas pistas de sus relaciones sociales y su entorno social y político:

"1 de Junio de 1875. Arreglo de equipajes durante todo el día. He pasado la velada en casa de mi querida hija la de Richardson, habiendo querido evitar de intento la amargura que me había de ocasionar el despedirme de los antiguos y buenos amigos del Café de Europa. Y es porque ese pequeño departamento, ese modesto rincón del fondo del establecimiento, durante 25 años consecutivos ha sido para mí el complemento indispensable del hogar doméstico, el club, la logia, el consistorio, la diputación, el congreso, el senado: ha sido el sitio de las citas a donde han concurrido aquellos a quienes tenía yo que ver o que necesitaban verme a mí para la primera gestión de los asuntos ordinarios que ofrece el trato social; unas veces lo he considerado como un lugar de recogimiento o invernadero y otras, como el ático o lugar de veraneo o de expansión y recreo; tan pronto me ha servido de sitio de bebidas como de restaurant y de fonda; en él he presenciado la exposición pasajera de varios objetos de arte y he oído también la ejecución de algunas piezas concertantes; ha sido para mí la escuela, la cátedra, la universidad, la tribuna, el foro; el ateneo, la academia, la Sociedad Filomática, la Económica de Amigos del País; el gran teatro desde el cual he presenciado los diferentes actos y los distintos cuadros a cuál más desgarradores que en el gran drama de la sociedad humana le cabe representar a nuestro desventurado país."[93]

Cerdà se había trasladado a la calle Bruc, 49, con la construcción del Ensanche, pero, tal como destaca esta cita, el Café Europa, ubicado en la actual Plaza Real de Barcelona, en la esquina con la calle Tres Llits, había sido su segundo hogar. Este café no existe actualmente y su espacio lo ocupa un restaurante que ha transformado su distribución interior.

En esta cita, Cerdà relata implícitamente sus relaciones sociales, más allá de los contactos políticos (Pascual Madoz, Laureano Figuerola, Ciril Franquet), familiares (Jaume Balmes, Josep Bosch) e indirectos (Ferdinand Lesseps, Manuel Gibert, Josep Maria Gispert, Víctor Balaguer, Víctor Martí, Charles Lebon, entre otros muchos).

Destaca que cite su participación en la Sociedad Filomática de Barcelona, una de las sociedades de referencia de la época. Cabe señalar que uno de sus socios fundadores es precisamente Antoni Rovira i Trias, arquitecto del Ayuntamiento de Barcelona y uno de los opositores al Plan Cerdà. La finalidad fundacional de la Sociedad Filomática, bajo el lema *"Mihi caeterisque laboro"*, es "el progreso

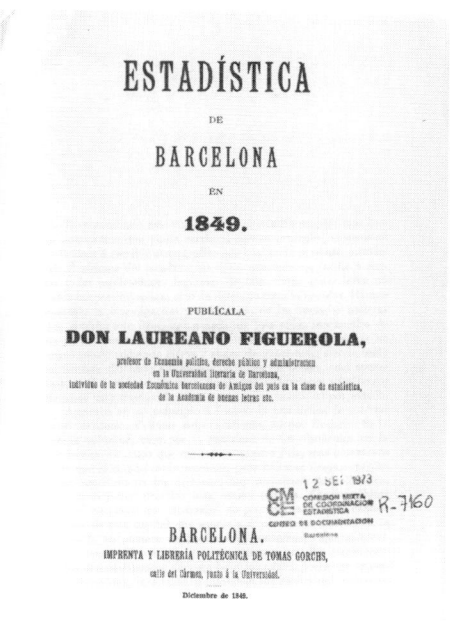

a

b

c

d

Figura 33. Portadas de obras de referencia para Cerdà:
a. *Estadística de Barcelona*, 1962,de Laureano
Figuerola, economista y político (facsímil del original
de 1849). Fuente: Institut d'Estadística de Catalunya.

b. *Elementos de higiene pública ó arte de conservar
la salud de los pueblos*, 1862 (1ª edición de 1846)
de Pere Felip Monlau, médico higienista. Fuente:
Fons Històric de Ciència i Tecnologia. Biblioteca de
l'ETSEIB. Universitat Politècnica de Catalunya.

c. *Diccionario geográfico-estadístico-histórico de
España y sus posesiones de ultramar*, 1846, vol. I
y II, de Pascual Madoz, geógrafo y político. Fuente:
Biblioteca de Ciències Socials. Universitat Autònoma
de Barcelona.

d. *Saint-Simon, son premier écrit: lettres d'un habi-
tant de Genève a ses contemporains, 1809: sa
Parabole politique, 1819: le Nouveau Christianisme,
1825*, publicados por Olinde Rodrigues en 1832.
Fuente: CRAI-Biblioteca d'Econòmiques. Universitat
de Barcelona.

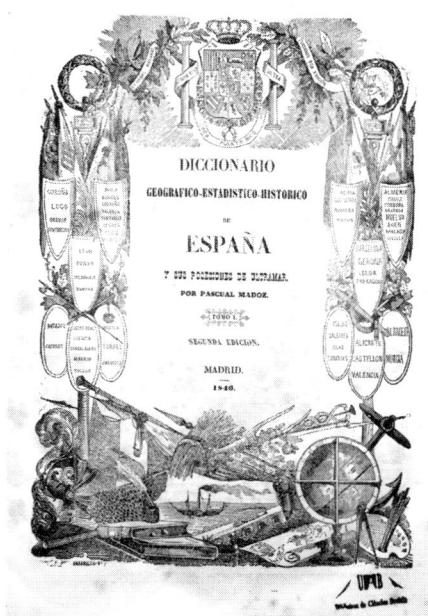

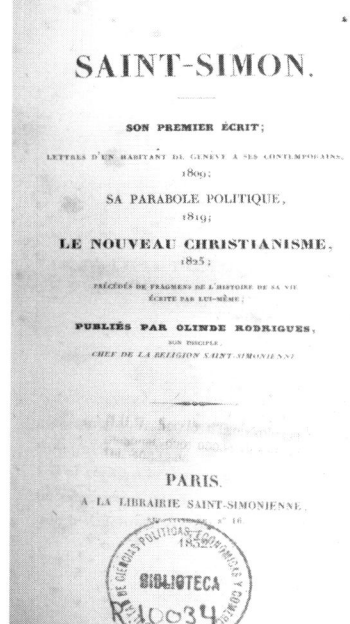

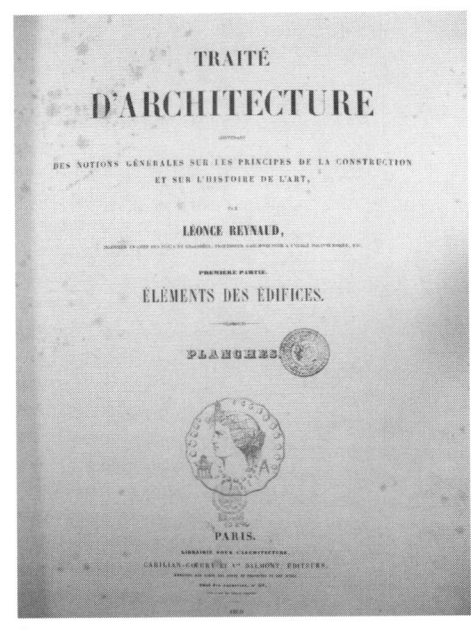

e

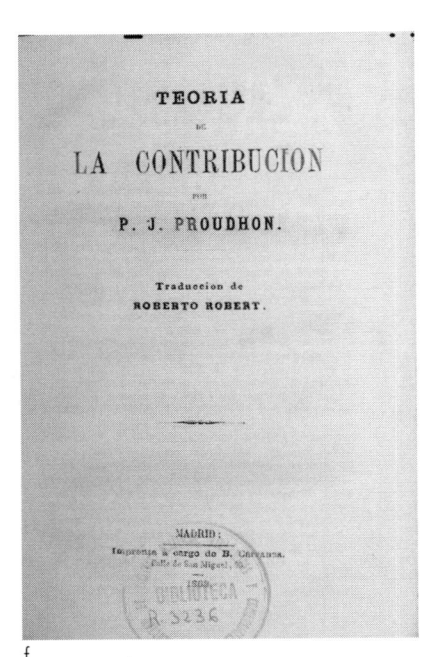

f

g

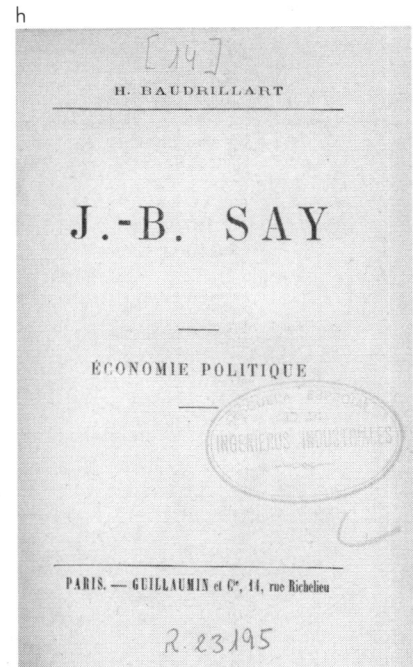

h

Figura 33. Portadas de obras de referencia para Cerdà:

e. *Traité d'architecture contenant des notions générales sur les principes de la construction et sur l'histoire de l'art.* 1850, de Léonce Reynaud, arquitecto e ingeniero. Fuente: *Fons Històric de Ciència i Tecnologia.* Biblioteca de l'ETSEIB. Universitat Politècnica de Catalunya.

f. *Teoría de la contribución*, 1862 (1º edición, 1861), de Pierre-Joseph Proudhon, político. Fuente: CRAI-Biblioteca d'Econòmiques. Universitat de Barcelona.

g. *Principios de legislación y de codificación, estractados de las obras del filósofo inglés Jeremías Bentham por Francisco Ferrer y Valls*, 1834, Jeremy Bentham, jurista. Fuente: Biblioteca de Ciències Socials. Universitat Autònoma de Barcelona.

h. *Économie politique*, 1804, de Jean Baptiste Say, economista. Fuente: Fons Històric de Ciència i Tecnologia. Biblioteca de l'ETSEIB. Universitat Politècnica de Catalunya.

Figura 34. Actores clave y coetáneos de la obra y la teoría urbanística de Cerdà.
Fuente: Elaboración propia

Jeremy Bentham
1748-1832

Comte de Saint Simon
1769-1825

Jean Baptiste Say
1767-1832

Conrad Malte-Brun
1755-1826

Ferdinand de Lesseps
1805-1894

Frédéric Le Play
1806-1882

Baron Haussmann
1809-1891

Pierre Joseph Proudhon
1809-1865

Pedro Monlau
1808-1871

Pascual Madoz
1806-1870

Laureano Figuerola
1816-1903

Francisco Coello
1822-1898

mutuo de sus individuos en los conocimientos humanos". La sociedad, aprobada por las autoridades en 1840, se divide en cuatro secciones: literatura, ciencias naturales, matemáticas y bellas artes. Enseguida reúne a unos sesenta socios residentes y a más de setenta corresponsales, y el rector de la Universidad de Barcelona les cede un local para sus sesiones. En 1860, esta sociedad se fusiona con el Ateneu Català y este, a su vez, con el Casino Mercantil Barcelonés en 1872 y toma el nombre de *Ateneu Barcelonès*.[94] Uno de los cuadros que preside el Ateneu Barcelonés en la actualidad es el de Cerdà, pintado por Martí Alsina en 1878[95] probablemente a partir de una fotografía, como podemos deducir comparando las figuras 1 y 32.

Por otra parte, Cerdà comenta su participación en la Sociedad Económica de Amigos del País, que es otra entidad de referencia de la época, en la cual también participan personalidades como Figuerola y Lesseps y se desarrollan debates y acciones sobre la clase obrera, las sociedades de crédito y otros tantos temas que Cerdà despliega en su obra. En 1845, Cerdà ha sido nombrado socio honorario de la Sociedad Económica de Amigos del País de Valencia y, en 1872, socio residente de la de Barcelona.

Cerdà también comenta, que, para él, el Café Europa[96] ha sido su logia. Es el elemento más explícito que tenemos de su probable pertenencia a la masonería. No hemos hallado ninguna referencia en los diversos documentos encontrados en que se explicite que Cerdà perteneciese a una logia masónica. Lacalzada de Mateo,[97] autora conocedora del mundo de la masonería, sostiene que, aunque no haya documentos que certifiquen la pertenencia de Cerdà a una logia,

"su discurso tiene un espíritu de fondo orientado hacia la aspiración a la verdad, la bondad, la virtud, la belleza, actitudes fundamentales en los discursos de "aprendiz" y repetidas sistemáticamente en las revistas masónicas de la época".

Pero, a través de nuestra propia investigación, por sus amistades y vínculos profesionales, en los conceptos de su teoría urbanística hay evidencias claras del impacto de la masonería. Para conocer el contexto de la masonería en la época de Cerdà, retomamos la publicación de *La maçoneria a Catalunya*, de Pere Sánchez:[98]

"Con la entrada de las tropas napoleónicas en 1809, la masonería bonapartista llega a Catalunya. Las tropas napoleónicas establecen logias en Figueres, Girona y Barcelona. Con la llegada de Fernando VII en 1814 se prohíben las asociaciones secretas. En el período del Trienio Liberal (1820-1823), se implantan nuevas sociedades secretas: los comuneros y los carbonarios, de carácter exclusivamente político. En 1834, con la llegada de la regente María Cristina, se amnistía a los masones, pero se condena su afi-liación a partir de esa fecha. En 1839, se constata la existencia de un Soberano Capítulo Departamental dependiente del recientemente creado Gran Oriente Nacional de España, fundado en Lisboa por P. Lázaro."

Se tiene noticia de que en 1848 se funda, en el barrio de Gràcia de Barcelona, la logia de obediencia francesa *La Sagesse*, activa hasta 1938. Hay referencias de que Ferdinand Lesseps, siendo cónsul de Francia, pregunta en 1848 al capitán general (un miembro de la masonería reconocido en 1870) si sus miembros van a ser perseguidos, a lo que el militar responde que no. Pero en 1853 se produce una detención de miembros de esta logia.[99] Lesseps tiene vinculaciones estrechas con la masonería a partir de su padre Mathieu de Lesseps, creador de la Logia Napoleón en Livorno y en contacto estrecho con la masonería de Egipto, cuando fue cónsul general de Francia. Como señala Ferrer, hay localizadas 11 logias en Barcelona entre 1839 y 1859.[100] Pero no será hasta 1868, con el Sexenio Revolucionario (1868-1874), que la masonería va a tener una presencia pública reconocida. Pascual Madoz, Laureano Figuerola y Víctor Balaguer,[101] compañeros de filas de la militancia política de Cerdà a partir de 1851 y personajes clave en la implementación del Proyecto de Reforma y Ensanche de Barcelona y en la redacción de la *Teoría general de la urbanización*, son miembros destacados y reconocidos de la masonería. En el análisis de sus textos se observa, además, que Cerdà se enmarca en la línea de mejora de la sociedad a través del progreso de la humanidad, que es un elemento central de su obra y una de las máximas de la masonería. Él mismo afirma:

"He aquí el círculo constringente y tiránico, dentro del cual queda encerrada toda la inspiración del arte y de la ciencia de un arquitecto que ha de pasar ratos amarguísimos, si no ha procurado olvidar al salir de la escuela todo cuanto en ella aprendió, relativo a la belleza, a la comodidad, a la higiene de la vivienda del hombre." (TGU, p.396; § 1083).

En esta cita, se reconocen elementos de trazabilidad masónica: el círculo de la unión, la vinculación con la figura del arquitecto y el espacio de la escuela o taller, donde los masones, en su condición de obreros, contribuyen a procesos de mejora de la civilización.

Aunque Cerdà no aparece en las listas públicas de masones durante el Sexenio Revolucionario, quizás por su carácter reservado y por una mayor eficacia técnica y política, está claro en sus textos que tiene una vinculación estrecha con las prácticas de la masonería y su visión de la sociedad. Cabe destacar, finalmente que se tiene noticia de que Clotilde Cerdà i Bosch (1852-1926), conocida arpista bajo el pseudónimo de Esmeralda Cervantes, forma parte de un grupo de 11 mujeres que en 6 años (1879-1885) participan de la logia de adopción *La Lealtad*.[102]

En cualquier caso, la masonería no implica una tendencia política, más allá de una opción liberal y de progreso. Como señala Ferrer, las opciones políticas durante el Sexenio tienen diputados en las distintas opciones y no inciden en el liderazgo.[103] No obstante, se observa que en el período de 1835 a 1875 hay una serie de personajes clave en la transformación de Barcelona y en la modernización de España vinculados a la masonería y amigos estrechos de Cerdà. Las logias y los talleres son espacios de debate y de discusión en la perspectiva de apoyar el progreso. Madoz, Figuerola, Lesseps, Pi i Margall, Prim, Balaguer, entre otros, son personajes de referencia en este proceso de modernización y los une la red de las logias de la masonería, en el marco de un espíritu de progreso. Cerdà comparte su quehacer técnico y político con unas relaciones de amistad profunda con ellos. Una muestra es que, entre los cuatro albaceas de su testamento, además de su hermano Miquel y de Víctor Martí, se encuentran Laureano Figuerola, compañero del partido progresista y ministro de Hacienda, y Ciril Franquet, gobernador civil de Barcelona en 1855.[104]

3.5. El partido progresista junto a Pedro Monlau, Pascual Madoz, Ciril Franquet y Laureano Figuerola como referentes científicos y políticos de Cerdà

La trayectoria de Cerdà no puede entenderse sin su vinculación al movimiento liberal progresista articulado de forma evolutiva en el Partido Progresista (1837-1868) y en el Partido Republicano Federal que cristalizará en las elecciones de 1869 y su rol en la Diputación de Barcelona (1871-1874). Mientras, aparecerá una corriente democrática dentro de los progresistas que cristalizará, tras la revolución de París de 1848, en el Partido Democrático a partir de 1849, en que se unirán corrientes republicanas que tendrán protagonismo en el Bienio Progresista (1854-1856) y, más tarde, en el Sexenio Revolucionario.

El hilo conductor de la corriente progresista se articula en torno al Partido Progresista en el período 1837-1868. Este partido nace con la Revolución Liberal (1835-1840), fundado por los liberales que se oponen al régimen de carta otorgada del Estatuto Real de la regente María Cristina de Borbón —que no reconoce el principio de la soberanía nacional— y que sobre todo defienden las reformas que ha impulsado el gobierno de Mendizábal en 1835. Defienden la restauración de la Constitución de 1812 como alternativa al Estatuto Real. Proponen en las nuevas Cortes de 1836 la reforma de la Constitución de Cádiz, lo que da origen a la nueva Constitución de 1837. El nacimiento formal del partido se produce en junio de 1838 cuando los parlamentarios de adscripción ideológica "progresista" deciden seguir el ejemplo de los moderados, que tan buenos resultados cosecharon en las elecciones de 1837, bajo el impulso de Andrés Borrego, y forman un partido de notables con una estructura organizativa basada en comités provinciales, aunque estos solo funcionarán en época electoral, en que se presentarán con una misma identificación y un mismo programa. Uno de los notables desde sus inicios en Barcelona será Pascual Madoz.

Como ya hemos señalado, el Partido Demócrata es una formación política surgida en España en abril de 1849, pocos meses después de la Revolución de 1848, como una escisión del Partido Progresista. Reclama el pleno reconocimiento de los derechos ciudadanos y las libertades individuales, el sufragio universal, la desamortización de todos los bienes de la Iglesia —incluidos los del clero secular— y la abolición de las quintas. Es la primera fuerza política estable del republicanismo en España y adopta el nombre de Partido Demócrata en vez de Partido Republicano, porque con esta última denominación difícilmente habría sido legalizado, pero también porque considera la "democracia" como la culminación de la revolución liberal. En él confluirán las corrientes del Partido Progresista, del Partido Demócrata y de los republicanos. Los republicanos tienen incidencia en el período de la Regencia de Espartero y en el Bienio Progresista, pero deberán exiliarse en múltiples ocasiones. En la primera etapa, hasta el Bienio Progresista, destacan Abdó Terrades, Ramon Xauradó y Narcís Monturiol. En la segunda, durante el Sexenio Revolucionario, una figura relevante será Francesc Pi i Margall y muchos confluirán en el Partido Republicano Federal, que será el referente progresista en el Sexenio y en la Primera República.

El general Prim se convierte en el principal protagonista de la Revolución de 1868 que pone fin a la monarquía de Isabel II e inicia el Sexenio Democrático. En octubre de 1869, integra a los "cimbrios" (demócratas monárquicos procedentes del Partido Democrático, surgido de una escisión en 1858 del Partido Progresista) y se convierte en el Partido Radical.

El Partido Republicano Democrático Federal, también conocido simplemente como Partido Republicano Federal, es un partido político español de carácter federalista y republicano, creado nada más triunfar la Revolución de 1868 como continuación del Partido Democrático fundado en 1849. El principal teórico del partido y uno de sus líderes más reconocidos será Pi i Margall.

Este contexto, diverso y cambiante, de la organización política de liberales y republicanos, es el ámbito político en que se desarrollará la vida pública de Cerdà, desde sus diferentes facetas: como político, como técnico del Gobierno Civil, como miembro de la Milicia Nacional,[105] como topógrafo redactor del *Plano topográfico de los alrededores de Barcelona*, como urbanista al redactar el Proyecto de Reforma y Ensanche de Barcelona y como promotor de sociedades anónimas para la reparcelación del Ensanche.

Cerdà desarrolla una actividad pública como medio para llevar a cabo sus ideas. Se vincula al mundo de la política como diputado a Cortes en 1851 por el Distrito 2º de Barcelona como miembro de una coalición demócrata progresista.[106] A partir de entonces, no deja nunca de tener una cierta actividad política, que articula desde tres instituciones: como diputado en el Congreso de Madrid, como regidor del Ayuntamiento de Barcelona en tres legislaturas (1854-1856, 1863-1864 y 1865-1866) y como diputado provincial (1871-1874). Cabe destacar que ejercerá como presidente en funciones de la Diputación de Barcelona (1873-1874). Como indica Estapé:[107]

"En la evolución política de Cerdà, se observa una progresiva radicalización: el talante rectilíneo e inflexible del antiguo liberal de 1841, del demócrata de 1850 y del republicano de la etapa final."

La evolución del posicionamiento político de Cerdà se caracteriza por una perspectiva modernizadora para la mejora de la civilización que va evolucionando en sus posiciones políticas en paralelo al contexto social y político en que vive.

Cerdà parte de la cultura progresista del período de la Regencia de Espartero, con Pere Monlau, higienista y redactor en 1841 de *Abajo las murallas!!!*, que había fundado en junio de 1839 *El Constitucional*, el órgano más destacado del progresismo de Barcelona. En los momentos finales de la Regencia de Espartero (noviembre de

1843), se disuelve la Milicia Nacional y Monlau se tiene que exiliar y se va a Valencia, hasta que en 1847 gana la Cátedra de Psicología de la Escuela Normal en Madrid, donde residirá definitivamente y desaparecerá del mapa barcelonés. Años más tarde, en 1857, publica *Higiene industrial*[108] y establece un listado de "medios físicos y morales para evitar las enfermedades y procurar el bienestar de los obreros ocupados en hilar y tejer el algodón". Estas medidas serían, en sí mismas, todo un diagnóstico de los principales problemas que se detectaban en las condiciones de vida de los trabajadores de la ciudad.[109] Pero es especialmente en su etapa como regidor municipal en el Bienio Progresista (1854-1856) cuando, al ejercer de mediador en la huelga obrera de 1855 en Barcelona, Cerdà se vincula al movimiento obrero e incorpora el componente higienista. De esta experiencia, Cerdà elaborará la *Monografía de la clase obrera de Barcelona en 1856*, que será el análisis más objetivo de las condiciones higiénicas y de subsistencia de la clase obrera de la época. El 14 de agosto de 1862 Cerdà es nombrado socio honorario del Ateneo Catalán de la Clase Obrera. A partir de ese momento, va a gozar del reconocimiento y el prestigio de parte de la clase obrera.

Ello incidirá en su participación política una década más tarde, en el marco del Sexenio Revolucionario (1868-1874). En esta década, se ha producido un proceso de transformación política en que se han fijado las bases para introducir el sufragio universal masculino en la Constitución de 1869. Esta era una de las reclamaciones centrales del Partido Demócrata, constituido a partir de 1850.

Como ya se ha dicho, uno de los referentes del Partido Progresista en Barcelona es Pascual Madoz. Exiliado en Francia entre 1830 y 1832, se dedica al estudio de la geografía y la estadística en París y en Tours. Puede regresar a España tras la muerte Fernando VII, gracias a la amnistía decretada por la reina María Cristina de Borbón, y fija su residencia en Barcelona donde, a principios de 1833, ya está al frente de las oficinas del *Diccionario geográfico universal* (Barcelona, 1829-1834) que se está publicando en esta ciudad. Asimismo, asume la dirección del periódico progresista *El Catalán*, de octubre a mayo de 1835. Entre 1836 y 1869, será un diputado destacado. En general, se presenta por Tremp (Lleida) y solo en momentos clave lo hace por la circunscripción de Barcelona, y la última vez por Alicante. Durante el Bienio Progresista, es presidente del Congreso de los Diputados (diciembre de 1854-enero de 1855) y ministro de Hacienda entre enero y junio de 1855. Más tarde, al inicio del Sexenio, es presidente de la Junta Provisional Revolucionaria de España (septiembre-octubre de 1868). Además de su actividad política —y especialmente en la década moderada (1844-1854), cuando está más limitada su presencia política—, Pascual Madoz se lanza desde una perspectiva científica y económica a la redacción del *Diccionario geográfico-estadístico-histórico de España y sus posesiones de Ultramar (1846-1850)*, una obra enciclopédica de 16 tomos, de la cual Cerdà extrae una gran cantidad de datos para su *Teoría de la construcción de ciudades*, publicada en 1859 junto con el Proyecto de Reforma y Ensanche de Barcelona.

Figuerola es otro de los referentes políticos y científicos de Cerdà. Es un diputado muy presente por Barcelona durante el período de 1854 a 1872, que incluye el Bienio Progresista (1854), algunos momentos clave de la crisis del moderantismo (1858 y 1865) y el Sexenio Revolucionario (1869 y 1872). En 1839, se dirige a Madrid para estudiar en la Escuela Normal, bajo la dirección de Pablo Montesinos. Cuando regresa a Barcelona, desempeña un papel relevante en el período de la Regencia de Espartero, militando ya en las filas progresistas. Entre 1842 y 1847, se dedica a la pedagogía y es inspector de Enseñanza y director de la Escuela Normal de Madrid, en 1846, cargo que abandona para ocupar la Cátedra de Economía Política, Derecho Político y Administración en la Universidad de Barcelona. En esos años, publica varias obras de pedagogía e informes estadísticos sobre el estado de la educación, así como una gramática castellana, junto con Illas y Vidal.[110] En los años que van desde la toma de posesión de la cátedra hasta que fija su residencia en Madrid, tras ser elegido diputado a Cortes en las elecciones de noviembre de 1854, ingresa en la Sociedad Económica de Amigos del País en 1846 como miembro agregado de la sección de Estadística, donde tiene una presencia social muy activa. De hecho, se encuentra con el núcleo impulsor del Institut Industrial de Catalunya en 1848, siendo presidente de la sección de Economía Política. Es uno de los autores de las Ordenanzas Municipales de Barcelona, redactadas en 1851 –aunque aprobadas en 1857– junto con Ramon Muns y Ramon Martí d'Eixelà, y secretario del comité electoral que prepara la candidatura unitaria a Cortes en las elecciones de 1850, inspirada desde el Institut Industrial de Catalunya, así como del comité que prepara la candidatura progresista de 1851. Con todo, la actividad más relevante que acomete en esos años es la redacción de la *Estadística de Barcelona* en 1849, una obra que, en palabras de Anton Costas:[111]

"Constituye la primera investigación sobre las leyes de desarrollo de los fenómenos de todo tipo asociados a la nueva civilización urbana e industrial que empezaba a aflorar en España, y que tenía la expresión más avanzada en la ciudad de Barcelona y sus alrededores".

Ya en octubre de 1847, había presentado una primera memoria bajo el título *Estadística moral de Barcelona* en la Sociedad Económica de Amigos del País, donde destacaba algunas de sus ideas centrales: defensa de la sociedad industrial y del liberalismo individualista, aunque reconociendo los fenómenos sociales negativos, que se asocian con la mendicidad, la insalubridad de las viviendas y las fábricas, el trabajo infantil y el estado de abandono en que se encuentra esta población; aun formulando un reformismo social que, sin impugnar la libertad individual, propone la intervención de los poderes públicos en el fomento de la educación de los más pobres y de los hábitos de previsión y moderación, buscando un equilibrio entre responsabilidad individual, libertad económica y cohesión social.[112]

Para investigar las leyes del desarrollo social, Figuerola sigue las orientaciones de Adolphe Quételet (1796-1874), el cual, a través de la estadística moral, se propone descubrir las leyes que regulan la dinámica de los fenómenos sociales, intentando introducir un correctivo en las teorías abstractas y especulativas que dominaban las ciencias sociales de aquel momento. Costas va más allá y afirma que la *Estadística* "se sale de los límites de lo que era la estadística económica descriptiva de la época, para convertirse en el primer trabajo de estructura económica realizado en España".[113]

Tal como señala Fuster-Sobrepere, sobre el particular Jordi Rubió ha escrito:[114]

"Tenía el propósito de organizar los datos sobre los que basaría las aplicaciones a la realidad de sus idealismos librecambistas. No quería llegar por inducción sino por deducción."

A raíz de la aparición de la primera parte de la obra, "La estadística física", *El Bien Público* le dedica una elogiosa nota crítica, que viene a mostrar lo bien integrado que estaba entre los hombres de la patronal catalana (*El Bien Público*, 11 y 12 de septiembre de 1850, sin firma).[115]

Estos tres personajes, Monlau, Madoz y Figuerola, inciden en el pensamiento y en la obra de Cerdà. Tienen en común su faceta política y su faceta científica. En su faceta política destaca, por una parte, su vinculación al partido progresista en diferentes corrientes y, por otra, su participación en la Milicia Nacional, especialmente en los períodos clave de la revolución liberal (Regencia de Espartero, Bienio Progresista y Sexenio Revolucionario) como implicación personal en la defensa del liberalismo progresista.

Cerdà entra formalmente en el mundo de la política en una candidatura como diputado a Cortes en Madrid por el Partido Progresista. Y lo hará en la misma lista política que Madoz, en quien se apoyará para el Proyecto de Reforma y Ensanche de Barcelona, tanto en su vertiente académica como política (v. fig. 34). Esta vinculación como liberal progresista viene marcada por su influencia en la Escuela de Ingenieros de Caminos, con un fuerte componente sansimonista, a partir de su estancia en París en 1856.

Por otra parte, Cerdà se vincula a lo largo de su vida a la Milicia Nacional, al igual que Monlau, Madoz o Figuerola, entre otros. La experiencia de Cerdà en la Milicia se inicia siendo estudiante de la Escuela de Ingenieros de Caminos donde se inscribe. Cerdà obtiene cargos significativos en la Milicia en momentos clave de preservación del sistema liberal. Durante el Bienio Progresista, es nombrado comandante del Batallón de Zapadores de la Milicia Nacional en Barcelona, el 12 de febrero de 1855. Esta posición será clave para desbloquear la huelga de trabajadores de verano de 1855. Durante la Primera República, el 6 de junio de 1873, el alcalde de Barcelona Buixó le comunica el nombramiento de primer director comandante de la Compañía de Zapadores de la República. Este será otro momento clave en la preservación del movimiento progresista.

Es desde esta perspectiva política que Cerdà se ha lanzado a la construcción de una sociedad mejor, con una administración más avanzada. La introducción del ferrocarril y el telégrafo marcan profundamente a Cerdà, hasta el punto de que habla de *"las exigencias de esa nueva civilización que se levanta joven, vigorosa y prepotente, montada en el vapor y armada de la electricidad."* (TGU, p.15, § 22) y se centra definitivamente en el impacto que estas tecnologías proyectan sobre el territorio (v. figs. 84-85).

Toda la actividad pública de Cerdà está al servicio de las propuestas urbanísticas que quiere llevar a cabo.[116] Manuel Angelón, compañero de Cerdà que ejercerá de secretario de la sociedad "El Fomento del Ensanche" a partir de 1863 y con quien tendrá una relación estrecha, hasta el punto de redactar la necrológica de Cerdà, señala que "[Cerdà] *consideraba la política como una ciencia práctica, y cuanto no es práctico no era política para él."*[117] Esta frase evidencia la implicación de este en la apuesta por una transformación y una mejora de la civilización que le ha tocado vivir, y que reivindica como propia en un momento de cambios trascendentales, marcados por la civilización del vapor, el ferrocarril y la electricidad, que van a cambiar profundamente la sociedad.

Por otro lado, Cerdà plantea una visión científica que marcará su producción teórica, como veremos en el capítulo III. Desde 1844, cuando decide dedicarse a la ciencia de la urbanización, tras el impacto que le supone la inauguración del ferrocarril en Nimes, tiene la influencia del período de la Regencia de Espartero, en que ha vivido el debate sobre la destrucción de las murallas y la cuestión de la ciudad ilimitada, que han tratado Balmes y Monlau. Asimismo, está en contacto con los autores del *Diccionario geográfico-estadístico-histórico de España y sus posesiones de Ultramar (1846-1850)*, Pascual Madoz y Francisco Coello. Esta experiencia es clave en su visión enciclopedista, que ha iniciado en la Escuela de Ingenieros de Caminos y continuará con la redacción de sus memorias de los distintos proyectos que acompañan una teoría.

Madoz y Figuerola, liberales progresistas, trabajan en la formalización de un sistema de captación de las rentas urbanas marcado por la Comisión Estadística de 1845, dirigida por Figuerola, y las desamortizaciones de Mendizábal de 1835 y del propio Madoz en 1855. Cerdà colaborará con Madoz durante el Bienio Progresista (1854-1856), Madoz como gobernador civil y Cerdà como regidor del Ayuntamiento. Cuando Madoz es nombrado ministro de Hacienda, es sustituido por Ciril Franquet. Cerdà trabajará junto a Franquet en la etapa en que ejerce de gestor del desarrollo del Proyecto de Reforma y Ensanche (1860-1865). Cabe destacar que también Franquet tiene ese planteamiento político y científico. Es diputado por Tarragona en el período previo al Bienio Progresista (1836, 1846 y 1854) y uno de los impulsores del proyecto de Código general de Aguas, que dará lugar al Proyecto de Ley de Aguas, del cual Franquet redacta la primera versión.[118]

Cerdà sigue el mismo esquema que Figuerola y se plantea analizar, con un carácter científico, lo que llama inicialmente *construcción de ciudades* y, posteriormente, *urbanización*. Figuerola considera "el fin religioso, el científico, el moral, el industrial y el político" (COSTAS, 1993: 16). Este planteamiento lo encontramos tanto en la discusión de la vivienda desplegada en la TCC como en textos de planteamiento general de la TGU:

"*La nueva época, con sus elementos nuevos, cuyo uso y predominio se extiende todos los días con nuevas aplicaciones, acabará por traernos una civilización nueva, vigorosa y fecunda, que vendrá a transformar radicalmente la manera de ser y de funcionar de la humanidad, así en el orden industrial como en el económico, tanto en el político como en el social, y que acabará por enseñorearse del orbe entero.*" (TGU, p.7, § 5))

Si analizamos con más detalle la *Estadística de Barcelona en 1849*, observamos que Figuerola ya había planteado los posibles impactos sociales de la introducción de la máquina de vapor en la industria:

"*La fuerza elástica del vapor de agua aprisionada en una caldera, [...] solivianta esas enormes resistencias que [...] ora arrastran tras de sí poblaciones enteras que se trasladan de un punto a otro con velocidad maravillosa.*"[119]

Y añade:

"*Watt, Fulton y Stephenson, el primero creando por decirlo así la máquina de vapor conocida antes con el nombre de bomba de fuego, aplicándola el segundo a la navegación y el tercero a los caminos de hierro, han cambiado la faz del mundo de un modo más enérgico y duradero que los grandes conquistadores, sin que haya hecho derramar una lágrima a la humanidad.*"[120]

Estos textos coinciden exactamente con la presentación de la TGU, que culmina con la afirmación:

"*La aplicación del vapor como fuerza motriz señalaba para la humanidad el término de una época y el principio de otra.*" (TGU, p.6, § 4).

3.6. Cerdà: un modernizador que se posiciona como reformador social y no como utopista

Como ya hemos señalado, se puede situar en Francia un cambio entre los planteamientos y las respuestas múltiples ante los efectos de la revolución urbana de 1848. Observamos una diferencia clara entre los planteamientos anteriores a la Revolución de 1848 y los posteriores a ella. Antes de 1848, predomina la etiqueta de *socialistas utópicos*, aplicada a personajes tan distintos como Owen, Fourier o Cabet. Como señala Harvey, antes de 1848:

"*los diagnósticos variaban enormemente: la civilización y el comercio (Fourier), el anacrónico poder de aristócratas y curas (Saint-Simon, Blanqui), el individualismo (Lerroux), la indiferencia frente a las desigualdades, especialmente de la mujer (Tristan), el patriarcado (las seguidoras feministas de Saint-Simon), la propiedad y el crédito (Proudhon), el capitalismo y el industrialismo sin regulaciones (Considérant, Blanc), la corrupción del aparato del*

Estado (románticos, republicanos e incluso jacobinos), el fracaso de los trabajadores para organizarse y asociarse basándose en sus intereses comunes (Cabet y los comunistas)."[121]

Las primeras respuestas a las necesidades de proyectar la ciudad, anteriores a 1848, son lideradas por socialistas utópicos. Estas propuestas son de carácter aislado, frente a las soluciones propuestas tras la Revolución de París.[122]

Por su influencia en España, Fourier y Cabet destacan entre los principales utopistas. Juan Abreu, liberal exiliado (1823-1833), conoce a Fourier y, tras volver a Cádiz, ensaya una experiencia de falansterio en Tempul, cerca de Jerez de la Frontera, prohibida nada más empezar. La influencia de las ideas de Fourier llega a Barcelona a través de la publicación *El Vapor*, a finales de 1835, con una serie de cinco artículos firmados con el pseudónimo Proletario, escritos por Abreu.[123] En 1845, Fernando Garrido, miembro de este grupo gaditano, difunde las ideas fourieristas en Madrid a través del periódico *La Atracción*. Más tarde, otras dos publicaciones: *La organización del trabajo* y *La Asociación*, publicada esta última en 1850, difunden estas ideas.

Los republicanos, como Abdón Terradas, Anselm Clavé y Narcís Monturiol, son seguidores de este tipo de propuestas. Cabet, que en 1832 escribe *Historia popular de la Revolución Francesa de 1789 a 1830*, debe exiliarse a Londres, donde toma ideas de Tomás Moro y Robert Owen y, a su regreso en 1840, publica bajo un seudónimo *Viaje a Icaria*, un programa narrativo de una utopía comunal. Por otra parte, en Barcelona, en torno a la publicación *La Fraternitat* y a la creación de una escuela para obreros, en que participa Pi i Margall, se forma un grupo de seguidores de Cabet, entre ellos Monturiol y Clavé. Más tarde, Narcís Monturiol y Francisco Orellana traducen *Viaje a Icaria* de Cabet.[124]

Después de la experiencia de la revolución de 1848 en París, y a partir de 1851 con Napoleón III, triunfan las tesis sansimonistas, vinculadas a la introducción del capitalismo en la renovación urbana y a la construcción de un proyecto urbano en torno a los bulevares urbanos. Este proyecto reinvierte el capital generado con la construcción de los ferrocarriles en Francia, Italia y España, liderado por los Pereire y los Rothschild y con el aval del Estado francés, basado en bonos emitidos por la Caisse de Travaux Publics. La construcción de los bulevares implicaba construir los nuevos edificios de la burguesía, situados como fachadas de las nuevas aberturas de bulevares, que incluían además las redes de abastecimiento de agua y de gas, la red de parques y jardines, y la extensión de París a los 20 distritos actuales (*arrondissements*). A partir de 1852 ya se trata de una transformación urbana del conjunto de la ciudad, a una escala superior, liderada por Haussmann, con el apoyo de Napoleón III, en que el capital financiero de los Pereire y los Rothschild adquiere un rol preponderante, impulsado por el negocio del ferrocarril y por las transformaciones urbanas que conlleva. España y, en concreto, Barcelona viven de cerca las propuestas y realizaciones del país vecino.

Cerdà conoce todas las experiencias de los socialistas utópicos, pero se desmarca de ellas, sobre todo tras de la revolución de París de 1848 y, especialmente, a partir de la experiencia vivida en su estancia en París entre 1856 y 1858:

"Hemos visto aparecer en nuestros tiempos algunas utopías brillantes, deslumbradoras, y realmente han brillado, pero simplemente a la manera de un relámpago fugaz, y no han dejado en pos de sí rastro alguno." (TVU, p.185, § 1066).

Cerdà se identifica dentro de una nueva época en la que se deja atrás a los proyectistas y utopistas:

"Pasó el siglo de los proyectistas, esa época de candidez en que era admitida con aplauso cualquier idea o teoría encaminada a un fin laudable, sin examinar si llevaba en sí misma elementos de realización." (TVU, p.185, § 1065).

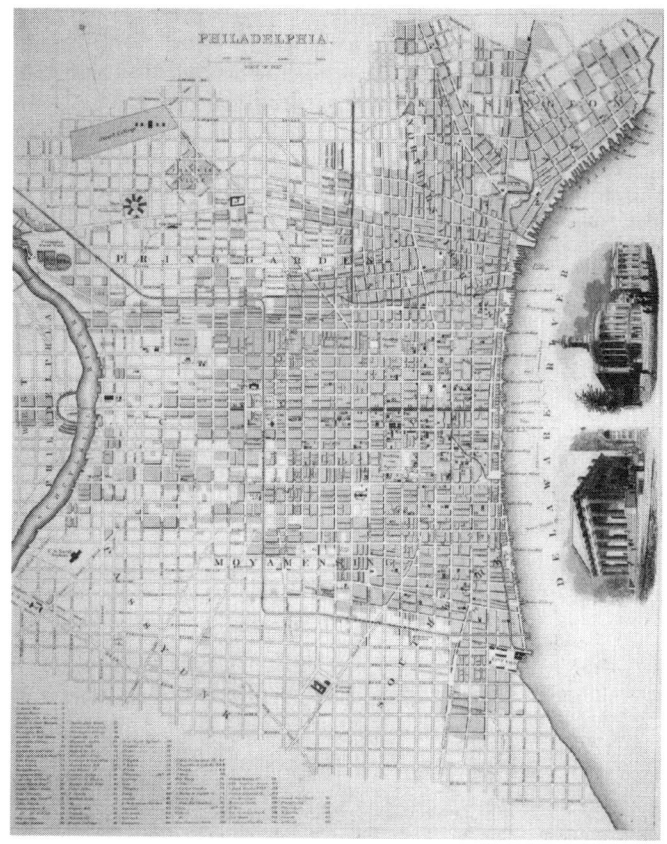

35

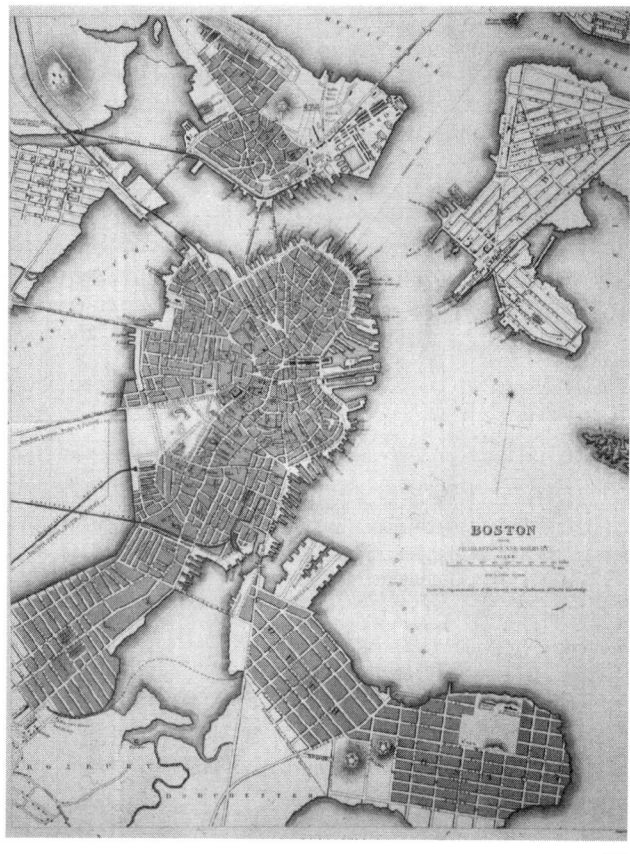

36

Figura 35. Ejemplo de manzanas rectangulares de la ciudad de Filadelfia, estudiado por Cerdà.
Fuente: Atlas de la Teoría de la Construcción de Ciudades, 1859.

Figura 36. Ejemplo de manzanas rectangulares de la ciudad de Boston, estudiado por Cerdà.
Fuente: Atlas de la Teoría de la Construcción de Ciudades, 1859.

Figura 37. Planos de las ciudades de Turín, Vitoria, Cienfuegos, Copenhague, Estocolmo y San Petersburgo.
Fuente: Atlas de la Teoría de Construcción de Ciudades, 1859.

Turín

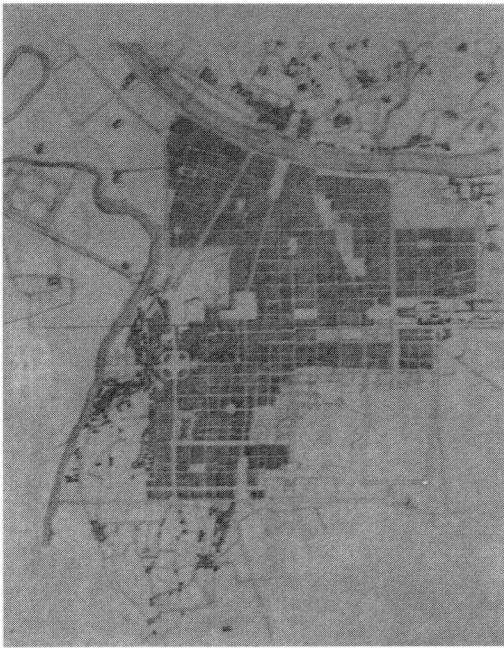

Cienfuegos

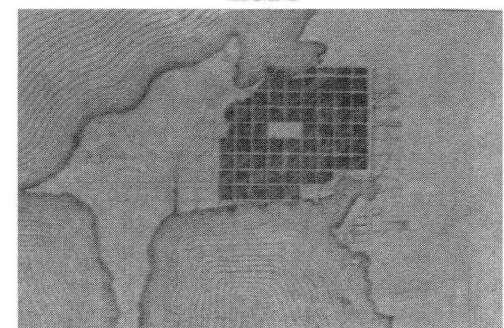

S. Petersburgo.

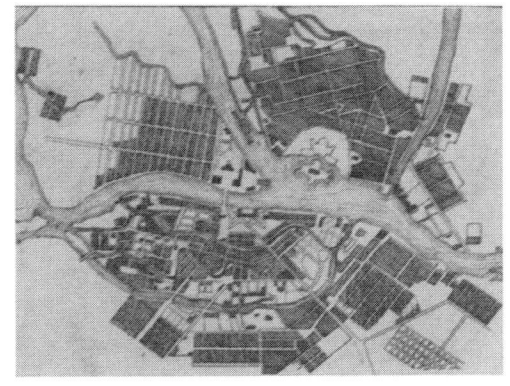

Copenhague.

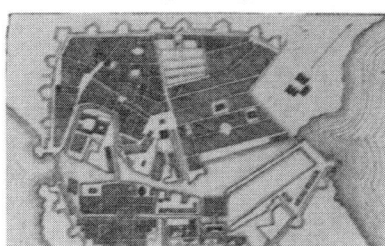

Stockholmo.

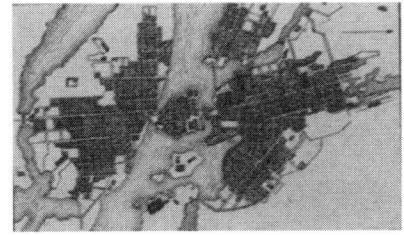

Vitoria

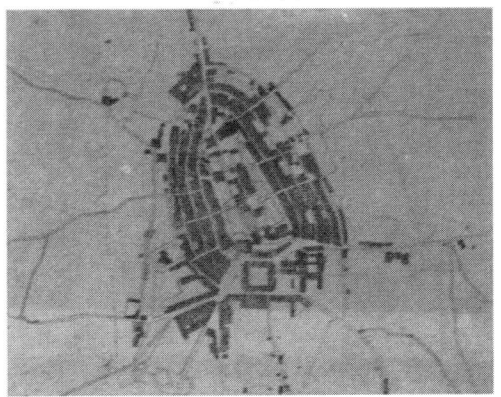

37

Y afirma:

"A la generación presente con su espíritu de positivismo práctico, no se le debe, no se le puede ofrecer nada que, sobre estar convenientemente razonado, no reúna todas las condiciones necesarias para una realización inmediata y pronta. Los célebres proyectistas y utopistas del siglo XVI, XVII y aún del XVIII, serían justamente la burla y el escarnio del siglo nuestro.".

Para entender qué significan para Cerdà los proyectistas, es interesante la cita de Reynaud, que tampoco se reconoce entre ellos:

"Se observa que los datos del problema conducen, cuando son sopesados con calma, a una solución que se aleja mucho de las formas simples y regulares a las cuales se ciñen todos los arquitectos que se han creído en la necesidad de presentar proyectos de ciudades, y se puede deducir finalmente el proceso que debe seguir una ciudad en sus sucesivos desarrollos, ya que ella tiende necesariamente a corregir aquello que hay de defectuoso en el trazado primitivo."[125]

Es decir, para esta nueva generación a la cual se une Cerdà, lo fundamental es entender la evolución de la ciudad como un proceso, en que una actitud positivista debe canalizar la mejora de la civilización, en vez de quedarse tan solo en el diseño. Cerdà se reconoce como positivista guiado por la razón: *"convencidos de ese positivismo de nuestra época, que aplaudimos como beneficioso"* (TVU, p.185, § 1067), y cree en una evolución positiva de la civilización, a través de propuestas realizables, en que el Ensanche de Barcelona será el máximo exponente.

Por otro lado, es significativa la oposición de Cerdà a la idea que Rousseau (TVU, p.51, § 2) establece en su *Contrato social,* según la cual la civilización ha provocado un decaimiento físico del hombre. Para Cerdà, desde un

planteamiento de fe ciega en la razón, el destino de la civilización va hacia una mejora en el tiempo:

"Que la humanidad haga un pequeño alto en la senda de su perfeccionamiento, para emprender después con más aliento y nuevos bríos su marcha majestuosa, es un hecho cierto, evidente, palpitante, que nadie osa negar, que todo el mundo reconoce." (TGU, p.13, § 11).

Por ello, no puede aceptar las propuestas de Rousseau. Para Cerdà es precisamente en la sociabilidad donde se manifiesta la civilización y, si la organización de la sociedad de la época no la favorece, es por una mala administración, especialmente en las ciudades (TVU, p.51-52, § 1-4 y 8-9). Cerdà sostiene la tesis que la transformación espacial urbana puede mejorar las condiciones de la civilización.

Se puede concluir que Cerdà ya se sitúa en otra generación: la del reformador social, reacio a las soluciones utópicas aisladas de la realidad, buscando facilitar la mejora de la civilización a través de la adaptación de la ciudad a las nuevas necesidades de transporte y expansión. En este nuevo marco, el impacto de la movilidad asociada al ferrocarril se erige en el nuevo eje, junto con las necesidades definidas por el higienismo, lo cual le llevará hablar de *"las exigencias de la nueva civilización cuyo carácter distintivo son el movimiento y la comunicatividad."* (TGU, p.8, § 8).

3.7. El análisis de la evolución del pensamiento urbanístico y territorial de Cerdà a través de sus fuentes

Al final de su vida, algunas de las influencias que Cerdà reconoce en su obra se reflejan en el Índice cronológico (CERDÀ, 1875):

"Antes, empero, de decidirme, quise medir la extensión del trabajo que iba a imponerme. Vi que, para

desarrollarlo en debida forma, era necesario enterarse de todo cuanto se ha escrito en arquitectura desde Vitrubio hasta Leoncio Renau; de todo cuanto se ha dicho en materias de derecho desde Solón a Bentham; de lo que se ha dicho en estudios societarios desde Platón a Proudhon; de lo que se ha dicho en higiene desde Hipócrates hasta nuestros días; de todo cuanto se ha escrito en estadística desde Moisés hasta el presente; en geografía desde... hasta...; en Administración desde... hasta...; en política desde ... hasta...; en moral o religión desde... hasta...; en filosofía desde... hasta ...; etcétera."[126]

De esta cita, se puede concretar la evolución respecto de las citas bibliográficas de la TCC de 1859. Los personajes que aparecen recogidos aquí, y no en la TCC, son: Vitrubio, Reynaud, Solón Bentham, Platón, Proudhon, Hipócrates y Moisés. Aparte de las referencias clásicas (Vitruvio, Solón, Platón, Hipócrates y Moisés), destacan como novedades Léonce Reynaud, Jeremy Bentham y Proudhon (v. fig. 33e, f, g). Estas nuevas influencias las va a recoger Cerdà en su experiencia práctica en la construcción del Ensanche y, más tarde, en sus trabajos para la Diputación de Barcelona.

Nos interesa analizar las influencias de la obra de Cerdà para analizar con más detalle la conformación de su pensamiento y su evolución. Para ello, revisaremos las citas de los autores que Cerdà considera como referentes. Disponemos de dos fuentes: por una parte, Cerdà recoge explícitamente en la Teoría de Construcción de Ciudades (TCC,1859) sus referentes de la primera etapa; por otra parte, en otros documentos, como la Teoría de la Viabilidad Urbana (TVU,1861), la Teoría General de la Urbanización (TGU,1867) y otros textos menores, donde no existe una bibliografía explícita, se pueden extraer y deducir algunas tendencias e influencias a partir del análisis de los textos, correspondientes a una etapa posterior. Además, disponemos de su Índice cronológico,[127] donde

recoge, al final de su vida, los eventos más significativos de esta y explicita sus influencias.

Si analizamos la bibliografía citada en la TCC (TCC, p.117, §12), se observan cinco grandes grupos de publicaciones:

- ediciones referidas a la población de Barcelona
- obras de higienistas conocidos de la época
- escritos sobre economía y administración
- obras de geografía sobre Francia, Alemania, Italia y Argelia, y publicaciones generalistas
- referentes propiamente urbanísticos o territoriales.

Entre las ediciones referidas a la población de Barcelona destacan las Memorias de Barcelona de Antoni de Capmany y la Estadística de Barcelona en 1849 de Laureano Figuerola (v. fig. 33c). Cabe resaltar, además, la obra de Mesonero Romanos sobre Madrid, citada por Cerdà en varias ocasiones (TCC y TVU). Cerdà conoce, pues, la tradición liberal catalana, representada por Capmany,[128] referente intelectual de Barcelona, y conoce personalmente a Figuerola, referente intelectual coetáneo suyo. Capmany ha elaborado una obra monumental, las Memorias históricas sobre la marina, comercio y artes de la antigua ciudad de Barcelona, que, como indica su título, es un recopilatorio sobre la marina, el comercio y las artes de la ciudad de Barcelona y representa la búsqueda de las fuentes históricas de la potencia de Barcelona como capital de un territorio. Por otro lado, dispone de la obra Estadística de Barcelona de 1849, donde Figuerola investiga las leyes del desarrollo social de un territorio urbano como Barcelona. Para ello, el autor sigue las orientaciones de Adolphe Quételet. Asimismo, Cerdà conoce la obra de Romanos, otro referente de las necesidades de reforma urbana de Madrid.

Entre las obras higienistas, destacan especialmente las de Monlau: Abajo las murallas!!! de 1841 e Higiene pública de 1856 (v. fig. 33.d). En aquellos años, se introduce el pensamiento moderno higienista, del cual Monlau será maestro, con una influencia francesa dominante (Levy, Sovet y Payen). Destaca la ausencia de bibliografía inglesa sobre la *sanity reform* de Londres, junto con experiencias como las de Chadwick (1842).

Entre los escritos sobre economía y administración, además de Figuerola, destaca *Administración de la ciudad de París* de Say, que se inscribe en las corrientes de la sociología positivista, en que sobresalen Le Play y Quetelet.

Entre los manuales de geografía, destacan el de Malte-Brun *Abrégé de géographie universelle* y la revista *L'Univers, ou l'histoire et description de tous les peuples.* Todos estos manuales son característicos de un período de influencia enciclopedista.

Finalmente, entre las obras propiamente urbanísticas o territoriales de referencia de esta primera época, destaca la cita bibliográfica: *Diversos autores. Descripciones y planos de las principales ciudades de Europa y de América.* Seguramente se refiere a los planos editados por la *Society for the Diffusion of Useful Knowledge* (*Sociedad para la Difusión de Conocimientos Útiles*), de 1843, como lo demuestra el hecho de que los planos de Boston y Filadelfia, aportados en el Atlas de la TCC (Láminas XLII y XLIII TCC, p.446-447; ver fig.35 y 36) son publicados por esta sociedad, de los cuales Cerdà retomó o redibujó los mapas de las ciudades de Turín, San Petersburgo, Copenhague y Estocolmo (v. fig.37). Por otro lado, Cerdà se refiere también a la obra de Madoz y Coello: *Diccionario geográfico-estadístico-histórico de España y sus posesiones de Ultramar.* Cabe remarcar, también, que Cerdà cita a Adolphe Joanne y su obra *Itinéraire descriptif et historique de L'Allemagne.* Joanne es uno de los referentes de Madoz. En Cerdà, por su relación personal con Madoz y por su mirada estadística y geográfica, se deduce una gran influencia de este autor a la hora de recopilar información que tenga relación con la nueva ciencia de la urbanización. Cabe señalar que de esta publicación

extrae seguramente los planos de Vitoria y Cienfuegos (v. fig. 37). Junto a esta información, destaca también la *Memoria sobre el proyecto de la nueva población de Vigo,* de José Pérez, ejemplo significativo de un proyecto de fundación de una nueva población, elaborado por un ingeniero de caminos, una referencia segura de su gremio.

Figuerola será el referente económico de Cerdà e influirá en su visión estadística y científica. Figuerola inicia su formación siguiendo el curso de Economía Política de Eudald Jaumeandreu en la Escuela de la Junta de Comercio, que marcará su orientación liberal y progresista.[129] En la defensa de la cátedra, Figuerola presenta un programa con un planteamiento pedagógico para desarrollar una nueva ciencia que denomina *economía política.* En su programa, toma como referencias a Smith y Say (v. fig. 33.h) autores que posteriormente Cerdà citará en la TCC. Figuerola es uno de sus maestros científicos para la consolidación de la ciencia de la urbanización. La *Estadística de Barcelona en 1849*[130] (v. fig. 33.c), trabajo pionero en España sobre las consecuencias sociales, demográficas, sanitarias y urbanas del liberalismo y la industrialización,[131] es citada en la *Teoría de la Construcción de Ciudades* (TCC, p.117, § 12) y de ella toma gran cantidad de citas para la memoria de la TCC. La obra de Figuerola, seguidora de la tradición belga de Quetelet, del utilitarismo de Bentham, y su metodología científica representan para Cerdà un modelo de análisis a través del método cuantitativo, como instrumento para conocer las causas de los hechos sociales.

París viene de celebrar su primera Exposición Universal en 1855, comentada por personajes de la Barcelona de la época. Londres también debe ser una referencia, sobre todo, tras la Exposición Universal de 1851, a la cual ha asistido Figuerola, que elabora un pequeño opúsculo sobre este evento.[132] Como señala Costas, Figuerola va a Londres como miembro de la comisión oficial española, a la *"I Gran Exposición*

Universal de los trabajos de la industria de todos los países, que tiene lugar en el Crystal Palace. Esta exposición tiene una gran influencia en la creación en toda Europa de un clima de euforia, de fe, en la industrialización y en el libre comercio, y constituye la encarnación material de la idea de progreso".[133]

Todos estos eventos están recogidos en la *Teoría de la Construcción de Ciudades* de 1859. Se observa que los datos de las publicaciones posteriores a 1856 no quedan recogidos. Probablemente, Cerdà ya tenía muy avanzada la Memoria del Proyecto de Reforma y Ensanche de 1859. De hecho, la presentó en marzo de 1859, cuando hacía pocos meses que había regresado de París. Cabe remarcar que el encargo del Proyecto de Ensanche lo recibe en noviembre de 1858 y presenta el documento solo cuatro meses más tarde, ya que lo iba preparando desde 1855.

Podemos concluir que, en una primera etapa, hasta 1856, Cerdà parte de las enseñanzas más directas que recibe del higienista Monlau, del economista Figuerola, del esfuerzo topográfico y geográfico del equipo de Madoz y Coello y de la experiencia urbanística de los ingenieros de caminos, entre ellos José Pérez, en Vigo.

En una segunda etapa (1856-1866), iniciada con los viajes al extranjero realizados entre 1856 y 1858 y, más tarde, en 1863 (París, Lieja, Bruselas), Cerdà introduce plenamente el pensamiento sansimonista y aparece la experiencia de la urbanización del París de Haussmann, que recicla y digiere, y adapta a los conceptos de la nueva *Teoría General de la Urbanización*, redactada fundamentalmente entre 1863 y 1867. Allí amplía sus referencias teóricas, ya esbozadas en la redacción de la TVU (1861).

En París, Cerdà probablemente conoce a Léonce Reynaud, profesor de arquitectura de l'École des Ponts et Chaussées entre 1847 y 1869,[134] que publica en 1858 el *Traité d'architecture* en dos volúmenes. Cerdà no cita esta obra en 1859, seguramente porque, como ya se ha observado, la parte referida a la bibliografía la redacta en 1855-1856. El *Traité d'architecture* es conocido en Barcelona en octubre de 1859, cuando se celebra el concurso del Ensanche. Lo demuestra el detalle significativo de que el primer párrafo del capítulo "Villes" es citado como lema por Antonio Rovira en el plano que presenta en el concurso: *"Le tracé d'une ville est œuvre de temps plutôt que d'architecte."* Además, cabe destacar que, en el programa de la Escuela de Ingenieros de Caminos de Madrid de 1868, el *Traité d'architecture* de Reynaud será un libro de referencia del curso de Arquitectura, junto con la *Teoría General de la Urbanización* de Cerdà. Por otro lado, en 1845 se publican los planos de la Gare du Nord de París, diseñada por Reynaud, publicada en la *Revue générale de l'architecture et des travaux publics* por C. Daly e inaugurada en 1846. Dicha estación es un modelo de referencia para las futuras estaciones por el tratamiento de la canalización de los desplazamientos de los viajeros,[135] de la cual cabe suponer que Cerdà toma nota para la redacción del Anteproyecto de *Docks* de Barcelona de 1863.

En esta segunda etapa, mucho más evolucionada y asociada a la construcción inicial del Ensanche, Cerdà se abre a nuevas influencias. Las obras de Bentham, otro de los principales pensadores, sabemos que está traducida al castellano desde 1834.[136] Cerdà utiliza la noción de interés público del pensamiento utilitarista de Bentham para llevar a la práctica su proyecto. Finalmente, la apuesta definitiva por la influencia de los medios de transporte y las telecomunicaciones en la definición de su propuesta urbanística le llega, en parte, del movimiento sansimonista, aunque es, de hecho, uno de los nuevos estandartes de la sociedad de esta época.

Por otra parte, Cerdà recoge el pensamiento de Proudhon. Su principal introductor y propagandista en España es Joan B. Guardiola en 1851, con su obra *El libro de la democracia*.[137] Guardiola será el primer diputado del Partido Demócrata en ser elegido en 1854, pero dejará el cargo al ser nombrado secretario municipal de Barcelona. Francesc Pi i Margall, amigo de Guardiola, lo difunde a partir de la obra *La reacción y la revolución*, publicada en 1854.[138] Cerdà no recoge esta influencia, probablemente, hasta que adopta la noción de asociación para desarrollar la construcción del Ensanche. Al respecto, cabe destacar la traducción de *Capital y renta* y *Teoría de la contribución*[139] (v. fig. 33f), a cargo de Robert Robert en 1860 y 1862, respectivamente. Las aportaciones sobre la noción de asociación de Proudhon las aplica Cerdà a las asociaciones de propietarios de una o varias manzanas para promover la construcción del Ensanche. Cerdà coincide con Guardiola en el Ayuntamiento de Barcelona y tiene conocimiento de la obra de Pi i Margall, que será el gran ideólogo del federalismo, una corriente con la cual Cerdà colaborará durante su participación en la Diputación de Barcelona entre 1871-1873 como republicano-federal.

3.8. El discurso industrialista y proteccionista de los moderados y de los conservadores se impone tras la Primera República y lleva al olvido a las figuras centrales del liberalismo progresista y del republicanismo federal con las cuales Cerdà participa

Como remarca Fradera, "*las décadas de 1830 y 1840 señalan un cambio nítido, cortante e irreversible en la organización de la sociedad catalana y española. Significaron un cambio radical en las formas de la política y la vida social, así como en el marco institucional que las regulaba. Cuando los liberales moderados aprobaron la Constitución y la reforma fiscal de Mon y Santillán en 1845 la transformación liberal del Estado y de las instituciones sociales más significativas estaba casi cerrada*". Y añade: "*Los grupos dirigentes catalanes que se decantaron hacia el liberalismo participaron plenamente y de forma conven-cida de la conveniencia de la construcción de una nación española, patria de todos los liberales, marco donde poder ejercer los derechos y deberes del súbdito devenido ciudadano y espacio donde poder pactar los diferentes intereses de las facciones burguesas. Pensaban, además, haber contraído una especie de pacto no escrito de protección de los intereses mutuos con otras burguesías españolas, un pacto por el que se reservaba el mercado interior para los manufacturados y ciertos productos agrarios de Cataluña, a condición de sustituir el consumo de trigos y cereales extranjeros por los de la Península.*"[140] En esta perspectiva, se situaban Madoz, Figuerola o Cerdà.

Como relata Fuster-Sobrepere, "*después de la regencia de Espartero (1840-1843), toman el poder los moderados, que gobiernan durante una década (1844-1854). Los sectores acomodados de la sociedad barcelonesa, ven que la hegemonía moderada en el poder, que tanto habían deseado no defendía sus intereses. La reforma de la hacienda, decretada por Mon, que los obligaba a pagar por sus industrias; la campaña del británico Cobden por toda España a favor de las doctrinas librecambistas de la escuela de Manchester, que da lugar a una nueva corriente a favor de la modificación arancelaria, la guerra de los matiners y la crisis industrial de 1847 agravan objetivamente la situación; el acuerdo con el ministro Salamanca en Hacienda, que inicia las conversaciones para un acuerdo comercial con Inglaterra –la competidora directa de la industria textil catalana–, se detiene al salir este del ministerio*".[141] Joan Vilaregut se erige en el representante de la Junta de Fábricas y, como progresista, es diputado en la Regencia de Espartero (1841 y 1843) y en la Década Moderada (1846, 1851 y 1853). Por ello, el sector industrial catalán se organiza en torno a la Junta de Fábricas de Cataluña, que es el nombre que adopta desde 1847 la antigua Comisión de Fábricas de Hilados, Tejidos y Estampados de Algodón. Como señala Fuster-Sobrepere: "*Con este nuevo nombre se quiere reunir a todos los sectores industriales de Cataluña, no solo el textil,* sino también la construcción y la metalurgia. *La Junta de Fábricas propone crear el Instituto Industrial de Cataluña, aprobado el 20 de febrero de 1848. Sus objetivos son mejorar la capacitación tecnológica de la industria para hacerla más competitiva y, en este sentido, se toman una serie de medidas de fomento y formación [...], y difundir una mentalidad favorable al fenómeno industrial, tanto entre la población en general como, sobre todo, entre las fuerzas sociales, políticas y económicas españolas.*"[142] Es interesante observar que la Junta de Fábricas es capaz de crear un movimiento transversal, con la participación de los liberales progresistas y articulado en torno al Instituto Industrial de Cataluña. Este movimiento toma fuerza hasta el Bienio Progresista, momento en que propiamente los liberales progresistas, en confluencia con los demócratas, llegan a pactos con los obreros, en el marco de la huelga general de 1855. Con el final del Bienio en 1856 y la llegada de los moderados, se rompe esta transversalidad. El período 1848-1856 es de avance transversal. La década de 1856 a 1866 vendrá marcada por un avance capitalista asociado al ferrocarril, que terminará con el crac financiero de 1866 y decantará la llegada del Sexenio Revolucionario. Figuerola ha participado en la Sociedad Económica de Amigos del País y en el Instituto Industrial de Cataluña, pero está más vinculado a elementos del sector metalúrgico barcelonés como Ascacíbar o Ardèvol (directores de la Maquinista y navieros), más cercanos a la economía real. Y, cuando se ocupa del textil, el núcleo central del sector proteccionista y de la industria catalana adopta lo que él llama la "ley de Capmany", en el sentido de que este sector siempre mantendrá un cierto retardo respecto del inglés por el retraso tecnológico. Por tanto, según el autor, no puede desprotegerse repentinamente poniendo en riesgo los capitales invertidos. El librecambismo industrialista se contrapone al librecambismo agrarista dominante en España, inspirado por Flórez Estrada,[143] pero también al proteccionismo dinámico propuesto por Figuerola.[144] Este se contrapone a la nueva formulación defensiva del proteccionismo, de mentalidad prohibicionista, que en esos años formulaban los hombres de la Junta de Fábricas. Como señala Fuster-Sobrepere, *"hay dos líneas argumentales centrales del pensamiento de Figuerola: por un lado, la formulación de otro industrialismo, más pendiente del desarrollo a medio plazo y de la capacitación tecnológica que de la defensa de los intereses inmediatos, moderador del precio de los sectores tradicionales en el algodón, a pesar de la evolución de la industria de los proyectos industriales, y por otro lado, la percepción, avalada con datos empíricos, de la pauperización de la mayoría de la población y la atribución de este hecho al mismo fenómeno industrial, pero sin impugnarlo por tal motivo; al contrario, poniendo de manifiesto que esta pauperización es también el producto de unas estructuras sociales aún inadaptadas a la nueva sociedad, y que se hace necesario el despliegue de una política atenta a corregir las causas estructurales. Las dos líneas de argumentación convierten a Figuerola en el modelo del reformismo liberal catalán, que en gran medida encontraría más eco entre los reformadores positivistas cercanos al democratismo y al socialismo incipiente que, entre los hombres de su partido, al cual él se mantendría fiel hasta el intento de poner al menos parcialmente en práctica su pensamiento con motivo de la revolución de 1868*".[145]

El intento reformista de esta generación de liberales progresistas y republicanos federales continuará hasta la Primera República, momento en que la Restauración de 1876 va a romper con este intento y los conservadores y liberales moderados impondrán una visión restrictiva de la revolución liberal. Esta visión más conservadora y regionalista, contrapuesta a la revolución liberal, ha calado en el relato. En este sentido, Fradera considera que *"el modelo interpretativo más influyente de las últimas décadas es el que propuso Jaume Vicens Vives en Industriales y políticos del siglo* XIX, *que plantea una relación demasiado directa entre industria, progreso y emergencia del regionalismo.*

Una filiación directa entre el sentido final de aquella ecuación selectiva de la Cataluña del siglo XIX y el espíritu de la que llamó "generación de 1901", aquella que transmutó las insatisfacciones de la burguesía ochocentista en el nacionalismo del siglo XX , la de Prat de la Riba en La nacionalitat catalana". [146]

La obra de Cerdà, pero también las referencias de Madoz y Figuerola, no entran en el relato de Vicens Vives, cuando han sido actores clave de la modernización del país. Lo lógico habría sido que Vicens Vives hubiese recogido las biografías de Madoz y Figuerola. Madoz había sido un personaje clave en el liderazgo político de los progresistas desde Barcelona. Había sido diputado por Barcelona desde 1836 en múltiples ocasiones, representando las posiciones de los industriales; fue ministro de Hacienda en 1855, gobernador civil de Barcelona (1854-1855) y de Madrid (1868), y formó parte de la delegación española enviada por Prim en 1870 a Florencia para ofrecer la corona a Amadeo de Saboya, pero en Génova le sorprendió la muerte. Figuerola había sido uno de los referentes económicos de la ciudad de Barcelona, como catedrático de Derecho Administrativo y Economía Política de la Universidad de Barcelona y uno de los líderes del impulso industrial y económico de los progresistas a partir de 1848; posteriormente, sería ministro de Hacienda en 1869 con Prim. Adoptó posturas librecambistas para la mejora de la innovación, frente a los proteccionistas, especialmente a partir de 1857, con la creación de la Sociedad Libre de Economía Política, institución que pretendía difundir las ideas librecambistas en un país donde imperaban las proteccionistas, a través de la influencia de la burguesía catalana, representada por Joan Güell o Pedro Bosch, entre otros, organizada en torno al Fomento de la Producción Nacional. Además, Figuerola defendió posiciones antiesclavistas a partir de 1865, con la creación de la Sociedad Abolicionista Española. [147]

En una nueva mirada más conservadora, liderada por los herederos de Antonio López y Joan Güell, a partir del período de la Restauración de 1876 y, décadas más tarde, con el apoyo de sus herederos, en connivencia con el relato de la Lliga Regionalista a principios del siglo XX, la generación liberal progresista de 1835-1875 fue ignorada, y ello contribuyó decisivamente al olvido de la obra de Cerdà, como ya hemos observado en el capítulo I.

Fradera señala que *"las opciones políticas más implicadas con la posibilidad de reformar el sistema político español fueron más propensas a identificarse con el potencial que la cultura liberal común significaba, mientras que las más temerosas ante la idea de cambio social o político cultivaron con fervor las prevenciones antiurbanas y antiindustriales que la cultura renacentista había situado en el corazón de su propuesta cultural, aceptando tácitamente y con convencimiento las duras condiciones de la política moderada, primero, y canovista, después. En el proceso de revolución urbana, los procesos de transformación son convulsos. De lo que se trata es, justamente, de situarnos otra vez ante los problemas históricos relevantes —los de la industria, las relaciones entre campo y ciudad y entre las clases sociales en Cataluña, la gestación de una cultura e identidad distintivas, la problemática relación con el Estado, la política y la cultura influidas por los intereses clasistas— y reelaborar los instrumentos conceptuales que nos deben permitir entender el material empírico de una manera más amplia".* [148]

Los períodos del impulso modernizador de la sociedad española del siglo XIX tuvieron algunos principales hitos desde una perspectiva territorial. En especial en el período 1848-1865, para la implementación de una metodología de los ensanches urbanos, y en el período 1869-1873, en la reorganización administrativa y territorial de las provincias. Cerdà y los compañeros de su generación ayudaron a esta revolución urbana de una forma decisiva, pero el relato conservador y regionalista tras la Primera República los han dejado fuera de contexto.

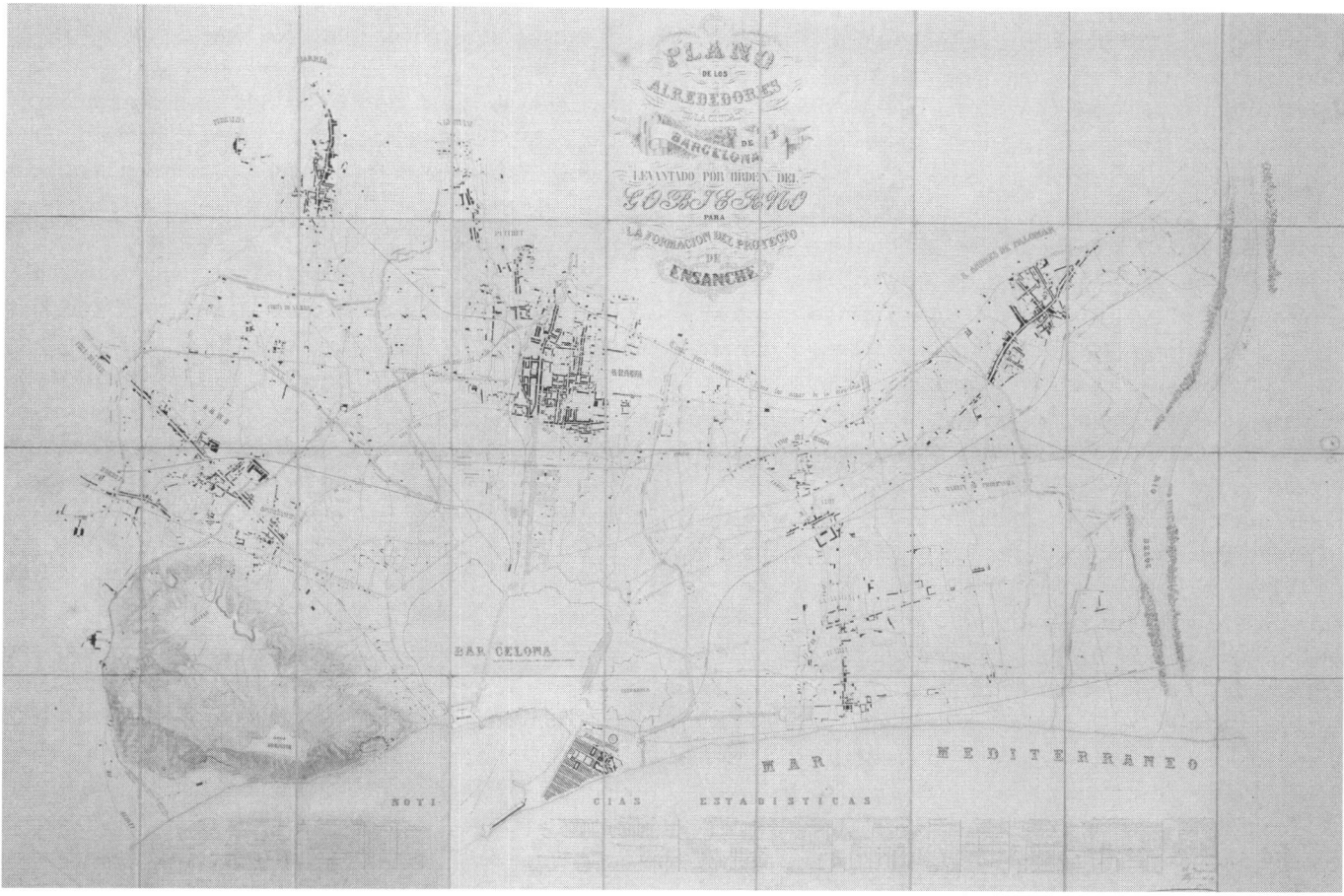

Figura 38. Plano topográfico de los alrededores de Barcelona (1855), de Ildefons Cerdà.
Fuente: Depósito temporal del Patronat del Castell de Montjuïc - Museu Militar

3.9. Una actividad política y pública que implica un elevado coste familiar

A todo ello se añade el impacto que tuvo sobre su familia la dedicación exclusiva de Cerdà a la ciencia, la política y la cosa pública. En la década de 1850, Cerdà tiene una actividad intensa como político: diputado a Cortes en 1851, regidor de Barcelona durante el Bienio Progresista (1854-1856), huye por persecución política a París (1856-1858). A partir de 1858, desarrolla una actividad intensa para aprobar el Proyecto de Reforma y Ensanche de Barcelona (1858-1861). Su dedicación al proyecto le obliga, en los cuatro meses anteriores a la aprobación definitiva del Proyecto de Reforma y Ensanche de Barcelona en mayo de 1860, a establecer su estancia en Madrid. Cerdà tiene una actividad frenética de trabajo en este período (1858-1861): del encargo a la realización del proyecto, su aprobación definitiva y los primeros trabajos para su implementación. Ello tendrá graves consecuencias familiares. En 1861, surge la noticia de que su esposa, de la que ha tenido tres hijas (Rosita, Pepita y Sol), alumbrará una cuarta (Clotildina), esta vez como resultado de su relación con el banquero Caneny. En 1862, formalizará la separación, tras la cual su mujer Clotilde se trasladará a vivir a Madrid, donde desarrollará su actividad artística como pintora, que influirá en su hija. De hecho, como ya hemos comentado, juntas se desplazarán a Roma y se conectarán con un entorno de pintores y artistas. Clotildina recibirá formación como arpista en Barcelona, Paris y Viena, junto a su madre. De hecho, debutará en Viena a los trece años, durante los funerales que la reina Isabel de Borbón organiza en honor de Miguel de Cervantes, con motivo de la Exposición de Viena. Estando en Paris, Victor Hugo le sugiere a Clotilde que cambie el nombre de su hija Clotildina por el de Esmeralda, la protagonista de su novela *Notre Dame de Paris*. La reina Isabel le propone el apellido Cervantes en honor del escritor, al tiempo que la nombra, con trece años, arpista de cámara. Amadrinada por la duquesa de Montijo, Esmeralda Cervantes (Clotildina) ofrecerá conciertos a la realeza europea, viajando con su arpa de oro, acompañada de su madre.

En general, Cerdà es muy reservado. Una muestra de ello es cuando detalla en su *Índice cronológico* el momento de su separación formal con el cambio de domicilio en 1864 de su mujer Clotilde para irse con Caneny, el padre de la nueva hija. Lo relata así:

"27 de mayo de 1864: Cambio de oficina. Trueno grande de familia. Marcha Clotilde a Madrid con Caneny.
29 de mayo de 1864: Cambio de todos los muebles de la casa."[149]

No es de estrañar que unos meses más tarde, en 1865 se traslade a una finca en el Ensanche

Cerdà ha priorizado en su vida su acción técnica y política. De hecho, su suegro Josep Bosch, mentor y punto de apoyo de su trayectoria, le remarca en varias ocasiones a través de una relación epistolar[150] que preste más atención a su mujer Clotilde.

Cabe señalar que Cerdà cita al final de su vida, como fechas notables, tres eventos: la publicación del Real Decreto de aprobación definitiva del Proyecto de Reforma y Ensanche el 31 de mayo de 1860, su vuelta a Barcelona el 7 de julio, tras haber permanecido cuatro meses en Madrid para asegurar su aprobación, y el nacimiento de la hija ilegítima Clotilde el 28 de febrero de 1861, concebida durante la estancia de Cerdà en Madrid. La aprobación del Proyecto de Ensanche y su dedicación a los proyectos de transformación territorial habían tenido un elevado coste familiar.

Al final de su vida, cuando Cerdà abandona Barcelona, vende su piso en la calle Bruc 49 (entre Gran Via y Diputació), situado precisamente en el barrio de la Concepció, en la derecha del Ensanche, que él mismo había promocionado. Para su partida definitiva de la ciudad de Barcelona, se dirige en barco hacia Valencia para tomar allí el tren hacia Madrid, con el objetivo de reclamar el pago de sus trabajos (MAEB, TCC, TVU). Posteriormente, se desplazará al Balneario Las Caldas de Besaya, en Santander, donde fallecerá un año más tarde, el 21 de agosto de 1876, tras un síncope cardiaco. En el momento de abandonar Barcelona, el 22 de junio de 1875, escribe:

"A las 2 y 45 minutos de la tarde, partía el vapor con dirección a Valencia y me despertaba yo, al parecer, de un profundo letargo, dejando, no sé si para siempre, la ciudad de Barcelona en pro de la cual puedo asegurar haber hecho siempre cuanto me ha sido dable, a pesar de abrigar la convicción más profunda de que nunca me lo sabría agradecer."[151]

4. La formalización de una propuesta urbana: el Proyecto de Reforma y Ensanche de Barcelona

Cerdà se incardina perfectamente en los inicios de la revolución urbana de Barcelona. Su acción técnica y política se sitúa estratégicamente para alcanzar sus objetivos de crear una nueva disciplina y aplicarla, tanto en el aspecto práctico de la proyectación y la construcción inicial de la Reforma y Ensanche de Barcelona como en la promoción de una legislación y una acción política favorable a su desarrollo.

4.1. La cartografía como un elemento central en la obra de Cerdà

Tal como hemos visto, durante el Trienio Liberal (1840-1843), se inició un debate sobre la expansión de la ciudad, que culminó en 1841 con el escrito *Abajo las murallas!!!* de Monlau y en 1841 con las reflexiones de Balmes sobre el ensanche ilimitado de 1843. Ese mismo año, el Cuerpo de Ingenieros Militares lideraría la *Carta geográfica de España*, que aceleraría el proceso de renovación cartográfica. En ese marco, en el período 1846-1852 la Brigada Topográfica y de Ensanche de Barcelona inició los trabajos topográficos para los ensanches parciales.[152] El planteamiento de los ingenieros militares era proseguir con las fortificaciones y modificarlas si era preciso necesario para ampliar el suelo urbano. Su preocupación era evaluar el coste de la modificación de la fortificación y de las expropiaciones y la venta de los terrenos militares para poder financiar la obra.[153] En 1844, había un proyecto de ampliar las fortificaciones por el frente definido entre los baluartes de Tallers y Jonqueres. A partir de 1846, con la creación de la Brigada, se tomaron en consideración escenarios más ambiciosos, como el diseño de fortificaciones para conectar los municipios de Barcelona y Gràcia (v. fig. 15) o la conexión de las estribaciones de Montjuïc con el Fort Pienc y la Ciudadela (v. fig. 16). La política de ensanche ilimitado se retomó a partir de 1853. En ese momento, la prensa de derechas la asumen especialmente Antonio Brusi y Manuel Durán i Bas, secretario del Ayuntamiento, este último sobre todo por oposición a los ensanches parciales que las autoridades militares y civiles proyectan, como el del área de las Hortes de Sant Bertran.

Sin embargo, no es hasta el Bienio Progresista (1854-1856) que se activa realmente el proyecto de Ensanche. Con la aprobación de la Real Orden de 26 de octubre de 1854 del Ministerio de Guerra, transcrita por el de Gobernación el 9 de noviembre al gobernador de Barcelona, se iniciaba el proceso de elaboración de un ensanche ilimitado para la ciudad y la correspondiente destrucción de las murallas, que arrancaría ese mismo año, pero no cristalizaría hasta el inicio efectivo de la construcción del Ensanche a partir de 1860.

En la Real Orden de 1854, se prevenía que, para conciliar los intereses del Estado con los locales de Barcelona, se debía formar un plan de edificación en que concurrieran el Cuerpo de Ingenieros del Ejército con los ingenieros o arquitectos a quienes se encomendase el proyecto del nuevo caserío. A raíz de esa orden, Cerdà fue nombrado ingeniero civil de Hacienda el 5 de noviembre por el gobernador Ciril Franquet y, días más tarde, a través de un oficio del 14 de noviembre, fue nombrado miembro de la Comisión que había de proceder al estudio del Ensanche y designar los terrenos que habían de destinarse a edificios militares. Dicha Comisión estaría formada por un representante del Gobierno Civil (Cerdà), por un ingeniero militar nombrado por el capitán general y por un arquitecto comisionado por el Ayuntamiento. Y, en fecha de 16 de diciembre de 1854, el gobernador comisionó a Cerdà para elaborar el plano de los alrededores de Barcelona.

En paralelo, en ese período, y como hemos señalado anteriormente, Cerdà fue obteniendo distintos grados de la Milicia Nacional, primero como 2° comandante del Batallón de Zapadores de Barcelona el 8 de noviembre de 1854 y, más tarde, como 1er. comandante del Batallón de Zapadores de Barcelona el 12 de febrero de 1855.[154] Con ello, lograba legitimarse ante los ingenieros militares.

Cabe señalar que los liberales progresistas, con Madoz a la cabeza y el apoyo de Figuerola, Franquet y el propio Cerdà, tenían la estrategia de desarrollar los planteamientos de la Comisión Estadística, lo cual fue posible a partir de la Ley de Contribuciones de 1845. Para ello, era necesario desarrollar nuevo suelo urbano y nuevo suelo rural cultivado con regadíos, para la creación de riqueza basada en la mejora de la producción agraria, la industrialización y la generación de un mercado de consumo.[155] Para ello, era necesario desarrollar una cartografía y una estadística de los territorios que debía encauzar el proceso. Este afán estadístico buscaba situar la riqueza y generar recursos tributarios para modernizar el país (v. fig. 43).

Cuando Cerdà se planteó el Ensanche, trasladó el concepto de ciudad ilimitada y consideró una escala temporal y espacial asociada de 100 años y que multiplicase el ámbito del Ensanche respecto de la ciudad antigua por 10 (v. fig. 38):

"[...] al exceso de población actual y a su incremento probable en un período de cien años [...]" (MAEB, p.57, §12)

Su preocupación principal en ese momento era resolver la protección de la ciudad frente a las aguas de lluvia:

"Además, se hacía también indispensable comprender en el mismo plano el trazado de las obras accesorias que convienen para el desvío de las aguas torrenciales que se derivan de la montaña." (MAEB, p.57, §12)

Esta nueva perspectiva le implicaba considerar la tercera dimensión y conocer al detalle la topografía de este territorio asociado al Llano de Barcelona. De hecho,

y tal como ya hemos señalado, Cerdà tenía conocimiento del plano topográfico de Madrid desarrollado por Rafo y Rivera en 1848 en el marco del proyecto de conducción de aguas de Madrid[156] (v. fig. 119) y que recogería en la *Teoría de la viabilidad urbana* de 1861. Hay que tener en cuenta que Cerdà tenía en mente desarrollar el Ensanche y ya había definido las secciones de servicios urbanos (v. figs. 67-68 y 70-71) y, por tanto, tenía una visión del territorio en tres dimensiones, al igual que Rafo y Ribera para Madrid. Una muestra de ello es la noticia de la Memoria del Anteproyecto de Ensanche de 1855:

"Un bosquejo de la distribución de la nueva ciudad, dibujado en papel transparente, acompaña al citado plano para sobreponérselo, pudiendo hacerse lo mismo con cuantos se imaginen, sin tocar por eso la exactitud y la claridad del plano actual. Pero si notable es la parte gráfica, no lo es menos la memoria, tanto por los puntos que abraza, como por la utilidad de los datos que presenta. Partiendo del principio de que la higiene pública ha de ser la base de la distribución de los edificios, así como de su construcción, el autor forma los proyectos de casas de diferentes órdenes, con sus accesorios; examina su más conveniente agrupación en manzanas, y deduce la forma, dimensión y arrumbamientos de las nuevas calles y plazas que hayan de formarse, así como las obras subterráneas y las varias disposiciones que puedan recibir."[157]

Cerdà ya tenía presente la topografía como condicionante de las obras subterráneas:

"El terreno de los alrededores de esta ciudad, conocido generalmente con el nombre de Llano de Barcelona, sin estar sembrado de colinas que determinen una red complicada de divisorias y thalwegs y a pesar de que su máxima pendiente general es

39

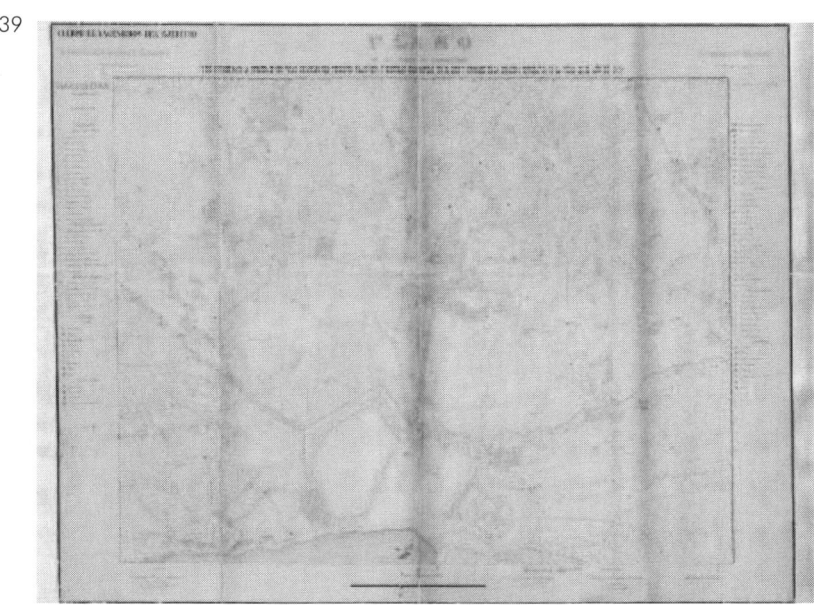

40

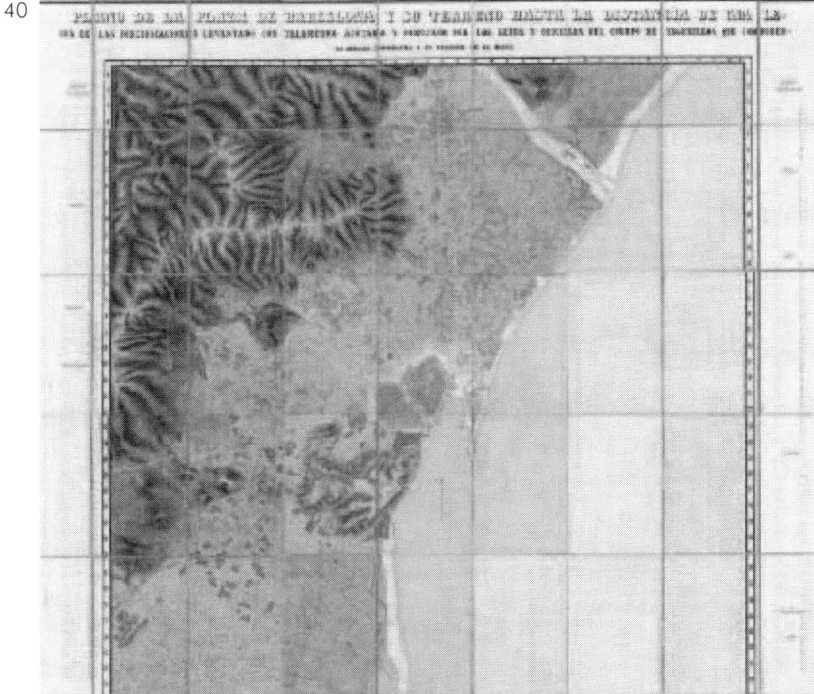

Figura 39. Plano de la plaza de Barcelona y sus contornos hasta la distancia de 4.000 varas por el Jefe y los Oficiales de la Comisión Topográfica de la misma en el año 1847, coronel del cuerpo Manuel Ramón García. Escala 1:10.000.
Fuente: Instituto de Historia y Cultura Militar. Madrid. 56-20

Figura 40. Plano de la plaza de Barcelona y su terreno hasta la distancia de una legua de las fortificaciones de la Brigada Topográfica y de Ensanche. Escala 1:5.000. Barcelona 2 de setiembre de 1853.
Fuente: Instituto de Historia y Cultura Militar. Madrid. B-62-1-(1-6)

La aparición de una teoría urbanística en el contexto de la revolución urbana industrial   89

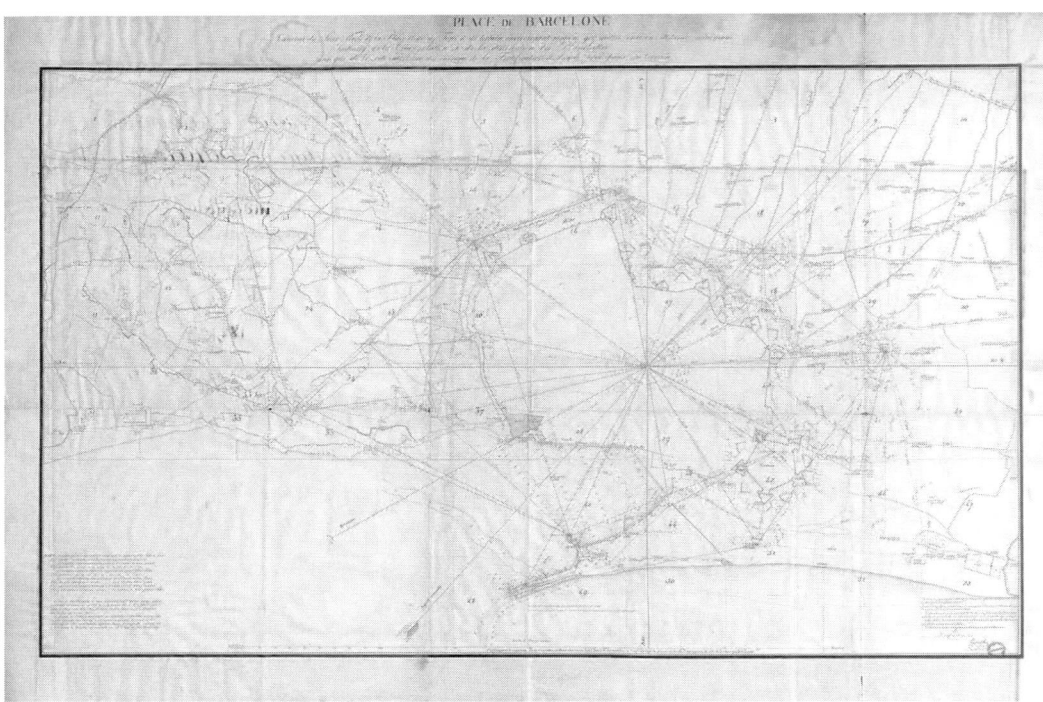

Figura 41. Lever nivelé de la plaza de Barcelona y de sus murallas y sus contornos hasta 900 metros. Indicativo de la Triangulación, 1827. Escala 1:4.000. *Fuente: Service Historique de la Défense. París.*

Figura 42. Lever nivelé de la plaza de Barcelona. Hoja n.° 29. *Fuente: Nadal & Montaner (2018)*

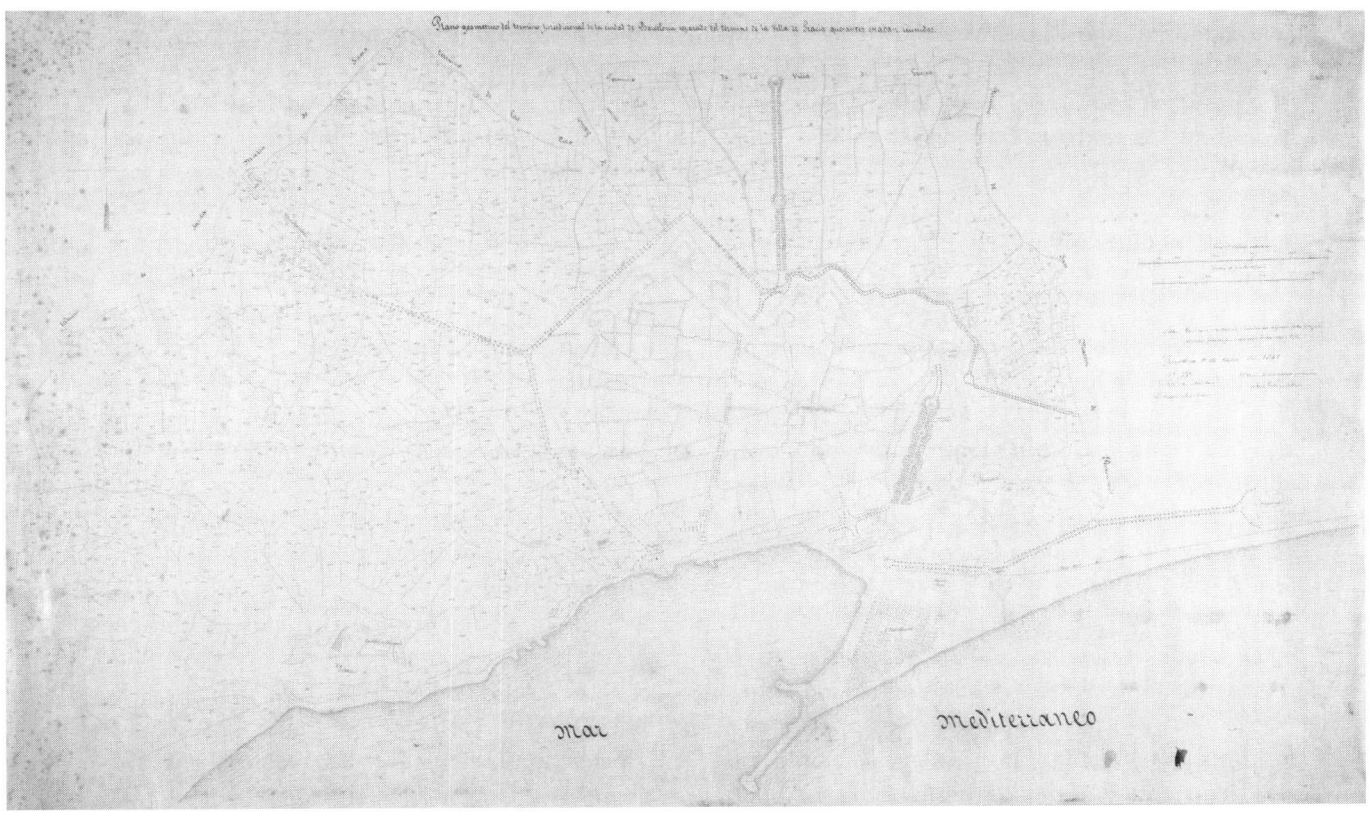

Figura 43. Plano geométrico del término jurisdiccional de la ciudad de Barcelona, de Juan Soler y Mestres. Barcelona, 1 de enero de 1851. Escala 1:5.000. *Fuente: AHCB, R.2943.*

del uno al cuatro por ciento, presenta una superficie que merece la calificación de accidentada, desde el momento que se considere relativamente al trazado y establecimiento de una nueva población. Se halla surcado por ramblas y torrentes cuyos cajeros son, en varios puntos, mucho más elevados y, en otros, mucho más bajos que el terreno natural. Lo propio sucede con las carreteras y los ferrocarriles que parten de esta ciudad en diferentes direcciones y que se cruzan entre sí y con aquellos torrentes pasando unas veces de nivel, otras por encima o por debajo y siempre levantados o encajonados respecto de la superficie del terreno, cuya topografía está completamente deformada por la explotación agrícola. Sobre un terreno que tales accidentes ofrece no se concibe la posibilidad de hacer un buen proyecto de ensanche o trazado de nueva población sin tener previamente un plano por secciones de nivel que facilite la determinación de los planos rasantes donde aquella haya de descansar, en términos que no dificulte la exportación de las aguas torrenciales derivados de la montaña, ni imposibilite a las que hayan de caer sobre el suelo de la nueva ciudad su fácil y expedito escurridero por medio de un sistema de alcantarillas bien entendido." (MAEB, p.57, § 9-10)

Y añadía que no existía cartografía adecuada para tal menester:

"Muchos son los planos del llano de Barcelona que se han levantado hasta el día [...]. Pero ninguno de ellos [...] reúne la circunstancia indispensable para el caso que nos ocupa de representar de una manera precisa por medio de curvas de nivel el verdadero relieve del terreno sobre el cual se determine hacer el ensanche de la ciudad o las obras a él accesorias." (MAEB, p.57, § 11).

Siguiendo el esquema de Rafo, Cerdà tenía en mente establecer la nueva topografía de la ciudad construida. De hecho, lo primero que hizo tras aprobarse el Plano topográfico fue reconocer el terreno y situar los dos ramblares colectores que debían proteger de las aguas de lluvia la nueva urbanización, según la topografía existente (v. figs. 38 y 121-122), y establecer el trazado y la nivelación, que realizó en agosto de 1855.[158] Por otra parte, se trataba de definir las cotas de urbanización de las nuevas calles para poder diseñar los colectores verticales que posibilitaran que el ferrocarril pudiera ir enterrado (v. figs. 195-199). De hecho, en los Planos particularios, definiría las cotas para que ello fuese posible. En este sentido, era esencial conocer la topografía existente de forma precisa, con curvas de nivel a cada metro. No importaban tanto las cotas de las trazas de los caminos como la necesidad de ubicar los futuros colectores verticales que debían funcionar por gravedad y que condicionaban las cotas de la urbanización, que se convertirían en la nueva topografía artificial, nuevo

concepto que analizaremos en el capítulo V en el que lo clave es la definición de la nueva topografía artificial una vez urbanizado el terreno. (v. figs. 199-202).

Si tomamos la cartografía conocida en Barcelona en el momento de la redacción del Plano topográfico por Cerdà, podemos identificar dos planos significativos: el Plano de la plaza de Barcelona y sus contornos hasta la distancia de 4.000 varas a escala 1:10.000 de 1847 (v. fig. 39) y el Plano de la plaza de Barcelona y su terreno hasta la distancia de una legua de las fortificaciones a escala 1:5.000 de 1853 (v. fig. 40). Los dos planos habían sido levantados por la Comisión Topográfica dirigida por el coronel del cuerpo Manuel Ramón García.[159]

Cabe señalar que la introducción de la topografía con curvas de nivel ya se había desarrollado en Francia. La cultura topográfica con curvas de nivel ya está asentada en la formación de los ingenieros politécnicos de París y Metz. Además, hacía ya más de una década que se había publicado el curso de Pierre Antoine Clerc,[160] profesor de las escuelas de Metz y París. La Escuela de Ingenieros de Caminos de Madrid tenía una estrecha relación con la Escuela Politécnica de Paris. Exigía conocimientos de francés y el curso de Geometría Descriptiva de Monge se recogía en la formación de la Escuela de Madrid.[161] Además, en 1839, año en que Cerdà inició sus estudios, había una asignatura en primer curso denominada Topografía y Aplicación de la Geometría Descriptiva al Figurado del Terreno, Dibujo Topográfico y Operaciones Prácticas en el Campo en que Lucio del Valle aparecía como ayudante de curso.[162] Los conocimientos de las curvas de nivel y el desarrollo topográfico los había adquirido Cerdà en la Escuela de Ingenieros de Caminos de Madrid y disponía de los ejemplos de Lucio del Valle, Rafo y Rivera, con sendos proyectos.

Por otra parte, tal como ya se ha señalado, en el período 1823-1827, durante la invasión de los Cien Mil Hijos de San Luis, en que el ejército francés apoyó el régimen de Fernando VII, los ingenieros militares franceses elaboraron los planos *Lever-nivelé* de Barcelona del período 1823-1827, localizados recientemente (v. figs. 41 y 42).[163] Estos planos fueron concebidos para proteger el régimen de ataques a las fortificaciones. Parece ser que cuando el ejército francés abandonó la guarnición de Barcelona se llevó consigo la cartografía elaborada y, en el momento de elaborar el Plano topográfico de los alrededores de Barcelona en 1855, ni los ingenieros militares de Capitanía ni el Gobierno Civil disponían de esta cartografía. Ante este hecho, se han planteado comparaciones entre los planos *Lever-nivelé* de Barcelona de 1823-1827 y el *Plano topográfico de los alrededores de Barcelona* de Cerdà.[164] Pero cabe señalar que los objetivos de los ingenieros militares y de los ingenieros civiles a la hora de elaborar la cartografía eran completamente distintos. Aunque los dos planeasen la novedad de desarrollar una topografía con curvas de nivel a cada metro, los ingenieros militares elaboraban los planos con una vocación defensiva, con detalles a escala 1.000 y un diseño más detallado de los baluartes y su entorno, con la perspectiva de protegerse de presuntos ataques, mientras que los ingenieros de caminos desarrollaban una topografía que tenía la finalidad de definir la nueva topografía artificial en la que apoyar la nueva urbanización de los ensanches o la reforma de las ciudades, y acoger en ellos los nuevos servicios urbanos.

Tras obtener el encargo del Plano topográfico en noviembre de 1854, Cerdà, con el apoyo de su hermano Miquel y de Fontserè, inició las operaciones de nivelación desde la orilla del mar en el baluarte de la Pulgas, junto a las Atarazanas, hasta el punto alto de la Creu Coberta, en Hostafrancs.[165]

Como se explica en un artículo publicado en la *Revista de Obras Públicas* en 1856:[166]

"Este trabajo se hizo dividiendo todo el territorio en tres partes limitadas por los polígonos que forman los caminos principales, y para la nivelación se dividieron estos polígonos en fajas de 40 metros de anchura, y tanto sobre el perímetro del polígono como en las líneas de separación de cada faja se practicó esta operación con tal escrupulosidad, que se repitieron todas las nivelaciones transversales que no coincidieron con la perimetral."

El propio Cerdà explica en la Memoria del Anteproyecto su estrategia para elaborar el plano topográfico y la definición del ámbito de actuación:

"La consideré dividida en tres grandes zonas: la primera, que comprende toda la parte ocupada por la ciudad actual, no debía estudiarla más que con relación a su enlace con el ensanche que se proyecta; la segunda, que abraza todos los terrenos limitados por el paramento interior de las murallas en demolición y la carretera del glacis, necesitaba ya estudiarse de una manera más especial, y la tercera, comprendida entre la citada carretera y el perímetro límite del plano general, requería un estudio no menos detenido por hallarse comprendidos en ella los terrenos que ocupaba la antigua zona militar. [...] Consideré las dos exteriores, subdivididas por medio de las carreteras, los ferrocarriles, los paseos, las ramblas y acequias más notables que cruzan en diferentes sentidos, formando por sus intersecciones con los referidos polígonos las verdaderas cuadrículas o el esqueleto del plano. Sobre estas cuadrículas se han hecho todos los estudios de detalle para expresar la verdadera topografía del terreno por medio de curvas de nivel, a cada metro de altura, deducidas de nivelaciones hechas dentro de cada una de ellas en el sentido de la máxima pendiente general del terreno, a cuarenta metros de distancia unas de otras y referidas todas previamente a nivelaciones perimetrales y al nivel del mar." (MAEB, p.57, § 12-13)

Cabe señalar el instrumental utilizado:

"Los perímetros se han determinado sobre el terreno con un buen teodolito de Troughton de cero metros ciento sesenta y cinco milímetros de diámetro que da los resultados con menos de 20 segundos de error y se han transportado sobre el papel por cálculo trigonométrico." (MAEB, p.58, § 14)

Tal como lo recoge en el *Índice cronológico*,[167] una vez aprobado definitivamente el Proyecto de Reforma y Ensanche el 30 de mayo de 1860, entre julio y diciembre Cerdà dirigió los trabajos de restituir topográficamente los ejes del proyecto de Ensanche. Partiendo de los puntos de la Torre de Catedral y de la Torre de la Barceloneta, restituyó los ejes de la Meridiana, la avenida del Paralelo y la Gran Via, así como de la Vía C en sus cruces con el Paral·lel y la Meridiana. Una vez situado el cruce del Paralelo con la Gran Via en Creu Cuberta, estableció el punto de cruce con la Vía A (Via Laietana). Sobre ese punto, fue estableciendo los mojones de los cruceros de la Gran Via con las calles perpendiculares y subiendo perpendicularmente los cruceros con las demás calles paralelas a la Gran Via. Asimismo, realizó la nivelación desde el muelle de la Pau hacia el punto de cruce entre el Paralelo y la Gran Via, para luego ir nivelando los mojones de todos los cruces de la Gran Via. Finalmente, realizó la nivelación del Passeig de Gràcia, la Carretera d'Horta y la Travessera de Gràcia.

Posteriormente, a partir de enero de 1861, realizó el trazado y la nivelación de la Meridiana para establecer en ella el ferrocarril de Zaragoza, así como el replanteo de las curvas del ferrocarril de Sarrià en el glacis (Pelai) y en Gràcia. Y, entre abril y octubre de 1861, estableció el deslinde de los terrenos de murallas.

Es interesante señalar que Cerdà dejó la representación de las propiedades catastrales para una etapa posterior:

"La determinación del plano catastral de las propiedades rurales nos hubiera llevado un tiempo precioso, siendo por otra parte innecesaria hasta después de que esté definitivamente resuelto el emplazamiento que deberá darse al nuevo caserío. Por eso, es otro de los trabajos que he creído [que] debían aplazarse para más adelante, sobre todo cuando la principal garantía para la formación de un proyecto acertado es olvidar y hacer abstracción completa de quienes sean los dueños de las propiedades sobre las cuales deberá esparcirse la nueva población." (MAEB, p.58, § 17)

Cerdà dirigió la construcción inicial del ensanche de Barcelona, a partir de 1860, como ingeniero de Hacienda y ejecutó unos planos particulares y unos planos geométricos parcelarios para el control de las propiedades y su adaptación al nuevo sistema de alineaciones en la construcción inicial del Ensanche. Sobre la base del Plano topográfico de los alrededores de Barcelona de 1855, que él mismo había elaborado, dispuso de los planos parcelarios de los municipios de Barcelona y Sant Martí,[168] en que están anotadas las superficies y los propietarios de los terrenos de la zona de ensanche:

"Las sucesivas operaciones de amillaramiento para el reparto de la contribución de inmuebles, cultivo y ganadería, implantada en 1845, dieron lugar al levantamiento parcelario de media docena de municipios: los de Barcelona, Gràcia, Santa Creu d'Olorda, Sant Martí de Provençals, Vallvidrera y Horta; todos ellos están integrados actualmente, parcialmente o en su totalidad, en el término municipal de Barcelona."[169]

En este sentido, Cerdà aprovechó el impulso de la Ley de Contribuciones de 1845 y de la Comisión Estadística especial de Evaluación y Repartimiento, que dependía de la Administración provincial de Hacienda, de la cual Cerdà era técnico:

"En la provincia de Barcelona, la gestión de la contribución territorial atravesó por dos fases claramente diferenciadas. En la primera, que transcurrió desde 1845 hasta 1848, la Administración de Hacienda se limitó a señalar los cupos de contribución que le tocaba pagar a cada municipio, y a ejecutar la cobranza de estos, sin llegar a acometer una tarea sistemática de averiguación directa de la riqueza. Los principales trabajos periciales efectuados en esos años se llevaron a término, en el municipio de Barcelona, por iniciativa de la Comisión especial de Evaluación y Repartimiento, que dependía de la Administración provincial de Hacienda. Paralelamente, y por iniciativa de las juntas de propietarios, en algunos pueblos se procedió a la recanación del término para formar los amillaramientos. El resultado de la recanación quedó recogido en unos documentos literales, denominados "libro de medición de tierras", "apeo" o "padrón"."[170]

A finales de 1848, la Comisión recibió un impulso a través Enrique Antonio Berro y Román, nombrado jefe de la Comisión provincial de Estadística:

"La situación cambió por entero en 1849. En el repartimiento de la contribución correspondiente al citado año, se introdujeron dos novedades de relieve. La primera es que la Intendencia de Hacienda asignó a cada municipio, por vez primera, un capital líquido imponible y un cupo tributario resultado de aplicar un gravamen del 12%. El capital líquido imputado procedía de un puro artificio contable: la capitalización de los cupos de 1848. La segunda novedad de 1849 consistió en que el repartimiento incluyó como recargo un "fondo supletorio" equivalente al 5% del cupo provincial. El citado fondo estaba destinado a sufragar los gastos de la Comisión provincial de Estadística Territorial, que se había constituido en noviembre de 1848. La Comisión de Estadística de Barcelona asumió las tareas de inspección fiscal, iniciando de inmediato la comprobación de las reclamaciones de agravio. Paralelamente, ensayó una vía sistemática de averiguación directa de la riqueza, que recibió el nombre indistinto de "estadística geométrica" o "estadística territorial". La estadística geométrica implicaba una operación catastral en toda regla, comprendiendo los siguientes trabajos: 1) deslinde del término municipal; 2) triangulación interna y medición de una base con cinta o cadena; 3) levantamiento de un plano geométrico a gran escala (usualmente, 1:2.500), con inclusión de todas las parcelas; 4) clasificación de las clases de terreno y evaluación del producto líquido imponible correspondiente a cada clase; 5) apreciación pericial de las fincas urbanas; 6) confección de registros individualizados de propietarios y aparceros, y 7) formación de un padrón o "matriz catastral" que servía de base para el reparto de los cupos tributarios individuales. La realización de estas operaciones estaba prevista en el Reglamento de estadística territorial, que se había publicado a finales de 1846.

Pero estaba prevista con carácter excepcional. El responsable de que en Barcelona la excepción se convirtiese en norma fue Enrique Antonio Berro y Román (1809-1870), un alto funcionario de Hacienda, nombrado jefe de la Comisión provincial de Estadística a finales de 1848. La principal virtud de este técnico fue actuar de modo convincente. A su llegada a Barcelona, se rodeó de un grupo de expertos con prestigio profesional y, en algunos casos, con cierto peso en la sociedad local: Joan Soler i Mestres, Josep Oriol Mestres i Esplugas, Miquel Garriga i Roca y Llorenç Presas i Puig, entre otros.

Con estos expertos planificó las primeras averiguaciones, que empezaron por donde tenían que empezar: el municipio de Barcelona. Es decir, allí donde la riqueza inmueble era más importante. Como veremos a continuación, las indagaciones estadísticas tomaron la forma más rigurosa posible: el levantamiento parcelario del término."[171]

Los planos geométricos más relevantes para el desarrollo inicial de las reparcelaciones del Ensanche fueron los de los municipios de Barcelona y Sant Martí:

"El 2 de enero de 1849, la Comisión presidida por Berro tomó la decisión de medir todas las fincas del municipio de Barcelona y levantar un plano parcelario del término. En aquel momento, la Comisión tenía a su servicio a dos arquitectos, Joan Soler i Mestres y Josep Oriol Mestres i Esplugas, y dos agrimensores, Tomàs Soler y José Rómulo Zaragoza. Los trabajos parcelarios fueron puestos bajo la dirección de Joan Soler i Mestres, un profesional con experiencia en la realización de levantamientos cartográficos. [...] Llorenç Presas i Puig (1811-1875) era profesor de geometría analítica en la Escuela Industrial de Barcelona, y desde 1849 se había vinculado al círculo de Berro como "examinador de agrimensores" y perito en trabajos catastrales.[172] Por invitación expresa de Enrique Antonio Berro, el matemático presentó una propuesta para hacer la canación de Sant Martí. [...] realizó un completísimo Libro de la cana del pueblo de S. Martín de Provensals. En él aparecen los diversos índices y relaciones de propietarios, fincas y evaluaciones correspondientes a cada número del levantamiento parcelario. El ejemplar que se conserva en la Reial Acadèmia de Ciències i Arts de Barcelona lleva la fecha de 27 de febrero de 1854. Hacienda aprobó los resultados de la evaluación parcelaria en octubre de ese año."[173]

Podemos concluir que Cerdà, sobre la base del Plano Topográfico de los alrededores de Barcelona, y apoyándose con los planos parcelarios desarrollados por la Comisión Estadística a partir de 1848, construyó un nuevo instrumental que le permitiría el control cartográfico de las propiedades y su readaptación al nuevo sistema de alineaciones con el sistema de reparcelación que idearía años más tarde en el periodo 1860-1865. Ello le permitiría preparar la urbanización del Ensanche y la introducción de las redes de transporte y de servicios urbanos, elementos clave de la urbanización de la segunda mitad del siglo XIX y del siglo XX.

4.2. Cerdà vive las primeras revueltas obreras desde una perspectiva técnica y política

El Bienio Progresista (1854-1856) no era tan solo el momento de la renovación topográfica, sino también el de dar respuestas a las demandas de los obreros. La destrucción de las murallas y la elaboración de un ensanche ilimitado sería la respuesta a estas demandas. En ese período, Cerdà se implicaría como técnico y político. En junio de 1855, se desencadenó una de las huelgas de trabajadores de más impacto de la historia barcelonesa, hasta el punto de ser citada por Engels.[174] La introducción de las selfactinas, una tecnología más avanzada que aparecía en los años cincuenta, dió pie a la huelga, porque reorganizaba el trabajo de los hiladores, penalizándolos a favor de la fábrica.

Cerdà ejerció un rol clave en su desactivación. Por un lado, era regidor del Ayuntamiento (1854-1856) y, por otro lado, era comandante del Batallón de Zapadores de la Milicia Nacional en Barcelona. En el momento más crítico de la huelga, los trabajadores se presentaron en la sede del Ayuntamiento para reclamar una banderola que, con el lema "¡Viva Espartero! Asociación o muerte. Pan y trabajo", se les había requisado el día anterior. Cerdà, desde su posición estratégica, recuperó la banderola, que

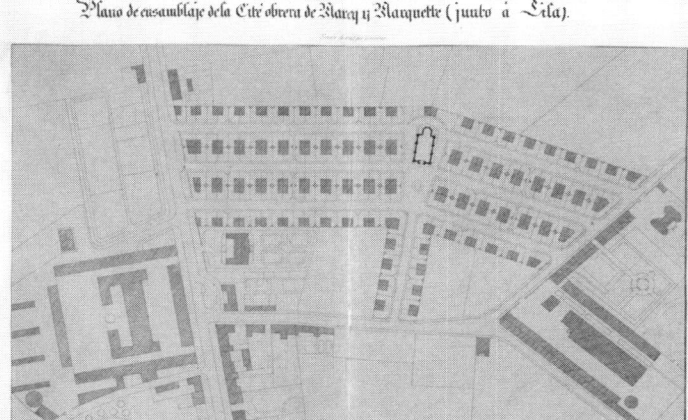

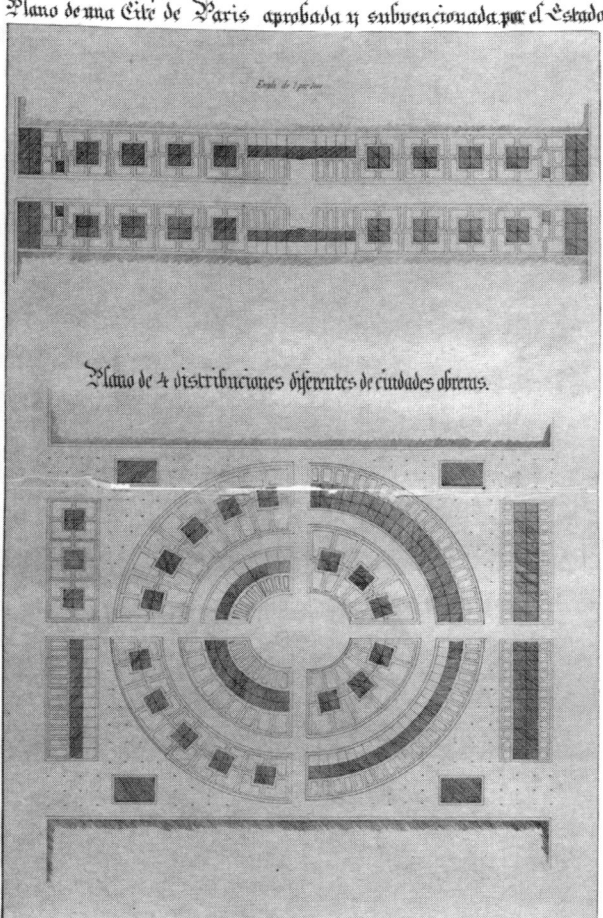

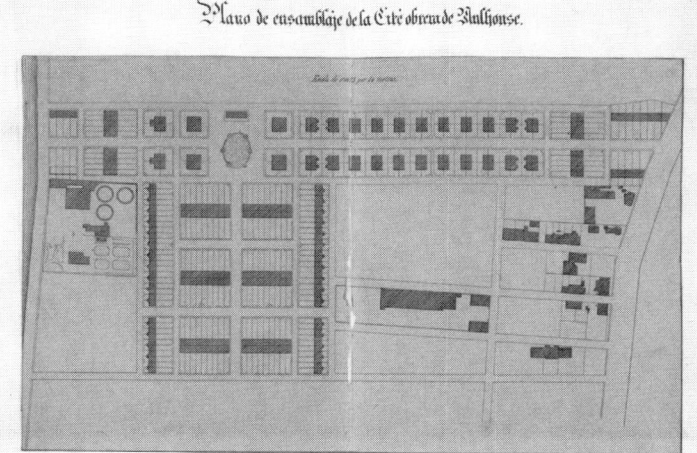

Figura 44. Planos de las ciudades obreras de Lille y Mulhouse.
Fuente: Atlas de la Teoría de Construcción de Ciudades, 1859.

Figura 45. Plano de la ciudad obrera (cité) de París.
Fuente: Atlas de la Teoría de Construcción de Ciudades, 1859

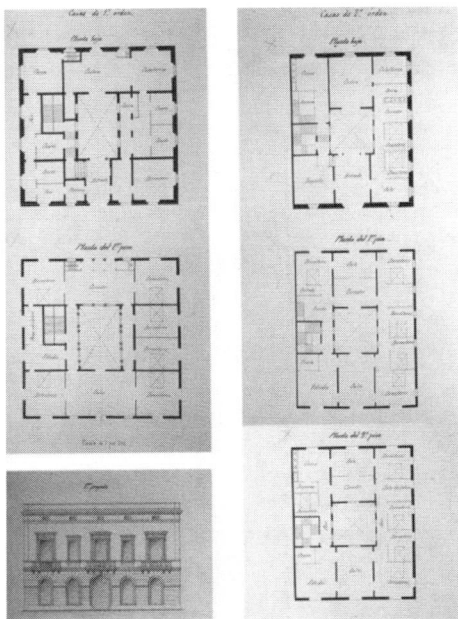

Figura 46. Propuestas tipo de casas burguesas de Cerdà (1er. y 2°).
Fuente: Atlas del Anteproyecto de Ensanche de Barcelona, 1855.

Figura 47. Propuestas tipo de las casas obreras de primer y segundo orden de Cerdà.
Fuente: Atlas del Anteproyecto de Ensanche de Barcelona, 1855.

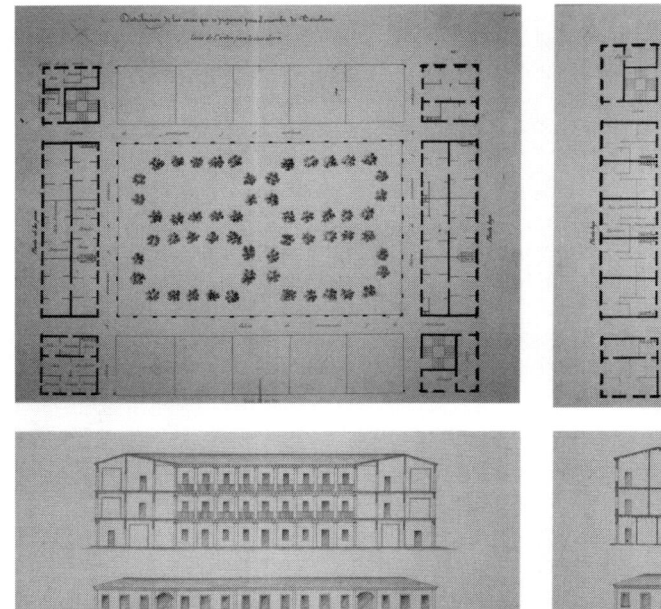

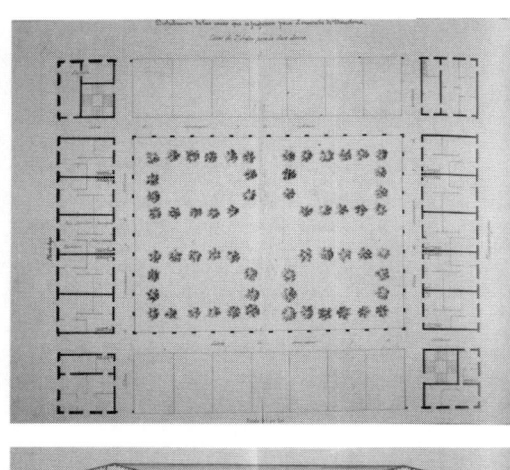

Figura 48. Propuestas tipo de casas burguesas de Cerdà. (3er y 4° orden)
Fuente: Atlas del Anteproyecto de Ensanche de Barcelona, 1855.

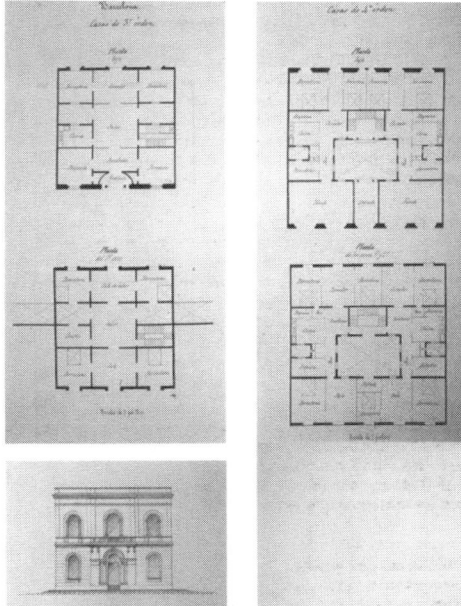

Figura 49. Propuestas tipo de las casas obreras de tercer y cuarto orden de Cerdà.
Fuente: Atlas del Anteproyecto de Ensanche de Barcelona, 1855

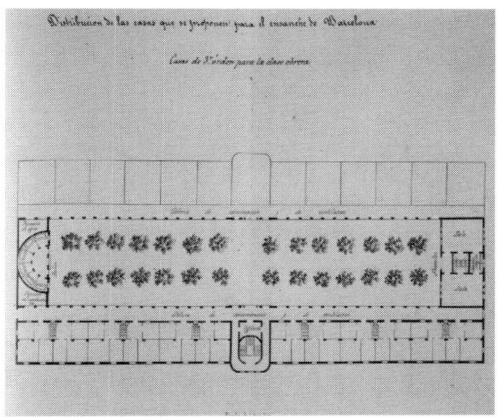
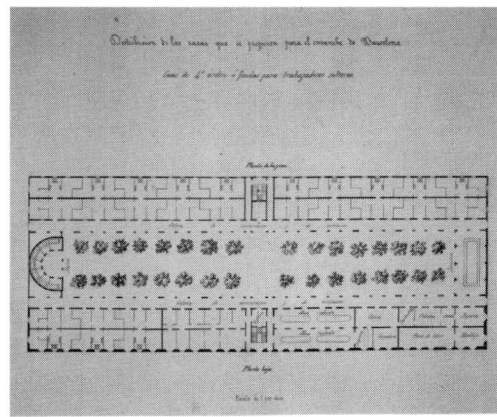

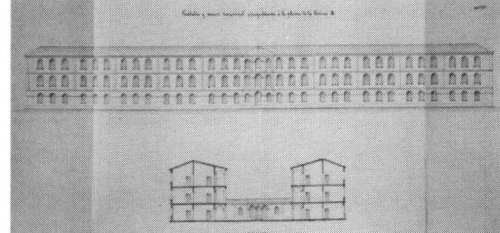

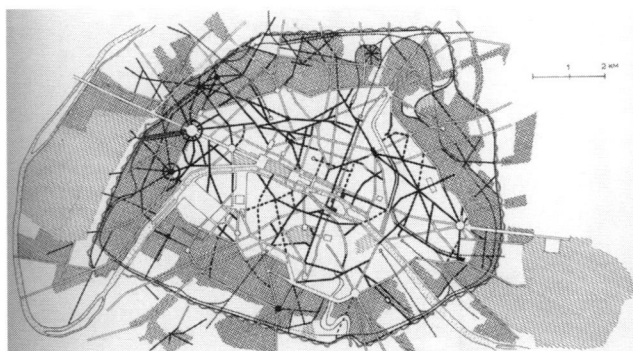

Figura 50. *a)* Esquema de aperturas de bulevares en París; *b)* Las demolicio-nes para la apertura de la calle de Rennes en París, publicada en la revista Illustration en 1868.
Fuente: Benevolo, 1974

Figura 51. Esquema del sistema de expropiación de la avenida de la Ópera como ejemplo de la apertura de los bulevares de Haussmann.
Fuente: Benevolo, 1974

nuevas líneas de fachada   propiedades expropiadas hasta 1876

0   250 metros

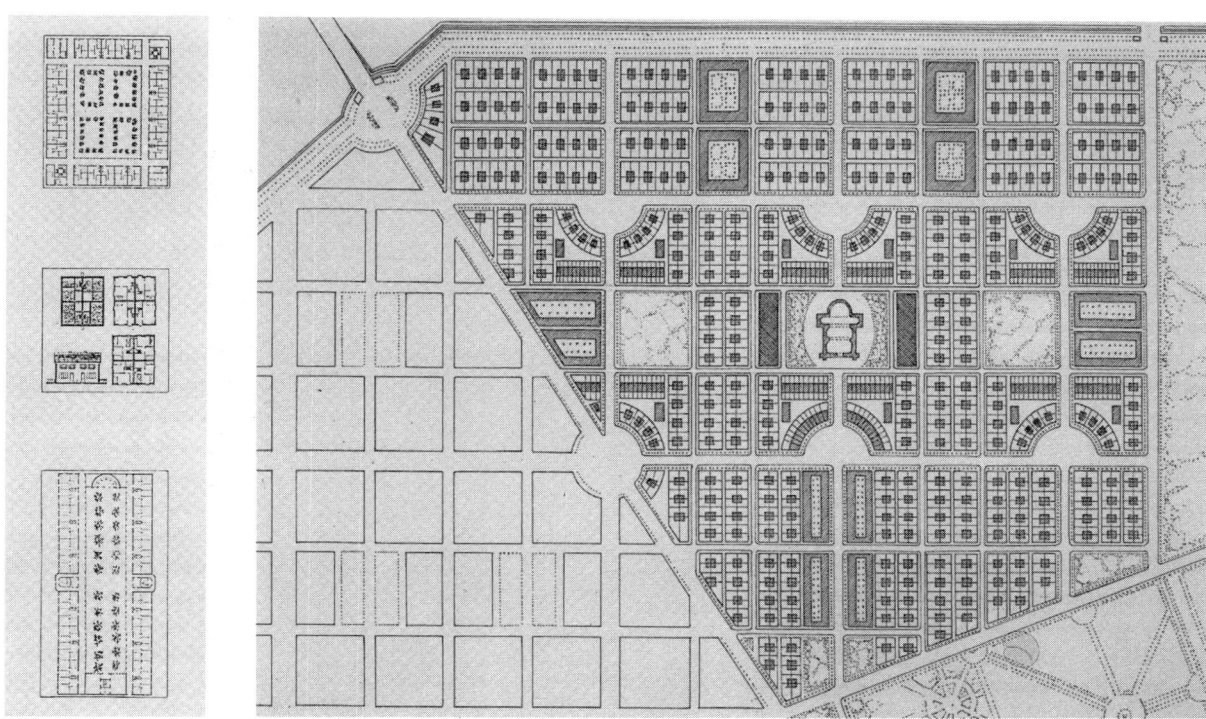

Figura 52. Supuesta edificación mixta de casas y bloques en el barrio
obrero según Castro (dibujo de Frechilla), muestra de la influencia reci-
bida de Cerdà y el Anteproyecto de 1855.
Fuente: Frechilla, 1991

Figura 53. Esquema del Proyecto de alineaciones del ensanche de la
ciudad de Valencia, de S. Monleón, A. Sancho y T. Calvo, de 1858.
Fuente: Méndez, César (1999), Ciudad y Territorio, XXXI, pp. 119-120

se encontraba en el Ayuntamiento, y consiguió desactivar la huelga, pactando la creación de una Comisión oficial que se trasladaría a Madrid para discutir los derechos de asociación obrera.[175] Como resultado de esta experiencia, Cerdà se introdujo en el debate sobre las condiciones de vida de los obreros de Barcelona. A raíz de ello, elaboró la *Monografía de la clase obrera de 1856*,[176] un análisis estadístico de la situación de los trabajadores y de la población de Barcelona. Este estudio se enmarcaría en la tradición de radiografiar a las clases obreras, cuyo referente coetáneo más conocido era *Les ouvriers européens* de Le Play.[177] Cerdà estaba, además, influenciado por los estudios sociales y estadísticos de Quetelet.

En el *Anteproyecto de Ensanche de Barcelona de 1855* y la *Monografía de la clase obrera de 1856*, Cerdà recogió material de experiencias de ciudades obreras, que posteriormente presentaría en el *Atlas de la Teoría de Construcción de Ciudades de 1859*.[178] A partir de ese análisis, Cerdà elaboró una teoría sobre la edificación y las implicaciones en la construcción de ciudades, en que desarrolló una tipología de viviendas que diesen respuesta a las necesidades de las clases obreras y le sirviesen de base para el *Proyecto de Reforma y Ensanche de Barcelona de 1859*.

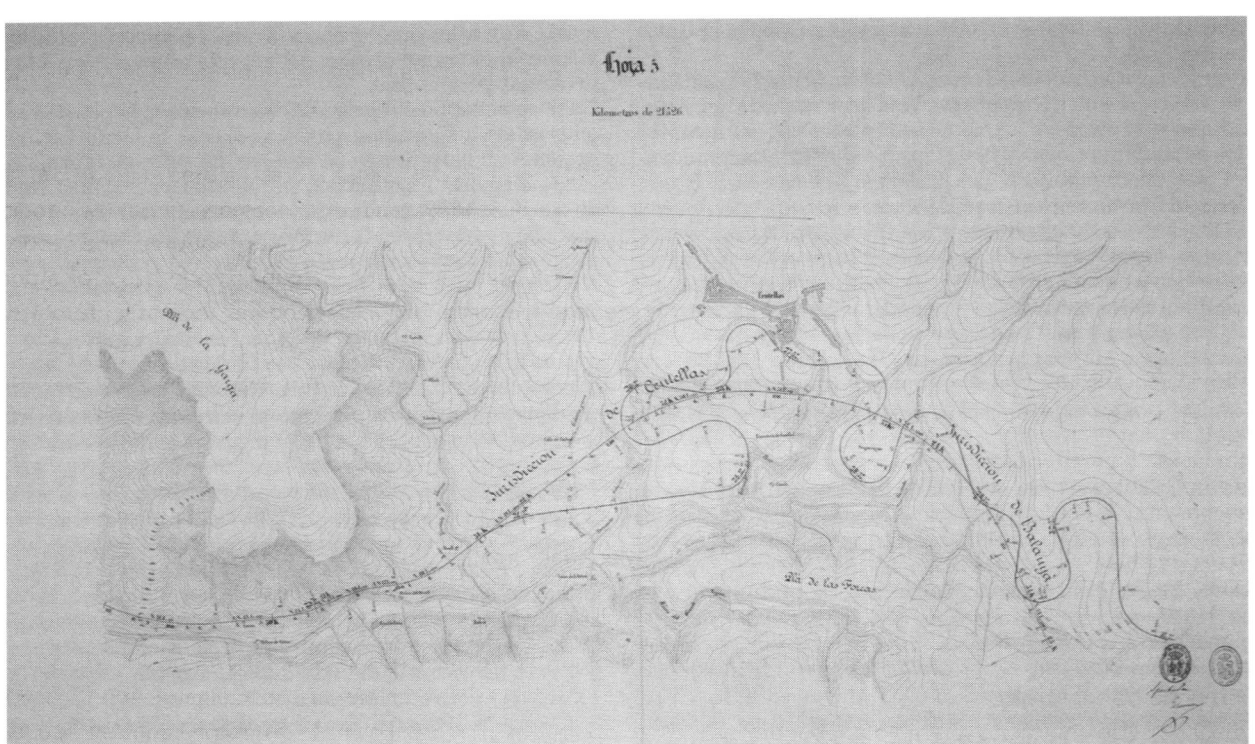

Figura 54. Proyecto de ferrocarril de Granollers a Sant Joan de les Abadesses, de Cerdà en 1856.
Fuente: Archivo General del MOPT

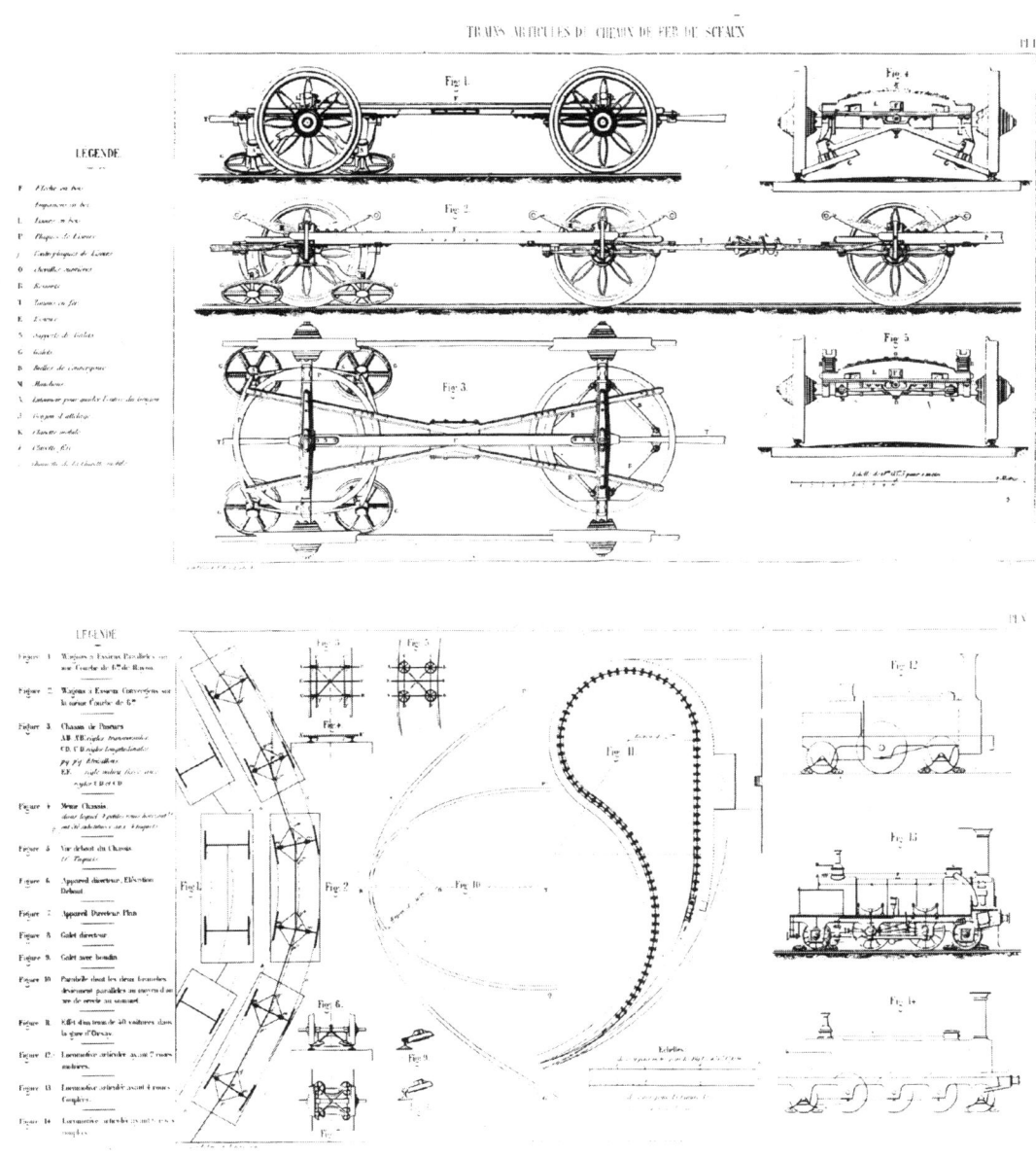

Figura 55. Propuesta de tren articulado de Arnoux, utilizado por Cerdà en sus proyectos ferroviarios.
Fuente: Arnoux, M. C. (1869): De la nécessité des économies. París

4.3. La discusión urbanística de Barcelona: un debate higienista

Cerdà escogería Barcelona y su reforma y ensanche como terreno de aplicación de sus teorías. Tal como ya hemos señalado, en aquellos años, se redactaron varios proyectos desde una perspectiva militar, es decir, de ampliación con nuevas murallas. Entre ellos, destacaban el proyecto de ensanche fortificado en torno al Passeig de Gràcia, elaborado por Juan Cortés de Rivera en 1846 (v. fig.15), y un proyecto de Daniel Molina en 1853.[179]

Como ya se ha comentado, la cuestión de las murallas había sido uno de los grandes temas de discusión de la sociedad barcelonesa. Balmes había visitado recientemente París y Londres (1842) para editar la traducción al francés y al inglés de su obra *El protestantismo*, y había aprovechado la ocasión para conocer de cerca los efectos de la introducción de lo que él denominó "la civilización vapor".[180] Balmes representaba al sector moderado frente al progresista, pero su ascendiente como intelectual en la ciudad estaba muy presente. Aun desde posiciones moderadas, Balmes abordaba las consecuencias y los efectos sobre la clase obrera, que significaba la introducción de la industrialización. Su postura no consistía en oponerse a esta, sino en aprovechar la ocasión para que la Iglesia liderase ese período de convulsiones y transformaciones. En este marco, Balmes desarrolló la noción de transacción,[181] que posteriormente utilizaría Cerdà (TGU, p.15; § 23-24).

El debate sobre el Ensanche había ido cristalizando lentamente. El lógico aumento de los precios del suelo, a unos niveles insoportables para el obrero, generaba numerosas huelgas, entre las más destacadas la de 1842, que activó el bombardeo de Espartero, y la de junio de 1855, ampliamente comentada por Benet y Martí.[182] La *Ley de inquilinatos* de 1842, así como las *Medidas sobre las viviendas para obreros y tasación de alquiler* de 1853,[183] eran los precedentes más significativos de

que disponía Cerdà (v. fig.24). Esta preocupación por la vivienda desde el higienismo, liderada en España por Monlau, hizo que Cerdà recogiese material de experiencias de ciudades obreras, que presentaría en el *Atlas* de la TCC. De Monlau,[184] retomó los ejemplos de las ciudades obreras desarrolladas bajo la protección de Luís Napoleón en París en 1849 (v. fig. 45), o la famosa información higiénica abierta en 1844, por orden del Parlamento, surgida de la fundación de una sociedad para la mejora de la condición de las clases trabajadoras. No es extrañar que Cerdà visitase en 1863 las ciudades de Lieja y Bruselas, pues en Lieja es donde se estableció la *Société pour la construction de maisons d'ouvriers*, citada por Monlau,[185] o la experiencia de una *cité* en los arrabales de Bruselas, cuyos planos aparecen en la publicación semanal francesa *L'Illustration* en 1851 (v. fig. 44). Estos parecen ser los referentes más explícitos de la influencia inicial del higienismo de Cerdà.

4.4. El impacto de la introducción del ferrocarril y las propuestas de Cerdà para un ferrocarril urbano

Como ya hemos observado, en 1851 Cerdà estaba realizando las obras de explanación del ferrocarril de Barcelona en Granollers. Estos trabajos se desarrollarían hasta enero de 1854. Al finalizar el Bienio Progresista con la caída de Espartero, el alcalde Ramon Figuera redactó un oficio por el cual se pedía la entrada en prisión y el encierro de Cerdà en la Torre de la Ciudadela. Cerdà decidió huir, junto con su mujer Clotilde y Ravella, director de la Sociedad del Ferrocarril de Granollers a Sant Joan de les Abadesses, hacia Francia (CERDÀ, 1875: 9/10/1856). Juntos se trasladaron a París y contactaron con Arnoux, promotor de un sistema de trenes articulados que debía permitir trazados sinuosos evitando las grandes obras de fábrica y por tanto abaratar costes.[186] Cerdà redactó el Proyecto del ferrocarril de Granollers a Sant Joan de les Abadesses (v. fig. 54) y consiguió una concesión del

Figura 56. Plano de Buenos Aires recogido por Cerdà.
Fuente: Atlas de la Teoría de Construcción de Ciudades, 1859

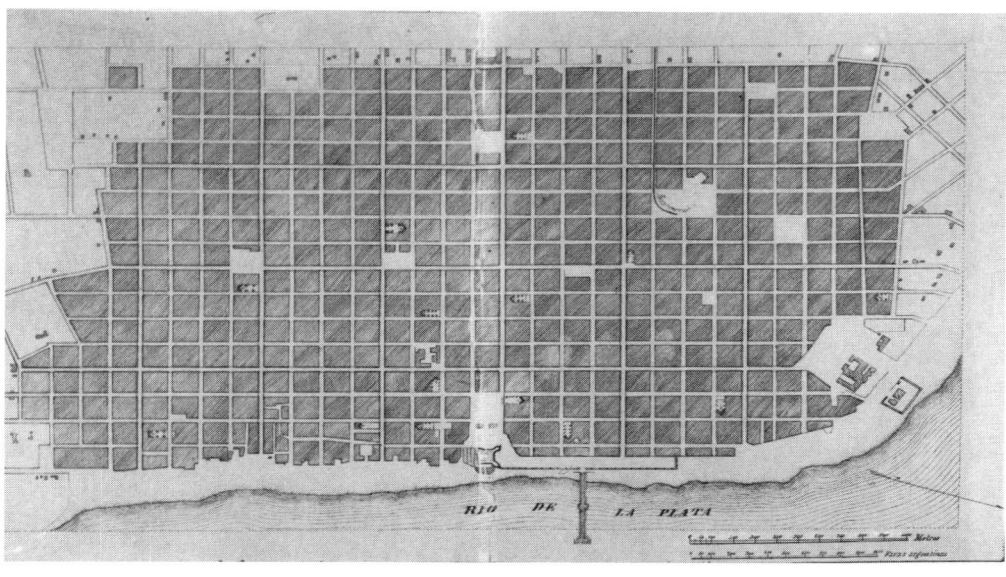

Figura 57. Anteproyecto de Ensanche de 1857, de M. Garriga. Fuente: *Arxius Històrics de la Ciutat de Barcelona*

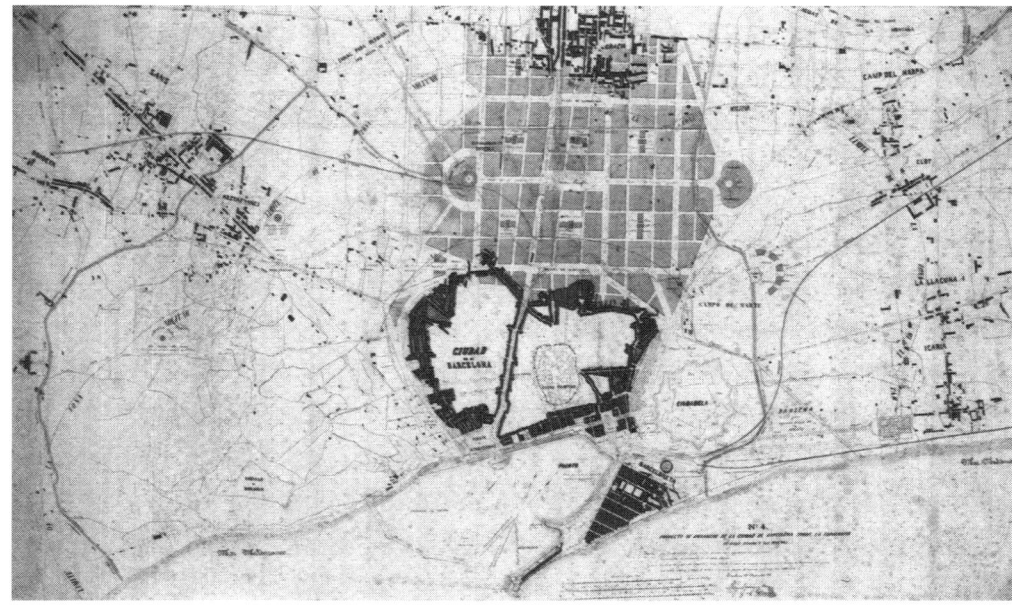

Figura 58.
a) Proyecto de Ensanche de A. Rovira, de 1859.
Fuente: MUHBA.

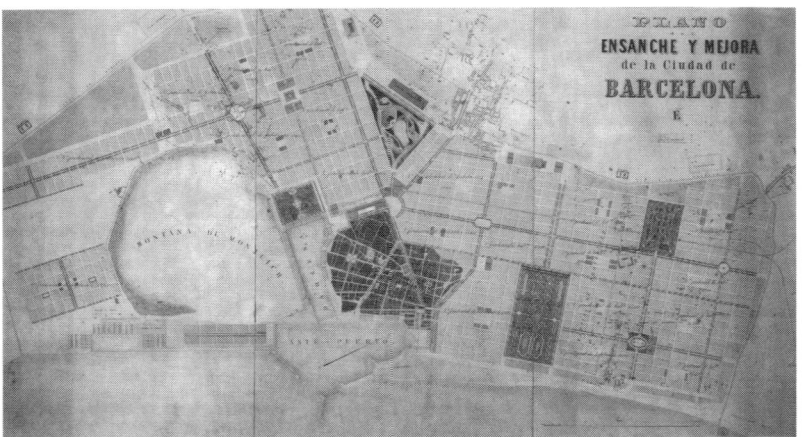

b) *Proyecto de Ensanche de F. Soler y Gloria, de 1859.*
Fuente: Arxius Històrics de la Ciutat de Barcelona.

c) Proyecto de Ensanche de J. Fontserè, de 1859.
Fuente: Arxius Històrics de la Ciutat de Barcelona

Estado en que se establecía la condición de aplicar el método Arnoux (v. fig. 55).[187] La motivación de la nueva línea era la conexión de las minas de carbón de Sant Joan de les Abadesses con la ciudad de Barcelona. Tal como señalaba Figuerola:

"Grande sería la situación manufacturera y comercial de Barcelona el día en el que las tan encomiadas minas de S. Juan de las Abadesas pusieran el combustible en nuestras playas al precio del inglés en las suyas, porque todo el Mediterráneo acudiera a este mercado a proveerse de semejante producto cada día más indispensable."[188]

La estancia en París y varios viajes de Cerdà entre 1856 y 1858, probablemente lo pusieron en sintonía con el pensamiento sansimonista desarrollado a partir de 1825, y del cual Cerdà tenía referencias indirectas a través de Lesseps y la Escuela de Caminos. Sus seguidores habían difundido su pensamiento a través de la publicación *Le Globe*, donde afirmaban:

"En el orden material, el ferrocarril es el símbolo más perfecto de la asociación universal. Los ferrocarriles cambiarán las condiciones de la existencia humana."[189]

Una muestra de esta influencia sansimonista es la afirmación siguiente de Cerdà:

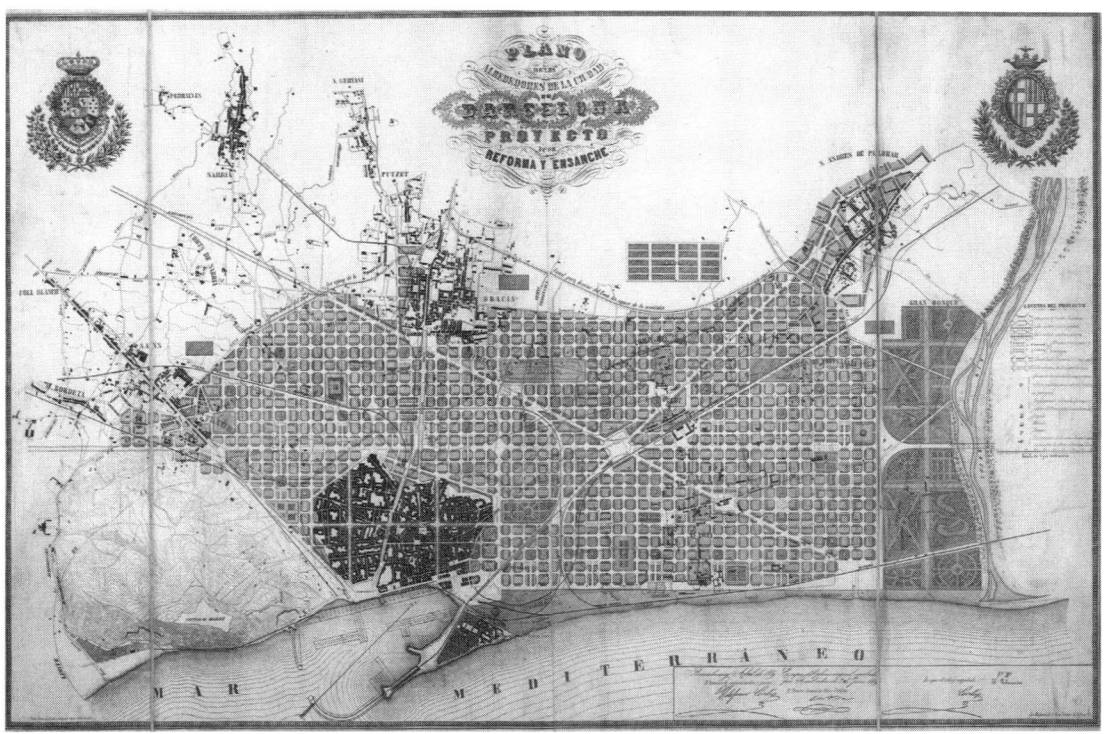

Figura 59. Proyecto de Reforma y Ensanche de Barcelona, aprobado definitivamente el 31 de mayo de 1860.
Fuente: Arxiu Històric de la Ciutat de Barcelona

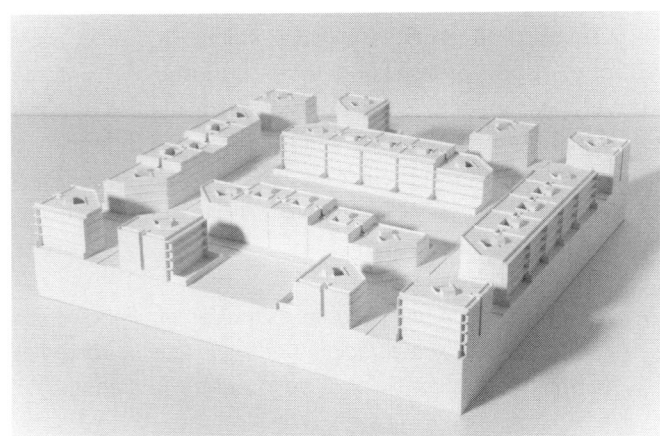

Figura 60. Manzana tipo de dos bloques propuesta por Ildefons Cerdà en el Proyecto de Reforma y Ensanche de Barcelona de 1859. Concepción: Francesc Magrinyà y Fernando Marzá. Realización: Taller de maquetas ETSAV-UPC, 2009.
Fuente: Colección Fundació Urbs i Territori Ildefons Cerdà (FUTIC)

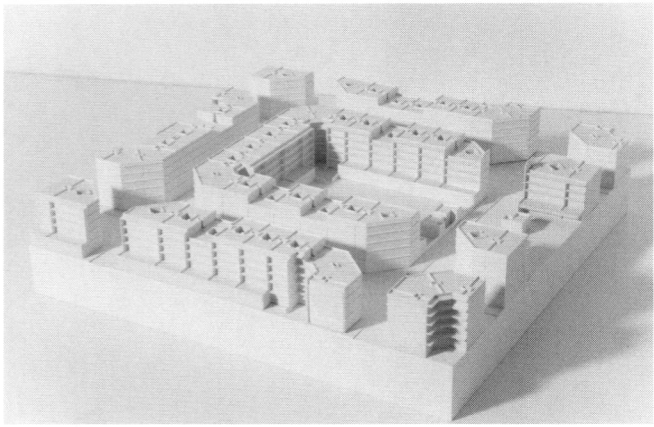

Figura 61. Manzana tipo de tres bloques en U, según determinaciones de la aprobación definitiva del Proyecto de Reforma y Ensanche de Barcelona de 1860, propuesta por Ildefons Cerdà a la Sociedad Fomento del Ensanche el 1863. Concepción: Francesc Magrinyà y Fernando Marzá. Realización: Taller de maquetas ETSAV-UPC, 2009.
Fuente: Colección Fundació Urbs i Territori Ildefons Cerdà (FUTIC)

"... se encuentra también en la más completa armonía con las necesidades y las tendencias generales del siglo, que en todas sus grandes concepciones, en todas sus gigantescas obras, tiende a la desaparición general de los límites. Así, los canales de navegación [...], los caminos de hierro [...], la navegación al vapor en barco. Todo en este siglo se encamina a la desaparición de los límites, todo tiende a la fusión general, todo se encamina hacia la paz."[190]

Para Cerdà, así como para otros muchos de su generación, era fundamental conectar Barcelona y el Ensanche al resto del mundo, en el marco de una nueva civilización caracterizada por la presencia del ferrocarril.[191] En el Anteproyecto de *Docks* de Barcelona, redactado en 1863 y aprobado inicialmente en 1868, Cerdà proyectaba la creación de un enlace marítimo-terrestre que debía comunicar el puerto con el sistema ferroviario a través del Ensanche (v. fig. 8, 192 y 194). De este modo, acabó diseñando una solución para el Ensanche en que el ferrocarril pudiese circular gracias a los cruces achaflanados y que permitía realizar su máxima: *"la urbanización o domesticación de la locomotora"* (TGU, p.811, § 2264), en la perspectiva de mejora urbana asociada a la introducción del ferrocarril.

4.5. Hacia la elaboración del Proyecto de Ensanche y su aplicación

Como ya se ha señalado, en el período 1854-1856 la decidida acción de Madoz, primero como gobernador civil (1854) y, más tarde, como ministro de Hacienda (1855), permitió iniciar la destrucción efectiva de las murallas de Barcelona y retomar el debate sobre el ensanche de la ciudad.[192]

En 1857, Garriga había presentado un Anteproyecto de ensanche del municipio de Barcelona (v. fig. 57) como técnico municipal. Pero el verdadero punto de partida de la carrera hacia el Ensanche lo marca la Real Orden de 9

Figura 62. Sección de la calle propuesta por el ingeniero portugués Eugénio dos Santos como parte del proyecto de reconstrucción de Lisboa después del terremoto de 1755.
Fuente: Tallon, 2004

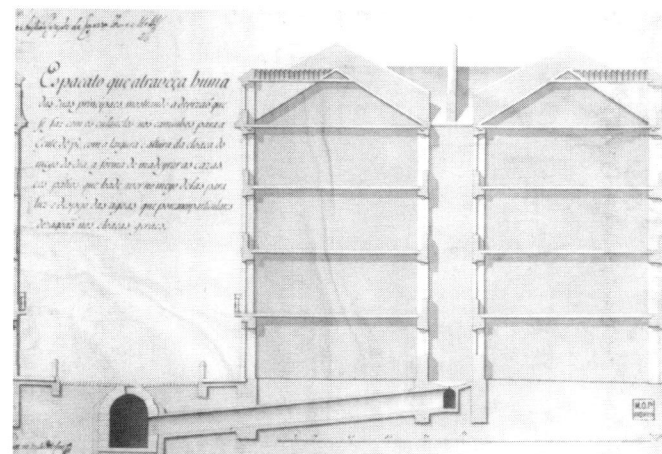

Figura 63. Sección de la calle para el embellecimiento de la ciudad de París, presentada por Pierre Patte en 1769.
Fuente: Soria, 1996

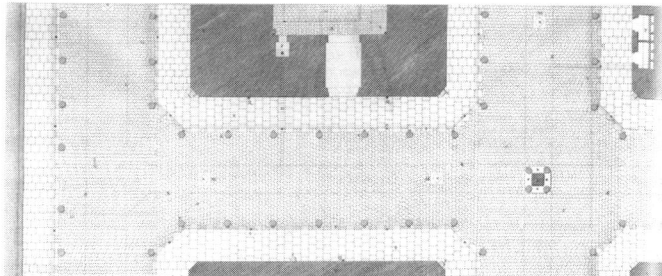

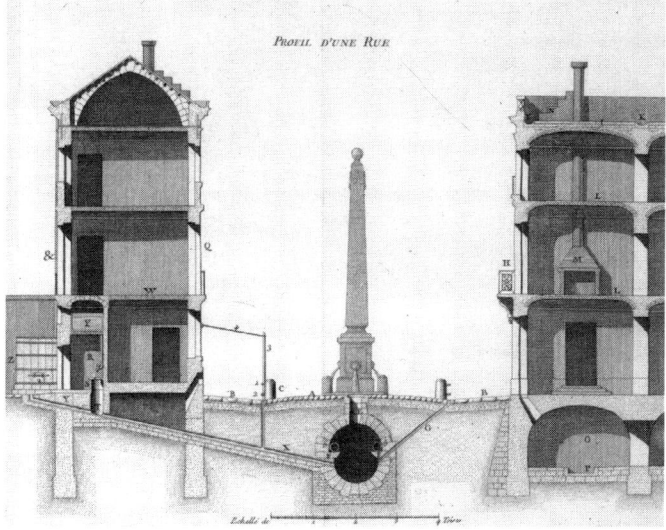

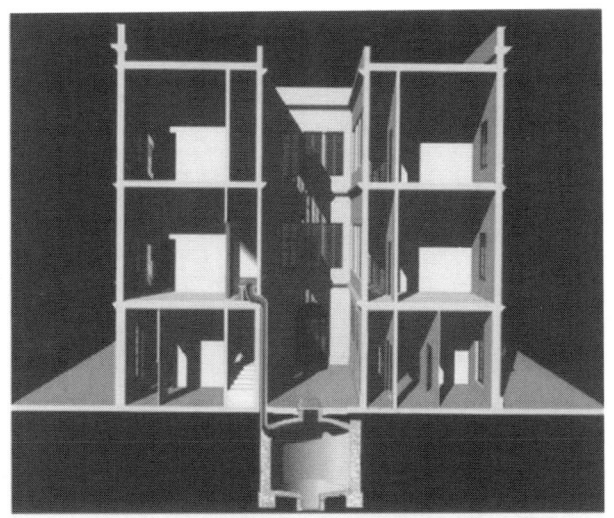

64

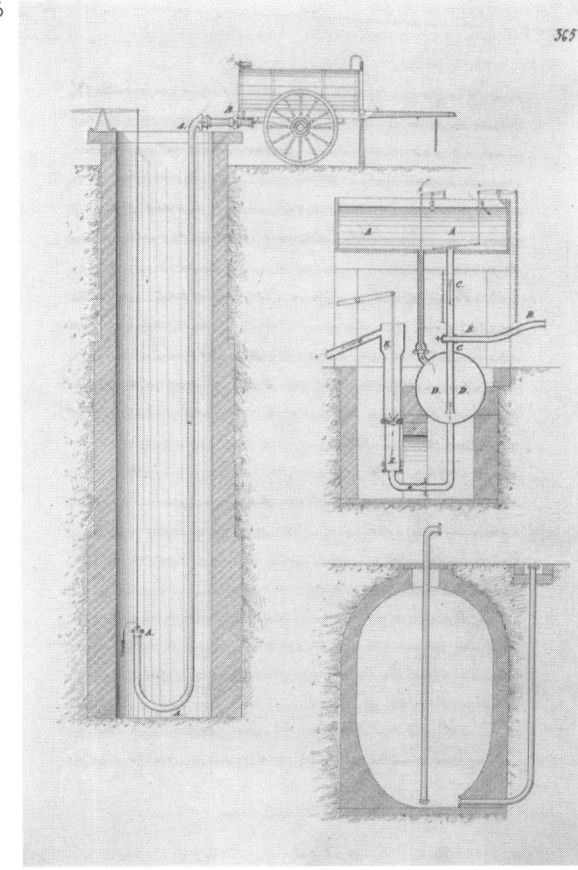

66

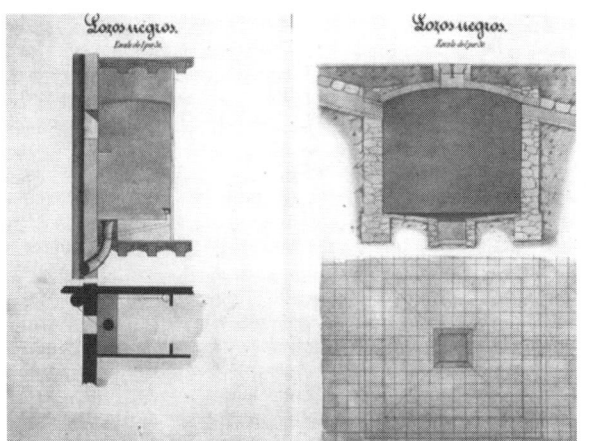

65

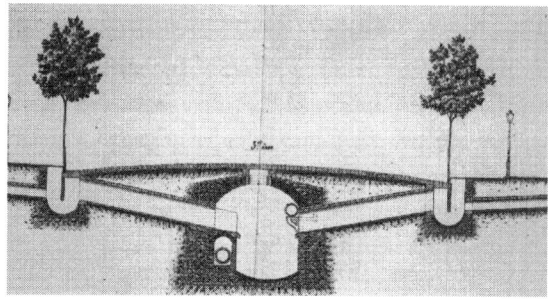

67

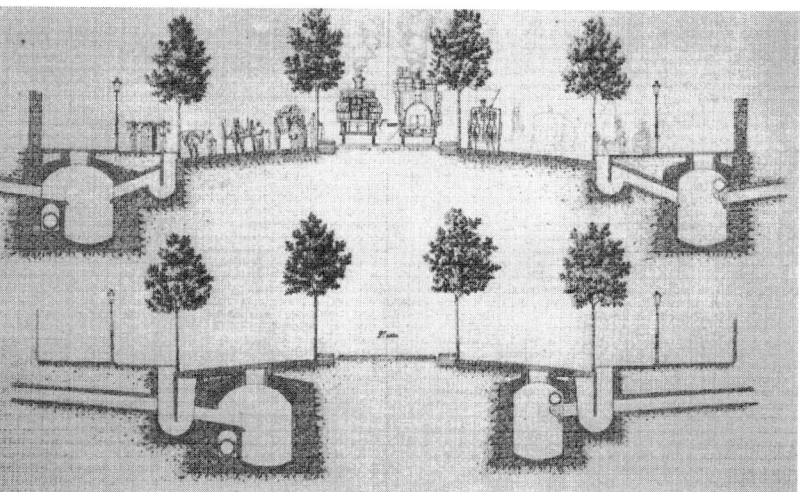

68

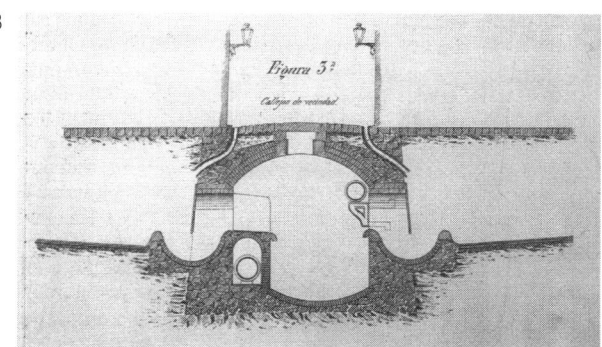

69

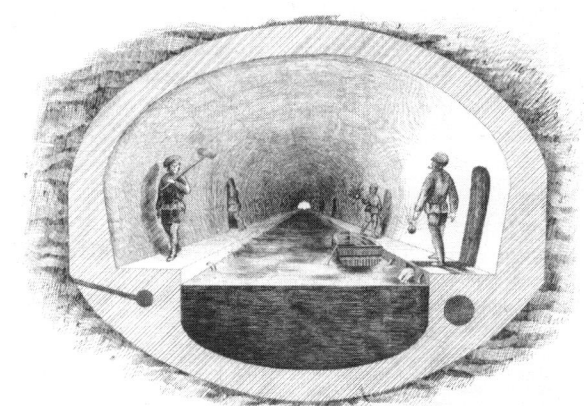

Figura 64. Dos esquemas la articulación de la vivienda con el saneamiento: fosa séptica y galería de servicios.
Fuente: Elaboración propia a partir del Atlas de la Teoría de la Construcción de Ciudades

Figura 65. Dos esquemas de saneamiento: fosa séptica y galería de servicios.
Fuente: Atlas de la Teoría de la Construcción de Ciudades y elaboración de los esquemas sobre viviendas tipo de Cerdà elaboradas por el autor.

Figura 66. Sistema hidroneumático aplicado en las ciudades de Turín y Milán.
Fuente: Memoria de la Teoría de la Construcción de Ciudades, 1859

Figura 67. Sección tipo de 35 m y diferentes distribuciones de galerías de saneamiento sobre la sección tipo.
Fuente: Atlas del Anteproyecto de Ensanche de Barcelona, 1855.

Figura 68. Galería de servicios situada sobre la calle de servicio. Fuente: *Atlas del Anteproyecto de Ensanche de Barcelona, 1855.*

Figura 69. Galería de la calle Sebastopol en París, publicada en el periódico El Mundo Ilustrado.

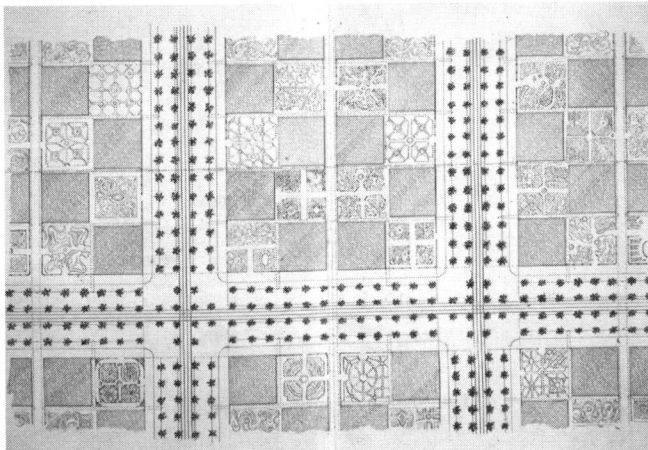

Figura 70. Planta a partir del modelo M de agrupación con la calle tipo de 35 m.
Fuente: Atlas del Anteproyecto de Ensanche de Barcelona, 1855

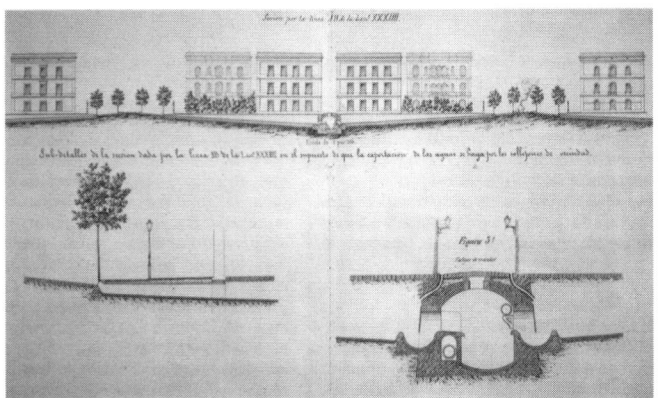

Figura 71. Sección de la agrupación de manzana M con la calle de servicio.
Fuente: Atlas del Anteproyecto de Ensanche de Barcelona, 1855

de diciembre de 1858, por la cual el Ministerio de la Guerra dejaba en manos del Ministerio de Fomento el planeamiento de las ciudades. Cerdà reaccionó con inteligencia: se dirigió a Madrid y pidió autorización al Ministerio de Fomento para realizar los estudios de Ensanche, petición que fue aceptada a través de la Real Orden de 2 de febrero de 1859. Al mes siguiente, ya tenía finalizado el proyecto. Cerdà había ido desarrollando su proyecto de Ensanche desde 1855, en el cual había dibujado un primer bosquejo.[193] Como ya hemos señalado, es bastante probable que entre 1855 y 1856 hubiese redactado gran parte de la Memoria de la TCC. Ello nos lleva a suponer que la parte central de la TCC, referida a la vivienda, la redactaría entre 1855 y 1856, ampliándola a partir de la Memoria del Anteproyecto de Ensanche de Barcelona de 1855. Por otra parte, en el redactado de la TCC se observa una justificación escueta de la solución propuesta en el plano de Ensanche de 1859. Ello parece lógico, teniendo en cuenta el estrecho margen que tuvo Cerdà para la redacción final del proyecto. De hecho, el plano original del Proyecto de Reforma y Ensanche de Barcelona está fechado en marzo de 1859 (v. fig. 2) y Cerdà se dirigió a Madrid en abril.[194]

A finales de marzo, Cerdà dio cuenta al Ayuntamiento del estado de sus trabajos, sin recibir respuesta. Cuando viajó a Madrid el 13 de abril de 1859, junto con Llasera, gobernador civil de Barcelona, se dirigió con su proyecto a la residencia de Franquet, antiguo gobernador civil de Barcelona, que le había designado como técnico de la corporación para la redacción del Plano topográfico de 1855. Luego se trasladaría al domicilio de Figuerola, compañero del Partido Progresista, referente de la obra teórica y futuro ministro de Hacienda (en 1869). Al día siguiente, presentó su proyecto a Madoz, compañero político y predecesor de Franquet en el Gobierno Civil de Barcelona. Finalmente, fue recibido por Amalio Maestre, autor del Plano geológico de España,[195] que Cerdà había tomado como referencia en su proyecto de ferrocarril de Granollers de 1856.

Con todos estos apoyos estratégicos y de prestigio articulados en el período 1848-1856 en Barcelona, y acompañado por Franquet, presentó el Proyecto de Reforma y Ensanche de Barcelona en el Ministerio de Fomento. Un miembro del Cuerpo de Ingenieros de Caminos, Lucio del Valle, compañero de estudios de Cerdà, fue quien elaboró el informe favorable a través de la Junta de Caminos. De hecho, en la promoción de Cerdà solo había siete ingenieros.[196]

El Ayuntamiento reaccionó, dos días mas tarde, el 15 de abril, convocando las bases de un concurso para el 31 de julio. A pesar de todo ello, el 7 de junio de 1859 se publicaba una Real Orden que aprobaba inicialmente el Proyecto de Cerdà. El Ayuntamiento de Barcelona decidió enviar una comisión a Madrid en julio de 1859, para reclamar su derecho a elaborar el Proyecto de Ensanche. El concurso, convocado por el Ayuntamiento, se pospuso para el mes de octubre (v. fig. 58), con el acuerdo de que, en una sala preeminente y fuera de Concurso, se presentase el Proyecto de Cerdà aprobado inicialmente por el Gobierno central. El concurso no tuvo efectividad y el proyecto de Cerdà fue aprobado definitivamente por el Gobierno el 31 de mayo de 1860 (v. fig. 59), a través de un Decreto que imponía pequeñas modificaciones, siendo la más destacada que las manzanas no se edificasen a dos lados sino a tres, en forma de U (v. figs. 60-61).

Se observa, pues, que Cerdà se había apoyado, por una parte, en sus compañeros de promoción de la Escuela de Ingenieros de Caminos y, por otra, en los actores políticos de la modernización del país e iniciadores del proceso de ensanche de Barcelona a partir de 1854, como Madoz, Figuerola y Franquet, con quienes Cerdà había compartido su actividad pública desde 1851, primero como técnico y diputado y, durante el Bienio Progresista (1854-1856), como regidor del Ayuntamiento de Barcelona.

4.6. Los servicios urbanos son un elemento clave en la obra urbanizadora de Cerdà

En el segundo período en que Cerdà era regidor (1863-1866), en el Ayuntamiento se estudiaron las necesidades de agua y, en especial, las aportaciones de los manantiales de Montcada y Sant Gervasi. En 1868, se elaboró un estudio sobre las aguas de los ríos Besòs y Ripoll. Pero no fue hasta 1870 cuando se encargó a Eduard Fontserè el proyecto de canalización, conducción y servicio de agua potable para la ciudad y su ensanche, en el marco de la reciente constitución de la Compañía de Aguas de Barcelona en 1868.

Cabe señalar que Cerdà se refirió especialmente, y de forma explícita, a la experiencia de París y de Haussmann. Cuando Cerdà residió en Paris entre 1856 y 1858,[197] Haussmann lideraba el proyecto de apertura de bulevares (1852-1870) (v. figs. 50-51) y ya se habían iniciado los trabajos de la rue Rivoli. Cerdà explicaba que había visitado las obras de la gran colectora del Boulevard Sébastopol, de recogida de aguas residuales, situada en la margen derecha del Sena en 1858 (TCC, p.407, § 1461) (v. fig. 69). Él mismo se refería explícitamente a la experiencia de Haussmann en París cuando analizaba la reforma interior en la *Teoría de la Viabilidad Urbana* de 1861 (TVU, p.203, § 1223), Por otra parte, y según cuenta Estapé, los herederos de Cerdà recuerdan la anécdota según la cual Haussmann había propuesto a Cerdà trabajar para él, pero este se había negado, argumentando que tenía que desarrollar sus ideas para Barcelona.[198]

Además, en el Fondo Cerdà (*Fons Cerdà*)[199] se encuentran mediciones de las distancias entre los árboles y las dimensiones de aceras, cunetas y firmes de algunos bulevares de París, de donde Cerdà toma referencias para definir las dimensiones de las calles y de las grandes avenidas del Ensanche de Barcelona.

Cerdà recogió la experiencia de la introducción de los servicios urbanos, especialmente el saneamiento (v. figs.

64-69). En el Anteproyecto de Ensanche de 1855, aparece una propuesta conjunta de servicios urbanos que toma en consideración el abastecimiento de agua, el saneamiento, el gas y el telégrafo (v. figs. 67, 68, 70 y 71), muy parecida a la galería del Boulevard Sébastopol de París. Lo novedoso es que Cerdà incorporó, por primera vez, desde una perspectiva urbanística global, las redes de servicios urbanos en el diseño de la ciudad (v. figs. 67, 70 y 71). La construcción del Ensanche de Barcelona fue lenta, pero, aun así, Cerdà participó especialmente en el diseño de sus redes. Primero, en el diseño de una red de saneamiento[200] (v. fig. 203) y, posteriormente, en el proceso de introducción de la red de gas a través de Lebon, para quien Cerdà diseñó el emplazamiento de una nueva fábrica de gas.[201] De hecho, Cerdà aparece como uno de los técnicos y políticos en de referencia del empresario Lebon para llevar a buen término las actuaciones de su compañía de gas. Cerdà ya tenía un conocimiento preciso de su difusión. tal como escribe en la TCC:

"[...] la aplicación del gas hidrógeno carbonado propuesta por primera vez en 1785 por Mr. Lebon, ingeniero de puentes y calzadas. Sin embargo, hasta 1805 no se aplicó en Inglaterra, ni fue importado a Francia hasta 1815, ni generalizado en Paris hasta 1829." (TCC, p 383, § 1259)

Lebon se puso en contacto con Cerdà para instalar una segunda fábrica de gas. Éste participó, junto con el ingeniero de la empresa M. L. Marchessaux, primero en Valencia y, más tarde, siendo regidor del Ayuntamiento, en la ayuda a la Compañía Lebon para la extensión de la red de distribución de alumbrado público y el consumo particular de gas en el Ensanche de Barcelona.[202]

Cerdà agrupó todas estas experiencias de transformación de ciudades asociadas a la introducción del diseño de las nuevas calles y a la implementación de los servicios urbanos y de los transportes en el Anteproyecto de Ensanche de 1855 y, más tarde, en el Proyecto de

Reforma y Ensanche de Barcelona, junto con la *Teoría de Construcción de Ciudades* (TCC) de 1859.

Además de diseñar unas tipologías de secciones con canalizaciones subterráneas que acogían los servicios urbanos de forma conjunta: abastecimiento de agua, saneamiento, gas y telégrafo, Cerdà había entendido perfectamente el rol de los operadores de las redes que articularían, junto con las propuestas técnicas de la Administración, la construcción y la extensión de la nueva ciudad y la reforma de la ya existente.

Si bien los diseños de Eugénio dos Santos en Lisboa o de Patte en París (figs. 62 y 63),[203] o las experiencias de Paxton y Bazalgette en Londres[204] son referentes tecnológicos de urbanización de la época, Cerdà fue el primer urbanista que incorporó de forma conjunta las redes de servicios urbanos para definir propuestas urbanísticas en tres dimensiones a escala de proyecto de ciudad. Cerdà consideraba que, para el diseño del Ensanche, se debían considerar las tres dimensiones en que se ajustan las infraestructuras, que son más rígidas, y la nueva planta de la urbanización, que es más adaptable. Para ello, disponía de la información asociada al desvío de las aguas pluviales, las carreteras y los ferrocarriles; además, las nuevas bases cartográficas proporcionaban una precisión de curvas de nivel a cada metro ((TCC, p.126, § 34). Estas infraestructuras podían condicionar la cota a la cual urbanizar las calles. Para ello, como hemos visto en el apartado topográfico, Cerdà anotaría las cotas de urbanización, saneamiento y ferrocarril asociado a la implementación de las nuevas redes de transporte y servicios urbanos que debían gestionarse en tres dimensiones.[205] Posteriormente, en el Anteproyecto de *Docks* de 1863, recalculó las cotas de urbanización, saneamiento y ferrocarril de todos los cruces de la zona de Ensanche de Barcelona, para ajustar su articulación en tres dimensiones, y para hacer subterráneo el ferrocarril en su parte central y asegurar, al mismo tiempo, un buen desagüe del saneamiento (v. figs. 199-202).[206]

Cerdà estaba planificando la ciudad desde el proyecto urbano y diseñándola en tres dimensiones ante la introducción de las redes de transporte y de los servicios urbanos.[207] En definitiva, Cerdà aportó un nuevo instrumental asociado al parcelario, a las infraestructuras y a las condiciones de la edificación, que configurarían la nueva forma de crecimiento urbano conocida actualmente como Ensanche.

4.7. La propuesta de Cerdà: un cambio de escala para la planificación integral de la ciudad industrial

Como ya hemos visto, Cerdà siguió la tradición topográfica de los ingenieros militares, pero su apuesta por un ensanche ilimitado representó una nueva visión urbanística y territorial, marcada por un cambio de escala respecto a las propuestas de escala arquitectónica. Con esta propuesta, Cerdà se introduce en un nuevo escenario, caracterizado por el impulso de las comunicaciones, como hizo Coello en la elaboración de una propuesta de trazados de los ferrocarriles en el territorio español para la realización del Plan de Ferrocarriles de 1855.[208] El nuevo sistema de transportes representaba un cambio de escala, que iba más allá de los límites reducidos del municipio de Barcelona, que en aquel momento quedaban limitados por la actual calle de Provenza, en su límite con Gràcia, y el actual Passeig de Sant Joan, en el límite con el municipio de Sant Martí de Provençals. El Proyecto de Cerdà introdujo una visión metropolitana que no se retomaría hasta finales de siglo, con el proyecto de saneamiento de García Faria de 1893.[209] El ámbito del plano topográfico se ampliaba a los siete municipios de los alrededores de Barcelona. Este hecho no era casual, ya que, de esta forma, el diseño del Ensanche quedaba en manos del Gobierno Civil (más de un municipio), del cual Cerdà era técnico, y este sería un elemento administrativo clave para poder imponer sus propuestas, una vez aprobado su proyecto.

El Proyecto de Reforma y Ensanche cristalizó la síntesis de dos tradiciones: la tradición de la cuadrícula hispanoamericana y la tradición sansimonista.

La tradición representada por los proyectos de nuevas poblaciones de fundación hispanoamericana se generó alrededor de la expansión de los reinos cristianos de la Península española frente a los árabes, siguiendo las pautas definidas por el libro de *Las Partidas*, de Alfonso X el Sabio, en el Reino de Castilla y León y por *Lo Cristianisme*, de Eiximenis, en la Corona de Aragón.[210] Estos serían los referentes recogidos posteriormente por la Ley de Indias de Felipe II (1573) para las nuevas ciudades de fundación en Hispanoamérica. Más tarde, fueron desarrollados por los ingenieros militares y representaron una de las tradiciones más consistentes de la urbanización española (v. figs. 171-172). La ciudad de Buenos Aires era el referente que tomó Cerdà de esta tradición de la cuadrícula de las ciudades de nueva fundación (v. fig. 56).[211]

La cuadrícula adoptada por Cerdà se estructuraba a través de dos ejes típicos de las fundaciones romanas. Siguiendo esta tradición, diseñó un proyecto en que el *cardo* y el *decumanus* de la nueva Barcelona quedaban definidos por la Gran Via y el Passeig de Sant Joan. Cabe señalar que Cerdà también recogió cuadrículas de las ciudades norteamericanas (v. figs. 35 y 36), que beben de la tradición hispanoamericana, aunque surgen de la *Land Ordinance* de 1785.[212]

Por otro lado, junto a la tradición de la cuadrícula hispano-americana, se situaba una nueva tradición o corriente sansimonista, centrada en el ferrocarril y en el transporte marítimo como nuevos elementos centrales del territorio. Esta le llevó a establecer un sistema de vías trascendentales (Gran Via, Meridiana, Paral·lel i Diagonal) articuladas con la cuadrícula, que permitía conectar el núcleo de Barcelona con las principales arterias de comunicación, a través de su conexión con el ferrocarril y el puerto (v. figs. 191 y 194).

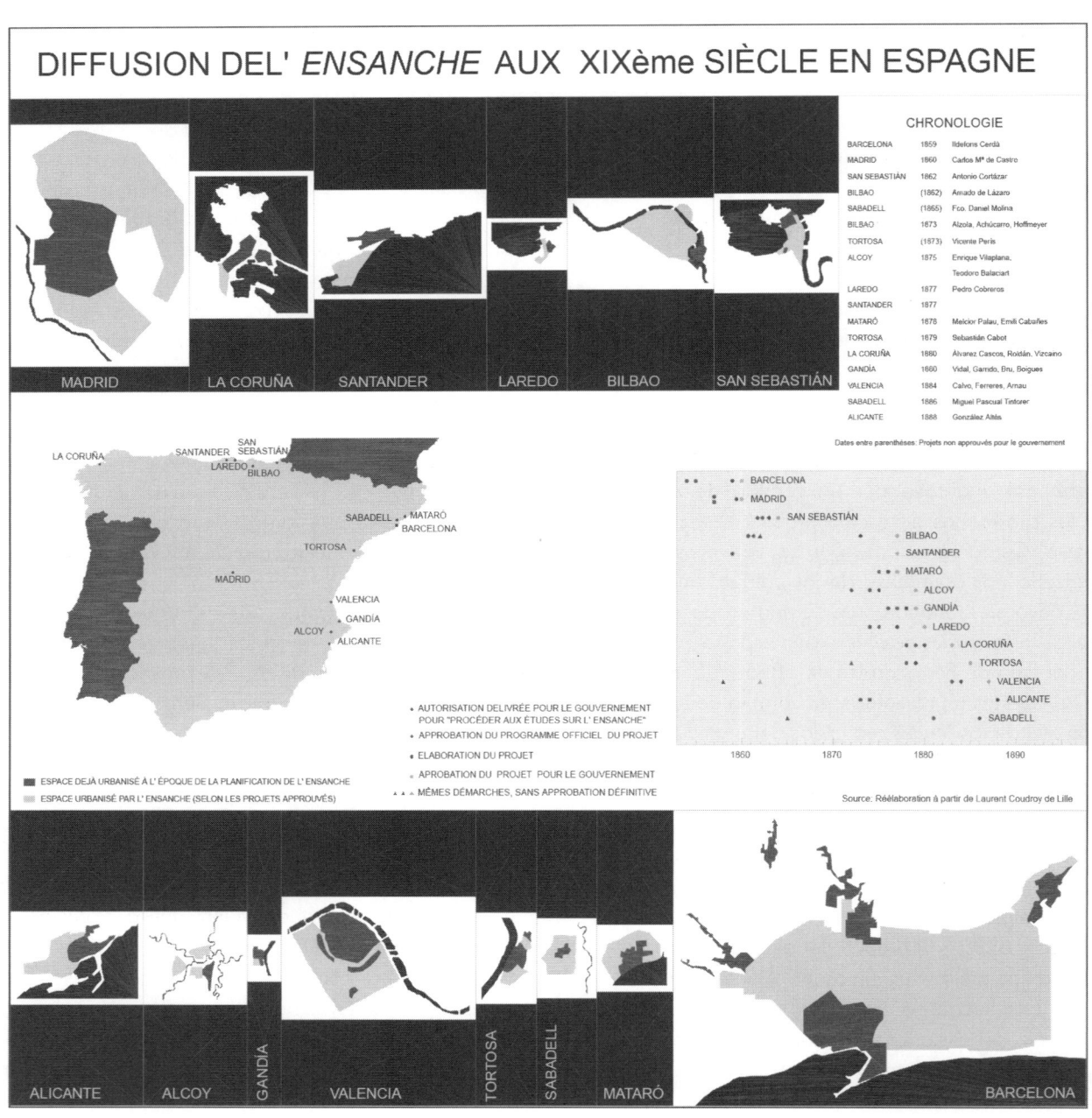

Figura 72. La difusión del Ensanche en el siglo XIX en España.
Fuente: reelaboración a partir de Coudroy de Lille, 1994

Con Cerdà llegaba el primer tratado moderno de urbanismo. La *Teoría General de la Urbanización* (1867) y su aplicación al Proyecto de Reforma y Ensanche de Barcelona representan un nuevo paradigma de tratamiento de la ciudad industrial desde una visión integral del ensanche y la reforma de la ciudad, a través del impulso de los nuevos sistemas de transporte.

4.8. Los instrumentos urbanísticos aportados por Cerdà para la ejecución inicial del Ensanche de Barcelona

Cerdà presentó, junto con el Proyecto de Reforma y Ensanche de Barcelona de 1859, unas *Ordenanzas de construcción* (CERDÀ, 1859b) y un *Pensamiento económico* (CERDÀ, 1859c) (v. figs. 7.c y 7.d). La normativa asociada al Proyecto de Ensanche suponía una novedad frente a las *Ordenanzas municipales de Barcelona* de 1856.[213] Aunque no se consideraba un experto en derecho, Cerdà estableció en las *Ordenanzas de construcción del Ensanche*, de 1860, los principios inspiradores y estructuradores de la nueva legislación urbanística.

Se apoyaba en los principios básicos del derecho natural y del derecho romano y en el uso de la analogía. La idea del interés general, por influen cia de Bentham, y de la igualdad, que guió a Cerdà en sus propuestas de normativa urbanística, hacía que sus *Ordenanzas* no fueran tan solo una serie de preceptos relacionados con cuestiones estéticas y de fachada, sino que articularan una nueva doctrina aplicable a la construcción de las ciudades y a su proyecto de ensanche.

Por otro lado, en el *Plan económico* del Ensanche y la reforma interior, Cerdà estableció un sistema para la realización material de la urbanización, rechazando el sistema utilizado por Haussmann en París (TVU, p.196; § 1159). Tomando como guía la igualdad y la justicia distributiva de cargas y beneficios, estableció que toda reforma urbana debía financiarse con las ventajas que proporciona. Y si son los propietarios colindantes quienes se aprovechan de los beneficios de las nuevas vías, gracias a la plusvalía o al aumento del valor de los terrenos y de los edificios, serán ellos los destinados a financiarlas, interpretando así la expresión romana *"qui sentit commodum et incommodum sentire debet"* ("quien se beneficia del provecho debe sufrir el daño").

Cerdà añadió a su *Teoría de la viabilidad urbana y reforma de la de Madrid* una normativa procesal al idear un procedimiento para la adjudicación de obras, aplicando por analogía el *Pliego de condiciones para la concesión de ferrocarriles*, de 1844. En las concesiones de líneas de ferrocarril, se otorgaba el derecho de expropiación de los terrenos por donde pasaba el ferrocarril a partir de una declaración de utilidad pública. Cerdà aplicó este modelo a la reforma interior con la apertura de vías siguiendo el modelo del ferrocarril.

PROYECTO DE ENSANCHE	FECHA DE APROBACIÓN	ENSANCHE/ CENTRO HISTÓRICO (relación de superficies)
Barcelona	1859	9,2
Bilbao	162	8,6
Sabadell	1865	7,5
San Sebastián	1862	3,4
Madrid	1860	3,0
Alcoy	1875	2,9
Mataró	1878	2,4
Alicante	1888	1,8
Santander	1877	1,7
Valencia	1884	1,6
Tortosa	1873	0,8
La Coruña	1880	0,3
Gandía	1880	0,3

Figura 73. Relación de proyectos de ensanche según la relación de superficies entre la zona de ensanche y la zona del centro histórico. *Fuente: Magrinyà, 1999*

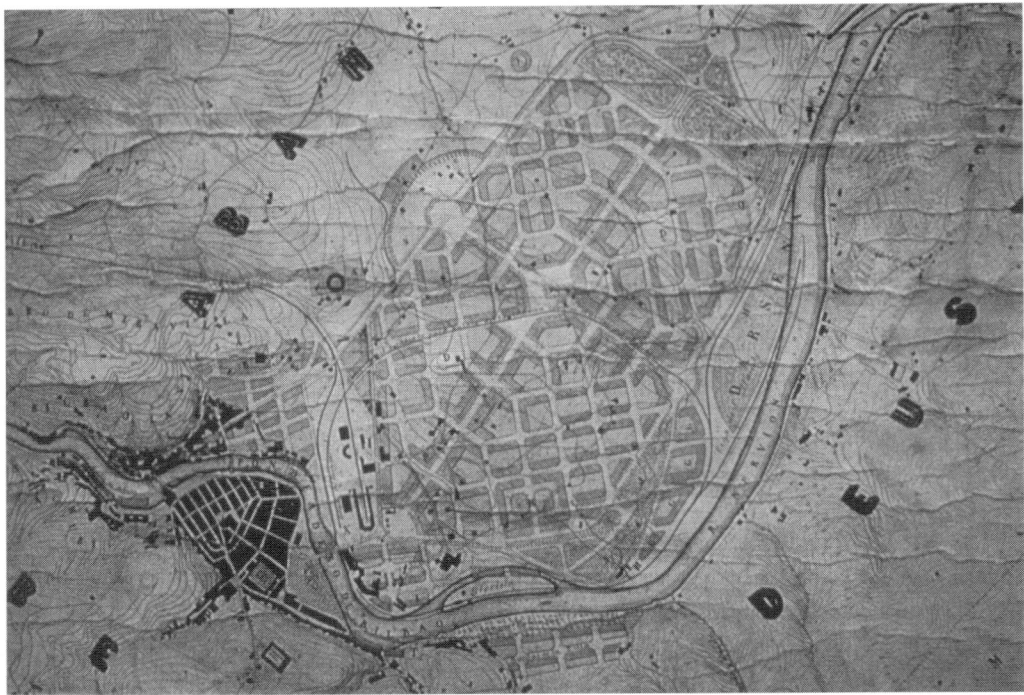

Figura 74. Proyecto de Ensanche de Bilbao, de Amado Lázaro.
Fuente: Fons Cerdà, Urbs i Territori

Lamentablemente, tanto las *Ordenanzas de construcción* como el *Pensamiento económico* nunca fueron aprobados, de manera que se desvirtuaron, en parte, el conjunto de medidas legislativas y económicas que habrían permitido llevar a cabo el Plan de Ensanche en lo que se refiere a la ocupación de las manzanas con una forma establecida por ley siguiendo el proyecto aprobado.

No obstante, Cerdà, aparte del proyecto, desarrolló una práctica urbanística en el período de 1860 a 1865 que le permitió, en cierto modo, "institucionalizar" un sistema de reparcelación por cesión de los espacios viales, un sistema de promoción urbanística con las sociedades de Ensanche y un modelo de vivienda articulado alrededor de la finca entre medianeras que sigue el modelo de la casa burguesa de 4° orden, conocida como la *casa*

de renta. El sistema de reparcelación lo plasmaría en *Cuatro palabras sobre el Ensanche*.[214] El sistema de compensación y la técnica de reparcelación fueron el medio propuesto por Cerdà para lograr una distribución justa de los beneficios y las cargas entre los propietarios y obtener solares urbanos regulares y edificables en proporción a la parcela aportada.

Este método se incluyó, en parte, en el *Proyecto de Ley de Reforma, Ensanche y Saneamiento de Poblaciones*, de Posada Herrera.[215]

Por otro lado, cabe destacar que Cerdà vivió un período especial de desarrollo del Ensanche en Barcelona. La bolsa se había introducido recientemente en España. Especialmente, a partir de la Ley de Ferrocarriles de 1855 y de la Ley de Sociedades de Crédito de 1856, se

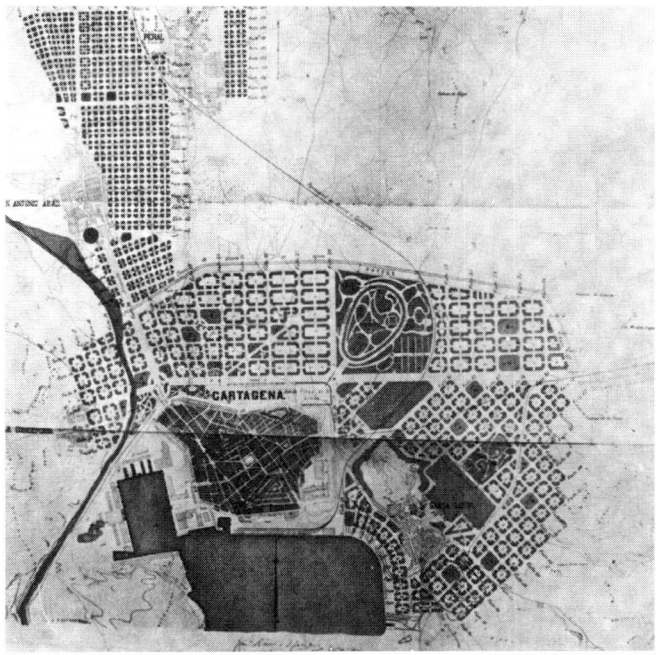

Figura 75. Proyecto de Ensanche, Reforma y Saneamiento de Cartagena, de Pere García-Faria, en 1895.
Fuente: Galera; Roca; Tarragó, 1982

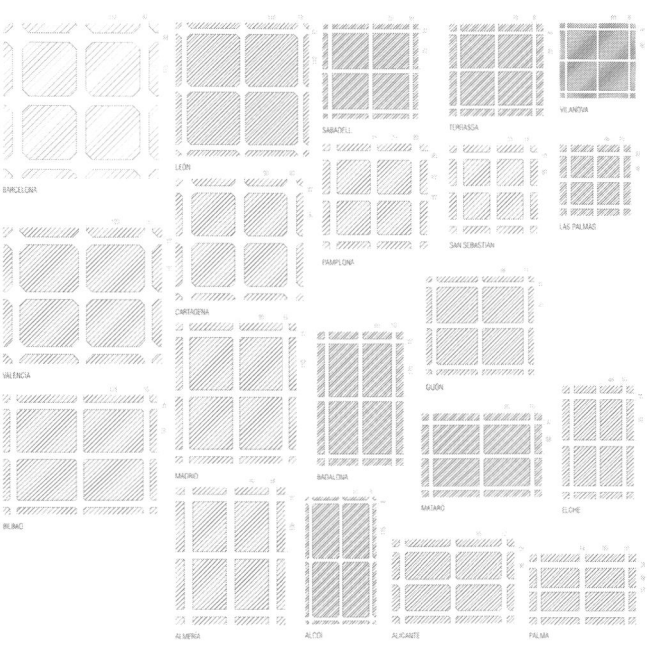

Figura 76. Comparación de vías-intervía (manzanas/calles) de las diferentes ciudades españolas con ensanche.
Fuente: Martín Ramos, Á.; Esteban i Noguera, J., 2010

daba un marco jurídico favorable para el desarrollo de sociedades de ferrocarril y sociedades de construcción de ensanches. Esta etapa duraría una década, hasta el crac de 1866. En ese período, los financieros del ferrocarril se interesaron por el negocio inmobiliario. El Marqués de Salamanca y la familia Rothschild en Madrid, o los hermanos Pereire con el Crédit Mobilier en Barcelona, fueron figuras destacadas.[216] En esos años, se crearon empresas de construcción del Ensanche, que lideraron gran parte de su desarrollo[217] y permitieron pasar de una lógica reductora, asociada a la pequeña parcela, a otra lógica, ligada a la asociación de propietarios alrededor de una agrupación de manzanas. Cerdà participó como director de una de ellas: la Sociedad del Fomento del Ensanche, y desarro-

lló las ideas del mutualismo y la asociación de Proudhon para el fomento de la construcción del Ensanche.[218]

Todas estas aportaciones se consolidaron por una práctica en el desarrollo del Ensanche de Barcelona, erigido en un sistema de referencia indiscutible por su construcción efectiva. Las ordenanzas fueron asociadas a un modelo de tejido. El Ensanche de Barcelona cristalizó como modelo de producción de una ciudad, que se manifestaba en la forma urbana que hoy se conoce como *ensanche*.[219]

Cerdà elaboró unos mecanismos de urbanización que permitieron la construcción efectiva del nuevo tejido. Las dimensiones de la manzana, la utilización de la vivienda entre medianeras y el uso innovador del sistema de reparcelación convirtieron la manzana de Cerdà en la unidad básica de producción del Ensanche.

La casa burguesa de 4° orden, llamada posteriormente *casa de renta*,[220] se erigió en la unidad edificatoria básica para la estructuración de la manzana, formada por una vivienda entre medianeras de 20×20 m (v. fig. 178). En ella, el propietario del terreno, tras la reparcelación, construía el edificio y alquilaba las plantas superiores, y se reservaba el primer piso (denominado *principal*) para su uso. La ventaja de este modelo de vivienda es que permitía repercutir en los alquileres los futuros costes de urbanización asociados a la introducción de las sucesivas redes de servicios urbanos.[221]

Cerdà había desarrollado un arsenal urbanístico, que derivó primero en el *Proyecto de Ley de Reforma, Ensanche y Saneamiento de Poblaciones* de Posada Herrera y, más tarde, en la *Ley de Ensanche de Poblaciones* de 1864 y el *Reglamento* de 1867, e hizo que la experiencia urbanística española se avanzara en más de veinte años a las legislaciones urbanísticas alemanas, consideradas hasta hace poco las instauradoras del urbanismo moderno.[222]

Puede afirmarse que el Proyecto de Reforma y Ensanche de Barcelona de 1859 de Cerdà representa el punto de inflexión en el proceso de transformación de las realidades urbanas del siglo XIX, con la cristalización de la figura del Ensanche en España (v. figs. 72-73).

4.9. Del Proyecto de Reforma y Ensanche de Cerdà a la Ley de Ensanche de Poblaciones en España

El proyecto de Cerdà se inició con la redacción de la Memoria del Anteproyecto de Ensanche de Barcelona en 1855. En este proyecto, Cerdà reflexiona sobre la vivienda y las agrupaciones de manzanas. Este documento tuvo un primer impacto en Castro, redactor del Ensanche de Madrid, que lo conocía y recogió de este los ejemplos de agrupaciones de manzanas que utilizó para su Anteproyecto de Ensanche de Madrid elaborado en 1857

(*cf.* fig. 52 y figs. 174-176).[223] Cuando Cerdà presentó su proyecto en abril de 1859 en el Ministerio, Castro estaba presente en la recepción como director general,[224] de modo que influyó de algún modo en la aprobación final del proyecto de Madrid en 1860.

Cabe señalar que el proyecto de Cerdà se presentó más tarde en la *Revista de Obras Públicas*, por lo cual se supone tuvo una cierta difusión.[225] En los años siguientes, tras la aprobación del Proyecto de Reforma y Ensanche de Barcelona, junto con el Proyecto de Ensanche de Madrid, se presentaron los proyectos de Bilbao, San Sebastián y Sabadell (v. figs. 72-73). El proyecto del que se tiene una referencia más directa de la influencia de Cerdà es el de ensanche de Bilbao, de Amado de Lázaro, de 1862 (v. fig. 74), en cuya memoria se detalla y explicita la referencia que representa el Proyecto de Ensanche de Barcelona:

> "Aprovechamos este momento en que nos ocupamos de un trabajo análogo para así consignarlo, y para manifestar la gran satisfacción que experimentamos al ver que los dos primeros trabajos ejecutados en España sobre el particular [se refiere a Barcelona y Madrid], de una manera del todo científica, son los de dos personas que pueden haber sido nuestros profesores [se refiere a Castro], y que pertenecen al Cuerpo del que tenemos la honra de formar parte."[226]

Por otra parte, la influencia de Cerdà se extendió sobre el *Proyecto de Ley de Reforma, Ensanche y Saneamiento de Poblaciones*, presentado por el ministro Posada Herrera al Congreso en 1861.[227] Este proyecto de ley recogió, en gran parte, la experiencia inicial del Ensanche de Barcelona (1860-1861).

Cerdà ya había publicado *Cuatro palabras sobre el Ensanche*, documento donde plasmaba la metodología de reparcelación. Pero, sobre todo, lo que había implementado era una práctica de funcionamiento, un mecanismo que permitía el paso de suelo rural a suelo urbano a través del uso de unos planos geométricos parcelarios y unos planos particularios, redactados y controlados por Cerdà.[228]

Lamentablemente, la experiencia de Posada Herrera no cuajó. Y, aunque se pervirtió, ya que desvinculaba el ensanche de las redes de infraestructura y de su financiación, finalmente cristalizó en una nueva legislación: la *Ley de Ensanche de Poblaciones* de 1864. Más tarde, se aprobaría una segunda *Ley de Ensanches* en 1876, en un nuevo período político, la Restauración, que de hecho fue una revisión de la ley anterior.

4.10. Las diferentes etapas de la figura del Ensanche en las poblaciones de España

La evolución de la figura del Ensanche, proceso verdaderamente complejo, la podemos clasificar en tres etapas en su período inicial de configuración, atendiendo la combinación de períodos políticos y de formalizaciones urbanísticas.

Una primera etapa, que abarca el período de 1854 a 1859, iniciada con el Bienio Progresista (1854-1856), se distingue por la formalización de la figura del Ensanche. Parte de las experiencias de extensión de ciudades dentro de una lógica de definición de nuevas alineaciones en torno a la Normativa sobre formación de planos geométricos, de 1846. Uno de los ejemplos más significativos de esta etapa de referencia es el Plano de Ensanche de València de 1859 (v. fig. 53). De hecho, la discusión sobre el ensanche de las ciudades empieza en los años cuarenta, como muy bien detalla Coudroy de Lille.[229] Pero la formalización propiamente del Ensanche empieza con las experiencias de Barcelona y Madrid asociadas al Bienio Progresista (1854-1856), y en ello tiene un papel fundamental el Proyecto de Reforma y Ensanche de Barcelona de 1859, de Cerdà, como documento de referencia. De hecho, como ya hemos indicado, la experiencia del

Ensanche de Madrid y el proyecto de Castro están claramente influenciados por Cerdà.

Una segunda etapa (1859-1867) se caracteriza por la estructuración de una nueva praxis urbanística y su primera formalización legislativa, así como por un período de especulación inmobiliaria que alcanza su punto álgido en el crac financiero de 1865 de Londres que tiene sus efectos en Barcelona a partir de 1866. En este período, Cerdà plasma una práctica urbanística, como ya se ha explicado, recogida en parte por el *Proyecto de Ley de Reforma, Ensanche y Saneamiento de Poblaciones* de Posada Herrera, de 1861, y que deriva en la *Ley de Ensanche de Poblaciones*, de 1864. En esta práctica, tienen un papel preponderante las sociedades inmobiliarias, representadas principalmente por el marqués de Salamanca en Madrid, y por la familia Pereire y por propietarios locales en Madrid y Barcelona.

Finalmente, la tercera etapa, iniciada a partir de 1867, situada en un estadio económico mucho más cauto y de menos ambiciones, está formada por los ensanches surgidos, primero, con las especificaciones del Reglamento de 1867 y, más tarde, por la Ley de Ensanches de Poblaciones de 1876.[230] Las experiencias desarrolladas en este período toman otra dimensión mucho menor, sobre todo a partir de la Restauración (1876), donde se vive un nuevo período institucional y político conservador, marcado por el poder de los propietarios.

Desde esta perspectiva, podemos concluir que la noción de Ensanche asociada a cada uno de estos períodos no es la misma y que la primera y la segunda etapa coinciden con la noción de ensanche propuesta por Cerdà, mientras que en la tercera etapa nos encontramos con ensanches parciales, que son fundamentalmente extensiones a través de nuevas alineaciones.

Si analizamos los proyectos de Ensanche redactados en esta etapa inicial, podemos separar los ensanches en dos grandes grupos. Una primera agrupación de proyectos, elaborados entre 1859 y 1867, propios de la etapa liberal, y un segundo grupo de ensanches desarrollados posteriormente. En la primera agrupación, nos encontramos con unos ensanches asociados a la idea de fundación de una nueva población, en que se afronta, siguiendo la propuesta de Cerdà, el ensanche, la reforma y el saneamiento de poblaciones, como especifica el *Proyecto de Ley de Reforma, Ensanche y Saneamiento de Poblaciones de Posada Herrera*, de 1861. La característica principal que asocia estos ensanches es su dimensión respecto al núcleo antiguo (v. fig. 73). Las dimensiones de los ensanches de Bilbao, San Sebastián, Sabadell y Barcelona están en una relación de 3 a 8 veces la ciudad antigua, mientras que los ensanches posteriores se encuadran en el marco de lo que llamaríamos *puras extensiones parciales de ciudad*.

En los ensanches del primer grupo, la nueva ciudad es más importante que el casco antiguo y este queda subsumido en el ensanche. Mientras que, en los ensanches posteriores, la extensión cuelga de la ciudad preexistente. Se produce, en consecuencia, una inversión de las dimensiones (v. figs. 72 y 73).

La visión ingenieril de la perspectiva inicial, acompañada por una época de grandes esperanzas en el progreso y en la especulación inmobiliaria, lleva a unas propuestas más marcadas por un nuevo trazado. Mientras que, en una etapa posterior, dominada más por la arquitectura y por la pequeña negociación, en que se pacta con los propietarios directamente, adquieren cada vez más importancia el proyecto arquitectónico, los pequeños ejes con sus perspectivas y la composición.

La idea de la íntima relación entre el ensanche y la reforma propuesta por Cerdà se va obviando, y pronto se tiende a considerar tan solo el ensanche. El proceso de reforma interior no se desarrolla hasta años más tarde. En el caso de Barcelona, la discusión de la apertura de la Via Laietana se retoma en 1872, y en ella participa Cerdà.[231] En este nuevo escenario, es fundamental la *Ley de Expropiación Forzosa* de 1879, como instrumento para poder articular las relaciones con los propietarios y, de esta manera, hacer posible la apertura de vías de reforma interior. Posteriormente, la *Ley de Obras de Saneamiento y Mejora de las Poblaciones* de 1895 representa una apuesta global para la reforma de las dos grandes aglomeraciones: Barcelona y Madrid.[232] Esta ley aparece como consecuencia de un resurgimiento del movimiento higienista, que tiene entre sus referentes el Congreso Internacional de Ingenieros de 1888, celebrado en Barcelona, y el *Proyecto de Saneamiento de Barcelona* de 1893, de Pere García-Faria,[233] discípulo de Cerdà y su máximo valedor en esta época. Garcia-Faria desarrollaría también el Ensanche de Cartagena (v. fig. 75), uno de los pocos referentes de influencia directa de Cerdà después de 1876.

5. La formalización de una propuesta territorial: la ley de irradiación aplicada a la provincia de Barcelona

Como ya hemos señalado, en el proceso de generación de propuestas transformadoras hay dos momentos clave en la modernización política de España en que Barcelona y su provincia juegan un rol capital.

Primero, a la escala del llano de Barcelona, durante el Bienio Progresista de 1854-1856 y, especialmente, a partir del periodo 1858-1866. Durante el Bienio Progresista, se desencadena el proceso de demolición de las murallas y, a partir de noviembre de 1858, el Ministerio de Fomento asume la planificación de las ciudades, anteriormente dominada por el Ministerio de la Guerra. En ese momento, se inicia el proceso de aprobación del Plan de Reforma y Ensanche de Barcelona (1860) y la demolición efectiva de las murallas, con la construcción inicial del Ensanche, en una primera fase controlada por Cerdà desde el Gobierno Civil.

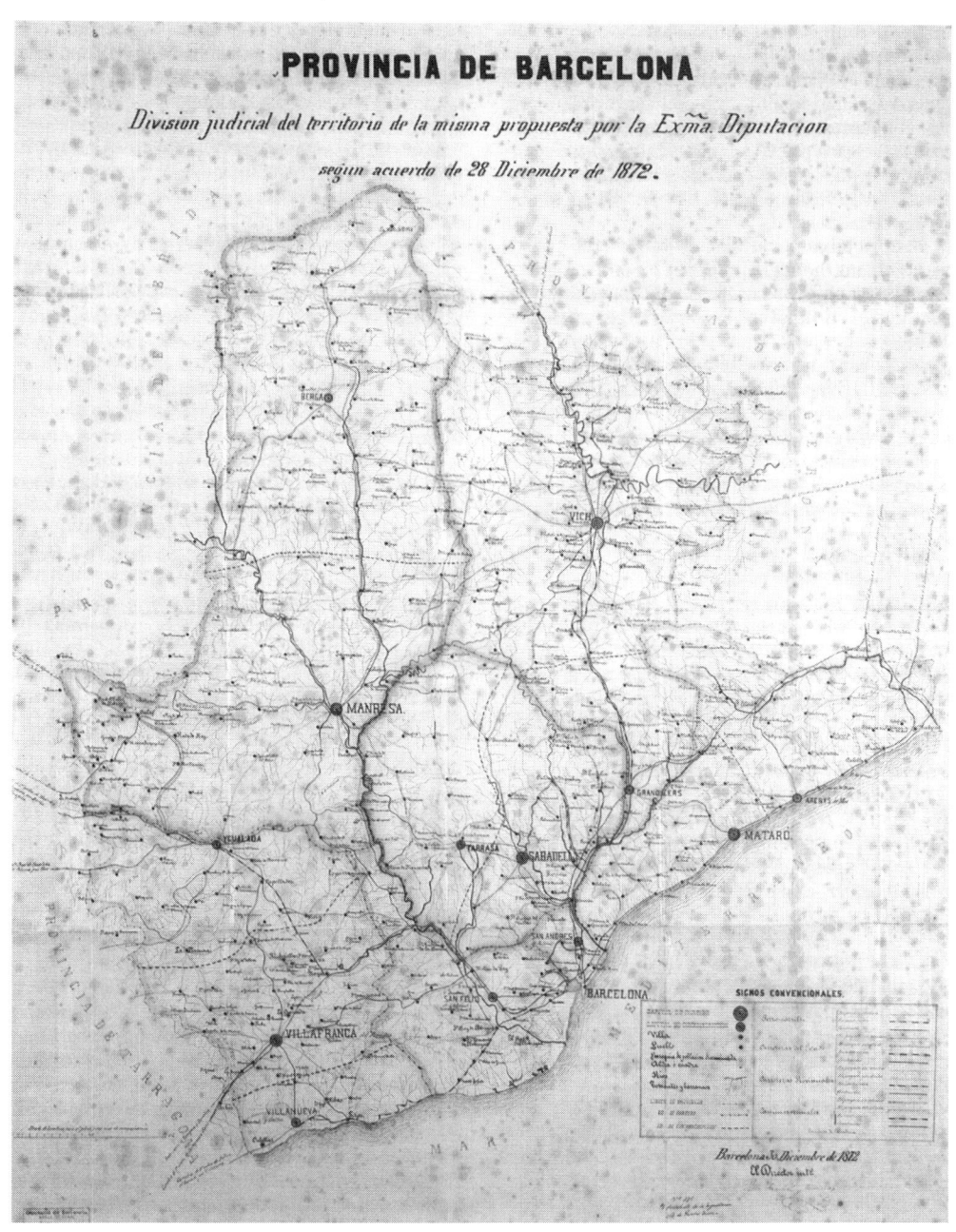

Figura 77. Mapa del proyecto de división judicial de la provincia de 1872.
Fuente: Archivo General de la Diputación de Barcelona

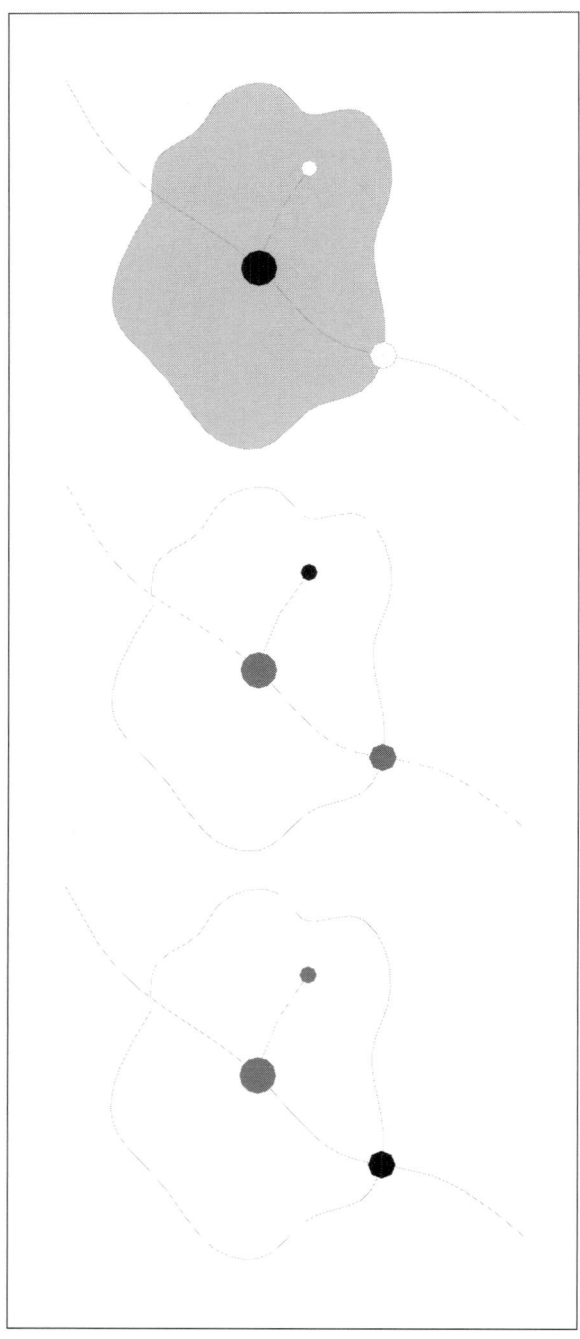

Un segundo momento es el período del Sexenio Revolucionario (1868-1874) y, en especial, la etapa de la Primera República (1873-1874), que supone una apuesta de los sectores progresistas, articulados en torno a los diputados republicano-federales, para proponer una nueva organización territorial de la Administración a escala provincial. La propuesta se sitúa en la definición de los partidos judiciales y de las ferias y mercados como referencia de la presencia de la Administración. El discurso federalista de construcción del Estado y sus instituciones, iniciado con Guardiola y Pi i Margall, sobre todo a partir de la publicación de *La reacción y la revolución* en 1854, toma fuerza dos décadas más tarde. En ese segundo período (1868-1874), Cerdà tiene un rol destacado como diputado provincial. Primero, como presidente de la Comisión Mixta encargada de estudiar la reforma del mapa judicial de la provincia de Barcelona en diciembre de 1872 (v. fig. 77). Más tarde, ya como presidente en funciones de la Diputación de Barcelona, a partir de mayo de 1873, cuando se crea la comisión especial de organización de la provincia de Barcelona. En este escenario, Cerdà elabora una teoría de la irradiación (v. figs. 78, 79 y 81) que más tarde formalizará con la carta al marqués de Corvera.[234]

Figura 78. Esquema de clasificación de las ciudades propuestas por Cerdà: centro-superficie, centro-punto, centro-línea.
Fuente: Elaboración propia a partir de los textos de Cerdà

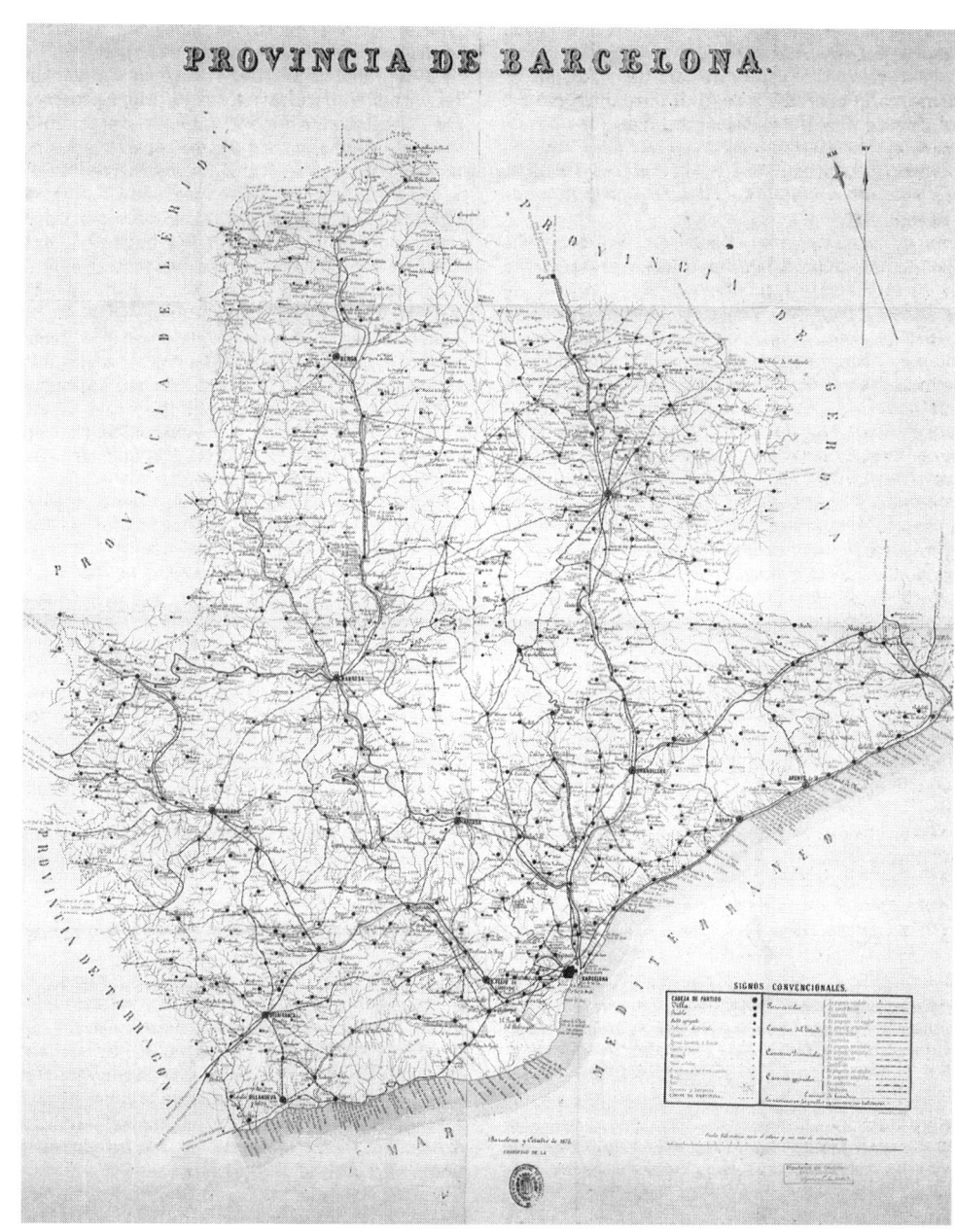

Figura 79. Mapa del proyecto de división provincial en diez confederaciones regionales de municipios de 1873, con el diseño asociado de un plan de vías.
Fuente: Archivo General de la Diputación de Barcelona

COMISION PROVINCIAL DE BARCELONA.

Cuando las Córtes Constituyentes, en vista de la situacion general del país, cada dia mas grave, autorizaron á las Diputaciones provinciales para imponer una contribucion extraordinaria de guerra, por ley de 24 de Julio último, la Diputacion de esta provincia no estaba reunida; y su Comision permanente creyó llegado el caso previsto por el artículo 57 de la ley de su régimen y acordó la convocatoria á una reunion extraordinaria, acuerdo que la autoridad Superior civil secundó con eficaz celo, habiendo sido, por tanto, convocada la Diputacion para el 21 de Agosto próximo pasado.

Comprendió al propio tiempo esta Comision que importaba mucho estudiar, y estudió desde luego y con toda premura, un plan cuya ejecucion, por las ventajas que á los pueblos ofreciera, justificara la inversion de la contribucion que se hubiese imponer; pues, de otra suerte, habria de reputarse de ligereza impropia de la dignidad de la primera Corporacion popular de la provincia, acrecer á los ya existentes un nuevo gravámen, cuyo producto no tuviese un objeto predeterminado, justo, provechoso, necesario.

Guiada por estas consideraciones, hubo de descender la Comision al exámen concienzudo de la verdadera y triste situacion de los pueblos, víctimas por un lado de las hordas carlistas (que, segun las tradiciones de su partido, no perdonan medio, por bárbaro y reprobado que sea, mientras les conduzca á un fin que los adelantos de la civilizacion hacen imposible) y, por otra parte, de las pandillas de foragidos que se aprovechan de la general perturbacion para lanzarse á la perpetracion de los mas horrendos crímenes, sin que el número y estado de las fuerzas de que la digna autoridad superior militar de Cataluña puede disponer, le permita acudir siempre oportunamente al auxilio de las municipalidades.

En semejante situacion, no queda á los pueblos otro medio ni recurso que el de asociarse entre sí y organizarse para la comun y recíproca defensa. Esta organizacion, fácil de suyo y sencilla por demás, y que, en un país tan ocasionado como el nuestro á civiles discordias, podria y deberia ser permanente, pues en tiempos ordinarios poquísimos dispendios habria de originar; esta organizacion, basada en la topografía de la provincia, en el interés de cada vecino y de cada pueblo, y en la naturaleza misma de las cosas, ofrece la inapreciable ventaja de que el ejército activo pueda consagrarse con mayor desembarazo á la persecucion directa y eficaz de los enemigos del reposo público y de la libertad.

La Comision provincial encontró que la organizacion, sin dejar de responder á la unidad de la provincia, habia de ser por regiones, vegas ó comarcas, de esas que la topografía natural ha formado, dentro de las cuales el socorro recíproco de unos á otros pueblos puede ser pronto y efectivo, por no impedirlo ni lo largo de las distancias, ni los obstáculos y dificultades de las comunicaciones. De esta manera, al paso que los vecinos de cada municipio pueden auxiliarse mutuamente, casa por casa y vecindad por vecindad, cabe perfectamente que los pueblos se alien y confederen para ampararse unos á otros siempre que sea conveniente; y esto sin perjuicio de que las regiones se asocien á su vez entre sí con idéntico objeto, formando, de este modo y gracias á la union, un cuerpo coherente y compacto en que los enemigos no podrán penetrar, al menos de una manera estable.

Atendiendo á todo esto, la Comision provincial formó su plan de defensa que, como parte integrante de la oportuna Memoria, sujetó al exámen y aprobacion de la Diputacion en pleno, la cual, presidida por el señor Gobernador de la provincia, en la mentada sesion pública extraordinaria de 21 del fenecido agosto, lo aprobó y sancionó en todas sus partes, prestando igual aquiescencia la autoridad superior, que ha dispuesto y la publicacion de lo concerniente á la contribucion de guerra en el Boletin Oficial de la provincia correspondiente al miércoles 5 del actual.

Segun dicho plan, se considera el territorio de esta provincia dividido en diez regiones distintas por su situacion y condiciones topográficas, cada region formada por varias jurisdicciones municipales y cada jurisdiccion municipal compuesta á su vez de centros urbanos y comarcas rústicas, enlazados entre sí y respectivamente por vías de comunicacion, íntimas y trascendentales. Se considera asimismo que, tratándose de la defensa y proteccion general del país, deben ser igualmente atendibles los intereses de los centros urbanos, los de las comarcas rústicas y los de las vías de comunicacion íntimas y trascendentales; lo cual hace necesaria la creacion de esa guardia cívica, bajo las denominaciones de urbana, rural, caminera y móvil. Y como la creacion y funcionamiento de estas fuerzas, subordinándose á las disposiciones del Poder Legislativo y á las que dicte el Gobierno de la República, imponga sacrificios, que deben sufrir aquellos que han de reportar con usura las ventajas de dicha creacion, de ahí la necesidad y la justicia del impuesto que ha votado la Diputacion en el pleno uso del derecho que las Córtes Soberanas le han conferido.

Fundándose en estas consideraciones, acordó dicha corporacion y ha ordenado en su nombre la Comision provincial, para cumplir lo que por el referido acuerdo de 21 del mes último le encomendó expresamente el cuerpo popular y lo que le prescribe, como funcion normal el artículo 66 de la vigente ley orgánica provincial, que se proceda desde luego, por todas las dependencias á las cuales incumbe, á ejecutar las siguientes prescripciones fundamentales:

1.ª Que la contribucion extraordinaria de guerra es de Pesetas, 10.259.673'88 céntimos debiendo recaer de esta suma, pesetas 6.949.365'45 céntimos sobre los contribuyentes por propiedad territorial y pesetas 3.510.508'43 céntimos sobre los comprendidos en las matrículas de la contribucion industrial y habiendo de satisfacerse las cuotas por cuartas partes á medida que las necesidades de la guerra lo exijan.

2.ª Que se realice desde luego, y ante todo la recaudacion de la primera cuarta parte.

Y 3.ª Que el producto de la contribucion se invierta en la inmediata organizacion de las regiones para la proteccion de sus centros urbanos, de sus comarcas rústicas y de sus vías de comunicacion, en la organizacion, armamento, é instruccion de las fuerzas cívicas al efecto necesarias y en el funcionamiento de estas mismas fuerzas, todo lo cual deberá hacerse inmediatamente y sin levantar mano, para que sean mas prontos, mas oportunos y eficaces los resultados de su cometido, que no es otro que el de poder prestar al ejército un eficaz apoyo para la rápida y anhelada pacificacion del país.

Tal es el propósito que intenta realizar la Diputacion y que en su nombre inicia la Comision provincial, tal es el fin que pretende llevar á cabo y que, en comun y general provecho, indudablemente realizará, si, como tiene derecho á esperarlo aportan franca y lealmente su eficaz cooperacion á tan noble y patriótico intento todas las clases de la Sociedad, todos los matices de la comunion liberal, todos los ramos de la riqueza pública.

Barcelona 5 Setiembre de 1873.

El Presidente, Ildefonso Cerdá.---Los Vocales, Joaquin Dachs y Laribal, Pablo Pallós y Gracés.---El Secretario, Teodoro Llavallol.

Imp. de Ramirez y C.ª, Pasaje de Escudillers núm. 4.

Figura 80. Documento de la aprobación de los presupuestos de la provincia de Barcelona, de 1873, elaborados por la Comisión Provincial de Barcelona. *Fuente: Archivo General de la Diputación de Barcelona*

Figura 81. Esquema de la Ley de irradiación de
Ildefons Cerdà, de 1873, y su aplicación a la pro-
vincia de Barcelona.
Fuente: Navas, 2012

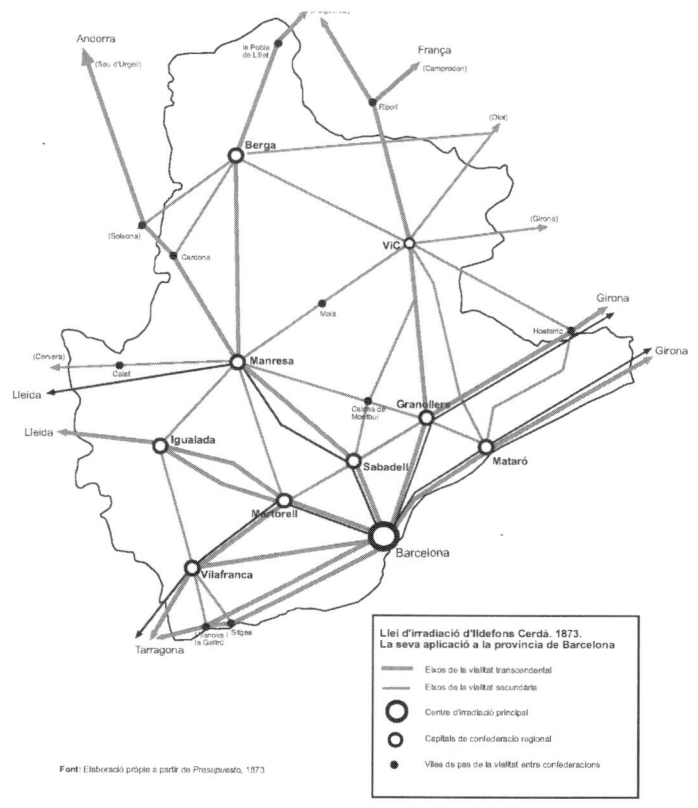

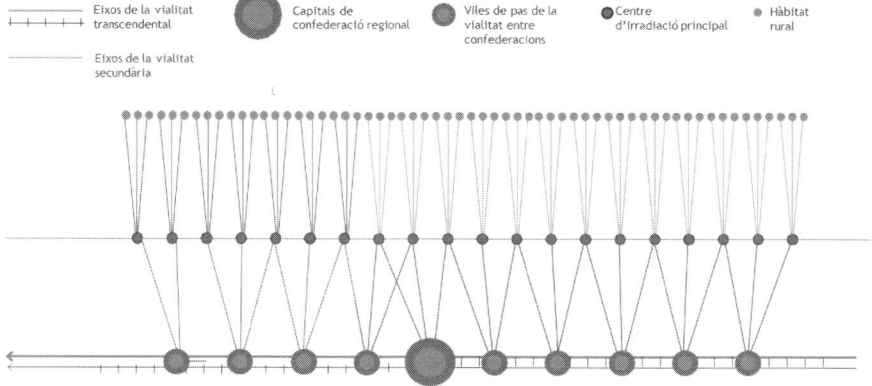

Llei d'irradiació d'Ildefons Cerdà, 1873

ESTADÍSTICA DE LA CONFEDERACION REGIONAL DE VILLAFRANCA.

DENOMINACION DE LOS MUNICIPIOS.	NUM. de habitantes.	SUPERFICIES. Hectáreas.	RIQUEZA TERRITORIAL IMPONIBLE.				CUPO DEL IMPUESTO DE 1872 Á 1873.		
			RÚSTICA. Pesetas.	URBANA. Pesetas.	PECUARIA. Pesetas.	TOTAL. Pesetas.	TERRITORIAL. Pesetas.	INDUSTRIAL. Pesetas.	TOTAL. Pesetas.
San Quintin de Mediona. . .	2.297	1.303'0709	58.471'50	23.872'75	312'50	82.656'75	16.539'87	2.202'95	18.742'82
San Pedro de Riudevitlles.	2.006	451'7021	29.261'75	24.633'25	1.105'00	55.060'00	10.954'36	2.064'07	13.018'43
Lavid.	678	918'0938	20.722'44	6.546'75	295'00	27.564'19	5.659'79	661'97	6.321'76
Terrassola del Panadés. . .	567	1.058'7865	35.162'25	7.286'25	361'25	42.809'75	8.567'24	815'93	9.383'17
Fontrubí.	1.400	3.514'8301	74.631'25	6.313'75	1.665'00	82.610'00	16.517'44	649'25	17.166'69
San Saturnino de Noya. . .	2.801	1.842'9406	95.077'13	34.976'00		130.047'13	26.206'48	6.121'50	32.327'98
Pla del Panadés. . . .	1.120	842'7081	33.518'88	8.994'75	285'00	42.798'63	8.573'38	1.081'20	9.654'58
Subirats.	2.451	4.928'1742	122.500'53	17.450'62	667'50	140.618'65	28.418'76	1 686'46	30.105'22
Pontons.	534	2.355'2978	29.582'36	2.169'62	748'25	32.500'23	6.503'88	68'90	6.572'78
Puigdalba.	323	56'0853	3.787'00	3.048'75	218'75	7.054'50	1.431'77	92'75	1.524'52
Santa Fé del Panadés. .	272	360'9915	15.606'00	1.791'00	127'00	17.524'00	3.499'19	60'95	3.560'14
Torrellas de Foix. . .	1.469	3.272'9124	77 495'50	8.904'00	869'25	87.268'75	17.475'35	813'02	18.288'37
San Martin Sarroca. .	1.821	3.059'9044	99.728'75	4.783'00	1.113'75	106.663'00	21.328'48	1.112'47	22.440'95
La Granada.	921	496'5051	26.925'69	4.783'00	586'25	32.296'94	6.525'01	939'69	7.464'70
Las Cabañas.	360	88'1922	4.552'89	3.508'75	305'00	8.766'64	1.753'17	111'30	1.864'47
Vilovi.	839	856'9659	42.764'36	4.183'37	756'25	47.703'98	9.554'01	772'21	10.326'22
Avinyonet.	1.286	2.516'9846	55.187'59	7.851'00	1.715'00	64.753'59	12.950'53	477'00	13.427'53
Pachs.	283	517'1112	27.357'75	1.813'00	171'00	29.341'75	5.980'00	79'50	6.059'50
San Cugat Sasgorrigas.	666	570'9013	21.086'75	3 186'94	445'50	24.719'19	4.958'78	53'00	5.011'78
Castellvi de la Marca. .	1.657	2.441'4439	66.857'95	5.326'25	1.141'75	73.325'95	14.646'87	285'67	14.932'54
Villafranca.	6.244	1.822'9670	145.556'59	103.488'00	2.495'00	251.539'59	50.310'40	26.917'39	77.227'79
Olesa de Bonas Valls. .	721	3.653'4214	26.746'44	5.060'00	727'50	32.533'94	6.517'01	148'40	6.665'41
Santa Margarita y Monjos.	995	1.217'8603	39.860'83	3.256'50	957'50	44.068'83	8.860'45	535'83	9.396'28
San Miguel de Olerdola. .	1.193	2.585'1276	47.862'54	3.637'50	976'25	52.476'29	10.500'00	87'45	10.587'45
Olivella.	485	1.903'2498	28.836'50	1.355'25	655'00	30.846'75	6.184'42	32'86	6.217'28
Canyellas.	614	1.326'6871	16.877'59	4.557'19	1.016'25	22.451'00	4.517'79	100'70	4.618'49
San Pedro de Ribas. .	2.217	3.728'7255	152.594'67	15.718'13	3.288'75	171.601'55	34.326'82	837'67	35.164'49
Sitjes.	3.607	3.453'8381	51.515'92	58.509'75	1.198'75	111.224'42	22.287'99	5.131'46	27.419'45
Castellet.	1.465	3.427'5500	77.619'22	10.146'00		87.765'00	17.865'00	250'16	18.115'16
Villanueva y Geltrú. .	12.227	2.916'0780	141.767'26	281.669'00	1.605'00	425.041'26	85.107'72	68.326'00	153.433'72
Cubellas.	870	1.153'1122	55.836'48	6.054'25	637'50	62.528'23	12.505'58	418'70	12.924'28
TOTAL. . . .	53.789	58.581'9989	1.725.552'24	676.101'87	26.386'50	2.428.040'61	487.027'54	122.936'41	609.963'95

Figura 82. a) Estadística de la Confederación de Vilafranca, publicada en los Presupuestos de 1873.
     b) Hoja de los 80 itinerarios radiales de los Presupuestos de 1873.
Fuente: Navas, 2012

5.1. La propuesta territorial asociada a la promoción del Ferrocarril de Granollers a Sant Joan de les Abadesses

Como ya hemos visto, junto a su propuesta urbana, Cerdà conforma una visión territorial. En los años previos a la aprobación del Ensanche, Cerdà participa en la promoción y el diseño de las líneas ferroviarias. En 1851, siendo diputado en las Cortes de Madrid, participa en la discusión de los planes ferroviarios. Un año antes, en febrero de 1850, se ha aprobado la ley de Concesiones de Ferro-carriles. Cerdà participa del contrato de obras de explanación del ferrocarril de Barcelona a Granollers en 1851-1854, junto con Víctor Martí. En 1855, se aprueba la Real Orden por la cual se autoriza a Miquel Ravella para realizar los estudios de ferrocarril de Granollers a las minas de carbón de Sant Joan de les Abadesses. Ravella le encarga ese estudio a Cerdà y, en febrero de 1856, se desplaza para iniciar los trabajos sobre el terreno, y presenta una memoria y los primeros planos en agosto de 1856. Tal como se ha mencionado anteriormente, tras finalizar su primera etapa de regidor del Ayuntamiento de Barcelona, en octubre de 1856 Cerdà se dirige a París con Miquel Ravella para conocer el sistema articulado de Arnoux que se había aplicado a la línea París-Orsay en 1846. Se queda en Paris hasta diciembre y, de regreso, empieza los estudios de campo junto con su ayudante Tomás para modificar el trazado utilizando el método Arnoux, que permite unos trazados más sinuosos y adaptados a la complicada geografía del trazado.

Cerdà afirma:

"Cuando las vías férreas se hayan generalizado, todas las naciones europeas serán una sola ciudad y todas las familias una sola, unas mismas serán sus formas de gobierno, unas mismas serán sus creencias, hablarán un solo idioma y serán análogas sus costumbres." Ferrocarril de Granollers, 1856

Uno de los capítulos del Proyecto, denominado "Cuadros estadísticos", contiene un primer cuadro con estudios comparativos sobre la riqueza imponible de los 203 pueblos y de los 77.067 habitantes de la zona afectada en forma de cuadros y estadillos, en que se analizan los tipos de cultivos, la vegetación, la riqueza urbana, la ganadería, la industria, la propiedad y la riqueza rural, y se compara la zona con el resto del país.[235] Esta misma metodología estadística, con carácter científico, es la que plasmará en el segundo volumen de la *Teoría general de la urbanización* a escala urbana y que replicará durante la Primera República para el territorio de la provincia de Barcelona.

5.2. Hacia la formalización de la ley de irradiación en el marco de las propuestas de división judicial de 1872 y 1873

Con la experiencia anterior como ingeniero de infraestructuras y de ferrocarriles en el ámbito de la provincia y como creador del Proyecto de Reforma y Ensanche y promotor de la Ley de Ensanches y de su manual de referencia, que es la *Teoría general de la urbanización*, publicada en el Congreso de Diputados en 1867, Cerdà dispone de un prestigio que le permitirá lanzarse a la formalización de la *Teoría general de la rurización*, aplicada a la escala territorial de la Diputación de Barcelona.

Desde octubre de 1868, la corporación provincial había tenido mayoría monárquica. En marzo de 1871, Cerdà se presenta a las elecciones como diputado provincial por el distrito de Centelles, de donde es originario. Son los primeros comicios celebrados bajo el sistema de sufragio universal y la Diputación obtiene una mayoría republicano-federal. El proceso avanza en la línea revolucionaria y el 11 de febrero de 1873 se proclama en Madrid la Primera República Española. Cerdà tiene una posición destacada: es nombrado vicepresidente de una comisión que estudiará la organización territorial en noviembre de 1872, y llegará a la presidencia de la Diputación el 24 de mayo de 1873, tras la partida de Benet Arabio, elegido diputado a Cortes en Madrid. Cerdà ejercerá la presidencia durante seis meses. Además, el 6 de junio de 1873, como ya hemos visto, el alcalde de Barcelona Buxó le comunica el nombramiento de primer director comandante de la Compañía de Zapadores de la República.

En el período previo a su entrada en la Diputación como electo, Cerdà participa en diversas actividades: desde la Junta de Obras del Puerto, creada en 1868, la reforma de servicios vinculados a la enseñanza, el estudio de la descentralización del Hospital Provincial.[236] Cerdà, que se había presentado en una candidatura liberal progresista en las elecciones al Congreso junto con Madoz y Figuerola en 1851, que había sido regidor del Ayuntamiento en los períodos de 1854-1856 y 1863-1866 como progresista demócrata, finalmente se presenta en las elecciones de 1871 a diputado de la Diputación (1871-1874) por el Partido Republicano-Federal.[237]

Los federales proponen crear un Estado federal partiendo del conjunto de estados federales provinciales. Estando en el gobierno de la Diputación de Barcelona, estalla la Tercera Guerra Carlista, que tiene lugar en el período 1872-1876 entre los partidarios de Carlos, duque de Madrid, pretendiente carlista al trono, y los gobiernos de Amadeo I, de la Primera República y de Alfonso XII. En este marco, surge también la necesidad de reorganizar la Administración del Estado en el ámbito de las provincias, en un escenario de precariedad económica. Por ello, hay que reducir el número de divisiones judiciales. A finales de 1872, Cerdà lidera la formulación de una nueva división judicial que supone una nueva organización en clave federalista.

A partir de 1873, en un escenario de guerra civil, desde la Diputación de Barcelona se propone una reorganización del ejército, entendido como un cuerpo armado de la República, y su relación con los otros cuerpos armados de carácter civil, la Milicia Nacional y los Batallones de Guías de la Diputación. Con ocasión de la elaboración de los *Presupuestos de la provincia de Barcelona* de 1873, aprovecha para replantear el reparto de la contribución impuesta, para poder construir los equipamientos y servicios para un gobierno territorial. Al mismo tiempo, dado que la reforma de los distritos judiciales, redactada a finales de 1872, no ha prosperado, aprovecha la elaboración de los presupuestos, para mejorar la propuesta y plantea la reordenación institucional a partir de la definición de los doce partidos judiciales vigentes en aquel momento.

En esta etapa, Cerdà replica la metodología seguida en el Proyecto de Reforma y Ensanche de Barcelona de 1859 y la experiencia del Proyecto de Ferrocarril de Granollers a Sant Joan de les Abadesses, y recoge una estadística territorial.

Una de sus aportaciones más significativas es que extiende el concepto de topografía artificial a la escala territorial. Para ello, propone el concepto de regiones topográficas, ya que para él tiene que haber una correspondencia con la topografía natural. El resultado es un plano topográfico detallado, con la definición del sistema de ríos y torrentes de la provincia. Y, sobre esta base, propone un sistema viario integral. El producto generado es un plano de base en que se dibuja con todo detalle la red de ríos y torrentes, así como la red viaria para la provincia de Barcelona. La autoría no es clara (aparece su firma sin título), pero, en cualquier caso, Cerdà le da un impulso técnico y político. Primero, con la elaboración del plano para el *Proyecto de División Judicial*, de 1872 (v. fig. 77) y, más tarde, para el *Proyecto de Diez Confederaciones de Municipios*, de 1873 (v. figs. 79-80). A continuación, elaborará una propuesta implícita de un sistema de redes de transporte y comunicaciones y un sistema de equipamientos para la provincia de Barcelona, siguiendo el mismo esquema para el Ensanche de Barcelona. Cerdà impulsa, desde su trayectoria profesional y con una perspectiva federalista, una metodología institucional de gobernanza que debe partir de los municipios y agruparse de forma ordenada al conjunto de la provincia. Su propuesta, al igual que la publicación de la *Teoría general de la urbanización* en 1867 en el Congreso de Diputados como manual para los ensanches españoles, ha sido elaborar una metodología provincial que puedan replicar las demás provincias del Estado y que se debe formalizar a través de la *Teoría general de la ruralización* y la *Ley de irradiación*.

5.3. La Teoría general de la rurización como propuesta territorial de Cerdà formalizada al marqués de Corvera, ministro de Fomento en 1875

Tras los trabajos desarrollados en la Diputación de Barcelona, Cerdà esboza, bajo un planteamiento más general, la *Teoría de la colonización*, siguiendo los conceptos planteados anteriormente en la *Teoría general de la urbanización* de 1867. La *Teoría general de la colonización* es la suma de esta más la Teoría general de la rurización, que planteará de una forma más explícita en el período 1871-1875, en especial en su *Carta al marqués de Corvera*, de 1875, recogida en el *Índice cronológico*.[238]

Con el advenimiento de la Restauración, el marqués de Corvera había sido honrado por Alfonso XII, que le había otorgado el título de Grande de España el 6 de noviembre de 1875 y sería elegido senador por derecho propio a partir de la legislatura de 1877, cargo que mantuvo hasta su muerte en 1894.

Cerdà veía en el marqués de Corvera al político que, en el nuevo escenario político de la Restauración, podría continuar el despliegue de sus ideas a escala territorial desarrolladas en la *Teoría general de la rurización*.

Rafael Bustos, marqués de Corvera, había sido un personaje clave en la obra de Cerdà. En los primeros gabinetes de la Unión Liberal, fue gobernador civil de Madrid. Coincidió con Cerdà cuando recibió el encargo de ocuparse del Ministerio de Fomento en el gabinete de

O'Donnell (durante el llamado "gobierno largo"), formado el 30 de junio de 1858 y que se prolongó hasta el 17 de enero de 1863. El marqués de Corvera sería el político que aprobaría el Proyecto de Reforma y Ensanche de Barcelona de 1859.

Cabe señalar que, cuando el marqués de Corvera abandonó el Ministerio de Fomento el 21 de septiembre de 1861, siendo relevado por Antonio Aguilar Correa, marqués de la Vega de Armijo, en su interinato ejerció el cargo de ministro José Posada Herrera, que fue quien había elaborado el *Proyecto de Ley de Reforma, Ensanche y Saneamiento de Poblaciones*, que seguía las ideas de Cerdà. Además de ministro, el marqués de Corvera fue propuesto en 1858 para el cargo de senador vitalicio, que juró el 20 de diciembre de aquel año y ejerció en la Legislatura 1858-1860. Ese período del unionismo se caracterizó por el centrismo que pretendía representar su partido, por la competencia en su gestión y por el desarrollo socioeconómico del país, con el crecimiento de las ciudades, la promulgación de la nueva Ley de Minas en 1858 y el desarrollo del ferrocarril por toda la Península. Cerdà coincidió en ese período con él en la promoción de la línea de Granollers a las minas de Sant Joan de les Abadesses, para poder exportar el carbón en el período 1856-1858. Su carrera política continuó durante el Sexenio Revolucionario. Fue senador por la provincia de Murcia durante la Legislatura 1871-1872, tras haber conseguido el acta en abril de 1871. En mayo de 1872, fue reelegido para el cargo, tras haberse procedido al sorteo para la renovación parcial de los senadores por la provincia de Murcia. La proclamación de la Primera República significó un cierto repliegue de su actividad pública.

En un último esfuerzo antes de su muerte, Cerdà desarrolla en su carta al marqués de Corvera las bases de la *Teoría general de la rurización* como una extensión teórica de la experiencia de los conceptos de la *Teoría general de la urbanización* sobre los recintos y el sistema de vías interiores y las trascendentales a escala territorial que había desarrollado en sus trabajos del ferrocarril de Sant Joan de les Abadesses, entre 1856 y 1858, y en la Diputación de Barcelona, en el período 1872-1873 (v. figs. 79-82).

Tenemos noticia por su *Diario* que el 15 de enero de 1875 Cerdà recibió una carta del marqués de Corvera con el encargo de que la hiciese llegar al Rey cuando entrara en España por el Puerto de Barcelona. Le adjuntaba un escrito dirigido al Rey, en que le felicitaba por su retorno y se excusaba por estar ausente, debido a una enfermedad, y aprovechaba la ocasión para presentarle a Cerdà y la obra del Ensanche, que este le podría mostrar en su estancia en Barcelona. Le planteaba al Rey que la visita le permitiese valorar el beneficio que esta iniciativa podría tener para el futuro de las ciudades. Lamentablemente, esta carta llegó seis días más tarde (el 15 de enero) de la visita del Rey a Barcelona, que tuvo lugar el 9 de enero. Fue quizás la premonición de un final abrupto.

5.4. La influencia posterior de la teoría de la irradiación de Cerdà en la planificación territorial de Cataluña

El concepto cerdaniano de vialidad se trasladaría posteriormente al de accesibilidad. Un elemento esencial en la obra de Cerdà es la descripción de la topografía y su articulación en la viabilidad o vialidad, como elemento clave de la gestión de un territorio. Cerdà conseguirá que la Diputación edite una cartografía de la provincia, en apoyo de los dos proyectos: la División Judicial de 1872 y al Proyecto de Confederaciones de la Provincia de Barcelona de 1873, en que se detalla perfectamente la topografía a través del grafismo de ríos y torrentes, hasta el más mínimo detalle, junto con la red de carreteras y las redes proyectadas. Este plano, junto con la Estadística de la provincia, sigue la metodología iniciada en la *Teoría general de la urbanización* de 1867 y desarrollada en el caso del Proyecto de Ferrocarril de Granollers a Sant Joan de les Abadesses, y que más tarde extendió a toda la pro-

vincia. El plano topográfico elaborado se utilizaría como base para el Plan de Carreteras Provinciales de 1878. Y la misma metodología de representación se seguiría en el Plan de Caminos Vecinales de 1910.

Cerdà dejó una huella clara en la planificación territorial, mediante una doble aproximación *top-down* y *bottom-up*. La visión *top-down* se inspiraba en una visión sansimonista que buscaba la facilitación (viabilidad) de la vialidad y que sería recogida por el gremio de ingenieros de caminos. Por otra parte, adoptó también una visión *bottom-up*, asociada a la organización territorial, según el esquema vía-intervías organizado desde la vivienda hasta la comarca y la provincia, a partir de una lectura fractal del territorio.

Esta influencia estaría presente en el recorrido de la I República a la II República, y hasta los inicios de la transición democrática. En el marco de una lectura de propuestas políticas y territoriales desde una perspectiva plurinacional,[239] reconstruye este hilo, que inicia con el discurso federalista recogido por Guardiola, secretario municipal de Barcelona en 1854, cuando Cerdà es regidor, y que a través del discurso ideológico de Pi i Margall retomará Lluís Companys a principios de siglo (1902) y se plasmará en la II República. Aunque las propuestas lideradas por la Diputación revolucionaria de Barcelona en el período 1871-1873 hayan sido percibidas como efímeras, especialmente a raíz de la caída de la I República y la llegada del régimen de la Restauración a partir de 1876, tuvieron de hecho influencia en el futuro.

Siguiendo el hilo propuesto por Domènech, proponemos un hilo conductor entre las tesis federalistas teorizadas por Guardiola y Pi i Margall en 1851-1855, la experiencia de formalización de las jurisdicciones judiciales y la definición de servicios a la escala de una confederación de municipios de la provincia de Barcelona liderada por Cerdà durante la I República (1872-1873), la Ponencia de estudio de la división territorial de Catalunya de 1933,[240] liderada por Pau Vila durante la II República, y la propuesta de 100 municipalías de Casassas y Clusa en 1981[241].

De hecho, tal como señala Nadal, parece ser que los trabajos de Vallès y Ribot presentados en el Congreso Federal de 1883 bebían de las fuentes de los trabajos territoriales liderados por Cerdà en la I República.[242] La mirada territorial de finales de siglo XIX se centró más en un enfoque cultural y científico que buscaba recoger el conocimiento geográfico de los lugares y sus prácticas culturales desde el movimiento excursionista y científico liderado por la geografía. Pau Vila surge de esa tradición pedagógica, que se había iniciado en los ateneos. De hecho, antes que geógrafo, fue pedagogo. Tras una estancia en Grenoble, quedó fuertemente impactado por La Blache y su mirada holística y de apropiación del territorio por parte del hombre a partir de sus prácticas culturales. Tras un estudio realizado en La Cerdanya, donde aplicó esta metodología, creó escuela en esa línea. Cuando llegó la II República, fue el encargado de la Ponencia sobre la división territorial. A partir del análisis de la distribución de mercado y de las redes territoriales generadas, definió una distribución comarcal que fue el origen de las comarcas actuales.

Por otra parte, la tradición de los ingenieros de caminos bebió de las fuentes de Cerdà a través del estudio de infraestructuras de Victoriano Muñoz Oms, desarrollado en 1935. En la perspectiva infraestructural, como señala De Clascà,[243] la filosofía de la concepción del planeamiento al servicio de los ciudadanos de Cerdà tuvo su influencia en generaciones posteriores, como es el caso del ingeniero de caminos Victoriano Muñoz Oms, autor del Plan de obras públicas de Catalunya de 1935, que señala como objetivos y condiciones básicas del Plan general los siguientes:

"El Plan debe tener un alma y esta debe plasmarse en la consecución de los siguientes postulados:

1. *Equidad y recuperación del equilibrio entre las comarcas catalanas.*

2. *Igualdad entre los ciudadanos del llano y de la montaña. Ayudar a que la civilización llegue a todos los rincones de Cataluña.*

3. *Tender al aprovechamiento integral de todas las riquezas activas y en potencial del país.*

4. *Mejora y coordinación de la existente.*

5. *Facilitación de las relaciones entre las diferentes comarcas y con las tierras vecinas.*

6. *Mirando hacia Barcelona, tender a la creación de fuertes núcleos comarcales.*

7. *Unidad de criterio, normas generales previas a toda deducción y, como consecuencia y en lo posible, un cierto automatismo. Rehuir las arbitrariedades, no contradecir las circunstancias naturales y los fundamentos sobre realidades y sobre antecedentes generales y económicos.*

8. *Flexibilidad y perpetuidad.*

9. *Cooperación económica de los pueblos y de los interesados, de acuerdo con su potencialidad relativa.*

10. *Colaboración activa de todo el país mediante informaciones y participaciones públicas y privadas."*

Victoriano Muñoz Oms extrapoló los conceptos territoriales de Cerdà y estableció las bases de los ejes transversales (Transversal, subpirenaico y Pirenaico) y verticales (Ripoll, Llobregat...) que configurarían una red de carreteras que favorecía la relación entre las ciudades y las comarcas, sin supeditarla al paso obligado por la capital.

De estos postulados, se desprende que la búsqueda del equilibrio territorial y el aprovechamiento íntegro de las potencialidades económicas del país eran el núcleo en torno al que se desarrolló el plan. La comunicación de los pueblos aislados era, pues, uno de los problemas principales que se quería paliar, dotando a estos núcleos de las vías de comunicación que carecían y estableciendo unos concursos de subvenciones que rehuían las injustas bases que regían los concursos que había celebrado el Estado hasta el momento. El Plan de Obras Públicas de 1935 da continuidad al ideario generado durante la I República con Cerdà en el ámbito de la provincia de Barcelona, sobre la facilitación de la vialidad trascendental, recogiendo el principio de la búsqueda del equilibrio territorial y la comunicación de los pueblos aislados que se había consolidado durante la época de la Mancomunitat. No solo fue heredero de estas ideas, sino que las dotó de una metodología de planificación y elección de los caminos que las hacía posibles, a partir del establecimiento de unos coeficientes que definían las necesidades objetivas del territorio y permitían un reparto equilibrado de las vías en función de estas.

Más tarde, Albert Serratosa, con el Plan de carreteras aprobado en 1985, seguiría el modelo de viabilidad de Cerdà. El parámetro de referencia era la conexión a una red estructurante de vías segregadas. Serratosa tomó el modelo de Milton Keynes como referente de una cuadrícula extendida por el territorio. En su propuesta de Plan territorial metropolitano de Barcelona presentada en 1996, que finalmente no fue aprobada, planteaba una red homogénea e isótropa sobre el territorio.

Queda mucho por investigar para reconstruir la organización territorial catalana y española, y la influencia que en ella ha tenido la obra de Cerdà, pero su traza está claramente establecida.

6. La aportación política y científica de Cerdà a la revolución urbana de Barcelona

Hemos podido constatar que Cerdà participa en momentos clave de modernización de la revolución liberal que le toca vivir, y que le llevan a formular una propuesta urbana (1848-1866) y una propuesta territorial (1871-1875). La formalización de la revolución urbana en el territorio español y de la metrópolis de Barcelona fue convulsa y con saltos progresivos. Las aportaciones tratadísticas se han recuperado a partir de la publicación en facsímil, en 1971 de la *Teoría*

general de la urbanización de 1867 por parte de con Fabià Estapé, y a raíz de la publicación en 1991 de los textos de la obra de Cerdà redescubiertos en 1988 (MAEB, 1855; TCC, 1859; OCB, 1860; PE, 1860; TVU, 1861).

El reconocimiento de su obra empieza por la propia construcción del Ensanche de Barcelona y el desarrollo de una legislación urbanística de ensanches iniciada con el *Proyecto de Ley de Reforma, Ensanche y Saneamiento de Poblaciones* de Posada Herrera de 1861, inspirado en la obra y la teoría urbanística de Cerdà. Aunque no tan ambiciosas, las leyes de ensanche de 1864 y 1876 suponen un liderazgo de la urbanística española en el contexto europeo del último tercio del siglo XIX y la expansión urbana en las principales ciudades españolas con ensanche hubiese sido otra sin la aportación urbanística de Cerdà.

Por otra parte, cabe destacar la influencia de Cerdà en la definición de los mecanismos de reparcelación, que serían recogidos, un siglo más tarde, en la Ley del Suelo de 1956.

Asimismo, existe una influencia clara de su obra en la planificación metropolitana de Barcelona. De hecho, el planeamiento urbanístico de Barcelona se desarrolló durante un siglo a través de las Comisiones de Ensanche (1860-1953), instrumento central de la construcción del Ensanche. Además, el Plan General Metropolitano de Barcelona de 1976, vigente durante más de medio siglo (1976-2023), se inspira en los conceptos cerdanianos.

Por otro lado, sus aportaciones a escala territorial están todavía por analizar, especialmente su influencia durante la Segunda República y en la Transición.

Por tanto, la obra de Cerdà está claramente enmarcada en los momentos de modernización y avance de la tercera revolución industrial, en el contexto español y del territorio metropolitano de Barcelona. En este escenario, la *Teoría general de la urbanización* y la *Teoría general de la rurización* son dos tratados urbanísticos que merecen ser analizados como obras de referencia de la tercera revolución urbana, como señala Choay (1980), y eso es lo que vamos a hacer en los siguientes capítulos.

Notas

1 CAPEL, Horacio (2006): Caminos de modernización en la Europa ultramarina. En: FERREIRA, Angela L.; DANTAS, George (2006): *Surge et ambula. A construção da uma cidade moderna (Natal, 1890-1940)*. Natal: EDUFRN, pp. 7-28.

2 HERCE, Manuel (2013): *El negocio del territorio: evolución y perspectivas de la ciudad moderna*. Madrid: Alianza. ISBN: 9788420674490.

3 FONTANA, Josep (1998): La fi de l'Antic Règim i la industrialització (1787-1868). En: VILAR, Pierre (1998): *Història de Catalunya*, vol. 5. Edicions 62. ISBN: 8429729062.

4 FUSTER-SOBREPERE, Joan (2004): *Barcelona a la dècada moderada (1843-1854). El projecte industrialista en la construcció de l'estat centralista*. Tesis doctoral. Institut Universitari d'Història Jaume Vicens Vives. Universitat Pompeu Fabra. Disponible en http://www.tdx.cat/TDX-0205110-120352.

5 FONTANA, Josep (2012): De què parlem quan parlem de capitalisme. *L'Espill*, n.º 41, pp. 45-57. Disponible en http://hdl.handle.net/10550/34615.

6 GRAU, Ramon.; LÓPEZ, Marina. (1988): Antoni de Capmany: el primer model de pensament polític catala modern. En: BALCELLS, A. (ed.), *El pensament polític català del segle XVIII a mitjan segle XX*. Barcelona: Edicions 62, pp. 13-40.

7 BALMES, Jaume (1998): *Escrits sobre Catalunya*. Vic: Eumo/ Universitat Pompeu Fabra. ISBN: 8476024460; FRADERA, Josep Maria (1996): *Jaume Balmes. Els fonaments racionals d'una política catòlica*. Vic: Eumo. ISBN: 8476022212.

8 MONLAU, Pedro Felipe (1841): *Abajo las murallas!!! Memoria sobre las ventajas que reportaría Barcelona, y especialmente su industria, de la demolición de las murallas que circuyen la ciudad*. Imp. del Constitucional.

9 FUSTER-SOBREPERE, Joan (2004): *Op. cit.*

10 MORALES, Guillermo; GARCÍA-BELLIDO, Javier; ASIS, Agustín de (eds.) (2005): *Pascual Madoz (1805-1870). Un político transformador del territorio*. Madrid: Instituto Pascual Madoz-Universidad Carlos III. ISBN: 8489315418.

11 COSTAS, Anton (1993): Estudi preliminar de l'*Estadística de Barcelona en 1849*. En: FIGUEROLA, Laureano [1849] (1993), *Estadística de Barcelona en 1849*. Edición facsímil. Barcelona: Editorial Alta Fulla; COSTAS, Anton (2001): "Laureà Figuerola: polític, economista i reformador fill de Calaf, "inventor" de la pesseta". *Revista d'Igualada*, n.º 9, diciembre, pp.7-13.

12 GOMEZ PEREZ, Jose (1966): "El geógrafo Don Francisco Coello de Portugal y Quesada". *Estudios Geográficos*, Madrid, 1966, vol. XXVII, pp. 249-308.

13 NADAL, Francesc; URTEAGA, Luis (1990): "Cartografía y Estado. Los mapas topográficos nacionales y la estadística territorial en el siglo XIX". *Geo Crítica: Cuadernos Críticos de Geografía Humana*. Disponible en https://raco.cat/index.php/GeoCritica/article/view/63850.

14 PASCUAL, P. (1999): *Los caminos de la era industrial: la construcción y financiación de la red ferroviaria catalana, 1843-1898*. Vol. 1. Barcelona: Edicions UB. ISBN: 8483381206.

15 COSTAS, Antón (1988): *Apogeo del liberalismo en "La Gloriosa". La reforma económica en el Sexenio liberal (1868-1874)*. Madrid, Siglo XXI; COSTAS, Anton (2001): *Op. cit.* ARTOLA, Miguel (1986): *La Hacienda del siglo XIX. Progresistas y moderados*, Madrid: Alianza Editorial/Banco de España.

16 MADOZ, Pascual (1845-1850): *Diccionario geográfico-estadístico-histórico de España y sus posesiones de Ultramar*. 16 vols. Madrid: Establecimiento Literario-Tipográfico de P. Madoz y L. Sagasti.

17 COELLO, Francisco (1847-1870): Atlas de España y sus posesiones de Ultramar. En: MADOZ, Pascual (1845-1850): *Op. cit.*

18 FIGUEROLA, Laureano [1849] (1993): *Estadística de Barcelona en 1849*. Barcelona: Impr. y Libr. Politécnica de Tomás Gorchs. (Ediciones facsímil: Madrid: Instituto de Estudios Fiscales, 1968; Barcelona: Editorial Alta Fulla, 1993).

19 DALMAU, Antonio (1946): *Del carril de Mataró al Directo de Madrid*. Barcelona: Ediciones Libreria Milla.

20 RIVAS, Pilar; MURO, Fuensanta (1994): El ferrocarril de Granollers a San Juan de las Abadesas. En: MAGRINYÀ, Francesc; TARRAGÓ, Salvador (eds.), *Cerdà. Urbs i territori*. Catálogo de la exposición. Barcelona, pp. 255-268.

21 DIPUTACIÓ DE BARCELONA (1873): *Distribución del territorio de la provincia en diez confederaciones regionales de municipios para atender a las necesidades puramente estratégicas de la actual guerra civil, teniendo por base las circunstancias topográficas de cada agrupación"* Presupuestos de la provincia de Barcelona para el año económico de 1873 a 1874 publicados por acuerdo de la Diputación Provincial. Barcelona: Establecimiento Tipográfico Francisco Sanchez.

22 CERDÀ, Ildefons [1861a] (1991): Teoría de la viabilidad urbana y reforma de la de Madrid, enero de 1861. Memoria del Anteproyecto de Reforma Interior de Madrid. En: *Cerdá y Madrid*, pp. 45-280. Fuente: Archivo General de la 65 Administración. Ministerio de Educación y Ciencia, legajo 8831, caja 8034, p. 52.

23 Carta al Marqués de Corvera (1875) se encuentra en su diario personal: CERDÀ, Ildefons [1875] (1991): "Índice cronológico". En: *Cerdá y Barcelona*, pp. 633-655.

24 CHOAY, Françoise (1980): *Op. cit.*

25 CERDÀ, lidefons. (1875): *Op. cit.*

26 CERDÀ, Ildefons (1875): *Op. cit.*

27 MAGRINYÁ, Francesc (2009): El Ensanche y la reforma de Ildefons Cerdà como instrumento urbanístico de referencia en la modernización urbana de Barcelona. *Scripta Nova. Revista. Revista Electrónica de Geografía y Ciencias Sociales*, vol. XIII, núm. 296(3). Barcelona: Universidad de Barcelona. Disponible en: http://www.ub.es/geocrit/sn/sn-296-3.htm.

28 CAPEL, Horacio; SÁNCHEZ, Joan Eugeni.; MONCADA, Omar (1988): De Palas a Minerva. La formación científica y la estructura institucional de los ingenieros militares en el siglo XVIII. Barcelona: Ediciones del Serbal JCSIC. ISBN: 8400068297.

29 MONTANER, Carme (1995): *La Cartografía topográfica realitzada a Catalunya: de les iniciatives d'arrel provada a les propostes de l'Administració catalana (1833-1941)*. Tesis Doctoral. Barcelona: Universitat de Barcelona.

30 CAPDEVILA I SUBIRANA, Joan (2009): *Historia del deslinde de la frontera hispanofrancesa*. Madrid: Centro Nacional de Información Geográfica, Instituto Geográfico Nacional, p. 64; CAPDEVILA, Joan (2010): La geodèsia a Barcelona: protagonistes i treballs. Jornades d'Història de la Cartografia. Barcelona, 19-20 de mayo de 2010.

31 BUTRÓN, Gonzalo (1996): *La ocupación francesa de España (1823-1828)*. Cádiz: Universidad de Cádiz. ISBN: 8477863903.

32 NADAL, J. & MONTANER, C., (2018): "La Carte de Barcelone avec des courbes de niveau (1823-1827): un tournant vers la cartographie de précision ". *Comité Français de Cartographie (CFC)*, n° 238, Décembre 2018, pp.39-57.

33 MURO MORALES, José Ignacio (1992): Un plano para una nueva ciudad: la Brigada Topográfica y de Ensanche del Cuerpo de Ingenieros del Ejército (1846-1852). En: CAPEL, Horacio; LÓPEZ PIÑERO, José María; PARDO, José (1992): *Ciencia e ideología en la ciudad*. València: Generalitat Valenciana, pp. 229-242.

34 MURO MORALES, José Ignacio (1992): *Op. cit.*

35 MURO MORALES, José Ignacio (2010): Los ingenieros del Ejército y la planimetría de la ciudad de Barcelona en el siglo XIX. En: *Aproximacions a la història de la cartografia de Barcelona*. Barcelona: Ajuntament de Barcelona, Institut Cartogràfic de Catalunya, pp. 64-79.

36 LÓPEZ GUALLAR, Marina (ed.) (2010): *Cerdà y Barcelona. La primera metrópoli, 1853-1897*. Barcelona: MUHBA, Ajuntament de Barcelona, Institut de Cultura y SECC.

37 MORALES, Guillermo.; GARCÍA-BELLIDO, Javier; ASIS, Agustín de (2005): *Op. cit.*, p. 71.

38 NADAL, Francesc; URTEAGA, Luis; MURO MORALES, José Ignacio (2006): *El territori dels geòmetres*. Barcelona: Diputació de Barcelona.

39 FIGUEROLA, Laureano (1849): *Op. cit.*

40 MORALES, Guillermo ; GARCÍA-BELLIDO, Javier; ASIS, Agustín de (2005): *Op. cit.*, p. 27.

41 MADOZ, Pascual (1845-1850): *Op. cit.*

42 Para un desarrollo de este apartado de una forma más extensa ver: NADAL, F. Y URTEAGA, L. (1998): "Francisco Coello en la Junta de Estadística". *Boletín del Instituto de Estudios Giennenses*, julio–diciembre 1998, n° 169, pp. 209-230. p.214; TORRES MUÑOZ, Isidro (1902): *Reorganización de servicios. Catastro General Parcelario y Mapa Topográfico*, Madrid, Imp. de los Hijos de M.G. Hernández; URTEAGA, Luis y NADAL, Francesc (1989): "La formación del Mapa de España", *Mundo Científico*, Barcelona, 1989, n° 97, págs. 1190-1197; URTEAGA, L. Y NADAL, F. (2001): *Las series del mapa topográfico de España a escala 1:50.000*. Madrid: Ministerio de Fomento, Dirección General del Instituto Geográfico Nacional. p.22-25; MARTÍN LÓPEZ, J. (1998): *Primer Centenario. Francisco Coello. Su vida y su obra. 1822-1898*. Madrid, Centro Nacional de Información Geográfica; ALONSO BAQUER, Miguel (1972): *Aportación militar a la cartografía española en la historia contemporánea. Siglo XIX*. Madrid, CSIC..

43 NADAL, Francesc. (1987): *Burgueses, burócratas y territorio*. Madrid: Instituto de Estudios de Administración Local.

44 BONET CORREA, Antonio.; MIRANDA, Fátima.; LORENZO, Soledad (1985): *La polémica ingenieros-arquitectos en España. Siglo XIX*. Madrid: Ediciones Turner. ISBN: 8475061494

45 MURO MORALES, J.I. (2002) : "Ingenieros militares en España en el siglo XIX. Del arte de la guerra en general a la profesión del ingeniero en particular". *Scripta Nova, Revista Electrónica de Geografía y Ciencias Sociales*, Universidad de Barcelona, vol. VI, n° 119 (93), 2002. [ISSN: 1138-9788] http://www.ub.es/geocrit/sn/sn119-93.htm

46 BONET CORREA, Antonio.; MIRANDA, Fátima.; LORENZO, Soledad (1985). *Op. cit.*

47 CAPEL, Horacio; SÁNCHEZ, Joan Eugeni.; MONCADA, Omar (1988): *Op. cit.*

48 CAPEL, H., et al. (1983): *Los ingenieros militares en España, siglo XVIII. Repertorio biográfico e inventario de su labor científica y espacial*. Barcelona: Ediciones UB.

49 ARESTE, Jaume (1982): *El crecimiento de Tarragona en el siglo XIX. De la nueva población del Puerto al Plan de Ensanche*. Tarragona: Publicacions del Col·legi d'Aparelladors i Arquitectes Tècnics de Tarragona; Ajuntament de Tarragona.

50 SOUTO, Xosé M. (1990): *Vigo: cen anos de historia urbana, (1880-1980)*. Vigo: Edicions Xerais.

51 PEREIRO ALONSO, José Luís (1981): *Desarrollo y deterioro urbano de la ciudad de Vigo*. Vigo: COAG, p. 38.

52 GRAU, Ramón y LOPEZ, Marina (1971): "Barcelona entre el urbanismo barroco y la revolución industrial". *Cuadernos de arquitectura y urbanismo*, 28-40.

53 FONTANA, Josep (2015): *Op. cit.*

54 MONLAU, Pedro Felipe (1841): *Op. cit.*

55 BALMES, Jaume [1843] (1998): *Op. cit.*

56 FUSTER-SOBREPERE, Joan (2004): *Op. cit.*

57 FUSTER-SOBREPERE, Joan (2009). *Op. cit.*

58 MORALES, Guillermo ; GARCÍA-BELLIDO, Javier; ASIS, Agustín de (2005): *Op. cit.*, p. 31.

59 AYRES, Cristovao (1910): *Manuel da Maia e os engenheiros militares portugueses no terramoto de 1755*. Lisboa. Reimpreso en: França, José-Augusto (1977): *Lisboa pombalina e o iluminismo*, 2.ª ed., pp. 291-308. El original se encuentra en la Biblioteca Pública de Évora, elaborado en 1757, colección del Ministério da Guerra, Instituto dos Arquivos Nacionais (folios 666-83, códex 112/2-9).

60 TALLON, A. J. (2004): The Portuguese Precedent for Pierre Patte's Street Section. *Journal of the Society of Architectural Historians*, 63(3), pp. 370-377.

61 PATTE Pierre (1769): *Mémoires sur les objets les plus importants de l'architecture*. París. disponible en https://online.ucpress.edu/jsah/article-abstract/63/3/370/59715/The-Portuguese-Precedent-for-Pierre-Patte-s-Street?redirectedFrom=fulltextPATTE,

62 CLAYTON, Antony (2000): *Subterranean city: beneath the streets of London*. Londres: Phillimore & Co. Ltd.

63 ALCAIDE, Rafael (1999): El ferrocarril en España (1829-1844): Las primeras concesiones, el marco legal y la presencia de la geografía en las memorias de los anteproyectos de construcción de las líneas férreas. *Biblio3W Revista Bibliográfica de Geografía y Ciencias Sociales*, núm. 190, 3 de diciembre. ISSN 1138-9796. Disponible en https://raco.cat/index.php/Biblio3w/article/view/65623.

64 ARROYO, Mercedes (1997): Ildefonso Cerdà y el desarrollo del gas en Barcelona. *Scripta Nova. Revista Electrónica de Geografía y Ciencias Sociales*, 2. ISSN : 1138-9788. Disponible en https://www.ub.edu/geocrit/sn-2.htm.

65 FERNÁNDEZ BOLEA, E. (2006): "El rastro del ingeniero Ildefonso Cerdá en Cuevas de Almanzora (Almería)", *Biblio 3W, Revista Bibliográfica de Geografía y Ciencias Sociales*, Universidad de Barcelona, Vol. XI, (679), 5 de septiembre de 2006. <http://www.ub.es/geocrit/b3w-679.htm>. ISSN 1138-9796.

66 ESTAPÉ, Fabián (1971): *Op. cit.*

67 BENET, Josep; MARTÍ, Casimir (1976): *Barcelona a mitjan segle XIX El moviment obrer durant el Bienni Progressista (1854-56)*. Barcelona: Curial.

68 ANGELÓN, Manuel (1880): "Biografía de D. Ildefonso Cerdá". *Boletín del Ateneo Barcelonés*, 4 (abril-mayo-junio), publicado en: ESTAPÉ (1971): 653-673.

69 CERDÀ, Ildefons (1875): *Op. cit.*, 22 de julio de 1843.

70 CERDÀ, Ildefons (1875): *Op. cit.*, 21 de junio de 1865.

71 LESSEPS, Ferdinand (1887): *Souvenirs de quarante ans dediés a mes enfants*. París: Nouvelle Revue, 1887. Capítulo: "Études sur Don Balmes, écrivain espagnol", pp. 285-335, "Jugement sur la révolution de 1848 par Don Jaime Balmes", Fragments traduits par M. Ferdinand de Lesseps, Juillet 1849).

72 NUBIOLA DE CASTELLARNAU, Xavier (2017): La veritable història de la locomotora de Mataró. *Sessió d'Estudis Mataronins*, 33: 107-138. Disponible a https://raco.cat/index.php/SessioEstudisMataronins/article/view/331058.

73 GIMENO, Eva (1993): *Buidat dels llibres d'acords del Ple de l'Ajuntament de Barcelona, anys 1854-1874*. Trabajo de investigación para la Mostra Cerdà, diciembre.

74 SEGURA, Isabel (2013): *Els viatges de Clotilde Cerdà i Bosch*. Paterna: Edicions Tres i Quatre. ISBN: 9788475029344.

75 En la publicación de Patxot de 1840, aparece la Calle Flandes, actual calle Xuclà. Se puede observar que ya en la publicación de Saurí de 1849 aparece como calle Xuclà. *Vid.* PATXOT, Fernando (1840): *Manual del viajero en Barcelona*. Francisco Oliva; SAURÍ, Manuel (1849): *Manual histórico-topográfico-estadístico y administrativo ó sea guía general de Barcelona*. Impr. y Libr. de Manuel Saurí.

76 SEGURA, Isabel (2013): *Op. cit.*

77 MAGRINYÀ, Francesc (2009): *Op. cit.*

78 NAVAS, Teresa (ed.) (2009): *La política práctica: Cerdà i la Diputació de Barcelona*. Barcelona: Diputació de Barcelona. ISBN: 8498033381.

NAVAS, Teresa (2012): *Planificació, construcció i mobilitat: la modernització a la xarxa viària a la regió de Barcelona, 1761-1969*. Tesis doctoral. Barcelona: Universitat de Barcelona. Disponible en https://hdl.handle.net/2445/41985.

79 NAVAS, Teresa (2009): *Op. cit.*

80 CERDÀ, Ildefons (1875): *Op. cit.*

81 FERNÁNDEZ BOLEA, E. (2006): *Op. cit.*

82 CERDÀ, Ildefons (1875): *Op. cit.*

83 ARROYO, Mercedes (1997): *Op. cit.*

84 GIMENO, Eva; MAGRINYÀ, Francesc (1994): La intervención de Cerdà en la construcción del Eixample. En: MAGRINYÀ, Francesc; TARRAGÓ, Salvador (eds.), *Catálogo de la Exposición "Mostra Cerdà. Urbs i territori"*, septiembre de 1994-enero de 1995. Barcelona: Electa, p. 167-188.

85 CERDÀ, Ildefons (1875): *Op. cit.*, 20 de julio de 1844.

86 CAPEL, Horacio y TATJER, Mercedes (1998): "Ildefonso Cerdà y la instalación del telégrafo en Barcelona". En: *CAPEL, Horacio y LINTEAU*, Paul-André (1998). *Barcelona-Montréal. Desarrollo urbano comparado*. Barcelona: Publicacions de la Universitat de Barcelona. pp.179-200.

87 CERDÀ, Ildefons (1875): Testamento. Fons Cerdà.

88 CERDÀ, Ildefons (1875): *Op. cit.*

89 SEGURA, Isabel (2013): *Els viatges de Clotilde Cerdà i Bosch*. Paterna: Edicions Tres i Quatre. ISBN: 9788475029344

90 NUBIOLA DE CASTELLARNAU, Xavier (2017): *Op. cit.*

91 CERDÀ, Ildefons [1867] (1971). TGU, p.6-10; § 3-11.

92 FUSTER-SOBREPERE, Joan (2009): Cerdà i la política de progres. En: NAVAS, Teresa (dir.) (2009): *La política pràctica. Cerdà i la Diputació de Barcelona*. Barcelona: Diputació de Barcelona, p. 81-90.

93 CERDÀ, Ildefons (1875): *Op. cit.*

94 CASASSAS, J. (Dir.) (2006): *Ateneu de Barcelona. 1 Segle i 1/2 d'acció cultural*. Barcelona: RBA Libros.

95 ALCOLEA, Santiago (1994): "Un retrato de Ildefons Cerdà, por R. Marti i Alsina, en el Ateneo", En: MAGRINYA, Francesc & TARRAGÓ, Salvador (eds.) (1994): *Cerdà. Ciudad y Territorio. Catálogo de la exposición Mostra Cerdà. Urbs i territori*, septiembre 1994-enero 1995. Barcelona: Electa 1994, pp.137-139.

96 CABALLÉ Y CLOS, Tomas (1946): *Los viejos Cafés de Barcelona*. Barcelona: Ediciones Albón. Vol.1, p. 78.

97 LA CALZADA DE MATEO, María José (1996): "Sobre ideales y actividad política de la Masonería y de los masones españoles entre 1902-1936". En: FERRER BENIMELI, J.A. (1996), *VII Simposium de la Historia de la Masonería, Toledo (1995)*. Zaragoza: Centro de Estudios Históricos de la Masonería Española, pp.329-349

98 SÁNCHEZ FERRÉ, Pere (1990): *La maçoneria a Catalunya (1868-1936)*. Barcelona: Edicions 62. ISBN: 8429731288

99 EYBERT, Aurèle (1854): *Les martyrs de la Franc-Maçonnerie en Espagne en 1853*. París: Lacombre.

100 FERRER BENIMELI, José Antonio (1987): Implantación de logias y distribución geográfico-histórica de la masonería española. En: *La masonería en la España del siglo XIX*. Consejería de Educación y Cultura, p. 57-216.

101 SANCHEZ CASADO, Galo (2009). *Los altos grados de la masonería*, Madrid: Ed. Akal; RANDOUYER, Françoise (1989). "Utilidad de un catálogo de masones-diputados a Cortes". En: *La masonería en la historia de España: actas del I Symposium de Metodología Aplicada a la Historia de la Masonería Española*. Zaragoza, 20-22 de junio de 1983. Zaragoza: Departamento de Educación y Cultura. p. 55-103.

102 SANCHEZ FERRE, Pere (1985): *La logia Lealtad. Un exemple de maçoneria catalana (1869-1939)*. Barcelona: Editorial Alta Fulla.

103 FERRER BENIMELI, José Antonio (1990): *La masonería y poder en la historia contemporánea*. Anuario del Instituto de Estudios Zamoranos Florián de Ocampo, n.º 7. ISSN 0213-8212.

104 CERDÀ Ildefons (1875): Testamento. Fons Cerdà.

105 En España, la Milicia Nacional era un cuerpo de ciudadanos armados que tenían el propósito de mantener el orden público y defender el régimen constitucional. Fue establecida por la Constitución de 1812, aprobada por las Cortes de Cádiz y abolida en 1814 por Fernando VII. Durante el reinado de Isabel II, la Milicia Nacional fue uno de los principales motivos de enfrentamiento entre el Partido Moderado, que proponía su disolución y su sustitución por un cuerpo profesional (la Guardia Civil) y el Partido Progresista, que defendía su mantenimiento. La Milicia Nacional fue abolida definitivamente por el régimen de la Restauración.

106 GABRIEL, Pere (2009), "Ildefons Cerdà, un republicà moderat i reformista", En: NAVAS, Teresa (ed.) (2009). *La Política Practica: Cerdà i la Diputació de Barcelona*. Barcelona: Diputació de Barcelona, pp.91-101.

107 ESTAPÉ, Fabián (1971): *Op. cit.*

108 MONLAU, Pedro (1856) (1984): *Higiene industrial. ¿Qué medidas higiénicas puede dictar el gobierno a favor de las clases obreras?*. Madrid, 1856 (presentado con ocasión de un premio ofrecido por la academia de medicina y cirugía de Barcelona en 1855). (Edición facsímil: Barcelona: Anthropos).

109 FUSTER-SOBREPERE, Joan (2004): *Op. cit.*

110 FUSTER-SOBREPERE, Joan (2004): *Op. cit.*

111 COSTAS, Antón (1983): El viraje del pensamiento político-económico español a mediados del siglo XIX: la conversión de Laureano Figuerola y la formulación del librecambismo industrialista. *Moneda y Crédito*, 167: 47.

112 FUSTER-SOBREPERE, Joan (2004): *Op. cit.*

113 COSTAS, Anton (1983): *Op. cit.*, p. 59.

114 RUBIÓ I BALAGUER, Jordi (1976): "Sobre Laureà Figuerola los años de nuestra Renaixença". *Investigaciones*, núm. 1. pp. 124-144.

115 FUSTER-SOBREPERE, Joan (2004): *Op. cit.*

116 MAGRINYÀ, Francesc (1995): Ildefons Cerdà i Sunyer, l'urbanisme. En: FUCAR, *Ciència i tècnica als Països Catalans: una aproximació biogràfica als darrers 150 anys*. Barcelona: Fundació Catalana per a la Recerca, p. 181-214.

117 ANGELÓN, Manuel [1880] (1971): *Op. cit.*

118 FRANQUET, Ciril (1864): *Ensayo sobre el origen, espíritu y progreso de la Legislación de Aguas*. 2 vols. Madrid; MARTÍN RETORTILLO, Sebastián (1960): La elaboración de la Ley de Aguas de 1856. *Revista de Administración Pública*, 32, p. 11-54. ISSN 0034-7639.

119 FIGUEROLA [1849] (1993): *Op. cit.*, p. 287.

120 FIGUEROLA, Laureano [1849] (1993): *Op. cit.*, p.289.

121 HARVEY, David (2006): *Paris, capital of modernity*. Nueva York: Routledge, 458 p. (Traducción al español: HARVEY, David (2008): *París, capital de la modernidad*. Ediciones Akal).

122 CHOAY, Françoise (1980): *Op. cit.*

123 MALUQUER DE MOTES, Jorge (1975): Estudio preliminar de La Federación y el Socialismo de Fernando Garrido. En: GARRIDO, Fernando: *La federación y el Socialismo*, Barcelona: Ed. Labor,2ª edición, pp. 8-9.

124 TUÑON DE LARA, Manuel (1966): *Introducció a la història del moviment obrer*. Barcelona: Nova Terra, p. 71.

125 REYNAUD, Léonce (1850): *Traité d'Architecture*. Paris: Livre Quatrème. REYNAUD, Leonce (1858): *Traité d'Architecture contenant des notions générales sur les principes de la construction et sur l'histoire de l'art*. París: Carilian Goeury, p. 594.

126 CERDÀ, Ildefons (1875): *Op .cit.*

127 CERDÀ, Ildefons (1875): *Op. cit.*

128 CAPMANY, Antonio (1779): *Memorias históricas sobre la marina, comercio y artes de la antigua ciudad de Barcelona*. Barcelona: Imprenta de Sancha.

129 LLUCH, Ernest (1973): *El pensament econòmic a Catalunya (1760-1840). Els orígens ideològics del proteccionisme i la presa de consciència de la burgesia catalana*. Barcelona: Edicions 62.

130 FIGUEROLA, Laureano (1849, 1993): *Op. cit.*

131 COSTAS, Anton (2001): *Op. cit.*

132 FIGUEROLA, Laureano (1851): *Informe sobre la Exposición Universal de la Industria verificada en Londres*. Barcelona: Impr. Tomás Gorchs.

133 COSTAS, Anton (2001): *Op. cit.*

134 PICON, Antoine (1992): *L'invention de l'ingénieur moderne*. París: Presses de l'Ecole Nationale des Ponts et Chaussées, p. 554.

135 PICON, Antoine (1992): *Op. cit.*, p. 553.

136 BENTHAM, Jeremías (1834): *Principios de legislación y de codificación, extractados de las obras del filósofo inglés Jeremías Bentham por Francisco Ferrer y Valls*. Madrid: Imprenta Tomas Jordán.

137 FUSTER-SOBREPERE, Joan (2015): Joan Baptista Guardiola y la recepción del pensamiento de Proudhom en España. En: Gioa, Vitantonio; Noto, Sergio; Sánchez Hormigo, Alfonso, *Pensiero critico ed economia política nel XIX secolo: da Saint Simon a Proudhon*. Bolonia: Il Mulino, p. 343-362.

138 FUSTER-SOBREPERE, Joan (2004): *Op. cit.*

139 PROUDHON, Pierre-Joseph (1862): *Teoría de la contribución*. Traducción de Roberto Robert. Madrid: Imprenta a cargo de B. Carranza.

140 FRADERA, Josep Maria (2002): La Catalunya liberal: elements per a una reinterpretació. *Barcelona Quaderns d'Història*, 6, p. 7-17. Disponible en https://raco.cat/index.php/BCNQuadernsHistoria/article/view/105316

141 FUSTER-SOBREPERE, Joan (2004): *Op. cit.*

142 FUSTER-SOBREPERE, Joan (2004): *Op. cit.*

143 LLUCH, Ernest (1973): *Op. cit.*

144 COSTAS, Anton (1983): *Op. cit.*, p. 63.

145 FUSTER-SOBREPERE, Joan (2004): *Op. cit.*

146 FRADERA, Josep Maria (2002): *Op. cit.*

147 PINTO TORTOSA, Antonio Jesús (2018): "Libertad frente a esclavismo". *Ayer*, 2018, 112: pp.129-156; AGUIAR BOBET, Valeria & DE PAZ SÁNCHEZ, Manuel (2021): "La masonería española y la abolición de la esclavitud en las Antillas durante el Sexenio Democrático: movilización y dinámica socio-cultural". *Anuario de Estudios Americanos*, 2021, 78.2: 629-659.

148 FRADERA, Josep Maria (2002): *Op. cit.*

149 CERDÀ, Idefons (1875): *Op. cit.*

150 Fondo documental de la familia Cerdà: Disponible en: https://espaicerda.cat/ fons-documental-familia-cerda/

151 CERDÀ, Ildefons (1875): *Op. cit.*

152 MURO MORALES, José Ignacio (1992): *Op. cit.*

153 MURO MORALES, José Ignacio (2010): *Op. cit.*

154 CERDÀ, Ildefons (1875): *Op. cit.*

155 MORALES, Guillermo.; GARCÍA-BELLIDO, Javier; ASIS, Agustín de (2005): *Op. cit.*, p. 71.

156 RAFO, Juan; RIBERA, Juan de (1849): *Memoria sobre la conducción de aguas a Madrid con un suplemento que contiene la nivelación de sus calles, paseos y afueras.* Madrid: Imp. La Publicidad.

157 REVISTA DE OBRAS PÚBLICAS (1856): Anteproyecto para el ensanche de la ciudad de Barcelona. *Revista de Obras Públicas*, 4(4-6): 57-62.

158 CERDÀ, Ildefonso (1875): *Op. cit.*

159 MURO MORALES, José Ignacio (2010): *Op. cit.*

160 CLERC, Pierre Antoine (1838): *Essai sur les éléments des levers topographiques et de son enseignement, publiés en 1840.* Metz y París. Disponible en: https://archive.org/details/bub_gb_dz5tmSIM-24C/page/n5/mode/2up

161 SORO, Agustín (2015): La formación del ingeniero de caminos y el entorno político, social y económico: historia argumentada de los sucesivos planes de estudio en el proceso formativo del ingeniero de caminos en el siglo XIX. Tesis doctoral. Burgos: Universidad de Burgos, pp. 66 y 218.

162 NAVASCUÉS, Pedro (2015): El ingeniero y arquitecto Lucio del Valle. En: *Ingenieros arquitectos.* Fundación Juanelo Turriano, Madrid, p. 95-106. Disponible en https://oa.upm.es/37759/.

163 MONTANER, Carme (1992): Els treballs cartogràfics de l'exèrcit francès a Catalunya: l'entrada dels Cent Mil Fills de Sant Lluís i l'establiment del Bureau Topographique de Barcelona: 1823-1828. *Treballs de la Societat Catalana de Geografia*, n. 33-34, pp. 243-250; NADAL, J.; MONTANER, Carme. (2018): "La Carte de Barcelone avec des courbes de niveau (1823-1827): un tournant vers la cartographie de précision". *Comité Français de Cartographie (CFC)*, n. 238, p. 39-57.

164 GRAU, Ramon (2017): Planimetria i altimetria en els mapes d'Ildefons Cerdà, 1854-1865. En: GRAU, Ramon; MONTANER, Carme (eds.), *Mapes i control del territori a Barcelona: vuit estudis.* Barcelona: Institut Cartogràfic i Geològic de Catalunya.

165 CERDÀ, Ildefons (1875): *Op. cit.*

166 REVISTA DE OBRAS PÚBLICAS (1856): *Op. cit.*

167 CERDÀ, Ildefons (1875): *Op. cit.*

168 NADAL, Francesc; URTEAGA, Luis; MURO MORALES, José Ignacio (2006): *Op. cit.*

169 URTEAGA, Luís (2010): Planimetría parcelaria municipal del Pla de Barcelona (1845-1871). En: MONTANER, Carme.; NADAL, Francesc *Aproximacions a la història de la cartografia de Barcelona.* AHCB-Ajuntament de Barcelona e Institut Cartogràfic de Catalunya-Generalitat de Catalunya, p. 80-95.

170 URTEAGA, Luís (2010): *Op. cit.*

171 URTEAGA, Luís (2010): *Op. cit.*

172 MURO, José Ignacio; URTEAGA, Luis; NADAL, Francesc (2005): Los trabajos topográficos y catastrales de Llorenç Presas i Puig (1811-1875). *Treballs de la Societat Catalana de Geografia*, 59, p. 7-39. Disponible en https://revistes.iec.cat/index.php/TSCG/article/view/10495.001.

173 URTEAGA, Luís (2010): *Op. cit.*

174 MARX, Karl; ENGELS, Friedrich (1973): *Revolución en España.* Barcelona: Ariel, 222 p.

175 BENET, Josep; MARTÍ, Casimir (1976): *Barcelona a mitjan segle* XIX. *El moviment obrer durant el Bienni Progressista (1854-56).* Barcelona: Curial.

176 CERDÀ, Ildefons [1868] (1971): *Monografía estadística de la clase obrera de Barcelona en 1856.* Madrid: Imp. Española. Apéndice en el vol. II de la TGU, de la cual Cerdà publicó una edición. *Vid.* ESTAPÉ, Fabián (1971).

177 LE PLAY, Frédéric [1855] (1989): *La méthode sociale. Abrégé des Ouvriers européens.* Edición facsímil. París: Méridiens Klincksieck.

178 CERDÀ, I. (1991): *Teoría de la construcción de las ciudades. Cerdà y Barcelona*, vol. I. Madrid : INAP y Ayuntamiento de Barcelona.

179 GIMENO, Eva (1994a): La gestación del ensanche de Barcelona: el concurso municipal de proyectos de 1859. En: MAGRINYÀ, Francesc; TARRAGÓ, Salvador (eds.) (1994), *Cerdà. Urbs i territori.* Catálogo de la exposición, septiembre de 1994-enero de 1995. Barcelona: Electa, pp.155-166.

180 FRADERA, Josep Maria (1996): *Jaume Balmes. Els fonaments racionals d'una política catòlica.* Vic: Eumo.

181 FRADERA, Josep Maria (1996): *Op. cit.*

182 BENET, Josep (1976): *Op. cit.*

183 Cabe señalar que en aquella época hay diversos estudios sobre necesidades de viviendas para la clase obrera Ver. FEU, José Leopoldo (1858): "Exposición de los medios más adecuados y asequibles para mejorar las condiciones higiénico-caseras del proletario en Barcelona. Memoria manuscrita." *Barcelona: Arxiu de la Societat Econòmica Barcelonesa d'Amics del País.* Para más información, ver: BOUZA, J. (2003): "Procurar a las clases jornaleras higiénicas y agradables habitaciones. La Sociedad Económica Barcelonesa de Amigos del País y la vivienda obrera".

Scripta Nova. Revista electrónica de geografía y ciencias sociales. Barcelona: Universidad de Barcelona, 1 de agosto de 2003, vol. VII, núm. 146(011). <http://www.ub.es/ geocrit/sn/sn-146(011).htm> [ISSN: 1138-9788]; TATJER, Mercè (2005) : "La vivienda obrera en España de los siglos XIX y XX: de la promoción privada a la promoción pública (1853-1975)". *Scripta Nova. Revista electrónica de geografía y ciencias sociales.* Barcelona: Universidad de Barcelona, 1 de agosto de 2005, vol. IX, núm. 194 (23). http://www.ub.es/geocrit/sn/sn-194-23.htm [ISSN: 1138-9788].

184 MONLAU, Pedro Felipe (1856): *Op. cit.*

185 MONLAU, Pedro Felipe (1856): *Op. cit.*, p.76.

186 ARNOUX, Claude. (1860): *De la nécessité d'apporter des économies dans la construction des chemins de fer et des moyens de les obtenir.* París: Imprimerie Paul Dupont.

187 CERDÀ, Ildefons (1875): Op. cit., 4 de junio de 1857.

188 FIGUEROLA, Laureano [1849] (1993): *Op. cit.*, p. 297.

189 *Le Globe. Journal de la religion saint-simonienne.* Dimanche, 12 février 1832, VIII Année, n° 43.

190 CERDÀ (1859); CERDÀ y BARCELONA (1991, p. 354).

191 MAGRINYÀ, Francesc (1994): Las infraestructuras de servicios en las propuestas urbanísticas de Cerdà. En: MAGRINYÀ, F.; TARRAGÓ, S. (eds.) (1994), *Cerdà. Urbs i territori.* Catálogo de la exposición, septiembre de 1994-enero de 1995. Barcelona: Electa, pp. 189-204.

192 MORALES, Guillermo; GARCÍA-BELLIDO, Javier; ASIS, Agustín de (2005): *Op. cit.*, p. 31.

193 "Anteproyecto para el ensanche de la ciudad de Barcelona". *Revista de Obras Públicas,* 4(4-6): 57-62, 1856.

194 CERDÀ, Ildefons (1875): *Op. cit.*, 15 de abril de 1859.

195 MAESTRE, Amalio (1845): "Descripción geognóstica y minera del distrito de Cataluña y Aragón". *Anales de Minas,* 3, 193-278.

196 SORO, Agustín (2015): *Op. cit.*

197 CERDÀ, Ildefons (1875): *Op. cit.*

198 ESTAPÉ, Fabián (1992): *Op. cit.*

199 FONS CERDA: Está formado por una caja de documentación y un conjunto de más de 50 planos conservados en el Arxiu Històric de la Ciutat de Barcelona (AHCB).

200 MAGRINYÀ, Francesc (1995): La propuesta de saneamiento de Cerdà para Barcelona. *Obra Pública,* 33, 8-111.

201 MAGRINYÀ, Francesc. (1994): Vía-Intervías: un nuevo concepto propuesto por Cerdà. En: MAGRINYÀ, Francesc.; TARRAGÓ, Salvador (eds.) (1994): *Cerdà. Urbs i territori.* Catálogo de la exposición, septiembre de 1994-enero de 1995. Barcelona: Electa, p. 205-224.

202 ARROYO, Mercedes (1997): *Op. cit.*

203 TALLON, Andrew J. (2004): *Op. cit..*

204 GÓMEZ ORDÓÑEZ, José Luis (1982): *El urbanismo de las obras públicas.* Tesis doctoral. Barcelona: LUB-UPC. Director de tesis: M. Solà-Morales.

205 MAGRINYÀ, Francesc (1994): *Op. cit.*

206 MAGRINYÀ, Francesc (1994): *Op. cit.*

207 ALCAIDE, Rafael (2005): "El ferrocarril como elemento estructurador de la morfología urbana: el caso de Barcelona 1848-1900". *Scripta Nova. Revista electrónica de geografía y ciencias sociales.* Barcelona: Universidad de Barcelona, 1 de agosto de 2005, vol. IX, núm. 194 (65). <http://www.ub.es/geocrit/sn/sn-194-65.htm> [ISSN: 1138-9788].

208 COELLO, Francisco (1855): *Proyecto de las líneas generales de navegación y de ferrocarriles en la Península española.* Madrid: Imprenta de Tomás Núñez Amor.

209 GARCÍA-FARIA, Pedro (1893): *Proyecto de Saneamiento del subsuelo de Barcelona. Tomo I. Memoria descriptiva.* Barcelona: Henrich y compañía en comandita.

210 *Vid.* SORIA, Arturo (1996): *Op. cit.*

211 *Teoría de la construcción de las ciudades: Cerdà y Barcelona, vol. I.* Madrid : INAP y Ayuntamiento de Barcelona, 1991. *Atlas del TCC,* 1859.

212 KNEPPER, George W. (2002): *The Official Ohio Lands Book.* Auditor of State.

213 SABATÉ BEL, Joaquim (1986): *El proyecto de la calle sin nombre: Los reglamentos urbanos de la edificación.* Tesis doctoral leída en la ETSAB (UPC).

214 CERDÀ, Ildefons [1861b] (1971, 1991): "Cuatro palabras sobre el Ensanche". Barcelona: Imp. N. Ramírez. En: ESTAPÉ, Fabián (1971: 571-589) y CERDÁ Y BARCELONA (1991: 577-589).

215 BASSOLS, Martí (1973): *Génesis y evolución del derecho urbanístico español (1812-1956).* Madrid: Montecorvo.

216 MAS, Rafael (1999): "La promoción inmobiliaria en los ensanches del siglo XIX". *Ciudad y Territorio. Estudios Territoriales,* 119-120, p. 55-73. Disponible en https://recyt.fecyt.es/index.php/CyTET/article/view/85562

217 COROMINES, Miquel (1986): *Suelo, técnica e iniciativa en los orígenes del Ensanche de Barcelona.* Tesis doctoral leída en la ETSAB (UPC).

218 CERDÀ, Ildefons [1861b] (1971, 1991): *Op. cit.*

219 SOLÀ MORALES, Manuel de (1993): *Les formes de creixement urbà.* Barcelona: Edicions UPC. (Edición en castellano: 1997).

220 SOLÀ MORALES, Manuel de (1993): *Op. cit.*

221 LLOBET, Jaume (1990): Urbanització i finançament pública l'Eixample. En: AA. VV. (1990), *La formació de l'Eixample de Barcelona. Aproximacions a un fenomen urbà.* Barcelona Olimpíada Cultural; L'Avenç, p. 61-73.

222 GARCÍA BELLIDO, Javier (1999): Evolución de los conceptos, teorías y neologismos cerdianos en torno a la urbanización. *Ciudad y Territorio Estudios Territoriales,* 145-187; GARCÍA BELLIDO, Javier (2000): Ildefonso Cerdá y el nacimiento de la urbanística: la primera propuesta disciplinar de su estructura profunda. *Scripta Nova. Revista Electrónica de Geografía y Ciencias Sociales,* 4, 61.

223 FRECHILLA, Javier (1992): Cerdà i l'avantprojecte d'Eixample de Madrid. En: LABORATORI D'URBANISME DE BARCELONA (1992), *Treballs sobre Cerdà i el seu Eixample a Barcelona. Readings on Cerdà and the Extension Plan of Barcelona.* Barcelona: Ayuntamiento de Barcelona; MOPU-Dirección General de Acción Territorial y Urbanismo, p. 156-177.

224 CERDÀ, Ildefons (1875): *Op. cit.,* 15 de abril de 1859.

225 Ensanche de Barcelona. *Revista de Obras Públicas,* 1859, 7(11), p. 133-141.

226 LÁZARO, Amado de [1862] (1988): *Memoria descriptiva sobre proyecto de ensanche de la villa de Bilbao.* Estudio preliminar de Paloma Rodríguez Escudero. Vitoria: Servicio Central de Publicaciones del Gobierno Vasco, p. 96.

227 BASSOLS, Martí (1973): *Op. cit.*

228 MAGRINYÀ, Francesc (1994): *Op. cit.* Para mas información ver: A.A.V.V. (2001): *La construcción de la gran Barcelona: l'obertura de la Via Laietana 1908-1958.* Serveis Editorials Estudi Balmes SL, Institut de Cultura de l'Ajuntament de Barcelona.

229 COUDROY DE LILLE, Laurant (1994): *L'ensanche de población en Espagne, invention d'une pratique d'aménagement urbain (1840-1890).* Tesis de doctorado. Université de Paris Nanterre, 288 p.

230 MARTÍN RAMOS, Ángel; ESTEBAN I NOGUERA, Juli (2010): *El efecto Cerdà: ensanches mayores y menores.* Barcelona: Escola Tècnica Superior d'Arquitectura de Barcelona.

231 MAGRINYA, Francesc (1994): *Op. cit.*

232 BASSOLS, Martí (1973): *Op. cit.*

233 SABATÉ I CASELLAS, Ferran (2017): La sanitat pública a Catalunya entre 1885-1939. *Catalan Historical Review,* p. 161-174. Disponible en https://raco.cat/index.php/CatalanHistoricalReview/article/view/96862

234 CERDÀ, Ildefons (1875): *Op .cit.*

235 RIVAS, Pilar.; MURO, Fuensanta (1994): El ferrocarril de Granollers a San Juan de las Abadesas. En: MAGRINYÀ, F.; TARRAGÓ, S. (eds.) (1994): *Cerdà. Urbs i territori.* Catálogo de la exposición, septiembre de 1994-enero de 1995. Barcelona: Electa. pp. 255-268.

236 GIMENO, Eva (1994b): Els treballs de Cerdà dins la Diputació de Barcelona (1871-1873): l'organització territorial de la província" En: MAGRINYÀ, Francesc.; TARRAGÓ, Salvador (eds.), *Cerdà. Urbs i territori.* Catálogo de la exposición, septiembre de 1994-enero de 1995. Barcelona: Electa, pp. 269-276.

237 GIMENO (1994b): *Op. cit.*

238 CERDÀ, Ildefons (1875): *Op. cit.*

239 DOMÈNECH, Xavier (2020): *Un haz de naciones. El Estado y la plurinacionalidad en España (1830-2017).* Barcelona: Ediciones Península.

240 GENERALITAT DE CATALUNYA (1933): *Divisió Territorial. Estudis i Propostes. Nomenclàtor de Municipis.* Barcelona: Generalitat de Catalunya.

241 CASASSAS, Lluís & CLUSA, Joaquim (1981): *L'organització territorial de Catalunya.* Barcelona: Fundació Jaume Bofill (Temes Bàsics, 5); 326 p.

242 NADAL, Francesc (1987): *Burgueses, burócratas y territorio.* Madrid: Instituto de Estudios de Administración Local. p.85.

243 DE CLASCÀ, Joan-Ramon (2018): "Cerdà, Muñoz, Serratosa". *La Vanguardia.* 09/06/2018.

III. LOS PRINCIPIOS Y LOS INSTRUMENTOS DE LA TEORÍA URBANÍSTICA DE CERDÀ

1. Los principios generadores de la teoría urbanística y territorial según Cerdà

2. Los instrumentos sistémicos y de analogía que le permiten articular la teoría a la escala urbana y territorial

3. Los principios y los instrumentos asociados a la implementación de la urbanización: las cinco bases de la teoría general de la urbanización

1. Los principios generadores de la teoría urbanística y territorial según Cerdà

1.1. La modernidad y el cientifismo como instrumentos de mejora de la sociedad

Como ya hemos señalado en el capítulo II, en la etapa decisiva de la formación de Cerdà en la Escuela de Ingenieros de Caminos de Madrid, predominaba la influencia indiscutible de la Escuela Politécnica de Paris y de los pensadores franceses, donde un referente clave era la corriente de pensamiento del sansimonismo. Tal como señala Estapé: *"Saint-Simon, a través de su célebre y atrevida parábola, demostraba la superioridad, en términos de rentabilidad social, de 3.000 científicos, técnicos y empresarios, con respecto a nobles y cortesanos. No podían dejar indiferente estas ideas a Ildefonso Cerdá, que obtenía, en 1841 y en la tercera promoción, su título de Ingeniero de Caminos. Es la época en que se produce la opción de consecuencias incalculables: mientras los ingenieros apuestan por el hierro y las obras públicas, los arquitectos lo hacen por la jardinería y el llamado arte de la composición. ¡Y el siglo XIX fue el de las obras públicas y el hierro! Los grupos sansimonistas que emergieron en este período de formación y actividad intensa, como el ingeniero Cerdà, destacaban por su optimismo humanitario y por su glorificación de la ciencia, entendida como tecnología, sustancia del industrialismo."*[1]

Cerdà se imbuyó claramente de esta corriente cientificista que marcaría su producción teórica.[2] Como señala Garcia Casanova: *"Esta idea [del progreso] se ha esclarecido en la filosofía moderna. Bacon, Bossuet, Boulanger, Turgot, Kant, Fichte, Hegel, Saint-Simon; todos ellos ilustres filósofos, pensadores ilustres cada uno según su escuela, según su doctrina, por este o por otro camino, todos han convenido en el dogma fundamental del progreso."*[3].

Cerdà, como los cientificistas, buscaba el reduccionismo en pos de los elementos esenciales que articulaban

la complejidad de un nuevo campo disciplinario. En este sentido, recibió la influencia metodológica, clasificatoria y descriptivista del *Tratado elemental de química* de Lavoisier (1789) y, más probablemente, del *Cours de philosophie positive* (1830-1842), de Auguste Comte. Estas obras tuvieron gran difusión en la mitad del siglo XIX.[4] A ello se unía el optimismo cientificista y el positivismo racionalista. Una muestra de ello es la sociología de Le Play y Quetelet, que recoge Cerdà a partir de Figuerola.[5]

1.2. El pensamiento de las teorías atomistas que buscan extraer las unidades fundamentales y su aplicación al fenómeno de la urbanización

Esta mirada cientificista retoma las teorías atomistas de los presocráticos Mileto y Demócrito[6] y entronca, más coetáneamente, con la búsqueda de los elementos químicos atómicos constituyentes de toda la materia, conformada desde Aristóteles por agua, aire, tierra y fuego, cuyo desmenuzamiento ínfimo sería la obra de Lavoisier (1789), Dalton (1803), Avogadro (1811) y Berzelius (1830).[7] Esta perspectiva lleva a Cerdà a experimentar el reduccionismo a unidades básicas. Es un enfoque general o método científico que analiza y redefine conceptos más elementales o básicos que el fenómeno observado como totalidad, de un nivel superior, tal como señala Simmons (v. fig. 83).[8]

En los años en que Cerdà se dedica a redactar la *Teoría general de la urbanización* (1863-1867), se entrega a la pionera investigación analítica de los elementos conceptuales y materiales más simples, de las relaciones esenciales que articulan estos elementos constituyentes con la totalidad del organismo de la ciudad y de esta con su territorio:

"Cuando quise darme cuenta de la manera de ser y de funcionar de la sociedad humana encerrada en grandes centros urbanos, para comprender el organismo de esas agrupaciones, sencillo al parecer [...] hube de hallarlo envuelto con el velo del misterio que

ha sido forzoso descorrer y, para conocerlo y explicarlo, he tenido que practicar un análisis profundo, una verdadera disección anatómica de todas y cada una de sus partes constitutivas, y esto me obligó a descender a lo más profundo e íntimo de la sociedad urbana... [...] *"Estos hechos universales, que no son propios de una localidad, sino que se reproducen idénticamente en todos los centros de población..."* (TGU, p.12, § 15).

"[...] así es que, después de haber dado a conocer la urbanización en su conjunto, me consagré al estudio de sus detalles, trabajo anatómico en que, introduciendo el escalpelo hasta lo más íntimo y recóndito del organismo urbano y social, se consigue sorprender viva y en acción la causa originaria, el germen fecundo de la grave enfermedad que corroe las entrañas de la humanidad." (TGU, p.16, § 28)).

Esa mirada anatómica y reduccionista de las unidades básicas la aplicará en el desarrollo de la teoría de la urbanización, siendo el punto de partida de su planteamiento cientificista.

1.3. La influencia del pensamiento organicista: el uso de las homologías y las analogías del organismo urbano con los organismos naturales

Junto a esta mirada desde la anatomía propia de su época, adopta una mirada organicista y holística:

"[...] si llegase un día feliz en que, descubiertos a fuerza de constantes investigaciones y estudios, y comprendidos y debidamente aplicados los principios que, para poner orden y concierto y armonía entre elementos tan heterogéneos y encontrados, dicta la naturaleza, la razón natural enseña [...] de mil elementos diversos, que sin embargo [...] al observarlos

detenida y filosóficamente, se nota que están en relaciones constantes unos con otros, ejerciendo, unos sobre otros una acción a veces muy directa y que, por consiguiente, vienen a formar una unidad. [...] Mas como mi objeto [...] era expresar [...] la manera y sistema que siguen esos grupos al formarse, y cómo están organizados y funcionan después todos los elementos que los constituyen, es decir [la palabra] debía expresar el organismo." (TGU, p.28, § 42).

Según Cerdà, lo urbano se entiende como un organismo que requiere una visión holística. Entiende que un nivel determinado de fenómenos puede ser aprehendido en sus propios términos mejor que mediante los componentes del nivel inferior. Entendemos por holismo el método científico que busca comprender la totalidad mejor que las partes y se basa en que el todo complejo tiene unas propiedades emergentes inexplicables e impredecibles a partir del conocimiento de las partes individuales constituyentes. En esta perspectiva, Cerdà retoma el uso de homologías y analogías y la replicabilidad a diferentes escalas.

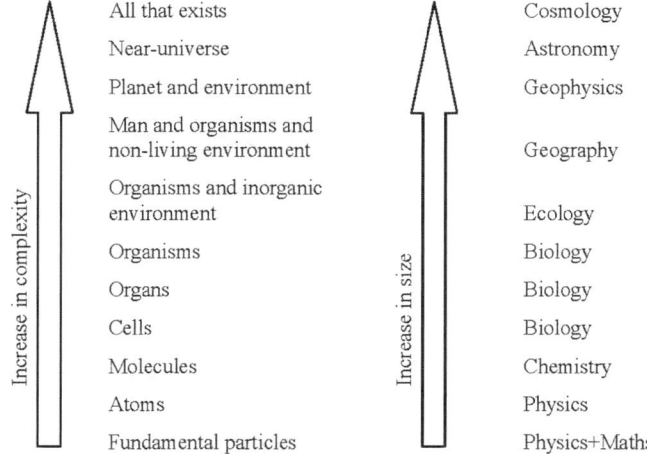

Figura 83. Un esquema jerárquico de conocimiento basado en escalas.
Fuente: Simmons y Cox, 1985

Figura 84. Una nueva civilización marcada por la técnica y la comunicación.
Fuente: Fons Cerdà, Urbs i Territori

Figura 85. Introducción del transporte marítimo a vapor y del ferrocarril.
Fuente: Fons Cerdà, Urbs i Territori

El término *homología* es acuñado originalmente en el siglo XIX por Richard Owen, un anatomista comparativo británico.[9] Owen observa las similitudes entre ciertas estructuras en diferentes organismos. Esta práctica la encontramos como un elemento recurrente en los tratados de Cerdà, en que se introduce el concepto de sistema asociado al funcionamiento de determinados organismos, como los vegetales o los animales. El análisis de Cerdà va de los detalles a la globalidad, anunciando lo que actualmente vuelve a estar en boga con los análisis de los sistemas ecológicos:

"No siempre los grandes efectos provienen de grandes causas: muchas veces, pequeñas causas, sobre todo cuando mutuamente se secundan y coadyuvan, llegan a producir efectos de la mayor trascendencia, y esto es lo mismo en el orden físico que en el orden moral. Su dificultad en tales casos consiste en encontrar y distinguir estas causas pequeñas y saber darles la importancia que se merecen, lo cual no se improvisa nunca, sino que es siempre obra del tiempo, de la observación y del estudio." (TVU, p.52; § 11)

Es interesante la analogía que establece Cerdà entre el sistema formado por las urbes y sus suburbios y el sistema vegetal en que la savia se asocia a la vialidad y la comunicatividad:

"Además de ese funcionamiento, que se refiere a la comunicatividad general o universal, hay otro peculiar con los suburbios que, en mayor o menor número y a mayor o menor distancia, rodean constantemente todas las grandes urbes. Auxiliares los suburbios de la vida urbana, están en comunicación constante y perenne con sus matrices, de las cuales reciben a su vez la vida. Las vías que los unen son en urbanización lo que en el reino vegetal los pedículos de las hojas y de los frutos, por los cuales

circula sin cesar la savia vivificadora." (TGU, p.650-651, § 1816-1817)

Cerdà se centra en el análisis de estos puntos o puertas que impiden el movimiento:

"A ese movimiento incesante no hay firme que pueda resistir, y el arte, con todas sus ingeniosas invenciones, no ha encontrado todavía un medio de acallar las quejas, por otra parte, muy justas, que el mal estado de esos caminos vecinales arranca a los vecindarios. También la aplicación de las vías perfeccionadas ha venido a disminuir en gran manera ese mal: ¡lástima que semejante remedio no se haya empleado en todas partes, donde el movimiento cada día creciente y la vida urbana cada vez más expansiva lo reclamaban! Por lo demás, los inconvenientes de las barreras y de las puertas alcanzan por igual a ese funcionamiento, lo mismo en lo correspondiente a los suburbios que en lo relativo a la vialidad universal, si bien la intensidad, por decirlo así, de las comunicaciones hace que sean mayores y se sientan más en esta los perjuicios." (TGU, p.650-651, § 1816-1817)

Su mirada de la vialidad como elemento central le permite articular una visión sistémica que surge de comparar el sistema urbano con sistemas vivos y, en concreto, con el sistema vegetal. Esta aproximación le va a permitir profundizar en una visión relacional de la topología de red viaria, tal como analizaremos en el próximo capítulo.

1.4. Un pensamiento científico que busca la síntesis entre el principio de reduccionismo y el principio holístico

Como señala García Bellido[10], Cerdà establece un doble planteamiento en su análisis científico. Un primer planteamiento, caracterizado por la inducción (*regressus* esencial)

para hallar una norma, regla o ley general, universal y abstracta, que contenga los elementos y las relaciones básicas más elementales, las categorías ontológicas de la organización urbana (vialidad y edificación o vías y manzanas o intervías, solares y albergues, dominios y usos públicos y privados). Con este análisis, Cerdà pretende explicar la articulación última o más profunda de todas las manifestaciones de los asentamientos humanos, desde la más sencilla hasta la más compleja. Por ello, introduce el concepto de *urbs*. Este análisis esencial inductivo le permitirá construir un modelo general, abstracto y nomotético de todos los diversos modelos urbanos concretos.

En un segundo planteamiento, Cerdà intenta llegar a una síntesis por deducción de un modelo general racional, a partir de la crítica de los modelos concretos históricos que observa en las diversas respuestas locales, proyectuales y formales que cada ciudad —en tanto que *locus* o *topos* preciso, geográfica, social e históricamente determinado— ha ido ofreciendo como modelo de su cultura material, con la pretensión de deducir, por encima de todos ellos, otro modelo ideal utópico, formalista, superior y universal concreto (en el *progressus* a los fenómenos), capaz de asumir todas las demandas técnico-higiénico-sociales y administrativas, antiguas y modernas.[11] Este planteamiento, a la vez inductivo y deductivo, es el que articula, en definitiva, la teoría urbanística de Cerdà. Esta síntesis de reduccionismo y holismo es la que plantea Simmons,[12] como ya hemos visto. Un ejemplo de reduccionismo es el que se produce si la geografía se trata en términos de los niveles inferiores de la jerarquía (es decir, a través de la lógica matemática o simbólica). El holismo ocurre cuando la explicación se realiza en términos del mismo nivel o de un nivel superior en la jerarquía. Las propiedades fundamentales del holismo incluyen la noción de que el todo es más que la suma de las partes y que tiene propiedades que impredecibles a partir del análisis de sus constituyentes. Aunque existe una dicotomía entre holismo y reduccionismo, ambos deben existir y son complementarios, por lo cual debe lograrse un equilibrio entre ambos.

En el segundo volumen de la *Teoría general de la urbanización*, muestra de forma más explícita los requisitos que se exige a sí mismo para construir una ciencia, desde esta perspectiva dual: "*Convencido cada día más, a proporción que he ido profundizando en mis estudios e investigaciones, de que la urbanización es una verdadera ciencia, y comprendiendo por lo mismo la necesidad de inquirir, establecer y fijar las bases y los principios sobre que dicha ciencia ha de levantarse, con el fin de llevar con el mayor acierto posible esta difícil tarea que desde luego me impuse, creí que era lo más conducente y adecuado comenzar por hacer un análisis detenido y lo más minucioso posible de todos cuantos elementos constituyen los centros urbanos [...]. El análisis practicado ha sido general, abstracto, lo más abstracto y general que ha sido posible [...]. Preciso es, por lo tanto, antes de intentar siquiera sentar las bases de una teoría urbana, acometer un estudio especial, concreto, individual, si cabe decirlo, de una urbe determinada [...].*" (TGU, Vol.II, pp.1-2).

1.5. La generación de una teoría urbanística desde el cientifismo como superación de la perspectiva proyectual

Cerdà enuncia una nueva forma crítica de aproximarse metodológicamente a los problemas urbanos "de fundación de nuevas ciudades y de reforma y ensanche de las existentes". Como señala García Bellido, toda la historia de la creación y la comprensión de las ciudades, entendidas como fenómenos aislados y peculiares, con su específica idiosincrasia cultural (enfoque idiográfico), es característica de las manifestaciones artísticas en que se mueve la reflexión arquitectónica precientífica de las *Beaux Arts* para intentar aplicar un método analítico e inductivo sobre la "enormidad" compleja e inextricable del estudio de la ciudad como ente abstracto. Así intenta

desvelar e ir induciendo de la historia y de la naturaleza intrínsecas de la "urbanización" (como él denominará toda la disciplina), mediante una *reductio* y un *regressus* epistémicos, las reglas o normas abstractas internas y esenciales que permitan "sujetarla" a una ley de carácter general o a una teorización general de valor explicativo universal (enfoque nomotético), "sacando" la disciplina de su anterior autojustificación ensimismada, de sus "aplicaciones particulares" y del "empirismo facultativo" de cada artista o técnico.

Ello lo expresa claramente en el inicio de su experiencia tratadística, que arranca con la *Teoría de la construcción de las ciudades* de 1859, donde relata su experiencia a la hora de buscar bibliografía y documentación para desarrollar su obra:

"Empecé, pues, por procurarme catálogos de varias librerías a fin de averiguar lo que acaso pudiera haberse escrito sobre este particular; pero desgraciadamente encontré tan poco y tan incompleto que mis deseos y mis esperanzas estuvieron muy lejos de quedar satisfechas, pues, a cada paso que daban mis investigaciones, no obtenía más resultado que el afirmarme más en la convicción de la complejidad y trascendencia del asunto, de la falta de datos para tratarlo con el debido acierto y, sobre todo, de la debilidad de mis fuerzas para llevar a cabo una empresa tan ardua. [...] Cerrada esa puerta, fui a llamar a otra; pasé del campo de las teorías al terreno de la práctica. Me dirigí a los puntos donde, antes que en España, han tenido que tratar las cuestiones de ensanche y reforma de las poblaciones; me dirigí a las administraciones y a los hombres de arte y de ciencia encargados de llevar a cabo dichos proyectos, con el fin de poder ilustrarme acerca del modo de concebirlos y realizarlos, para venir a deducir la ley que pudiera establecerse con el carácter de general y las modificaciones que en ella pudieran

ser convenientes para amoldarla prácticamente a nuestro país. [...] Pero, una vez más, tuve lugar de comprender su enormidad y la necesidad de sacarla del terreno de las aplicaciones particulares para sujetarla a una teoría general. Vi que la necesidad de una reforma radical en la disposición y sistema de construcción de nuestras casas y de nuestras ciudades es tan universalmente reconocida que en todos los países y de todas partes se deja sentir un deseo general que la reclama [...]. El problema no solo está muy distante de su resolución, sino que ni siquiera se halla debidamente planteado. [...] Cuando se ha tratado de un proyecto de fundación, reforma o ensanche de una ciudad, se ha librado todo al empirismo facultativo, creyendo que consistía todo en coger un plano más o menos exacto de la localidad, trazar sobre él un sistema de líneas que, siendo más o menos seductor a la vista de los profanos, haya halagado los intereses privados de las personas que directa o indirectamente podían influir en su aprobación [...]. Fundado en estos estudios analíticos que había empezado a hacer para darme cuenta de las condiciones higiénicas, económicas y sociales de la población que habita esta ciudad, he hecho después la síntesis razonada de mi proyecto para su reforma y ensanche." (TCC, pp. 115-116, § § 3, 4, 6 y 9).

Cerdà abordará la disciplina desde una perspectiva cientifista que le llevará a formalizar unos instrumentos de análisis y de ejecución que suponen un salto cualitativo frente a los planteamientos proyectuales y de *Beaux Arts*. Ello implicará que, junto a una propuesta facultativa justificada desde un razonamiento "científico", plantee unos instrumentos administrativos, legales y económicos asentados sobre una base de principios configuradores que desarrollará en torno a las bases de la urbanización.

1.6. La construcción de una teoría para la formalización de una nueva ciencia de la urbanización

Consciente de la necesidad de elaborar una nueva ciencia, se plantea un nuevo tratado urbanístico, que irá desplegando progresivamente, elaborando una teoría para cada proyecto: la *Teoría de la construcción de las ciudades* (TCC, 1859), la *Teoría de la viabilidad urbana* (TVU, 1861), la *Teoría del enlace marítimo-terrestre* (TEMT, 1863) y la *Teoría general de la urbanización* (TGU, 1867). Desde su conciencia de tratadista, Cerdà retoma la tradición vitruviana, reelaborada en *De Re Aedificatoria* de Leon Battista Alberti y con la influencia del *Tratado de arquitectura* de François-Léonce Reynaud.[13]

Una primera necesidad para Cerdà es encontrar un nuevo término con que denominar la disciplina, ya que dice que no encuentra en ningún diccionario una palabra cercana. Por ello, opta finalmente por denominarla *ciencia de la urbanización* (TGU, p.9, § 9):

"Reducir un terreno a las condiciones de ciudad, urbs, es decir, convertir en ciudad lo que no lo era no puede expresarse de otro modo más a propósito que con el verbo urbanizar, que materialmente, según la índole de nuestra lengua, significa "hacer urbano, es decir, propio de ciudad lo que no lo era"." (TVU, p.95, § 338).

Cerdà estructura la nueva disciplina más allá del propio hecho de la urbanización. Para él, la ciencia de la urbanización es *"el conjunto de principios, doctrinas y reglas que deben aplicarse para que la edificación y su agrupamiento, lejos de comprimir, desvirtuar y corromper las facultades físicas, morales e intelectuales del hombre social, sirvan para fomentar su desarrollo y vigor y para acrecentar el bienestar individual, cuya suma forma la felicidad pública."* (TGU, p.30, § 43).

Esta definición de urbanización como disciplina introduce la preocupación del bienestar individual y de la felicidad pública, que entiende como la suma de bienestares individuales, concepción característica de la corriente utilitarista asociada a Bentham.[14] Las ideas de individuo y sociedad propios de la época habían sido proclamadas por autores como Adam Smith, Jean-Baptiste Say o Jean Reynaud. Cerdà recoge esta influencia y parte del principio de que la urbanización implica el desarrollo de la civilización y consta, por una parte, del bienestar individual y, por otra, de la capacidad para permitir las necesidades del hombre social: *"la urbanización desparramada, que denominaremos en adelante rurizada, porque lleva a la urbe, sin disminuir los atractivos de la sociabilidad, la independencia y libertad en la vida doméstica, junto con las demás ventajas higiénicas y morales de la vida rural."* (TGU, p.118, § 253)

Es interesante hacer notar que, junto al verbo *urbanizar*, Cerdà define el término *rurizar* ya que, según él, la tendencia de la época es a urbanizar el campo y, a su vez, la tarea de la Administración es *rurizar* las ciudades (TVU, p.148, § 338). Es decir, no comprende la urbanización sin la rurización. Es interesante destacar que el concepto de rurizar las ciudades tiene plena actualidad en el discurso de la sostenibilidad y de la teoría de los sistemas socio-tecnológicos-ecológicos[15], tal como veremos en el último capítulo.

1.7. El historicismo como forma de digerir la modernización: la evolución de la civilización y de la urbanización a través de la transacción y de la transición

La teoría urbanística de Cerdà se encuadra en una perspectiva historicista que se inserta perfectamente en la tendencia intelectual del siglo XIX. Como señala Schorske:

"El primer sentido de pensar con la historia se refiere a la utilización de elementos del pasado en una construcción cultural del presente y del futuro. [...] En la Europa del siglo XIX, la historia se convirtió en una forma privilegiada de construcción de significados para las clases ilustradas. [...] La propia palabra modernidad surgió para diferenciar las vidas y el tiempo de la época de lo que había ocurrido anteriormente. [...] El historicismo de la cultura surgió como un modo de aceptar la modernización, poniendo orden en los recursos del pasado."[16]

Cerdà se inscribe claramente en la corriente historicista del siglo XIX y elabora una lectura de la evolución de la urbanización y de las sucesivas civilizaciones en que parte de la convicción de que su generación asiste al nacimiento de una nueva civilización que acabará por imponerse (TGU, p.5; § p.25). Aquí Cerdà entronca con una lectura actual de las revoluciones urbanas,[17] que ha de permitir situarnos ante el inicio evidente de una nueva revolución urbana.

La nueva civilización que propugna Cerdà tiene como caracteres distintivos el movimiento y la comunicatividad (TGU, p.8; § 8). Para Cerdà el ideal de la nueva sociedad es el de una organización en que debe facilitarse la movilidad, acercar a los individuos a través de la sociabilidad y alcanzar así la fraternidad universal (TGU, p.482, § 1331). Son precisamente las relaciones aseguradas en este nuevo escenario, asociado a los nuevos medios de transporte y de telecomunicación, las que anularán las distancias y llevarán la humanidad a la unidad universal (v. figs. 84 y 85).

Cerdà está convencido de que los signos de la nueva civilización no tardarán en aparecer y, ante la evidencia de las potencialidades de los nuevos medios técnicos, propone como respuesta la dualidad transacción-transición (TGU, p.1 5, § 23), en la cual la función de los técnicos debe ser facilitar esta transición de civilizaciones mediante sucesivas transacciones correspondientes a cada una de las transiciones para alcanzar el escenario modelo.

Asimismo, Cerdà asocia urbanización con sociabilidad, cultura y civilización: *"La urbanización [...] le condujo al estado de sociedad: ella le enseñó la cultura: ella le civilizó."* (TGU, p.41, § 67)

Según él, la urbanización es la primera manifestación material de cualquier sociedad y el marco en que se elabora la civilización, conformando el hombre social a través de la inteligencia, los instintos generosos, las costumbres suaves, la buena moral, la cultura, las artes, las ciencias, que son constitutivos de la verdadera civilización (TGU, p. 45, § 75). Para Cerdà, la urbanización es el fruto de la acción de sucesivas civilizaciones. Su lectura de la historia de la urbanización se entiende como una búsqueda de las reapropiaciones de las diferentes civilizaciones ante las distintas capas construidas en cada época. Para él, cada civilización se estructura a partir de lo construido por la civilización anterior y es la obra perseverante y continuada de muchas generaciones. Cada civilización ha ido poniendo una nueva piedra, con una intención deliberada, signo de las tendencias de cada generación. Para ello, utiliza una visión orgánica según la cual cada civilización es como una capa geológica que representa el verdadero estado de la naturaleza en la época de su formación (TGU, p.13, § 20). Esta visualización gráfica de la mejora de las civilizaciones viene expresada precisamente por la urbanización ya que, según Cerdà, la cultura de los pueblos viene expresada por la construcción de sus viviendas. Esta perspectiva le permite afirmar la correlación íntima entre civilización y urbanización. (TGU, p.40, § 64). Podemos concluir que, para Cerdà, urbanización y la civilización van íntimamente ligadas, aunque la urbanización es previa, ya que es ella la que ha permitido el desarrollo de la civilización.

1.8. El pensamiento de influencia hegeliana sobre dualidades lleva a Cerdà a la definición del origen y la causa de la urbanización como la dualidad independencia-sociabilidad

Según Grau y López, al igual que otros pensadores influidos por Hegel, Cerdà se atribuye a sí mismo, en calidad de científico desinteresado, la capacidad de representar, entre la tesis –sociedad tradicional– y la antítesis –elementos de transformación–, el papel de la síntesis, manipulando el proceso histórico y decidiendo a priori los elementos de la tesis que han de ser salvados a través del conflicto.[18]. Tal como señala García Casanova, la filosofía hegeliana propone el proceso dialéctico como el método de investigación científica por excelencia: *"Las derivaciones prácticas de dicho método, que a su vez es la columna vertebral del propio sistema hegeliano, son muy importantes, sobre todo la relativa a la carencia de un techo ideológico y, en consecuencia, a una práctica política apoyada únicamente en el poder de la razón, entendida dialécticamente [...] que ofrecía un proyecto de convivencia social indefinidamente progresivo. Los referentes españoles de la filosofía hegeliana fueron Pi i Margall y Castelar."*[19]

De ahí surge el planteamiento de dualidades que caracteriza la definición cerdaniana de urbanización (v. fig. 86):

Principios generadores de la urbanización según Cerdà

Origen de la urbanización	Individualidad	Edificación	Aislamiento
Causa de la urbanización	Sociabilidad	Agrupamiento	Relación

Figura 86. Una lectura de la urbanización desde la dualidad.
Fuente: elaboración propia

"La urbanización se encuentra constituida y funcionando dondequiera que exista un grupo de albergues más o menos perfectos, más o menos numerosos, más o menos distantes entre sí, cuyo agrupamiento tenga por objeto y llene el fin de establecer relaciones y comunicaciones entre unos y otros." (TGU, p.44, § 71)

De ella se deduce que la urbanización acompaña y permite la civilización y que esta se caracteriza por dos elementos: la edificación y el agrupamiento. Para Cerdà, la agrupación de edificaciones va asociada a un desarrollo progresivo de la civilización, ya que corresponde a una voluntad civilizadora, hasta el punto de llegar a afirmar que *"el hombre debe a la urbanización que nació con él, y con él creció, todo cuanto es, todo cuanto puede ser en este mundo, la conservación de su existencia individual primero, su desenvolvimiento moral e intelectual después, y por fin la existencia social."* (TGU, p.41, § 67)

La noción de urbanización propuesta por Cerdà está centrada en la agrupación de albergues y en las relaciones de comunicación entre ellos. Ello entronca con la influencia sansimonista que defiende la puesta en valor de las comunicaciones, que le lleva a una mirada cinética de la urbanización y a la generación de una nueva topología centrada en el conjunto de vías-intervías.

Los principios que formula en la *Teoría general de la urbanización* parten de los conceptos asociados al origen y a las causas de la urbanización y que concreta a través de las diferentes dualidades (independencia-sociabilidad, aislamiento-relación, hábitat-vialidad). Siguiendo con su concepción de urbanización, si en el albergue el hombre halla la individualidad y la independencia, en la relación a través de la agrupación consigue la sociabilidad. De hecho, para Cerdà, la necesidad del albergue es el origen de la urbanización y la sociabilidad del hombre es la causa del desarrollo de la urbanización (TGU, p.37, § 54 y p.41, § 67). El punto de partida de la urbanización es el albergue como elemento esencial del hombre, al definirlo como complemento del organismo humano (TGU,

p.38, § 59). El origen de la urbanización se halla en el albergue como tal (TGU, p.41, § 66). Por ello, remarca que el objeto inicial no es propiamente la casa, sino la idea de albergue como origen de la urbanización. Para Cerdà, la concepción moderna de vivienda está asociada al hombre urbanizado (TGU, p.40, § 62). Aquí entronca con los planteamientos del otro gran tratadista de la revolución urbana que es Le Corbusier y su propuesta de *unité d'habitation* (v. Figs. 168-169).

Por otra parte, la urbanización va más allá del albergue y se centra en el hecho de la agrupación. Es decir, la agrupación permite la relación a través de la comunicatividad, y a ella están íntimamente ligados los conceptos de urbanización y civilización. En este marco, la solución propuesta por Cerdà es el equilibrio entre independencia y sociabilidad, que representan la dualidad fundamental entre aislamiento y relación. Estos dos elementos están íntimamente relacionados. Para Cerdà, el individualismo es social y expansivo, y busca la comunicatividad (TGU, p.96, § 192). La dualidad aislamiento-relación, tal como la entiende Cerdà, queda perfectamente explicitada y detallada en el párrafo siguiente:

"La vida del hombre, para ser cómoda y estar conforme con las aspiraciones y necesidades de su naturaleza, ha de consistir en una alternativa continuada y prudente entre la sociedad y el aislamiento." (TGU, p.429, § 1184).

Cerdà añade otro principio inherente según el cual existe una correlación entre continente y contenido, entre organismo físico y organismo social. La urbanización es la primera manifestación material de cualquier sociedad y es el marco en que se elabora la civilización. Según este planteamiento, Cerdà propone como elemento central de su teoría la unión entre sociedad y aislamiento, expresada a través del concepto de *funcionomía*, que define como el análisis del funcionamiento de las distintas partes de la ciudad, desde la habitación hasta el conjunto de la ciudad, y que debe asegurar el equilibrio entre aislamiento y relación.

Podemos concluir que, en los primeros capítulos de la TGU, Cerdà parte de la hipótesis de que existen dos principios generadores de la urbanización: las necesidades respectivas de independencia y de sociabilidad, asociadas respectivamente a la edificación y a la agrupación. La dualidad independencia-sociabilidad es el origen y la causa del desarrollo de la urbanización. A estas dos características asocia la dualidad aislamiento-relación, sobre la cual construye la estructura de análisis de la urbanización. Para ello, se introduce en el análisis de lo construido y se centra en la correlación entre las dualidades edificación-agrupación y aislamiento-relación. La correlación de dualidades que se resume en la figura 86 sintetiza el planteamiento general de la urbanización propuesta por Cerdà.

En esta perspectiva, Cerdà nos plantea una metodología original basada en las dualidades, ayudada por las analogías y articulada por la interescalabilidad. Este tipo de aproximación le confiere un pensamiento muy sugerente para la práctica de la urbanística actual ya que, de hecho, sus planteamientos son sistémicos[20] y fractales[21] *avant la lettre*, como veremos a continuación.

Para Cerdà, el concepto de ciudad está esencialmente asociado a la relación entre actores y a la idea de unidad que genera esta suma de relaciones. Está, en definitiva, en la línea de la noción de red de Dupuy, considerada en la perspectiva actual de un urbanismo de redes.[22] De hecho, el grupo Réseaux, liderado por Gabriel Dupuy en torno a la revista *Flux* (1989), se inicia con un número especial donde recoge los referentes de la perspectiva en redes, con textos fundacionales de la noción de red, uno de los cuales es el de Cerdà.

En los capítulos IV, V y VI, adoptamos esta lectura retística de la obra de Cerdà. Para ello, articulamos los textos de Cerdà a partir de las tres características centrales de un análisis retístico: cinética, topológica y adaptativa, siguiendo la corriente del urbanismo de redes.[23] Además, exploraremos la dualidad entre urbano y rural a través del análisis de la relación entre independencia y sociabilidad a escala urbana y territorial.

En concreto, nos centraremos en:

– La formalización de la red viaria como instrumento de mediación y lectura de la mejora de la urbanización a través de la facilitación o la viabilidad del movimiento.

– La formalización del objeto vías-intervías como nueva unidad mínima de la urbanización que articula los distintos elementos (habitación, casa, solar, manzana y viario) en los ámbitos urbano y territorial.

– La formalización de una lectura histórica de la urbanización a escala urbana y territorial

2. Los instrumentos sistémicos y de analogía en la teoría urbanística de Cerdà

2.1. Una visión holística centrada en la analogía que conduce a la introducción de una mirada fractal de la urbanización

La visión holística le permite introducir un instrumental de análisis basado en el uso de homologías y analogías[24] y adoptar la perspectiva fractal que se deduce de ellas.

Una *homología* es la expresión de una misma combinación genética, que se supone de un antepasado común. Por el contrario, una *analogía* es una estructura semejante a otra o que tiene su misma función, pero con un origen y un desarrollo embrionario diferentes, que no se encuentran en un antepasado común, sino que son fruto de convergencia evolutiva.[25]

Este instrumental nos parece totalmente innovador y muy pertinente en la actualidad, como lo evidencian las miradas desde la escala que se reconocen en la naturaleza.[26] La teoría fractal le permitirá a Cerdà plantear analogías a diferentes escalas instrumento que en la actualidad se reconoce de forma cuantitativa en los sistemas naturales y en los sistemas urbanos.[27] Y que desarrollaremos en los siguientes apartados.

Desde la perspectiva actual una analogía (del griego αναλογία, "reiteración o comparación" y "logos, razón") expresa una comparación o relación entre diversas razones o conceptos. *"Esta relación se expresa por comparación entre seres físicos (objectos, etc.) y/o experiencias u otros conceptos abstractos, mediante la apreciación y el señalamiento de características generales y particulares, y la generación de conductos o razonamientos basándose en la existencia de sus parecidos."*[28]

Pero, a partir de esta mirada más biológica que desarrolla homologías, y entendiendo el organismo urbano como un organismo vivo, Cerdà introduce una serie de analogías que serán claves en su formalización teórica de la urbanización. Sobre la analogía, manifiesta que *"es un elemento que ha servido de grandísimo provecho en nuestras investigaciones. La comparación no es razón, dicen por lo común estos ideólogos; y sin embargo nosotros diremos con Manroni que la comparación es razón y argumento de gran peso cuando es buena y fundada en la naturaleza misma de las cosas."* (TVU, p.226, §1426).

De hecho, el propio Cerdà explicita su uso, según los planteamientos de su época:

"La solución de este problema es sumamente sencilla. Nosotros la encontramos guiados por la analogía, elemento que nos ha servido de grandísimo provecho en nuestras investigaciones." (TVU, p.226, § 1425).

Y justifica el uso de la analogía como comparación a partir de unas propiedades similares:

"La comparación es razón y argumento de gran peso cuando es buena y fundada en la naturaleza misma de las cosas. La comparación entonces descubre y pone de manifiesto la identidad de atributos, propiedades y circunstancias que hay en dos cosas al parecer muy diferentes, y esta identidad revela la existencia de alguna causa poco apreciada o enteramente desconocida que ha de influir a la par en la existencia de los dos objetos comparados. La comparación es, en tal caso, la expresión de esa gran ley de analogía que a tan importantes deducciones ha dado lugar en los estudios filosóficos del mundo físico y aun del mundo moral. No tenemos reparo en confesar que nosotros debemos mucho al estudio especial y a la aplicación de la ley de analogías en el curso de nuestras investigaciones, así para fundar la filosofía de la edificación de las ciudades, como para encontrar y establecer un buen sistema económico que pudiese facilitar la aplicación de nuestros principios a las reformas y ensanches." (TVU, p.226, § 1425).

El uso de este instrumento será muy fecundo en la estructuración de la teoría urbanística de Cerdà, como veremos con más detalle a continuación.

2.2. La analogía permite comparar el sistema viario con un sistema fluvial y deducir propiedades de jerarquía

El uso de este planteamiento por homologías y analogías, Cerdà lo traslada al sistema fluvial en su comparativa con el sistema viario (v. fig. 87):

"El primer punto de partida, así como el último punto de término de todas las vías, es siempre la habitación o morada del hombre. Sucede, empero, casi siempre que la comunicación o paso entre estos dos puntos

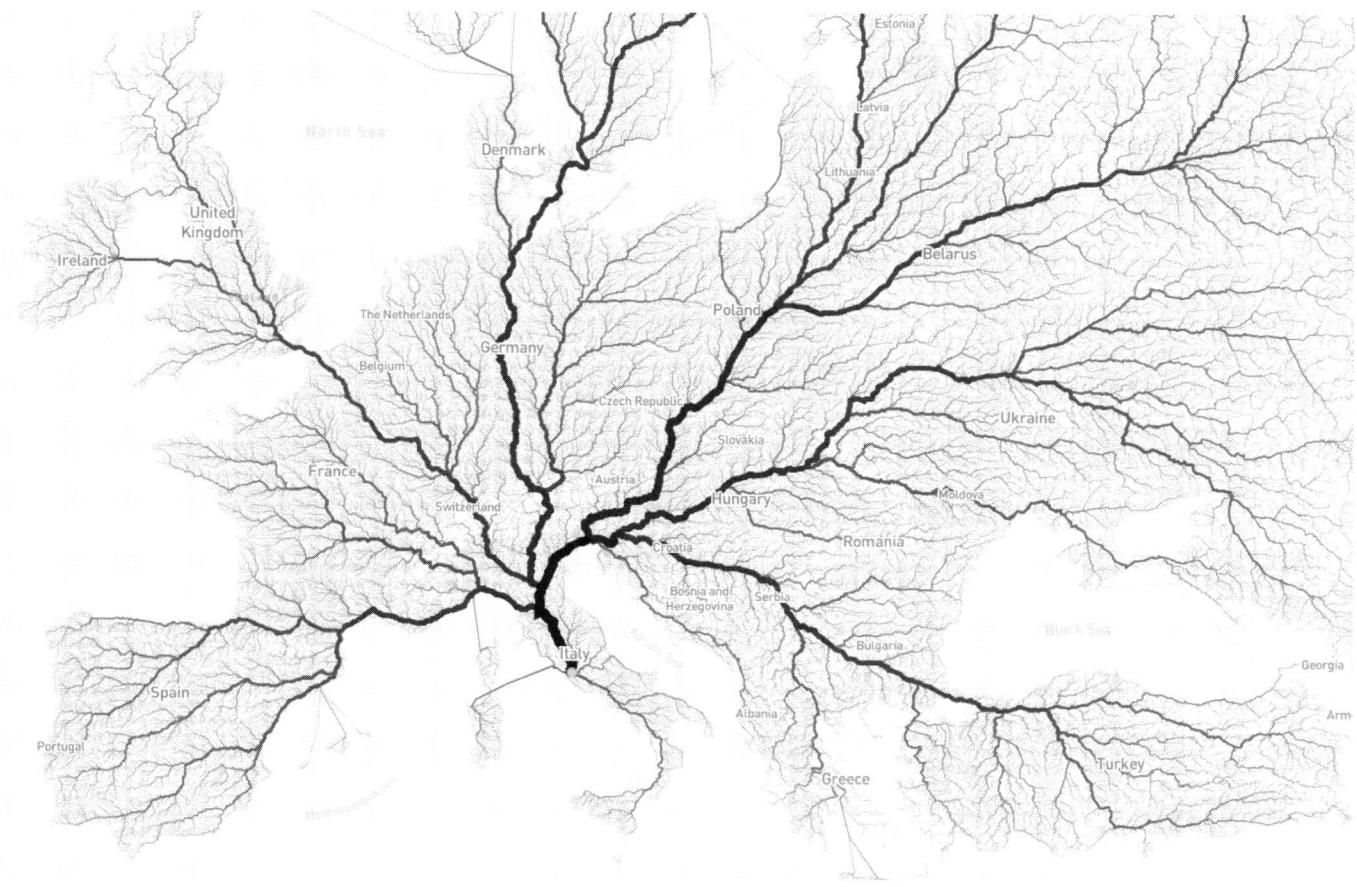

Figura 87. Proyecto Roads to Rome ("Todos los caminos llevan a Roma").
Fuente: Moovel Lab. Disponible en: https://www.archdaily.cl/cl/892053/este-mapa-confirma-que-todos-los-caminos-conducen-a-roma

extremos no es directo e inmediato, sino que ha de verificarse por otra u otras vías intermediarias con las cuales está enlazado. *Un sistema viario viene a representar lo que en la cuenca de un río son, primero, los regatos primitivos de las vertientes: segundo, los pequeños arroyos a que aquellos afluyen: tercero, los torrentes colectores de los arroyos: cuarto, los riachuelos que recogen las aguas de los torrentes: quinto y, finalmente, el río que recoge las aguas de* todos los riachuelos afluyentes para conducirlas al mar. Lo mismo sucede con la vialidad: el hombre sale de su morada por medio de una vereda, primer regato de la vialidad, y sigue por ella hasta encontrar una senda a que han afluido una porción de veredas individuales que, reunidas en dicha senda, van afluyendo juntas a un camino vecinal, colector de un número más o menos considerable de sendas que a él afluyen en su sucesivo desarrollo, a fin de conducirlas a una carretera de última categoría, que conducirá cuantos caminos recoja en su tránsito y desarrollo a otra de orden superior, y así sucesivamente, hasta que se encuentre una carretera de primer orden que, recibiendo todas las vialidades inferiores, las llevará juntas hasta la orilla misma del mar donde se desparramarán por toda la superficie de este elemento, que es vial en todos sentidos y direcciones, para distribuirse entre diversos puntos del globo desde los cuales, por un orden inverso al que dejamos descrito, irá la vialidad descomponiéndose y repartiéndose hasta volver a su primera entidad individual." (TGU, p.335, § 906).

Esta comparativa le permite clasificar el sistema viario el modo siguiente:

"Si una vía, ora se desarrolle en despoblado, ora discurra por entre una urbe, está destinada por su naturaleza viaria a recoger varias otras vías para conducirlas a un término común, si es que término puede haber en la vialidad considerada en abstracto, pues allí mismo donde al parecer acaba y fenece, allí mismo resucita y recomienza, y emprende, de nuevo, la misma u otra carrera diferente, viniendo a darnos en cierto modo una idea de lo infinito, ¿qué calificación cabe darle más apropiada que la de vía trascendental, palabra que responde perfectamente a la idea de un objeto que pasa sin pararse, y sigue y va siempre más allá? Si, por el contrario, encontramos en el interior de una urbe cierta clase de vías que podremos llamar secundarias o por analogía de las corrientes de las aguas, tributarias de las primeras; si consideramos que esas vías secundarias tienen por objeto, ora aportar a las trascendentales, ora arrancar de ellas el movimiento urbano propiamente dicho hasta trasmitirlo a otras vías inferiores que sirven para llevar y traer ese mismo movimiento al último domicilio o desde la última casa; no creemos que se nos tache de desacertados al dar a esas vías la denominación de vías propiamente urbanas, así como a las últimas, destinadas a servir el movimiento a domicilio, particularias, porque son las que representan en rigor el movimiento particular o individual antes que se confunda con el general de la urbe, o después que de él se haya separado." (TGU, p.336-337, § 907-908).

Estas dos analogías le permiten establecer una jerarquía en el sistema viario, que resultará esencial en el planteamiento global de la urbanización. Cerdà parte de la estructuración del viario para llegar al concepto de vías-intervías. Con estos dos instrumentos, estructurará una lectura territorial de la urbanización.

El instrumento de la analogía le permitirá articular la lectura del organismo urbano a partir de su sistema viario y de lo que más tarde concretará con el equilibrio entre el sistema viario y las intervías. Este salto metodológico mediante el uso de la analogía lo plantea como un paso en la profundización de la construcción de una ciencia:

"La tecnología no nos ofrece todavía palabras adecuadas para expresar las ideas que nos sugieren esos diversos fenómenos de la vialidad, por manera que, al tratar de exponerlas, se hace indispensable el uso de circunloquios y analogías que no siempre corresponden con rigurosa exactitud al concepto que se desea expresar. Así es que, encontrándonos en la necesidad de calificar las diversas vías urbanas que, funcionando, como quiera que sea, en el interior de una urbe, vienen a representar diversas jerarquías, porque responden a categorías distintas de la vialidad, nos hemos visto precisados a usar una nomenclatura que, como nueva, tal vez no llegue a satisfacer el gusto de todos nuestros lectores, pero que hemos creído la más adecuada a las ideas que *acerca de la vialidad tenemos concebidas, y que someramente tenemos expuestas, sin otro objeto que el de excusar, ya que no justificar, nuestra innovación tecnológica."* (TGU, p.335, § 906).

2.3. La analogía casa-organismo vivo como elemento central de la formalización del concepto de independencia

Una de las analogías más fecundas utilizadas por Cerdà es la de la casa como organismo vivo, que le permite formalizar el concepto de vía-intervías y, a la vez, profundizar en los conceptos de independencia y movilidad a distintas escalas, así como adentrarse en el concepto de red e introducirlo en la urbanización. Dentro de esta analogía, Cerdà plantea cuatro fases.

Una primera, en que acentúa el elemento de la casa como instrumento de aislamiento: *"Como hemos visto ya, la casa aislada de que vamos hablando tiene en torno suyo un ámbito que la separa de todas las demás, con las cuales, por consiguiente, no está en contacto inmediato por ninguno de los puntos de su periferia. Tiene lo que debe tener, lo que tiene el individuo de la especie humana, una atmósfera propia, un campo, por decirlo así, donde puede desempeñar todos los actos de su vida urbana, porque hay que tener en cuenta que, aun cuando la casa, como un objeto inanimado, carece de vida; como concha, como complemento del vestido que cubre al hombre, ejerce verdaderas funciones vitales."* (TGU, p.412, § 1131-1132).

En una segunda fase, utiliza la analogía vinculada a la fisiología del organismo con la fisiología del sistema de la vivienda: *"Así es que, examinándola con atención filosófica, se la encuentra dotada de todos los órganos o, mejor dicho, de todos los elementos materiales que corresponden a las funciones de los órganos de la vida humana. Órganos correspondientes a la locomoción: puertas y vías domésticas. Órganos correspondientes a los ojos y oídos: balcones y ventanas. Órganos correspondientes a todas*

las funciones de alimentación, digestión y expulsión de residuos procedentes de estas mismas funciones: despensas, conductos de agua potable, cocina con sus dependencias, escusados y conductos de exportación de materias fecales, etc." (TGU, p.412, § 1131-1132).

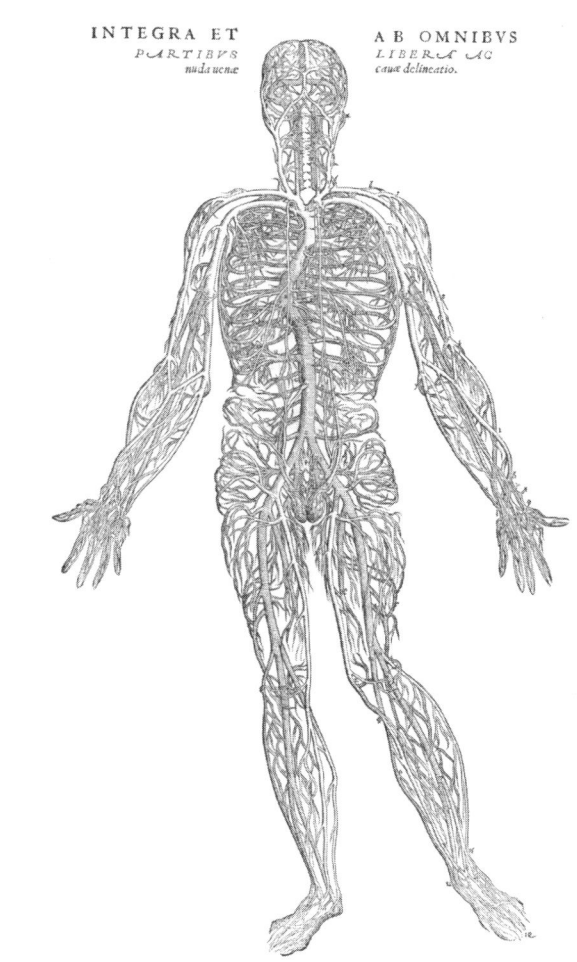

Figura 88. Vesalio, en De humani corporis fabrica, hace una descripción completa de la estructura del cuerpo humano, con todos sus detalles, desde una mirada de la anatomía.
Fuente: Vesalius, Andreas (1543): De humani corporis fabrica libri septem. Ilustraciones.

En una tercera fase, pone de manifiesto que, para poder realizar las distintas funciones fisiológicas, la casa debe tener un campo de operaciones: *"Ahora bien, como, para ejercer todas esas funciones, es indispensable que la casa tenga en torno suyo ese ámbito, que por eso hemos llamado campo de operaciones, puesto que no podrían ejercerse legalmente sobre el terreno del vecino, es de ahí que la casa de que vamos ocupándonos, que es la que reúne todas las condiciones conducentes al libre y desembarazado ejercicio de la vida urbana, se encuentra dotada de esa zona aisladora que garantiza y asegura dicho ejercicio. ¿Cuáles, empero, deberán ser las condiciones de esa zona? Por lo común en los pocos ejemplares que de ese tipo se nos ofrecen en el interior de las urbes, la encontramos cubierta de vegetación, a veces alta, que perjudica, en el sentido de ser un obstáculo para las vistas, aunque siempre es beneficiosa por su saludable influencia higiénica. Otras veces, la vegetación es baja, que, sin perder nada de las buenas cualidades higiénicas, no ofende a las vistas, lo cual siempre es una ventaja. A veces, por fin, es escueta y simplemente aprestada para la vialidad, lo cual facilita admirablemente las entradas y salidas de la casa por cualquier punto de su periferia, y prueba generalmente que el objeto de la construcción ha sido industrial o mercantil."* (TGU, p.412, § 1131-1132).

Y es precisamente la unión de la casa y su campo de operaciones lo que define una nueva unidad que va a describir posteriormente como *intervías*.

En una cuarta fase, realiza un paso más y plantea una visión sistémica en que establece un sistema y su entorno (la casa y el campo de operaciones). Ello le permite determinar las relaciones que tienen estos dos objetos. Si la casa es el núcleo de una célula, existen unas membranas que han de permitir graduar la interacción del sistema de la vivienda (la casa y el entorno o campo de operaciones) con la luz, la temperatura, la ventilación y el viento. Y es ahí donde introduce el concepto de *vanos* como elementos controladores en las fronteras:

"Al propio tiempo, la luz que tan ardientemente anhelamos, y que parece un elemento necesario a nuestra existencia, llega a fatigar nuestro espíritu y hasta a perjudicar nuestro órgano visual si es demasiado viva o persevera por mucho tiempo, por cuya razón, después de algún tiempo de haber estado en plena luz, ora quebrantamos y templamos la viveza de sus rayos, ora vamos decididamente en busca de la oscuridad que aborrecíamos, y que pronto nos fastidiará de nuevo, obligándonos de nuevo a buscar la luz. Un fenómeno análogo sucede respecto de la temperatura y de la ventilación. Una temperatura elevada enerva nuestras fuerzas, y esto nos obliga a ir en busca de otra más baja, y esta, a su vez, que también produce en nuestro organismo análogos efectos con su continuación, nos fuerza a procurarnos la elevada. Lo mismo nos sucede con el viento, que alternativamente buscamos y eludimos. Estos son los contrastes de la vida. Pues bien, a todos esos diversos contrastes, para procurarnos los cambios de situación que ellos requieren, están consagrados los vanos, así interiores como exteriores, de la casa, armados de su correspondiente maderaje. En efecto, así como los macizos representan el aislamiento perpetuo y necesario, así los vanos con sus correspondientes valvas —y permítasenos esta expresión—, que, si la casa es para el hombre lo que la concha para los testáceos, no debe ser reputada impropia, así los vanos, decimos, con sus valvas representan la comunicatividad con el mundo exterior, mas no una comunicatividad permanente e inevitable, sino temporal, contingente, subordinada de una manera absoluta a la voluntad del morador." (TGU, p.443, § 1224)

Esta metodología, como analizaremos más adelante, será esencial para concretar el sentido profundo del concepto de urbanización como una síntesis entre independencia y relación, tanto en la vivienda como en el intervías.

2.4. La analogía entre la casa y la fisiología del cuerpo humano le permite introducir las redes de servicios urbanos en la urbanización

Una de las implicaciones de la analogía entre el sistema de la vivienda y el organismo (v. fig. 88) le permitirá introducir las redes de servicios urbanos:

"La casa se encuentra dotada de todos los órganos o, mejor dicho, de todos los elementos materiales que corresponden a las funciones de los órganos de la vida humana. [...] Órganos correspondientes a todas las funciones de alimentación, digestión y expulsión de residuos procedentes de estas mismas funciones: despensas, conductos de agua potable, cocina con sus dependencias, escusados y conductos de exportación de materias fecales, etc." (TGU, p.412, § 1131).

Más tarde, extenderá esta analogía a toda la ciudad:

"A escala de ciudad, si imaginamos cortada la planta de la calle, ora en el sentido transversal, ora en el longitudinal, hasta una profundidad indefinida, sorprenderemos un gran número de obras de arte, bóvedas, tubos grandes y pequeños, por todos los cuales discurren, en más o menos abundancia, más o menos visiblemente, líquidos y fluidos de diversa naturaleza y de índole diversa, en direcciones distintas. Diríase a primera vista que esos diferentes aparatos forman el sistema venal de algún ser misterioso de colosales dimensiones. Y ciertamente esta idea, al parecer atrevida, no dejaría de tener sus puntos de verdad analógica, puesto que ese conjunto tubular no constituye otra cosa más que un verdadero sistema de aparatos que sostienen el funcionamiento de la vida urbana." (TGU, p.306, § 824).

Vemos, pues, que Cerdà introduce un cambio de escala con la siguiente analogía: casa-ciudad.

2.5. La analogía entre casa y urbe permite la comparativa de objetos a dos escalas diferentes

Dando un paso más en el recurso a las analogías, el uso de la comparativa entre la casa y la urbe le permite adentrase en lo que después analizaremos como pensamiento fractal:

"En cada uno de esos espacios aislados por las vías urbanas, existe un pequeño mundo, una pequeña urbe –o urbe elemental, si se quiere– que, en su conjunto y en sus detalles, conserva la más admirable analogía y hasta semejanza con la grande urbe que, todo bien mirado, no es más que un conjunto armónicamente compuesto de tales urbes elementales, enlazadas entre sí por el gran sistema viario urbano." (TGU, p.363, § 984)

El planteamiento de que cada intervías es una urbe y que cada urbe forma parte de un sistema global interconectado por la vialidad trascendental le permite configurar una visión de la urbanización a escala territorial que trasciende el concepto de ciudad:

"Cada urbe constituye una entidad colectiva, con existencia propia, independiente y autonómica, unida solo a la gran vida de la humanidad, por medio de las vías trascendentales que recogen y trasmiten la vialidad urbana al sistema viario universal, o bien recogiendo y trasmitiendo desde ésta a la urbe el movimiento que le viene de los demás puntos de la actividad social del universo. Aparte de ese movimiento ascendente y descendente, que corresponde a esos mismos movimientos que en el mundo vegetal son la vida de las plantas, en todo lo demás la vida interior de cada urbe funciona por medio de su organismo propio que constituye su individualidad. Mas ese organismo, con ser compuesto de elementos

esencialmente iguales, difiere en cada urbe con una variedad pasmosa. Y es que esos elementos constitutivos tienen en cada localidad diversas formas, diversa magnitud, accidentes diversos y, además de todo esto, se combinan entre sí de un modo diferente. De esta suerte, se verifica en las urbes lo que en los demás individuos de todas las especies animales y vegetales: cada urbe individual tiene los mismos elementos que las demás y, sin embargo, no hay una sola, entre el sinnúmero de las que forman la economía urbana del universo, que se parezca a ninguna de las demás." (TGU, p.681, § 1903)

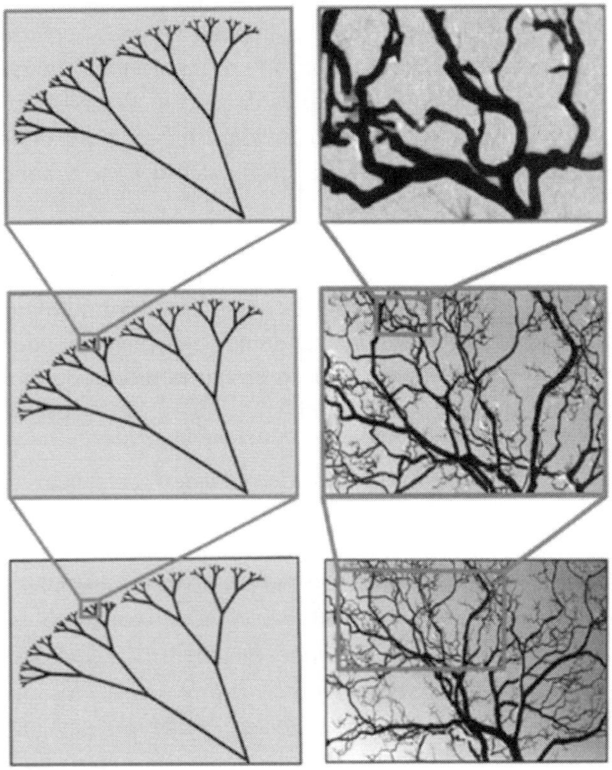

2.6. De la analogía a la fractalidad: la repetición de la analogía a diferentes escalas del territorio

Las analogías casa-organismo vivo y casa-urbe, así como la articulación del sistema viario como un sistema vegetal, le han permitido articular un sistema definido por vías particularias, urbanas y trascendentales. Cerdà desarrolla este mismo esquema a diferentes ámbitos territoriales donde este mismo esquema se repite. La primera extensión territorial la realiza a la escala del municipio:

Figura 89. Los patrones de las ramas de un árbol artificial se repiten exactamente con diferentes aumentos (columna izquierda). Por contra, solo las cualidades estadísticas se repiten para un árbol real (columna derecha). Es un ejemplo de analogía que utiliza Cerdà entre la naturaleza y la ciudad y que se corresponde con una estructura fractal.
Fuente: Taylor, 2021

"El territorio de la jurisdicción municipal consta asimismo de su predio o recinto urbano, limitado por la calle de ronda; de su predio o comarca rústica, determinada por una vía limitánea que la define respecto de todas las demás jurisdicciones municipales inmediatas, y finalmente de vías de trascendencia que ponen en comunicación su recinto urbano con el correspondiente a la jurisdicción municipal cabeza del corregimiento y con los de las demás jurisdicciones municipales que lo integran."[29]

A continuación, propone su extensión a las otras escalas del territorio: "Por el mismo orden y del mismo modo se hallan compuestas las jurisdicciones territoriales conocidas con las denominaciones de corregimiento, provincia, principado y nación, siendo todas ellas un compuesto de predios urbanos y de predios rústicos de diferentes órdenes o categorías, definidos y determinados, siempre y en todos los casos, por una red de vías íntimas, limitáneas y trascendentales."[30]

De esta forma, establece un artefacto que es capaz de replicarse a las distintas escalas de gobernanza, siguiendo un esquema fractal.[31]

2.7. La configuración de una lectura sistémica y fractal del territorio *avant la lettre*

Si seguimos la lectura de la teoría de sistemas y consideramos el territorio como un sistema, deducimos que las relaciones que se establecen en el territorio le confieren una estructura correspondiente a una organización. Desde una visión sistémica, las relaciones pueden modificarse en el tiempo conservando una permanencia, definiendo un entorno respecto del cual mantienen una autonomía y organizándose en subsistemas que le aportan estructura y la dan cierta coherencia. Sistema y entorno, autonomía, permanencia, coherencia y estructura son los conceptos clave a través de los cuales la teoría de sistemas actual caracteriza el territorio como sistema.[32] En este marco epistemológico, el territorio es el espacio donde se materializan las relaciones que establecen sus actores (habitantes, instituciones, etc.) y que son el origen de la red. El resultado es la articulación de determinadas redes que se inscriben en el territorio.

La teoría urbanística de Cerdà parte de un concepto de urbanización en que la causa son las relaciones entre albergues. Al considerar la comunicatividad como punto de partida, se centra en las redes que la favorecen, y sobre este espacio construye una red que organiza su interior y le conecta con el exterior. Este esquema lo replica a la escala de la agrupación de albergues en torno a una manzana o intervías. Y, sobre esta base, lo escala a la escala de la ciudad, en que una agrupación de intervías se articulan alrededor de una vía de cintura, unas vías trascendentales, unas vías urbanas y unas vías particularias (v. fig. 118). A su vez, la ciudad dispone de un recinto y de un campo de asentamiento que configura la comarca (v. fig. 118). Cerdà está definiendo la estructura de un sistema que articula diferentes subsistemas: casa, intervías, ciudad y comarca.

Mediante la analogía entre casa y organismo, Cerdà define la casa y su campo de operaciones, así como un sistema (casa) y un entorno (campo de operaciones). Para Cerdà, la autonomía de la casa está centrada en el concepto de independencia, modulada por los vanos como elementos que permiten controlar la luz, la temperatura y la ventilación. Los vanos son la membrana de la célula que es la casa y, por consiguiente, analiza la ósmosis de la relación entre el sistema y su entorno. Pero también analizará los fenómenos de aglomeración en la escala urbana y de yuxtaposición y superposición en la escala de la vivienda y del intervías. Para Cerdà, la urbanización genera fenómenos de acrecentamiento y exuberancia que la Administración debe gestionar y controlar. El incremento de las relaciones y el constreñimiento debido a los recintos amurallados o administrativos generan fenómenos de yuxtaposición y superposición, que provocan la trituración de los elementos centrales de la urbanización que deberían asegurar la independencia, que son la casa y el intervías. Para Cerdà, existe una interacción entre los distintos elementos que genera trituración y una reorganización del territorio con el nacimiento de nuevas ciudades embrión conectadas a la ciudad central.

Con los instrumentos de la homología y la analogía, y posteriormente de la fractalidad y la interescalabilidad (v. fig. 89), combinados entre ellos, dispone de un marco conceptual para leer y comparar los sistemas urbanos y territoriales. Así pues, con unos elementos simples, Cerdà construye una epistemología sistémica y fractal *avant la lettre* que encuentra toda su actualidad en la urbanización actual, y que analizamos con mayor detalle en los capítulos IV y V.

3. Los principios y los instrumentos asociados a la implementación de la urbanización: las cinco bases de la teoría general de la urbanización

En su planteamiento científico, Cerdà se ocupa de las bases que han de permitir ejecutar la urbanización planeada. Ello lo va a hacer desde la base de los principios anteriores, a los cuales unirá unos principios que formalizará en torno a unas bases de la urbanización que han de permitir mejorar la civilización a través de la urbanización desde una perspectiva de la modernización característica de la tercera revolución urbana.

3.1. La justificación de la necesidad de unas bases de la urbanización

En la argumentación de esta fundamentación con apelaciones a los criterios de analogía, al derecho natural y a las doctrinas utilitarias de Bentham, se sentarán las bases del pensamiento de Cerdà para la ejecución urbanística. Cerdà parte de la consideración de que la reforma y el ensanche de una ciudad es una obra de utilidad pública: *"No es simplemente municipal, puesto que no afecta solo los intereses de la provincia, y llega a afectar también los del Estado."* (PEC, p.460, §11)

En *Las cinco bases de la Teoría general de la urbanización*, Arturo Soria[33] desarrolla este planteamiento, que Cerdà ha esbozado implícitamente:

1. Una base facultativa que, recogiendo las aportaciones de la ingeniería, la arquitectura, la higiene, la estadística, la historia y la geografía, abordase de manera sistemática y clarificara las grandes opciones que se plantean al redactar los proyectos de urbanización.

2. Una base económica que estableciera criterios y mecanismos para la financiación de las redes urbanas y para el reparto de cargas y beneficios.

3. Una base legal que determinara los derechos y los deberes de la Administración y de los propietarios afectados y que fijara unos procedimientos sencillos de reparcelación.

4. Una base administrativa que definiera los principios doctrinales que deben inspirar las ordenanzas municipales de construcción.

5. Una base política, cuya función consistía en estudiar la manera de armonizar lo teóricamente deseable con lo que es posible en la práctica.[34]

3.2. La base técnica o facultativa

Cerdà se distingue claramente de los planes urbanísticos anteriores por su obsesión por legitimar, de forma científica, a través de las distintas disciplinas (la ingeniería, la arquitectura, la higiene, la estadística, la historia y la geografía), las decisiones a la hora de redactar los proyectos de urbanización:

> *"Fundado en estos estudios analíticos que había empezado a hacer para darme cuenta de las condiciones higiénicas, económicas y sociales de la población que habita esta ciudad, he hecho después la síntesis razonada de mi proyecto para su reforma y ensanche."* (TCC, p.116, § 9).

Está será una de las razones en la elaboración de las memorias de cada proyecto que darán lugar a las diversas teorías urbanísticas que desarrollará en su quehacer urbanístico.

3.3. La base legal

Por otra parte, Cerdà establece unas bases legales para poder legitimar la base facultativa:

> *"El lápiz del facultativo no debe, no puede, por ningún concepto, detenerse ante consideraciones de interés particular y aislado y ¡ay del que, para mejorar la propiedad de uno, osase sacrificar el interés y las necesidades generales, pues su obra y hasta su memoria serían execradas!"*

El principio utilitarista de Bentham será el eje de los planteamientos de la base legal, centrados en dos bases:

la aglomeración urbana de edificaciones genera, por sí misma, una comunidad de intereses recíprocos entre las fincas urbanas que justifican la intervención pública y permiten hablar de unos derechos o unas situaciones activas y pasivas entre las fincas, en sí mismas y con el interés público, y el criterio para determinar el límite del intervencionismo urbanístico público que se expresa, en atención a esta misma comunidad.

Como señala García Bellido, Cerdà lo hace con arreglo al axioma siguiente:

"El jefe de familia manda en el interior del hogar doméstico, la autoridad interviene cuando las familias se ponen en contacto, dirige y reglamenta sus relaciones y armoniza sus intereses y sus derechos respectivos."[35]

Así ejemplifica algunos supuestos: si la autoridad no puede inmiscuirse en el interior de la casa, sí podrá exigir un determinado color en las fachadas, una numeración en el censo o condiciones de seguridad, salubridad y comodidad en favor de los transeúntes, y así sucesivamente. Para su desarrollo, Cerdà retomará las propuestas de Proudhon sobre asociacionismo.[36] Desde esta perspectiva, establecerá un criterio claro para los propietarios en cuanto a los beneficios y las cargas urbanísticas. Cerdà propondrá un sistema de compensación y una técnica de reparcelación:

"No forman más que una sola entidad a la cual tienen derechos iguales y confundidos (proindiviso), sin otra diferencia que la mayor o menor cantidad de dichos terrenos que cada uno de ellos haya aportado, si así cabe decirlo, a este fondo común, cantidad que debe tenerse muy en cuenta para que, proporcional-

mente a ella, pierda cada uno para calle ni más ni menos que la parte que le corresponda. […] Después de esto, la superficie edificable se dividirá en tantos solares de figura regular cuantos sean los propietarios copartícipes o comuneros, también en justa proporción a la cantidad de terreno por cada uno de ellos representado." (CPE, p.587, §43).

3.4. La base administrativa

Cerdà cuestiona las propuestas urbanísticas anteriores, porque han quedado demasiado circunscritas a una perspectiva de *Beaux Arts* y no recogen las nuevas disciplinas con su carácter científico:

"En medio del progreso de las demás ciencias, la de la construcción urbana ha permanecido estacionaria a causa de haberse amoldado a las contingencias de la industria y del arte, con menosprecio de los estudios de economía política, de higiene y de administración, que deben considerarse como sus naturales e inseparables auxiliares." (OPU, p.483, §1).

Por ello, se propone establecer un código de disposiciones de la edificación que permitan, desde una perspectiva liberal, establecer un mínimo orden público:

"Alguna indulgencia merecerá, sin embargo, y esto me alienta el intento de proponer al gobierno de mi patria lo que no ha hecho ningún gobierno hasta hoy, esto es, reducir a un código todas cuantas disposiciones puedan conducir a la edificación de una ciudad y a su conservación bajo condiciones favorables al orden público, al buen régimen administrativo y económico, al bienestar general y al de la familia, y hasta al del individuo, a la higiene pública y privada, a la comodidad de todos y de cada uno, aparte de las condiciones de ornato, y hacer todo esto sin exigir al individuo más

que el sacrificio menor posible de sus derechos y de su libertad." (OCB, p.519, §13).

Y las Ordenanzas de construcción de Barcelona van a ser el instrumento con que Cerdà intentará formalizar este avance. Estas ordenanzas, como señala Bassols,[37] siguen los apartados siguientes:

— Ensanche supramunicipal
— Unidades de referencia: sistema viario y manzanas
— Formación de manzanas y cesión de terrenos para viales
— Ordenación de manzanas
— Ordenación de usos y zonificación
— Régimen de la edificación residencial y servidumbres
— Régimen de ejecución de las obras y control sanitario de las construcciones
— Consejo de salubridad y construcción: composición y funciones

3.5. La base económica

Para la financiación de estos gastos, Cerdà considera contrarios a la justicia tanto el sistema de expropiación forzosa de los terrenos y edificios a cargo del Estado (que implicaría "pagar muy caro a un propietario el derecho de hacerle más rico") como la imposición de un impuesto extraordinario y, muy especialmente, el sistema de empréstitos públicos. Según Cerdà:

"En cualquier obra de utilidad pública, los gastos que son siempre reproductivos han de correr de cuenta de aquellos que hayan de reportar las ventajas provenientes de la misma obra. Tal es el principio que ha de adoptarse y que no es otro que el derecho escrito que da como regla, a saber: qui sentit commodum et incommodum sentire debet; y aquella otra que

establece que nadie puede enriquecerse a costa de otros." (PEC, p.469, §90).

Esta unidad de gestión urbanizadora no debe ser asumida por la Administración:

"La Administración no debe ser constructora, no le conviene, no puede serlo. Es una verdad proclamada por los economistas de todas las escuelas que la Administración es la peor administradora." (PEC, p.469, §90).

Para ello, propone, en analogía con la legislación de ferrocarriles, que sea una empresa privada, un concesionario, al cual se le adjudique en subasta pública, de tal suerte que, *"si la exención en el aumento de la contribución territorial que creemos indispensable conceder a la empresa constructora de nuestro proyecto se considerase como una subvención del Estado, se verifique la licitación siendo la duración de aquella exención la base de la subasta." (PEC, p.469, §90).*

3.6. La base política

En uno de los pocos textos en que Cerdà habla de las bases sobre las cuales debe apoyarse un plan urbanístico, tras mencionar la facultativa, la legal, la administrativa y la económica, añade: *"Falta, por fin [...] otra base, no menos importante y esencial que las demás: la de armonizar lo que es con lo que ha de ser." (CPM, p.283, §14).*

Como señala Soria,[38] esta base, que define tan escuetamente y que no califica con adjetivo alguno, es la que nos hemos permitido calificar de *política*:

"[...] Armonizar lo que es con lo que ha de ser" consiste en "abarcar de una sola mirada así lo presente como lo porvenir, y atender con justa imparcialidad

tanto a los actuales intereses como a los venideros."
(CPM, p.283, §15).

La búsqueda de ese difícil equilibrio define su actitud básica ante la política y ante la planificación urbanística. La gran virtud de Cerdà es su capacidad para imponer su proyecto y para llevarlo a cabo en sus parámetros esenciales. Cerdà aporta como guía de intervención el principio de transición-transacción. Consciente de que la solución proyectada no puede ser asumida desde el principio, confía en la transición hacia el modelo propuesto, pero con el imperativo de conseguir unos mínimos o una transacción que aseguren la línea de tendencia. Esta flexibilidad en los instrumentos acabará siendo uno de los puntos fuertes para el desarrollo de la ciudad, según su proyecto.

Con estas cinco bases y sus principios asociados, Cerdà sentará las bases de una disciplina urbanística que permitirá pasar del proyecto a la realización.

Notas

1   ESTAPÉ, Fabián (1971): *Teoría general de la urbanización. Estudio sobre la vida y obra de Ildefonso Cerdá.* Vol. III. Madrid, Instituto de Estudios Fiscales.

2   GRAU, Ramon (2009): "El saintsimonisme: horitzó ideològic d'Ildefons Cerdà". En: NAVAS, Teresa (ed.) (2009). *La Política Pràctica: Cerdà i la Diputació de Barcelona.* Barcelona: Diputació de Barcelona, pp.73-79.

3   GARCÍA CASANOVA, Juan Francisco (1978): *La filosofía hegeliana en la España del siglo XIX,* vol. 72. Madrid: Fundación Juan March. Disponible en https://cdnrepositorios.march.es/sites/default/files/images/node-53157-document.pdf

4   TARRAGÓ, Salvador.; SORIA, Arturo (1976): *Cerdà 1876-1976.* Catálogo de la exposición conmemorativa del centenario de su muerte. Barcelona: Colegio de Ingenieros de Caminos, Canales y Puertos, pp. 89-108.

5   MAGRINYÀ, Francesc (1999): Las influencias recibidas y proyectadas por Cerdà. *Ciudad y Territorio. Estudios Territoriales,* vol. XXXI, tercera época (119-120): 95-117, primavera-verano. Disponible en https://recyt.fecyt.es/index.php/CyTET/article/view/85565

6   SAMBURSKY, Samuel (1956): *Physical World of the Greeks.* Routledge & Kegan Paul (versión española: Pascual Pueyo, M. J. (1990): *El mundo físico de los griegos.* Madrid: Alianza Universidad, pp. 213-233); BERNABÉ, Alberto (1988): *De Tales a Demócrito. Fragmentos presocráticos.* Madrid: Alianza, pp. 285-334.

7   GARCÍA BELLIDO, Javier (2000): Ildefonso Cerdà y el nacimiento de la urbanística: la primera propuesta disciplinar de su estructura profunda. *Scripta Nova. Revista Electrónica de Geografía y Ciencias Sociales,* 4, 61. Disponible en https://www.ub.edu/geocrit/sn-61.htm

8   SIMMONS, I. .G.; COX, N. J. (1985): "Holistic and reductionistic approaches to geography". En: JOHNSTON, Ron: *The Future of Geography.* Londres; Nueva York: Methuen, p. 43-58.

9   OWEN, Richard (1846): *Lectures on the Comparative Anatomy and Physiology of the Vertebrate Animals: Delivered at the Royal College of Surgeons of England, in 1844 and 1846. Part I. Fishes.*

10   Este apartado retoma las aportaciones de GARCÍA BELLIDO, Javier (2000): *Op. cit.*

11   GARCÍA BELLIDO, Javier (2000): *Op. cit.*

12   SIMMONS, I. G.; COX, N. J. (1985): *Op. cit.*

13   REYNAUD, Leonce (1858): *Traité d'Architecture contenant des notions générales sur les principes de la construction et sur l'histoire de l'art.* París: Carilian Goeury, p. 594.

14 BENTHAM, Jeremias (1834): *Principios de legislación y de codificación, extractados de las obras del filósofo inglés Jeremías Bentham por Francisco Ferrer y Valls*. Madrid: Imprenta Tomas Jordán.

15 FOLKE, C., *et al.* (2005): "Adaptative governance of social-ecological systems". *Annual Review of Environment and Resources*, 30: 441-473; FOLKE, C., *et al.* (2021): "Our future in the Anthropocene biosphere". *Ambio*, 50: 834-869. Disponible en: https://doi.org/10.1007/s13280-021-01544-8

16 SCHORSKE, Carl E. (2001): *Pensar con la historia: ensayos sobre la transición a la modernidad*. Madrid: Grupo Santillana Ediciones. [Traducción de SCHORSKE, Carl E. (1998): *Thinking with history. Explorations in the passage to modernism*. Princeton: Princeton University Press, pp.18-20.]

17 SOJA, Edward (2000): Postmetropolis: *Critical Studies of Cities and Regions*. Los Ángeles: Blackwell Publishing.

18 GRAU, Ramón (1980): Ildelfonso Cerdá y la geografía catalana. *Revista de Geografía*, Vol. XIV, (1 y 2): 75-84. Enero-Diciembre 1980. p.109.

19 GARCIA CASANOVA, Juan Francisco (1978): *La filosofía hegeliana en la España del Siglo XIX* (Vol. 72). Madrid: Fundación Juan March.

20 BERTALANFFY, Ludwig von (1968): *General system theory: foundations, development, applications*. Nueva York: George Braziller. Edición revisada en 1976. Traducción al castellano: BERTALANFFY, L. von (1987): *Teoría general de sistemas*. Madrid: Fondo de Cultura Económica.

21 MANDELBROT, Benoît (1982): *The fractal geometry of nature*. Freeman Press. Traducción al castellano: MANDELBROT, Benoît (1997): *La geometría fractal de la naturaleza*. Barcelona: Tusquets.

22 DUPUY, Gabriel (1991): *L'urbanisme des réseaux*. París: Armand Colin. Traducida al castellano: DUPUY, G. (1997): *El urbanismo de las redes. Teorías y métodos*. Barcelona: Oikos-Tau.

23 DUPUY, Gabriel (1991): *Op. cit.*

24 Real Academia Española y Asociación de Academias de la Lengua Española (2014): "Analogía". *Diccionario de la lengua española*. 23.ª edición. Madrid: Espasa. ISBN: 9788467041897.

25 SCHMITT, Stéphane (2006): *Aux origines de la biologie moderne. L'anatomie comparée d'Aristote à la théorie de l'évolution*. París: Éditions Belin.

26 BETTENCOURT, L. M., LOBO, J., HELBING, D., KÜHNERT, C., & WEST, G. B. (2007). *Growth, innovation, scaling, and the space of life in cities. Proceedings of the national academy of sciences*, 104(17), 7301-7306

27 WEST, Geoffrey B; BROWN, James H.; ENQUIST, Brian J. (1999): The fourth dimension of life: fractal geometry and allometric scaling of organisms. *Science*, 284(5420): 1677-1679.

28 *Vid.* https://es.wikipedia.org/wiki/Analog%C3%ADa

29 CERDA, Ildefons (1875;1991). Indice cronológico, 1875. En: *Cerdá y Barcelona* (1991): 633-655).

30 CERDÀ, Ildefons (1875): *Op. cit.*

31 TAYLOR, R.P. (2021): "The Potential of Biophilic Fractal Designs to Promote Health and Performance: A Review of Experiments and Applications". *Sustainability* 2021, 13, 823.

32 WALLISER, Bernard (1977): *Systèmes et modèles. Introduction critique à l'analyse de systèmes*. París: Éditions du Seuil; DUPUY, Gabriel (1986): *Systèmes, réseaux et territoires*. París: Presses de l'Ecole Nationale des Ponts et Chaussées.

33 SORIA, Arturo (1996): *Cerdá: las cinco bases de la teoría general de la urbanización*. Barcelona: Electa. ISBN: 8481560642.

34 SORIA, Arturo (1996): *Op. cit.*

35 GARCÍA BELLIDO, Javier (2000): *Op. cit.*

36 PROUDHON, Pierre-Joseph (1862): *Teoría de la contribución*. Traducción de Roberto Robert. Madrid: Imprenta a cargo de B. Carranza.

37 BASSOLS, Martí (1999): La influencia de Ildefonso Cerdà en la fundamentación jurídica de la urbanización. *Ciudad y Territorio. Estudios Territoriales*, p. 189-208. Disponible en https://recyt.fecyt.es/index.php/CyTET/article/view/85573

38 SORIA, Arturo (1996): *Op. cit.*

IV. EL SISTEMA VIARIO Y EL VIA-INTERVÍAS COMO INTERMEDIARIOS DE UNA LECTURA URBANA Y TERRITORIAL

1. Una lectura cinética a través de los conceptos de comunicatividad y de viabilidad

1.1.   El significado de una lectura cinética

La apuesta de Cerdà por analizar la urbanización a través de la red viaria lo sitúa claramente en una perspectiva de urbanismo de redes, siguiendo la nomenclatura de Dupuy.[1] Como ya se ha mencionado en el capítulo anterior, las tres características de una mirada urbanística desde las redes son: cinética, topológica y adaptativa. En este capítulo, nos centramos en las dos primeras y partimos del análisis de los conceptos de comunicatividad y viabilidad. Para Cerdà, se trata de facilitar el movimiento, es decir, la red viaria y su viabilidad . Ello le lleva a analizar dicha red y su interacción con la organización de la urbanización, lo cual le conducirá a elaborar el concepto de vías-intervías, un elemento topológico central su teoría urbanística.

Cerdà canaliza la respuesta de los territorios ante el impacto que generan los nuevos medios de transporte y de telecomunicaciones, representados por el ferrocarril y por el telégrafo. Estas innovaciones tecnológicas implican cambios significativos en las relaciones entre los puntos del territorio. Según el urbanismo de redes, podemos distinguir aquellos puntos o ciudades, o barrios que están bien conectados con los demás y aquellos que no lo están. Los puntos del territorio o las ciudades que están conectados forman un sistema conexo de puntos. Si algún punto no está conectado, no forma parte del sistema. Ello implica que existe una nueva relación entre los puntos del territorio. Este sistema de relaciones entre los puntos del territorio se denomina *topología de los puntos del territorio.*

En la época de Cerdà, las posibilidades de un ferrocarril que conectaba puntos hasta entonces insospechados a una velocidad de trayecto considerable suponía un cambio esencial para el territorio.

Hablamos entonces de la característica cinética o de velocidad de relación entre puntos. Las ciudades que

disponen de ferrocarril están bien conectadas con el resto del territorio. Asimismo, las informaciones pueden circular de forma casi instantánea con el telégrafo.

Figura 90. El Crystal Palace de Paxton, de 1851.
Fuente: Benevolo, 1974

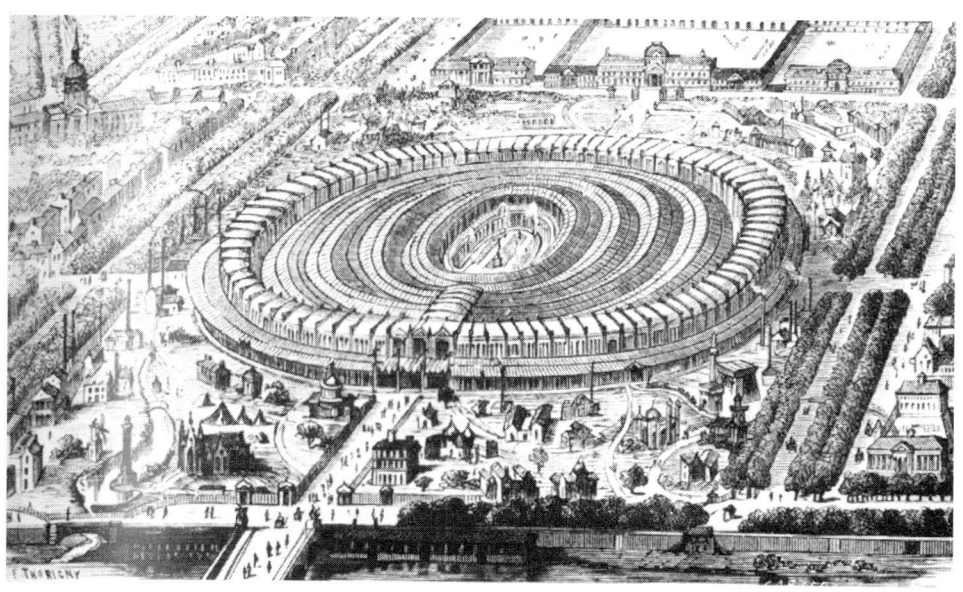

Figura 91. Edificio construido en los Champs Elysées para la Exposición Universal de París de 1867.
Fuente: Benevolo, 1974

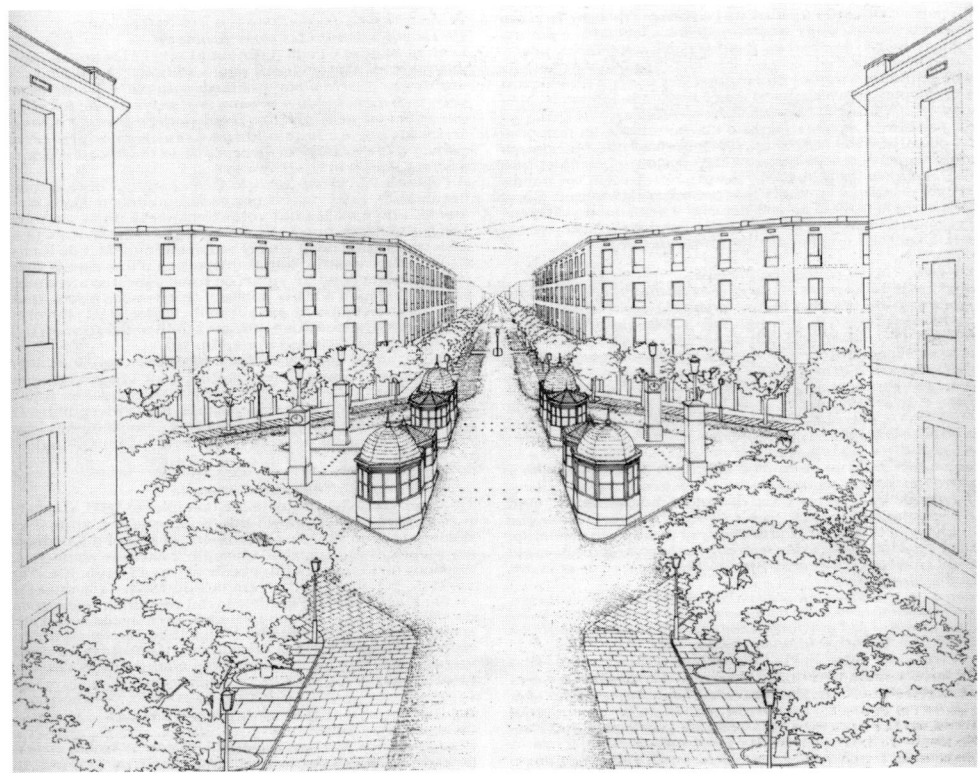

Figura 92. Perspectiva de un kiosco propuesto por Cerdà.
Fuente: Fons Cerdà, Urbs i Territori, a partir de Necesidades de la circulación, 1863

Figura 93. *a.* Visualización de una calle del Proyecto de Ensanche de 1859. *b.* Visualización de una perspectiva de kioscos de una calle del Proyecto de Ensanche de 1863.
Fuente: Magrinyà, 1994

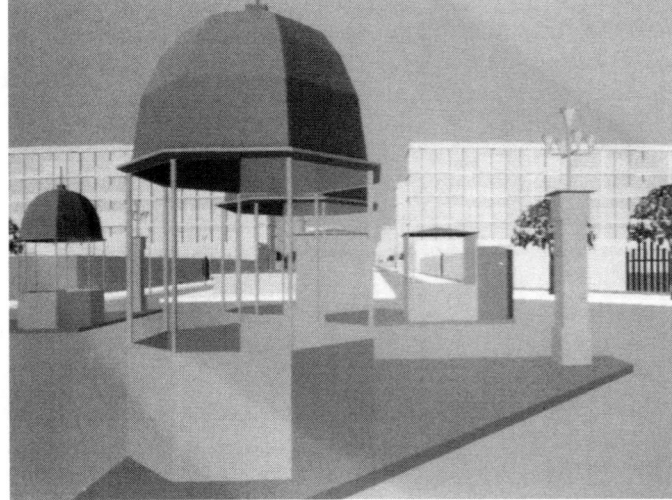

1.2. El concepto de comunicatividad

En este nuevo escenario, Cerdà introduce el concepto de comunicatividad que expresa para él el objetivo de facilitar la comunicación. Para ello, analiza el concepto de *viabilidad*, es decir, las condiciones físicas que facilitan el movimiento, término empleado en la TVU y que posteriormente es sustituido por el término de *viabilidad*, utilizado mayoritariamente en la TGU.

Cerdà se sitúa plenamente dentro de la corriente favorable a las nuevas tecnologías. Las exposiciones universales son los espacios donde estas se presentan en la época y las revistas de divulgación científica, sus medios de difusión. La referencia de la Exposición Universal de Londres de 1851, recogida en Barcelona por Figuerola, es probablemente para Cerdà una de las primeras que retoma formalmente (v. fig. 90). A la introducción del vapor y del ferrocarril se une la electricidad como nueva tecnología por antonomasia. Cerdà las acoge y considera sus posibles aplicaciones y sus consecuencias sobre el territorio al imaginar que permiten transmitir a gran distancia la voluntad imperativa del hombre (TGU, p.809, § 2260). En su esquema territorial, las redes de telecomunicaciones, y el telégrafo eléctrico en particular, son los instrumentos de referencia, cuyo funcionamiento se extiende junto con las líneas de ferrocarril (TGU, p.650, § 1814). Para Cerdà, la existencia del telégrafo confiere otra dimensión temporal al territorio, generada por un cambio en la escala temporal. Junto a la unidad de medición del día o de las horas, aparece un nuevo escenario, marcado por los minutos y los instantes (segundos) (TGU, p.650, § 1814). Cerdà imagina una nueva civilización, unificada por la dimensión temporal, y un escenario en que las ciudades dispondrán de una red de estaciones de transmisión situadas en los cruces de las vías, en que se situarán unos relojes eléctricos que unificarán la medida del tiempo (v. figs. 92 y 93).[2] Las nuevas tecnologías permitirán a los transeúntes medir el tiempo y adaptar a él sus tareas y atenciones.[3] Este nuevo escenario cambia el valor del tiempo y su efecto sobre el valor de las distancias: *"El comercio, avaro del tiempo como del dinero, procura acortar y estrechar las distancias."* (TGU, p.156, § 368).

Al analizar las consecuencias de las nuevas tecnologías sobre la urbanización, Cerdà todavía considera una imagen muy física de las telecomunicaciones en la cual el telégrafo sigue en un segundo plano, junto al ferrocarril. Cerdà percibe que las telecomunicaciones representan un cambio radical en la concepción del territorio a través de las nuevas correlaciones cinéticas entre espacio y tiempo. De hecho, define la *viabilidad* como *"veloz, económica, fácil, cómoda, democratizada."* (TGU, p.809, § 2260).

Por ello, propone un nuevo territorio en que las distancias, en cierta medida, desaparecen y dan al territorio un carácter de ubicuidad. La consecuencia territorial sobre el nuevo escenario, en que el telégrafo y la electricidad se unen a los ferrocarriles, es que se genera un espacio mucho más extenso que abarca todo el globo terrestre, lo cual le lleva a considerar la unidad universal, elemento característico del sansimonismo (TGU, p.482, § 1331). Junto a ello, se manifiesta por primera vez la posibilidad de que la noción tradicional de distancia desaparezca, mientras no sea un impedimento para la relación. Para Cerdà, las nuevas tecnologías representan la posibilidad de prescindir, en cierta medida, de la distancia. Mientras no sean difíciles o imposibles ciertas comunicaciones entre los albergues, lo fundamental es la existencia de la relación en sí, ya que lo esencial es la prestación de servicios recíprocos entre los habitantes, hasta el punto de afirmar que es de una puerilidad risible entretenerse en medir y fijar distancias (TGU, p.43; § 70). No obstante, él mismo acepta que la distancia es un factor influyente, ya que la facilidad de la relación está en proporción inversa a la distancia (TGU, p.44; § 71). En este sentido, la propuesta de Cerdà representa una nueva concepción urbanística, asociada al concepto de estar conectado a la red.

Figura 94. Llegada del Ferrocarril y aglomeración en la estación.
Fuente: Lluïsot

Figura 95. Aglomeración en las calles de los recintos históricos.
Fuente: Lluïsot

Para Cerdà, los nuevos medios de transporte han transformado la noción territorial. Las características cinéticas imponen un predominio de los flujos y del movimiento frente al quietismo. La noción de conexión, es decir, el establecimiento de relaciones fijas y la disminución del valor de la distancia se asientan frente a la característica tradicional de la proximidad al centro. Por otra parte, los distintos puntos del territorio quedan conectados en relación sistémica, a través de una nueva correlación espacio-temporal. Por ello, Cerdà plantea la necesidad de una nueva topología en la concepción de la urbanización.

1.3. La comunicatividad y la destrucción de las distancias

La imagen más sugerente que nos transmite Cerdà, asociada a la relación entre urbanización y movimiento, es la asociación del movimiento de los viajeros del ferrocarril en una estación en que imagina el transporte de una ciudad entera cuando va a la inauguración del ferrocarril del *Midi* en Nimes (Francia) (TGU, p.6, § 3) (v. fig. 94). Frente a la imagen de viabilidad perfeccionada, representada por el ferrocarril, contrasta el deficiente enlace con la vivienda, condicionado por un tejido con calles estrechas y mal acondicionadas para la viabilidad (TGU, p.6; § 3) (v. fig. 95). Ello lleva a Cerdà a definir unos nuevos instrumentos para la urbanización.

La visión cerdaniana propone una organización espacial en que el hombre preserva, a la vez, la individualidad y la capacidad de relación.

Los nuevos medios de transporte y de telecomunicación permiten posibilidades de relación no imaginadas anteriormente y positivas para el hombre. Según Cerdà, *"el individualismo es social, es expansivo, ama la comunicatividad y busca en ella todas las inapreciables ventajas*

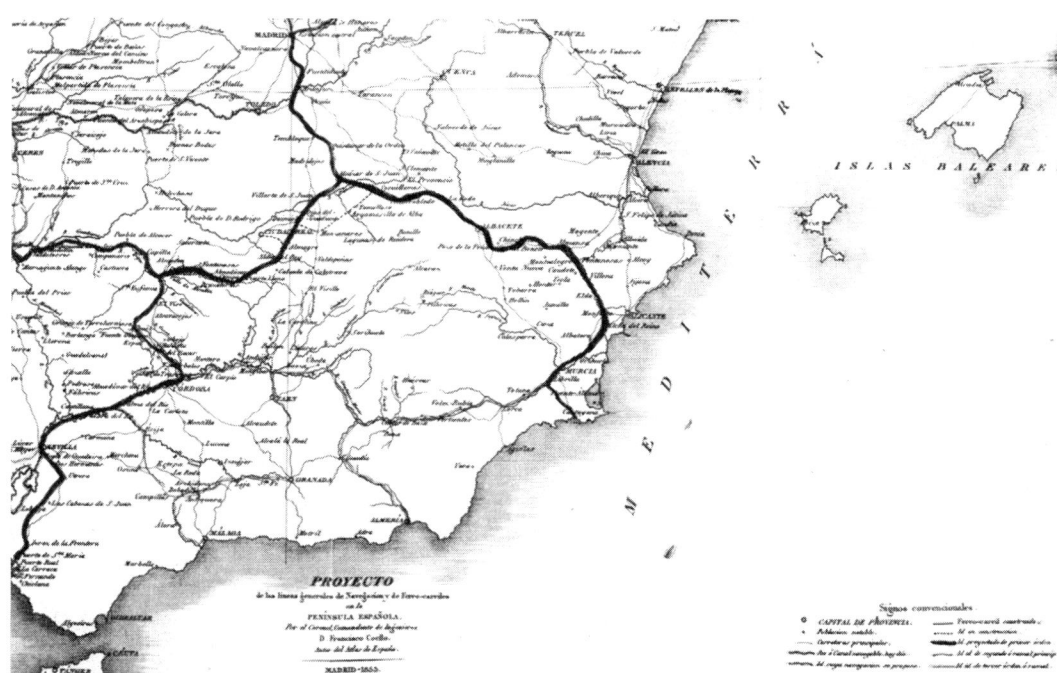

Figura 96. Proyecto de las líneas generales de navegación y de ferrocarriles en la península ibérica.
Fuente: Coello, 1855

de la reciprocidad en los auxilios, socorros y ayuda que deben prestarse unos a otros los buenos vecinos" (TGU, p.96, § 192)

El carácter social se expresa a través de la noción de comunicatividad, definida por las formas en que la comunicación se materializa a través de la relación y de la asociación, fundamento de la noción de urbanización. El objeto natural de la asociación no puede ser otro que defenderse y auxiliarse recíprocamente. De esta percepción surge la noción más simple de urbanización de Cerdà:

"Dos albergues así combinados con condiciones de comunicatividad forman ya un grupo de albergues, y constituyen, por consiguiente, la urbanización." (TGU, p.44, § 74)

Cerdà se plantea analizar los medios para canalizar la comunicatividad, y su referente es el ferrocarril y su inserción en los tejidos medievales de las urbes. En su época, experimenta el contraste que representa la nueva movilidad, abanderada por el ferrocarril, en unas ciudades caracterizadas por lo que él denomina *quietismo* (TVU, p.128, § 646). Estas observaciones le reafirman en el hecho de que las poblaciones no pueden quedar aisladas ante las nuevas posibilidades de comunicatividad (TGU, p.271, § 726). Su propuesta es una lectura cinética del territorio que conlleva un nuevo equilibrio entre quietismo y movilidad, tomando la movilidad como algo positivo y que se debe facilitar, expresado a través del concepto de viabilidad.

1.4. La definición de viabilidad

El término *viabilidad* no aparece en el *Diccionario de la lengua española* de la Real Academia hasta 1869. En la *Teoría de la viabilidad urbana* (TVU), presentada en 1861, Cerdà la define como *"la traza por donde se explicita en* cada momento el movimiento y [que] caracteriza la capacidad de facilitar los flujos que tiene un tejido urbano." (TVU, p.168, § 950)

La viabilidad toma, de este modo, una preponderancia fundamental por el hecho de que la nueva civilización se distingue por el movimiento:

"La viabilidad no es indudablemente la vida de un pueblo, pero sí la manera única de manifestarse y funcionar esa vida." (TVU, p.128, § 646)

Cerdà considera que las relaciones se manifiestan a través de la noción de viabilidad (TVU, p.168, § 951). Si no existen dos puntos, la relación no se produce. Partiendo del principio de que la urbanización se genera por el interés que tienen los individuos en establecer relaciones de comunicación, Cerdà toma el albergue como origen de la comunicación y la necesidad de viabilidad de la relación como causa del desarrollo de la urbanización. Para él, el punto de partida y el punto final son siempre el albergue, y ello le lleva a afirmar que *"la casa es el principio y el fin de la viabilidad"*. (TVU, p.153, § 842)

Cuando Cerdà se propone tratar sobre la urbanización, destaca la viabilidad entre los demás aspectos del hecho urbano: filosófico, higiénico, económico, administrativo, político y social. La viabilidad es, en este sentido, el elemento más esencial para la vida orgánica de un pueblo y para su higiene pública y privada, en la administración, en el orden y la seguridad pública y en la economía doméstica (TVU, p.128, § 646).

Es significativo que Cerdà parte de la relación en sí misma, independientemente de su materialización. Los flujos surgen de unas relaciones, aunque luego se interesa más por el sentido físico del movimiento. Para Cerdà, en las civilizaciones anteriores, la vida se había desarrollado fundamentalmente en el hogar doméstico. En cambio, en la nueva civilización, la vida del ciudadano es comunicativa y generosamente expansiva, siendo su elemento distintivo especial el movimiento (TVU, p.128, § 646). Desde esta nueva perspectiva, Cerdà se plantea la necesidad de asegurar la comunicatividad de las urbes con el resto del sistema de viabilidad (concepto que introduce en la TGU). Según él, las urbes no viven exclusivamente para sí mismas, sino que constituyen un elemento de la humanidad por la cual viven:

"Cada urbe constituye una entidad colectiva, con su propia existencia, independiente y autonómica, unida solo a la gran vida de la humanidad por medio de las vías trascendentales, que recogen y trasmiten la viabilidad urbana al sistema viario universal, o bien recogiendo y trasmitiendo desde ésta a la urbe el movimiento que le viene de los demás puntos de la actividad social del universo." (TGU, p.681, § 1903).

Nivel	Sistema fluvial	Sistema viario
primero	regatas primitivas de las vertientes	*vereda: primera regata de la vialidad*
segundo	pequeños arroyos	*senda a que han afluido una porción de veredas individuales*
tercero	torrentes colectores de los arroyos	*camino vecinal, colector de un número mas o menos considerable de sendas*
cuarto	riachuelos que recogen las aguas de los torrentes	*carretera de última categoría, que conducirá cuantos caminos recoja en su tránsito y desarrollo, a otra de orden superior, y así sucesivamente,*
quinto	río que recoge las aguas de todos los riachuelos	*carretera de primer orden*

Figura 97. Analogía entre el sistema viario y el sistema fluvial, según Cerdà.
Fuente Cerdà, TGU, p.335, §906.

En este escenario, las nuevas condiciones de comunicación plantean la posibilidad y la necesidad de conectar cualquier punto con el resto de la humanidad, y de ahí surge para Cerdà la noción de *gran viabilidad universal*, *"[...] lo cual simboliza la unión necesaria, indispensable, esencialísima de la vida de cada localidad, con la vida de la humanidad entera."* (TGU, p.274, § 735).

Implícitamente, está presentando una nueva visión sistémica del territorio al constatar que las nuevas condiciones de comunicatividad ponen en relación de comunicación potencial los diferentes puntos del globo terrestre. De este modo, Cerdà propone la noción de viabilidad perfeccionada, representada por la posibilidad de trasladar cualquier objeto físicamente, independientemente de las distancias y de las condiciones de transporte (TGU, p.809, § 2260).

Las urbes son, para Cerdà, grandes paradores de la economía viaria universal; por ello, su funcionamiento ha de tener medios de comunicatividad con esa red (TGU, p.649, § 1811). Una proposición significativa de referencia para Cerdà es la de Coello en 1855, que diseña una red combinada de líneas de ferrocarril y canales de navegación para el conjunto de la península ibérica. Cabe señalar que Cerdà ha sido diputado en las Cortes de Madrid en 1851 y vive de cerca las discusiones sobre la implementación de la red ferroviaria en la Península (v. fig. 96).

Siguiendo esta misma línea, el objeto central del estudio de la urbanización de Cerdà será el enlace de los asentamientos urbanos con la viabilidad universal, concretada a través de la articulación de las vías ferroviarias con las nuevas vías trascendentales y su conexión con los puertos marítimos. El ejemplo de referencia de Cerdà es el diseño de una red ferroviaria para Barcelona en 1863, que conecta el ferrocarril con la vivienda y genera un enlace del transporte marítimo con el transporte terrestre a través de una estación de estaciones (v. figs. 191, 192 y 194).

2. Una lectura topológica de la urbanización desde el sistema viario

Partiendo del principio cerdaniano según el cual la urbanización se articula en torno a la dualidad aislamiento-relación, y asentado el principio de conexión a la red y su facilitación a través de las nociones de viabilidad y de comunicatividad, en este apartado se presenta el vía-intervías como instrumento de la articulación física de esta dualidad. En un primer momento, se analiza la noción de relación y el sistema de viabilidad que lleva asociado, para llegar posteriormente al vía-intervías como instrumento de la materialización física de la dualidad aislamiento-relación.

2.1. El sistema de viabilidad y su conexión a la viabilidad trascendental

Como se ha observado, la aproximación de Cerdà al territorio parte del espacio de flujos. La viabilidad es, según Cerdà, la forma en que se desarrollan las relaciones entre los puntos y su objetivo es organizar los flujos de la nueva época. Según él, las ciudades están encerradas en sus murallas, donde los tramos varían de trazado constantemente y los nudos no tienen la amplitud necesaria. Para Cerdà, es necesario un nuevo sistema viario, adaptado a las nuevas condiciones exigidas por el ferrocarril, ya que el sistema de vías tradicional no está adaptado a las nuevas condiciones de viabilidad.

Cerdà propone un sistema de viabilidad que, por analogía, como ya hemos visto, puede asociarse a un sistema fluvial y su conexión al mar, con el transporte marítimo como referente de la viabilidad universal (v. figs. 96 y 97). Según este esquema, hay que asegurar que las ciudades estén bien conectadas a la viabilidad trascendental y que las viviendas lo estén a la viabilidad urbana, organizada sobre la base de un sistema de vías trascendentales. Cerdà analiza de qué forma las urbes disponen su enlace con el sistema de viabilidad universal. Para ello, sigue el esquema viario y desarrolla una metodología para establecer cuáles deben ser las trazas de una viabilidad urbana adecuada.

2.2. La viabilidad trascendental y la noción de enlace

Para Cerdà, los nuevos medios de transporte confieren a las vías una nueva dimensión en la cual lo esencial es la comunicatividad o conexión universales (TGU, p.346, § 936). Surge con ello la noción de vía trascendental. Desde esta nueva perspectiva, una vía discurre por una zona urbana o por una zona despoblada y recoge otras vías y las lleva a un punto de encuentro. Allí aparece otra vía, que sigue el mismo proceso, y así indefinidamente. Así pues, Cerdà utiliza la noción de vía trascendental porque *"pasa sin pararse, y sigue y va siempre más allá"*. (TGU, p.336, § 907).

En este marco, la viabilidad urbana adquiere también una nueva dimensión, ya que se convierte en complemento de la gran viabilidad ordinaria y perfeccionada (TVU, p.128, § 646).

Para Cerdà, la pregunta clave es analizar cómo se realiza el enlace de las urbes y su sistema viario urbano con el sistema viario universal (TGU, p.124, § 271). Cerdà observa que la ciudad tradicional no permite un enlace adecuado que asegure la unión esencial de cualquier localidad con el resto de la humanidad. Por ello, propone facilitar la conexión a toda costa (TVU, p.168, § 956). Considera que la existencia de muros de aislamiento y la falta de enlaces de las vías interiores con las vías exteriores son algunas de las limitaciones más importantes y vitales de las poblaciones (TGU, p.274, § 735). La imagen que tiene para resolver este enlace se articulará necesariamente a través de las nuevas estaciones de ferrocarril asociadas al transporte marítimo (TGU, p.340, § 918). Ante esta nueva dimensión de la viabilidad urbana y trascendental, Cerdà se plantea elaborar un sistema de viabilidad que organice este nuevo escenario. Para ello, sitúa a los núcleos urbanos y sus comarcas colgando del sistema viario. Las ciudades las imagina como estaciones de la viabilidad universal, que denomina *apartaderos*, de mayor o menor magnitud según el número de departamentos, talleres, depósitos y viviendas que lo constituyen. Según la propuesta de Cerdà, cualquiera de estos apartaderos está conectado a la red viaria trascendental y, por tanto, al resto del globo (TGU, p.337, § 911). Y, desde esta perspectiva, las vías urbanas toman un nuevo valor, ya que son las que permiten, a la vez, la permanencia del hombre y la conexión a la viabilidad trascendental (TGU, p.272, § 728), los dos extremos de la dualidad aislamiento-relación.

2.3. Un sistema viario con una estructura arbórea

El esquema que imagina inicialmente es una estructura fractal deducida de la analogía con el sistema fluvial (v. figs. 87 y 89). Cerdà asocia el sistema de viabilidad a la imagen de un río compuesto por miles de riachuelos y manantiales que, a lo largo de su curso, se van reuniendo (TVU, p.169, § 960). De esta forma, la comunicación entre dos puntos, de un albergue a otro, sigue el siguiente esquema arbóreo (TGU, p.335, § 906).

Paralelamente, Cerdà toma la imagen de flujo y reflujo a partir de la analogía con el reino vegetal (TGU, p.681, § 1903). Esta imagen la traslada al ir y venir

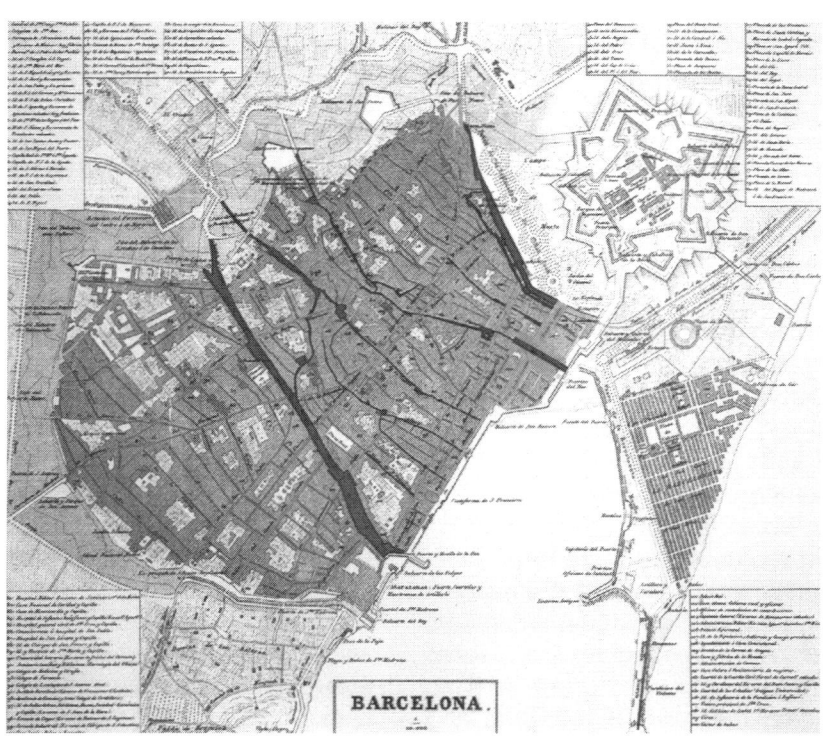

Figura 98. Clasificación de las calles según la categoría que ocupan en la red de vías de comunicación.
Fuente: Fons Cerdà, Urbs i Territori (a partir de CERDÀ, TGU, vol. II, p. 39)

Voies transcendentales parallèles à la côte
Voies partielles parallèles à la côte
Voies transcendentales ortogonales à la côte
Voies partielles orthogonales à la côte

de un sistema capilar (TGU, p.337, § 911). Cerdà se sirve de estas dos imágenes para caracterizar la estructura de la propia urbe:

"Los suburbios de la vida urbana están en comunicación constante [...] de las cuales reciben a su vez la vida. Las vías que los unen son en urbanización lo que en el reino vegetal los pedículos de las hojas y de los frutos, por los cuales circula sin cesar la savia vivificadora." (TGU, p.650, § 1816).

De esta imagen, surge la consideración de la viabilidad de un tejido como un elemento vivificador y positivo para su desarrollo.

2.4. La red española de ferrocarriles como referente

Junto a una tradición organicista propia de la Ilustración, Cerdà recoge los esquemas territoriales diseñados para la introducción del ferrocarril. Él mismo había participado como diputado del Congreso en Madrid en el proceso de discusión de la planificación del sistema ferroviario en España a través de los debates que condujeron al Plan de Ferrocarriles de 1855. En este sentido, se puede afirmar que las reflexiones sobre el mejor sistema de viabilidad para la nueva red de ferrocarriles en España y su aplicación a la viabilidad urbana seguramente influyen en sus propuestas, primero para la ciudad de Madrid en la TVU y, posteriormente,

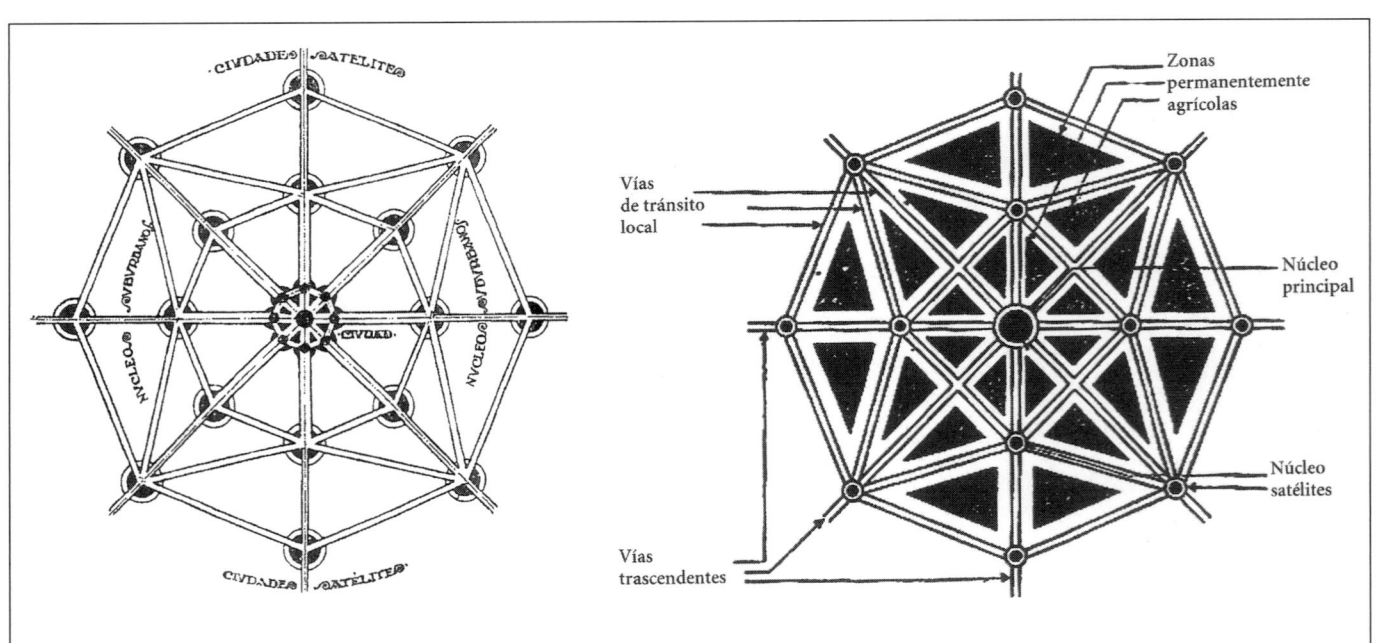

Figura 99. Modelo de vías trascendentales y locales, según C. Cort, influenciado por Cerdà.
Fuente: Terán, 1978

en una generalización para la TGU. Una muestra explícita de esta influencia la encontramos en la TVU, donde Cerdà expone el sistema de viabilidad general descrito en el Plan de Ferrocarriles de 1855. Según él, la capital es el centro de viabilidad de la Península y los centros secundarios están formados por las capitales de provincia. El esquema propuesto es enlazar las capitales de provincia con la capital del Estado y, a continuación, conectar las capitales de provincia entre sí. A ello le sigue la unión de todas las cabezas de partido judicial con la capital de su respectiva provincia, y finalmente las uniones de las cabezas de partido judicial entre sí y con los pueblos de su respectiva demarcación, lo cual es, para Cerdà, el último complemento de la gran red viable española (TVU, p.169, § 961).

2.5. La red asociada a la viabilidad urbana: de lo general a lo particular

El análisis de los tejidos urbanos a través del estudio de la viabilidad lleva a Cerdà a formalizar la estructura y los elementos del sistema viario urbano. Una vez mostrado el proceso de generación del sistema viario, a continuación, se analiza el estudio analítico detallado de los elementos constituyentes de las urbes, elaborado por Cerdà.

Como ya se ha señalado, para Cerdà el conjunto de calles de una ciudad está asociado al sistema de viabilidad universal, del cual forma parte como un sistema más o menos imperfecto de apartaderos o desvíos que encuentra a su paso la gran viabilidad universal (TGU, p.271, § 727). En su análisis, parte del sistema viario y no de la vivienda, ya que según él la viabilidad trascendental confiere vida al tejido urbano y ello justifica que vaya de lo general a lo particular como método de análisis. Para él, es mejor analizar la urbe desde fuera; por ello, parte de las vías trascendentales que penetran en la urbe, ya que, según él, es mucho más lo que recibe una urbe de la humanidad que la que esta le proporciona. Lo fundamental es analizar, para cada urbe, de qué manera y por qué medios se efectúa el enlace

entre el sistema viario universal y las comarcas sobre las cuales se hallan asentadas las urbes (TGU, p.270, § 724). A partir de este planteamiento, elabora una metodología para el análisis de la red que denomina *economía viaria* o *sistema viario de una urbe* (TGU, p.337, § 910), entendido como el conjunto de calles de una urbe.

2.6. El grafo: la representación de la red viaria en tramos y nudos

Su método de trabajo consiste en extraer una radiografía de lo construido. Para ello, traslada a un plano los ejes de todas las calles. A Cerdà le interesan los puntos de partida y de término de las vías y los de sujeción intermedia, así como los de enlace y unión. De esta forma, obtiene la dirección general de cada calle, el número de tramos, las longitudes, los rumbos, las angulaciones y la exposición de cada uno de ellos (TGU, p.272, § 729). Además, grafía la red viaria urbana (TGU, p.337, § 910) y, sobre esta grafía de las calles, construye un grafo definido por el conjunto de todos los ejes (TGU, p.273, § 730), considerando la dirección y el término de cada una de dichas vías (TGU, p.338, § 913) (v. fig. 98). Para él, el grafo viene a ser lo que denomina *red viaria* (TGU, p.97, § 195). El análisis detallado del sistema viario urbano le permitirá analizar, a continuación, el tejido desde la perspectiva de la viabilidad.

2.7. La clasificación cerdaniana de las vías: trascendentales, urbanas y particularias

Para Cerdà, las vías urbanas son el instrumento que permite conectar con la viabilidad universal (TGU, p.274, § 735). No obstante, desde el principio, asume la división jerárquica de las vías (TGU, p.335, § 906), dividiéndolas en tres tipos: trascendentales, urbanas y particularias (v. fig. 99). Las vías trascendentales son aquellas que aseguran la conexión a la gran viabilidad universal. Las vías urbanas, en cambio, son aquellas que unen los barrios

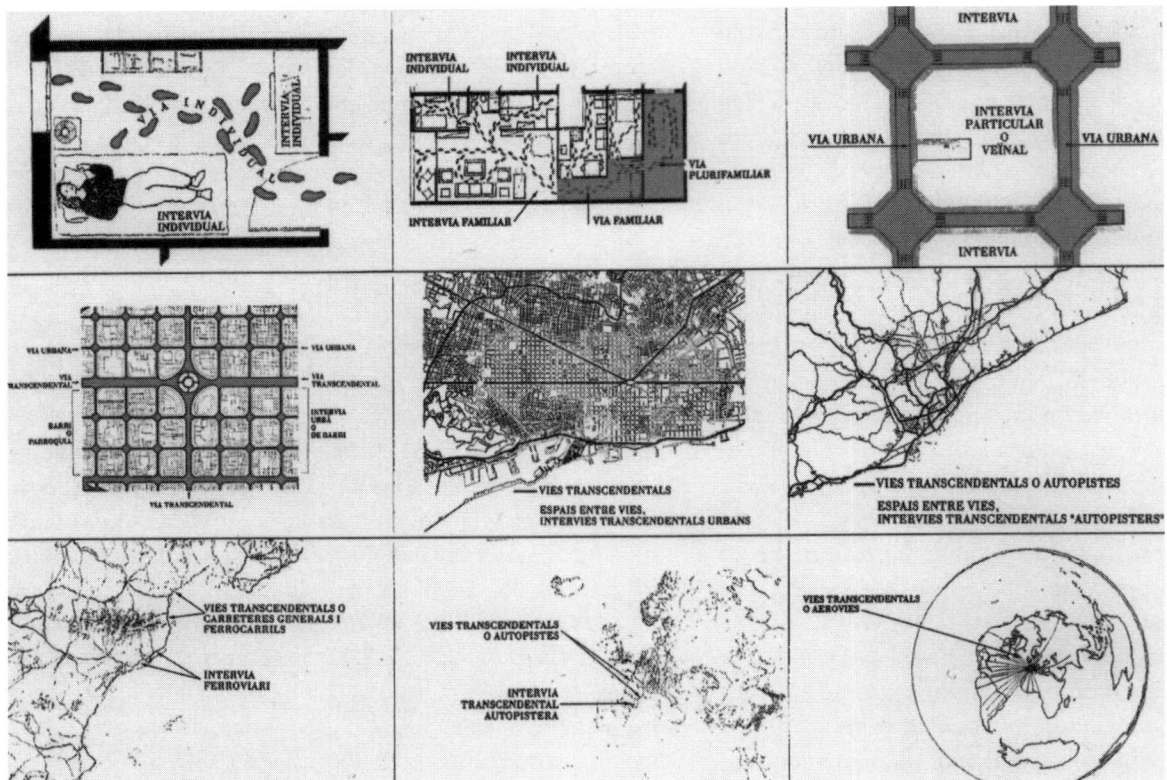

Figura 100. Esquema vía-intervías a distintas escalas (habitación, vivienda, manzana, tejido urbano, ciudad, región metropolitana, Estado, continente, planeta).
Fuente: Tarragó, 1994

Figura 101. Esquema vía-intervías a diferentes escalas (habitación, vivienda, manzana).
Fuente: Lluïsot, 1994

y los principales centros de actividad de la urbe. Finalmente, las vías particularias son aquellas que, en su origen, conectan el propietario particular para ir desde cualquier punto de la periferia de su terreno hasta una vía urbana (TGU, p.344, § 934).

Según este esquema, las vías particularias se encuentran en los espacios interviarios (TGU, p.381, § 1031). Para Cerdà, el uso de la nomenclatura de *vía particularia* surge porque la vía está asociada al intervías como entidad particularia (TGU, p.354, § 957). Cerdà denomina *vías urbanas* aquellas que permiten conectar las vías trascendentales a las vías inferiores de acceso al domicilio, y estas las denomina *particularias* precisamente porque permiten el acceso particular a la vivienda, una vez separados del movimiento propiamente urbano (TGU, p.337,§ 908).

Según Cerdà, el sistema caótico de vías de cualquier ciudad adquiere sentido cuando se observan las vías particularias como aquellas que no son ni trascendentales ni urbanas, es decir, como aquellas que permiten el acceso a la estancia (TGU, p.337, § 908). Para Cerdà, las vías particularias no conforman un sistema como tal y no participan del sistema viario general, sino del sistema viario asociado a la vivienda (TGU, p.354, § 956). De hecho, estas vías son el último complemento de las vías del sistema urbano, al satisfacer su misión buscando el acceso a las vías urbanas primero y a las trascendentales después (TGU, p.354, § 956).

2.8. El doble carácter de las vías: de relación y de aislamiento

Cerdà observa que el enlace ejerce, a la vez, las funciones de aislamiento y de relación. En este sentido, las vías urbanas son, a la vez, de relación y de aislamiento. Por una parte, al ser las vías de conexión con el sistema de vías trascendentales, se convierten en elementos de relación. Por otra parte, ejercen la función de aislamiento al limitar cada uno de los intervías. Lo mismo sucede con las

vías particularias, que, por un lado, permiten la relación con las vías urbanas y, por otro, se erigen en las vías de aislamiento de los solares. Cerdà plantea posteriormente este esquema para cada uno de los elementos constitutivos de la urbanización hasta llegar al departamento individual, de tal forma que la dualidad aislamiento-relación la caracteriza, para cada escala, a través de la unidad del intervías y sus enlaces. Es significativa esta matización, ya que permite intuir lo que más tarde definirá como espacios de estancia y espacios de movilidad a las distintas escalas. Cerdà considera como unidad básica de análisis el intervías, y para esta unidad analiza sus vías interiores, denominadas *particularias*, y sus vías trascendentales o de relación con el exterior (v. figs. 100 y 101).

2.9. La estructura viaria de la urbe y su analogía con la de la casa

Cerdà no solo jerarquiza las vías en dos grandes grupos: trascendentales y urbanas, por un lado, y particularias, por otro, sino que además llega hasta el mismo departamento individual, origen de la relación. En este sentido, Cerdà toma conciencia de las funciones domésticas y de estancia de las vías particularias como complemento de la casa (TGU, p.344, § 933), es decir, entra en la vivienda y considera el sistema viario como una totalidad que une urbe y albergue (v. figs. 117-118). Ello le obliga a analizar el sistema viario de la casa. En este punto, plantea una analogía entre la urbe y la casa que más tarde utilizará para analizar el intervías y aplicarlo a la comprensión de un sistema viario que abarca desde la urbe hasta el departamento individual.

Cerdà constata que la estructura del recinto de toda la urbe, con sus puertas y portillos, se encuentra también en la casa (TGU, p.276, § 740). Por ello, considera este mismo esquema en la analogía entre el intervías y la propia casa y, a continuación, lo aplica a la analogía entre el edificio o vivienda y la casa particular, hasta llegar al departamento individual (v. figs. 100-101). En definitiva, está ofreciendo una serie de analogías en las que busca una comprensión de la urbanización a través de las funciones de aislamiento y relación, siguiendo una estructura fractal definida por la cadena siguiente: urbe, intervías, solar, casa y departamento o habitación (v. figs. 100-101).

Antes de entrar en el interior de los recintos estudiados, también desde una perspectiva analógica, se interesa por los elementos de enlace, que son, respectivamente, la plazoleta o atrio de entrada, para el intervías, y el vestíbulo, para la casa. Es lo que Cerdà denomina el enlace entre la viabilidad exterior y la viabilidad interior (TGU, p.416, § 1144). Por otra parte, remarca el hecho de que en muchas ocasiones sobre la vía interior se coloca una puerta o verja, con el objeto de remarcar el dominio privado sobre la vía (TGU, p.385, § 1050), es decir, aparece la misma estructura: recinto, vías y puertas de enlace, pero a una escala menor.

Una vez en el interior del intervías, Cerdà utiliza la analogía entre la viabilidad particular del intervías y la viabilidad general de la casa (TGU, p.403, § 1109). La primera está constituida por los callejones, mientras que la viabilidad de la casa la forman los corredores. Cerdà da un paso más en el interior de la casa y llega hasta el departamento individual o habitación, y distingue entre corredores y pasillos, siendo estos últimos los que dan acceso a la habitación, considerada la morada y el recinto sagrado del individuo (TGU, p.417, § 1147). Los corredores representan la viabilidad urbana de la casa y los pasillos, la viabilidad particularia. De esta forma, Cerdà establece un sistema viario que llega hasta el departamento individual, según la estructura viaria (trascendental, urbana, particularia).

Con ello, logra reconstruir, por un método analógico, el sistema viario, desde la viabilidad trascendental representada por el transporte marítimo y ferroviario hasta la viabilidad individual, asociada al departamento individual como unidad fundamental. Para ello, utiliza el sistema de viabilidad como instrumento de análisis de los distintos elementos de la urbanización, desde la urbe hasta la habitación. Al descender hasta el departamento, pretende desentrañar hasta el último movimiento individual y mostrar cómo, para cada escala, se produce el mismo esquema de vías y enlaces. Este método lo utilizará más tarde para completar el análisis del concepto vía-intervías, en todas sus escalas.

3. La lectura del sistema urbano y viario de una ciudad como una red articulada de relaciones

3.1. El sistema urbano como un sistema que debe facilitar las relaciones entre sus habitantes y actividades

El modelo arborescente del sistema de viabilidad trascendental a escala territorial se articula, a su vez, con un esquema de generación de la movilidad que entronca totalmente con la definición moderna de red que nos propone Dupuy. Según él, en el territorio existen unos actores (habitantes, actividades, núcleos urbanos) que tienen la potencialidad de establecer relaciones y transacciones entre sí. Sobre esta base, y a través del intermediario del operador de la red, se define la interacción entre un escenario ideal de relaciones (red virtual) y una red real, que es la que finalmente se va construyendo en cada momento (red real). Cerdà parte de este esquema moderno de red[4].

Siguiendo este mismo esquema, y para comprender mejor el concepto de red en el territorio, podemos considerar los elementos que configuran las relaciones en el territorio, siguiendo la nomenclatura de Haggett[5] (v. fig. 102). En el territorio, se producen movimientos que configuran redes y nudos. La construcción de estos elementos topológicos en el territorio sobre los cuales se mediatizan las relaciones configura jerarquías y superficies de influencia de los distintos núcleos urbanos. Cerdà sigue el mismo planteamiento. Para él, las urbes son entes que establecen servicios recíprocos, expresados a través de las relaciones:

"Ese maremágnum de personas, de cosas, de intereses de todo género, de mil elementos diversos que, sin embargo de funcionar, al parecer, cada cual a su manera de un modo independiente, al observarlos detenida y filosóficamente se nota que están en relaciones constantes unos con otros, ejerciendo unos sobre otros una acción a veces muy directa, y que por consiguiente vienen a formar una unidad." (TGU, p.28, § 42).

La materialización de la urbanización se realiza a través de las relaciones. Para Cerdà, los elementos constitutivos de la urbanización son los albergues y su objeto es la reciprocidad de servicios, manifestados a través de las vías (TGU, p.44, § 72). Por ello, considera los albergues elementos constitutivos y las vías, un medio de expresión de las relaciones de reciprocidad y los servicios. El agrupamiento tiene por objeto establecer relaciones y comunicaciones entre los albergues (TGU, p.44, § 71).

3.2. El origen de los centros de la viabilidad

Desde una visión retística, Cerdà se cuestiona si todos los puntos del espacio tienen las mismas posibilidades de establecer relaciones con otros puntos. Si seguimos la definición propuesta por Dupuy[6], observamos que, en principio, el actor es independiente del espacio, donde lo que importa es si existe interés por mantener una relación. Cerdà sigue la misma lógica. Para él, cualquier punto del globo, aun el más desierto, puede presentar una razón para que se formalice la traza, siempre que exista una utilidad, un interés, un móvil para ello, ya sea artificial a natural (TVU, p.181, §953). No obstante, aunque en el centro de la relación Cerdà sitúa al habitante, éste queda mediatizado por los instrumentos materiales de que se dota. Y, pese a que el actor tiene la iniciativa, Cerdà considera que, en el medio físico, existen unos puntos privilegiados que pueden considerarse centros privilegiados de viabilidad. Así se explica, según él, que junto a algunos puntos donde nunca puede encontrarse ningún rastro de población, existan otros cruzados en todas direcciones por vías con un tránsito continuo de viajeros (TVU, p.168, § 953).

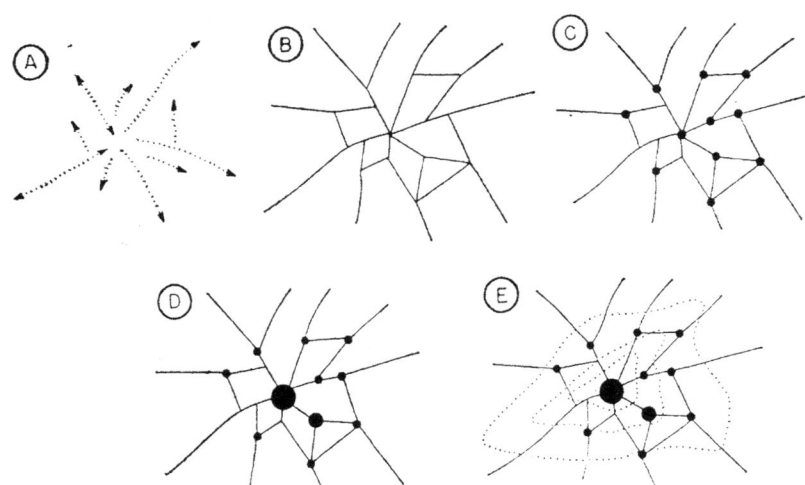

Figura 102. Estadios en el análisis de los sistemas regionales. A. Movimientos. B. Redes. C. Nudos. D. Jerarquías. E. Superficies.
Fuente: Haggett, 1976, p. 28

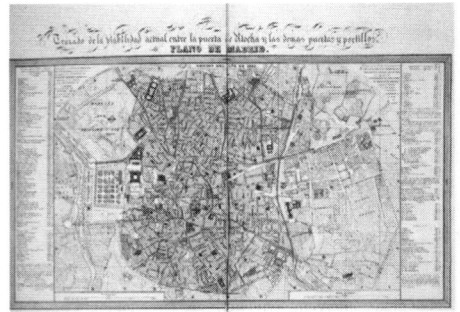

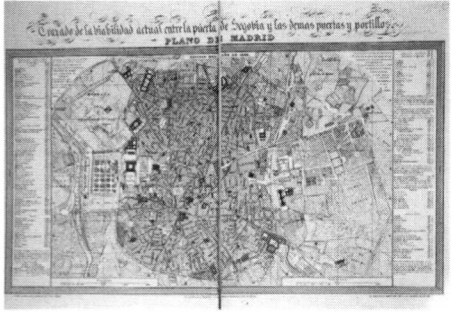

Figura 103. Viabilidad de cada puerta en relación con todas las demás para definir la red de base del conjunto de las vías de comunicación.
Fuente: Atlas de la Teoría de la Viabilidad Urbana, 1861. Planos n.º 7, 8, 9 y 10.

Figura 104. Proyecto de Reforma Interior de Madrid.
Fuente: Atlas de la Teoría de la Viabilidad Urbana, 1861. Plano n.º 14

Figura 105. Evolución de los recintos del centro histórico de Madrid.
Fuente: Atlas de la Teoría de la Viabilidad Urbana, 1861. Planos n.º 2, 3, 4 y 5.

103

104

105

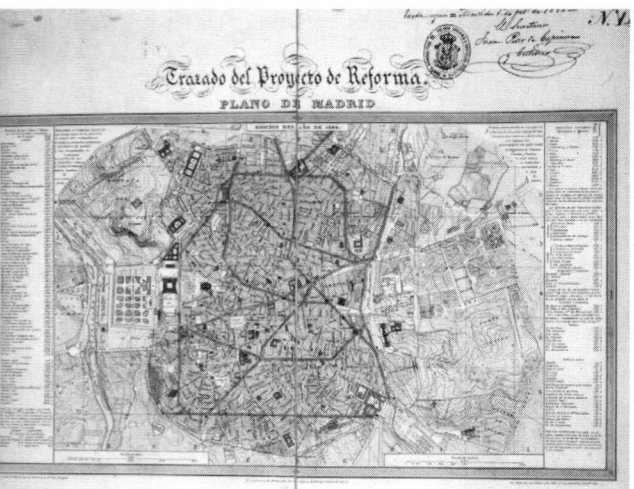
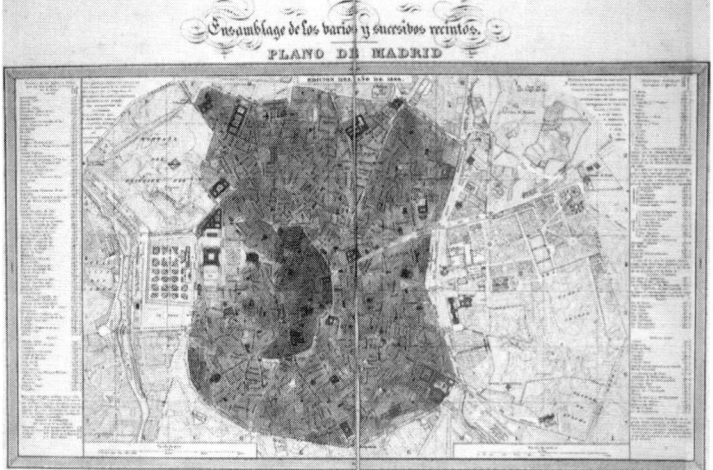

3.3. Los centros de viabilidad y las relaciones urbanas

La constatación de la existencia de puntos privilegiados del espacio le lleva a considerar la noción de centros de viabilidad. Cerdà se pregunta por el origen y por las causas de su aparición. Según él, la viabilidad ha de tener siempre un motivo y los centros de movimiento son aquellos que concentran múltiples y diversos motivos de atracción: *"el comercio, la navegación, la industria, la producción de cualquier clase que sea, como el consumo en cualquiera de sus ramos, o en todos juntos."* (TVU, p.168, § 954).

Para Cerdà, siempre hay una red de trazas sobre las cuales se inscriben las relaciones, aunque no se interesa por los motivos de estas. Para él, este no es su objeto, sino que corresponde a los economistas desentrañarlo. El objetivo es constatar la extensión de estos centros de acción y de viabilidad, y localizar los puntos de partida de cualquier sistema de viabilidad (TVU, p.168, § 955). De esta forma, remarca la necesidad de considerar hasta el más mínimo punto susceptible de ser centro de viabilidad. Según él, cada uno de estos puntos es la acumulación de distintos movimientos individuales. La movilidad era una suma de movimientos individuales organizados según un nuevo sistema de viabilidad. El técnico debe constatar los puntos origen de las relaciones y facilitar, es decir, *viabilizar* los movimientos a través de la definición adecuada de las trazas. Para ello, debe facilitar la dirección natural que el movimiento tenga y proporcionar a ese movimiento vías adecuadas (TVU, p.168, § 956). Nos encontramos ante la explicitación de una visión circulatoria de claras influencias sansimonistas[7].

Para Cerdà, una vez localizados los puntos generadores de movimiento (TVU, p.168, § 957), es preciso analizar cuál es la forma más adecuada para enlazarlos. A continuación, se deben atender las relaciones de enlace y comunicación que existan entre ellos y satisfacerlas por medio del trazado (TVU, p.168, § 958). Propone, en primera instancia, jerarquizar los centros de viabilidad para enlazarlos siguiendo un orden establecido. Se deben enlazar los centros primarios entre sí; a continuación, los secundarios con los primarios, y, finalmente, todos los secundarios entre sí (TVU, p.168, § 959). Cerdà está planteando un método en el cual se debe legitimar la construcción de una red intermediaria a las múltiples posibilidades de relación y a la necesidad de fijar una mínima estructura, como nos recuerdan Kansky[8] o Dupuy[9] (v. fig. 102).

3.4. El método de reconocimiento de una estructura viaria de un sistema urbano

A partir de las experiencias de reforma interior de Madrid y Barcelona (v. figs. 109-110), Cerdà desarrolla un método de lectura del tejido que nos interesa por su forma de aproximarse al tejido construido desde la viabilidad.

En la TVU, Cerdà propone un método que le permite reconocer cuál ha sido el crecimiento de la ciudad y que lo aplicará primeramente en la ciudad de Barcelona[10] y, luego, de forma ya completamente desarrollada, en Madrid[11]. Este método es el resultado de la combinación de dos técnicas de análisis: la lectura del plano, en tanto que jeroglífico, y el análisis histórico, en tanto que instrumento que permite corroborar las deducciones extraídas de la lectura del plano. Este método lo recoge posteriormente, de forma generalizada, en la TGU. Cerdà analiza el plano a partir del estudio de las puertas y murallas y de las vías que acceden a ellas (v. fig. 103). Intenta extraer una evolución del tejido urbano considerando los pasos obligados de las puertas de las murallas de los diferentes recintos (v. fig. 105). En cada etapa, generan un esquema estructurador de la viabilidad que explica la organización del tejido. Según Cerdà, la combinación de las vías que, partiendo de cada una de las puertas, se dirigen hacia las demás forma el esqueleto o red que es la base de todo el sistema de comunicaciones interiores de cualquier población que esté mínimamente ordenada (TVU, p.117, § 528). En este método, Cerdà considera que las murallas son las condiciones de contorno y las puertas, los elementos de continuidad que definen el contacto interior-exterior (v. fig. 106).

A través de la mera lectura del plano, intenta extraer cuáles han sido los sucesivos recintos de la ciudad a partir de la localización de las puertas asociadas (v. fig. 99 105 y 112). Para cada recinto, deduce cuál es el sistema viario asociado, y posteriormente busca una explicación de la evolución de la viabilidad a partir de la formación de las diferentes murallas y los respectivos sistemas viarios asociados.

3.5. Hacia un sistema generalizado de reconocimiento de la estructura viaria de un sistema urbano

a) Las vías de ronda exterior e interior: lugar geométrico de los puntos de enlace de la viabilidad trascendental y urbana

Para Cerdà, el primer acto es reconocer el propio recinto urbano y, por tanto, su cintura. Según él, en todo centro urbano se localiza, en un primer momento, una vía de ronda exterior y una vía de ronda interior. Estas dos vías recogen, respectivamente, los movimientos interior y exterior para encauzarlos por un determinado número de puertas que, para Cerdà, son siempre mezquinas, por sus características y su número (TGU, p.272, § 728). De hecho, las rondas exterior e interior se convierten en el lugar geométrico de los puntos de enlace entre el exterior y el interior del recinto urbano (TGU, p.276, § 739), y las puertas de enlace son, a la vez, puntos de aislamiento y de relación (v. figs. 105 y 112).

b) Reconocimiento de las vías trascendentales

Una vez enmarcado el recinto urbano, Cerdà busca aquella vía o vías que dan vida al recinto urbano. La metodología utilizada por Cerdà consiste en analizar una vía principal y seguirla en su trayecto por el interior del recinto urbano (TGU, p.339, § 914). Cerdà observa que las vías que se introducen en el interior del recinto van perdiendo su primitiva anchura a medida que se acercan al centro y, cuando se alejan, vuelven a recuperar la anchura inicial (TGU, p.339; § 915). De esta forma, se confirma para Cerdà que son arterias principales de la urbe (TVU, p.117, § 528).

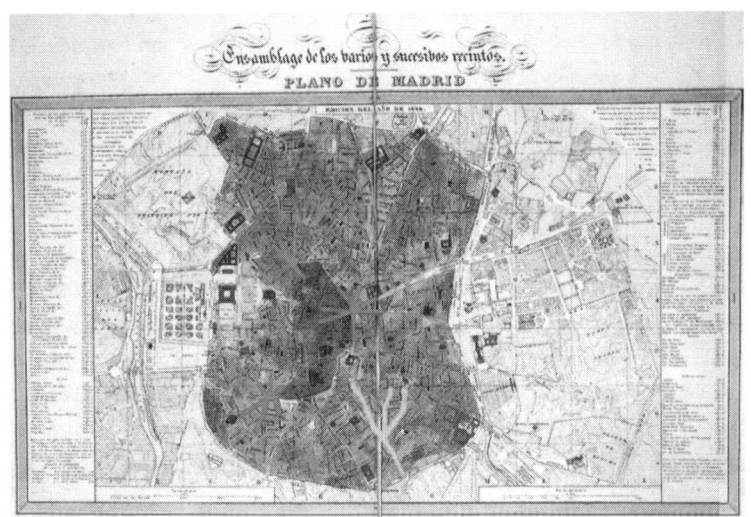

Figura 106. Indicación del tridente de Lavapiés (gris claro) y de las confluencias de las antiguas puertas (gris oscuro) sobre el plano de ensamblaje de los sucesivos recintos.
Fuente: elaboración propia a partir de los textos de Cerdà sobre plano del Atlas de la Teoría de la viabilidad urbana, 1861

A continuación, y prosiguiendo su análisis, busca otras vías parecidas. Siguiendo la vía de ronda exterior, encuentra siempre otra vía de entrada al recinto urbano de las mismas características de sección que la otra vía, pero observa que esta última no sigue la misma tipología que la anterior, sino que existe una gran plaza a la cual confluyen otras muchas calles de distintas direcciones (TGU, p.340, § 917). En este punto, reconoce un elemento significativo: el de una plaza o centro que permite la conexión con un puerto, un muelle de río o una estación de ferrocarril, es decir, puntos de conexión a la viabilidad trascendental (TGU, p.340, § 918). Si tomamos como referencia el ejemplo de Barcelona, una calle de este tipo sería la calle Argenteria, que comunica con el Pla de Palau, centro de poder junto al puerto (v. fig. 112, línea verde que conecta el recinto romano con el puerto).

Para Cerdà, cualquier urbe de cierta importancia está cruzada por varias de esas vías trascendentales, aunque no lo sean en todo rigor, ya que muchas de ellas finalizan en el interior de la urbe a la cual aportan la fuerza viaria que traen del exterior (TGU, p.341, § 920). De esta forma, confirma la tesis según la cual la viabilidad es la que da vida a un organismo urbano.

c) Reconocimiento del conjunto de las vías urbanas y de los distintos recintos urbanos

A continuación, Cerdà se sitúa en la vía de ronda interior, busca una vía que tenga un desarrollo importante y encuentra vías diagonales que unen barrios. Para ello, sigue la vía de ronda interior como ha hecho con la ronda exterior (TGU, p.342, § 923). Aplicando este método, descubre que la urbe dispone de varias vías que la atraviesan diagonalmente de un punto a otro de su ronda interior, cuya función es conectar los distintos barrios y que denomina vías propiamente *urbanas* (TGU, p.343, § 930).

Cerdà descubre así que, frente a un aparente caos de vías que componen la red de un recinto urbano, se distinguen unas vías de ronda interiores que corresponden a recintos urbanos antiguos (TGU, p.341, § 919). En este sentido, destaca que las vías que se introducen hacia el interior se encuentran con puntos de inflexión que llevan a vías de cintura de recintos anteriores. Tras recorrer estas vías, descubre que en determinados puntos convergen varias de ellas, igual que en el caso de la ronda exterior (TGU, p.342, § 924). Siguiendo este método, se va introduciendo en el interior del recinto urbano y va reconociendo sus sucesivos recintos históricos, hasta reconocer el primer recinto (TGU, p.343, § 928). De hecho, para Cerdà, la vía que consigue llegar al núcleo central es la vía trascendental originaria de la urbe (TGU, p.343, § 927) (v. fig. 112, vías de color marrón oscuro).

3.6. Desarrollo del método para los casos de Madrid y Barcelona

a) La deducción previa de los recintos urbanos sucesivos

En el análisis del sistema de viabilidad, Cerdà estudia la viabilidad en los cruces y, especialmente, de las plazas, para analizar si antiguamente habían sido puertas o no. Establece que lo que caracteriza una antigua puerta es, precisamente, ser un punto de confluencia de las antiguas vías, ya que es el único punto de paso de cada sector. La confluencia se debe producir, según Cerdà, a lado y lado de la muralla. De esta forma, deduce con una simple lectura del plano de Madrid el carácter de puerta de la plaza de Santo Domingo o de la Puerta del Sol (v. fig. 106, líneas de confluencia rojas). Siguiendo el mismo método de análisis, observa que no sucede lo mismo en el caso de la confluencia de Lavapiés (TVU, p.101, § 388), situada al sur de la ciudad. Este punto es el resultado de la influencia de la topografía y no de la preexistencia de una antigua puerta. Observa que, en ese punto, a un lado confluyen diferentes líneas de valle, pero, por el otro sentido, no hay vías afluentes (v. fig. 106, líneas verdes).

Si se analizan los diferentes recintos en el desarrollo de Barcelona (v. figs. 111 y 112), se observa, en el primer recinto de origen romano, la actual plaza de Jaume I, confluencia de las calles de Argenteria, Corders, Llibreteria y Princesa; la plaza de la Catedral, confluencia de les calles de la Portaferrissa, del Portal de l'Àngel i de Banys Nous. En el segundo recinto, se reconocen la Porta de Santa Anna, confluencia de las calles de Tallers, Bonsuccés, Santa Anna y Canuda, y la Porta de Sant Pau, confluencia de las calles del Hospital, Sant Pau, Cardenal Casañas y La Boqueria (v. fig. 112). Este tipo de análisis le permite distinguir las antiguas puertas y concebir el tejido como un organismo vivo en evolución, en que los puntos de confluencia de la viabilidad se convierten en puntos de actividad generadores de movilidad cuyo origen es haber sido puertas en su momento, aunque en la actualidad ya no lo sean.

Por otra parte, Cerdà analiza el significado de los diferentes tipos de murallas y las formas en que condicionan la urbanización y la viabilidad. Las murallas provocan la contención y la densificación del tejido, así como la estructuración del sistema viario. De hecho, han tenido un doble efecto:

– Limitar el número de vías de articulación del interior y el exterior.
– Limitar la expansión natural de la ciudad.

Para Cerdà, desde una nueva concepción en que ha de predominar la comunicación universal, las murallas deben desaparecer de las ciudades (TVU, p.117, § 529).

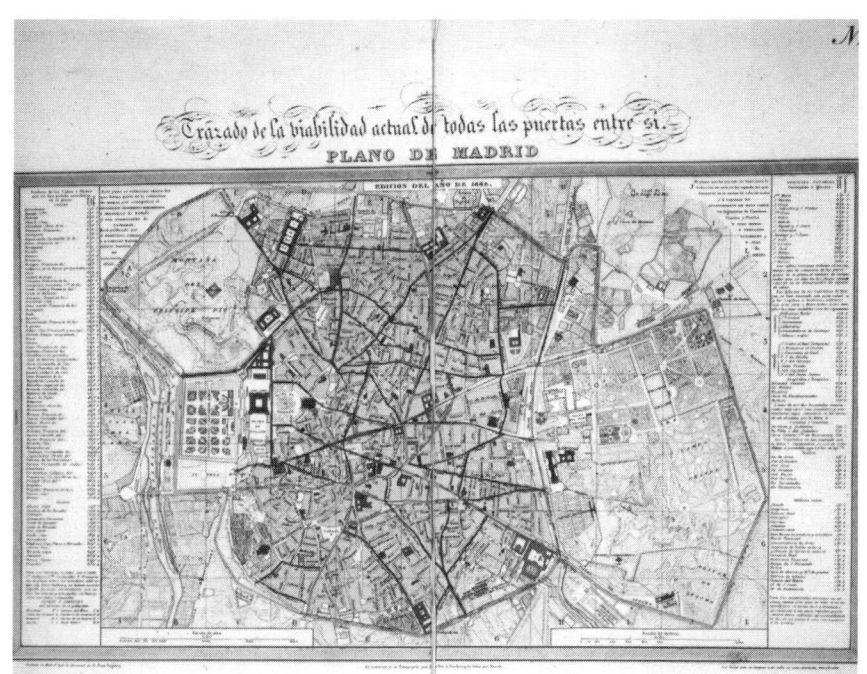

Figura 107. Viabilidad de todas las puertas entre ellas, base de la propuesta de reforma interior.
Fuente: Atlas de la Teoría de la viabilidad urbana, 1861, plano n.º 12

108

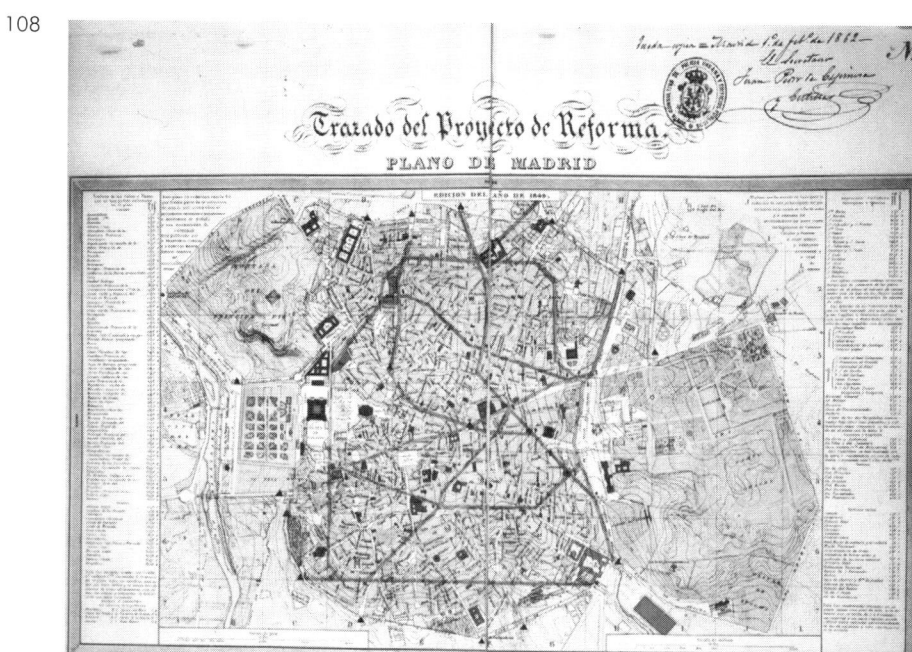

109

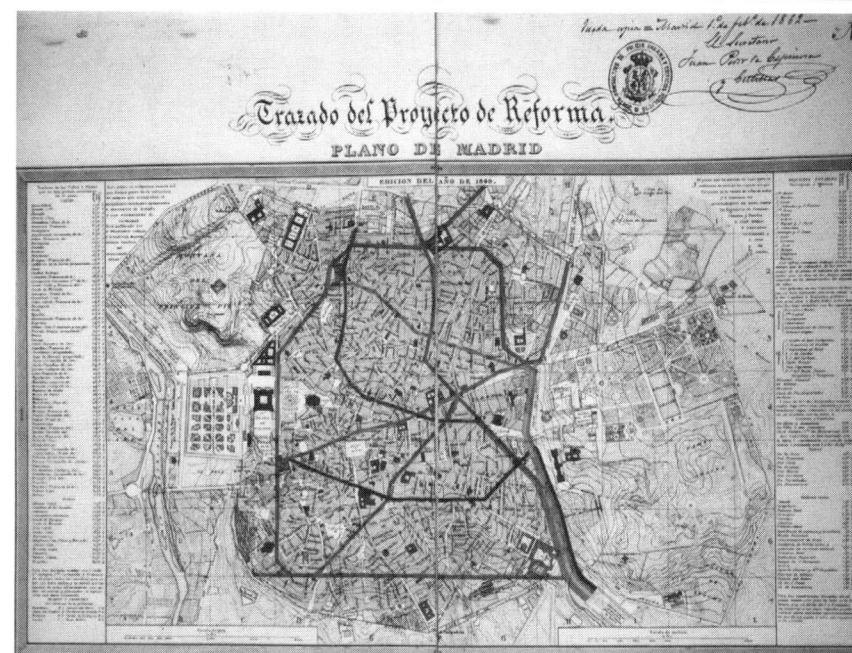

Figura 108. Centros de movilidad conectados a las vías de reforma interior de Madrid.
Fuente: Fons Cerdà, Urbs i Territori

Figura 109. Conexión de las vías de reforma, a través de la Estación de Atocha, con los puertos españoles.
Fuente: Fons Cerdà, Urbs i Territori

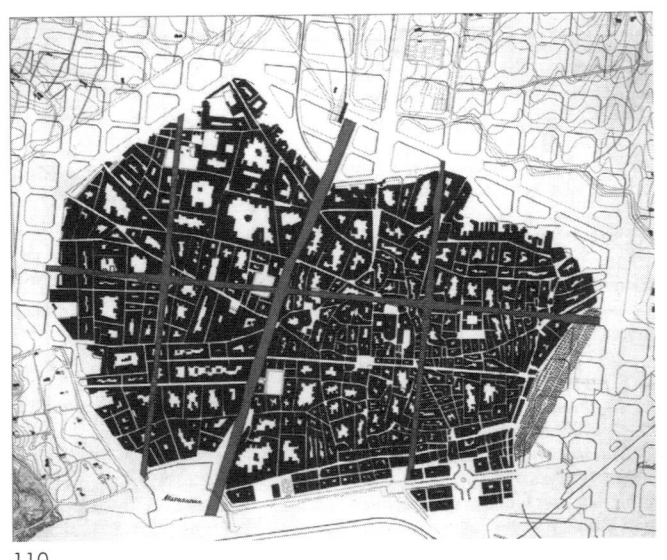

110

111

112

113

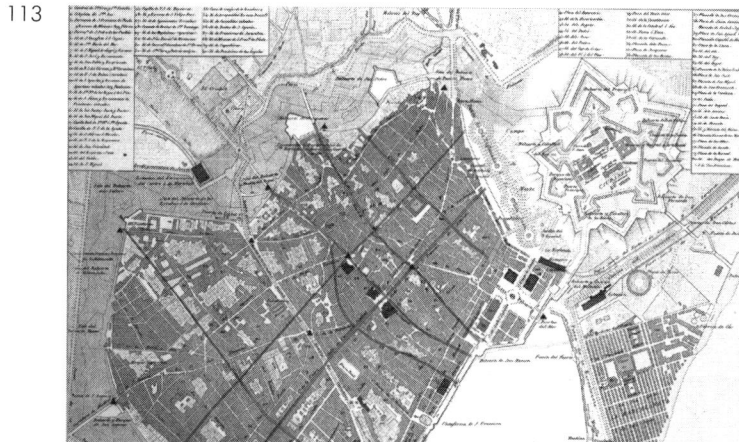

114

Figura 110. Proyecto definitivo de reforma interior de Barcelona, de 1859.
Fuente: Fons Cerdà, Urbs i Territori

Figura 111. Evolución de los recintos del centro histórico de Barcelona.
Fuente: Fons Cerdà, Urbs i Territori

Figura 112. Articulación de vías y recintos en el centro histórico de Barcelona siguiendo la lectura de formación del sistema viario según Cerdà.
Fuente: Magrinyà, 2012

Figura 113. Centros de movilidad conectados a las vías de reforma interior de Barcelona.
Fuente: Fons Cerdà, Urbs i Territori.

Figura 114. Clasificación de las vías de comunicación según los modos de locomoción.
Fuente: Fons Cerdà, Urbs i Territori, a partir de los datos de la TGU, vol. II, p. 39

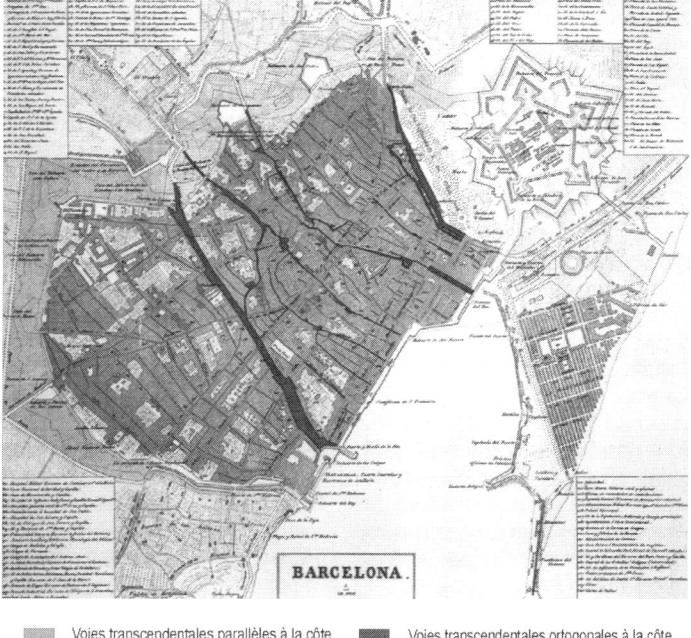

Voies transcendentales parallèles à la côte   Voies transcendentales ortogonales à la côte
Voies partielles parallèles à la côte   Voies partielles orthogonales à la côte

b) La aplicación a la reforma interior de Madrid

El ejemplo más definido de la propuesta de sistema viario y de su enlace con la viabilidad universal propuesto por Cerdà lo elabora con ocasión del Anteproyecto de Reforma Interior de Madrid, de 1861[12]. En este proyecto, Cerdà precisa el método que exponemos a continuación, que desarrollará posteriormente de forma generalizada en la TGU.

Introducción del ferrocarril en el interior de las ciudades

En el caso de Madrid, el ferrocarril permite disfrutar de las ventajas de hacer asequibles los productos del transporte

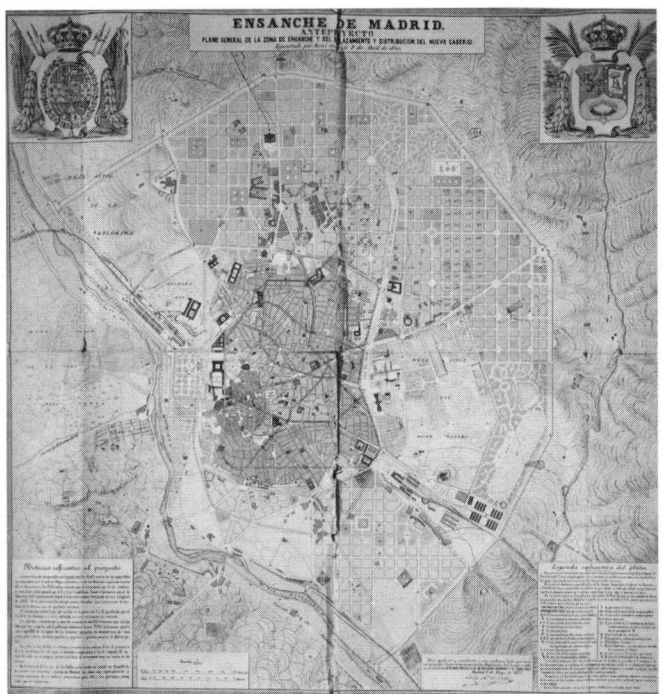

Figura 115. Plano del Ensanche de Madrid, que contiene la propuesta de reforma interior de Cerdà.
Fuente: Atlas de la Teoría de la viabilidad urbana, 1861

marítimo, ahora accesibles a la ciudad a través de un gran centro de actividad que ha de ser la futura Estación general de ferrocarriles de Atocha:

"Si, verdaderamente el puerto de Alicante y el puerto de Valencia están ya hoy en la esplanada de Atocha, y allí estará dentro de un par de años el puerto de Barcelona, y allí vendrán a fluir antes de mucho el de Santander y el de Bilbao, y el de Cádiz y de Sevilla, y el de Málaga y hasta el de Lisboa, con todo de pertenecer a otra nación: ¡qué tales milagros producen, por medio de la facilidad, comodidad, rapidez y baratura de la locomoción y transportes, los ferrocarriles destruyendo las distancias!" (TVU, p.171, § 984)

En la propuesta de reforma interior de Madrid, todas las vías propuestas van a comunicar con la Estación de Atocha (v. fig. 109). Esta imagen muestra claramente la conexión con la viabilidad universal, materializada a través de la articulación de la red ferroviaria y la red de transporte marítimo.

Los diferentes centros de acción de Madrid

En la TGU, igual que en la propuesta del esquema ferroviario español, Cerdà clasifica los distintos centros de acción y generadores de movilidad, según el tipo de actividad y la movilidad que generan, en cuatro clases: políticos o administrativos, económicos o industriales, de viabilidad existente y de ocio y zonas verdes. Paralelamente, y por orden de importancia, los clasifica en centros capitales y primordiales, centros secundarios y otros centros subalternos, aunque tan solo explicita los centros primarios y secundarios.

En el caso de Madrid, el centro primario por excelencia es la sede del Gobierno central, representado por el poder del monarca, alrededor del cual gira toda la actividad de la capital. En aquella época, Madrid era básicamente una ciudad administrativa, no económica. Pero, con la introducción del ferrocarril, surge otro centro, determinado por la Estación de Atocha. Entre los centros secundarios, destacan los administrativos, constituidos por las sedes de los ministerios, mientras que los económicos son la bolsa y el mercado central de la plaza de la Cebada. Entre los de viabilidad existente, se encuentran la Puerta del Sol y la plaza de Santo Domingo. Finalmente, en el último grupo, integrado por los centros de ocio, destacan el Parque del Retiro, el Prado, la Fuente de la Castellana, la Montaña del Príncipe Pío, el Campo del Moro, el de la Tela y la Cuesta de la Vega (v. fig. 108).

Los centros de viabilidad existente

Entre los cuatro tipos de actividades mencionados, destaca por su novedad el de los centros de viabilidad existente. Son centros que anteriormente habían sido puertas de muralla y, por tanto, puntos de confluencia de vías que han adquirido una centralidad de asentamientos y de actividades generadoras de movilidad, que siguen manteniendo cuando la muralla desaparece. La Puerta del Sol, la Puerta de Moros, la plazuela de Santo Domingo y otras del mismo estilo son confluencias más o menos importantes de la viabilidad anterior (TVU, p.169, § 966-967). Existen, pues, unos puntos privilegiados del espacio, generadores de movilidad, que ya eran puntos especiales de la red viaria precedente.

La comunicación de los centros de movimiento entre ellos

Una vez determinados cuáles son los centros generadores de movilidad y fijado el objetivo de que el ferrocarril y la nueva movilidad asociada a él han de penetrar en el tejido de la ciudad, Cerdà adopta el principio siguiente:

"Todos estos centros secundarios tienen que enlazarse con los centros capitales y unos a otros entre sí." (TVU, p.171, § 984).

El desarrollo de este criterio le lleva proponer la red básica que presenta para la reforma interior de Madrid (v. fig. 108), según la cual el Palacio Real, en tanto que centro principal de poder, y la futura Estación de Atocha deben conectar la capital a los diversos puertos de la Península.

Por otro lado, siguiendo su pensamiento, la viabilidad existente es fruto de la relación de las puertas entre sí. Para el caso de Madrid, Cerdà grafía la comunicación de cada una de sus cinco puertas principales –las de Atocha, Alcalá, Bilbao, Segovia y Toledo (v. fig. 103)– con el resto. A partir de la combinación de estas viabilidades, grafía en un solo plano la viabilidad actual, definida como la resultante de conectar todas las puertas entre ellas (v. fig. 107). Sobre el plano, resalta (en color rosa frente al azul) las vías que unen explícitamente las cinco puertas principales. De este plano se desprende una jerarquización del viario en tres tipos de vías: las que comunican las cinco puertas principales, las que unen las relaciones entre las otras puertas y las demás calles.

Sobre la trama de primer nivel, Cerdà dibuja la Propuesta de Reforma Interior (v. fig. 104), que consiste en seis vías. Una primera es una gran ronda interior con carácter de bulevar, que une por el norte y por el sur el Palacio Real y la Estación de Atocha. De las otras cinco vías, tres tienen dirección norte-sur y unen las puertas del norte con Atocha, y las otras dos, dirección este-oeste (v. fig. 109). Si observamos la Propuesta de Reforma Interior superpuesta a la red de centros grafiados de primer orden y de segundo (v. fig. 108), observamos que la red viaria propuesta permite que todos los centros de primer y segundo órdenes queden conectados directamente.

Sin embargo, su propuesta no se lleva a cabo, aunque constituye una referencia. Una prueba de ello es un plano que retoma la Propuesta de Ensanche de Madrid de J. M. de Castro y la Propuesta de Reforma Interior de Cerdà, con algunas modificaciones (v. fig. 115).

c) La aplicación a la reforma interior de Barcelona

De la misma forma, Cerdà justifica explícitamente la propuesta de reforma interior de Barcelona en su Memoria (TCC). Con la llegada del ferrocarril, la ciudad debe adaptarse a la nueva movilidad:

"En toda ciudad marítima, es el puerto su centro de acción, como lo es el rio en toda ciudad fluvial [...]" (TCC, p.406, § 1455)

En la reforma interior de Barcelona, el objetivo de Cerdà es conectar todos los barrios de la ciudad con el puerto y adaptarlos a las nuevas condiciones de movilidad (TCC, 1457). La primera propuesta de reforma interior está descrita en la Memoria del Proyecto de 1859 (TCC, p.406, § 1459) (v. fig. 113).

Para entender mejor la justificación de su propuesta, hemos superpuesto una selección de centros según la clasificación propuesta por Cerdà, que hemos grafiado (v. fig. 113). En el caso de Barcelona, el centro principal de actividad queda definido por el Pla de Palau, donde se concentran los centros administrativos y de poder y las nuevas estaciones de ferrocarril. Se puede observar que, en esta primera aproximación, Cerdà conecta los centros principales de movilidad con las vías propuestas.

En la Memoria del Proyecto de 1859 para Barcelona, Cerdà también analiza el tejido de los barrios antiguos y distingue la urdimbre de la trama. La primera está formada por las calles paralelas a la línea de la costa y la segunda, por las perpendiculares a las primeras (TCC, p.404, § 1445-1446). De esta forma, establece el esqueleto de la red de vías de la ciudad existente. Sobre la base del plano topográfico de Coello, se ha grafiado la clasificación de calles realizada por Cerdà en la TGU (TGU, vol. II, p. 39), que se han clasificado según si son vías trascendentales o particularias. Por otra parte, se ha representado en un plano la clasificación de las calles según los modos de locomo-

ción asociados (v. fig. 114). Si se compara con la primera propuesta de reforma interior, se observa que el grupo de tres vías verticales propuestas a la derecha de las Ramblas en la reforma es casi la misma que se destaca de las vías de segundo orden para la viabilidad (v. figs. 113 y 114).

La clave de interpretación de la reforma final propuesta será el resultado de la aplicación del método desarrollado en la *Teoría de la viabilidad urbana* para Madrid. La solución propuesta es el resultado de unir las puertas principales de la ciudad y, a la vez, crear conjuntos que formen intervías articulados a la trama del ensanche de la ciudad (v. fig. 110).

4. La construcción del vía-intervías

4.1. Hacia un nuevo instrumento que le permite articular la viabilidad y el tejido urbano: el vía-intervías

El Proyecto de Reforma y Ensanche de Barcelona, de 1859, le permite a Cerdà asentar unas propuestas que ligan la vivienda con el tejido urbano, definido básicamente a partir del sistema viario. No obstante, las justificaciones ofrecidas en el MAEB y presentadas en la TCC se ciñen a una clasificación de las ciudades y a un análisis de las anchuras de las calles y de las dimensiones de las manzanas, para poder justificar posteriormente las dimensiones de la nueva manzana propuesta (v. fig. 172). Cerdà no elabora en ese momento una justificación teórica de su proyecto ni de las vías de reforma de Barcelona. De hecho, el verdadero tratado urbanístico, desde el pensamiento que decantará en la TGU, empieza con la *Teoría de la viabilidad urbana* (TVU), presentado con ocasión del Anteproyecto de Reforma Interior de Madrid, de 1861. En el estudio de la estructura de la TVU, Cerdà analiza un tejido urbano preexistente a través del estudio de cada uno de los elementos que configuran lo que denomina *topografía artificial* (calles, pasajes, plazas, manzanas, casas, etc.). Sobre esta base, elabora una radiografía de la ciudad a través del establecimiento de dos grandes grupos: por una parte, los espacios de estancia, asociados a la noción de habitabilidad, y, por otra, los espacios de movimiento y relación, asociados a la viabilidad. No estudia los diferentes elementos aisladamente, como había hecho en la TCC, sino que los analiza de forma estructurada, considerando el tejido urbano como un organismo. La dualidad viabilidad-habitabilidad será el precedente del concepto futuro de aislamiento-relación (v. fig. 116).

Los principios de la Teoría urbanística de Cerdà, formalizada en la TGU, como ya se ha dicho, se basan en el equilibrio entre aislamiento y relación, y se apoyan en la dualidad correlativa de independencia-sociabilidad. Paralelamente, se ha observado que, para Cerdà, la dualidad aislamiento-relación va asociada a los actos de la edificación y de agrupación, respectivamente. El hombre encuentra el aislamiento en la edificación, y las relaciones las realiza a través de la agrupación de la edificación y el sistema viario, que es el espacio para explicitarlas. Llegados a este punto, se evidencia la necesidad de analizar cómo Cerdà da el paso definitivo y asocia la noción de intervías a la habitabilidad y de sistema de vías a la viabilidad.

Cerdà analiza el conjunto de elementos constructivos a partir de una concepción urbanística entendida como un equilibrio entre habitabilidad y viabilidad, entre quietismo y movimiento: *"Hasta en la pieza destinada a la estancia del individuo se encuentra la analogía típica de la viabilidad y de la habitabilidad, del quietismo y del movimiento."* (TGU, p.408, § 1123)

De hecho, Cerdà se plantea las consecuencias físicas de este equilibrio hasta en la habitación, como último reducto del hombre (TGU, p.598; § 1656). Esta imagen de la habitación y la dialéctica entre espacios de viabilidad y espacios de estancia (v. figs. 100-101) la extiende, a continuación, a todos los aspectos de la actividad del ser humano:

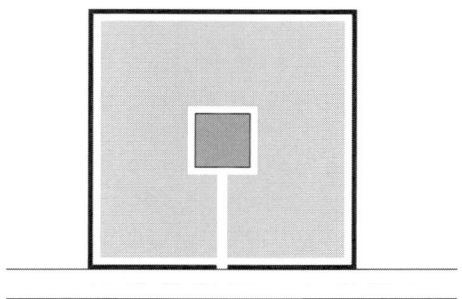

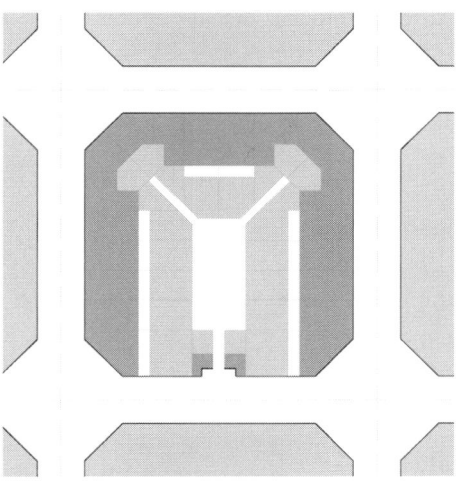

Figura 117. Esquema de la analogía manso-manzana de Cerdà, según los textos de la TGU.
Fuente: elaboración propia a partir de los textos de la TGU

PRINCIPIOS ESTRUCTURADORES DE LA VISIÓN ESPACIAL DE CERDÀ

Aislamiento	Edificación	Estancia	Habitabilidad	Intervías
Relación	Agrupación	Movimiento	Vialidad	Vías

Figura 116. Principios estructuradores de la urbanización mediante dualidades.
Fuente: elaboración propia

"La vida del hombre, cualquiera que sea su ocupación o manera de vivir, es una alternativa constante entre el quietismo y el movimiento, entre el reposo y la agitación; se hacía indispensable que, al lado mismo de los espacios destinados a la permanencia, hubiese vías constantemente dispuestas a franquearle el paso para donde quiera que intentase dirigirse." (TGU, p.367, § 995)

Las implicaciones en el espacio físico más íntimo, como la habitación, serán el punto de partida para la elaboración del objeto vía-intervías (v. fig. 118).

Sobre esta base, Cerdà desarrolla, en las Ordenanzas de construcción de Barcelona de 1860[13], el concepto de superficies aisladas y aisladoras. A partir de esta noción, más tarde derivará el concepto vía-intervías, en el marco de la elaboración de la TGU en 1867, y posteriormente planteará su generalización a través del desarrollo de un sistema global que incluye todo el territorio explicitado en la Carta al marqués de Corvera, de 1875. El interés de este apartado es analizar cómo deduce el concepto teórico de vía-intervías, cuáles son sus características y cuál es el mecanismo que le permitirá generalizarlo para los distintos elementos de la urbanización.

4.2. Origen del intervías

Cerdà parte de la noción siguiente de intervías:

"No es ni más ni menos que el campo de operaciones de la vida y del funcionamiento de la familia, es decir, aquella extensión de terreno que, para los usos domésticos, para atender las necesidades del consumo diario, puede considerarse conveniente." (TGU, p.694, § 1937)

Sobre esta concepción, Cerdà se remonta en su análisis a su origen temporal. Para ello, imagina el establecimiento de cada uno de los distintos grupos que han fijado históricamente su asentamiento en una comarca, definida por algún signo natural o artificial. La comarca es, para Cerdà, el primer intervías (TGU, p.694, § 1938). A continuación, expresa sintéticamente el paso del intervías rural originario al intervías urbano, desarrollado con posterioridad:

"El manso se ha convertido en mansana; el campo o hacienda de cultivo, en huerto o jardín interior, y el surcaño o callís, en arroyo o calle." (TGU, p.699, § 1953) (v. figs. 117 y 137)

Esta evolución se explicita en la nomenclatura diversa que toma el intervías según el tipo de tejido. Según Cerdà, en los pueblos de origen agrícola predominaba la denominación de *mansana*, asociada a la noción de manso o campo de cultivo; en los de origen militar, se adoptó la de *cuadra*; en los mercantiles, se consideró la noción de *isla*, que recordaba, por un lado, los efectos del aislamiento y, por otro, la posibilidad de estar en comunicación en todos los sentidos (TGU, p.698, § 1948) (v. figs. 117 y 137). Cerdà adopta finalmente la noción de intervías, asociada a las vías:

"El tecnicismo nos ha enseñado el nombre de intervías, que expresa de una manera más definida y gráfica la posición de un espacio rodeado por varias vías." (TGU, p.698, § 1948)

Desde esta concepción, aprovechará para asociar la raíz *urbs* del término *urbanización* a la imagen mítica de la fundación romana (TGU, p.28, § 42), relacionando la idea de fundación de una ciudad al hecho de marcar un recinto: el nuevo recinto urbano o intervías urbano. Esta imagen le servirá para plantear la asociación entre la urbe y el intervías. Cabe señalar también la importancia de la concepción sistémica que surge de la analogía con un organismo vivo entre la casa y el campo de operaciones, que observa primero a escala comarcal, con el casco urbano y su ámbito de influencia, que es la comarca, y luego localiza a la escala del albergue, con el manso que contiene la casa y el campo de cultivo (v. fig. 118).

4.3. Análisis del intervías según las vías y los enlaces

La denominación misma de *intervías* refleja, según Cerdà, el origen y la causa de su existencia (TGU, p.364, § 988). Por una parte, el intervías es el origen de la estancia y, por otra, está asociado a la relación y al movimiento (TGU, p.596, § 1649), en que cada uno de los intervías está en relación con el exterior (TGU, p.363, § 983), hasta el punto de que el intervías queda definido como punto de parada, es decir, como punto de enlace con la viabilidad exterior (TGU, p.367, § 995). Esta es la razón por la cual, de hecho, las vías que circundan el intervías son trascendentales para Cerdà. Es decir, aun cuando las vías pueden ser urbanas, por el hecho de pertenecer a la estructura de vías de la urbe, son trascendentales para el intervías (TGU, p.367, § 993). Según esta definición, el espacio interviario viene determinado por el sistema de vías que aseguran las relaciones del intervías con el exterior y que definen unos espacios intercalados por vías y definidos por sus encuentros, cruces y enlaces.

a) Análisis del intervías a partir de los elementos de aislamiento y de relación

Por otra parte, Cerdà remarca la utilización del término *isla*, asociado al intervías, por su connotación de aislamiento (TGU, p.366, § 992). Y, como se ha destacado al estudiar el sistema viario de la casa en analogía con el intervías, Cerdà empieza por analizar el intervías primero en conjunto y, posteriormente, en sus detalles (TGU,

p.362, § 979). Desde esta perspectiva, Cerdà profundiza en los medios que configuran el aislamiento y en sus efectos sobre el intervías (TGU, p.366, § 991). Para ello, analiza los elementos aisladores más externos y va adentrándose sucesivamente en los más internos (TGU, p.362, § 979). Por ello, considera análogamente el intervías a escala de departamento (TGU, p.597, § 1654), donde se convierte en el objeto esencial para la preservación del aislamiento y, en definitiva, de la independencia del individuo. Los elementos aisladores considerados son las vías trascendentales (calzada); el camino de ronda del intervías, es decir, la acera y, finalmente, la cerca perimetral (TGU, p.366, § 992).

Para Cerdà, la calzada aísla desde las vías y la cerca, desde la edificación. Las vías urbanas son la primera causa de aislamiento del intervías (TGU, p.367, § 993). Aunque, en su origen, la acera es parte integrante de la edificación (TGU, p.369, § 999), esta se convierte en intermediaria entre las vías trascendentales y la cerca perimetral (TGU, p.368, § 997), de modo que ejerce de nexo de unión entre estos dos elementos de aislamiento, aun cuando originariamente era el elemento que marcaba el límite del recinto y, por tanto era el elemento central del aislamiento. De todo ello, Cerdà observa que la acera forma parte de la calle y que, a la vez, está asociada a la manzana (TGU, p.362, § 980). La acera es, a la vez, dependiente e independiente de la calle, es decir, tiene simultáneamente las funciones de aislar y enlazar (TGU, p.369, § 998).

Por otra parte, los sistemas de cercas perimetrales de aislamiento de un intervías pueden ser distintos y complejos (TGU, p.363, § 981). Aunque, en esa época, la cerca no es para Cerdà más que el paramento del edificio (TGU, p.371; § 1001), observa que, junto a ella, también el patio puede ejercer la función de aislamiento (TGU, p.607, § 1688).

Así pues, Cerdà llega a la conclusión de que la calzada, la acera y la cerca perimetral ejercen la función de aislamiento, al tiempo que calzada y acera ejercen también funciones de relación. Las funciones de relación y aislamiento son, en definitiva, los elementos constitutivos del intervías.

b) Aplicación de analogías para llegar al objeto vía-intervías

Como ya hemos explicado en el capítulo sobre los instrumentos utilizados por Cerdà, la analogía entre casa y organismo vivo permite a Cerdà explicitar los mecanismos de relación y de aislamiento del intervías. Mediante esta analogía, puede resaltar el aspecto funcional y orgánico de la casa, asociado al sistema de flujos representados por los conductos de agua potable y los conductos de exportación de las materias fecales. A esta idea de flujos le asocia la imagen de un sistema de flujos de alimentación y expulsión del organismo vivo, que en la vivienda están representados por:

— el sistema de alimentación: despensas y conductos de agua potable;
— el sistema de digestión: la cocina;
— el sistema de expulsión: conductos de exportación de materias fecales.

A esta analogía le añade la correspondiente a la correlación entre el sistema venoso y el sistema de aguas, asociados a su vez al sistema de viabilidad. En este esquema de movilidad, Cerdà utiliza la imagen de los órganos de locomoción, que para él son las puertas y las vías domésticas, representaciones de los puntos de control de la circulación y de las vías propiamente dichas. Aquí aparece, de forma explícita, la noción de aislamiento y relación a través de las puertas, como elementos de enlace.

Junto a ello, Cerdà utiliza otro aspecto de la analogía casa-organismo vivo, en que resalta la imagen de la casa como una concha que le sirve para visualizar el aislamiento de la luz, la ventilación y la temperatura, así como la idea de ver y ser visto, de oír y ser oído, entendidos desde la perspectiva del equilibrio entre aislamiento y relación. Cerdà imagina un cuerpo, definido por unos vanos interiores y exteriores que se adaptan, según las necesidades y los cambios de situación. Los separadores macizos representan el aislamiento fijo, mientras que los vanos, con sus valvas o puertas, representan la posibilidad de comunicación. Para Cerdà, la comunicatividad no es permanente, sino temporal, contingente y subordinada a la voluntad del morador (TGU, p.443, § 1224). Según Cerdà, la noción de aislamiento se realiza a través de los vanos y la noción de relación, a través de las valvas (balcones y ventanas).

Para cuantificar el aislamiento, Cerdà propone una distancia que denominaremos de *equilibrio aislamiento-relación*:

> *"Una distancia regular y conveniente que garantizase su libertad de acción y su independencia en el hogar doméstico, sin que por otra parte fuese obstáculo a las recíprocas comunicaciones vecinales en el modo y a las horas que cada uno quisiere usar de ellas."* (TGU, p.119, § 256).

Según Cerdà, el aislamiento está asegurado a través de una distancia mínima que permita evitar el fisgoneo por medio de la vista o del oído (TGU, p.124, § 268). El referente es la urbanización rurizada, donde el agricultor conserva una distancia suficiente para no molestar ni ser molestado (TGU, p.95, § 191), idealizado como aislamiento total, con posibilidades de relación.

La descripción de la vivienda como materialización de las distintas formas de relaciones que los moradores establecen entre sí y con el exterior corresponde perfectamente a la definición de red de proyectos transaccionales de Dupuy, y estas imágenes son clave para comprender el planteamiento de Cerdà en la construcción del objeto vía-intervías, con sus múltiples significaciones, como veremos a continuación.

4.4. La evolución del concepto de intervías: del recinto al sistema de vías

Una vez explicitados el aislamiento y la relación en el intervías, Cerdà pasa a analizar el conjunto formado por el vía-intervías. En este punto, constata la transición del concepto intervías, de una visión asociada al recinto a otra caracterizada por el sistema viario que circunscribe el intervías. Según Cerdà, lo que predominaba inicialmente era el límite, pero, a medida que avanza la urbanización, el movimiento se impone frente a la estancia y las vías de cintura empiezan a dominar frente a los límites del recinto. El intervías tiene, en sus orígenes, unos límites asociados al cultivo, la canalización de las aguas y su acceso viario (TGU, p.695, § 1941), que le llevan a afirmar:

> "La red viaria de una combinación urbano-rural no es más que el resultado del enlace recíproco de todas esas diversas sendas divisorias, consagradas y entregadas a la viabilidad comunal de una manera espontánea y complaciente por cada uno de los cultivadores." (TGU, p.96, § 194)

Según Cerdà, el umbral del cambio lo representa la aparición de las vías trascendentales (TGU, p.96, § 194). En ese momento, la red viaria se transforma y pasa de un sistema de límites de los intervías a un sistema de vías que deben enlazar con la viabilidad universal. Este cambio es fundamental para comprender el frágil equilibrio entre estancia y movilidad.

Una vez conocidos el origen del intervías y su proceso de adaptación a la viabilidad, analizaremos los mecanismos de articulación de la calle y su sistema de vías, y el concepto vía-intervías como conjunto.

4.5. La formalización del vía-intervías

a) La articulación de la calle como primer espacio común de relaciones

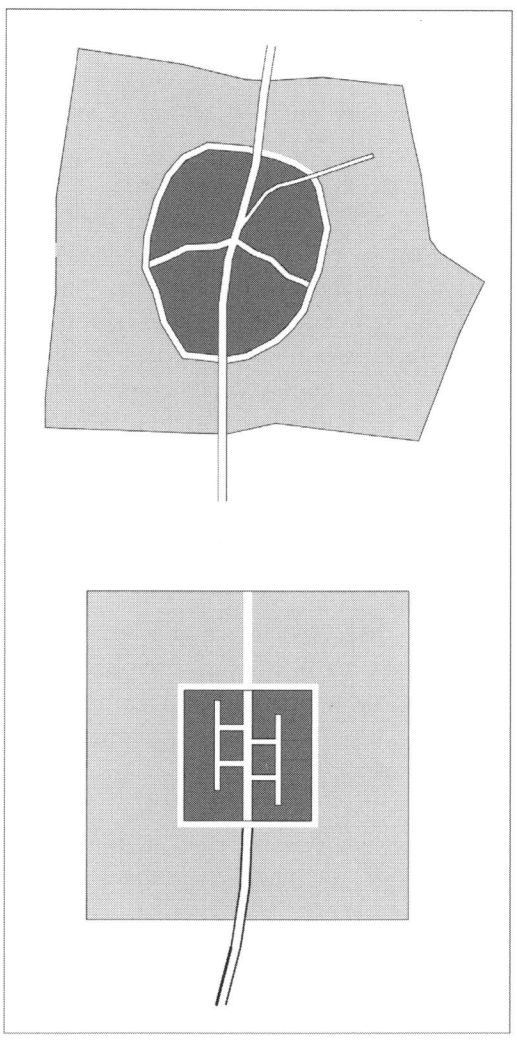

Figura 118. Esquema de la analogía urbe-casa, según los textos de Cerdà.
Fuente: elaboración propia a partir de los textos de la TGU

En su análisis, Cerdà parte de un espacio que se articula a partir de unas relaciones continuadas que fijan una vía (TGU, p.634, § 1769). La calle es, en definitiva, la unión de estancias sobre una hilera que se convierte en antepatio de la vivienda y en espacio de movimiento (TGU, p.704, § 1968). La calle es algo más que una vía cuya función es la viabilidad; además, es el espacio conjuntivo de vías y edificios. Por ello, encontramos en la calle la expresión de la dualidad entre estancia y movilidad.

No obstante, paralelamente, Cerdà considera las calles como vías (TGU, p.354, § 956). Al principio, lo que predominaba era la estancia, y a duras penas quedaba espacio para los flujos asociados al movimiento (TGU, p.704, § 1968). Pero, a medida que las relaciones crecen, surge la necesidad de dar mayor capacidad a los espacios de flujos y el predominio de la calle como vía resulta preponderante. De ahí surge la necesidad de considerar no tan solo el intervías, sino también el conjunto vía-intervías.

b) Analogía de la estructura de la urbe con la del objeto vía-intervías

Para el análisis del conjunto vía-intervías, Cerdà utiliza la analogía entre urbe e intervías, considerando la urbe como una suma de pequeñas urbes correspondientes a cada uno de los intervías. Según él, el intervías tiene las mismas características que una urbe:

"En cada uno de esos espacios aislados por las vías urbanas, existe un pequeño mundo, una pequeña urbe o urbe elemental, si se quiere, que en su conjunto y en sus detalles conserva la más admirable analogía y hasta semejanza con la grande urbe que, todo bien mirado, no es más que un conjunto armónicamente compuesto de tales urbes elementales, enlazadas entre sí por el gran sistema viario urbano." (TGU, p.363, § 984)

Esta analogía le sirve como instrumento para utilizar los elementos de análisis de la urbe y aplicarlos al intervías. Para Cerdà, el intervías tiene unos problemas similares a los de la urbe, en la determinación del emplazamiento, el trazado y la combinación de los elementos (TCC, p.142, § 98). Cerdà sigue un esquema de lectura de la urbe a través de la estructura: comarca, núcleo, vías trascendentales, locales y limitáneas, asociada al esquema de comarca, suburbio y núcleo urbano desarrollado en la TGU (TGU, p.211, § 537).

Desde la perspectiva de la analogía con la urbe, todo intervías ha de tener su terreno de expansión, como para la urbe es la comarca. Según Cerdà, cualquier albergue ha de tener su terreno de expansión:

"El intervías, considerado de esta manera abstracta, no es ni más ni menos que el campo de operaciones de la vida y del funcionamiento de la familia, es decir, aquella extensión de terreno que, para los usos domésticos, para atender las necesidades del consumo diario, puede considerarse conveniente." (TGU, p.694, § 1937)

Por ello, reitera su rechazo a la yuxtaposición de las viviendas (TGU, p.607, § 1690), ya que elimina este campo de acción de la vivienda.

A continuación, el uso de la analogía le permite implementar el esquema de viabilidad exterior e interior, de viabilidad de cintura y puertas de enlace, de la urbe al intervías (TGU, p.363, § 984). El esquema de vías trascendentales y vías particularias desarrollado en la urbe lo aplica ahora al intervías. Es interesante observar cómo, en este espacio interviario, las puertas se convierten en la rótula central de enlace entre el intervías y el exterior (TGU, p.363, § 982). En definitiva, podemos concluir que Cerdà construye el concepto vía-intervías a partir de la analogía entre urbe e intervías, que aplica a las condiciones de emplazamiento, a la estructura comarca-suburbio-recinto urbano y al sistema de vías: de circunvalación, exteriores e interiores, así como a los enlaces correspondientes (v. fig. 118).

c) Aplicación de la analogía urbe-intervías a los demás elementos de la urbanización

A continuación, ese mismo esquema lo repite para el solar, la casa propiamente dicha, la casa-habitación y lo que él denomina *departamento*, considerados como intervías. Con ello, consigue leer el territorio a partir de una aplicación repetida del esquema vía-intervías para cada escala.

Para Cerdà, la casa es como otra pequeña urbe, compuesta por diversas viviendas enlazadas por un sistema o economía de vías que, pese a ser irregulares y anómalas, diferentes de todas las conocidas en lo rural y aun en la planta de la urbe, no por ello dejan de ser vías y de prestar sus servicios como tales (TGU, p.389, § 1061) (v. fig. 118). De esta forma, Cerdà está aplicando un esquema analógico y fractal a la dualidad aislamiento-relación como base de la lectura de la urbanización.

Notas

1   DUPUY, Gabriel (1991): *L'urbanisme des réseaux.* París: Armand Colin. Traducida al castellano: DUPUY, G. (1997): *El urbanismo de las redes. Teorías y métodos.* Barcelona: Oikos-Tau.

2   CERDÀ, Ildefons [1863]: Necesidades de la circulación. En: CERDÀ, Ildefons (1991): *Teoría de la vialidad urbana: Cerdà y Madrid*, p. 291-305.

3   CERDÀ, Ildefons [1863]: *Op. cit.*

4   DUPUY, Gabriel (1991): *Op. cit.*

5   HAGGETT, Peter (1975): *Análisis locacional en la geografía humana.* Barcelona: Gustavo Gili. ISBN: 8425208769

6   DUPUY, Gabriel (1991): *Op. cit.*

7   *Le globe, Journal de la religion saint-simonienne* (1832): Dimanche, 12 Février, VIII Année n° 43.

8   KANSKY, Karel J. (1963): *Structure of transportation networks: relationships between network geometry and regional characteristics.* The University of Chicago.

9   DUPUY, Gabriel (1991): *Op.cit.*

10 CERDÀ, Ildefons (1859a; 1991): Teoría de la construcción de las ciudades aplicada al Proyecto de reforma y ensanche de Barcelona, abril 1859. En: CERDÁ Y BARCELONA (1991: 107-450)

11 CERDA, Ildefons (1861a;1991): Teoría de la viabilidad urbana y reforma de la de Madrid, enero de 1861. Memoria del anteproyecto de Reforma Interior de Madrid. En: CERDÁ Y MADRID (1991: 45-280). Fuente: Archivo General de la Administración Educación y Ciencia (AGA), legajo 8831, caja 8034.

12 CERDA, Ildefons (1861a;1991): *Op.cit.*

13 CERDÀ, Ildefons (1860a;1991): Ordenanzas de Construcción de Barcelona, 1859. En: CERDA Y BARCELONA (1991: 513-548).

V. EL PRINCIPIO SEGÚN EL CUAL CADA MODO DE TRANSPORTE GENERA UNA NUEVA FORMA DE URBANIZACIÓN Y SUS IMPLICACIONES URBANAS Y TERRITORIALES

1. Una lectura adaptativa de la estructura del sistema viario

2. La caracterización del territorio por la interacción entre viario y topografía

3. La caracterización de la evolución del viario según su interacción con el territorio

4. La vía como espacio de relaciones y de sociabilidad

5. La evolución de los parámetros de las vías

6. La evolución del viario y de su interacción con el tejido urbano

7. La evolución de los intervías

8. La evolución de la casa

9. El control de la trituración en el proceso evolutivo del Intervias

10. Análisis de la trituración del solar

11. Análisis de la trituración de la casa

12. La trituración de la habitación: la reducción del número de piezas de una habitación

13. La preservación de las características que aseguran la independencia del vía-intervías como instrumento de control de la trituración y la densificación desde una perspectiva adaptativa

14. La evolución de las urbes según los modos de locomoción

15. El interés de una lectura evolutiva de la urbanización siguiendo los elementos topológicos de las redes y su articulación territorial

16. La propuesta territorial de Cerdà desde la vialidad y la organización territorial según el esquema de vía-intervías

1. Una lectura adaptativa de la estructura del sistema viario

Una vez desentrañados los elementos estructuradores de la urbanización, el sistema de vías e intervías y así como su distinta articulación en las diferentes escalas, en este apartado estudiamos la característica adaptativa, que centramos en el principio cerdaniano según el cual cada modo de transporte genera una nueva forma de urbanización:

"la locomoción en la gran vida de la humanidad, ha tenido cinco épocas esencialmente distintas, en cada una de las cuales ha necesitado medios, instrumentos y aparatos de índole y naturaleza diferente. Hubo una época en que el hombre (…) solo con el de sus pies podía contar para trasladarse de un lugar a otro. A poco supo ya adquirirse un auxiliar poderoso en los animales que domesticó, y sobre cuyo lomo empezó a trasportarse él mismo o sus cosas (…). A los trasportes a lomo, siguieron en la tercera época los de arrastre, que llamaremos por lo mismo rastrera. En la cuarta época se nos presenta sumamente perfeccionado el instrumento de arrastre desde el instante en que se le añaden ruedas que facilitan admirablemente la tracción. Viene por fin la quinta época en que la fuerza de tracción se ejerce por un motor mecánico é inanimado, de una acción y resistencia incomparable, y en que simultáneamente pueden conciliarse y obtenerse el trasporte de los pesos más enormes y el de la velocidad más rápida. Cada uno de estos géneros de locomoción, ha predominado en una época más o menos prolongada, y durante su predominio ha debido tener y ha tenido en la urbe medios de funcionamiento o vías adecuadas a su naturaleza particular; y esto fue precisamente lo que determinó en cada época el carácter, tipo o fisonomía particular de la urbe." (TGU, p.685; § 1911).

Para analizar este proceso se centra en la evolución del equilibrio entre aislamiento y relación. Cerdà se basa en el concepto de funcionomía que le permite relacionar lo construido (o continente) con la población (o contenido). Para ello, se centra en la transformación del objeto vía-intervías. Por una parte, analiza la transformación del sistema de vías y sus consecuencias en los distintos elementos de urbanización (las vías, los intervías y la casa) y, por otra, observa el proceso de trituración del intervías. Paralelamente, a partir del conocimiento del proceso evolutivo del vía-intervías, propone una lectura de la evolución de los tejidos urbanos para las distintas civilizaciones. Este planteamiento nos informará de cuáles son los fundamentos de una lectura cerdaniana de la historia de la urbanización y, en definitiva, nos permitirá descubrir cuál es la justificación última del modelo de urbanización rurizada propuesto por Cerdà.

Veamos antes cuál es el origen de este planteamiento. Según Cerdà, *"nada hay en el mundo físico y moral que no tenga su razón de ser"* (TGU, p.678; § 1898), y por ello se propone lo siguiente:

"Poner al alcance un criterio sano y filosófico con que puedan darse la razón, la causa y el origen así de los elementos constitutivos de la urbanización como de las diferentes combinaciones que estos elementos han sufrido, y de las reformas y transformaciones porque urbes y elementos han pasado, al compás de los cambios que en la vida social se verificaban; es a lo que va encaminada esta especie de resumen histórico-filosófico de la urbanización hasta nuestros días." (TGU, p.679; § 1900)

El análisis de las urbes y de los tejidos urbanos a partir del objeto vía-intervías se convierte para Cerdà en el elemento central de la composición y de la transformación de una urbe (TGU, p.702; § 1965), hasta el punto de que afirma que las diversas variaciones de este objeto generan

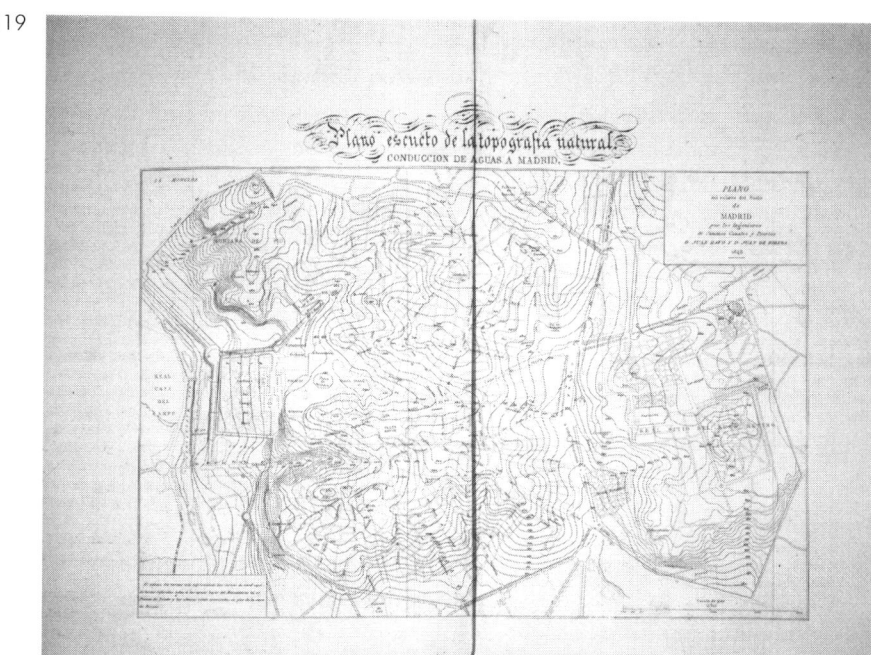

Figura 119. Plano topográfico de Madrid, de J. Rafo y J. Rivera, de 1848, recogido por Cerdà.
Fuente: Atlas de la Teoría de la viabilidad urbana, 1861, plano n.º 12

Figura 120. Topografías natural y artificial, superpuestas, del centro histórico de Barcelona. Plano topográfico-geométrico de la ciudad de Barcelona, de M. Garriga i Roca, de 1862.
Fuente: MUHBA

urbes completamente distintas (TGU, p.681; § 1904). Según él, el predominio del intervías o de las vías ha sido desigual a lo largo de la historia de la urbanización. En unas épocas, toda la atención se prestaba a los intervías, mientras que en otras la predominancia era de las vías, siendo los intervías simples paradores momentáneos (TGU, p.703; § 1966).

2. La caracterización del territorio por la interacción entre viario y topografía

2.1. La distinción entre continente y contenido

Para Cerdà, las vías se sitúan en un marco físico y geográfico, asociado a una topografía y a un territorio. La teoría urbanística de Cerdà se encuadra en la tradición española, con una noción del territorio mucho más material. Como señala Soria,[1] para los griegos, los romanos y los europeos medievales lo primero era el ciudadano, hasta el punto de que las cualidades de este eran las que definían la ciudad. Una muestra de ello era la afirmación de Nicias ante los soldados atenienses que se hallaban en las playas de Siracusa (Sicilia):

> "Vosotros mismos sois la ciudad, allá donde decidáis asentaros [...] son los hombres, no los muros [...] los que forman la ciudad."

Los clásicos no ignoraban el aspecto material de la ciudad, pero el acento lo ponían claramente en las personas. Esta visión clásica de la ciudad estaba implícita en la lengua latina, en que *civis*, "ciudadano", era la raíz de *civitas*, "ciudad".

Las tradiciones griega y romana se transmitieron a la tradición española. No obstante, el castellano, como lengua moderna, quizás por la influencia árabe, vehiculó una concepción cualitativamente distinta. El concepto de matriz de ciudad, utilizado en *Las Partidas* de Alfonso X el Sabio (1221-1284), ya asociaba la ciudad a un conjunto de construcciones. Cerdà se inscribe en esta tradición en que, frente a la ciudad clásica como comunidad o conjunto de ciudadanos, se abre camino lentamente, a partir del siglo XIII, el concepto de ciudad en que esta se considera un artefacto o un conjunto de construcciones. Como pone de manifiesto Soria,[2] existían dos concepciones de ciudad: como un conjunto de ciudadanos o como un conjunto de construcciones, que llevan necesariamente a propuestas distintas. Si la ciudad se concibe como un conjunto de ciudadanos, los problemas que plantea la ciudad y las soluciones que requiere han de hallarse en dichos ciudadanos. De ahí que la Antigüedad legara numerosos tratados de política y de moral" y ninguno, con la excepción quizás del de Vitruvio, se parece o es comparable a un moderno tratado de urbanismo. Si, por el contrario, la ciudad se concibe como un conjunto de construcciones, los problemas de la ciudad y sus soluciones han de hallarse en dichas construcciones. De ahí que aparezcan inicialmente tratados de arquitectura, en la segunda mitad del siglo XV, y posteriormente, ya en el XIX, tratados de urbanismo, el primero de los cuales es precisamente la *Teoría general de la urbanización*, en 1867.

La distinción entre urbanización y civilización es clave para la estructura de la teoría urbanística de Cerdà. Para comprender el significado profundo de la urbanización y su relación con la civilización en la obra de Cerdà, es necesario recoger el significado que da a los términos *urbe*, *ciudad* y *población*. La palabra *urbs* es, para Cerdà, el conjunto de cosas diversas y heterogéneas que, armonizadas por la fuerza superior de la sociabilidad humana, forman lo que se denomina *ciudad*. Según Cerdà, la palabra *civitas* deriva visiblemente de *civis*, es decir, "ciudadano", y considera que debió tener una significación análoga a la de la palabra *población*, utilizada también para expresar un grupo de edificaciones, aunque en este caso más propiamente con relación al vecindario que a la parte material de las construcciones. De hecho, cuando Cerdà considera el territorio de la ciudad, toma la etimología de este término, junto con la de urbe, para englobar los dos aspectos de una población. No obstante, aunque incardinado en la tradición española, se interesa no solo por la construcción material de la ciudad, sino también por las relaciones que establecen sus habitantes, es decir, por la noción francesa de *urbain*. Cerdà recupera esta dualidad a través de su concepción del tejido, compuesta por el continente y el contenido, donde analiza primero el continente para después estudiar, a través de la funcionomía, las relaciones entre continente y contenido. Este análisis le sirve para analizar la característica adaptativa de los tejidos urbanos desde la perspectiva de su transformación, en función de la introducción progresiva de los distintos medios de locomoción. Este planteamiento lo encontramos en contribuciones como las definidas por los geógrafos alemanes como Ratzel[3] o por los tipologistas italianos como Caniggia[4], y ya más tarde, en una clara influencia cerdaniana con Soria[5].

2.2. La interacción de la topografía y el sistema de vialidad como elemento central de la evolución de la ciudad

En la aproximación al continente, uno de los conceptos clave de la teoría propuesta es el de topografía. Cerdà quería poner de manifiesto el interés de este concepto para la nueva disciplina de la urbanización y, en particular, para el estudio de la reforma de las ciudades (TVU, p.59; § 29).

La percepción de los accidentes del terreno, junto con los obstáculos creados por las construcciones que el hombre sitúa sobre el territorio, le llevan a distinguir entre la *topografía natural* y la *topografía artificial*:

"Esto nos demuestra que no solo es preciso estudiar la topografía natural del terreno [...], sino que además es necesario examinar muy detenidamente el conjunto y detalles de la edificación existente, la situación respectiva de esas masas edificadas, que interrumpen a cada paso el terreno aumentando sus accidentes y que forman una nueva topografía, que nosotros, a falta de mejor palabra técnica, llamaremos topografía artificial." (TVU, p.59; § 30)

Actualmente, la gran mayoría de las representaciones gráficas de la ciudad oponen el tejido urbano al suelo rural. Tradicionalmente, las curvas de nivel solo se indicaban en lo que no era urbano, pero actualmente las curvas de nivel son una capa digital más del dibujo. En muchos de los estudios urbanísticos actuales, especialmente en los ámbitos urbanos, la topografía no se valora en el análisis de la combinación entre alineaciones y pendientes, o en la influencia de las redes de saneamiento. Cerdà propone una topografía en que los sectores urbanos tengan representado el terreno natural preexistente antes de la urbanización de la ciudad, como ya había realizado Rafo en el *Plano escueto de la ciudad de Madrid* (v. fig. 119). En él, la trama urbana queda grafiada en segundo término, y resalta de forma clara la topografía con las curvas de nivel (TVU, p.128; § 649). Este género de representación le permite comprender la red de calles a partir de la topografía (TVU, p.60; § 41). Disponemos también del *Plano topográfico de Barcelona*, elaborado por Garriga i Roca (v. fig. 120), que aplica esta misma metodología y que nos permite evaluar la influencia de la topografía sobre la organización de la ciudad alrededor del promontorio de la ciudad romana.

3. La caracterización de la evolución del viario según su interacción con el territorio

3.1. La caracterización del viario según la topografía

En el marco de este nuevo tipo de representación, Cerdà desarrolla dos tipos de representación de la topografía del terreno: a) en curvas de nivel y b) por líneas divisorias y en *thalweg* (o *líneas de valle*). Cabe señalar que los primeros planos con curvas de nivel que se conocen se elaboran en Francia a principios del siglo XIX y la primera representación en curvas de nivel de la cartografía de Barcelona, como plano urbanístico (no militar), es el *Plano topográfico* de Cerdà de 1855. Pero no se queda ahí, sino que además elabora un sistema de análisis en que combina los dos sistemas de representación mencionados y el estudio de la red de calles definida según la topografía natural, que desarrolla con más detalle con ocasión de la reforma interior de Madrid, tal como se ha analizado en el capítulo anterior.

Cerdà plantea la inserción de la red viaria al tejido urbano, con una historia y una topografía. El territorio lo analiza a través del continente y de los conceptos de topografía natural y topografía artificial, que le permiten enmarcar el artificio de la urbe (topografía artificial) en el espacio geográfico (topografía natural). Posteriormente, genera los elementos que definen el nuevo concepto propuesto de topografía artificial (TVU, p.64; § 78). En la *Teoría de la viabilidad urbana*, estudia la calle y sus características (orientación, enfilación, anchura, embocadura, rasantes, perfiles transversales, pavimento); los pasajes, las plazas y las manzanas, de las cuales analiza su configuración, longitud y anchura, correspondencia, exposición y la forma final de la edificación; las casas (viviendas), con sus divisiones verticales, distribuciones horizontales, alturas, tipos de paredes y patios; los edificios especiales, los espacios vacíos, las fuentes públicas y los ferrocarriles (TGU, p.272; § 729). Este análisis pormenorizado le permitirá

caracterizar posteriormente el tratamiento a seguir sobre el tejido que va a reformar. Observamos que distingue dos grupos en su definición. La agrupación relacionada con la infraestructura y asociada a la vialidad (calles, plazas, cruces, etc.), y los elementos asociados a la estancia: la edificación propiamente dicha, es decir, las manzanas y las casas (o viviendas). Para Cerdà, la lectura topográfica del espacio está caracterizada también por la dialéctica entre estancia y movilidad.

Es interesante observar que este análisis intenta caracterizar los elementos de la topografía artificial (las vías y las edificaciones) a partir de los elementos de análisis de la topografía natural (las divisorias, los *thalwegs*, los puntos culminantes, etc.). Esta metodología, aunque se haya utilizado recientemente en la caracterización de la geografía regional, no ha sido tan aplicada a escala urbana, y menos aún con la exhaustividad con que lo hace Cerdà en el estudio de la reforma de Madrid.

Cerdà analiza las vías según su situación en la topografía del lugar. Mira cuáles son las líneas divisorias y en *thalweg* y les asocia las calles que las siguen. Realiza lo mismo con los puntos altos y los puntos bajos (que pueden coincidir con antiguas puertas o plazas y, por otro lado, con edificios singulares). Este análisis le permite destacar cuál es la vialidad trascendental y primaria, que mayoritariamente coincide con las líneas características de la topografía natural del lugar.

3.2. Análisis de la evolución de las vías según la topografía

Cerdà caracteriza tres tipos de vías: sobre una línea de cresta, sobre líneas de valle o *thalweg* y sobre líneas de pendiente máxima. El autor intenta descubrir cuáles son las leyes de formación de las calles. Para cada una de las vías, analiza qué influencia tiene la topografía sobre su evolución.

121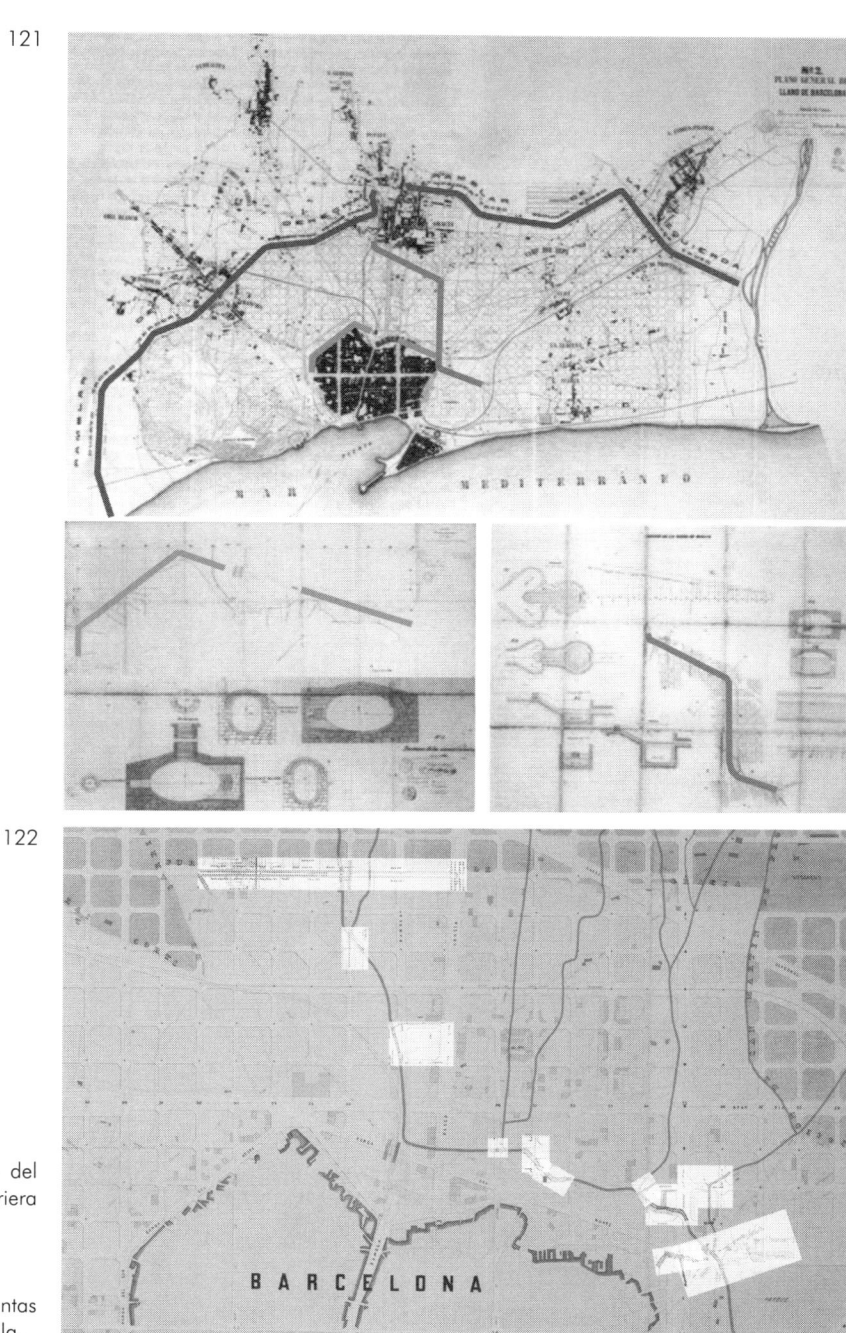

122

Figura 121. Los tres proyectos clave de saneamiento del Ensanche: la colectora de rondas, la desviación de la riera de Malla y el ramblar colector del Ensanche.
Fuente: Magrinyà, 2008

Figura 122. Plano topográfico del Ensanche con las plantas de los proyectos de puentes para sortear la riera de Malla.
Fuente: Magrinyà y Marzá, 2009

Observa que las vías situadas sobre líneas divisorias de aguas o de cresta son aquellas donde se sitúan los primeros asentamientos, ya que están a salvo de inundaciones. Además, estas vías tienen la ventaja de ofrecer un mayor control visual sobre el territorio. En cambio, las vías situadas en las líneas de valle o *thalweg* presentan la dificultad de ser vías de paso de agua y con riesgo de inundaciones, pero cuando están protegidas del agua concentran la vialidad, ya que tienen las tierras más prósperas para los cultivos. Hasta que no se resuelve el sistema de saneamiento, no se establecen los asentamientos, que acabarán siendo los ejes centrales de las futuras ciudades.

Finalmente, las vías que siguen líneas en el sentido de la pendiente máxima son, en principio, vías mal adaptadas. Se formaron, según Cerdà por un sistema de vialidad pedestre, es decir, admitiendo mayores pendientes, y acabaron constituyéndose en un obstáculo para el trazado de las vías asociadas a la vialidad rodada, especialmente para el ferrocarril. Como señala Cerdà, a los obstáculos de la topografía natural se añaden los de la topografía artificial (TVU, p.123; § 588).

Si analizamos la red de saneamiento, observamos que, para cualquier urbanización, sobre todo en la costa mediterránea, las lluvias están espaciadas en el tiempo y son de grandes caudales. Por ello, es imprescindible para cualquier asentamiento urbano una protección frente a las aguas pluviales. La red de aguas pluviales delimita así la escala y el radio de desarrollo de la aglomeración y, de hecho, fomenta una visión radioconcéntrica del espacio. Si tomamos como ejemplo el de la Barcelona anterior a Cerdà, constatamos que el límite de desarrollo del núcleo urbano se situaba en la protección que representaban la muralla y el colector del Bogatell, que suponían el nuevo límite para la extensión de la ciudad. Con la destrucción de las murallas, la riera de Malla se convirtió en la nueva barrera a sortear (v. fig. 121).

En los inicios de la construcción del Ensanche, la redefinición de las alineaciones de los terrenos de las murallas se asoció a la elaboración del proyecto de la colectora de las rondas, ya que, para la urbanización del Ensanche, era necesario sortear el antiguo foso que continuaba siendo el cauce natural de la riera de Malla. Por ello, se realizaron una serie de proyectos de puentes que tenían por objetivo superar esta barrera (v. fig. 122).

Por otra parte, cada vez que la riera de Malla (actual Rambla de Catalunya que se conectava al foso de la muralla hacia el Colector del Bogatell), en su tramo de orientación vertical (Rambla de Catalunya), cruzaba las vías horizontales del Ensanche, había que construir un puente para cruzarla. Se generó pronto una jerarquía de vías según si cruzaban o no la riera de Malla. Los puentes que cruzaban dos de los afluentes de la riera de Malla se situaron a la altura de la calle de Provença y conformaron esta calle como un eje principal entre las calles horizontales del Ensanche. Ese eje tenía, además, la virtud de conectar directamente la carretera de Sarrià con el paseo de Gràcia. Posteriormente, se construyó la desviación de la riera de Malla por la avenida Diagonal entre el paseo de Gràcia y el de Sant Joan. Ello implicó, además, canalizar la avenida Diagonal y liberar la Rambla de Catalunya para su urbanización.

Como conclusión, se puede afirmar que la red de saneamiento se convirtió en un elemento discriminador de la urbanización de los distintos territorios. Durante la década de 1860 a 1870, se construyeron una serie de puentes que cruzaban la riera de Malla, especialmente en el sector de la derecha del Ensanche, que permitieron su desarrollo entre las rondas, la Rambla de Catalunya, la avenida Diagonal y el paseo de Sant Joan. Más tarde (1879), se construyó la desviación de la riera de Malla siguiendo la traza de la avenida Diagonal, desde la Rambla Catalunya hasta el paseo de Sant Joan, lo cual permitió la urbanización de la Rambla de Catalunya y la extensión a la izquierda del Ensanche. Todas estas actuaciones fueron la base para adaptar la zona central del Ensanche a unas condiciones factibles para su urbanización ante una topografía que pudiese frenar su desarrollo.

Figura 123. Restitución de los trazados de la ciudad de Morella según su origen: vías ecuestres (gris oscuro), vías rodadas de primera generación (gris), en carro (gris más claro), vías rodadas de segunda generación (en diligencia) (gris claro).
Fuente: Magrinyà, 2012.

En cambio, el colector del Bogatell supuso una barrera para la unión del Poblenou con el núcleo de Barcelona.

3.3. Análisis de la vialidad trascendental según la articulación entre la escala geográfica y la escala urbana

Tras abordar el paso de la topografía natural a la topografía artificial, es necesario, en una segunda fase como señala Cerdà, analizar la unión entre la escala geográfica y la urbana. Para ello, toma el ejemplo de la vialidad preexistente en el caso del antiguo núcleo de Madrid. Este análisis le permite extraer las grandes trazas del territorio que están siempre presentes en la evolución del tejido de la ciudad (TVU, p.118; § 547).

Cerdà considera que, desde sus inicios, cualquier ciudad presenta un sistema de vías definido por la escala geográfica del lugar. En cualquier territorio, el conjunto de las líneas de carena del sistema orográfico y las líneas de valle definen un sistema de movilidad: *"esas grandes vías que la naturaleza ha ofrecido, primero en un estado salvaje, pero grandioso siempre, y que más adelante el hombre ha perfeccionado y explotado con mayor esmero"* (TGU, p.271; § 726).

El ejemplo más característico es la vía de *thalweg* o línea de valle del paseo del Prado, que es la gran vía trascendental y el nexo de unión entre la reforma y el ensanche. Esta idea ha sido retomada por geógrafos como Ratzel, que ensayó la reconstrucción de las líneas principales de transporte desde esta misma perspectiva.

Por otro lado, Cerdà imagina las primeras urbanizaciones en torno a estas vías naturales (TGU, p.271; § 727). Las vías principales de la comarca se dirigen hacia un gran centro de atracción de movilidad (una plaza donde confluyen las vías de las distintas direcciones). Los tipos de centros considerados por Cerdà son los muelles de los puertos marítimos, los muelles de un río navegable o las estaciones de ferrocarriles. Estos puntos singulares quedan definidos como puntos de intercambio modal de transporte y, sobre todo, como puntos de partida de un tipo de transporte más trascendental que el terrestre (TGU, p.340; §918).

4. La vía como espacio de relaciones y de sociabilidad

Una vez analizada la influencia de la forma del territorio y sus características espaciales, Cerdà se centra en el análisis de la evolución histórica de la urbanización, que permite conocer los mecanismos esenciales de su funcionamiento, ya que, según él, con el tipo de urbanización cada generación expresa su forma de ser. Para Cerdà, el objeto del técnico ha de ser fijar a priori las necesidades, los hábitos y las costumbres de cada época, ya que ninguna de las urbes ha sido improvisada y todas son la suma de actuaciones de cada generación, donde cada una de ellas ha puesto su porción de vías y de intervías (TGU, p.684; § 1908-1909).

En este marco, se interesa por la formación de las urbes desde la perspectiva de las necesidades de cada época y de los medios de locomoción que se han dispuesto para ello. Tal como hemos recogido en la cita inicial de este capítulo, la hipótesis de Cerdà es la siguiente:

"Cada uno de estos géneros de locomoción ha predominado en una época más o menos prolongada, y durante su predominio ha debido tener y ha tenido en la urbe medios de funcionamiento o vías adecuadas a su naturaleza particular, y esto fue precisamente lo que determinó en cada época el carácter, tipo o fisonomía particular de la urbe."

Siguiendo esta metodología, considera cinco épocas de la historia de la locomoción: pedestre, ecuestre, rastrera, rodada y rodada perfeccionada (v. figs. 124-127). La decisión de tomar la locomoción como instrumento central para comprender la evolución de la urbe se legitima, según Cerdà, porque la definición de las formas exteriores de los elementos que constituyen las urbes se sitúa en las vías. Es en la vialidad donde se encuentran los elementos esenciales que se refieren a la vida urbana de la colectividad, expresada en el movimiento y la agitación de la calle (TGU, p.680; § 1901); por ello, es en la vía pública, espacio de los instrumentos de locomoción, donde se manifiesta el ser de una urbe (TGU, p.685; § 1910).

Paralelamente, Cerdà considera la hipótesis de que cada etapa es acumulativa respecto a la anterior. Así,

por ejemplo, las generaciones que vivieron en la época de la locomoción ecuestre conservaron lo que les habían legado las generaciones de la locomoción pedestre; lo mismo que las generaciones de la locomoción rastrera hicieron con los de la ecuestre y la pedestre, y a su vez las de la rodada respetaron los de la rastrera, la ecuestre y la pedestre (TGU, p.685; § 1911). Por ello, afirma que en cada etapa de transición coexisten los respectivos medios de locomoción, puesto que permanecen todos los medios adecuados para su mantenimiento (TGU, p.709; § 1982) (v. fig. 124-127).

Para Cerdà, la urbanización ha seguido la misma estructura de transformación en la etapa de transición a la vialidad rodada perfeccionada, asociada a la introducción del ferrocarril. (TGU, p.683; § 1907). No obstante, considera que esta última etapa constituye un paso inmensamente trascendental, que abarca por sí solo todas las épocas anteriores y cuyo alcance es difícil de prever en su totalidad.

Cerdà analiza las modificaciones de los distintos elementos de la urbanización (las vías, los intervías y la casa, así como el conjunto del tejido) a partir de la introducción de los distintos medios de locomoción. Para deducir los mecanismos de conformación de los tejidos urbanos a partir de la evolución del sistema de vías, debida a la sustitución progresiva de los medios de transporte, Cerdà toma en consideración tres aspectos:

— la formación de las urbes, considerada desde el punto de vista de las necesidades de cada época, según los medios de locomoción de que había podido disponer el hombre;

— las reformas y las transformaciones verificadas en las urbes, al pasar de una época a otra, y

— las reformas y las transformaciones practicadas en las urbes, para realizar la transición entre la época de la locomoción rodada ordinaria y la del vapor y la electricidad.

De la lectura de sus textos, se desprende un análisis repetitivo y hasta cierto punto reiterativo. En nuestro análisis, hemos extraído los elementos y las consecuencias que Cerdà considera claves para la urbanización asociada a la introducción progresiva de unos modos de locomoción que avalan su tesis según la cual cada modo de transporte genera una forma de urbanización.

5. La evolución de los parámetros de las vías

5.1. La evolución de las condiciones del trazado a raíz de la aparición de un nuevo modo de transporte

Para el análisis de la evolución de las vías, Cerdà empieza estudiando el trazado y la influencia que han ejercido sobre él los sucesivos medios de locomoción. Según este esquema, en la época pedestre, las vías venían definidas por las trazas de comunicación entre las distintas familias, marcadas posteriormente por el tránsito repetido. Las sendas quedaron fijadas y, de este modo, los límites de las propiedades también (TGU, p.689; § 1921). Al analizar las transformaciones sobre el trazado viario construido y asociarlas a la aparición de cada nuevo medio de transporte, Cerdà destaca, en primer lugar, que el trazado tanto horizontal como vertical de las vías originarias de las épocas pedestre y ecuestre en general se ha mantenido (TGU, p.747; § 2079). El cambio más significativo en la concepción de la calle, tras la introducción de la locomoción ecuestre, fue sustituir las escalinatas por rampas. En los trazados de las vías, se buscaba que una fuerte rampa no coincidiese con una inflexión violenta en la traza horizontal (TGU, p.711; § 1987). Las vías con gradas más suaves que las escaleras fueros eliminadas por vías con pendientes. (TGU, p.765; § 2132). Posteriormente, en la etapa de la locomoción rastrera, las vías estuvieron condicionadas por el uso de la narria y tuvieron que alisarse en lo posible, optando por las baldosas o por cualquier otro material al tiempo que las gradas y las escalinatas quedaban definitivamente proscritas (TGU, p.727; § 2031).

Más tarde, durante la época de la locomoción rodada, Cerdà distingue dos períodos. En un primer período, correspondiente al predominio del carro, los nuevos medios de transporte se adaptaban a las vías existentes (TGU, p.732; § 2045), mientras que, en el segundo, con el predominio de la diligencia, las vías tuvieron que adaptarse ya al nuevo medio de transporte (TGU, p.734; § 2050). Los encuentros debieron suavizarse aún más. El trazado horizontal exigía tramos más prolongados y angulaciones más suaves. Este proceso se acentuaba primero con el carro, a medida que los pesos eran mayores, y posteriormente con la diligencia, por el mayor número de ruedas y caballos de arrastre (TGU, p.733; § 2047) (v. fig.123 aplicado al caso de la ciudad de Morella). Según Cerdà, en el primer período no hubo grandes reformas y transformaciones en el trazado horizontal, y ello explica por qué en todas las grandes urbes todavía había calles intransitables para los carros (TGU, p.765; § 2130). Las verdaderas transformaciones en la concepción del trazado aparecieron, según Cerdà, en el segundo período de la locomoción rodada.

Por ello, estudia con más detalle este segundo período y lo divide en tres etapas. En la primera etapa, se suavizaron algunas inflexiones, prolongando algunos tramos y desviándolos con pequeñas variaciones de su dirección primitiva (TGU, p.782; § 2176-2178) y, en el trazado vertical, se dio la máxima suavidad posible a las rampas (TGU, p.784-785; § 2185-2188). A continuación, en la segunda etapa, cuando en algún punto se necesitaba que la traza rozase o penetrase alguno de los intervías, ya no se consideraba un obstáculo invencible y se llevaba a cabo la rectificación (TGU, p.782; § 2176-2178). Paralelamente, en el trazado vertical, se compensaban desmontes con terraplenes y, por medio de este artificio, se creaban rasantes mucho más suaves y regulares, sin perjudicar apenas los edificios existentes. Finalmente, en la tercera etapa, los escrúpulos ya fueron menores y, si la

Figura 124. Territorio de la vialidad pedestre

Figura 125. Territorio de la vialidad ecuestre

Figura 126. Territorio de la vialidad rodada.
Diligencia

Figura 127. Territorio de la vialidad rodada
perfeccionada.

Figura 128. Territorio de la vialidad rodada avanzada. Automóvil

Figuras 124-128. Lectura evolutiva del territorio siguiendo el principio de Cerdà según el cual cada forma de transporte genera una nueva forma de urbanización (vialidad pedestre, vialidad ecuestre, vialidad, vialidad rodada (diligencia), vialidad rodada perfeccionada (ferrocarril) y vialidad del automóvil) aplicadas al territorio de Martorell.
Fuente: Lluïsot

rectitud de una enfilación exigía que la traza atravesase de parte a parte un intervías, lo hacía y se efectuaba la rectificación (TGU, p.782; § 2176-2178), sacrificando las construcciones a la realización de un trazado vertical. De su análisis, se puede concluir que hasta el segundo período de la época de la locomoción rodada no se produjeron transformaciones significativas del tejido de las ciudades.

5.2. La combinación entre vialidad y saneamiento

Cerdà reconstruye paralelamente el proceso de adaptación de las vías a las necesidades de saneamiento. Según él, en la etapa pedestre, las vías observadas por el hombre estaban influidas por las trazas que generaban las aguas,

es decir, las vías de *thalweg*. Y, para pasar de una a otra, en vez de seguir las líneas de faldeo, se utilizaban las líneas de máxima pendiente (TGU, p.690; § 1927). Otras líneas privilegiadas eran las divisorias ya que, al ser elevadas y despejadas, permitían un mayor control del territorio. Estas líneas, si la pendiente era acentuada, se utilizaban para descender, mientras que para ascender se buscaban las líneas de faldeo.

En la época ecuestre, los elementos característicos de la definición de la sección se transformaron. La sección aumentó de anchura y se necesitó canalizar el agua de la vía. Para asegurar el paso del agua, se diseñó una sección con una ligera inclinación hacia el centro, estableciendo una cuneta o arroyo central, colector y exportador de las aguas que le enviaban las vertientes laterales (TGU, p.713; § 1993). Según Cerdà, el tratamiento de los arroyos en las encrucijadas llevó a proponer atarjeas o pequeños puentes que hacían más seguro el paso y que acabaron siendo el primer precedente de las alcantarillas (TGU, p.713; § 1993). En la etapa de la locomoción rastrera, el elemento significativo fue la desaparición de la cuneta central con la introducción de una alcantarilla cubierta con una bóveda de medio punto (TGU, p.727; § 2032). Finalmente, en la época de la locomoción rodada, ya aparecieron los andenes (TGU, p.734; § 2049). Cerdà dedujo de ello el cambio de forma de la sección, que pasó a ser convexa (TGU, p.796; § 2217). Es decir, en esta última etapa, existió una separación clara entre el sistema de saneamiento y el sistema de vialidad, con el establecimiento definitivo de una calzada central de forma convexa.

5.3. Los elementos distintivos de la calle

Según Cerdà, cada modo de transporte genera, además, la aparición de elementos distintivos o asociados indirectamente a él. En la época ecuestre, eran los pozos y los abrevaderos, empotrados en las casas o simplemente adosados, o bien colocados en la mitad de la calle en forma de dados de piedra más o menos elevados (TGU, p.712; § 1991-1992). En la época de locomoción rodada, destacaban la desaparición de los abrevaderos y la introducción de fuentes de vecindad (TGU, p.797; § 2225), así como la aparición de los árboles en la sección de la calle (TGU, p.797; § 2223). Posteriormente, en la primera etapa de la locomoción rodada, surgieron los guardarruedas, elementos que desaparecieron con la aparición de la acera (TGU, p.797; § 2224). Finalmente, cabe destacar la eliminación de calles con arcos en esa época (TGU, p.797; § 2226). Todos estos elementos no dejan de ser signos visuales de cada época, aunque accesorios desde la perspectiva de un análisis estructural de la modificación de la vía.

5.4. El proceso de separación de los medios de transporte en la sección de la vía

Para Cerdà, la característica esencial en la definición de la sección de la vía será la introducción progresiva del principio de independencia de los medios de transporte. En la época pedestre, el punto de partida para la definición de la sección es la anchura de dos personas marchando de frente y llevando entre ellas una barra para trasladar un peso colgado (TGU, p.691; § 1928-1930). En la época ecuestre, ya aparece un cambio cualitativo en la sección. Si la calle hasta entonces había sido una sola entidad, con la llegada de la época ecuestre aparece dividida en tres zonas, las dos laterales, preferidas por la vialidad pedestre, y la central, por la ecuestre (TGU, p.751; § 2092). Más tarde, en la etapa de la locomoción rastrera, se mantiene la necesidad de especializar la sección en franjas para distintos usos (TGU, p.727; § 2033). En la época de la locomoción rodada, destaca la prioridad del vehículo rodado (TGU, p.795; § 2214). De hecho, el valor de estar conectado a la vialidad rodada es, para Cerdà, más importante que las condiciones de vialidad que hay que preservar (TGU, p.795; § 2215). Pero no es hasta que se siente la necesidad de preservar al peatón frente a los otros modos que se materializa la transformación de la sección y se decanta la acera (TGU, p.795; § 2216). Cabe destacar el hecho de que la creación de la acera implica un cambio en la forma de la sección, especialmente de la calzada, que pasa de ser cóncava a ser convexa, como se observa en el análisis de la combinación de la vialidad y el saneamiento.

Con respecto a las dimensiones de la sección, en el primer período de la época de la locomoción rodada, según Cerdà, el ancho natural de un vehículo era la medida de la vía. En un segundo período, caracterizado por un mayor número de vehículos y una mayor velocidad, ya es preciso considerar anchos suplementarios para el doble sentido, la parada y las distintas velocidades de los vehículos, así como la forma de los cruces (TGU, p.735;

§ 2052). En un análisis más detallado, observa que, en la segunda etapa del segundo período, en la cual todavía no predomina el tránsito rodado y no existen grandes flujos, al menos se intenta que dos carruajes puedan cruzarse (TGU, p.791; § 2203). En la tercera etapa, y a medida que van acrecentándose las intensidades, la condición mínima pasa a ser que dos carruajes se puedan cruzar, y se empieza a plantear la necesidad de conseguir secciones más amplias. Lo menos que puede concederse, es, según Cerdà, que la anchura permita el cruce de dos carruajes en direcciones opuestas sin perjuicio de la vialidad pedestre de sus aceras (TGU, p.791; § 2203).

Como resultado del análisis de la evolución de la sección de la vía, observa que la acumulación de distintos modos de locomoción genera un proceso de separación de cada medio de transporte en la sección, especialmente en la etapa de predominio de la locomoción rodada (v. figs. 129-130), en que se impone de forma más clara la separación de modos de transporte en la sección y se decanta la necesidad de definir la sección de la vía según el principio de independencia de los medios de locomoción.

5.5. Deducción de los parámetros de la sección de la vía según Cerdà

Para precisar las condiciones que debe tener la nueva sección, Cerdà observa, por una parte, que las condiciones de vialidad no son las mismas para los distintos puntos de la calle. Por ello, clasifica los tramos de las vías en tres categorías: plena calle, zonas de encuentros y zonas de encrucijadas (TGU, p.736; § 2053).

Para fijar las condiciones de los tramos denominados de plena calle, Cerdà considera la generalización del uso de la locomoción rodada y, por tanto, se pueden encontrar, según él, carruajes que vayan y vengan en direcciones opuestas y con diversa velocidad. La calle ha de tener la anchura necesaria para el funcionamiento holgado de cuatro carruajes, y a cada lado de la acera puede haber un carruaje parado; por ello, es necesario añadir, a las cuatro anchuras, otras dos análogas, de donde resultaba que la anchura de la vía urbana en plena calle ha de ser equivalente a la de seis carriles (TGU, p.736; § 2054). Paralelamente, y aplicando el mismo razonamiento para la acera, Cerdà considera que el ancho de esas zonas ha de ser igual al que ocupan seis personas marchando de frente y sin tropezarse (TGU, p.737; § 2057).

Junto a la definición de las condiciones de la sección tipo o de plena calle, Cerdà desarrolla las condiciones de los encuentros y de las encrucijadas. Según él, en todo encuentro de una calle con otra es preciso agregar, a la anchura de plena calle, la necesaria para el funcionamiento libre y holgado de los cuatro carruajes que puedan fluir de una a otra calle de las enlazadas, formando al efecto una plazoleta, dedicada especialmente a ese movimiento de articulación (TGU, p.736; § 2055). Por ello define estas plazas según una superficie que debe ser igual a la suma de los cuadrados de las anchuras de todas las calles afluentes, a fin de que cada una de estas plazas conserve la misma superficie viaria que tenía cuando funcionaba como entidad independiente (TGU, p.736; § 2056). Se descubre aquí que la continuidad del movimiento se convierte en el otro principio fundamental para la definición del sistema viario, que debe asegurarse explícitamente en el cruce (v. fig. 131-132) .

a) *Condiciones del movimiento directo en la sección de la calle*

Para definir la sección de la calle en el nuevo período de locomoción rodada, Cerdà toma el principio de independencia de los distintos modos de locomoción y lo aplica a la sección tipo, que él denomina *sección de plena calle*, en que se plantea preservar tres condiciones:
- facilitar la simultaneidad de los movimientos en los dos sentidos opuestos,
- asegurar la permanencia de algún carruaje parado y
- asegurar la carga y descarga.

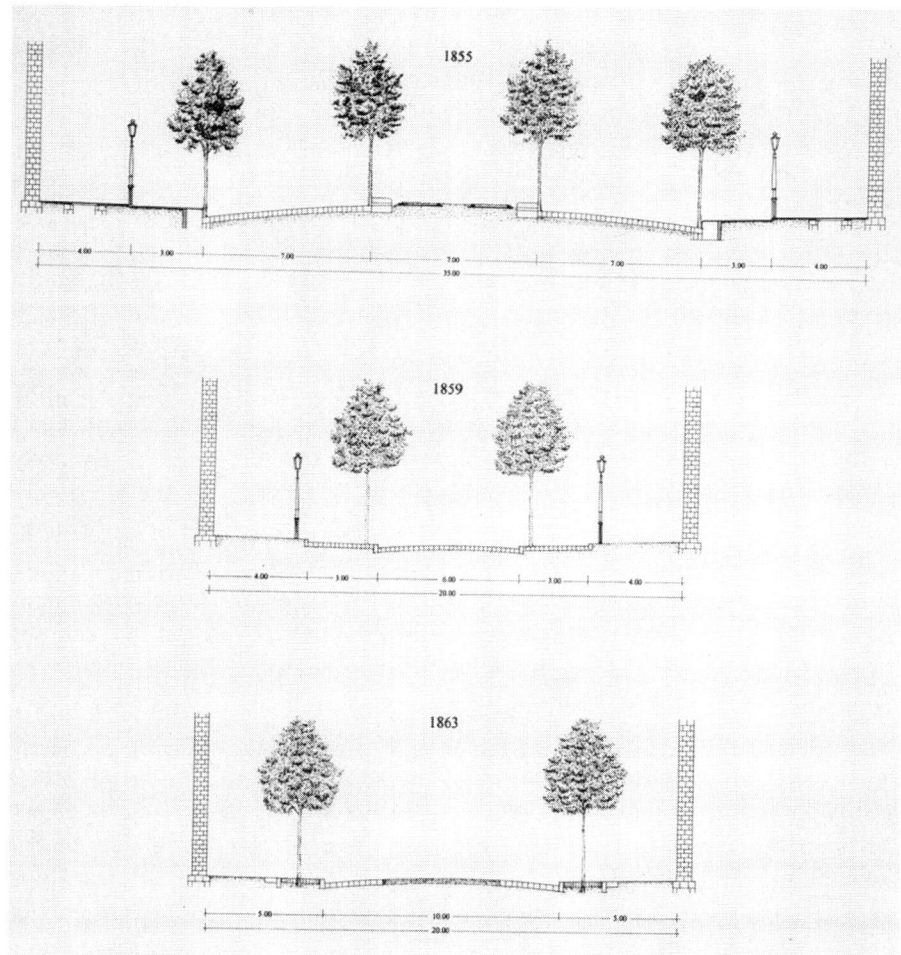

Figura 129. Evolución de la sección de la calle en los proyectos de Cerdà para el Eixample: de la sección de 35 m a la sección de calle de 20 m con aceras de 5 m. *Fuente: Magrinyà, 1994*

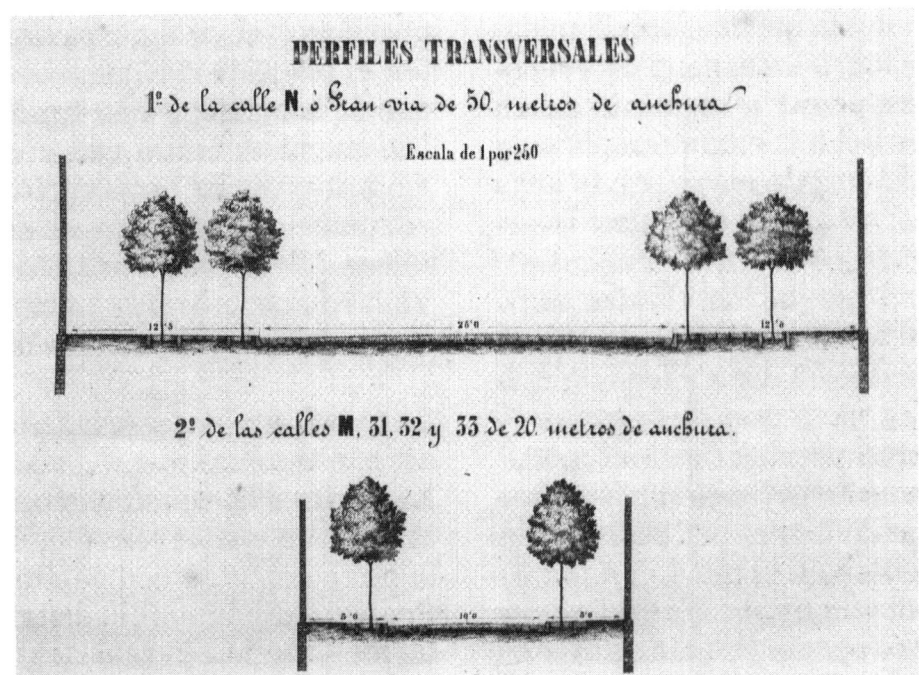

PERFILES TRANSVERSALES

1º de la calle N. ó Gran via de 50. metros de anchura

Escala de 1 por 250

2º de las calles M. 31. 32 y 33 de 20. metros de anchura.

Figura 130. Evolución de la sección de la calle en los proyectos de Cerdà para el Eixample: de la sección de 35 m a la definición de dos secciones de calle: calle de 20 m con aceras de 5 m y calle de 50 m con dos hileras de árboles. *Fuente: Magrinyà, 1994*

Según Cerdà, las necesidades de la vialidad ecuestre y de la rodada exigen que la zona destinada al tránsito de carruajes en plena calle deba tener, cuando menos, la anchura necesaria para cuatro carruajes, uno de ida y otro de vuelta, y uno parado en cada lado. Por otra parte, las necesidades de la vialidad pedestre exigen que cada una de estas zonas esté subdividida y destinar una de estas subdivisiones a los peatones sueltos y otra a los cargados, puestos de descanso y fuentes de vecindad, asientos para transeúntes descargados y poyos para los transeúntes cargados. Para Cerdà, es fundamental que, bajo ningún concepto, la amplitud del conjunto de fajas o zonas destinadas al movimiento pedestre sea inferior a la concedida al movimiento ecuestre y rodado. Para ello, establece las sendas destinadas a los peatones en las dos zonas inmediatas a la línea de edificación de ambos lados de la calle.

En el Anteproyecto de Ensanche de Barcelona de 1855, Cerdà propone una sección de calle de 35 m de ancho, cuando en la misma época, cerca de un tercio de las calles de Barcelona no tenían más de 3 m. La sección de 35 m permite la circulación independiente de estas tres agrupaciones: peatones, cargados o no; vehículos y monturas, cargados o no, y una doble vía para el ferrocarril (v. fig. 129). Esta sección podría parecer fuera de medida, ya que sus dimensiones son muy superiores a las de las calles de la época. No obstante, se ha mostrado como un criterio perfectamente funcional, como lo demuestra el hecho de que el Ensanche de Barcelona está preparado para acoger los diversos modos de transporte de la movilidad sostenible. La conclusión principal es que el principio de separar los distintos modos de locomoción en la sección responde finalmente a un criterio de diseño adecuado a las condiciones de densidad y movilidad de las ciudades.

5.6. Deducción de los parámetros de los cruces de las vías

a) *El cruce como elemento de definición de la retícula a partir del principio de continuidad del movimiento*

En la *Teoría de la viabilidad urbana* de 1861, Cerdà analiza los diferentes tipos de intersecciones, como lo muestra la tipología estudiada (v. fig. 131). En ella, distingue los cruces formados por la confluencia de una, dos o tres vías, hasta llegar finalmente al caso de la intersección de cuatro vías. Para cada uno de estos casos, Cerdà grafía las superficies de intersección que forman plazas o espacios muertos. Sobre la misma figura, se han recogido tres propuestas de cruce a diferente nivel entre las cuales se encuentra uno de los tipos utilizados para las intersecciones de las vías de reforma interior para Barcelona. En el opúsculo *Necesidades de la circulación* (NCV, 1863), Cerdà elabora un verdadero tratado del cruce. Empieza por hacer un repaso histórico de la evolución de los cruces (v. fig. 132). De la observación de la evolución de los cruces, muestra que la superficie del cruce ha aumentado a medida que las necesidades de movilidad adquieren más importancia frente a las de la edificación.

Ante la introducción de los nuevos medios de locomoción, ve necesario introducir los chaflanes de 20 m de lado. Para justificarlo, hace una deducción teórica del cruce, que viene determinada inicialmente por los radios de giro de los movimientos articulados del ferrocarril urbano y que posteriormente justifica por el criterio de que la superficie dedicada a la vialidad en la zona del cruce ha de ser la correspondiente a la de la suma de las dos vías que se cruzan:

"[...] la forma de un octógono regular [...]. La razón lógica de este límite está en que, si en una de las calles la circulación exige una anchura a y en la otra la anchura b y tomamos estas anchuras como

unidades de longitud para la medida de las calles, se tendrá que la superficie de los cruceros, donde se reúne la circulación de los dos a la vez, tendrá que ser 2a+2b." (TCC, p.378, § 1220) (v. fig. 132)

Cerdà propone así la figura del chaflán y su correspondiente octógono. Esta acabará siendo una de las propuestas más acertadas y originales del Proyecto de Reforma y Ensanche de 1859.

Por otro lado, Cerdà se ve en la necesidad de asegurar un cruce en condiciones de los diferentes movimientos y medios de locomoción. Para asegurar el principio de continuidad de la vialidad pedestre, propone unos resguardos con isletas sobre el cruce. Cerdà estudia diferentes tipos de isletas y dibuja diferentes ejemplos en planta que se han organizado según dos agrupaciones: casos de cuatro isletas y casos de una sola isleta central o burladero (v. fig. 133).

Cerdà solo considera el movimiento articulado, que, junto con el directo, se puede verificar en toda confluencia de cuatro calles, llamada *encrucijada*, donde los cruzamientos se realizan a nivel. Allí plantea como método de análisis la descomposición de los distintos tipos de movimientos que se producen en la encrucijada:

"Supongamos que, por cada calle de las cuatro afluyentes, desembocan simultáneamente cuatro grupos compuestos: el primero, de tres peatones sueltos; el segundo, de tres peatones cargados; el tercero, de tres jinetes, y el cuarto, de tres carruajes. [...] Supongamos, además, cada uno de estos cuatro afluyentes se trifurca al llegar a la encrucijada y una de sus entidades sigue el movimiento directo; otra, el articulado hacia la derecha, y otra, el articulado hacia la izquierda. El primer grupo entero da un total de 50 cruzamientos, como los otros tres grupos, y la suma de todos asciende a 200, siendo de notar que solo 88 son normales y que los 112 restantes son oblicuos." (NCV; p.297, § 66).

Cerdà primero calcula los radios de curvatura y después corta las esquinas con tal de facilitar que las tipologías constructivas faciliten el movimiento.

b) *Tipologías de encrucijadas propuestas*

Cerdà utiliza la analogía de las islas adyacentes a una costa, que las considera la continuación de esta, interceptada por las aguas. De la misma forma, considera la necesidad de instalar burladeros que faciliten el tránsito directo de los peatones de una a otra de las embocaduras contrapuestas. En este marco, los burladeros son la continuación de la acera y prestan todos los servicios a que esta se halla destinada. Con

el fin de hacer menos arriesgadas las comunicaciones entre las aceras generales y las aisladas, se establecen entre unas y otras pasajes practicables a los peatones, sin perjudicar en lo más mínimo el tránsito de los carruajes.

Siguiendo la nomenclatura de Cerdà, el cuadrilátero sobre el cual se verifica la trifurcación se designa *trivio* y el cuadrilátero del centro donde se realiza el cruce de los movimientos directos es el *crucero*. La zona de comunicación entre las aceras de las calles y sus respectivas de la plazoleta que forman los burladeros la denomina *pasaje* y el conjunto, reconociendo por límites los paramentos de los chaflanes de las manzanas adyacentes, constituye la *encrucijada*. De esta forma, establece las condiciones técnicas del cruce

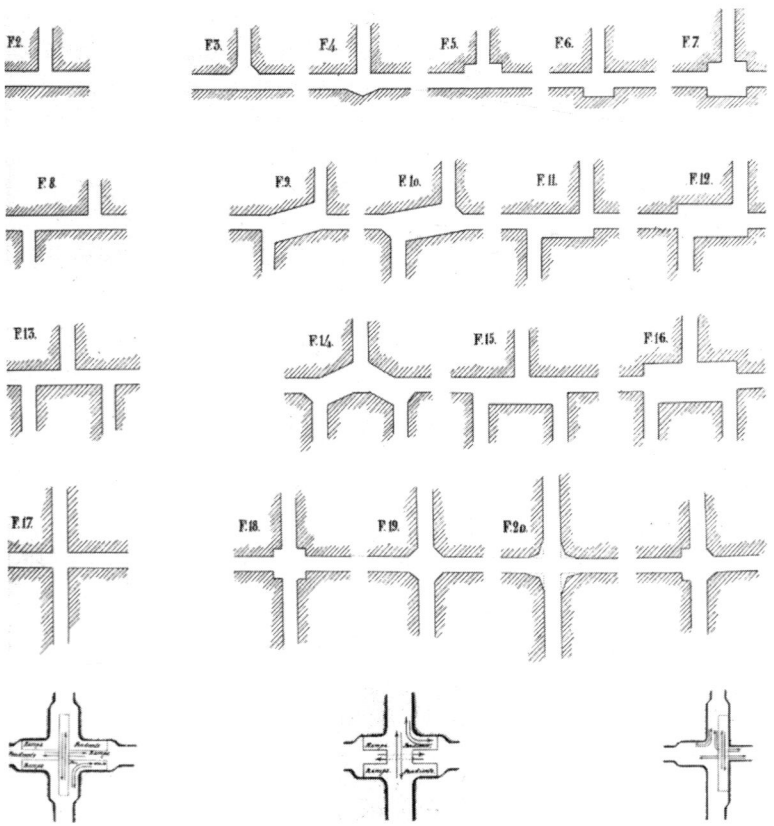

Figura 131. Diversos tipos de cruce al mismo nivel y a dos niveles diferentes, estudiados por Cerdà.
Fuente: Teoría de la vialidad urbana, 1861

que permiten, a la vez, los flujos de movilidad y las actividades de encuentro sobre los burladeros.

6. La evolución del viario y de su interacción con el tejido urbano

6.1. Las reformas introducidas en los tejidos, debidas a la introducción de cada medio de transporte

A continuación, Cerdà analiza las reformas que se han operado realmente en la calle, en su relación con el tejido. Observa que, en el primer período de la época de la locomoción rodada, la anchura y la distribución de la calle no han experimentado reforma ni mejoramiento alguno (TGU, p.768; § 2139). En el segundo período de la locomoción rodada, las reformas y las transformaciones están asociadas a la definición de la anchura de la calle. Tal como se evidencia desde el primer momento, para obtener alguna reforma y mejora en la anchura de la calle, es necesario que los edificios limitantes cedan una parte de terreno para hacer posible la ampliación de la calle (TGU, p.787; § 2192). Para ello, distingue tres etapas en este segundo período. Según Cerdà, las

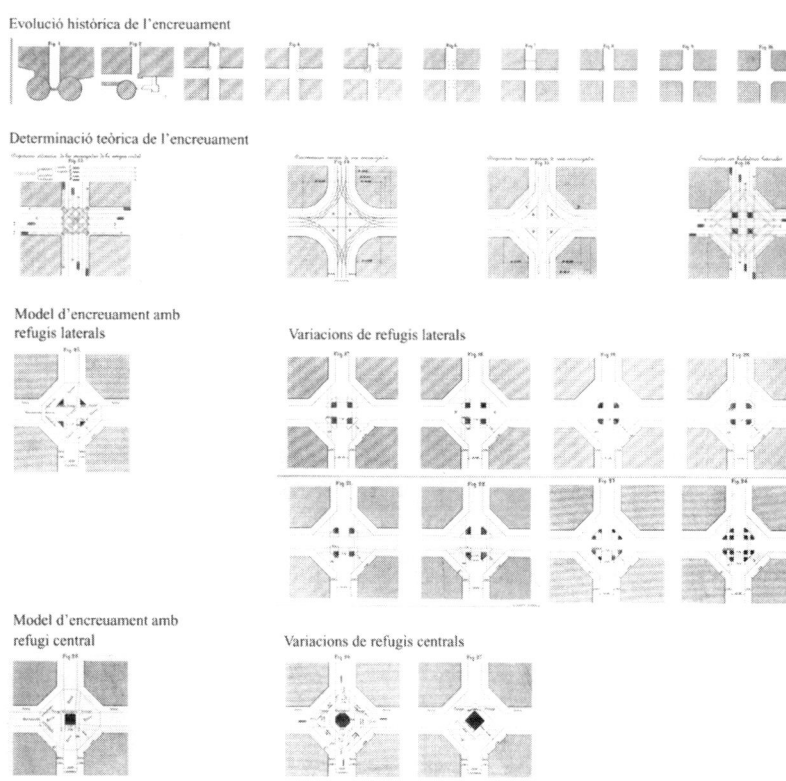

Figura 132. Evolución histórica y cálculo de los cruces con chaflanes y diferentes tipos de quioscos.
Fuente: Necesidades de la circulación, 1863

modificaciones no se plantean en la sección de la calle que experimentó modificaciones insignificantes en la primera etapa del segundo período, sino en las encrucijadas (TGU, p.787; § 2192). En una primera etapa, los propietarios de los edificios de esquina se veían obligados a achaflanar la arista viva de esta. Si se daba algún mayor ensanche a la calle, se suavizaba la inflexión. Con este sencillo medio, todos iban ganando: la vialidad rodada, porque se le facilitaban los movimientos; la propiedad, porque evitaba el choque de las ruedas de los carruajes, y la calle, porque aumentaba el ámbito vial (TGU, p.787; § 2194). Más tarde, ya en la segunda etapa, y ante la substitución de algún edificio, se optaba por retirar la planta baja (TGU, p.788; § 2195). La concesión ante esta pérdida de espacio era dejar crecer en altura (TGU, p.788; § 2198).

6.2. Establecimiento de la jerarquía de calle

Posteriormente, ya en la tercera etapa del segundo período, el cambio se produjo en el uso masivo de vehículos. No era ya un problema de sección, sino de densidad:

"El instrumento rodado dotado de cuatro ruedas adquirió súbitamente una importancia inmensa, por el número extraordinario que alcanzó, por la velocidad inusitada con que funcionaba, porque no estaba simplemente consagrado al transporte de mercancías, sino también al de personas y, finalmente, porque se había introducido en las urbes, y se desarrollaron de improviso y a gran escala la vialidad rodada y la pedestre en todos los grandes centros de urbanización." (TGU, p.790; § 2201)

Ello generó una respuesta por parte de la Administración a través del criterio de jerarquización del sistema viario. Fue en este momento cuando, según Cerdà, se intentó asegurar la vialidad conjunta: pedestre,

ecuestre y rodada en determinadas vías (TGU, p.791; § 2203). Ante las necesidades de vialidad, la Administración optó por declarar de utilidad pública ciertos terrenos, y con ello lograba el derecho a la expropiación de estos. Sin embargo, el coste era demasiado elevado, por lo cual la Administración decidió jerarquizar las vías. El privilegio de pertenecer a la primera jerarquía se reservó exclusivamente a las calles trascendentales (TGU, p.792; § 2205). Fue en ese momento que ciertas vías se convirtieron en trascendentales en la gestión y su viabilidad debió asegurarse a toda costa (v. fig. 130). Es decir, para Cerdà, una primera tendencia relacionada con la introducción de los distintos medios de transporte, aparte de la especialización de la sección, es, por una parte, la densificación del intervías asociada a la adaptación a las nuevas condiciones de transporte y, por otra, la jerarquización del sistema viario, y por parte de la Administración la utilización del sistema de expropiación forzosa por el procedimiento de declaración de utilidad pública del espacio viario.

En la experiencia del Ensanche de Barcelona, Cerdà ha experimentado que no es posible considerar que todas las calles puedan acoger todos los modos de transporte y propone una jerarquización del conjunto de las vías de comunicación y las clasifica según tres tipos de vialidad: trascendental, urbana y particular. El primer tipo de vías debe permitir la conexión con cualquier punto del mundo. Las calles de vialidad urbana son aquellas vías que forman la estructura de la ciudad, mientras que las vías particularias son las destinadas al acceso a la vivienda.

En las Ordenanzas de 1859, propone secciones para cada uno de los tres tipos de vías, manteniendo siempre el principio de independencia de los medios de locomoción en la sección de la vía. Para la sección de 20 m, define dos aceras a cada lado, de 7 m de anchura cada una, dividida en dos sectores de 4 y 3 m, destinados a los peatones y a las personas cargadas, respectivamente. Por otro lado, propone una calzada central de 6 m para la circulación de los vehículos (ver fig.129).

Más adelante, en el opúsculo *Necesidades de la circulación* de 1863, Cerdà comenta la propuesta de las vías de comunicación del Plan de Ensanche de 1859, donde estudia y justifica con todo detalle la definición de la calle. En esta propuesta más realista, la sección de 20 m de anchura se ha convertido en una sección en que las aceras miden 5 m y la calzada, 10 m (v. fig. 130). La separación estricta entre los diferentes modos de locomoción todavía no ha llegado al extremo, pero las dimensiones de las calles en superficie ya no cambiarán. Con la reforma de 1863 del Plan de Ensanche de 1859, Cerdà considera la propuesta de que el ferrocarril pueda circular por más calles que las trascendentales y coloca el ferrocarril a distinto nivel.

7. La evolución de los intervías

7.1. La formación de los intervías en las respectivas épocas de locomoción

Tras analizar las modificaciones del tejido en el sistema viario, Cerdà analiza las transformaciones indirectas sobre el intervías y sobre la casa.

Para Cerdà, el intervías de la época pedestre es de tipo agrícola. El paso de la época pedestre a la ecuestre representa la modificación del intervías agrícola y la aparición de nuevas tipologías de intervías, que clasifica en: guerrero, industrial y mercantil (TGU, p.755; § 2101) (v. fig. 137).

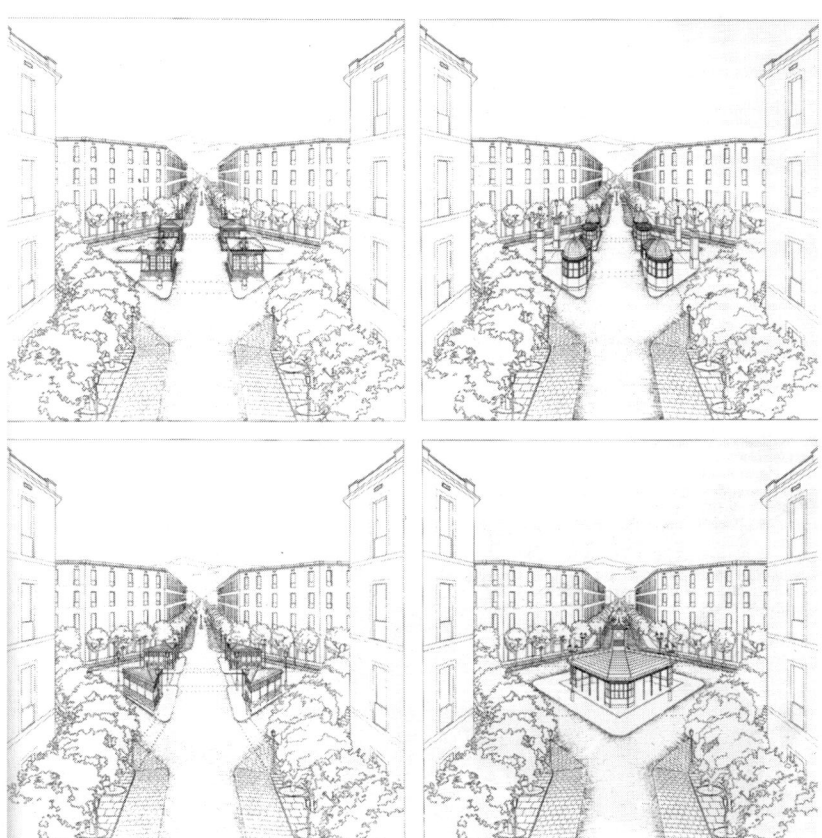

Figura 133. Algunos de los quioscos propuestos por Cerdà para los cruces.
Fuente: Magrinyà y Tarragó, 1994

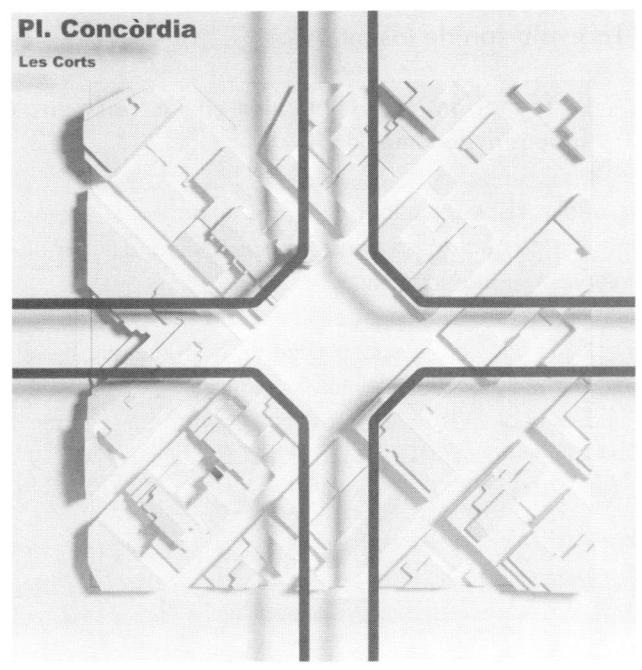

Pl. Concòrdia
Les Corts

Figura 134. Comparación entre las plazas potenciales en cada cruce de calles en el Ensanche de Cerdà y una plaza de uno de los centros históricos del llano de Barcelona (la plaza de la Concòrdia, en el barrio de Les Corts).
Fuente: Magrinyà y Marzá, 2009

Figura 135. Cruce del Ensanche con aparcamientos en los chaflanes (hacia 1970).
Fotografía: Ramón Manent. Fuente: Arxiu Fotogràfic Ramon Manent

Figura 136. Comparación entre la superficie del Panteón y una plaza resultante de un cruce achaflanado. Concepción: Francesc Magrinyà y Fernando Marzá. Realización: Taller de Maquetas de la ETSAV-UPC, 2009.
Fuente: Col·lecció Fundació Urbs i Territori Ildefons Cerdà (FUTIC)

134

135

El principio según el cual cada modo de transporte genera una nueva forma de urbanización y sus implicaciones urbanas y territoriales   227

Según él, la modificación del tipo agrícola se debe al aumento del radio de acción del hombre con la locomoción ecuestre. Una familia con caballo puede labrar una mayor extensión superficial de terreno y los mansos se vuelven más dilatados. De hecho, según Cerdà, numerosos intervías agrícolas han llegado hasta ese momento sin cuajar la edificación (TGU, p.715; § 1998-1999).

Posteriormente, en algunos de esos grandes intervías, se crearán núcleos urbanos, origen de algunas de las urbes actuales (TGU, p.715; § 1999).

Para Cerdà, entre los tres tipos de intervías, el de tipo militar destaca, por un lado, por el factor de seguridad y, por otro, por la regularidad de su forma, al organizar el regimiento según agrupamientos regulares, con sus divisiones y sus subdivisiones (TGU, p.718; § 2006). Además, el intervías militar no está condicionado por el parcelario preexistente (TGU, p.718; § 2007).

Con la llegada de la etapa industrial, el intervías se adapta y aparecen los intervías industriales y mercantiles. Para Cerdà, en los intervías industriales, además del departamento destinado a habitación de la familia y de los animales domésticos, se crea uno que sirve de taller para la elaboración, otro de almacén para las materias primas y otro para las materias elaboradas (TGU, p.716; § 2001). Pero lo más destacable de estos intervías es su conexión con la vialidad trascendental, surgida en la época ecuestre. Ello le lleva a afirmar que lo que más distingue los intervías de origen industrial es su situación, adosada a una o más vías trascendentales para facilitar la importación de las materias primas y la exportación de las elaboradas (TGU, p.716; § 2002).

Por otra parte, junto con las actividades industriales llega la actividad mercantil y, por ello, los intervías no son puramente industriales o mercantiles, sino una combinación de ambos (TGU, p.716; § 2003). Lo que, según Cerdà, caracteriza los intervías mercantiles es que ya no están condicionados por el terreno en que se encuentran, sino que su razón de ser está en el movimiento y en los negocios que

gracias a ellos realizan (TGU, p.717; § 2004). Para Cerdà, es en los intervías de tipo mercantil donde se desarrolla un proceso más acentuado de trituración, primero en la superficie y, más tarde, en el cubo atmosférico (TGU, p.697; § 1944), aunque a cambio se aseguran una conexión a la vialidad trascendental y al mundo exterior, verdadero campo de acción del mercantilismo (TGU, p.717; § 2005).

7.2. Las reformas y las transformaciones topológicas que experimentaron los intervías urbanos en la transición de la época de la locomoción ecuestre a la rodada

A partir de un análisis sobre los efectos de la forma de los intervías debidos a la evolución del sistema de vías, Cerdà considera que es en la transición de la locomoción ecuestre a la locomoción rodada cuando los intervías experimentan más transformaciones. En el primer período de la etapa de locomoción rodada, los intervías inician un proceso de trituración por el efecto de las vías asociadas a la introducción del carro (TGU, p.769; § 2142). Este proceso se acentúa en el segundo período, a raíz de la aparición de la diligencia, especialmente en la primera etapa de este período, cuando el intervías va mermando la superficie interviaria (TGU, p.798; § 2228). En la segunda etapa, las rectificaciones y alineaciones son más uniformes y las ampliaciones de las vías, más acusadas. De esta forma, los intervías empiezan a ceder (TGU, p.798; § 2229). Finalmente, en la tercera etapa, se abren algunas nuevas vías y los intervías deben cambiar su magnitud y, en algunos casos, transformar sus formas primitivas, ya que la reforma no tiene más objeto que mejorar las condiciones viarias (TGU, p.799; § 2230).

Por otra parte, los nuevos intervías de la época de la locomoción rodada deben adaptarse a las necesidades de superficie de los encuentros y de las encrucijadas, como se ha visto en el análisis del sistema viario, y de ahí deduce que la forma de los intervías ha de ser ochavada (TGU, p.738; § 2060).

En consecuencia, se observa que, paralelamente al efecto directo de las vías sobre los intervías, se produce otro efecto indirecto, asociado al aumento de la movilidad ante las facilidades que ofrece el nuevo medio de transporte, y de ahí surge, según Cerdà, un proceso acentuado de trituración del intervías. La mayor movilidad atrae más población a los centros urbanos, que generan más condensación. Desaparecen los jardines y los grandes patios de desahogo, y se idea abrir, al través de los espacios interviarios, pasadizos o callejones que creen artificialmente nuevas fachadas y proporcionen luces un poco mejores ,que es sobre todo en la tercera etapa del segundo período de la locomoción rodada cuando los intervías son triturados.

Se puede concluir, según Cerdà, que la mejora de las condiciones de movilidad que ofrecen los nuevos medios de transporte genera, junto con la adaptación del sistema viario, un aumento de las relaciones y, en definitiva, de la movilidad, lo cual supone un proceso exponencial de aprovechamiento del espacio interviario a través del mecanismo de trituración. Con respecto al sistema de vías, las modificaciones de los intervías vienen especialmente por las exigencias de los cruces en su forma exterior. Pero, en cualquier caso, el cambio trascendental es el de tipología del intervías, al pasar de un tipo agrícola a un tipo mercantil, con unas características tipológicas sustancialmente distintas.

8. La evolución de la casa

8.1. La formación de la casa

Según Cerdà, la evolución de la vivienda respecto a la introducción de los distintos medios de transporte sigue un mecanismo de trituración como el que se ha operado en el intervías. Pero, en este caso, los cambios van asociados explícitamente a la necesidad de alojar los respectivos medios de locomoción. Cerdà parte del proceso de formación de la casa en la época de la locomoción pedestre, con tres tipos de albergue: el troglodítico, el ciclópeo y el tugúrico (v. figs. 152-154). Al analizar su evolución con respecto de los medios de transporte, observa que se corresponde con un aumento de la presencia del portal y de la altura de la puerta de entrada de la vivienda, asociada a las necesidades de los respectivos medios de locomoción.

Según este esquema, con la llegada de la locomoción ecuestre, los cambios más significativos se deben a la necesidad de acoger en su interior una estancia para los caballos (TGU, p.719; § 2010). La necesidad de facilitar la entrada y la salida lleva a modificar los portales (TGU, p.720; § 2012). La solución es la aparición del postigo como artilugio que combina la locomoción pedestre y la ecuestre (TGU, p.720; § 2014) (v. fig. 142). En la época de la locomoción rastrera, la mayor anchura de la narria obliga a que el vano o portal destinado a dar entrada a la narria tenga mayor anchura que en la época de la locomoción ecuestre (TGU, p.729; § 2038).

8.2. Las reformas y las transformaciones de la casa con respecto de los intervías

Según Cerdà, al pasar de la época de la locomoción pedestre a la ecuestre, la casa aún conserva su aislamiento primitivo y la caballeriza puede establecerse adosada a cualquiera de los lados de la casa: en el patio anterior, en cualquiera de los lados o en la parte trasera, siempre al nivel de la calle. Posteriormente, cuando la casa ya ha perdido su libertad de extensión, a causa del proceso de yuxtaposición, el establo debe situarse en la parte posterior, en detrimento de la superficie de jardín. Más tarde, la casa pierde completamente su aislamiento por todos los lados, excepto el correspondiente a la calle. De esta forma, se ceden los bajos, o parte de ellos, y se reserva el piso superior para vivienda (TGU, p.756; § 2103). Otro cambio significativo de esta época es la introducción de la yuxtaposición de viviendas y la consiguiente necesidad de adaptarlas, con lo cual la casa

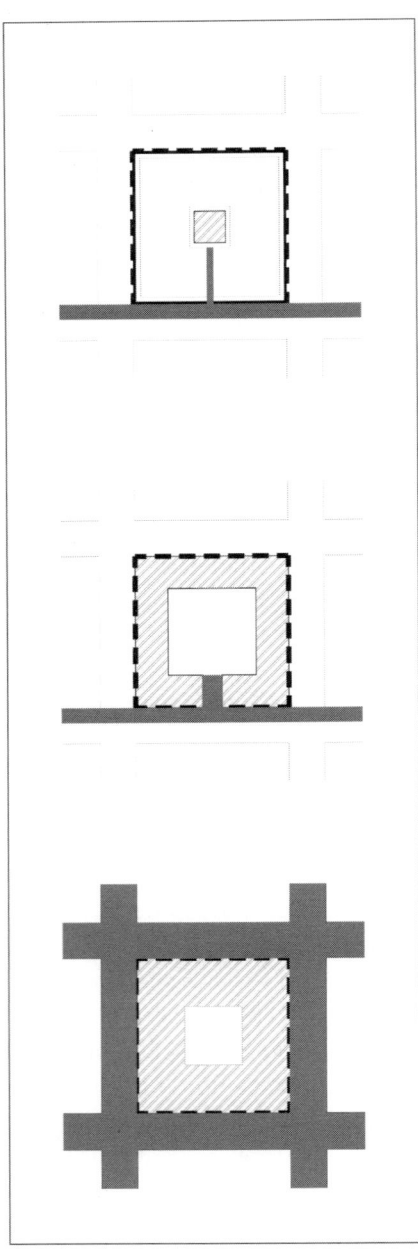

Figura 137. Modelos de manzana: agrícola, guerrera y mercantil, descritos en la TGU por Cerdà.
Fuente: elaboración propia a partir de los textos de la TGU

pierde gran parte de su independencia (TGU, p.729; §
2037).

En el período de transición de la época de la
locomoción ecuestre a la rodada, la fachada principal se mantiene y el patio posterior, si disponía de
vía de acceso, acoge el nuevo medio de locomoción.
Por ello, todavía existen muchas fincas con puertas
para las diligencias en su parte trasera (TGU, p.770;
§ 2144). En los intervías en que los edificios ya están
yuxtapuestos, el patio posterior, que había suministrado
un espacio para las cuadras, sirve ahora también para
la pieza de los carros y, como ya se ha mencionado,
es muy frecuente destinar la planta baja al albergue
de los carruajes y las caballerías, y la familia se sube
al primer piso (TGU, p.770; § 2146). Más tarde, en la
época de la locomoción rodada, solo las clases acomodadas pueden adaptarse a las nuevas necesidades
e introducir cocheras en las viviendas (TGU, p.740; §
2067). Aparece aquí un elemento significativo: ante
la imposibilidad de acoger en la vivienda los nuevos
medios de locomoción, estos son desplazados a plena
calle o en establecimientos especialmente dedicados a
tal efecto, separados de la vivienda. Finalmente, en el
segundo período de transición de la vialidad ecuestre
a la rodada, a causa de un aumento exponencial de
la movilidad, se acentúa el proceso de trituración de la
casa (TGU, p.800; § 2235).

Cabe concluir que, según Cerdà, la introducción
de los distintos medios de locomoción genera una
adaptación inicial de la vivienda, que acoge los nuevos
medios de locomoción. Pero, cuando se acentúa el proceso de yuxtaposición en los intervías, las caballerizas
desplazan la vivienda a la primera planta y, más tarde,
en un proceso generalizado de trituración, el estacionamiento de los nuevos medios de locomoción se
desplaza a plena calle o en edificaciones especialmente
destinadas a ello.

9. El control de la trituración en el proceso evolutivo del intervías

Cerdà describe claramente la trituración como el elemento central de la evolución de un tejido:

"La planta de los intervías, que, a no dudarlo, fue en sus principios el terreno destinado a la morada, a los usos económicos y a la expansión de una sola familia, ese pequeño campo de operaciones en que antiguamente se había levantado una sola casa, que por ser sola se llamó solar o solariega, se vio posteriormente dividido y subdividido y triturado hasta la última expresión." (TGU, p.378; § 1026)

Según él, la evolución del intervías se compone de un proceso continuado de trituración por medio de vías y solares (TGU, p.379; § 1028). Es decir, primero son las vías de relación las que sustentan la trituración y, correlativamente, se produce un segundo nivel de trituración en la subdivisión de los solares en recintos.

9.1. La trituración de los intervías por medio de vías interiores

Para comprender el proceso de trituración por vías, Cerdà remarca que las vías interiores no tienen como objeto principal la vialidad (TGU, p.380; § 1030). No obstante, se da la circunstancia de que, en algunas ocasiones, cuando la vía cruza el intervías y enfila con otra calle exterior al intervías, la función de vialidad adquiere importancia (TGU, p.382; § 1042). Es decir, si la vía cruza el intervías y llega a asumir las funciones de una vía trascendental, al conectarse con otras vías urbanas y no particularias, se produce una trituración del intervías y su división en dos partes (TGU, p.382; § 1042). Este es, pues, un primer tipo de trituración (v. fig. 138).

9.2. La trituración por vías que no cruzan el intervías y por solares

A continuación, Cerdà analiza las vías particularias que no ejercen la vialidad trascendental y observa que los callejones o vías que no cruzan el intervías no obedecen a la ley de continuidad de la vialidad (TGU, p.383; § 1043). Por ello, considera la vía particularia tan solo como una vía auxiliar de explotación de los espacios interviarios y como un elemento de acceso a las puertas de las viviendas, entendida como un patio o una escalera de la casa. Algunas de estas calles interiores dan acceso a un patio central del intervías que, a su vez, sirve de enlace a las puertas de las viviendas domésticas (TGU, p.384; § 1046). En otras ocasiones, puede darse el caso de que aparezca un nuevo patio (TGU, p.384; § 1047) (v. fig. 140) y entonces surge un gran intervías interconectado por patios interiores, y no por vías interiores.

Cerdà recoge las distintas denominaciones que reciben estas vías interiores: *callejones, callejas, callejuelas con o sin salida, pasadizos y también pasajes (TGU, p.381; § 1032)*, y descubre que cada una de estas denominaciones representa una forma distinta de trituración. Para desgranar las distintas trituraciones por medio de vías, Cerdà reconoce cinco tipos: (TGU, p.381; § 1034-1038) (v. fig. 138-139).

– que la vía tenga la entrada y la salida sobre un mismo lado;
– que la salida se verifique sobre el lado contiguo al de la entrada;
– que la salida tenga lugar sobre cualquiera de los lados opuestos al de entrada;
– que la entrada tenga lugar por un ángulo y la salida se verifique sobre un lado contiguo u opuesto a dicho ángulo, cuando la entrada y la salida se producen por dos ángulos distintos, contiguos u opuestos.

De esta forma, las vías interiores terminan por subdividir los intervías en distintas partes, las cuales, a su vez, se van triturando, ahora a través de los solares. Cabe concluir, pues, que antes de la trituración del intervías por medio de solares, fue necesario abrir vías interiores como paso previo (TGU, p.386; § 1053).

Llegados a este punto, Cerdà elabora una tipología de solares en función de su conexión a las vías (TGU, p.387; § 1055-1057) (v. fig. 141):

– solares conectados a dos vías públicas;
– solares conectados a una vía pública y a una vía interior;
– solares conectados a una vía pública
– solares conectados a una vía interior

De esta forma, muestra cómo el solar sigue dependiendo del tipo de conexión a la vía, definido por el número de conexiones y por la categoría de estas vías.

Este es, pues, el mecanismo de trituración del intervías, que, como ya se ha analizado, va asociado al proceso paralelo de yuxtaposición y superposición de las edificaciones (TGU, p.696; § 1942).

10. Análisis de la trituración del solar

Para el análisis del proceso de trituración del solar, Cerdà constata que, junto al tipo de conexión del solar, el otro parámetro fundamental y caracterizador es el tipo de espacio abierto de que dispone el solar. En este punto, es fundamental el principio según el cual la trituración del solar es posible gracias a la consideración de los patios interiores:

"Con el fin de proporcionarle, no sea más que luces, cuando el solar tiene alguna profundidad, no cabe más recurso que apelar a la dejación de uno o más patios, por supuesto los menos que sea dable, los cuales proporcionan bien o mal a las habitaciones aquel inapreciable beneficio. He aquí, pues, la causa y el objeto de la trituración que ha de sufrir el solar, considerado como asentamiento de la pequeña urbe que llamamos casa." (TGU, p.395; § 1080)

Cerdà remarca el hecho significativo y fundamental que representa para la naturaleza del solar la asunción de patios interiores, frente a patios anteriores o posteriores a la edificación (TGU, p.398; § 1086) (v. fig. 140). A la

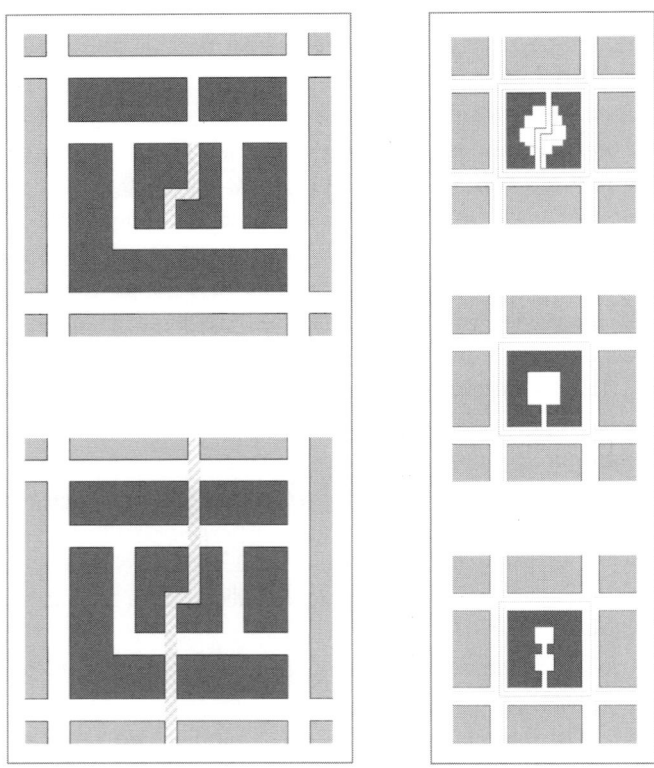

Figura 138. Esquema de trituración del intervías por el paso de una vía trascendental, según Cerdà.
Fuente: elaboración propia a partir de textos de la TGU

Figura 139. Tipos de intervías en función de los accesos a las viviendas a través de pasajes, según Cerdà.
Fuente: elaboración propia a partir de textos de la TGU

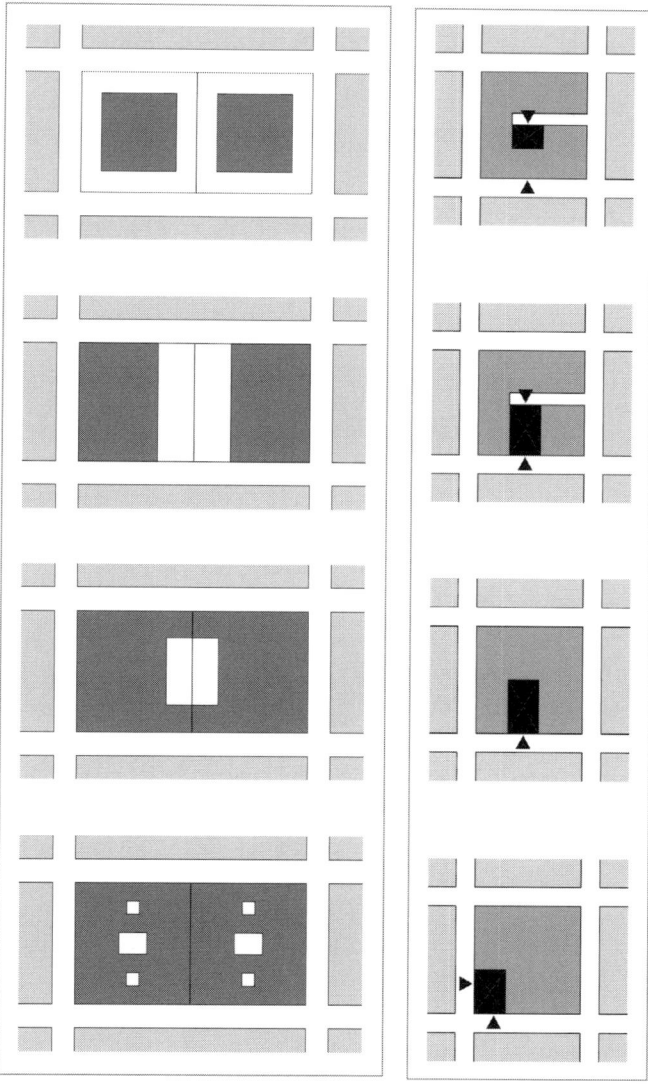

Figura 140. Esquema del proceso de trituración del intervías: de la casa aislada a la casa entre medianeras con patios interiores de edificación, según los textos de la TGU de Cerdà.
Fuente: elaboración propia a partir de textos de la TGU

Figura 141. Tipos de solares por su conexión a las vías, según Cerdà.
Fuente: elaboración propia a partir de textos de la TGU

tipología de un solar con una edificación central rodeada de jardín por todos sus lados, Cerdà contrapone otra tipología extrema en que se dispone la edificación alineada a la calle con un patio central del intervías (TGU, p.398; § 1087). La transición de una tipología a la otra pasa por una primera etapa en la cual se considera inútil conservar el aislamiento lateral por medio de un patio a lo largo de todo el solar y se propone la posibilidad de un patio común a los dos solares hacia la mitad del lado colindante (TGU, p.399; § 1089). Este es un paso significativo en el proceso de trituración. En él, inicialmente dos edificaciones entraban en contacto a través de las paredes medianeras, con un patio común. A continuación, en la siguiente etapa de transición, las edificaciones se independizaban y compartían tan solo la pared medianera, y los patios anteriores o posteriores a la edificación se sustituían por patios interiores a la edificación, que se independizaba del solar en cuanto a la necesidad de aireación. En este marco, Cerdà concluye que el proceso de trituración viene predeterminado por un planteamiento constructivo en que, por una parte, se disocia el solar de su intervías (TGU, p.396; § 1083) y, por otra, se decanta una solución tipológica que considera los patios interiores como elementos que aseguran la aireación de forma independiente al solar. Posteriormente, en este proceso se exprimen al máximo las posibilidades que ofrece esta nueva solución tipológica (TGU, p.396; § 1083).

11. Análisis de la trituración de la casa

11.1. De la casa simplemente combinada: los procesos de superposición y de yuxtaposición

Una vez analizado el proceso desarrollado en el intervías, ya se puede entrar a analizar el mismo proceso para la casa. Un primer mecanismo consiste, según Cerdà, en duplicar la planta de la casa, constituyendo un piso artificial que sea, a la vez, el cielo o la cubierta de la habitación de la planta baja, y construir los alzados de esta nueva planta sobre los de la inferior, a la altura conveniente para poder establecer un tejado que sea la cubierta común de todo el edificio. Esta trituración exige construir los enlaces entre las dos plantas. Ello se resuelve con una comunicación física vertical. La solución hallada es una escalera que ocupa parte del espacio de algún patio interior (TGU, p.449; § 1239), en un nuevo espacio abierto (TGU, p.447; § 1236). Por otra parte, cabe destacar que, en cualquier caso, el piso superior ya no tiene acceso en carruaje. Una vez establecida la estratificación, Cerdà señala otros dos procesos de aprovechamiento de estos espacios. El primero consiste en la reducción de las alturas de los pisos (TGU, p.449; § 1241) y el segundo, en la aparición de las plantas subterráneas (TGU, p.450; § 1243).

Paralelamente al proceso de superposición por estratificación, aparece el proceso de yuxtaposición (TGU, p.450; § 1244). Llegados a este punto, Cerdà expone las ventajas de las tipologías generadas por yuxtaposición sin superposición, pues facilitan las comunicaciones con el exterior y ofrecen el patio por un lado y la zona circundante por el lado opuesto, además de proporcionar más seguridad (TGU, p.452; § 1247). De hecho, Cerdà acaba defendiendo la solución de un intervías edificado en su periferia con un patio central y sin superposición (TGU, p.452; § 1249) (v. fig. 187).

11.2. De la casa, considerada en combinación compleja: un proceso hacia el aislamiento del solar frente al intervías

El paso siguiente en el proceso de complejización es la llamada combinación compleja, que es la combinación simultánea de los procesos de yuxtaposición y superposición. Cerdà observa que la trituración por la aplicación aislada de la yuxtaposición o de la superposición deja

todavía algunas mínimas condiciones higiénicas (TGU, p.453; § 1251), pero la aplicación conjunta de ambos procesos disminuye uno de los principios esenciales, a saber, la libertad o independencia de la edificación (TGU, p.453; § 1251).

La combinación simultánea de la superposición y la yuxtaposición decanta una parcela tipo con fachada estrecha y profundidad máxima, que es la solución tipológica que se adapta mejor a este proceso de trituración (TGU, p.453; § 1251). Esta solución se complementa con la trituración de la edificación, ya que una parcela de poca fachada y mucho fondo requiere, a su vez, patios interiores a la edificación (TGU, p.454; § 1252).

Cerdà ha experimentado el proceso de densificación en sus propuestas. En el Anteproyecto de 1855, propone una vivienda aislada a partir de la cual, en el Proyecto de 1859, transige a una solución de edificación entre medianeras insertada en un bloque aislado, situado en una manzana con dos bloques paralelos. Más tarde, en 1860, con la redacción de las Ordenanzas de Construcción, implementa las condiciones formales para la densificación hacia un modelo de intervías edificado a los cuatro lados, pero con un patio central de manzana de 56 m de lado y unos patios interiores de edificación de 5 m de lado mínimo o 12 m² de superficie mínima. El principio de un 50% de edificación de la parcela y la formación de un gran patio central, así como el establecimiento de unas dimensiones mínimas para los patios de ventilación de las edificaciones, constituye una forma de controlar el proceso de densificación.

11.3. La trituración de la planta de la casa

Llegados a este punto, Cerdà considera la trituración de la planta de la casa. Para él, existe una primera trituración, debida a la división de su espacio en distintas habitaciones para las diversas funciones (TGU, p.403; § 1107). Una vez establecida esta división inicial, se desarrolla el mismo

proceso de trituración que en el intervías (TGU, p.403; §
1108).

Cerdà está considerando la misma estructura expli-
cativa que ha observado en el caso del intervías y su trituración por vías y solares. A partir de este mismo esquema,
deduce cuál ha sido el proceso de las trituraciones sucesivas hasta llegar al caso extremo y paradigmático de reducir un albergue a una habitación (TGU, p.446; § 1235).
Según Cerdà, inicialmente parece que no se va a llegar a
la trituración de la habitación, pero esta finalmente tampoco escapa del proceso de trituración.

Figura 142. Puerta de una finca del Ensanche con postigo.
Fotografía: Arturo Soria. Fuente: Soria, 1996

El mismo proceso que se explica para la casa o finca
se repite para la habitación o apartamento. Primero, se
subdivide en plantas; más tarde, estas se subdividen en
apartamentos, los cuales se dividen, a su vez, en habitaciones (TGU, p.459; § 1265), y más tarde se tiende
a reducir el tamaño de las habitaciones (TGU, p.460;
§ 1266 y p.457; § 1260). Para Cerdà, la imagen de la
habitación, en su forma más caricatural, queda reflejada
de la forma siguiente:

*"Habitación hay, reducida a un simple dormitorio que
no siempre puede cerrarse é incomunicarse de una
manera segura, siendo de uso común de diversos
vecinos todas las demás dependencias necesarias al
hogar doméstico."* (TGU, p.403; § 1110)

De esta forma, Cerdà llega a la conclusión de que el
proceso de trituración del intervías se traslada a la habitación según la analogía de los elementos del intervías
(intervías, solar y el propio espacio), de tal forma que se
produce una trituración inicial del departamento considerado como intervías, después del solar y, finalmente, del
propio espacio de la habitación (TGU, p.456; § 1257).

12. La trituración de la habitación: la reducción del número de piezas de una habitación

En el proceso de trituración de la habitación, a la reducción de los volúmenes de las habitaciones le sigue, según
Cerdà, la disminución del número de habitaciones mediante
la acumulación de varias funciones en un mismo volumen
(TGU, p.461; § 1269). El primer elemento a eliminar es
el comedor, cuyas funciones pueden desempeñarse en la
cocina o en alguna de las habitaciones dormitorio (TGU,
p.461; § 1271). La siguiente actuación de ahorro de espacio
es considerar necesarias solo tres habitaciones en el seno de
una familia: una para el/la cabeza de familia y las otras dos,

una para cada sexo (TGU, p.461; § 1274). Más tarde, se considera que solo se necesita una habitación para los hijos, aunque estos sean de distinto sexo (TGU, p.462; § 1276). El paso siguiente, es eliminar los pasillos y que su función la asuman las propias habitaciones (TGU, p.462; § 1275). A continuación, se elimina el recibidor y se opta por acoger las visitas en la cocina (TGU, p.462; § 1278). Más tarde, se sitúan la cocina y el baño en una misma zona de la vivienda (TGU, p.461; § 1273). Finalmente, una vez explotado al máximo el espacio de cada unidad, se plantea la posibilidad de proponer viviendas con cocina y baño comunitarios para cada planta (TGU, p.463; § 1280-1281). De esta forma, se lleva al extremo último de guardar la individualidad de los moradores en la unidad familiar (v. figs. 167-168).

13. La preservación de las características que aseguran la independencia del vía/intervías como instrumento de control de la trituración y la densificación desde una perspectiva adaptativa

A partir del análisis del proceso de transformación del sistema viario y del proceso de trituración de los distintos elementos de la urbanización, Cerdà explicita cuáles son los mecanismos de trituración y, en definitiva, de densificación asociados a las partes centrales de la aglomeración, en cuanto se mejoran los medios de transporte. Para Cerdà, estos principios se articulan en función de cómo se adopten los principios de independencia de los sistemas de vías y de preservación de la independencia del individuo en el hogar, y del hogar en la urbe. Cerdà observa que el control de la trituración se asegura al considerar el intervías como unidad fundamental, y no la parcela. Por ello, habla del "predominio absoluto que ejercía a la sazón el intervías, primera entidad urbana" (TGU, p.705; § 1972).

Por otra parte, la trituración se puede controlar con un conocimiento preciso de los mecanismos de trituración por vías y por solares. La introducción de vías interiores a un intervías lleva, tarde o temprano, a su trituración, del mismo modo que la asunción de la división de solares era otro mecanismo clave de trituración.

La evolución de las posibilidades técnicas del movimiento y la consiguiente facilidad de comunicación de los sucesivos medios de locomoción implican una adaptación del tejido urbano en el propio sistema viario, primero, a través de la separación de los distintos medios de transporte en la sección y, después, por el proceso de jerarquización del propio sistema viario. En la evolución del intervías, el proceso clave es la trituración del espacio interviario. Lo fundamental para Cerdà es evitar la trituración y, en consecuencia, asegurar la independencia. Para ello, analiza el intervías y describe su íntima relación con el solar, la casa y el departamento individual, donde observa cuáles han sido los mecanismos de trituración para los distintos elementos configuradores del intervías y sus interrelaciones.

Por otra parte, Cerdà desarrolla un esquema de lectura básico del tejido articulado alrededor del enlace y el aislamiento, según el cual siempre existe una necesidad de enlace y una posibilidad de división. Cerdà muestra que el elemento clave para controlar unas condiciones adecuadas de aislamiento es el control del proceso de trituración. Con su esquema vía-intervías aplicado a la urbe, la manzana, el solar, el edificio, la casa y la habitación, Cerdà desentraña claramente los mecanismos por los cuales se ejecuta el proceso de trituración a cada escala. Según él, esta partición se puede ejecutar tanto por las propias vías como por los solares.

Paralelamente, demuestra que el proceso de trituración ha seguido siempre un mismo esquema de trituración inicial por vías enmarcadoras de nuevos recintos, que a su vez se subdividen en nuevos recintos o solares, mientras tengan asegurada su accesibilidad. Los solares tienen, a su vez, la necesidad de conectarse con el espacio exterior. Las tipologías extremas de aprovechamiento formal de un solar son, por un lado, la edificación aislada rodeada de espacio libre y, por otro lado, el solar completamente rodeado por edificaciones, que se obliga a crear un patio interior en el centro. Este esquema lo repite para la casa y para la habitación, donde demuestra que se desarrolla exactamente el mismo proceso de trituración. Observa que, en cualquier caso, se intentan mantener unas condiciones mínimas de luz, aire y ventilación, que se van degradando progresivamente.

El modelo de urbanización rurizada, basado en una concepción del control de la preservación de la independencia, es para Cerdà la solución que permite asegurar el equilibrio entre independencia y sociabilidad, en un marco de jerarquización del sistema viario y de trituración de los intervías. La lectura de la historia de la urbanización a través de la lectura del vía-intervías nos permitirá profundizar en los elementos esenciales de la urbanización y del control de los mecanismos de trituración.

14. La evolución de las urbes según los modos de locomoción

Junto un análisis de la formación de las urbes para cada época de locomoción, Cerdà plantea una lectura de la evolución de las ciudades según el esquema vías e intervías para las distintas civilizaciones.

14.1. La formación del conjunto de la urbe en las épocas de locomoción pedestre y ecuestre

Desde la perspectiva del conjunto de la urbe, lo más característico de la época pedestre es, según Cerdà, el predominio de los intervías frente a las vías:

"Las combinaciones conjuntivas urbanas se realizaron por medio de la yuxtaposición de los intervías y la edificación en el perímetro de estos." (TGU, p.704; § 1968)

La imagen más significativa de la estructuración de las urbes de esta época era que los senderos urbanos no se establecían al fundarse la urbe, sino que ya existían de antemano. Cerdà deduce que el *callís* y el *surcaño* de los primeros urbanizadores debieron mantener su carácter al ser urbanizados, y mantuvieron su trazado (TGU, p.705; § 1971). En esa época, la vía era vista tan solo como un elemento de límite que evitaba la yuxtaposición interviaria:

"Sin esa reducida cinta que el derecho natural y la mutua conveniencia hacían respetable y respetada, la convecindad de la edificación interviaria se habría convertido en yuxtaposición." (TGU, p.704; § 1968)

Y, de hecho, la calle era más un elemento del intervías que un elemento que cumpliese la función viaria. Así pues, la calle se consideraba como el patio de la casa para las entradas y salidas y para todo cuanto constituía la vida exterior o comunicativa del hogar doméstico (TGU, p.704; § 1968). La visualización del tejido de esa época Cerdà la encuentra en los tejidos agrícolas de los alrededores de las urbes, que denomina *topografía urbana primitiva* (TGU, p.706; § 1974).

Cerdà solo reconoce el tejido agrícola en la época pedestre. Según él, en la época de la locomoción pedestre, no era fácil que viniesen guerreros a fundar urbes-campamentos, ni comerciantes a fundar factorías. Cuando estos acontecimientos se verificaron, el hombre ya había conquistado medios de locomoción más poderosos (TGU, p.707; § 1975). Tal como se ha remarcado en el análisis del sistema viario, en la época de la locomoción ecuestre Cerdà destaca como novedad la aparición de verdaderas vías trascendentales. El hombre podía aspirar a conocer el mundo exterior que se desenvolvía más allá de las lomas que limitaban su comarca y su horizonte (TGU, p.722; § 2019). Ello tuvo consecuencias en el desarrollo de las urbes. Por un lado, en su relación con las demás y, por otro, en el desarrollo de su interior. De esta forma, por una parte, fueron estableciéndose relaciones y comunicaciones más fijas entre las urbes y desapareciendo los efectos de concentración y aislamiento de las poblaciones (TGU, p.722; § 2019). Por otra parte, en esas vías trascendentales, la sección se construyó mayor que en las otras vías. Ello condicionó, según Cerdà, que en las urbes muradas se encontrasen siempre puertas o entradas bastante holgadas, abiertas a la comunicatividad exterior, practicables para el hombre y para el caballo (TGU, p.723; § 2021-2022). Cerdà concluye, pues, que la característica del proceso de transición de la locomoción pedestre a la locomoción ecuestre fue la condensación de las construcciones, la aparición de las yuxtaposiciones, y las superposiciones donde estas ya existían (TGU, p.758; § 2109).

14.2. Las reformas y las transformaciones que experimentaron las urbes en conjunto al introducirse la locomoción rodada ordinaria

La transición a la locomoción rodada hizo que el predominio inicial del intervías, especialmente característico de la locomoción pedestre, evolucionase hacia un predominio

del sistema viario. Por otra parte, la noción de vialidad trascendental, aparecida en la época de la vialidad ecuestre, se convirtió en un elemento esencial en la época de la locomoción rodada, donde se confirmó el predominio de la vialidad en que debía asegurarse el enlace con la vialidad trascendental de las urbes. En esta transición, lo más significativo fue la formación de suburbios y arrabales adaptados a las nuevas necesidades (TGU, p.771; § 2149-2151), de tal forma que pronto se observó que el suburbio era más importante que el núcleo original, y junto a él apareció un camino de ronda que separaba los dos núcleos (TGU, p.773.774; § 2152-2153).

En el proceso de transición a la locomoción rodada, específicamente en el primer período de transición asociada al carro, se inició la transformación de los tejidos urbanos. En las primeras etapas, fue a través del poder militar y, más tarde, de la industria, al tomar la movilidad rodada como elemento esencial de la construcción del tejido. Al principio, solo algunas relaciones utilizaban la locomoción rodada y, en cualquier caso, no salían de un pequeño radio urbano.

Figura 143. Fachada de la estación del tren de Sarrià en la plaza de Catalunya (1863).
Fuente: VV. AA. (1994): Barcelona y el ferrocarril. Archivo Histórico de Sarrià

Figura 144. Tren de vapor de Sarrià aparcado en la calle de Pelai, junto a la plaza de Cataluña (1863).
Fuente: VV. AA. (1994): Barcelona y el ferrocarril. Archivo Histórico de Sarrià

En esta primera etapa, se utilizaban las cañadas o *thalwegs* y algunas vías con arrecifes. Posteriormente, la Administración tomó la iniciativa y estableció ciertas vías como carreteriles, sobre la base de los caminos vecinales (TGU, p.762; § 2120). Al principio, las urbes no admitían la nueva movilidad y se establecieron determinados puntos en los límites del recinto donde se efectuaba una ruptura de carga en que se trasladaban los objetos a través de caballerías o faquines. En cualquier caso, la carga principal y la descarga se efectuaban en los suburbios, ya que presentaban una red viaria adaptada al nuevo medio de locomoción. Pero pronto se acarició la posibilidad de acceder hasta la misma vivienda. (TGU, p.762-763; § 2120-2123). En este nuevo período de transición a la locomoción rodada, se observa que las urbes habían experimentado, en conjunto, una verdadera transformación. Cerdà destacaba la contradicción entre las nuevas vías holgadas y las habitaciones raquíticas. Ello se explicaba por los efectos de la nueva movilidad (TGU, p.801-802; § 2237-2238).

Con la introducción del segundo período de transición, representado por la diligencia, se desarrolla el transporte masivo de este nuevo medio de locomoción, y ello implica un cambio cualitativo en cuanto a las dimensiones, la potencia y la celeridad de los nuevos instrumentos de movilidad (TGU, p.775; § 2155). A partir de este momento, los suburbios adquieren una mayor preponderancia respecto del tejido antiguo y cada vez es más necesario afectar la propiedad privada y expropiar algunos puntos de la ciudad. La propiedad se manifiesta reacia a la reforma y aparece la legislación de expropiación forzosa por causa de utilidad pública (TGU, p.779; § 2167), lo cual aumenta muy considerablemente los gastos de las reformas urbanas, pero permite realizar algunas de ellas (TGU, p.791; § 2204).

Ante esta nueva situación, la opción que toma la Administración es jerarquizar el sistema viario, aun cuando los intervías continúan reduciéndose (TGU, p.802; § 2240).

Figura 145. Estación de Francia con carruajes de acceso (sin fecha). Fotografía: Serra.
Fuente: VV. AA. (1994): Barcelona y el ferrocarril. Instituto Municipal de Historia

Figura 146. Tren de vapor circulando por la calle de Balmes (sin fecha). Fotografía: Brangulí fotógrafos.
Fuente: Archivo Histórico del Colegio de Arquitectos de Cataluña

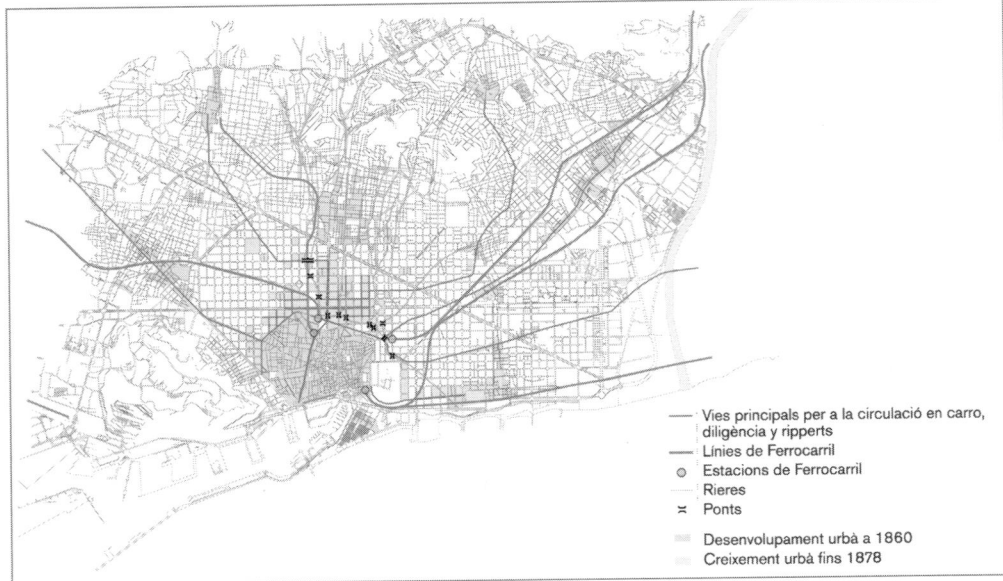

Figura 147. Primer salto de umbral: 1860-1878.
Fuente: Magrinyà & Marzá, 2009

——— Vies principals per a la circulació en carro, diligència y ripperts
——— Línies de Ferrocarril
⊙ Estacions de Ferrocarril
——— Rieres
⋈ Ponts

▨ Desenvolupament urbà a 1860
▧ Creixement urbà fins 1878

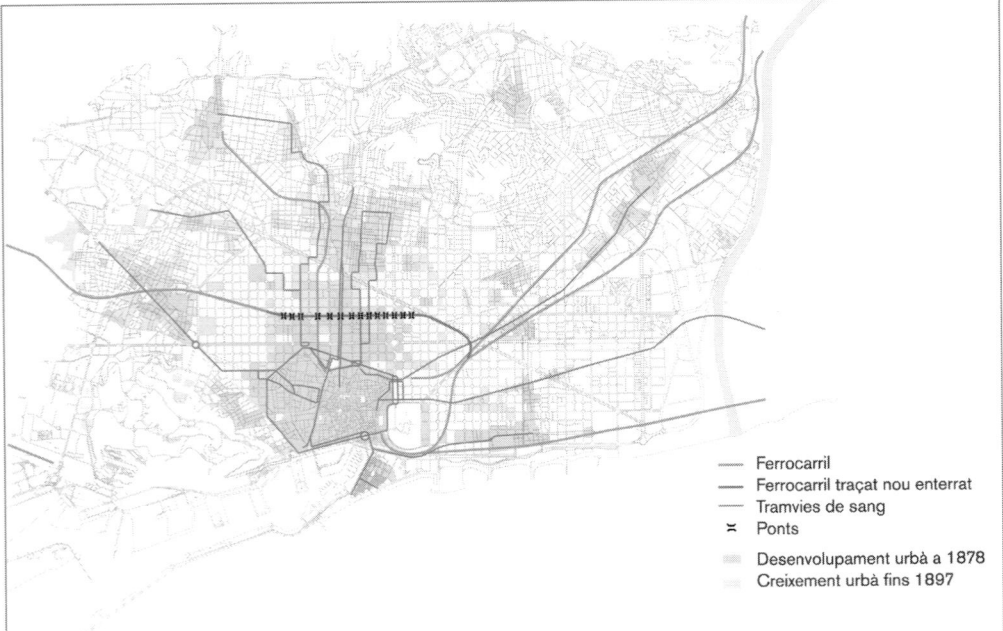

Figura 148. Segundo salto de umbral: 1878-1897.
Fuente: Magrinyà & Marzá, 2009

——— Ferrocarril
——— Ferrocarril traçat nou enterrat
——— Tramvies de sang
⋈ Ponts

▨ Desenvolupament urbà a 1878
▧ Creixement urbà fins 1897

Figura 149. Tercer salto de umbral: 1897-1953.
Fuente: Magrinyà & Marzá, 2009

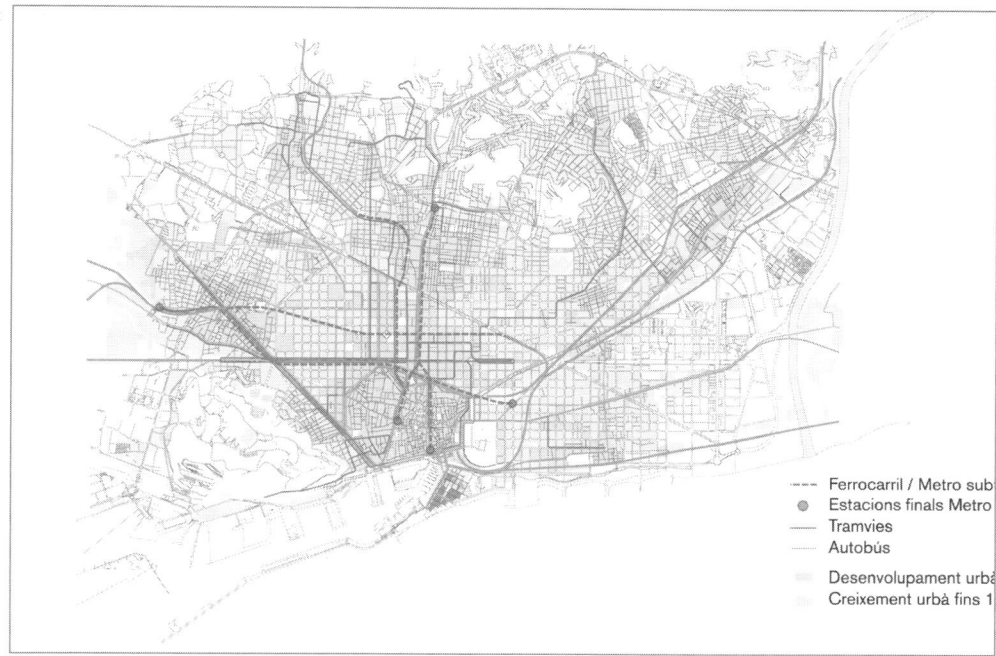

14.3. Las reformas y las transformaciones de las urbes en la transición de la época de la locomoción rodada ordinaria (diligencia) a la perfeccionada (ferrocarril)

Cuando surge la vialidad perfeccionada o ferroviaria, las reformas o las mejoras puntuales ya no bastan (TGU, p.776; § 2156). Ante la nueva vialidad perfeccionada, Cerdà plantea la misma analogía que debieron defender los técnicos correspondientes a la época de los carruajes en sus relaciones con la urbe. Estos acabarían penetrando en los tejidos adaptados solo para la movilidad peatonal y ecuestre. Según él, iba a suceder lo mismo con el ferrocarril:

"Aún hoy, cuando cabe decir que el nuevo sistema está en sus principios, tal vez no se encontraría un

solo hombre urbano que no quisiese ver la locomotora funcionando por el interior de las urbes, por todas las calles, por enfrente de su casa, para tenerla constantemente a su disposición." (TGU, p.810; § 2263)

Para Cerdà, unas primeras respuestas ya se daban:

"Así como vemos hoy discurrir por nuestras calles y a gran velocidad las diligencias y los coches, precaviéndose contra sus ímpetus sin, empero, asustarnos, se verán asimismo andando el tiempo de la misma manera las locomotoras." (TGU, p.812; § 2267)

Y en aquellas urbes en que la anchura de las vías lo permitía, se simultaneaba el funcionamiento de la locomotora con las vialidades ordinarias y se establecían ferrocarriles verdaderamente urbanos. En otras partes, la tentativa se había hecho sustituyendo el animal por el motor mecánico (TGU, p.813; § 2269). La propuesta de Cerdà ante la necesidad de dar respuesta al ferrocarril es la siguiente:

"En la creída imposibilidad de dar acceso a la locomotora por el interior de los recintos urbanos, juzgose lo más oportuno y hacedero rodear esos recintos por medio de ferrocarriles perimetrales, que se han llamado de cintura, los cuales, atravesando por todas las estaciones inmediatas y estando en contacto y comunicación, así con las vías trascendentales afluentes del exterior como con algunas del interior, hiciesen el oficio y prestasen los servicios de una vía colectora a la par que distribuidora del movimiento, así ordinario como perfeccionado, de suerte que fuese como el vínculo y enlace entre uno y otro." (TGU, p.812; § 2267)

Esta es la solución que Cerdà aplicó en el Ensanche de Barcelona y que encontramos recogida en el Anteproyecto de *Docks* de 1863 (v. figs. 8 y 192).[6]

Junto con ello, plantea la necesidad de reforma de las urbes, ya que la viabilidad exige inevitablemente que todo plan de ensanche venga acompañado de otro de reforma, en que se enlace la viabilidad de la población antigua con la moderna y ambas se armonicen con el sistema de gran viabilidad exterior. Según este concepto, un único plan de ensanche debe considerarse incompleto y perjudicial para la población antigua, que se deja abandonada e inservible para la nueva civilización actual, dotada de un sistema de viabilidad perfecto en combinación con el exterior (TVU, p.128; § 648). El proyecto de reforma y ensanche desarrollado en Barcelona es, para Cerdà, una respuesta de referencia a la necesidad de un buen enlace a la vialidad

trascendental de las nuevas urbes en la civilización del ferrocarril.

15. El interés de una lectura evolutiva de la urbanización siguiendo los elementos topológicos de las redes y su articulación territorial

El interés de la lectura evolutiva de la urbanización que realiza Cerdà es que considera los elementos topológicos del territorio. Y lo realiza a partir de una lectura del sistema urbano y de su entorno a través de la relación del hombre con el territorio, en función de la actividad económica asociada a la forma de sustento que condiciona su distribución en el espacio. De ahí surgen, según Cerdà, cuatro tipologías de urbanización: la pastoría, el caserío agrícola, la factoría y el campamento. Una vez caracterizado cada intervías, los analiza según el esquema siguiente: la comarca y el recinto urbano; la red viaria urbana y los espacios interviarios, y las relaciones entre edificación y espacio interviario, desarrolladas como la nueva estructura topológica (v. fig. 118, 155). De alguna forma, ya plantea una lectura más ecológica, que toma en consideración el sistema urbano y su entorno, como planteará posteriormente Geddes.[7]

15.1. Una lectura de la urbanización desde la evolución de la independencia y de la sociabilidad

A continuación, retomamos la lectura de la historia de la urbanización a una escala territorial elaborada por Cerdà en la Teoría general de la urbanización de 1867. El interés de esta análisis radica en la metodología conceptual que utiliza al tomar la evolución del sistema viario y del via-intervías a escala territorial. En nuestro análisis, hemos deducido los elementos que constituyen las vías y los intervías y su evolución, siendo estos dos objetos los intermediarios del análisis de la urbanización elaborada por Cerdà. Todo ello nos permite analizar el mecanismo implícito del que se sirve Cerdà para analizar la historia de la urbanización y, en definitiva, descubrir cuál es el modelo de urbanización que pretende extender a la escala territorial. Para formalizar una lectura de la evolución de la urbanización, Cerdà establece, como ya hemos explicado en el capítulo IV, dos etapas: la edificación y la agrupación, asociadas a su origen y a su desarrollo, respectivamente (v. fig. 86).

La urbanización de la primera etapa, asociada únicamente a la edificación, la denomina *urbanización elemental* (figs. 152-153). La segunda etapa, asociada a la agrupación de edificaciones, con sus intervías asociados, necesita una primera clasificación según si la urbanización es acuática o terrestre (v. fig. 151). A continuación, establece otros dos grupos: urbanización combinada y urbanización compleja. En el primer grupo, incluye dos subgrupos: urbanización combinada simple homogénea y urbanización combinada simple heterogénea (v. fig. 154). En la urbanización combinada, se entiende que existe una agrupación de albergues alrededor de un intervías (urbanización combinada simple homogénea) o una agrupación como resultado de una combinación de ellos (urbanización combinada heterogénea). En el primer subgrupo, define cuatro tipos, correspondientes a los cuatro tipos de intervías: pastoría, caserío agrícola, factoría y campamento (v. fig.155).

Cerdà entiende que el intervías es la unidad mínima de una urbe, que es el resultado de la combinación de estos intervías articulados en torno a una vialidad urbana y trascendental. En el segundo grupo, considera una combinación como resultado de la mezcla de estos intervías.

Finalmente, elabora un análisis de la urbanización compleja, que organiza según una lectura de las distintas civilizaciones.

TIPOS DE URBANIZACIÓN

Urbanización elemental y primitiva	Troglodítica	
	Ciclópea	
	Tugúrica	
Urbanización combinada simple homogénea	Pastoría	
	Casorío agrícola	
	Campamento	
	Factoría	
Urbanización combinada simple heterogénea		
Urbanización compleja	Asiática-Oriental	
	Griega	
	Fenicia	
	Etrusca Federal	
	Romano-Itálica	
	Romano provincial	Urbe preexistente
		Se establece un Castrum
		Fundación de una colonia
	Municipal Edad Media	Urbe preexistente
		Urbe nueva
	Feudal Edad Media	Urbe preexistente
		Urbe nueva
	Arabigo-Española	Urbe arabizada
		Urbe nueva con objeto guerrero
		Urbe nueva con objeto agrícola
	Americana Indígena	
	Hispano-americana	

Figura 150. Clasificación de los tipos de urbanización: elemental, combinada simple y compleja.
Fuente: elaboración propia a partir de la TGU

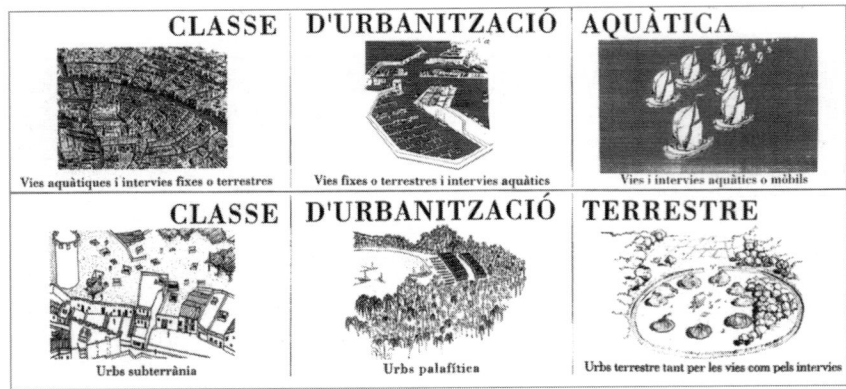

CLASSE D'URBANITZACIÓ AQUÀTICA

Vies aquàtiques i intervies fixes o terrestres

Vies fixes o terrestres i intervies aquàtics

Vies i intervies aquàtics o mòbils

CLASSE D'URBANITZACIÓ TERRESTRE

Urbs subterrània

Urbs palafítica

Urbs terrestre tant per les vies com pels intervies

Figura 151. Reelaboración gráfica de la clasificación de las urbes en terrestres y acuáticas. Fuente: Tarragó, 1994

CUADRO SINOPTICO DE LA URBANIZACIÓN ELEMENTAL

Edades	Épocas	Clase de albergues
Que contiene	Que comprende cada edad	Que caracterizan las edades y las épocas
Troglodítica	1ª	Naturales
	2ª	Artificiales
Ciclópea	1ª	Demi-subterráneos
	2ª	Supraterráneos
Tugurítica	1ª	Choza del Cazador
	2ª	Cabaña del Pastor
	3ª	Alquería del cultivador

Figura 153. Clasificación de la urbanización elemental según el tipo de albergues.

Fuente: elaboración propia a partir de la TGU.

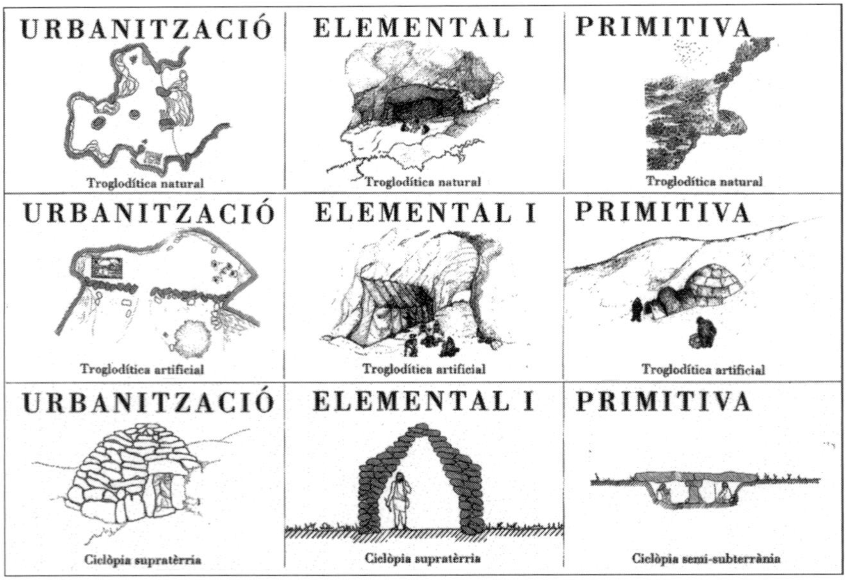

URBANITZACIÓ ELEMENTAL I PRIMITIVA

Troglodítica natural

Troglodítica natural

Troglodítica natural

URBANITZACIÓ ELEMENTAL I PRIMITIVA

Troglodítica artificial

Troglodítica artificial

Troglodítica artificial

URBANITZACIÓ ELEMENTAL I PRIMITIVA

Ciclòpia supratèrria

Ciclòpia supratèrria

Ciclòpia semi-subterrània

Figura 152. Reelaboración gráfica de la clasificación entre la urbanización elemental y primitiva: troglodítica y ciclópea, según Cerdà.

Fuente: Tarragó, 1994[8]

15.2. La urbanización elemental parte de la vivienda y las primeras combinaciones según el tipo de agrupación: de pastoría, de caserío agrícola, de factoría y de campamento

Cerdà parte de lo que denomina *urbanización elemental*, es decir, la urbanización centrada en la edificación como elemento central y origen de esta, antes de considerar la agrupación como elemento de desarrollo:

"Ese desenvolvimiento de la urbanización hubo de ser necesariamente elemental, es decir, hubo de verificarse en el elemento constitutivo de la urbanización, individualmente, si así cabe expresarlo, en cada parte, sin relación fija de estas entre sí y, por consiguiente, sin combinación alguna, y mucho más aun sin plan alguno preconcebido." (TGU, p.78; § 139)

Cerdà se pregunta por la evolución de la vivienda y su relación íntima con el territorio asociado. Para ello, clasifica la evolución de la vivienda en tres edades: troglodítica, ciclópea y tugúrica (v. fig. 153), y esta última la divide en las épocas asociadas a la choza del cazador, la cabaña del pastor y la alquería del agricultor, como se muestra en la figura 152. De hecho, Cerdà considera la evolución de la edificación según un proceso de artificialización que parte de la caverna, como primer aprovechamiento natural de la forma del territorio y fijador de los primeros asentamientos, y tiende a la edificación tugúrica, representante de la edificación artificial.

Una vez asentada la edificación, se desarrolla, según Cerdà, la denominada *urbanización combinada*, como resultado de considerar la agrupación de edificaciones, formalizada a través de los senderos de comunicación entre vivienda y vivienda, es decir, de la urbanización que sirve a la sociabilidad. En este momento, las distancias que separan al hombre de su semejante y a cada familia de su vecina los pone a todos en recíproco contacto, y forman el vínculo de unión entre las partes elementales de la misma urbanización. Ello hace de todas esas partes un conjunto, un todo armónico, lleno de animación, de vida y de progreso. Cerdà denomina este conjunto *urbe* (TGU, p.112; § 237) y asocia la urbanización combinada al principio de sociabilidad en la urbanización. Según él, el desarrollo de la urbanización exige la relación entre individuos y entre tribus y, finalmente, una organización.

15.3. Hacia una lectura de la urbanización territorial a través de la configuración de la aglomeración según el esquema vía-intervías

Paralelamente, Cerdà propone una evolución de la relación del hombre con el territorio en función de la actividad económica asociada a la forma de sustento que condiciona su distribución en el espacio. De ahí surgen, según Cerdà, cuatro tipologías de urbanización: la pastoría, el caserío agrícola, la factoría y el campamento.

Para Cerdà, la pastoría genera una urbanización con asentamientos vastísimos, una edificación muy desparramada, con un número de vías muy reducido y con unos intervías de grandes dimensiones en que hay siempre una edificación relativamente pequeña, que ocupan una gran comarca (TGU, p.107; § 224). Es decir, este es el estadio inicial, previo a la urbanización agrícola, en que cada comarca representa un intervías.

A continuación, le sucede el caserío agrícola, de dimensiones inferiores al intervías de la pastoría. En este caso, supone una urbanización desparramada, esencialmente rurizada, sin casco urbano propiamente dicho. El número de vías, representado por los linderos de cada alquería, es proporcional al número de estas. La edificación en los intervías está siempre aislada por el campo del cultivo (TGU, p.107; § 225).

Junto a los dos tipos anteriores, surge la factoría, tipología asociada a la combinación de tipo mercantil, generadora de una urbanización con asentamientos e intervías reducidos y con una edificación más condensada con almacenes, talleres y tiendas.

Según el esquema de Cerdà, la familia inicialmente está aislada en su intervía. Posteriormente, aparecen la yuxtaposición de casas y la superposición de pisos. En este modelo, las calles son rectas y anchas en proporción a los instrumentos de locomoción, suaves en sus inclinaciones y ortogonales en sus enlaces, con vías trascendentales de comunicación con el exterior (TGU, p.107; § 226).

Por último, Cerdà considera el campamento asociado a las organizaciones guerreras, donde lo que predomina es la concentración debida a la presencia de murallas de protección. En ella, los asentamientos son mucho más reducidos, con cascos urbanos amurallados, intervías muy reducidos y repletos de edificación yuxtapuesta y conglomerada, vías regulares pero estrechas, y una combinación de la red viaria subordinada al número de puertas con una vía de ronda interior y otra exterior, y un campo de circunvalación (zona militar) raso y escueto (TGU, p.107; § 227) (v. fig. 155).

Figura 154. Caracterización de la urbanización combinada simple (homogénea: cazadora, pastoril y agrícola, y heterogénea), según Cerdà. *Fuente: Tarragó, 1994*

Una vez establecidas las combinaciones simples y homogéneas asociadas a los respectivos tipos de edificación y de relación con el territorio, Cerdà se propone abordar las combinaciones urbanas simples pero heterogéneas. Estas combinaciones están relacionadas con el fenómeno de la agrupación de las distintas tribus y con el desarrollo de la urbanización. En este sentido, Cerdà despliega un esquema de crecimiento y extensión de las urbes que sigue las fases siguientes:

1. Las tribus se instalan en los nuevos territorios conquistados.

2. El acto de establecerse implica el enlace natural de las viviendas, efecto de la sociabilidad humana, que es causa y manantial fecundo de civilización.

3. La mancomunación de esfuerzos para la defensa común y la seguridad.

4. El desarrollo de las construcciones.

5. El crecimiento natural del vecindario, que ocasiona la emigración cuyo resultado es la trascendencia en la vida urbana (TGU, p.108; § 229).

TIPO DE URBANIZACIÓN

	Pastoría	Caserío Agrícola	Campamento	Factoría
Campo de Asentamiento	Ocupa una sola gran comarca	Comarca muy dilatada	Asentamientos mucho más reducidos	Asentamientos reducidos
Casco Urbano	Edificación muy desparramada	Todo el campo de asentamiento	Casco urbano amurallado	Reducidos intervías
Recinto Cintura	Simplemente de deslinde. No hay murallas	Simplemente de deslinde. No hay murallas	Cascos urbanos amurallados, con campo de circundación (zona militar) raso y escueto	
Red Viaria Urbana	Número relativamente pequeño de vías	Número proporcional al número de alquerías	Vías regulares pero estrechas y combinación de la red viaria subordinada al número de puertas con una vía de ronda interior y otra exterior	Calles rectas, anchas en proporción a los instrumentos de locomoción, suaves en sus inclinaciones y ortogonales en sus enlaces, vías trascendentales de comunicación con el exterior
Espacios Interviarios	Malla de familia, independiente	Extensión de una familia agricultora	Intervías muy reducidos	Edificación más condensada con almacenes, talleres y tiendas
Edificación	Aislada y rurizada	Aislada por el campo de cultivo	Edificación yuxtapuesta y conglomerada	Yuxtaposición de casas y sobreposición de pisos

Figura 155. Caracterización de los períodos de la urbanización combinada simple según los elementos del vía-intervías.
Fuente: elaboración propia a partir de la TGU.

Se observa, pues, que Cerdà elabora un análisis de los distintos tipos de urbanización, que son generadores de sus correspondientes formas urbanas y las caracteriza a través de los parámetros de la estructura definida por el campo de asentamiento, el núcleo, el recinto, la red viaria urbana, los espacios interviarios y la edificación.

Lo interesante de la lectura de la obra de Cerdà no es tanto la elaboración de una historia de la urbanización, en sí misma, como una lectura analítica de la evolución de la urbanización, según la red del sistema viario y la lectura de la evolución del instrumento vía-intervías. En este sentido, Cerdà está ofreciendo un instrumento de análisis a partir del principio de la dualidad aislamiento-relación, que se erige como modelo para caracterizar las formas de crecimiento urbano desde una perspectiva topológica y circulatoria propia de un análisis retístico.

La distinción que hace Cerdà entre la urbanización combinada simple y la urbanización combinada compleja establece, en otras palabras, el mismo esquema que plantea Soja en la descripción de la primera revolución urbana. Como ya se ha comentado al principio de esta publicación, Soja considera una primera revolución urbana con la aparición de la ciudad como agrupamiento estable: es el caso de las ciudades de Jericó y Çatal Hüyük. Ambas están asociadas a sendas organizaciones y administraciones, que se establevecen en torno al 6.500 aC. Según Cerdà, *"el acrecentamiento de las poblaciones produce una condensación mayor y, cuando esta ha llegado a su extremo, si las pestes y las guerras no ocasionan algún enrarecimiento, se organizan expediciones para fundar colonias autónomas, como es el ejemplo de las urbes griegas"* (TGU, p.191; § 471).

A continuación, las urbes defienden su autonomía contra los posibles invasores, abarcan con fuertes muros los suburbios y en ellas se refugian todos los moradores de la comarca, y la población se condensa en esos núcleos. Esta concentración genera pestes frecuentes, que diezman las poblaciones (TGU, p.195; § 495).

Este mecanismo genera urbes-embrión, que posteriormente se convertirán en autónomas y más tarde se independizarán.

Los dos procesos combinados, el de densificación de los núcleos y el de creación de las urbes embrión, primero dependientes y más tarde autónomas e independientes, le sirven probablemente para reconstruir lo que él denomina *urbanización compleja* y que caracteriza para cada una de las civilizaciones.

15.4. La articulación de la urbanización desde unas aglomeraciones en red: de Babilonia a la civilización hispanoamericana

Una segunda revolución urbana, planteada por Soja, se basa en la formalización de una ciudad-estado capaz de organizarse en torno a un poder autoritario, basado en la escritura, capaz de construir una infraestructura para una explotación agrícola estable y de ampliar su radio de acción sobre otros territorios (Ur, Babilonia, 1750 aC).

Como ya hemos señalado, para Cerdà, el origen de la urbanización es el aislamiento y su causa, la relación. Para él, las urbes siguen inicialmente un proceso de aislamiento a través de la creación de una muralla realizada gracias a la mancomunación de esfuerzos y al crecimiento en su interior. Es lo que denominaríamos la *primera revolución urbana*, en términos de Soja.[9]

Más tarde, ante la necesidad de expandirse, una vez alcanzado el límite del proceso de intususcepción, la urbe se ve en la necesidad de trascender la vía urbana y crecer en el exterior creando una nueva colonia urbana, promocionando así las relaciones con el exterior, frente al aislamiento tradicional. De ahí surge, según Cerdà, la noción de *colonia*. Según él, cuando el aumento de las familias presenta una ocasión oportuna para ello, el jefe de la colonia forma un nuevo pueblo-ejército, que conduce a otra región no muy distante, donde funda una nueva colonia o urbe. Según Cerdà, desde el principio de su establecimiento, se establecen entre ambas colonias unas relaciones bastante activas y surge así el primer germen de comercio entre dos urbes separadas por una larga distancia (TGU, p.119; § 256). A esta nueva urbe o colonia, Cerdà la denomina *urbe-embrión* (TGU, p.111; § 236).

Para Soja, la primera revolución corre en paralelo al fenómeno de intususcepción propuesto por Cerdà, mientras que la urbe-embrión es la ciudad-estado de la segunda revolución urbana, que llevará al modelo de urbanización compleja de la primera edad, que fue la experiencia de la ciudad de Babilonia (v. fig. 156):

"Pudiendo disponer de un terreno ilimitado, no hubo de haber cuestiones ni disputas para escoger el campo que creyese necesario, tanto para sus ganados, cultivo y demás tareas, como para conservarse cada familia, respecto de las circunvecinas, a una distancia regular y conveniente que garantizase su libertad de acción y su independencia en el hogar doméstico, sin que por otra parte fuese obstáculo a las recíprocas comunicaciones vecinales en el modo y a las horas que cada uno quisiere usar de ellas. [...]" (TGU, p.121; § 262)

Cerdà estaba recogiendo, en este párrafo, el modelo de ciudad de referencia. Posteriormente, siguiendo el mismo esquema de análisis del sistema viario y del sistema interviario, sobre la base de unos tipos edificatorios y urbanísticos, entendidos como formas de crecimiento urbano, Cerdà analiza las distintas civilizaciones que conformarán lo que denomina *urbanización compleja*, en que distingue tres edades.

Una primera edad, virginal, asociada a la experiencia de Babilonia, en que las urbes no están condicionadas por la dimensión del recinto. Una segunda, más densificada, asociada a las civilizaciones guerreras, y una tercera edad, asociada a la introducción de la movilidad perfeccionada o ferrocarril.

Para Cerdà, el modelo de urbanización compleja de la primera edad es la experiencia de la ciudad de Babilonia (v. fig. 156):

"Pues bien, esto, solo esto que tan sencillo se presenta desde un principio, y que es natural que hiciesen, y realmente hicieron nuestros colonos sin esfuerzo alguno, sin premeditación ni plan preconcebido, sin más que dejarse llevar por un certero instinto, esto solo bastaba y bastó para dejar cumplido y satisfactoriamente resuelto en la primitiva Babilonia el gran problema que hoy, acostumbrados como estamos a ver otras Babilonias de harto distinto carácter, habría pocos, poquísimos hombres que lograsen resolverlo de una manera tan adecuada y digna." (TGU, p.121; § 262)

A continuación, siguiendo el esquema de análisis de los elementos constitutivos elaborado para la urbanización combinada simple, detalla las características de Babilonia, como representante de la urbanización asiática u oriental:

"El campo de asentamiento es siempre vastísima campiña que puede calificarse de región.
El casco urbano es todo el campo de asentamiento.
La cintura de la urbe comprende todo el perímetro de ese campo: se halla murada y vializada en todo su circuito, menos en los trechos en que un río caudaloso pueda constituir la defensa: se necesitan varias jornadas para recorrerla: ¡tanta es su extensión!
La red viaria urbana es casi siempre ortogonal y muy espaciada, así en su urdimbre como en su trama.
Los espacios interviarios, mallas de esa gran red, comprenden el campo de operaciones que cada familia necesita para vivir independiente. La edificación en esos intervías es, por la misma razón, aislada, y si aparece estratificada y se levanta a grandes alturas, es por orgullo, no por contener viviendas sobrepuestas.

Los elementos guerrero, pastoril y agrícola entran por igual en esta urbanización.

El acrecentamiento de la población no produce la condensación interior ni el sacrificio de la independencia de la familia.

La exuberancia de estas se remedia con sucesivas emigraciones que van a fundar otras urbes, las cuales conservan por mucho tiempo relaciones sociales y luego mercantiles con su matriz." (TGU, p.190; § 454-462)

Se observa que Cerdà analiza esta urbe-modelo según los elementos constitutivos de la urbanización, siguiendo el esquema de vía-intervías y retomando la estructura asociada de campo de asentamiento, casco urbano, red viaria, espacios interviarios y edificaciones.

Junto a ello, considera el proceso de crecimiento por intususcepción y aglomeración, la creación de urbes-embrión y la formación de la inependencia y la autonomía de la nueva urbe. A partir de la aplicación del instrumento del vía-intervías y del análisis del proceso evolutivo de las urbes, decanta las características de lo que será, para Cerdà, el modelo de urbanización rurizada, en la cual explicita las ventajas siguientes:

"La armonía que reina en la urbanización rurizada entre la independencia de la familia y el disfrute de la sociabilidad. La urbanización llega a neutralizar los efectos casi siempre detestables de los amurallamientos y puede campear la libertad más absoluta en las construcciones, sin perjuicio de terceros. La urbe rurizada debe a esta calidad la prosperidad y el engrandecimiento que alcanzaron todas las grandes urbes primitivas." (TGU, p.123; § 265)

Según este esquema, el modelo propuesto de urbanización combinada simple es, para Cerdà, un paraíso o un edén. Se reconoce en él la influencia de la imagen bíblica asociada al pecado original, aplicada a la urbanización.

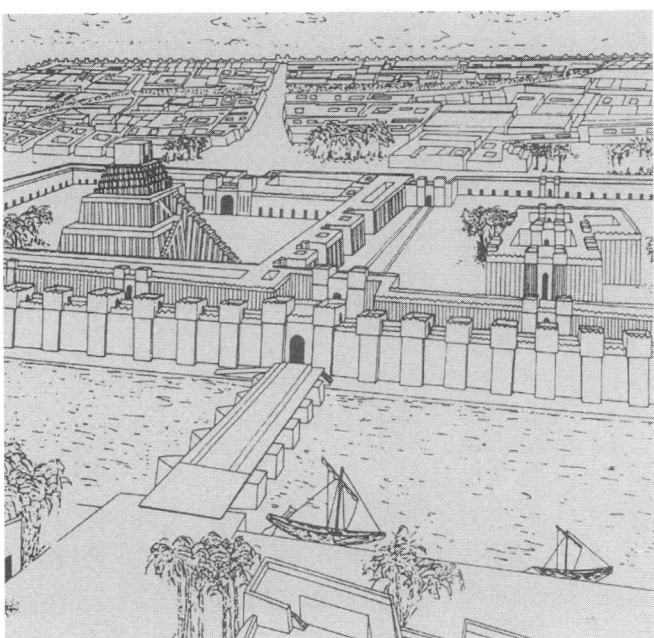

Figura 156. La ciudad de Babilonia como ejemplo de la urbanización compleja de la primera época.
Fuente: OP Ingeniería y Territorio

Según Cerdà, a partir de este estado paradisíaco, la urbanización se irá degradando progresivamente (TGU, p.133; § 292).

Como ya hemos dicho, Cerdà recoge la influencia de la noción de sociedad establecida por Rousseau en el *Contrato social*, a la cual se muestra contrario porque, según él, esta concepción había llevado a unas condiciones deplorables de la urbanización:

"Reconociendo el individuo su propia debilidad e impotencia, ha debido buscar en los otros individuos, es decir, en la colectividad social, el apoyo necesario. De esto provienen originariamente, en política, las instituciones que sacrifican el individuo al Estado, y en la urbanización la mezquindad de las habitaciones y la yuxtaposición de los edificios y la consiguiente condensación de las urbes." (TGU, 1867, p.134; § 294)

Para Cerdà, la Administración debe volver a poner las condiciones materiales para el desarrollo de una urbanización ruralizada, símbolo del equilibrio entre aislamiento y relación, como modelo de urbanización para la nueva civilización.

Según este planteamiento, Cerdà no se limita a rememorar el ejemplo de la ciudad de Babilonia, sino que recoge datos de las distintas ciudades de la civilización mesopotámica y sus sucesoras, las civilizaciones asirias medas, persas y egipcias. Las ciudades analizadas

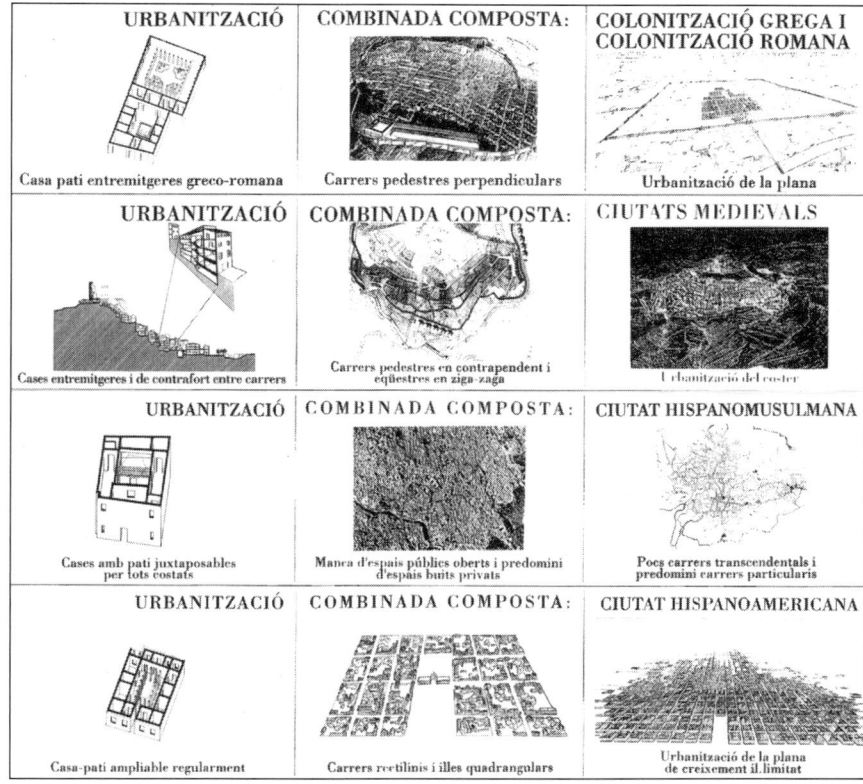

Figura 157. Síntesis gráfica de la clasificación de la urbanización combinada compuesta: colonización griega, colonización romana, ciudad medieval, ciudad islámica y ciudad hispanoamericana, según Cerdà.

Fuente: Tarragó, 1994

Tipo de urbanización	Asiática-oriental	Griega	Fenicia	Etrusca Federal
Campo de Asentamiento	Región	Más o menos estrecho. Topografía especial	Más o menos estrecho. Topografía especial	Comarca muy dilatada. Centro en un montículo
Casco Urbano	Todo el campo de asentamiento	Pequeña extensión del campo de asentamiento	Pequeña extensión del campo de asentamiento	Todo el campo de asentamiento
Recinto Cintura	Murada vializada	Robusta Muralla	Robusta Muralla	Simplemente de deslinde No hay murallas
Red Viaria Urbana	Ortogonal Espaciada	Irregular y poca separación entre trama y urdimbre	Irregular y poca separación entre trama y urdimbre	Forma radial y concéntrica
Espacios Interviarios	Malla de familia independiente	Escasa extensión	Escasa extensión	Extensión de una familia agricultora
Edificación	Aislada y rurizada	Conglomerada Comprimida	Conglomerada Comprimida	Aislada y rurizada
Acrecentamiento	No produce condensación	Condensación mayor	Condensación mayor	
Exhuberancia	Sucesivas emigraciones	Fundación de colonias	Fundación de colonias	
Elemento	Guerrero, Pastoril, Agrícola	Guerrero	Mercantil, Guerrero	Guerrero, Pastoril, Agrícola. Mercantil

Figura 158. Caracterización de la urbanización asiática, griega, fenicia y etrusca, según los elementos del vía-intervías.
Fuente: elaboración propia a partir de la TGU

Tipo de urbanización	Romano Itálica	Romano Provincial		
		Urbe preexistente	Se establece un Castrum	Fundación de una colonia
Campo de Asentamiento	Bastante dilatado	Se prescinde	Se prescinde	Tiránico predominio sobre el campo de asentamiento
Casco Urbano	Se confunde con el campo de asentamiento	Pequeña extensión del campo de asentamiento	Pequeña extensión del campo de asentamiento	Pequeña extensión del campo de asentamiento
Recinto y cintura	Recinto central murado y condensado idéntico a la urbe griega	Robusta Muralla	Robusta Muralla	Robusta Muralla
Red Viaria Urbana	Dos tejidos: Urbe rural y núcleo condensado	Irregular y poca separación entre trama y urdimbre	Irregular y poca separación entre trama y urdimbre	Irregular y poca separación entre trama y urdimbre
Espacios Interviarios	Grandes y dilatados en la urbe rural; pequeños y reducidos en el núcleo	Escasa extensión	Escasa extensión	Escasa extensión
Edificación	Aislada en el campo exterior; Yuxtapuesta, sobrepuesta, comprimida y conglomerada en el núcleo	Conglomerada Comprimida	Conglomerada Comprimida	Conglomerada Comprimida
Elemento	Núcleo central: guerrero. Campo exterior: agrícola	Guerrero	Guerrero	Guerrero

Figura 159. Caracterización de los períodos de la urbanización romana según los elementos del vía-intervías.
Fuente: elaboración propia a partir de la TGU

Tipo de urbanización	Municipal Edad Media		Feudal Edad Media	
	Urbe preexistente	Urbe nueva	Urbe preexistente	Urbe nueva
Campo de Asentamiento	Campiña desierta	Campiña desierta	El señor feudal levanta un castillo	Bastante dilatado
Casco Urbano	Pequeña extensión del campo de asentamiento	Formación de corros o corrales	Se confunde con el campo de asentamiento	Se confunde con el campo de asentamiento
Recinto y cintura	Robusta Muralla	Rectángulo o círculo cerrado	Recinto central murado y condensado idéntico a la urbe griega	Recinto central murado y condensado idéntico a la urbe griega
Red Viaria Urbana	Irregular y poca separación entre trama y urdimbre		Dos tejidos: Urbe rural y núcleo condensado	Dos tejidos: Urbe rural y núcleo condensado
Espacios Interviarios	Escasa extensión		Grandes y dilatados en la urbe rural; pequeños y reducidos en el núcleo	Grandes y dilatados en la urbe rural; pequeños y reducidos en el núcleo
Edificación	Conglomerada Comprimida	Casas yuxtapuestas con fachada vuelta hacia el interior	Aislada en el campo exterior; Yuxtapuesta, sobrepuesta, comprimida y conglomerada en el núcleo	Aislada en el campo exterior; Yuxtapuesta, sobrepuesta, comprimida y conglomerada en el núcleo
Elemento	Guerrero	Guerrero	Núcleo central: guerrero. Campo exterior: agrícola	Núcleo central: guerrero. Campo exterior: agrícola

Figura 160. Caracterización de los períodos de la urbanización medieval, según los elementos del vía-intervías.
Fuente: elaboración propia a partir de la TGU

Tipo de urbanización	Arábigo - española			Americana Indígena	Hispano-americana
	Urbe arabizada	Urbe nueva con objeto guerrero	Urbe nueva con objeto agrícola		
Campo de Asentamiento		Se levanta un alcázar	Comarca bastante dilatada. Centro en un montículo		Dilatado e ilimitado
Casco Urbano		Se confunde con el campo de asentamiento	Todo el campo de asentamiento		
Recinto y cintura		Recinto central murado y condensado idéntico a la urbe griega	Simplemente de deslinde. No hay murallas	Cercos y construcción de madera	
Red Viaria Urbana	Estrechamiento y tortuosidad de las calles	Dos tejidos: Urbe rural y núcleo condensado	Forma radial y concéntrica		Ortogonal Espaciada
Espacios Interviarios	Engrandecimiento del intervías con patio o jardín interior	Grandes y dilatados en la urbe rural; pequeños y reducidos en el núcleo	Extensión de una familia agricultora		Regular extensión
Edificación		Aislada en el campo exterior; Yuxtapuesta, sobrepuesta, comprimida y conglomerada en el núcleo	Aislada y rurizada		Núcleos adosados
Elemento	Guerrero	Guerrero	Agrícola	Guerrero	Mercantil

Figura 161. Caracterización de los períodos de la urbanización arábiga-española, americana indígena e hispanoamericana, según los elementos del vía-intervías.
Fuente: elaboración propia a partir de la TGU

son las mesopotámicas Babilonia, Nínive, Arach, Achat, Calanne, Edesa, Ctesifonte, las ciudades asirias; Ecbatana, capital del imperio de los medos; Persépolis y Susa, ciudades persas, y Menfis, antiquísima ciudad de Egipto. Todas estas ciudades son las que configuran, para Cerdà, el proceso de degradación progresiva de las condiciones ideales (TGU, p.137; § 302-309).

Para la ciudad de Babilonia, Cerdà calcula su estado de la rurización: *"entre la parte edificada y la no edificada existía la relación de 7,688 a 92,312."* (TGU, p.136; § 301).

Luego, observa los diámetros de las otras urbes respecto de Babilonia y observa que su diámetro se va reduciendo progresivamente (TGU, p.139; § 314). Ahí empieza para Cerdà el primer paso en el abandono del modelo de urbanización rurizada de Babilonia.

A continuación, propone una lectura de las urbanizaciones de las distintas civilizaciones occidentales: griega, fenicia, romana, feudal y arábigo-española (v. fig. v. figs. 157-161). Cerdà analiza, al igual que para el modelo de Babilonia, los tipos de agrupamientos según el campo de asentamiento, el casco urbano, el tipo de límite del casco urbano, la red viaria, los espacios viarios, el tipo de edificación y las formas de crecimiento hacia el interior (intususcepción) y hacia el exterior (conglomeración), en que la edificación puede crecer por yuxtaposición y/o por superposición (TGU, p.111; § 236). Por otra parte, estudia la predominancia de los tipos básicos de la urbanización combinada simple (pastoril, agrícola, mercantil y guerrera) (v. fig. 155).

De este análisis, observa que, para él, las distintas urbanizaciones asociadas a las respectivas civilizaciones instauradas a partir de la civilización griega están marcadas por el elemento guerrero y por el olvido de la urbanización rurizada.

En la segunda etapa, asociada al elemento guerrero, las murallas han de ser consideradas un medio de conservación individual y colectivo (TGU, p.143; § 329). Las consecuencias de la presencia de las guerras plantean, según Cerdà, la necesidad de preservar el aislamiento frente a la relación y el abandono de la urbanización rurizada representado por el modelo de Babilonia. El nuevo modelo pasa a ser Grecia:

"En la segunda edad, produjeron el primer apiñamiento de la urbanización [...]. Todas, una tras de otra, fueron destruidas [...]. Y, en medio de desolación tan espantosa y de tantas guerras de exterminio, la urbanización y la civilización abandonaron aquellos sitios y vinieron a refugiarse a Grecia, que había de cumplir la alta misión de enseñarlas, propagarlas y difundirlas más adelante por el resto del mundo a la sazón descubierto." (TGU, p.144; § 330).

Para Cerdà, las civilizaciones griega y romana han impuesto unos modelos de urbanización. Posteriormente, las civilizaciones urbanizadoras siguientes se caracterizaron por un mecanismo de aprovechamiento de los tejidos de los núcleos urbanos de las civilizaciones precedentes, sin tener en cuenta las necesidades espaciales de cada nueva civilización:

"Desde los tiempos antiguos hasta los más modernos, y sobre todo desde que, por la destrucción de los pueblos de Grecia y Roma, cesó en este viejo continente el establecimiento de nuevas colonias, raras, muy raras veces se han fundado de intento nuevas urbes, adecuadas a las circunstancias y exigencias de una época determinada. Lo más común y frecuente ha sido que, a un núcleo primitivo más o menos dilatado, se hayan ido agregando espontánea y sucesivamente nuevas construcciones que, fundadas sobre las propiedades particulares que circundaban el núcleo primitivo, han conservado en la urbe sus límites, sus mismas formas y magnitudes." (TGU, p.743; § 2072)

En este proceso, en las distintas civilizaciones en que el elemento guerrero no es el fundamental y el elemento agrícola vuelve a tener importancia, se desarrollan urbes con un centro condensado y amurallado y una urbe rural. Tal es el caso de las civilizaciones romano-itálica, feudal y arábigo-española (v. figs. 158-161).

Según el análisis del esquema vía-intervías, Cerdà caracteriza la red viaria urbana asiático-oriental como un modelo de red ortogonal y espaciada. Siguiendo este esquema, las civilizaciones posteriores –griega, fenicia, etrusca (v. fig. 158)– evolucionan hacia una red irregular y con poca separación entre trama y urdimbre.

Para Cerdà, de hecho, no es hasta la llegada de las fundaciones hispanoamericanas cuando se vuelve a una red viaria según la tradición asiático-oriental. Paralelamente, sucede la evolución de los espacios interviarios, en que se produce una condensación y no se vuelve a ciertos ensanchamientos hasta la llegada de las urbes rurales adyacentes a los núcleos preexistentes desarrollados en las civilizaciones romano-itálica, feudal y arábigo-española (v. figs. 159-161).

Cerdà recoge el caso de las urbes embrión y lo desarrolla para la experiencia de urbanización de la península ibérica.

Según él, "cuando en España un grupo de edificios y de población, nacido y fomentado a la sombra de una urbe más importante, a cuya jurisdicción está sujeto, llega a adquirir la consistencia y fuerza necesarias para llevar una vida independiente y autónoma, es decir, para constituir un municipio, los prohombres acuden al monarca, quien acostumbra a conceder el privilegio de villazgo, y con él los derechos de constituir un común o municipio, con su concejo o ayuntamiento" (TGU, p.491; § 1348).

Así pasan, según Cerdà, "de la situación de aldeas, nombre que indica dependencia de otro municipio, al de villas, que revela desde luego existencia propia, independiente y autónoma" (TGU, p.491; § 1348)

Para Cerdà, con la llegada de la civilización hispanoamericana, se entra en una tercera etapa de la urbanización compleja, en que se recuperan los principios de la civilización asiática-oriental con un campo de asentamiento dilatado, la red viaria espaciada y ortogonal, una extensión regular de los espacios interviarios y una edificación con núcleos adosados. Cerdà tiene en mente las experiencias de urbes como Buenos Aires, La Habana, Filadelfia o Nueva orleans. Estas son, para Cerdà, las referencias para la definición de una urbe a la cual además se deben adjuntar las nuevas condiciones de higiene y movilidad, asociadas estas últimas a la introducción del transporte ferroviario y marítimo.

16. La propuesta territorial de Cerdà desde la vialidad y la organización territorial, según el esquema vía-intervías

Cerdà prepara la urbanización para una nueva época, relacionada con lo que denominamos *tercera revolución urbana*, según la nomenclatura de Soja, asociada a la industria y a las comunicaciones. Para Cerdà, la introducción del vapor en los medios de locomoción debe cambiar radicalmente el sistema de movilidad. El enlace entre el transporte marítimo y terrestre se convierte en el punto central de su plan.

Como se ha analizado en el capítulo IV, Cerdà sitúa los núcleos urbanos y sus comarcas colgando del sistema viario. En este nuevo escenario, imagina las ciudades como estaciones de la vialidad universal, que denomina *apartaderos* de mayor o menor magnitud, según el número departamentos, talleres, depósitos y viviendas que lo constituyen.

Según la propuesta de Cerdà, cualquiera de estos apartaderos está conectado a la red viaria trascendental y, por tanto, al resto del globo (TGU, p.337; § 911), y desde esta perspectiva las vías urbanas adquieren un nuevo valor, ya que permiten a la vez la permanencia del hombre y la conexión a la vialidad trascendental (TGU, p.272; § 728), los dos extremos de la dualidad aislamiento-relación.

Cerdà propone un sistema de vialidad que, por analogía, tal como se ha analizado anteriormente, se puede asociar a un sistema fluvial y su conexión al mar, con el transporte marítimo como referente de la vialidad universal. Según este esquema, hay que asegurar que las ciudades estén bien conectadas a la vialidad trascendental y que las viviendas lo estén a la vialidad urbana, organizada esta sobre la base de un sistema de vías trascendentales.

Cerdà analiza de qué forma las urbes disponen su enlace con el sistema de vialidad universal. Para ello, sigue el esquema viario y desarrolla una metodología para establecer cuáles deben ser las trazas de una vialidad urbana adecuada.

La nueva elaboración del Proyecto de Ensanche de 1863 se convertirá, de este modo, en un plan para extender el sistema de almacenes, talleres y tiendas como generadores de la movilidad de la nueva ciudad industrial y comercial. Su propuesta se basa en la elaboración de los enlaces adecuados de las urbes, entendidas como apartaderos de la vialidad universal, que explicitará en la *Teoría del enlace marítimo-terrestre* (TEMT) de 1868.[10], y que hoy sigue siendo de plena actualidad con la estrategia de la red aeroportuaria.

A su vez, la organización territorial dependerá de la accesibilidad, de sus redes y de la distribución fractal de equipamientos, tal como analizaremos en el capítulo siguiente. Este mismo esquema lo aplicará en su teoría de la irradiación para la provincia de Barcelona, asociada a la teoría general de la rurización, y que sigue siendo un referente en la actualidad.

Un buen ejercicio de este planteamiento lo encontramos en la discusión de la organización territorial[11] y que se debería recuperar en una perspectiva actual, medio siglo mas tarde.

Notas

1   SORIA, Arturo (1996): *Op. cit.*

2   SORIA, Arturo (1996): *Op. cit.*

3   RATZEL, Friedrich (1898) (2018): *Anthropogeographie.* Sidney: Wentworth Press, 2018, ISBN: 978-0-274-43214-1; RATZEL, Friedrich (1914): *Geografía dell'Uomo [Antropogeografia].* Torino: Fratelli Bocea Editori [trad. de Ugo Cavallero]

4   CANIGGIA, G.F. (1981): *Struttura dello spazio antropico.* Firenze: Alinea Editrice.

5   SORIA Y PUIG, Arturo (1989). "El territorio como artificio". *Obra Pública,* núm. 11, (monográfico: El impacto ambiental). Barcelona, (primavera 1989), pp.30-39; SORIA Y PUIG, Arturo & MENENDEZ DE LUARCA, José Ramón (1994): "El territorio como artificio cultural. Corografía histórica del norte de la Península Ibérica". *Ciudad y territorio: Estudios territoriales.* nº 99, 1994, pp. 63-94.

6   Archivo General de la Administración (AGA). Educación y Ciencia, caja 8253 (legajo 8985/1-26) (1864-1866). Anteproyecto de enlace de vías terrestres y marítimas, construcción de *docks,* talleres y bazares. Ildefonso Cerdá 1864-1866.

    Archivo General de la Administración (AGA). Obras Públicas, caja 22249 (1862). Expediente de estudios de una estación de enlace al servicio marítimo y terrestre de Barcelona. D. Ildefonso Cerdà. Año 1862.

7   GEDDES, Patrick (1915): *Cities in evolution.* Londres: Williams & Norgate.

8   TARRAGÓ, Salvador (1994): "El cómic de la TGU", En: MAGRINYÀ, Francesc & TARRAGÓ, Salvador (eds.) (1994): *Cerdà. Ciudad y Territorio.* Catálogo de la Exposición "Mostra Cerdà. Urbs i territori", septiembre 1994-enero 1995. Barcelona: Electa 1994, pp.113-122.

9   SOJA, Edward (2000): *Op. cit.*

10   MAGRINYÀ, Francesc (1994): El Anteproyecto de Docks de 1863: una propuesta de urbanización del ferrocarril para Barcelona. En: MAGRINYA, Francesc; TARRAGÓ, Salvador (eds.) (1994): *Mostra Cerdà. Urbs i territori.* Catálogo de la exposición, septiembre de 1994-enero de 1995. Barcelona: Electa, pp. 225-254.

11   CASASSAS, Lluís & CLUSA, Joaquim (1981): *L'organització territorial de Catalunya.* Barcelona: Fundació Jaume Bofill, (Temes Bàsics, 5); 326 p.

VI. LOS PRINCIPIOS DE INDEPENDENCIA Y SOCIABILIDAD Y SU APLICACIÓN: LA RURALIZACIÓN DE LO URBANO Y LA URBANIZACIÓN DE LO RURAL

1. La independencia parte de la vivienda: una mirada higiénica desde el cubo atmosférico

Cerdà parte de las concepciones higiénicas de la vivienda para llegar a la definición del concepto de independencia en el intervías, y preservar, en definitiva, un máximo de densidad. Higiene y movilidad, densidad y conexión a la movilidad y a los servicios estan en el centro del debate para un diseño óptimo de las ciudades.

Cerdà aprovecha la *Memoria del Anteproyecto de Ensanche de Barcelona* (MAEB) que acompañaba el *Plano topográfico de los alrededores de la ciudad* para formar el Proyecto de Ensanche de 1855 y la *Monografía de la clase obrera*[1] para elaborar una reflexión sistemática de las condiciones de vivienda, con el objetivo de definir las condiciones mínimas para asegurar la independencia. Cerdà parte de la búsqueda del modelo de vivienda que cumpla las mínimas condiciones higiénicas y de independencia del individuo, y que sea económicamente asequible (v. figs. 167-168).

En este proceso, hay tres momentos clave: la definición de la unidad mínima de vivienda, la unidad de vivienda que se articula con el intervías y la definición del intervías con unas condiciones mínimas de independencia. Es decir, aplicar la máxima de la TGU:

*"Independencia del individuo en el hogar
Independencia del hogar en la urbe"*

Para ello, toma como referencia la ciudad de Barcelona, donde analiza las condiciones de vivienda de la ciudad existente.

1.1. El cubo atmosférico como instrumento de referencia higiénico

Cuando Cerdà redacta la *Monografía estadística de la clase obrera* en 1856,[2] toma conciencia de las condiciones pésimas de la clase trabajadora y de la densidad elevada que sufre la ciudad de Barcelona. Cerdà tiene en mente elaborar una teoría de la urbanización, y su referencia será la ciudad de Barcelona como terreno de análisis. Cuando elabora el *Proyecto de Reforma y Ensanche de Barcelona* en 1859, ya dispone de los datos sobre la ciudad y de un primer inventario sobre las condiciones de la vivienda. Pero no es hasta más tarde, con ocasión del *Anteproyecto de Reforma interior de Madrid* de 1861, que elabora una metodología detallada de análisis, que posteriormente concretará para el caso de Barcelona y publicará en el segundo volumen de la *Teoría general de la urbanización*.

En 1861, opta por la metodología de cuantificar por separado los espacios de habitabilidad de los espacios de vialidad. Dos años más tarde, en 1863, empieza la redacción definitiva de la *Teoría general de la urbanización*, que publicará finalmente en 1867. Allí elabora una estadística exhaustiva de las condiciones de lo que él denomina *continente*, es decir, lo construido.

Desde una perspectiva higienista, su planteamiento consiste en correlacionar las condiciones de densidad con las estadísticas de mortalidad. En los gráficos de la figura 162, extraídos del segundo volumen de la TGU,[3] se puede observar el nivel de detalle que aporta.

Cerdà elabora una estadística urbana según la estructura de continente y contenido y sus relaciones. Formaliza el esquema habitabilidad-vialidad según el concepto vía-intervías, elemento central de su teoría, que analizamos en el capítulo anterior y que detallaremos más adelante. Como muestran Cabré y Muñoz, Cerdà busca una correlación entre la mortalidad y la densidad.[4]

En su primer análisis para la teorización de la construcción de ciudades, presenta el planteamiento siguiente:

"He debido, pues, empezar por ocuparme de la influencia que tienen sobre la salubridad de las poblaciones, el aire atmosférico, la luz solar, las aguas potables y la naturaleza de las localidades y del suelo sobre que hayan de fundarse; he tenido que

Figura 162. Figura 162. a) (arriba izquierda) Densidad de construcción en habitantes/ha; b)(arriba derecha) Niveles de mortalidad según las tasas de mortalidad general (1856-1865) y de mortalidad (1865). c) (abajo izquierda) Densidad de construcción en habitantes/ha; d) (abajo derecha) Niveles de mortalidad según las tasas de mortalidad general (1856-1865) y de mortalidad (1865).
Fuente: Cabré, A.; Muñoz, F. (1994).

establecer cómo deben entenderse, para las diversas clases de edificios, las condiciones de salubridad, moralidad y decencia, independencia y economía que nuestra civilización reclama para todos y cada uno de los ciudadanos, y, finalmente, he venido a hacer la distribución geométrica de las calles y de las manzanas cuidando de que el todo de la ciudad satisfaga las condiciones higiénicas y morales, en armonía con las económicas y políticas, con el fin de hacer realizable el proyecto." (TCC, p.116, § 10)

Para el análisis concreto de las condiciones de la vivienda, Cerdà se centra en el concepto de cubo atmosférico y el coste que tiene para cada familia, según sus condiciones económicas y según la ubicación de la vivienda, verificando si se cumplen las condiciones de igualdad:

"Cuando cada casa era habitada por una sola familia, bastaba apreciar su coste por totalidad y, según él, determinar el valor de la unidad cúbica de aire atmosférico como capital y su precio como rédito; pero, desde el momento que se introdujo la costumbre de vivir una o varias familias en cada piso, entonces fue indispensable saber el coste de las casas detalladamente por cada hogar, el cubo que encerraba cada uno de ellos, y determinar, en consecuencia, el rédito o alquiler que por unidad cúbica le correspondía. Calculando de esta manera es como se puede venir a obtener un precio unitario que esté en justa y equitativa relación con el gasto de construcción y la capacidad atmosférica, siendo por consiguiente más reducido cuanto más pequeñas son las variables que lo determinan." (TCC, p.116, § 229)

Cerdà remarca que las condiciones de la vivienda y sus precios están al servicio de los intereses de los propietarios, y no de los inquilinos, y que la Administración no se preocupa de preservar los derechos de los inquilinos, en una tendencia natural al establecimiento de monopolios inmobiliarios:

"Toda la protección está de parte de los propietarios de los terrenos; toda la tolerancia, en favor de los constructores; pero ninguna consideración, ninguna protección en pro del inquilino. La Administración no se cura siquiera de que las habitaciones tengan la capacidad y la salubridad necesarias, ni mucho menos de que los alquileres se distribuyan con la equidad y justicia que corresponde. Invocando el principio del libre uso de la propiedad, tolera el abuso de ella con notorio daño de tercero, y, proclamando el principio de que el precio corriente y equitativo de los alquileres solo deben determinarlo los gastos de producción combinados con la oferta y la demanda, olvida que esta fórmula económica solo puede tener aplicación cuando va a acompañada de la libre concurrencia, pero que conduce al más evidente absurdo siempre que exista el monopolio de los recintos." (TCC, p.176, § 230)

Para Cerdà, una de las causas de todos los males es la existencia de un recinto amurallado. Según él, solamente en el marco de una ciudad ilimitada, es posible construir una urbe en la cual se cumplan las condiciones higiénicas y que sea accesible para los obreros. En un análisis que adquiere plena actualidad, defiende que el derecho a la propiedad ha de quedar matizado por la obligación de que deben proporcionarse unas condiciones higiénicas mínimas:

"Todo nuestro edificio social, tal como se halla constituido, reposa sobre la base de la propiedad. El libre uso de ella, como el de todos los demás derechos, es indefinido e ilimitado, mientras no redunde en daño de tercero; pero, llegando este caso, la propiedad es una usurpación y la libertad, una licencia. De ahí las restricciones que todas las ordenanzas municipales

ponen al uso de la propiedad. Si es en el ramo de subsistencias, no se permite la expendición de las que están averiadas porque hay en ello daño de tercero; si se trata del establecimiento o ejercicio de determinadas industrias que pueden ser insalubres, peligrosas o incómodas, se las sujeta también a reglas determinadas que pongan a los vecinos a salvo de estos inconvenientes, y, finalmente, si se trata de la policía sanitaria, hay también ciertas prescripciones que, si bien incompletas y mal observadas, están conformes en el fondo con los principios que acabamos de sentar. Pero, en lo que se observa la aberración más completa, el contrasentido más injustificable, es en lo tocante a la construcción de los edificios ordinarios, respecto de los cuales ni una sola palabra se dice acerca de su capacidad y distribución interior. Y no se crea que son de poca monta los males que este inmenso vacío, en el código de nuestra Administración municipal, acarrea a la humanidad. Por ello se ve está condenada, no a vivir, sino a morir lentamente bajo la acción destructora de las enfermedades, que son consiguientes a la falta de espacio, a la carencia de luz y a la acción de la humedad, combinadas todas con la privación del aire respirable necesario a nuestra economía." (TCC, p.259, § 520)

Es a partir de esta constatación que introducirá la medida del cubo atmosférico, como variable de referencia higiénica y el precio que se paga por él como la forma de control higiénico:

"La mayor parte de las casas que se construyen hoy día en Barcelona tienen una distribución y una capacidad tales que apenas dejan a sus moradores una cuarta parte del aire atmosférico necesario para la respiración. Cada casa, cada piso, cada habitación son otros tantos focos de vapores más o menos fétidos. El aire se halla escaso y viciado en todas partes y, sin embargo, se paga el derecho de respirarlo con un inquilinato verdaderamente fabuloso, debido al enorme precio que, por haber estado murada la población, se ha dado indebidamente a los solares. De ahí esa mortalidad relativa tan asombrosa, si se compara con la de otras ciudades; de ahí las frecuentes epidemias, y de ahí, por fin, ese incesante malestar que tiene en continua agitación la ciudad y en incesante alarma al Gobierno." (TCC, p.259, § 520)

Por todo ello, considera que un elemento central de la urbanización es el control de las condiciones mínimas de vivienda que se deben satisfacer en cualquier ciudad y, por tanto, que cabe reivindicar un derecho a la vivienda frente al derecho a la propiedad:

"Desengañémonos de una vez para siempre y confesemos paladinamente que no puede dejar de continuar el mismo aflictivo orden de cosas mientras, dejando a un lado ineficaces paliativos, no se eliminen por completo las causas que lo producen y que están principalmente subordinadas al monopolio de la edificación limitada que ha subsistido hasta el día y que, según parece, se quiere perpetuar por los siglos de los siglos. Se tiene especial cuidado en el cultivo de un jardín botánico, procurando con el mayor esmero que cada planta tenga el sol, la luz, la humedad, el aire, la exposición, la temperatura y demás condiciones que son necesarias a su existencia; en un jardín zoológico, a cada animal se le concede una habitación bastante capaz y acondicionada cual corresponde, sin escatimarle su primer alimento, que es el aire, y, sin embargo, al hombre, al más grande y más perfecto de los seres de la creación, nuestra financiera sociedad se lo regatea todo, hasta el aire que es la vida. Semejantes inconvenientes pueden y deben evitarse en la nueva edificación porque, si es incontestable el derecho de la Administración en impedir que un abastecedor de subsistencias venda ni use para sí las de su propiedad cuando por estar averiadas puedan perjudicar al prójimo, si así mismo es admitido y fuera de toda duda que igual derecho existe para impedir al que profesa una industria su ejercicio en puntos que puedan incomodar, afectar la salud o poner en riesgo la vida de los vecinos, ¿cómo se puede negar, en toda sociedad bien organizada, que la Administración tiene el mismo derecho e igual deber para impedir que se edifiquen y alquilen casas que la ilustración de nuestra época rechaza como eminentemente insalubres? ¿Será acaso porque estos daños sean de menor monta y de menos trascendencia que aquellos? Seguramente que no: la única diferencia que entre todos ellos existe es que estos últimos son mucho más mortíferos. Ténganlo, pues, muy en cuenta el Gobierno y la Administración, no lo pierdan de vista los hombres de arte y de ciencia que sean llamados a asesorarles, y que triunfe de una vez la causa de la humanidad sobre la del monopolio que, bajo cualquier concepto, trate de explotarla." (TCC, p.259, § 520)

Este planteamiento es de plena actualidad, cuando las condiciones de la vivienda y el coste que se paga por ella son dos elementos centrales de la calidad de vida de los ciudadanos, y en consecuencia, de la calidad de la urbanización.

1.2. Análisis de la funcionomía del sistema urbano como articulación entre continente y contenido, y su aplicación según el cubo atmosférico

Para el ejercicio de estos derechos, Cerdà sugiere la necesidad de construir una metodología basada en un análisis detallado de la ciudad "construida" (continente) y la ciudad "habitada" (contenido). El esquema de análisis que propone en el segundo volumen de la TGU consiste en valorar inicialmente la esencia del continente a través de una medición de las condiciones físicas del sistema viario y del sistema interviario. Y, a continuación, analizar la existencia del contenido, es decir, las características de la población, primero considerada en sí misma y, a continuación, con relación al continente. Para ello, analiza sus condiciones respecto de la planta y del alzado. Finalmente, a través de un análisis económico, estudia tanto la valía del continente como los gravámenes del contenido. A partir de esta estructura de análisis, vamos a extraer las conclusiones más significativas deducidas por Cerdà.

Estudio de la esencia del continente en cuanto al sistema viario

Cerdà analiza el número y el desarrollo de cada clase de vía. Para ello, clasifica las vías en:

— pedestres (cul de sac y pasajes)
— carriles (sin reatas)
— carreteras (sin reatas y con reatas)[5]

Presenta los resultados a través del cálculo de la anchura de vía y la superficie viaria para cada tipología de vía (v. fig. 163).

Estudio de la esencia del continente en cuanto al sistema interviario

Cerdà analiza los intervías conforme a la clasificación siguiente:

— Intervías sin edificios propios de la Administración:
  • jardines
  • jardincillos
  • plazas-nudos
— Intervías con edificios:
  • de la Administración
  • de particulares
  • de la Administración y de particulares en conjunto

NÚMERO Y LATITUD DE CADA CLASE DE VÍAS, ASÍ DE LA URBE MATRIZ COMO DEL SUBURBIO MARÍTIMO.

		NÚMERO DE			ANCHURA MEDIA, EN METROS DE LAS		
		calles.	plazas.	total.	calles.	plazas.	total.
EN LA URBE MATRIZ.							
Calles y plazas pedestres...............	Impasos. .	30	1	31	3'14	31'00	4'25
	Pasages...	14	1	15	3'81	56'00	6'93
Calles y plazas carriles..	Sin reatas.	94	5	99	3'87	13'90	3'98
Calles y plazas carreteras...............	Sin reatas.	289	32	321	5'42	22'67	6'34
	Con reatas	13	3	16	26'21	74'77	30'39
Totales..........		440	42	482	6'30	30'40	7'38
EN EL SUBURBIO MARÍTIMO.							
Calles y plazas carreteras.........		46	2	48	7'160	54'887	7'604

NÚMERO Y SUPERFICIE DE CADA CLASE DE VIAS, ASÍ DE LA URBE MATRIZ COMO DEL SUBURBIO MARÍTIMO.

		NÚMERO DE			SUPERFICIE EN METROS DE		
		calles.	plazas.	total.	calles.	plazas.	total.
EN LA URBE MATRIZ.							
Calles y plazas pedestres...............	Impasos,..	30	1	31	2.948'60	1.209'00	4.157'60
	Pasages...	14	1	15	5.040'50	4.704'00	9.744'50
Calles y plazas carriles......	Sin reatas.	94	5	99	50.715'30	2.169'00	52.884'30
Calles y plazas carreteras..	Sin reatas.	289	32	321	163.734'75	38.641'40	202.376'15
	Con reatas	13	3	16	85.078'45	22.859'00	107.937'45
Totales.......... .		440	42	482	307.517'60	69 582'40	377.100'00
EN EL SUBURBIO MARÍTIMO.							
Calles y plazas carreteras........		46	2	48	81.519'50	5.873'00	87.392'50

Figura 163. Estudio de la esencia del continente en cuanto al sistema viario.
Fuente: TGU, vol. II, p. 550

Para los edificios, considera la clasificación siguiente:

– De la Administración:
  • templos
  • edificios especiales
  • plazas-mercados
– De los particulares (caracterizados según el número de plantas y habitaciones)

Para cada uno de ellos, calcula los intervías por término medio (v. fig. 164):

– Del análisis del continente, deduce que las cualidades características de las vías, tanto de la urbe matriz como del suburbio marítimo (barrio de la Barceloneta), tienen:
  • una latitud insuficiente
  • una superficie mezquina
  • un desarrollo longitudinal excesivo

– De ello, deduce dos corolarios:
  • la imposibilidad de conservar el suelo en buen estado de vialidad y limpieza;
  • la imposibilidad de realizar las mejoras y reformas necesarias.

Con respecto a las cualidades características de los intervías, Cerdà extrae las conclusiones siguientes:

– Para los edificios de la Administración:
  • los que se hallan escuetos y sin edificación son pocos en número, irregulares en su configuración y exiguos en su superficie;
  • los edificados también son en número escaso, de formas irregulares y de superficie mezquina.

– Para los edificios de particulares solamente, y de particulares en conjunto con la Administración, destaca lo siguiente:

• en su planta, son de irregularidad extrema, como producto del particularismo, e insuficientes para la población a que están destinados, a consecuencia de su reducida extensión superficial, debida principalmente a la trituración abusiva efectuada por el interés privado que, ahora como siempre y en esta como en todas las cosas, ha procurado sacar el mayor partido posible;
• en sus edificaciones particulares, son conglomerados, opacos, estratificados, comunistas, caros e insalubres;
• la mayor parte de los templos y demás edificios públicos no se encuentran completamente aislados.

Análisis de la existencia del contenido considerado en sí mismo, es decir, la población

Cerdà considera las variables siguientes:

– nacimientos
– mortalidad
– vida media general de los habitantes.

1.3. La correlación entre continente y contenido a través de las variables de nivel económico, higiene y mortalidad

Una vez analizados y caracterizados tanto el continente como el contenido, Cerdà analiza las correlaciones entre ellos.

Análisis del contenido con respecto al continente

Para ello, considera dos escenarios: la planta y el alzado. Del análisis de la planta, elabora un primer análisis por barrios. De este análisis, demuestra que, para superficies específicas próximamente iguales, la mortalidad mínima, la media y la máxima de la urbe corresponden principalmente

	EN LA URBE MATRIZ.		EN EL SUBURBIO MARÍTIMO	
	Número.	*Superficie.*	*Número.*	*Superficie.*
C — INTERVÍAS SIN EDIFICIOS, PROPIOS DE LA ADMINISTRACION.				
Jardines (el llamado general).............	1	5.993'900	»	»
Jardinillos............................	2	8.256'500	»	»
Plazas-nudos......	24	53.091'100	2	5.873'000
Totales...........	27	67.341'500	2	5.873'000
Intervías-promedio.....................	»	2.494'129	»	2.936'500
2C — INTERVÍAS CON EDIFICIOS.				
D — De la Administracion.				
Templos...............	4	18.974'300	»	»
Edificios especiales..............	13	31.537'500	2	9.233'000
Plazas-mercados.................	2	4.850'000	»	»
Sumas............	19	55.361'800	2	9.233'000
Intervías-promedio..................	»	2.913'780	»	4.616'500
2 D — De particulares.				
Con casas de habitacion......... .	337	932.063'100	103	76.116'840
Intervías-promedio	»	2.854'786	»	738'998
3 D — De la Administracion y de particulares en conjunto.....	54	»	3	»
Templos.........................	»	104.771'500	»	1.015'200
Edificios especiales......	»	139.454'000	»	23.199'300
Casas de habitacion..............	»	309.961'200	»	19.630'800
Sumas............	54	554.186'700	3	43.845'300
Intervías-promedio	»	10.262'716	»	14.615'100
4 D — Resúmen de los intervías con edificios				
De la Administracion.	19	55.361'800	2	9.233'000
De particulares..................	337	932.063'100	103	76.116'840
De la Administracion y de particulares en conjunto...........	54	554.186'700	3	43.845'300
Totales............	410	1.571.611'600	103	129.195'140
Intervías-promedio.................	»	3.833'199	»	1.196'251

Figura 164. Estudio de la esencia del continente en cuanto al sistema interviario.
Fuente: TGU, vol. II, p. 550

a

CLASIFICACION DE		Cuantia de la capacidad, en metros.	Valia ó alquiler, en reales.	ALQUILERES QUE RESULTAN PARA CADA COLUMNA PRECEDENTE.			
las casas.	los pisos.			Tiendas y Entresuelos.		Pisos primeros.	
				Alquileres.	Diferencias	Alquileres.	Diferencias
EN LA URBE MATRIZ.							
1.ª	Tiendas y entresuelos...........	736'847	9.134	»	»	7.632	1.502
	Pisos primeros................	803'852	8.326	9.964	—1.638	»	»
	Pisos segundos................	795'901	8.100	9 135	—1.035	7.633	467
	Pisos terceros................	668'723	7.920	8.290	— 370	6.926	994
	Pisos cuartos.............., ..	537'700	7.634	6.665	969	5 569	2.065
	Totales.......	3.484'023	41.114	43.188	—2.074	36.086	5.028
2.ª	Tiendas y entresuelos...........	556'075	6.850	»	»	5.737	1.113
	Pisos primeros	604'188	6.234	7 443	—1.209	»	»
	Pisos segundos................	546'693	6.024	6.734	— 710	5.641	383
	Pisos terceros................	496'113	5.796	6.111	— 375	5.119	617
	Psos cuartos..	425'617	5.558	5.243	315	4.391	1.167
	Totales.......	2.628'686	30.402	32.381	—1.979	27.122	3.280
3.ª	Tiendas y entresuelos...........	244'647	3.439	»	»	2.692	747
	Pisos primeros................	288'734	3.178	4.059	— 881	»	»
	Pisos segundos................	263'970	3.108	3.710	— 602	2.905	203
	Pisos terceros................	239'548	2.883	3.367	— 484	2.637	246
	Pisos cuartos..	205'509	2.784	2.889	— 105	2.262	522
	Totales.......	1.242'408	15.392	17.464	—2.072	13.674	1.718
4.ª	Tiendas y entresuelos...........	238 196	3.439	»	»	2.661	778
	Pisos primeros................	284'465	3.178	4.107	— 929	»	»
	Pisos segundos................	260'068	3.108	3 755	— 647	2.905	203
	Pisos terceros................	236'006	2.883	3.407	— 524	2.637	246
	Pisos cuartos................	202'471	2 784	2.923	— 139	2.262	522
	Totales.......	1.221'206	15.392	17.631	—2.239	13.643	1.749
EN EL SUBURBIO MARÍTIMO.							
1.ª	Tiendas.......................	145'846	900	»	»	722	178
	Pisos primeros con una sala y alcoba.........................	152'650	756	942	— 186	»	»
	Pisos segundos con una sala y alcoba.........................	152'650	624	942	— 318	756	— 132
	Totales.......	451'146	2.280	2.784	— 504	2.234	46
2.ª	Tiendas., ...	145'846	900	»	»	726	174
	Pisos primeros con dos salas y alcobas........................	151'840	756	937	— 181	»	»
	Pisos segundos con dos salas y alcobas........................	151'840	624	937	— 313	756	— 132
	Totales.......	449'526	2.280	2.774	— 494	2.238	42

Figura 165. Gravámenes del contenido. Indicadores específicos de los principales gravámenes del contenido en lo que se refiere al continente interviario.
Fuente: TGU, Vol.II, p.550.

b

Pisos segundos.		Pisos terceros.		Pisos cuartos.		Toda la casa.		Alquiler práctico por metro cúbico.	Escesos sobre el alquiler mínimo, por	
Alquileres.	Diferencias	Alquileres.	Diferencias	Alquileres.	Diferencias	Alquileres.	Diferencias		metro cúbico.	Totalidad
8 099	1.035	8.727	407	10.461	—1.327	8.695	439	12'396	2'039	1.502
8.836	— 510	9.520	—1.194	11.413	—3.067	9.486	—1.160	10'357	»	
»	»	8.727	— 627	10.462	—2.362	8.696	— 596	10'992	0'635	467
7.351	569	»	»	9.494	—1.574	7.891	29	11'844	1'487	994
5.910	1.724	6.368	1.263	»	»	6.346	1.288	14'197	3'840	2.065
38.296	2.818	41.262	— 148	49.464	—8.350	»	»	11'800	1'443	5.028
6.127	723	6.429	421	7.261	— 411	6.431	419	12'319	2'002	1.113
6.657	— 423	6.985	— 751	7.890	—1.656	6.988	— 754	10'317	»	
»	»	6.321	— 297	7.139	—1.115	6.323	— 299	11'019	0'702	383
5.467	269	»	»	6.479	— 743	5.738	— 2	11'562	1'245	617
4.690	868	4.921	637	»	»	4.922	636	13'059	2'742	1.167
28.965	1.437	30.392	10	34.327	—3.925	»	»	11'565	1'248	3.280
2.880	559	2.944	495	3.314	125	3.031	408	14'057	3'051	747
3.400	— 222	3.475	— 297	3.911	— 733	3.577	— 399	11'006	»	
»	»	3.177	— 69	3.576	— 468	3 270	— 162	11'774	0'768	203
2.820	63	»	»	3.245	— 362	2.988	— 85	12'035	1'029	246
2.420	364	2.473	311	»	»	2.546	238	13'547	2'541	522
14.628	764	14.952	440	16.830	—1.438	»	»	12'389	1'383	1.718
2.846	593	2.910	529	3 275	164	3.002	437	14'437	3'266	778
3.400	— 222	3.475	— 297	3.911	— 733	3.585	— 407	11'171	»	
»	»	3.177	— 69	3 576	— 468	3.278	— 170	11'951	0'780	203
2.820	63	»	»	3.245	— 362	2.975	— 92	12'216	1'045	246
2.420	364	2.473	311	»	»	2.552	232	13'750	2'579	522
14.504	798	14.918	474	16.791	—1.399	»	»	12'604	1'433	1.749
596	304	»	»	»	»	736	164	6'171	2'084	304
624	132	»	»	»	»	772	— 16	4'952	0'865	132
»	»	»	»	»	»	772	— 148	4'087	»	»
1.844	436	»	»	»	»	»	»	5'054	0'967	436
599	301	»	»	»	»	740	160	6'171	2'062	301
624	132	»	»	»	»	770	— 14	4'979	0'870	132
»	»	»	»	»	»	770	— 146	4'109	»	»
1.847	433	»	»	»	»	»	»	5'072	0'963	433

a una clasificación análoga de sus habitantes, realizada con respecto a su posición social. Por otra parte, para superficies desiguales, demuestra que, a medida que va disminuyendo la superficie urbana que toca por habitante, va aumentando la mortalidad de la población.

Análisis de la existencia del contenido con respecto al continente, en su alzado.

Para ello, toma en consideración los paramentos y los estratos. Para los paramentos, demuestra la existencia de una ley diferente a la cual están sujetos los habitantes de las casas que los forman con respecto a su mortalidad, cuando se las compara según si están:

— Entre dos o más calles:
  • según su orientación o rumbo
  • según su anchura
  • según si son centrales o perimetrales
  • según la distancia a que estén del centro de la actividad urbana
  • según la elevación de los edificios

— En una misma calle sencilla, o trascendental y compleja, de un extremo a otro

— En calles sencillas

— En calles trascendentales y complejas de una a otra acera y en toda clase de calles

— Cuando, en las manzanas, no hay grandes jardines interiores y sus paramentos exteriores tienen las exposiciones:
  • norte y sur
  • este y oeste
  • noreste y suroeste
  • noroeste y sureste

— Cuando las manzanas dan por su envés al campo libre, o tienen en su interior grandes jardines que modifican, con la exposición posterior de los edificios, los efectos de la exterior.

— En todo el recinto, según se trate de calles centrales o extremas.

— Por estratos de toda la urbe y suburbios, demostrada por la diferente ley de mortalidad que pesa sobre sus moradores, según sea el orden de los pisos en que habiten.

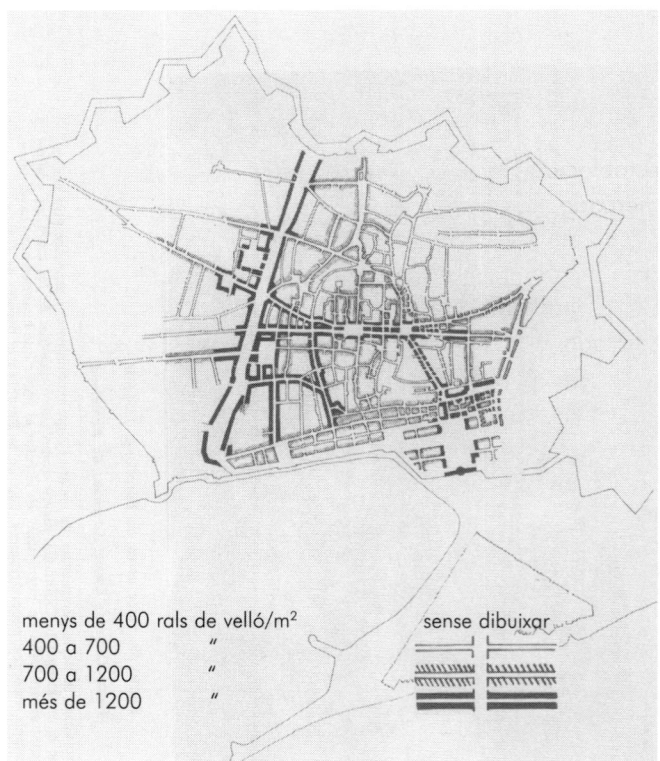

menys de 400 rals de velló/m²
400 a 700   "
700 a 1200   "
més de 1200   "

sense dibuixar

Figura 166. Grafiado de los valores por m² de las viviendas según la encuesta publicada por Cerdà en el segundo volumen de la TGU.
Fuente: Garcia Espuche, A. (1988): Espai i societat a la Barcelona preindustrial.

Eso es, de dos maneras diferentes, hace que las cifras muestren dos tipos de causalidades diferentes: la de la posición social de los habitantes y la del espacio disponible (o inversa de la densidad).

Análisis de la valía del continente

Cerdà calcula el precio medio de los solares y de los alquileres anuales o la renta en bruto que producen las clases de 1ª, 2ª y 3ª, según las calles en que se hallan situadas. Del análisis de los gravámenes del contenido, Cerdà deduce la indicación específica de los principales gravámenes en lo que se refiere al continente interviario, o sea, a las habitaciones que lo integran. Según él, los gravámenes vienen expresados por la cuantía de la habitabilidad, determinada por el cubo atmosférico, así como por la valía o alquiler anual de esta en reales, establecido para los distintos pisos según las leyes del mercado.

Cerdà realiza un análisis por clases sociales, así como un análisis económico de los alquileres (v. fig.165). De la comparación de ambas cantidades con el volumen de cada uno de los demás pisos, y del análisis de la discordancia que resulta de esta comparación para los alquileres totales y para los unitarios, Cerdà deduce que los pisos superiores y las tiendas pagan más por metro cúbico de aire que los primeros:

"Pero, habiendo, por ejemplo, cinco clases de pisos que constan, cada uno de ellos, de un número próximamente igual, y no existiendo la misma relación de igualdad en el número de las clases que se debe considerar dividida la población, como tampoco en el de individuos que la componen y mucho menos en su fortuna respectiva, claro es que las clases que más abundan, que son el comercio de tiendas y el proletariado, han de pagar alquileres más crecidos que las demás, y eso es precisamente lo que

se verifica con las tiendas y con los cuartos pisos. Esta explicación, que podrá ser muy conforme con las teorías económicas, se halla en la más abierta contradicción con los principios de equidad y justicia que hemos sentado anteriormente. Y esta contradicción es tanto mayor cuanto más grande es y más en progreso se halla una población." (TCC, p.176, § 229)

Finalmente, observa que las características de los lugares no son solo una causa potencial de muerte, sino también un filtro que selecciona a los habitantes de determinadas maneras y que también influye sobre los niveles de mortalidad.

1.4. Las condiciones de higiene, densidad y mortalidad de la vivienda asociadas al concepto de independencia

Cerdà parte de la definición de una vivienda que sea asequible en los precios de los alquileres para los ciudadanos y que cumpla las condiciones higiénicas, representadas en su época por el cubo de aire respirable por habitante, y que además corresponda a una vivienda por familia. Cerdà espera que la ciudad ilimitada permita preservar estos principios y no suceda como en la ciudad antigua de Barcelona, donde los cuartos pisos pagan más caro el metro cúbico que los principales.

Tras revisar las viviendas que se construyen en Barcelona y analizar las condiciones de la clase obrera, observa que las familias obreras encuentran dificultades en poder pagar un alquiler de una vivienda en condiciones higiénicas.

Por todo ello, plantea unos criterios que le permitirán avanzar en la mejora de la calidad de la vivienda. Cerdà propone realizar el análisis de la vivienda en función de cuatro criterios:

— **Higiénico**: *"suministrar a cada persona la cantidad suficiente de aire respirable"* (TCC, p.335, § 899)

— **Social**: *"que cada casa sirva para una sola familia"* (TCC, p.352, § 1021)

— **Económico**: *"determinar la casa mínima en condiciones, sin augmentar los precios de los alquileres"* (TCC, p.333, § 893)

— **Político**: *"que la construcción de una vivienda represente el menor capital posible para que su compra o adquisición sea posible a la gente de menos recursos, aumentando el número de propietarios y, por tanto, aumentando las garantías de tranquilidad urbana y de orden público"* (TCC, p.333, § 893)

1.5. El principio de independencia del individuo en la vivienda lleva a Cerdà a una propuesta sobre la unidad mínima de vivienda

Sobre esta base, define la formalización del criterio de independencia para las distintas formas urbanas:

> *"Para los edificios que destinamos a la habitación de un gran número de familias (láminas. XV, XVI y XVII), el punto capital que hemos observado en el plan es la separación de los interiores, la independencia de cada familia y la distinción de sus apartamentos, de manera que se pueda prevenir en todos los casos la comunicación de las enfermedades contagiosas.*
>
> *Estas condiciones se hallan, a nuestro modo de ver, satisfechas en las casas que proponemos para las familias y para los solteros, por la supresión completa de las escaleras separadas y de las demás comunicaciones interiores entre los diversos pisos y por la adopción de una escalera común y abierta que conduce a galerías o corredores, dando por un lado a un espacioso patio y por el otro recibiendo las puertas exteriores de las habitaciones cuyas piezas están protegidas contra las corrientes del aire por un pequeño vestíbulo. Con un objeto de economía y por otros motivos que es inútil detallar aquí, hemos considerado estos edificios construidos por un conjunto de casas o habitaciones pareadas, pero procurando siempre prevenir en lo posible la comunicación, con frecuencia molesta, de dos familias distintas. Las puertas de entrada son completamente independientes. Las chimeneas están en el centro, porque su tubo dará, de este modo, el mayor calor que pueda desearse."* (MAEB, p.73, § 93)

Y, de una forma generalizada, lo establece en la TCC:

> *"En el hogar doméstico de todos los individuos que constituyen la familia, o la verdadera independencia individual de la vida privada, exige que, en el ensamblaje o reunión de todas las piezas que deben constituir la casa, se guarde el principio de agrupar aisladamente de todas las demás el conjunto de aquellas que hayan de servir para un solo individuo, de modo que cada uno tenga su superficie de terreno, su entrada, su vestíbulo independiente de los demás. De la misma manera, la independencia de una familia con respecto a las demás reclama, a su vez, que el ensamblaje de estos diversos grupos de uso individual con las demás piezas de servicio común para toda la familia vengan a constituir un segundo grupo complejo, que llamaremos la casa, el cual deberá tener su superficie, su capacidad atmosférica, su luz, su ventilación, sus vistas, su entrada, su vestíbulo, su escalera, su patio independiente, bajo todos los conceptos de cualquiera otra familia."* (TCC, p.333, § 886)

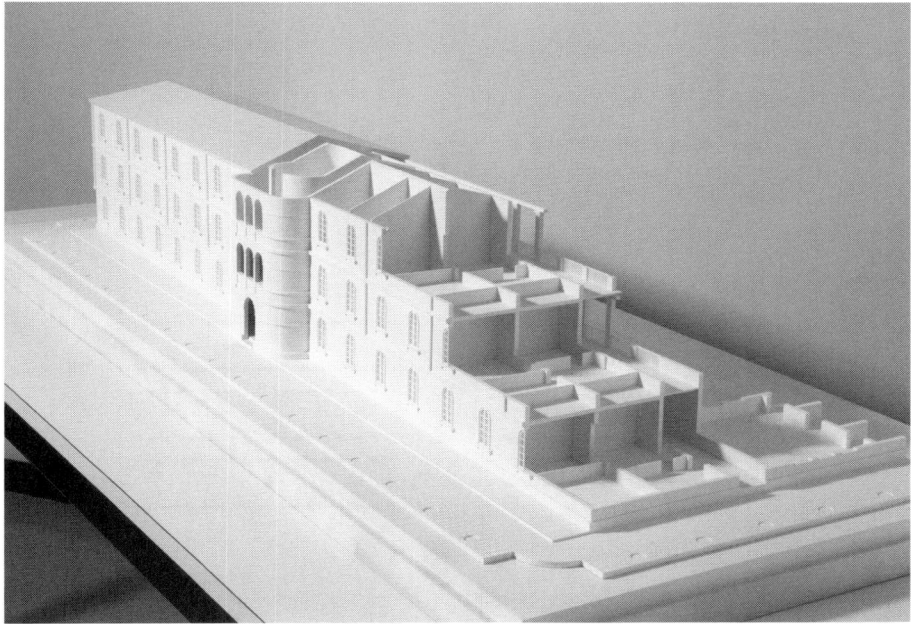

Figura 167. Modelos de vivienda obrera de tercer orden de Ildefons Cerdà (1855). Concepció: Francesc Magrinyà, Fernando Marzá. Realización: Taller de maquetas ETSAV-UPC. 2009. *Fuente: Fundació Urbs i Territori Ildefons Cerdà (FUTIC)*

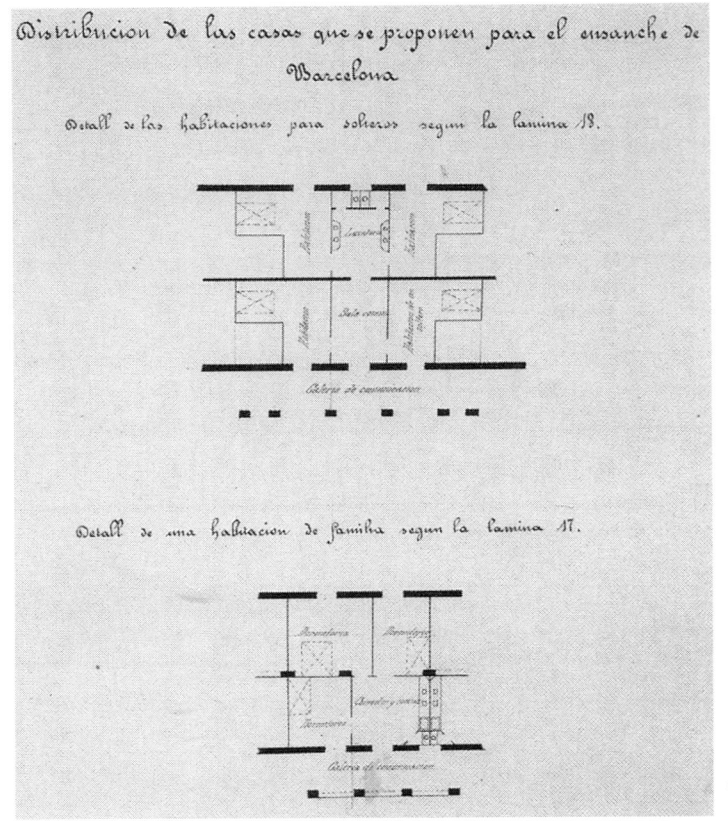

Figura 168. Detalles de las habitaciones para las viviendas obreras de 3.ʳ y 4.º orden de Cerdà que corresponde a una unidad mínima de habitación.
Fuente: Atlas del Anteproyecto de Ensanche de Barcelona, 1855

Figura 169. Esquema de la unidad mínima de vivienda de la unité d'habitation de Le Corbusier.
Fuente: https://athome201.com/wp-content/uploads/2015/03/unite-dhabitation_englishversion.pdf

168

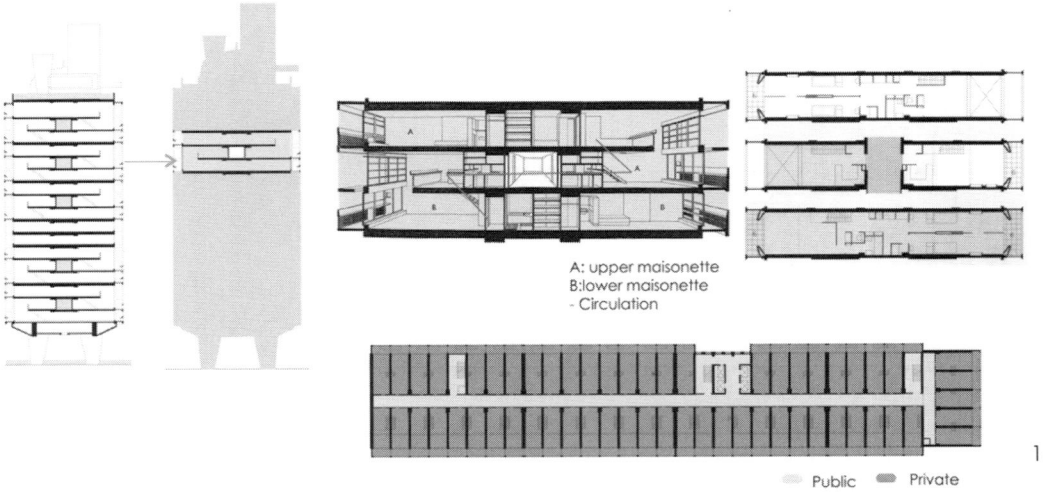

A: upper maisonette
B: lower maisonette
- Circulation

Public   Private

169

Para formalizar el principio de independencia, Cerdà busca definir la vivienda mínima para la clase obrera:

"Mejorando las viviendas de la clase obrera, procurándole mayores elementos de limpieza, de salubridad y de comodidad en su interior, se conseguirá elevar sus hábitos morales y se le enseñará que el medio de asegurar su independencia y el bienestar de sus familias es desarrollar las facultades de que ha sido dotada [...] y para ello es indispensable que el número y la capacidad de las diversas piezas que constituyen una habitación se hallen en relación con el número probable de personas que la deban ocupar y que tengan en ella la independencia y la separación convenientes a la diferencia de sexos y de estados." (MAEB, p.73, § 88-89)

Cerdà parte de referencias de ciudades obreras como Lille, Mulhouse y París (v. figs. 44 y 45) y diseña cuatro modelos de vivienda obrera cuyos sistemas comunes están compartidos. Los modelos de orden 3 y 4 (v. figs. 47 y 49, 167 y 168) tienen, además, el diseño de la unidad mínima de vivienda (v. fig. 168). El modelo de orden 3 es para una familia con dos hijos y consta de un módulo de 5 m × 5 m, en que hay tres dormitorios y una sala de estar con cocina (v. fig. 168). Los servicios compartidos son los baños, la escuela y unos depósitos de agua y combustible, así como una sala para el vigilante (v. figs. 47, 49 y 167).

El modelo de orden 4 es para los solteros y tiene, además de los equipamientos comunitarios del modelo 3, comedores, cocina y despensa y salas para limpiar la ropa (v. figs. 167 y 168). Este tipo de análisis y de propuestas se asemejan mucho a las desarrolladas por el Movimiento Moderno a principios del siglo XX y, en concreto, al ejemplo de la unidad de habitación de Le Corbusier (v. fig. 169).[6]

2. Hacia la formalización del concepto de independencia en el intervías a partir de la relación entre edificación y espacio abierto

A continuación, analizamos las bases que permiten construir el modelo de intervías con unas buenas condiciones de higiene e independencia, concretado en una buena articulación entre vivienda y manzana, y los fenómenos que limitan, en parte, los principios de independencia en el intervías. Es en la *Teoría de la vialidad urbana* de 1861, elaborada con ocasión del estudio de la reforma interior de Madrid, que Cerdà establece los principios y la metodología para cuantificar la preservación de la independencia de los intervías:

"Así es que, a fin de que la entidad manzana tenga todas las condiciones necesarias para subsistir por sí misma, de manera que le den cierta independencia y autonomía, debe tener precisamente un gran patio o, mejor, un jardín que la atraviese por el medio, separando completamente las construcciones de un lado de las del otro opuesto, el cual, siendo como ha de ser abierto por sus extremos, al paso que suministre a la parte habitada el aire puro que constantemente consume, servirá de canal de exportación del aire corrompido que las habitaciones expelen, sin necesidad de que vaya a infectar el aire de la vía pública." (TVU, p.161, § 904)

Lo central en el planteamiento de Cerdà, una vez definida la unidad mínima de habitación, es su capacidad de saltar de la escala de la vivienda a la escala del intervías. Se trata de formalizar un intervías que cumpla las condiciones de accesibilidad, unas viviendas que cumplan las condiciones higiénicas expresadas por la ratio de cubo atmosférico por habitante, la preservación del verde, y que aseguren un espacio para el campo de operaciones de la vivienda.

2.1. La relación entre el ser humano y la naturaleza siguiendo la influencia de Vitrubio

Cerdà define unas condiciones ambientales en lo que él denomina *campo de operaciones* de la casa, al utilizar la analogía entre casa y organismo, como hemos visto en el capítulo III. De hecho, plantea una relación explícita entre la urbanización y el medio ambiente:

"El suelo, ese medio resistente sobre el cual se agita en todos sentidos la humanidad, comparte con la atmósfera en que estamos sumergidos todas las condiciones que, para el desenvolvimiento y las manifestaciones de la vida, necesita nuestro organismo. Su naturaleza, su configuración, su estado, nunca indiferentes para el reino vegetal ni para el animal, ejercen en especial sobre el hombre una influencia muy marcada en los grandes centros urbanos donde la población se halla extremamente condensada." (TGU, p.300; § 808)

Esta mirada de un sistema con su entorno la plantea claramente con la vivienda y la focaliza en la preservación del cubo atmosférico:

"La capacidad de la vivienda, en la cuestión que nos ocupa, no significa una extensión simplemente superficial que refluya solo en la holgura del movimiento, sino que expresa el aire atmosférico disponible para la respiración, ese primer elemento de vida que el hombre ha menester, si no en un estado de completa y constante pureza, al menos de modo que no perjudique su delicado organismo, y que, si es viciado, vicia a su vez nuestra sangre y nuestros humores y llega a ocasionar la muerte, que no siempre es pronta, pero que, no por ser lenta, deja de ser más temible. He aquí cuánta es la importancia y la trascendencia que encierra la cuestión de la capacidad

de una vivienda, que nosotros, considerándola bajo su verdadero punto de vista, denominamos cubo atmosférico de la casa." (TGU, p.441; § 1219)

Pero su mirada va más allá de una visión estrictamente higiénica:

"Al propio tiempo, la luz que tan ardientemente anhelamos y que parece un elemento necesario a nuestra existencia, llega a fatigar nuestro espíritu y hasta a perjudicar nuestro órgano visual si es demasiado viva, o persevera por mucho tiempo, por cuya razón, después de algún tiempo de haber estado en plena luz, ora quebrantamos y templamos la viveza de sus rayos, ora vamos decididamente en busca de la oscuridad que aborrecíamos, y que pronto nos fastidiará de nuevo, obligándonos de nuevo a buscar la luz.

Un fenómeno análogo sucede respecto de la temperatura y de la ventilación. Una temperatura elevada enerva nuestras fuerzas, y esto nos obliga a ir en busca de otra más baja, y esta, a su vez, que también produce en nuestro organismo análogos efectos con su continuación, nos fuerza a procurarnos la elevada.

Lo mismo nos sucede con el viento, que alternativamente buscamos y eludimos. Estos son los contrastes de la vida.

Pues bien, a todos estos diversos contrastes, para procurarnos los cambios de situación que ellos requieren, están consagrados los vanos, así interiores como exteriores de la casa, armados de su correspondiente maderaje. En efecto, así como los macizos representan el aislamiento perpetuo y necesario, así los vanos con sus correspondientes valvas. Si la casa es para el hombre lo que la concha [es] para los testáceos, no debe ser reputada impropia; así los vanos, decimos, con sus valvas representan la comunicatividad con el mundo exterior, mas no una comu-

nicatividad permanente e inevitable, sino temporal, contingente, subordinada de una manera absoluta a la voluntad del morador." (TGU, p.443; § 1224)

Esta es una lectura ecológica de plena actualidad, por su mirada ambiental y de salud.[7] Será bueno analizar cómo es capaz de imponer inicialmente estas condiciones y hasta qué punto se preservan en el campo de operaciones de la casa y de los intervías.

2.2. La urbanización rurizada como ideal y como modelo de urbanización

La profundización del concepto de independencia llevará a Cerdà a formalizar el intervías como un objeto que permite el campo de operaciones de las viviendas con unas condiciones ambientales adecuadas:

"Para ejercer todas estas funciones, es indispensable que la casa tenga en torno suyo ese ámbito, que por eso hemos llamado campo de operaciones, puesto que no podrían ejercerse legalmente sobre el terreno del vecino; es de ahí que la casa de que vamos ocupándonos, que es la que reúne todas las condiciones conducentes al libre y desembarazado ejercicio de la vida urbana, se encuentra dotada de esa zona aisladora que garantiza y asegura dicho ejercicio." (TGU, p.412; § 1131)

Para su concreción, considera que el escenario en que la preservación de la independencia es máxima se encuentra en lo rural. El problema que tiene el ambiente rural es que las relaciones son limitadas:

"La estabilidad del labrador, el apego que tiene a su terreno, la sencillez de sus costumbres, hija así de la naturaleza de sus tareas como de la especie de aislamiento en que ellas le retienen, todo esto y otras

muchas consideraciones sociales que la alta filosofía nos subministraría, al ser esta ocasión oportuna para desenvolverlas, todo hace que la urbanización rural sea, como la asociación agrícola, un tipo que casi nos atreveríamos a llamar perfecto, así en el primer concepto como en el último. Si ese tipo se hubiese conservado en toda su pureza, es muy posible que la humanidad no hubiera progresado tanto; pero es al propio tiempo seguro que sus adelantos habrían sido muchísimo más sólidos, permanentes y eficaces." (TGU, p.97; § 197)

Pero, a su vez, asume que la facilitación de la sociabilidad asociada a la aglomeración de viviendas va a tener sus consecuencias en la independencia y que, por tanto, habrá que fijar unos límites.

Para Cerdà, en su origen, el intervías agrícola y, más tarde, la urbe de Babilonia (v. cap. V) disponían de unas condiciones favorables a la urbanización. Las civilizaciones guerreras, con sus murallas, habían generado procesos de concentración y conglomeración. Con la llegada de la civilización del vapor, del transporte y de la electricidad, era posible volver a la paz universal, de claras influencias sansimonianas, y desarrollar otra vez la urbanización rurizada. Pero, para ello, era necesario contener los procesos de yuxtaposición y superposición en los espacios intervíarios de las aglomeraciones, que abocaban a las condiciones nefastas de densidad, que Cerdà había encontrado en la Barcelona de mediados de siglo XIX como referencia de sus propuestas urbanísticas:

"La inconveniente yuxtaposición y, más aun, la repugnante superposición de viviendas no han sido, no pueden ser, producto de la naturaleza, sino efecto fatal de unas circunstancias especiales que obligaron violentamente a la humanidad a condensarse y amontonarse en estrechos recintos murados, donde, acrecentándose el número de familias, ora por el

natural crecimiento que llamaremos intususcepción, ora por agregaciones sucesivas venidas del exterior que podremos llamar conglomeración, y no siendo posible tomar mayor extensión superficial a causa de las compresoras murallas, la edificación, después de haberse condensado en el estrecho recinto de que podía disponer, subió hacia arriba, colocando pisos sobre pisos, viviendas sobre viviendas y familias sobre familias." (TGU, p.111; § 236)

Tras un repaso de las distintas civilizaciones y sus respectivas urbanizaciones (v. cap. V), Cerdà observa que el establecimiento de un sistema viario y de unos espacios interviarios adecuados se debe producir a todas las escalas. Al analizar el origen de la urbanización, ha observado que las condiciones adecuadas de la urbanización se encuentran en unas buenas condiciones de aislamiento y de relación para la edificación como elemento originario. En consecuencia, es allí donde se deben analizar las condiciones que preservan la dualidad aislamiento-relación:

"Alguna que otra vez, y como reminiscencia del aislamiento que originariamente han tenido todas las casas, o bien como restauración de esta sabia y nunca bien ponderada edificación rurizada, se ven solares con un patio en todo su alrededor, aplicado a jardín casi siempre, levantándose en medio la edificación, que tiene además en su interior los patios y patinejos convenientes. Es digno de notarse que esas favorabilísimas condiciones, que en tan alto grado garantizan la libertad y la independencia del hogar doméstico, se encuentren al presente, casi única y exclusivamente, o bien en los barrios más extremos, abandonados y pobres de las grandes urbes, y en edificaciones, por consiguiente, destinadas a gente miserable, o bien en grandes palacios destinados a viviendas de familias ricas y poderosas. En aquellos, es el resto de una urbanización que ha desaparecido;

en estos, son los primeros asomos de una urbanización nueva que ha de venir y vendrá, ya para devolver al hombre su dignidad, ya para responder a las necesidades de la nueva civilización, empujada por la electricidad y el vapor." (TGU, p.398; § 1087)

Es pues, según Cerdà, la civilización del vapor la que va a poner las bases para el desarrollo de la urbanización rurizada como nuevo modelo de urbanización integral en que la reforma y el ensanche de las urbes son los instrumentos a seguir para adaptar las urbes a las condiciones de la nueva civilización.

En la propuesta de Cerdà, hay un paso trascendental que es pasar de definir las condiciones de independencia de la vivienda a definir las condiciones de independencia del intervías como nueva unidad trascendental:

"Las ciudades deberán arreglarse bajo un plan general y una justa distribución. Cada familia ha de conservar, en este plan, un centro particular, que ha de ser ese santuario inviolable al cual hemos llamado casa, sin perjuicio de que haya también ciertos sitios y edificios de servicio común consagrados a las necesidades diversas de la vida social.
Deben asimismo las familias encontrar en las ciudades la misma independencia, la misma libertad relativa, la misma comodidad, la misma salubridad que hemos reclamado para los individuos en el hogar doméstico, en el seno de la familia.
Lo que para esta hemos llamado piezas independientes, piezas de servicio común, piezas de transmisión, jardines, etc., se llamará para la población que habita las ciudades, casas particulares, edificios públicos, calles, plazas y paseos, jardines públicos, etc.
Así, la primera condición que se ha de llenar en las ciudades es el aislamiento de las construcciones, y que la clase, el número, la capacidad y la situación

de todas ellas sean los más adecuados al objeto y a las necesidades que deben satisfacer.

Pero, ya que esto no puede conseguirse en el orden actual de las cosas, cuídese al menos de aproximarse a ello cuanto sea dable por medio de un sistema de manzanas abiertas por dos de sus lados, que sea, por decirlo así, una verdadera transición del actual sistema al de las casas completamente aisladas y rodeadas de jardines, que es en rigor el único admisible." (TCC, p.410, § 1481)

2.3. La opción por la cuadrícula como la trama que mejor define el intervías a partir de los principios de accesibilidad e igualdad

Cerdà defiende la cuadrícula por el principio de dar un acceso igualitario a la vialidad y por el principio higiénico de conseguir una edificación que cumpla unas condiciones aceptables de densidad, ventilación y asoleamiento. Veamos cómo justifica el sistema cuadriculado como el mejor. Cerdà parte de plantear los distintos sistemas posibles:

"Para realizar el principio filosófico que haya de predominar en el trazado, se le presentan al facultativo varios sistemas geométricos, tales son el radial y el anular, que vienen a ser los radicales de donde derivan directamente el rectangular y el cuadrangular." (TVU, p.129; § 654)

A continuación, se proclama claramente en contra del sistema radial:

"El sistema radial puro supone o, mejor, impone mayor actividad y mayor circulación en los centros de acción que en la periferia; así es que, a igualdad de superficie habitable, exige mayor superficie viable en aquellos que en esta, es decir, mayor anchura en las calles,

mayor número de plazas, y estas más holgadas, de suerte que vienen en dirección opuesta correspondería mayor anchura, a la manera que se ensancha el cauce de un río a cada riachuelo o rambla que a él confluye. Esta es la ley de la viabilidad a que no podría sustraerse impunemente el facultativo que adoptase el sistema radial puro en el trazado de una ciudad. Pues bien, de esta forma abocinada que a cada calle radial sería indispensable dar, resulta otra ventaja más a favor de los terrenos y manzanas del centro, en perjuicio de las de la periferia, ya que mientras aquellas, por tantos conceptos privilegiadas, tendrían calles anchas y holgadas, y sumamente concurridas por añadidura, estas las tendrían estrechas y, para colmo de desgracias, sumamente desiertas." (TVU, p.131; § 673)

De ello se deduce que apuesta por el sistema cuadricular o rectangular. En este punto, realiza las consideraciones siguientes sobre el sistema rectangular:

"El sistema rectangular, formado, como hemos dicho, por dos sistemas de líneas paralelas que se cortan normalmente, es aplicable cuando el lugar geométrico de acción es una recta, pues entonces los radios se convierten naturalmente en líneas paralelas, y sus trasversales también, con lo cual se viene a constituir con los dos sistemas, radial y anular, uno solo, que puede llamarse rectangular o cuadricular, según que los espacios limitados por las líneas en sus intersecciones formen rectángulos, como sucede en Nueva York, o cuadrados, como sucede en Buenos Aires.

El sistema rectangular no es más que un caso particular del cuadricular, pues, así como en el primero, dos de los lados opuestos tienen mayor longitud que los otros dos; acontece, en el segundo, que las manzanas limitadas por las calles son, en todos sus cuatro lados, iguales. Podría creerse que esta diferencia es simplemente accidental e insignificante, por

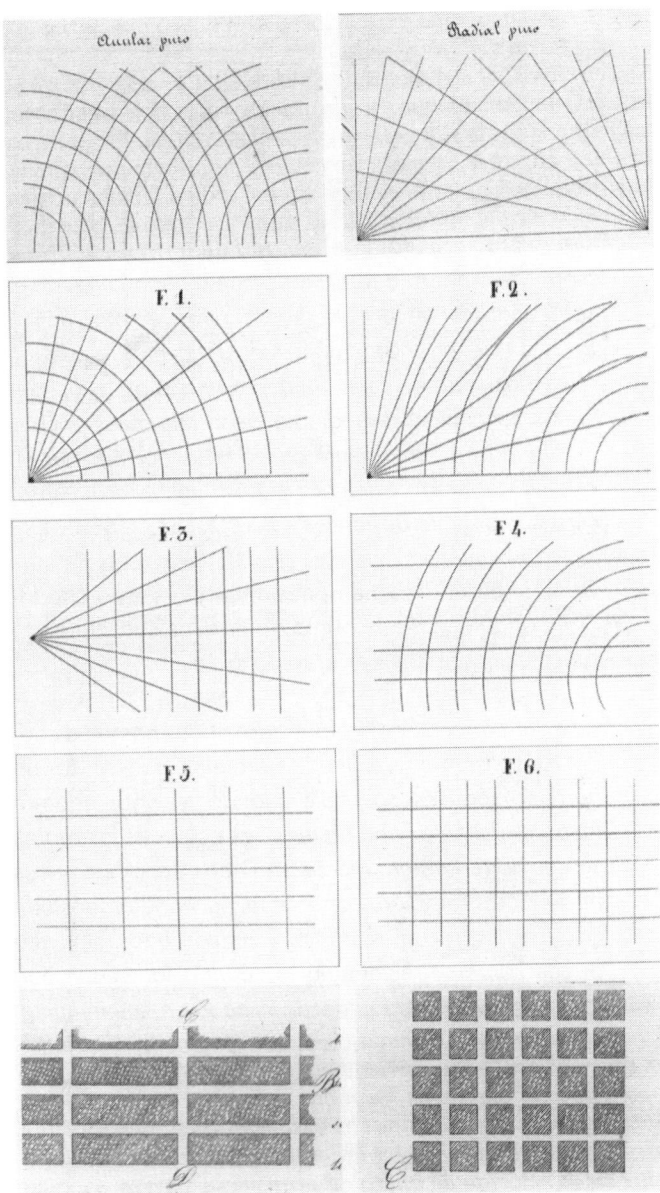

Figura 170. Justificación de la cuadrícula como el mejor sistema de trazado de un conjunto de vías de comunicación.
Fuente: Memoria de la Teoría de la vialidad urbana, 1861

demás, y que, por lo mismo, depende exclusivamente del capricho del facultativo adoptar indistintamente cualquiera de los dos sistemas, sin que la preferencia dada a cualquiera de los dos pueda afectar, en lo más mínimo, la manera de ser de la ciudad de cuyo emplazamiento se trate. Esta es, en efecto, la opinión de algunos, no siendo raro ver en poblaciones, aun en aquellas que han tenido la suerte de fundarse en tiempos modernos, establecido cualquiera de los dos sistemas, y aun mezclados y confundidos sin razón que explique ni motivo que justifique semejante proceder." (TVU, p.132; § 685-686)

En cualquier caso, defiende que siempre es mejor el sistema cuadricular que el rectangular:

"De todo lo dicho, se desprende que el sistema rectangular tiende y se acerca a satisfacer los sentimientos de equidad y justicia, noble distintivo de la época presente, al paso que el cuadricular es la justicia misma y la igualdad de derechos a cuya satisfacción debe aspirar todo facultativo que estudie el proyecto de edificación, reforma o ensanche de una población, y que la Administración debe, en lo posible, atender y secundar." (TVU, p.133; § 692)

No obstante, y para algunos contextos, defiende el caso rectangular, como es el caso de Manhattan, en Nueva York:

"No queremos decir con esto que sea necesario relegar y proscribir el sistema rectangular, y atenerse sola y exclusivamente en todos los casos al cuadricular. No profesamos ideas absolutas y creemos por lo mismo que, en cada caso que se presente, deben estudiarse todas las circunstancias que en él concurran, y escoger después el sistema más adecuado a dejar satisfechas las necesidades que aquellas crean. Tanto es así como que, a pesar de la repugnancia

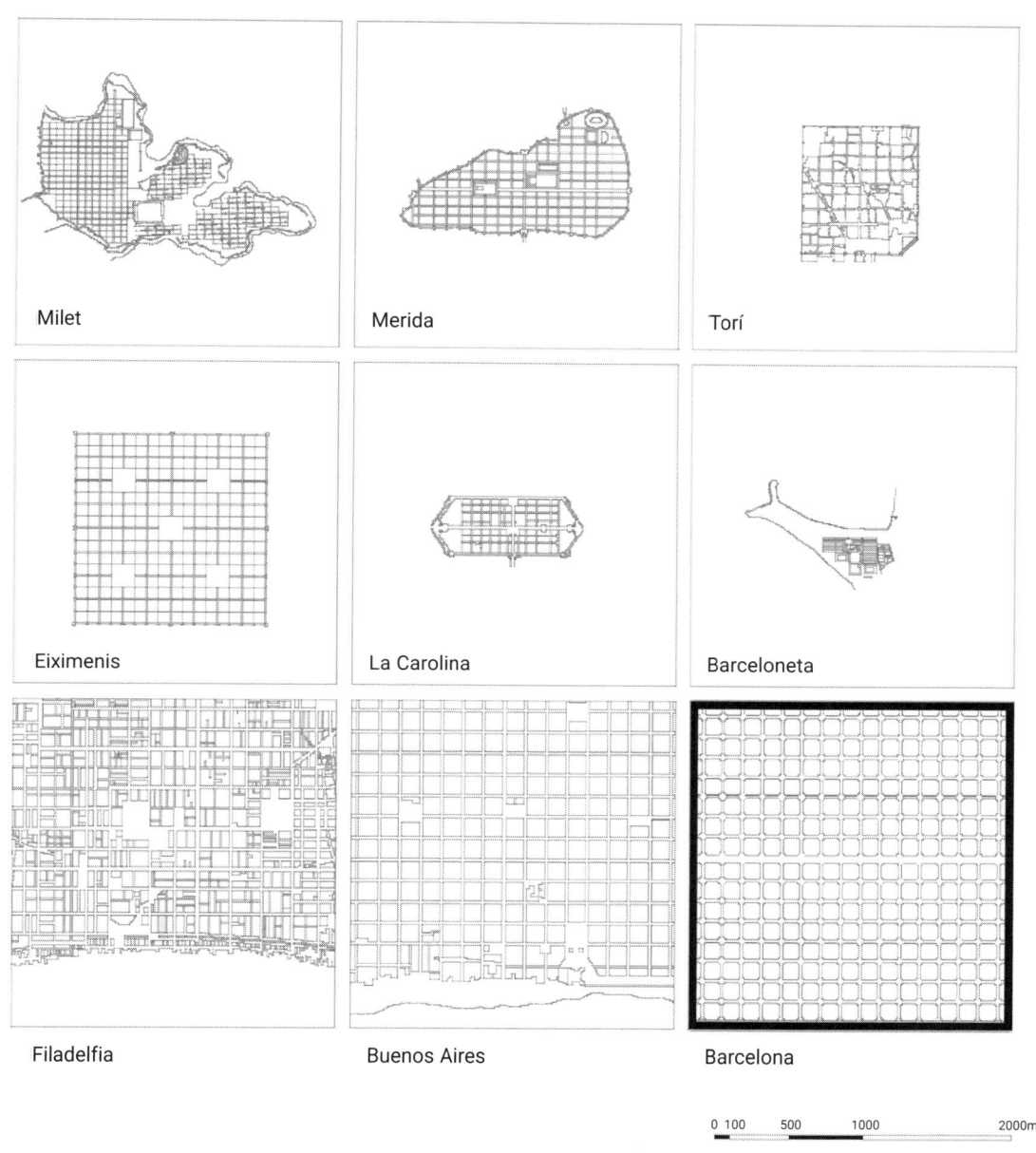

Milet

Merida

Torí

Eiximenis

La Carolina

Barceloneta

Filadelfia

Buenos Aires

Barcelona

0 100   500   1000   2000m

Figura 171. *Dibujo de comparación a la misma escala de diversas tramas de manzanas que Cerdà recoge: urbanización griega (Mileto); urbanización romana (Mérida); urbanización medieval que recoge la tradición romana en las ciudades de nueva fundación (Eiximenis); urbanización del siglo XVIII en ciudades de nueva fundación (La Carolina, Jaen).*
Fuente: Magrinyà & Marzá, 2009.

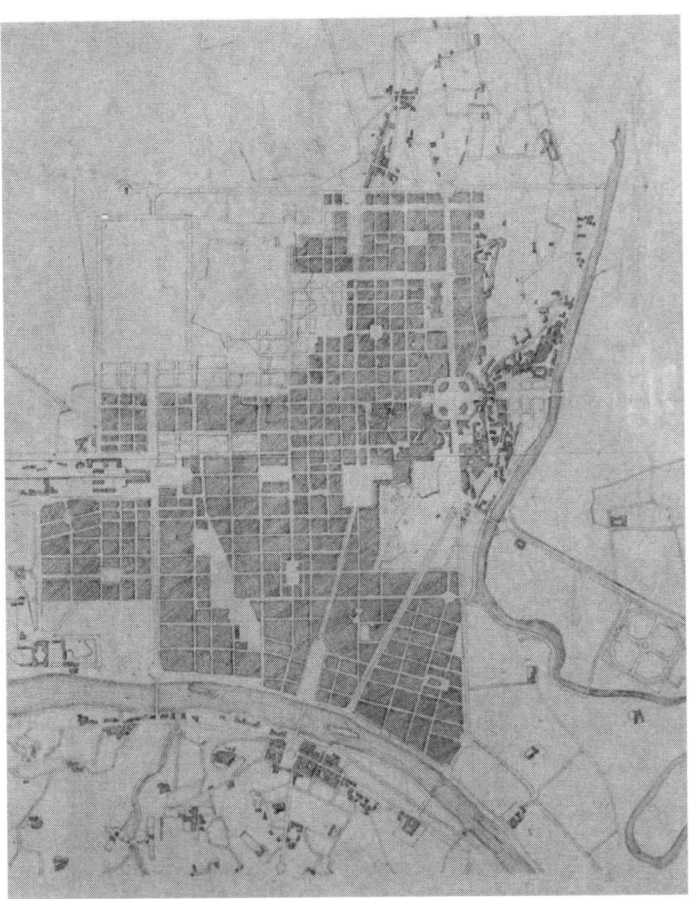

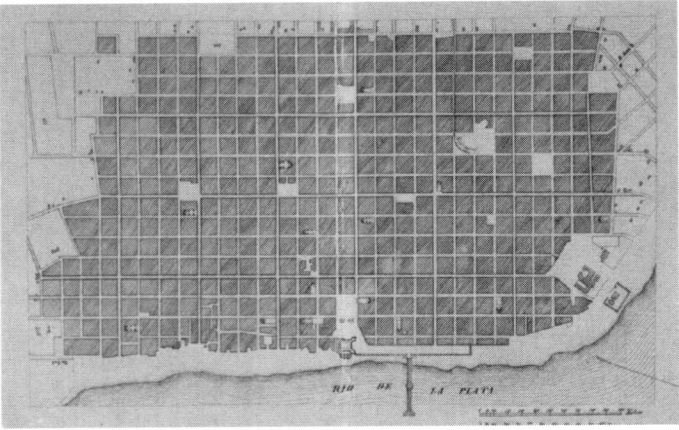

Figura 172. Ejemplos de manzanas cuadradas de las ciudades de Turín y Buenos Aires, y medidas de manzanas de diversas ciudades del mundo recogidas por Cerdà.
Fuente: Atlas de la Teoría de la construcción de ciudades, 1859

que nos causan por razón de las iniquidades que encierran los sistemas radial y anular, hemos indicado algún caso en que podría ser conveniente aplicarlos. Lo mismo, pues, diremos respecto del rectangular, y con muchísima más razón, ya que dista mucho de ser tan eminentemente injusto como lo son los dos mencionados, y las desigualdades que puede producir es muy posible que tengan un contrapeso suficiente en las ventajas que, por razón de disposiciones topográficas determinadas, haya de acarrear. Y esta no es una opinión simplemente especulativa; la práctica la ha confirmado de una manera asaz elocuente en el emplazamiento de la ciudad de Nueva York, donde el sistema rectangular ha sido aplicado en toda su pureza y rigorismo. ¿Y por qué? Por la situación topográfica de aquella localidad, porque aquella población está fundada sobre una lengua de tierra y tiene, por consiguiente, sus lugares geométricos de acción a uno y otro lado, de suerte que la mayor circulación ha de verificarse siempre desde uno a otro de estos lugares, lo cual exige que la viabilidad en este sentido se encuentre más libre de todo tropiezo e interrupción, razón por la cual se empleó ventajosamente el sistema rectangular, de manera que los lados mayores del rectángulo de cada manzana diesen frente a las calles de máxima viabilidad. Y nótese que las ventajas que este sistema acarrea a los lados mayores del rectángulo no son ni pueden considerarse como concedidas graciosa y arbitrariamente por el facultativo, sino que provienen de la misma naturaleza y posición del terreno." (TVU, p.133; § 693)

Cabe señalar que la cuadrícula como concepto no es nueva. El valor del Ensanche de Cerdà y su cuadrícula está en los criterios que la legitiman y en los parámetros que la caracterizan. La tradición de la cuadrícula es antigua. La introducción de las primeras cuadrículas la encontramos en las polis griegas (Mileto) y en las ciudades de colonización romana (Mérida). La experiencia romana es recogida en el período de reconquista de la península ibérica y, especialmente en el siglo XIII, con textos significativos como Las Partidas de Alfonso X el Sabio, de 1295, o el Dotzè llibre del crestià de Francesc Eiximenis, de 1385 (v. fig. 171). Con la reconquista de América, la tradición se extiende y se recoge en las Ordenanzas de descubrimiento, nueva población y pacificación de las Indias, de 1573, de Felipe II.[8] La cuadrícula de Buenos Aires, fijada por Juan de Garay en 1580, es un ejemplo de ello (v. figs. 56 y 171). En el siglo XVIII, durante el reinado de Carlos III, se continúan realizando nuevas fundaciones de ciudades, como la de La Carolina (v. fig. 171), y los ingenieros militares son el referente. Un ejemplo cercano a Barcelona es la construcción del barrio de la Barceloneta (v. figs. 20 y 171).

Por otro lado, en los Estados Unidos, se desarrolla también una tradición de cuadrícula en que la Land Ordinance de 1785 es el referente, al establecer sus parámetros a una escala global, con el objetivo de la venta de terrenos públicos de forma planificada. De ahí surgen los ejemplos de cuadrículas de las ciudades norteamericanas, de las cuales Cerdà recoge los ejemplos de Filadelfia y Boston.[9]

Cerdà recoge todas estas tradiciones, como lo demuestran las tablas de medidas de manzanas de diferentes ciudades de todo el mundo y los ejemplos gráficos de Turín, Cienfuegos, Buenos Aires, Filadelfia y Boston, en el Atlas de la Teoría de construcción de ciudades (v. fig. 172). En cualquier caso, Cerdà defiende la cuadrícula por un principio de igualdad que se debe adaptar, en su caso, a las condiciones topográficas del lugar:

"El sistema cuadricular tiene la inestimable ventaja de no crear odiosas preferencias artificiales para ninguna de las calles, distribuyendo con entera igualdad y perfecta justicia, entre todas ellas y entre todas las manzanas que las limitan, los beneficios de la viabilidad y de la edificación, de modo que, si alguna preferencia existe en favor de alguna calle, no podrá nunca atribuirse a injustas predilecciones por parte

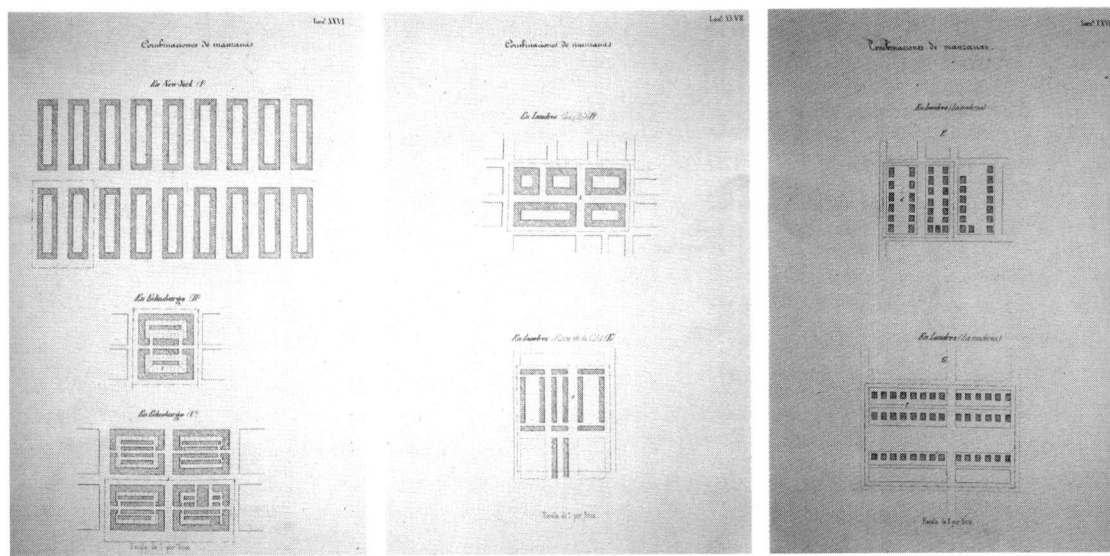

Figura 173. Manzanas tipo de nueva York, Londres y Edimburgo que sirvieron de referencia a Cerdà.
Fuente: Atlas de la Teoría de la construcción de ciudades, 1859

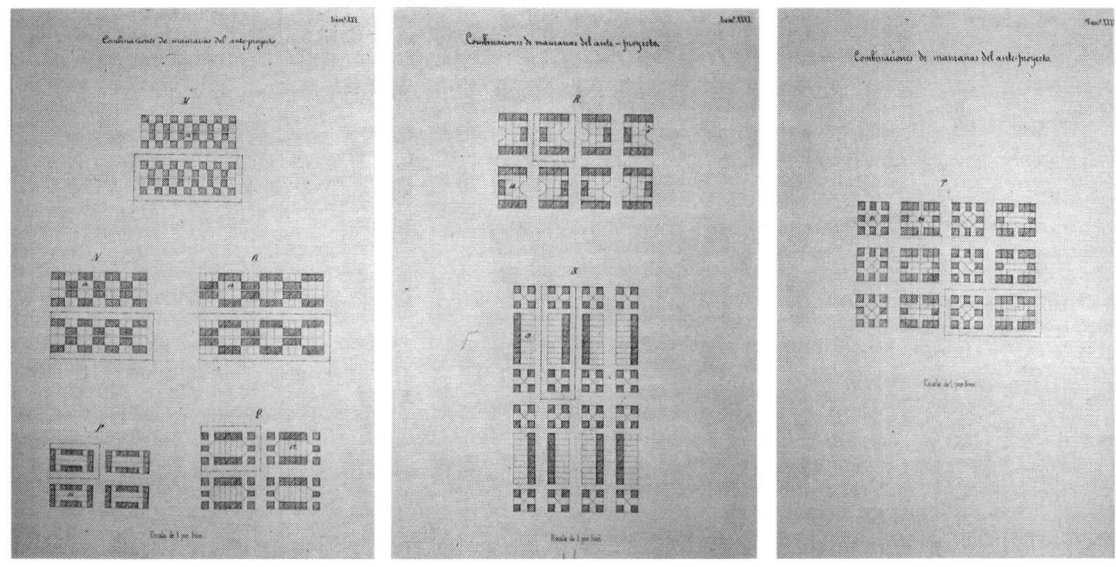

Figura 174. Diferentes tipos de manzanas con casas adosadas y las combinaciones que se derivan.
Fuente: Atlas de la Teoría de la construcción de ciudades, 1859

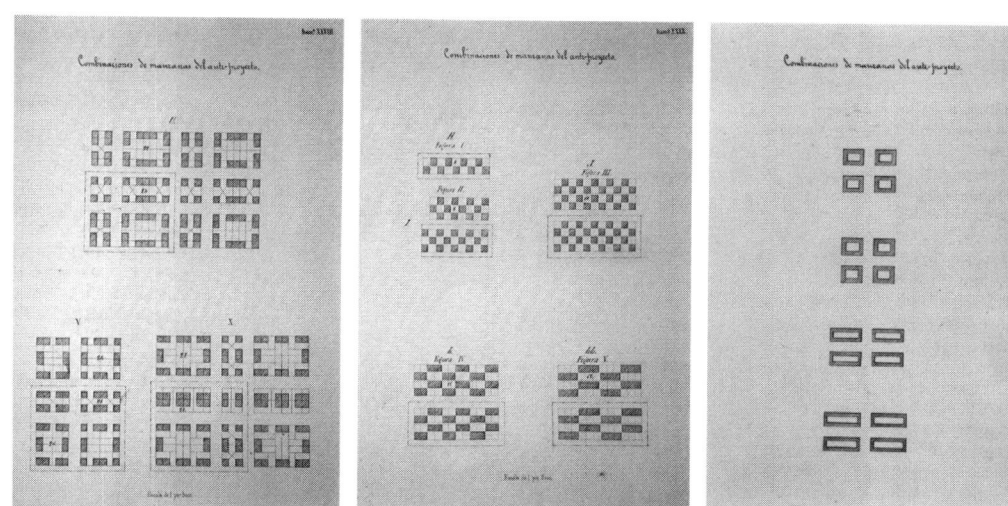

Figura 175. Diferentes tipos de manzanas con casas adosadas y obreras y las combinaciones que se derivan.
Fuente: Atlas de la Teoría de la construcción de ciudades, 1859

Figura 176. Perspectiva de una hipótesis de una agrupación de manzanas del Anteproyecto a partir de las agrupaciones de Cerdà. Taller de maquetas ETSAV-UPC, 2009.
Fuente: Fundació Urbs i Territori Ildefons Cerdà (FUTIC)

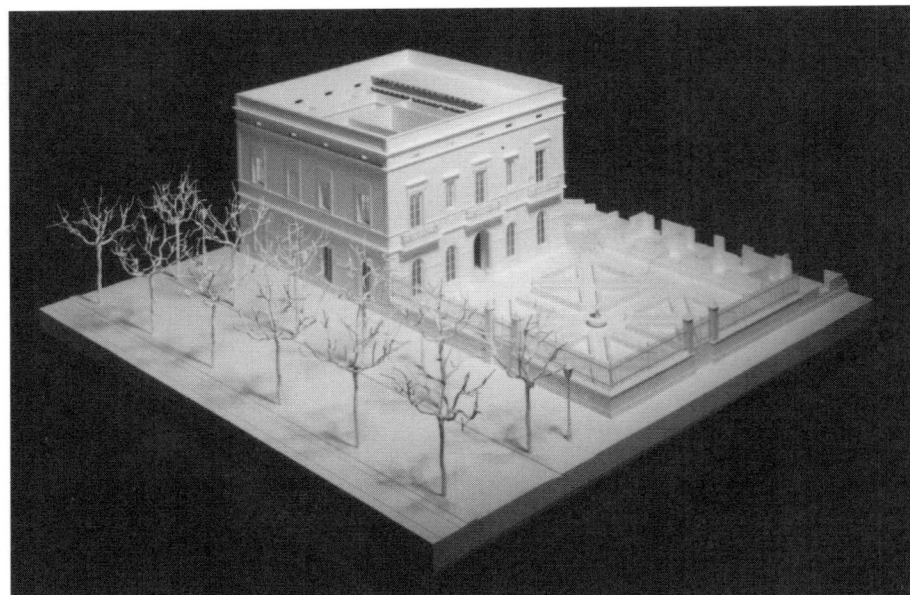

Figura 177. Perspectiva de la maqueta del modelo de casa aislada con agrupación de tipo M. Taller de maquetas ETSAV-UPC, 1994.
Fuente: Fundació Urbs i Territori Ildefons Cerdà (FUTIC)

Figura 178. Maqueta de la propuesta de casa burguesa de 4.º orden de Cerdà. Taller de maquetas ETSAV-UPC,1994.
Fuente: Fundació Urbs i Territori Ildefons Cerdà (FUTIC)

del facultativo, sino que será hija simplemente, o bien de la topografía natural, o bien de ciertos hábitos y costumbres que, por circunstancias locales, por edificios especiales o por otras causas, se van creando insensible y espontáneamente en los pueblos.

De esta ventaja, que no sin razón hemos llamado inestimable, resulta otra muy importante con respecto a los intereses generales, tal es la de desparramar la población, destruyendo esos centros artificiales que en nuestras antiguas ciudades la obligan y fuerzan, en cierto modo, a acumularse y condensarse en ciertos y determinados puntos, con gran daño de la higiene, de la economía y del bienestar domésticos, y hasta de los intereses generales." (TVU,, p.134; § 695-696)

Por otra parte, Cerdà defiende claramente el sistema cuadricular por su capacidad de extenderse fácilmente sobre el territorio, a pesar de que pueda ser tildado de monótono:

"Este sistema, por efecto de su misma uniforme regularidad que algunos genios vulgares y superficiales le achacan como grave defecto, según veremos después, permite el emplazamiento de la población de la manera más conforme con las prescripciones higiénicas con relación a la influencia solar y a la de los vientos más saludables, circunstancia esencialísima que en el sistema radial y anular no solo no es posible atender, sino que es necesario sacrificar en menoscabo del bienestar general de los pobladores. Por fin, una población formada según el sistema cuadricular puede fácilmente, y sin necesidad de instruir voluminosos e imperdurables expedientes, ensancharse y agrandarse, para lo cual bastará permitir y autorizar la prolongación de las calles existentes. Nadie hasta ahora se ha atrevido a negar las inmensas ventajas que este sistema lleva en todos sentidos y bajo todos conceptos sobre los demás, empero los empíricos y rutinarios enemigos de toda novedad

han tratado de buscar y achacarle defectos, que, sin embargo de ser tan infundados como ridículos, no queremos dejar pasar sin el correspondiente correctivo.

Que adolece, dicen, de una uniformidad pesada, de una igualdad fastidiosa, en una palabra, de monotonía, palabra sacramental que se halla siempre en boca de las personas que, con el afán de pasar plaza de inteligentes, quieren poner defectos a toda obra que no es suya. Mas, al tratar de hacer vanidosa ostentación de ciencia, revelan la más supina ignorancia, pues manifiestan bien a las claras que no comprenden siquiera que la uniformidad, la igualdad, la regularidad, todo lo que ellos llaman monotonía, es la primera condición, la condición más esencial e indispensable de todo buen trazado de población, siempre que a ella no se opongan dificultades topográficas insuperables. La base fundamental del proceder de todo facultativo ha de ser siempre y ante todo la justicia, y la justicia demanda, exige, impone esa uniformidad e igualdad que los necios llaman monotonía. La justicia es siempre y para todos igual y uniforme, y, en este sentido, no hay en el mundo monotonía mayor que la igualdad ante la ley, que, sin embargo, nadie se ha atrevido a combatir bajo el concepto de semejante monotonía." (TVU, p.134; § 698-701)

Cerdà opta por hacer prevalecer el criterio de igualdad frente a una pretendida monotonía de la cuadrícula.

2.4. Deducción de la articulación de la edificación con el sistema viario en la manzana: de la vivienda aislada con jardín a la manzana con bloques aislados

Una vez definido el sistema de trama propuesto, empieza a reflexionar sobre cómo formalizar el espacio interviario.

El criterio de independencia lleva a Cerdà a hacer una transición clave de las agrupaciones por yuxtaposición, combinando de forma diferente la posición del jardín que da lugar a las combinaciones que recoge de las urbanizaciones ejemplares que conoce de Edimburgo y Londres, primero en la sección M y, más tarde, en la manzana de 1859:

"La primera condición que han de cumplir las ciudades es el aislamiento de las construcciones. [...] Ya que esto no se puede conseguir en la actualidad, hay que buscar aproximarse, con un sistema de manzanas abiertas por dos de sus lados, a una transición del actual sistema al de las viviendas completamente aisladas y rodeadas de jardines, que es, en rigor, el único admisible." (TCC, p.259, § 517)

Cerdà parte de la casa aislada de la sección M (v. figs. 70-71, 173-175 y 177), pero acepta que las casas pueden estar yuxtapuestas y superpuestas siempre que se sigan unas condiciones. En el análisis de la vivienda, ha aceptado el modelo de casa burguesa de 4.° orden, con pisos de 100 m², con profundidad máxima de 20 m, con ventilación a ambos lados, que erige como el referente, aun cuando también estudia las casas obreras, donde hay servicios compartidos, para la cual define la unidad mínima de 50 m² para una familia con dos hijos (v. figs. 167 y 168).

Cerdà elabora un conjunto de 4 modelos de casas burguesas y 4 modelos de casas obreras (v. figs. 46-49). También hace un análisis económico de su accesibilidad a la población. Para ello, considera el caso de las viviendas obreras de tercer orden:

"El importe total de una casa de tercer orden obrera propuesta, comprendidos el solar y la construcción [...], permite duplicar el precio de los terrenos de las afueras, aumentar unos 2/3 la bondad de las con- diciones de construcción y disminuir ¼ el precio de alquileres."* (TCC, p.259, § 517)

Cabe destacar que, en paralelo, Cerdà ha recogido datos de una multitud de ciudades del mundo en que recoge anchos de calles y dimensiones de manzanas (v. fig. 172). No obstante, afirma que *"la magnitud del intervías no puede apreciarse en absoluto"*, olvidando que *"el objeto del intervías es el establecimiento de viviendas"* que, a su vez, dependen de los solares en que aquél se parcele o, como él dice, *se triture* (TGU,, p.159; § 373-374). Y es en función de las variables relacionadas con las viviendas y las calles que establece la deducción de la dimensión de la manzana.

Cerdà pasa de la casa ideal aislada de 20×20 m (casa burguesa de 1.ᵉʳ orden), con pisos de 400 m², a la casa de 20×20 m entre medianeras, con PB+3 (casa burguesa de 4° orden) y pisos de 100 m² (v. fig. 178). Esta se constituye en el referente de la conocida *casa de renta*, en la cual un propietario construye el edificio y utiliza la planta principal como residencia y los bajos como negocio, dejando las viviendas de las demás plantas para alquileres.

Sobre esta base, va a considerar una manzana con dos bloques de viviendas. Cada bloque es el resultado de yuxtaponer viviendas de 4° orden burguesas entre medianeras y colocar, en ambos extremos, viviendas de 3ᵉʳ orden burguesas, donde hay una sola pared medianera (v. figs. 46, 48 y 60). Estos bloques son, en sí mismos, aislados, y por ello Cerdà hace una analogía con la vivienda aislada. Por otro lado, sigue asumiendo que, para cada edificación, debe existir una superficie equivalente no edificada.

Las dimensiones de la manzana serán el resultado de aplicar estos referentes para los distintos tipos de viviendas según el número de habitantes por vivienda y según el criterio higiénico de 40 m²/hab.

Cinco elementos llevan al establecimiento de las dimensiones de la cuadrícula:

- las dimensiones de la edificación en planta (fondo edificado y ancho de fachada),
- el criterio del 50% edificado y el 50% verde,
- el ancho de la calle,
- el diseño del chaflán y
- la densidad (viviendas/m²).

2.5. La justificación matemática y gráfica de la deducción de la dimensión de la cuadrícula

Una vez definido el criterio de utilizar una cuadrícula con manzanas de lados iguales, Cerdà ha de justificar la dimensión de la manzana. Para ello, considera modelos de manzanas cerradas a los cuatro lados y manzanas abiertas con dos bloques y, además, soluciones con chaflanes o sin.

Como tipologías de calle, considera una anchura de 20 m y, como parámetro de densidad, 40 m² por habitante (equivalente a 250 hab./ha).

Cerdà proporciona los criterios, unas tablas y la fórmula final para la deducción del tamaño de la manzana. Para entender cómo deduce esta fórmula, hemos recogido la justificación que hace Soria.[10]

Para empezar, es necesario formular, en general, la expresión del lado de los intervías, en función de todas las variables que deben figurar en ella. Se suponen las variables siguientes:

x = lado del intervías
$2b$ = anchura de la calle
f = fondo del solar de construcción
d = fachada del solar de construcción
v = número de habitantes por casa
p = número de metros de superficie que han de tocar por individuo del total de la población (TCC, p. 413, § 1497).

Cerdà propone la resolución de una ecuación de segundo grado que es el resultado de calcular el número de m² de ciudad que corresponden a un intervías por dos caminos distintos y plantear la igualdad resultante tal como se observa a continuación:

Número de m² de ciudad que corresponden a los habitantes de intervías:

$$\frac{4pv[f(x-f)-b^2]}{fd}$$

Número de m² de ciudad que corresponden a los habitantes de intervías (v. fig. 179c):

$$(x+2b)^2$$

Iguala estas dos expresiones, de donde separa la parte correspondiente a x², la parte correspondiente a x y el término independiente:

$$\frac{4pv[f(x-f)-b^2]}{fd} = (x+2b)^2$$

$$4pv[f(x-f)-b^2] = fd(x+2b)^2$$

$$4pvfx - 4pv(f^2+b^2) = fdx^2 + 4fdbx + 4fdb^2$$

Dando como resultado la siguiente ecuación de segundo grado:

$$fd \cdot x^2 + 4f(db-pv)x + 4fdb^2 + 4pv(f^2+b^2) = 0$$

Por nuestra parte, hemos elaborado la figura 179 que muestra gráficamente el proceso de deducción de la fórmula y la explicación de la figura junto a ella.

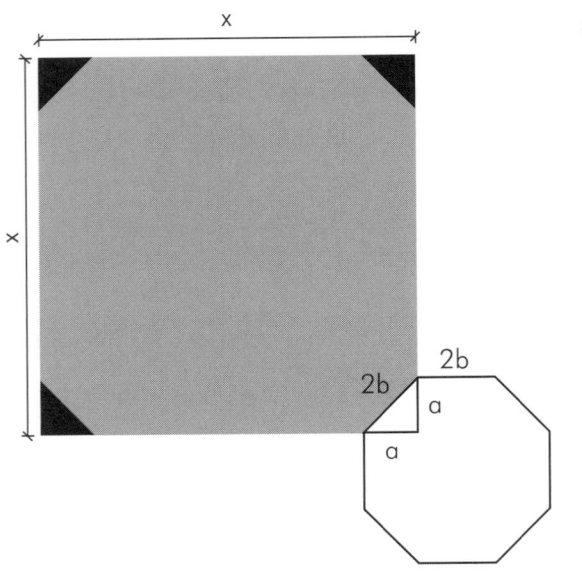 a

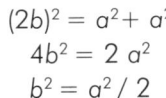

b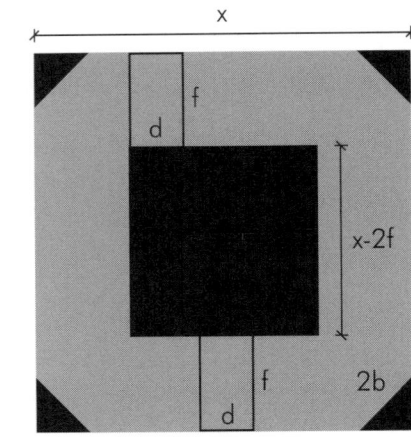

$$(2b)^2 = a^2 + a^2$$
$$4b^2 = 2\,a^2$$
$$b^2 = a^2 / 2$$

- **La superficie del triángulo del chaflán** $= a^2 / 2 = b^2$
- **Superficie de los 4 triángulos** $= 4\,b^2$
- **Superficie Intervías sin chaflanes (triángulos):** $x^2 - 4b^2$
- **Superficie del patio interior de la manzana:** $(x - 2f)^2$

- **Superficie edificable** $=$ Superfície intervías achaflanado menos la superficie del patio interior de la manzana:

$$x^2 - 4b^2 - (x - 2f)^2 = x^2 - 4b^2 - x^2 + 4f\cdot x - 4f^2 =$$
$$= 4[f(x-f) - b^2]$$

- **Superficie de una vivienda media** $= f\cdot d$
  Número de edificios del intervías = superficie edificable dividida por la superficie del solar medio (v.fig. 179b).
- **Número de viviendas del intervías** $= \dfrac{4[f(x-f) - b^2]}{fd}$

- **Número de habitantes en un intervías** = número de edificios del intervías, multiplicado por v habitantes por edificio (v.fig. 180c).

$$\frac{4v[f(x-f)-b^2]}{fd}$$

- **Número de m² de ciudad que corresponden a los habitantes del intervías** = número de habitantes en un intervías, multiplicado por el número de metros de superficie (p) que han de tocar por individuo del total de la población

$$\frac{4pv[f(x-f)-b^2]}{fd}$$

Por otro lado, se tiene en cuenta que los metros cuadrados de ciudad que corresponden a los habitantes del intervías, haciendo de este último una entidad autónoma que contiene en sí cuanto necesita, equivalen a la superficie del intervías, más la del viario que lo circunscribe, es decir:

Figura 179. (a,b y c) Justificación gráfica de la deducción de la ecuación de segundo grado que permite calcular el lado de la manzana deducido por Cerdà.
Fuente: elaboración propia

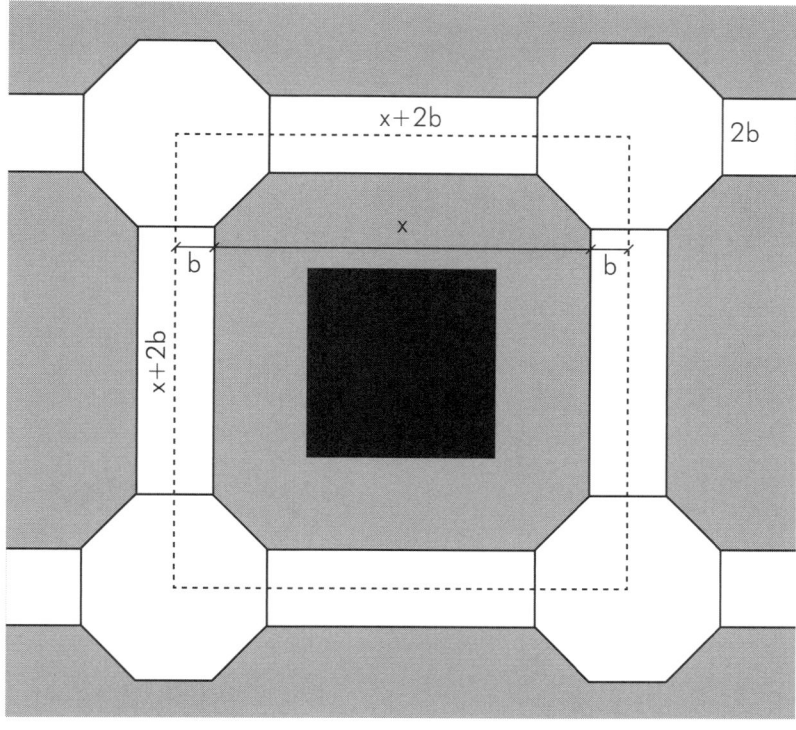

— **Número de m² de ciudad que corresponden a los habitantes del intervías**

$$(x+2b)^2 \text{ (v. fig. 179c)}$$

De esta forma se llega a este mismo valor por dos caminos. Si ahora se igualan, se tiene la siguiente ecuación:

$$(x+2b)^2 = \frac{4pv}{fd}[f(x-f)-b^2]$$

$$fd(x+2b)^2 = 4pv[f(x-f)-b^2]$$

$$fdx^2 + 4fdbx + 4fdb^2 = 4pvfx - 4pv(f^2+b^2)$$

$$(fd)x^2 + (4fdb - 4pvf)x + 4fdb^2 + 4pv(f^2+b^2) = 0$$

que es una ecuación de segundo grado:

$$Ax^2 + Bx + C = 0$$

donde:

$$A = fd$$
$$B = 4f(db - pv)x$$
$$C = 4fdb^2 + 4pv(f^2 + b^2)$$

Y las dos soluciones de esta ecuación de segundo grado son las que puso Cerdà en el texto, sin mayor explicación. De acuerdo con lo anterior, el lado de un intervías cerrado y achaflanado, en función de las variables consideradas, es este:

Intervías cerrados y con chaflanes:

$$x = \frac{2pv - 2bd}{d} \pm \sqrt{\frac{4pv}{d^2f}(pvf - 2bdf - b^2d - df^2)}$$

Intervías abiertos y con chaflanes:

$$x = \frac{pv - 2bd}{d} \pm \sqrt{\frac{pv}{d^2f}(pvf - 4bdf - 4b^2d)}$$

De igual manera, se calcularía el lado del intervías en los otros tres casos previstos por Cerdà:

Intervías cerrados y sin chaflanes:

$$x = \frac{2pv - 2bd}{d} \pm \sqrt{\frac{4pv}{d^2}(pv - 2bd - df^2)}$$

Intervías abiertos y sin chaflanes:

$$x = \frac{pv - 2bd}{d} \pm \sqrt{\frac{pv}{d^2}(pv - 4bd)}$$

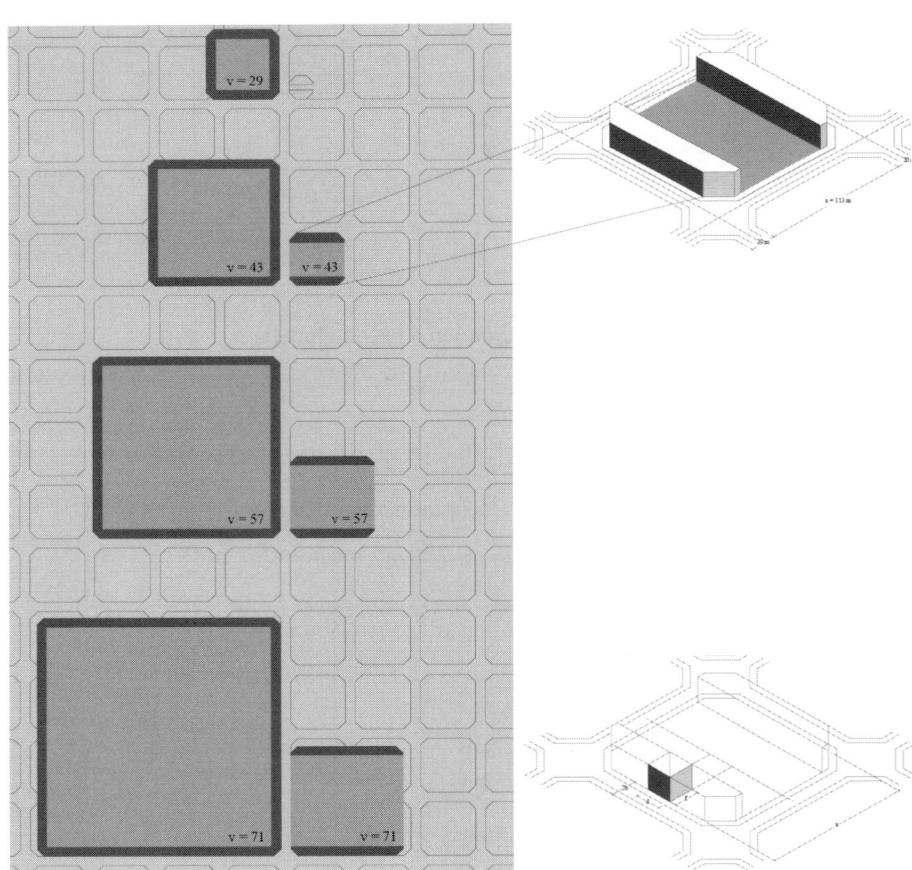

Figura 180. Comparativa de los distintos tamaños de manzana deducidos con la fórmula, comparados con la trama de 113×113 elegida finalmente.
Fuente: Magrinyà, F.; Marzá, A., 2009

Las fórmulas generales del lado del intervías obtenidas así las aplica al caso de Barcelona, introduciendo los valores constantes siguientes:

Ancho de la calle: 2b = 20 m
Fondo del solar: f = 20 m
Fachada del solar: d = 20m
m² de ciudad por habitante: p = 40m²

Habitantes por edificio   v = 71 en casas de 4 pisos
                            57 en casas de 3 pisos
                            43 en casas de 2 pisos
                            29 en casas de 1 piso

Distribucion higienica de las superficies de uso público y de uso particular de una ciudad con inclusion de sus respectivos importes segun sea el numero de habitantes por casa.

Primas. Numero de cla- ses por casa	Numero de pisos por casa	Habitantes por manzana	Lado de la manzana en metros	Desarrollo del eje de la calle, en metros	de los jardines	de los solares de construccion	Total de la manzana	de la semi-calle	total afeante à la manzana	Importe á razon de 6 ¾ reales por metro cuadrado	Importe de los acce- sorios á razon de 693'30 reales por metro lineal de calle	Suman los importes por manzana	Precio definitivo de la unidad superficial de manzana
Manzanas cerradas achaflanadas
1	4	71	6726'76	438'72	2074'88	210.424'04	37.897'60	248.321'64	20.748'80	269.070'44	1.748.957'86	1.318.171'26	3.067.129'12	12'35
2	3	57	4168'32	385'38	1621'52	119.227'36	28.830'40	148.187'74	16.215'20	164.332'94	1.068.161'11	1.030.151'66	2.098.315'77	14'16
3	2	43	2113'53	270'76	1163'04	53.256'17	19.660'80	72.960'97	11.630'40	84.541'37	549.518'90	738.877'31	1.288.398'21	17'67
4	1	29	730'34	130'92	685'68	12.303'24	10.073'60	22.376'84	6.836'80	29.213'64	189.888'66	434.341'70	624.230'36	27'89
Manzanas cerradas sin chaflanes
5	4	71	6882'49	504'69	2098'76	215.936'79	38.775'20	254.711'99	20.587'60	275.299'59	1.789.447'33	1.333.342'22	3.122.789'55	12'24
6	3	57	4237'21	395'69	1646'76	123.685'83	29.735'20	153.421'03	16.067'60	169.488'63	1.101.676'22	1.046.186'62	2.147.862'84	14'00
7	2	43	2216'97	277'79	1191'16	56.544'08	20.623'20	77.167'28	11.511'60	88.678'88	576.412'72	756.743'95	1.333.156'67	17'27
8	1	29	815'53	160'62	722'48	14.549'18	11.249'60	25.798'78	6.824'80	32.623'58	212.053'27	438.391'54	673.444'81	26'00
Manzanas abiertas achaflanadas
9	4	71	1565'23	229'90	999'60	43.658'04	8.796'00	52.454'04	9.996'00	62.450'04	405.925'14	635.045'88	1.040.970'94	19'84
10	3	57	926'02	172'46	769'14	22.846'03	6.498'40	29.342'43	7.698'40	37.040'83	240.765'52	489.079'35	729.844'87	24'87
11	2	43	444'49	113'28	533'12	8.301'13	4.131'20	12.432'35	5.331'20	17.763'55	115.463'07	338.691'13	454.154'20	36'53
12	1	29												
Manzanas abiertas sin chaflanes
13	4	71	1720'55	242'36	1047'36	49.035'07	7.693'60	58.728'67	10.093'60	68.822'27	447.344'75	666.658'60	1.114.003'45	18'94
14	3	57	1059'25	185'86	823'36	27.102'90	7.433'40	34.536'30	7.833'60	42.370'10	275.405'65	523.080'60	798.486'25	23'12
15	2	43	554'20	128'89	595'56	11.457'03	5.155'00	16.612'03	5.555'40	22.168'23	144.093'49	378.359'27	522.452'76	31'44
16	1	29	203'90	70'31	361'24	2.131'10	2.812'40	4.943'50	3.212'40	8.155'90	53.013'35	229.435'77	282.369'12	57'14

Figura 181. Construcción geométrica de las diferentes distribuciones de manzanas.
Fuente: Memoria de la Teoría de la construcción de ciudades, 1859

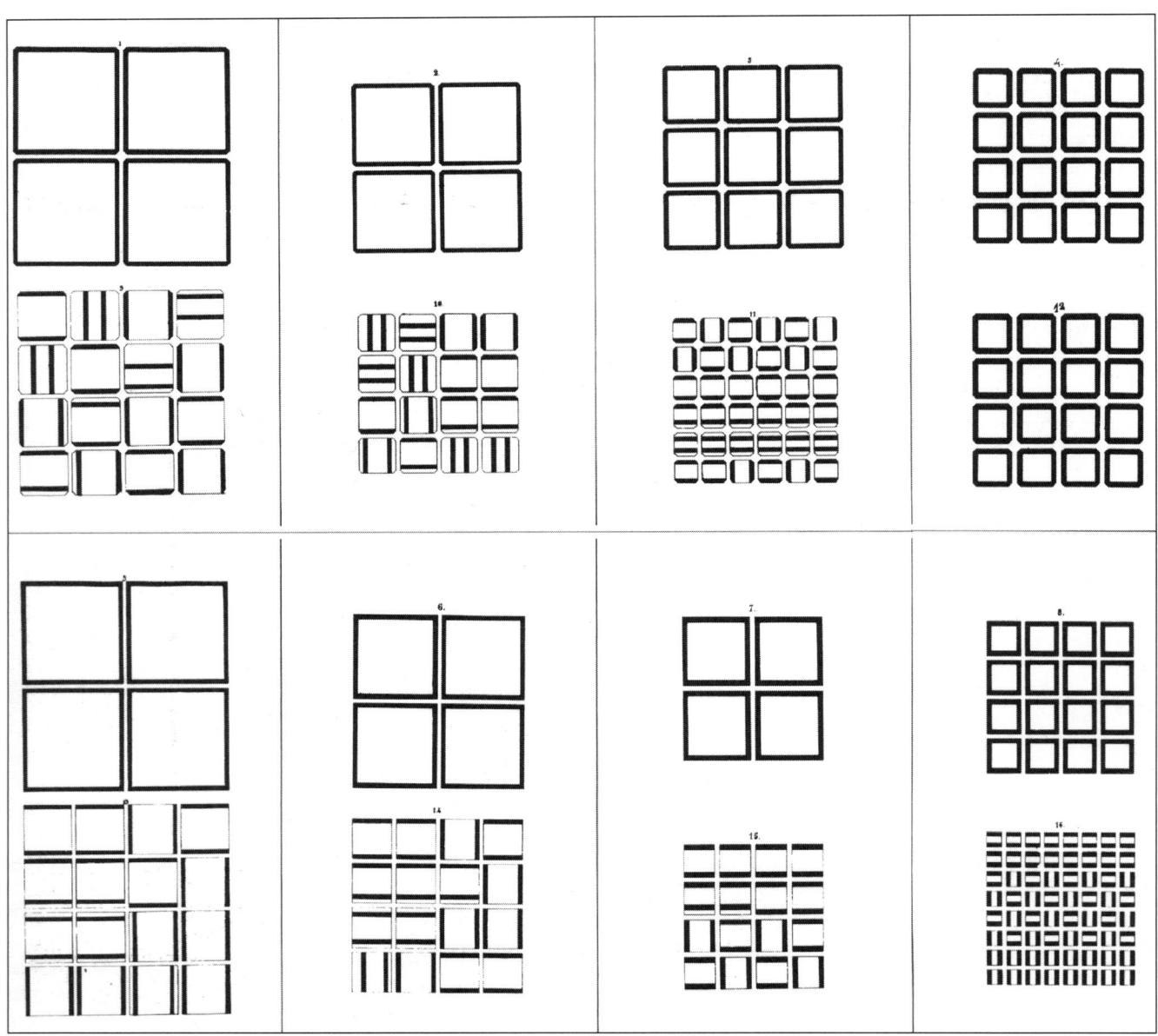

Figura 182. Diversos tipos de manzanas, calculados según la fórmula de Cerdà, hasta llegar a escoger el modelo de 113×113 m.
Fuente: Memoria de la Teoría de la construcción de ciudades, 1859

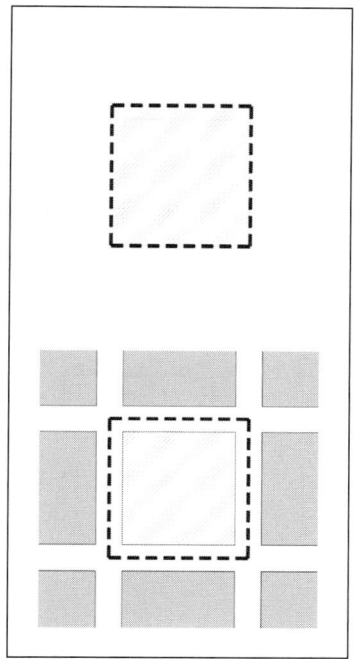

183

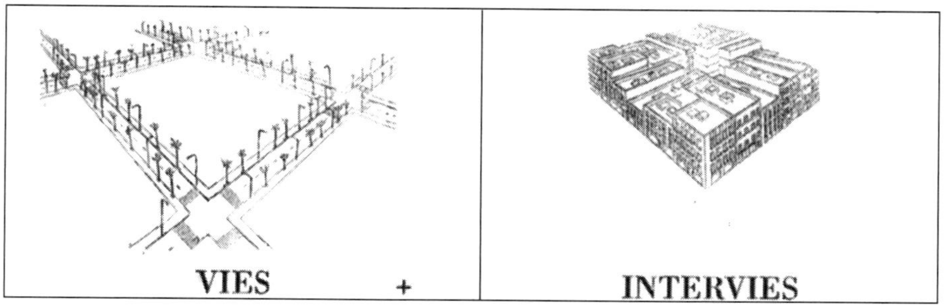

184

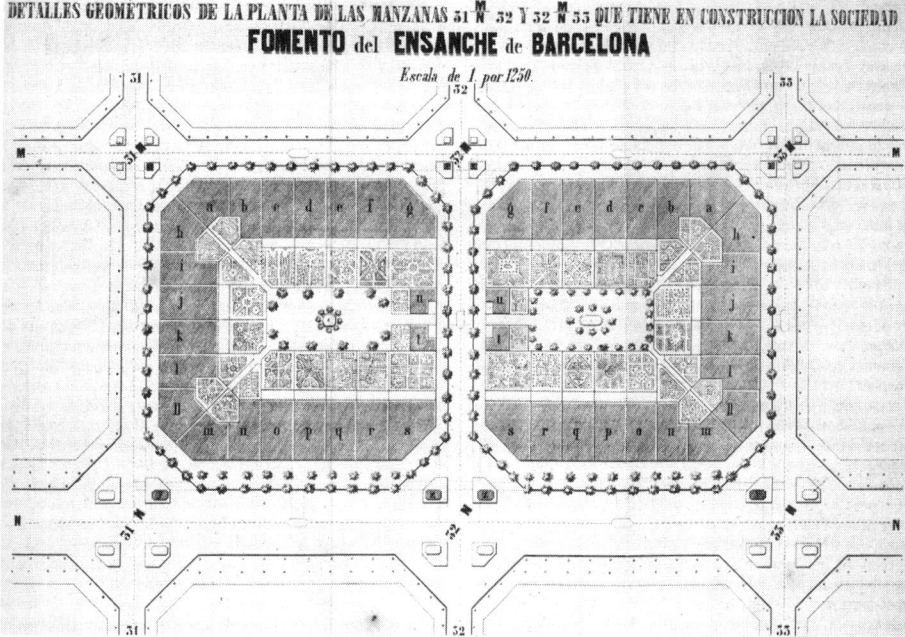

Figura 183. Esquema de una manzana con los interejes y la parte correspondiente de vía pública.
Fuente: elaboración propia a partir de textos de la TGU

Figura 184. Esquema de la dualidad vías/intervías.
Fuente: Tarragó, 1994

Figura 185. Folleto de divulgación de la sociedad Fomento del Ensanche de Barcelona, de la cual Cerdà fue director técnico de 1863 a 1866.
Fuente: Fons Cerdà, Urbs i Territori

185

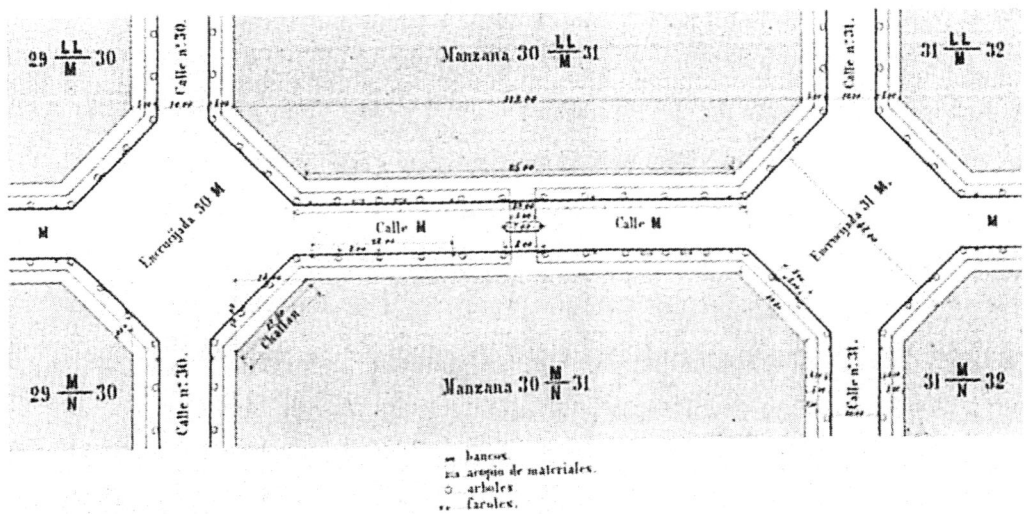

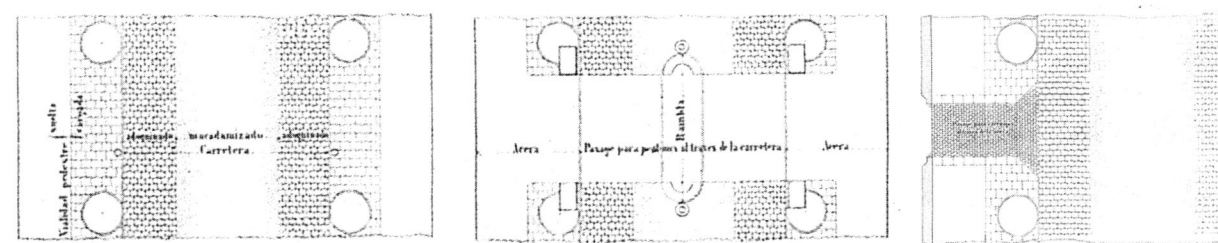

Figura 186. Definición con detalles constructivos del vía-intervías tipo del Proyecto de Ensanche de 1859.
Fuente: Necesidades de la circulación, 1863

Resulta, pues, que aun cuando en 1859 propone un tipo de intervías muy distinto al de 1855, sigue teniendo en mente un espacio edificatorio de 20 m x 20m y un espacio de jardín de las mismas dimensiones y la misma densidad que años atrás, que no es otra que la que estableció como mínima el higienista Lévy (40 m² por habitante, lo cual equivale a 250 hab./ha). Cambian pues las formas, pero no tanto los puntos de partida.

Al fijar por consideraciones diversas –higiénicas, de tráfico y relativas a la independencia del individuo en el hogar y del hogar en la urbe– la densidad y las dimensiones de las calles y de los solares, resulta que las únicas variables de las cuales acaba dependiendo el lado del intervías son tres:

– el número de habitantes por edificio o, lo que viene a ser lo mismo, el número de pisos por edificio, que oscila entre 1 y 4,
– el intervías abierto por dos lados o cerrado y
– intervías con o sin chaflán.

Todo ello da lugar a 16 casos distintos (v. figs. 180, 181 y 182), con lados de intervías que oscilan entre los 70,31 m y los 504,69 m. Estas dieciseis alternativas las analiza por vía doble: numérica y gráfica.

Desarrolla la vía numérica y procede a un somero análisis de costes y beneficios (v. fig. 181). En ellos, se ve que Cerdà es consecuente con sus críticas anteriores al divorcio existente entre la higiene, la construcción y la economía, e intenta probar que pueden existir construcciones que sean, a la vez, higiénicas y rentables.

La fig. 181 lleva un título muy significativo de sus ideales: *Distribución higiénica de las superficies de uso público y de uso particular de una ciudad, con inclusión de sus respectivos importes, según sea el número de habitantes por casa* (TCC, p.413, § 1497a).

Y es que todos los casos considerados en dicho cuadro responden, según sus criterios, a una distribución higiénica: respetar una densidad mínima y unas dimensiones determinadas de los solares y de las calles. En dicho cuadro, apoyándose en las igualdades establecidas para definir la fórmula, calcula en cada caso, como en 1855, las superficies de las calles, de los jardines y de los solares edificables, y estima el coste del *metro* cuadrado de intervías, al cual repercute el coste del viario.

En el segundo cuadro, que titula Resultado económico de la distribución higiénica hecha según el estado anterior, estima, por un lado, lo que costaría urbanizar y construir tales "distribuciones higiénicas" de vías, casas y jardines y, por otro, los posibles ingresos derivados del alquiler de las casas. El resultado de todos estos cálculos es que las rentabilidades anuales oscilan entre el 4,654 y el 6,555%.[11]

En paralelo con los cálculos anteriores, aborda lo que llama *Construcción geométrica de los varios casos de distribución higiénica de una ciudad según los estados anteriores*, que no es otra cosa que dibujar en planta y a escala 1:5.000 los trazados que resultarían con los dieciséis lados de intervías que la fórmula proporciona (v. figs. 180-182).

Sabiendo ya que Cerdà considera necesario achaflanar los intervías, cabe pensar que, en realidad, no son dieciseis los casos que de veras entran para él en consideración, sino solo los ocho achaflanados y, por tanto, puede parecer superfluo que aquí juegue con soluciones sin chaflán. Pero, acaso quiere incluirlas justamente para que se aprecie que, desde un punto de vista económico, el achaflanamiento no supone, según sus cálculos, un incremento de coste notable de la unidad superficial de intervías, ni tampoco afecta apreciablemente la rentabilidad (v. fig. 181). Por otra parte, no está de más dibujar cuadrículas vulgares y cuadrículas achaflanadas para que se pueda apreciar a simple vista la notable diferencia entre unas y otras (v. figs. 180-182). Mayor repercusión económica tiene, lógicamente, la opción de abrir o cerrar los intervías (v. fig. 181). Pero, conociendo sus opiniones previas sobre los intervías cerrados, parece claro que para él solo entran en juego tres casos: los tres correspondientes a intervías abiertos y achaflanados, con lados que varían entre los 113,28 y los 229,90 m.

Y, dentro de estos tres, sabiendo lo que piensa sobre la sobreposición de viviendas y la independencia del hogar en la urbe, lo lógico es que se incline por la solución de menos altura (tan solo dos), que es también la de menor lado: 113,28 m. Esta dimensión es comparable a la de los intervías de algunas ciudades americanas, como Buenos Aires, Lima, Filadelfia o Nueva Orleans (v. figs. 35, 36 y 56). Además, tienen también calles de 20 m de anchura (v. cuadro incluido en el apartado Independencia de los diversos géneros de movimiento en la vía urbana del subcapítulo 4.3).

En suma, elige la solución que en el cuadro de la fig.181 y en la figura 183 aparece con el número 11, tras redondear a 113 m su lado.

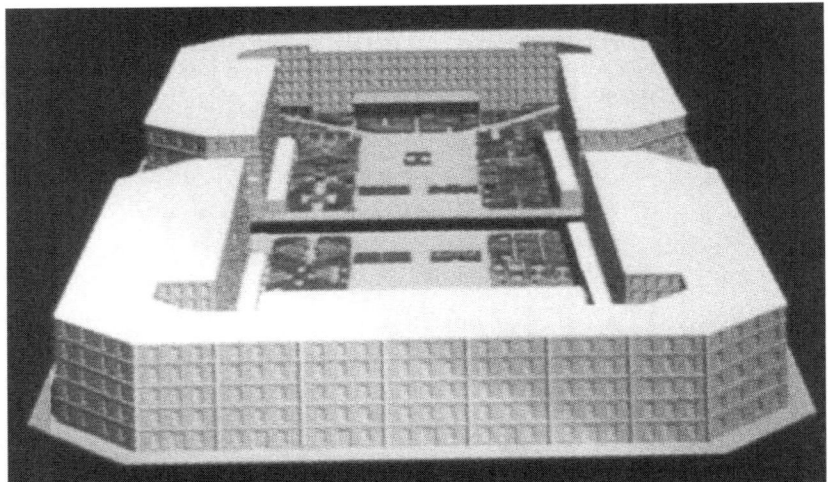

Figura 187. Perspectiva del modelo de agrupación de dos manzanas abiertas en forma de U con un patio central desarrolladas por la sociedad Fomento del Ensanche. *Fuente: Fons Cerdà, Urbs i Territori*

2.6. La justificación de la solución elegida

Las razones que da el propio Cerdà para justificar la elección de esta solución son, como era de esperar, de índole distinta y, probablemente, no constituyen más que una parte de las que barajó:

"Entre los diversos valores que resultan de la construcción de las fórmulas, ¿cuál es el que deberemos adoptar? En nuestro concepto, es el que nos da para el intervías 113 m de lado.

1.º: porque, sin embargo de haber supuesto, para determinar la anchura mínima de las calles, que la máxima altura de las casas podía ser de 20 metros (lo que equivale a considerarlas de cuatro pisos alojando a una población de 71 individuos), realmente hay que tener en cuenta que, siendo el ensanche y,

por consiguiente, la concurrencia ilimitados, todas las probabilidades están porque no tendrán la generalidad de las casas más de dos pisos sobre el del ras de la calle, con una población de 43 individuos." (TCC, p.420, § 1498)

O sea, la solución que escoge es la de un intervías abierto, achaflanado, de 113 m de lado y con casas adosadas de dos alturas. Pero no piensa en imponer a través de una ordenanza esas dos alturas, sino que considera que "todas las probabilidades" están a favor de dichas alturas. Y afirma:

"Y, por si tales probabilidades fallan, advierte que en realidad la anchura de las calles es tal que los intervías podrían admitir edificios de 4 plantas sin atentar contra la regla, entonces usual, de ligar altura edificable a la anchura de las vías: la altura de la

edificación en rigor no ha de tener más límite que el correlativo a la anchura de la calle; es decir, que los edificios pueden ser tan altos como ancha sea la calle a que están adosados. Esta altura es hoy la reconocida como higiénica, sancionada por la legislación de los países más civilizados, y esta misma es la que nos dan como equitativa los principios de nuestra ciencia y nuestros cálculos." (TVU, p.160, § 901)

Si, aprovechando que la anchura de las calles lo permite, de las dos plantas que Cerdá desea y estima probables, se pasara a cuatro, cabe pensar que aumentaría la densidad y que no se cumpliría la condición, que él considera básica, de que a cada habitante le toquen cuarenta metros cuadrados de ciudad. A lo que contesta en el segundo apartado:

2.º: porque, aun cuando fuese mayor de 43 individuos la población [lo cual equivale a 2 plantas] que se aloje sobre un solar de construcción de 400 metros cuadrados, como los 40 metros por individuo que hemos asignado de superficie mínima por cada habitante de la nueva población ha sido en el supuesto de que toda ella se había de hallar cuajada de casas particulares, sin contar con los espacios de plaza, jardines, paseos y edificios públicos, que serán inhabitados; resultará siempre que, aun cuando la población de cada casa fuere mayor que la correspondiente al intervías de 113 metros de lado, siempre vendrían a tocar, de la superficie total de la ciudad, un mínimo que no bajaría de los 40 metros que ordenan los higienistas.

3.º: porque corresponde a intervías abiertos que hacen desaparecer, con la variedad de sus combinaciones y de sus jardines, la monotonía que por lo general acompaña todas las ciudades construidas por el sistema cuadriculado.

4.º: porque no es excesiva para la comodidad de los transeúntes la distancia entre calle y calle, ni exagerado el número de estas y el de las alcantarillas para que su conservación pueda reputarse gravosa para la municipalidad." (TCC, p.420, § 1498-1502)

Obsérvese cómo Cerdà, que inicialmente fue llevado por razones higiénicas a pensar en un intervías abierto, destaca aquí a su favor un argumento que responde por adelantado a la repetidísima crítica que le hicieron sus contemporáneos sobre la monotonía de la cuadrícula. A propósito de ese intervías abierto que propugna, es interesante señalar también que se trataba de abrir los intervías al aire, pero no al tránsito indiscriminado de personas. O, lo que viene a ser lo mismo, los espacios interiores del intervías abierto no los concebía como espacios públicos, sino semipúblicos. Ello se aprecia claramente en la figura 181, pues, al calcular los costes de las soluciones con intervías abiertos, incluye entre ellos el de las verjas con que cerrar los dos lados libres de edificación. O sea, propone bloques de edificación aislados y rodeados de jardín, pero, a diferencia de lo que se hizo en el siglo xx con el modelo de Le Corbusier en contra de la calle corredor, Cerdà no pretende en modo alguno difuminar la calle, ni los límites entre suelo de uso público y suelos de uso privado.

También merece destacarse que desechó intervías de lados mayores, en atención a su concepción del viario como una red en la cual, si las calles no distaban mucho entre sí, cabía plantear una especialización de ellas en distintos tipos de tráfico: unas para carros y otras para tranvías, por ejemplo. Fue contando con esta especialización que pasó, entre 1855 y 1859, de prever calles anchísimas de 35 m, en que había carriles especiales para todo tipo de vehículos, a calles de 20 m (v. figs. 129 y 130) sobre la independencia de los diversos géneros de movimiento en la vía urbana.

3. Las exigencias de la sociabilidad: la generación de un sistema de equipamientos y de actividad económica articulados con la residencia

3.1. La urbe como entidad colectiva, con existencia autónoma e independiente, conectada a la vialidad universal y gestora del control de la densificación

Al entrar en la etapa de modernización, Cerdà ha elaborado una lectura de la urbanización siguiendo el esquema vía-intervías y la estructura asociada de campo de asentamiento, casco urbano, red viaria, espacios interviarios y edificaciones. Para ello, aplica la evolución de la urbanización según los distintos modos de transporte (pedestre, ecuestre, diligencia) para el nuevo modo de transporte asociado a la modernidad, que es el ferrocarril, como hemos visto en el capítulo V.

Sobre esta base, deduce los mecanismos de densificación. A partir del análisis de la aplicación del instrumento del vía-intervías y del análisis del proceso evolutivo de las urbes, decanta las características de lo que será para él el modelo de urbanización rurizada, asociado a la organización institucional:

> *"De esto provienen originariamente, en política, las instituciones que sacrifican el individuo al Estado, y en urbanización la mezquindad de las habitaciones y la yuxtaposición de los edificios y la consiguiente condensación de las urbes." (TGU, p.134; § 294)*

Para Cerdà, la Administración debe volver a poner las condiciones materiales para el desarrollo de una urbanización rurizada, símbolo del equilibrio entre aislamiento y relación, como modelo de urbanización para la nueva civilización. Según él:

> *"Cada urbe constituye una entidad colectiva, con existencia propia, independiente y autónoma, unida*

> *solo a la gran vida de la humanidad, por medio de las vías trascendentales que recogen y trasmiten la vialidad urbana al sistema viario universal, o bien recogiendo y trasmitiendo de esta a la urbe el movimiento que le viene de los demás puntos de la actividad social del universo.*
> *Aparte de ese movimiento ascendente y descendente, que corresponde a esos mismos movimientos que en el mundo vegetal son la vida de las plantas, en todo lo demás la vida interior de cada urbe funciona por medio de su organismo propio, que constituye su individualidad." (TGU, p.681; § 1903)*

El esquema descrito está grafiado en el modelo del Ensanche y sus manzanas, que organizan agrupaciones de 5×5 manzanas con un centro y las manzanas organizadas según las vías trascendentales (v. fig. 188). Este modelo lo incardina en el territorio del llano de Barcelona (v. fig. 189) y, en la actualidad, sigue siendo el referente de la ciudad, ahora organizada con el puerto y aeropuerto (v. fig. 190).

Por ello es tan importante la buena conexión entre puerto y ciudad, en que tiene un rol fundamental la interconexión entre el tráfico marítimo y el tráfico terrestre, interconectados por una estación ferroviaria central conectada al puerto:

> *"En el siglo en que vivimos, es un hecho de todos conocido que, para una población mercantil e industrial en vía de progreso, el puerto y las estaciones de los caminos de hierro son los centros de actividad alrededor de los cuales puede decirse que giran el movimiento y la vida de todo el vecindario, y conviene por lo mismo que el uno y el otro se hallen en la relación más inmediata posible, para que su contigüidad facilite los transportes de todo género que recíprocamente se prestan el uno al otro, sin la menor interrupción lo mismo de día que de noche. Así, de la misma manera que un solo puerto puede*

y debe servir para todas las vías marítimas, una sola estación debe servir también para todas las vías férreas, y ha de desaparecer, por consiguiente, esa diversidad de estaciones situadas en diferentes puntos, con perjuicio de las administraciones respectivas, como también del servicio público. Sobre esta base, se plantea definir como elemento central de la reforma y ensanche de la ciudad una estación central de ferrocarriles junto al puerto.

Se comprenderá que el sitio más a propósito para el emplazamiento de la estación central no puede ni debe ser otro que el que hemos escogido y que designamos en el plano con el número 10, pudiéndose desarrollar cuanto se quiera por la parte del Este, de la misma manera que el puerto puede hacerlo por la del Oeste. El enlace superficial de estos dos centros [se efectuará] por medio de una gran plaza que designamos con el número 6, al paso que el enlace de los transportes que hayan de hacerse entre la estación y el puerto podrá verificarse con toda la facilidad, comodidad, prontitud y baratura posibles por medio del ferrocarril de circunvalación que indicamos [que] debe ponerse alrededor del puerto." (TCC, p.420; § 1503)

Como se observa en las dos propuestas de 1859 y 1863 (v. figs. 191 y 192), Cerdà sitúa la estación central de ferrocarriles en la costa, junto al barrio de la Barceloneta.

3.2. La ubicación de la industria en coexistencia con la residencia según unas reglas de convivencia

Cerdà está imaginando una urbe característica de la revolución industrial: un tejido de mezcla de la residencia, el comercio y la industria.

Para entender de qué forma planifica la coexistencia de residencia y talleres, observamos que Cerdà parte de los cuatro tipos de casas burguesas, que ha definido en el MAEB (MAEB; p.95-101; Láminas VIII-XXV):

"Para las familias menos acomodadas y más reducidas, pudiera servir la primera clase; en la segunda se pone ya una familia algo más crecida y de más posibles; en la tercera puede acomodarse la clase media en general, y, en la cuarta, ciertos industriales que necesitan emplear todo el ras de la calle para almacenes, talleres, tiendas, etc. Sean de la clase que quieran, todas las casas podrán estar dispuestas de manera que tengan un corredor o, por mejor decir, un pasaje cubierto y acristalado cuya anchura será [por]

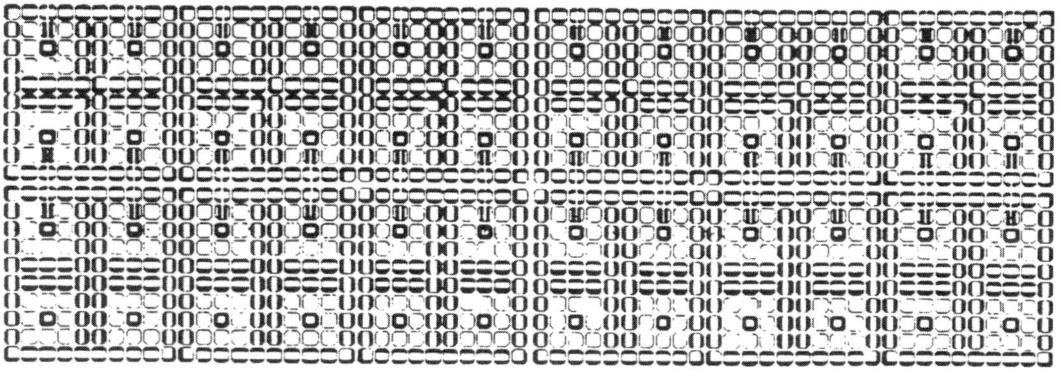

Figura 188. Esquema polinuclear del modelo de ciudad integral de Cerdà en el cual se conectan los centros sociales a la red de vías trascendentales y urbanas.
Fuente: Fons Cerdà Urbs. Territori

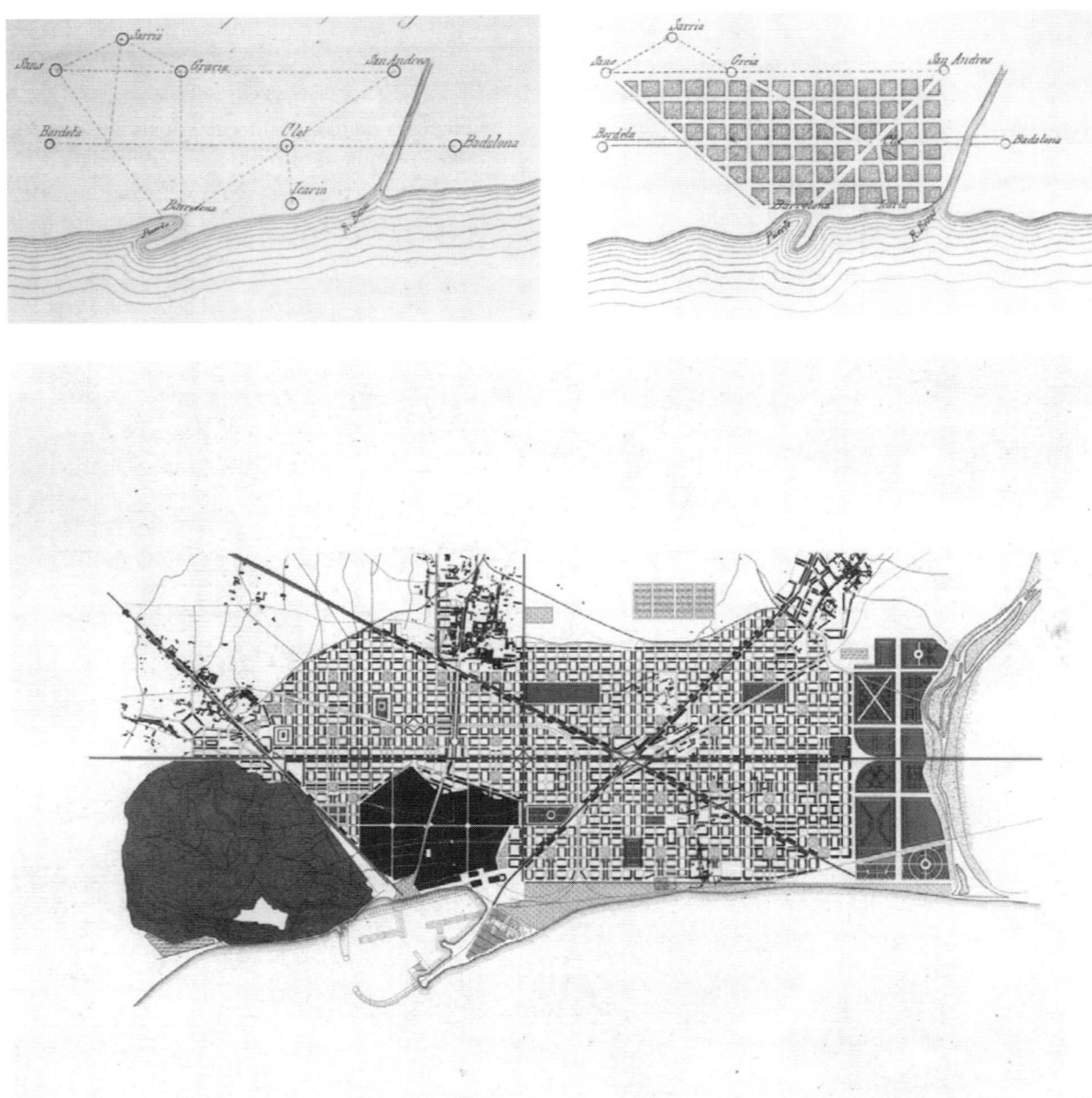

Figura 189. Proceso de formulación de los ejes de vías trascendentales de conexión con la trama ortogonal en el MAEB, 1855, y en la TCC, 1859.
Fuente: Magrinyà, F., 1994

Figura 190. Esquema de la estructura urbana de Barcelona con las estaciones de los trenes de alta velocidad (TAV) de Sants y La Sagrera, las terminales T1 y T2 del aeropuerto y la nueva ampliación del puerto de Barcelona, que constituyen los nuevos intercambiadores con la vialidad universal utilizando la metodología de Cerdà.
Fuente: Barcelona Regional

lo menos de 3 metros, que correrá paralelamente a la calle y que vendrá a ser la comunicación general de la casa. A derecha e izquierda de este corredor, habrá las habitaciones de uso particular, las cuales recibirán sus primeras luces de la calle o del jardín, y las segundas del pasaje general. Estas habitaciones, que tendrán al ras de la calle una pequeña sala y un cuarto de tocador, se comunicarán par medio de una escalera con el piso principal en el cual habrá el dormitorio con su chimenea, escusado, armarios, guardarropas, etc. Cuando todo el piso bajo haya de estar ocupado por tiendas, almacenes, etc., serán necesarias la superposición de un segundo piso y la adición en el primero de una galería de comunicación a todo alrededor del pasaje. De modo que, en todos los casos, el límite superior de la altura de las casas será el de dos pisos sobrepuestos al detrás de la calle. En cuanto a los límites de su extensión superficial, se discutirán al examinar la construcción de la casa, desde el punto de vista económico o industrial." (TCC, p.352; § 1022)

De hecho, defiende que las viviendas de los obreros deben estar cerca de los edificios fabriles:

"El sistema de barrios obreros alejado del centro de la ciudad es otra creación impolítica e inconveniente, desde todos los conceptos. En primer lugar, establece una línea de separación de clases que fomenta, sostiene y acrecienta el antagonismo que debe procurarse desvanecer y crea para el Gobierno y la Administración dificultades sin cuento que es forzoso evitar. Los obreros deben habitar en las inmediaciones de los talleres donde trabajan: 1.° porque, siendo muy reducido su salario y no bastándoles siquiera a la satisfacción de sus primeras necesidades, no pueden disponer de una parte de su haber para trasladarse con prontitud desde su casa al taller, y viceversa cuando se

hallan separados par una larga distancia; 2.° porque ni su nutrición ni sus fuerzas, consagrados al trabajo del taller para alimentar la familia, deben distraerse en vencer a pie varias veces al día dicha distancia; 3.° porque tampoco se lo permite el tiempo que necesitan para el descanso; 4.° porque tampoco lo consiente ni su moralidad ni el interés de la familia que las reclaman a su seno después de las horas del trabajo. Solo en caso de que los talleres de las diversas industrias estuvieran agrupados todos en un punto formando barrio aparte del resto de la ciudad, es como se puede concebir que vivan agrupados en este mismo barrio los obreros; pero no verificándose esto, como no podrá suceder nunca, y teniendo que estar aquellos, según sus diversas clases, repartidos en todos los barrios, de ahí la necesidad de que los obreros que les dan vida y movimiento obedezcan a la misma ley de distribución." (TCC, p.358; § 1065)

Pero, en 1859, hace un paso más. A pesar de esta mixtura de la vivienda y la industria, Cerdà reserva unos espacios para las industrias que necesitan un aislamiento frente a la residencia, así como una buena comunicación con el exterior, para asegurar la importación y exportación de materiales (v. fig. 191):

"El industrial, por su parte, que se arrima y adhiere constantemente al comerciante, necesita también importar y exportar los materiales y obras propios de su oficio, importar los primeros en su estado natural o en bruto, y exportarlos luego convertidos en artefactos elaborados no para su uso, sino para el ajeno. Y esto demuestra que el industrial, aparte de los almacenes en que guarda los materiales en bruto hasta su elaboración y los elaborados hasta su exportación, necesita un sitio a propósito para la confección de dichos artefactos, o sea, un taller. Y todo esto lo necesita, amén de los medios de comunicación exte-

rior para las importaciones y exportaciones de que venimos hablando, pues también el establecimiento de un industrial es un centro de movimiento muy parecido, si no idéntico, al que se verifica en derredor de una casa mercantil." (TGU, p.100; § 205)

Además, hace especial hincapié en su preocupación para que los lavaderos queden aislados:

"No obstante haber dicho ya algo sobre las baños y lavaderos, considerados como una de las varias dependencias de la casa particular, y sin perjuicio de ocuparnos de nuevo del mismo asunto con la debida extensión al considerarlo como del dominio público, diremos de paso que, mirados desde el punto de vista de la industria particular, debieran relegarse dichos establecimientos fuera de la población o, al menos, no permitirlos sino en edificios aislados.
Los lavaderos, en particular, debieran estar en jardines o huertos muy grandes y ventilados, que ofrezcan todo el espacio necesario, al mismo tiempo que la debida comodidad para los tendidos. El agua limpia debe ser abundante y continua en estos establecimientos, y el escurridero de sucia hacia las alcantarillas debe hacerse con facilidad y prontitud." (TCC, p.362; § 1085)

Por otra parte, Cerdà traslada los planteamientos higienistas sobre la vivienda a los establecimientos fabriles, asociados al cubo atmosférico:

"Establecimientos fabriles. Recordando ahora que la primera condición de salubridad, para un establecimiento cualquiera, es la pureza y suficiencia del aire, y teniendo presentes las diferentes causas de viciación del que se halla confinado dentro de las habitaciones; se comprenderá que solo podremos presentar para la construcción y la higiene de

los talleres consideraciones aplicables a todos los establecimientos en donde los hombres se reúnen para trabajar en común. Talleres hay que no tienen más causas de insalubridad que las que resultan de la excesiva aglomeración de individuos y en larga permanencia en un reducido local; otros que son insalubres por su temperatura elevada, como sucede en las fábricas de vidrio, en las forjas, en las panaderías, etc.; otras que, al contrario, lo son por la temperatura fría y húmeda; también los hay que lo son por los polvos o gases que en ellos se respiran, o por las partículas minerales o metálicas que se proyectan y son la causa de accidentes o de enfermedades graves. De modo que la capacidad de los talleres deberá ser relativa al número, edad y sexo de las personas que han de contener, al tiempo de su permanencia, a las emanaciones peculiares a cada industria, a la temperatura que exija el trabajo y a los medios de ventilación y caldeamiento que se trata de emplear; en una palabra, la capacidad atmosférica de cada uno de los talleres deberá calcularse según las causas especiales que le hagan insalubre y la energía de su acción." (TCC, p.364; § 1099)

Para Cerdà, estos establecimientos deben estar ubicados estratégicamente en los bordes de la aglomeración y bien comunicados con los sistemas ferroviarios:

"A ese funcionamiento que se ejerce para satisfacer necesidades materiales de la población pueden referirse los establecimientos que, siendo indispensables para el servicio vecinal, se reputa peligrosa su situación en el interior, razón por la cual se relegan a las afueras. Muchas industrias hay cuyos productos son necesarios o muy convenientes al vecindario y cuyo ejercicio, sin embargo, envuelve peligros, ora para la salud, ora para la seguridad personal. El funcionamiento para estas industrias en toda urbe bien administrada tiene lugar en la parte exterior, aun cuando no siempre a las distancias y con las condiciones convenientes." (TGU, p.646; § 1803)

De hecho, Cerdà prevé unas ubicaciones específicas, que señaliza con una letra A en el Plano del Proyecto de Reforma y Ensanche de 1859 y que hemos grafiado en azul (v. fig. 191).

3.3. La urbanización del ferrocarril y su articulación con el transporte marítimo como referentes de la agrupación autónoma

Como ya se ha comentado, en 1844, Cerdà queda muy impresionado, en Nimes, por la introducción de la locomotora: "Veo por primera vez la manera de funcionar de los ferrocarriles y se me ocurre la primera idea de estudiar la influencia trascendental que, al generalizarse, han de ejercer sobre la urbanización." (TGU, p.3, § 3)

En el Anteproyecto de Docks de 1863, que debía ser la base de la Teoría del enlace marítimo-terrestre, Cerdà desarrollará con más detalle el diseño de la estación central de ferrocarriles, aunque en la memoria del Proyecto de Ensanche de 1859 ya la describe en sus planteamientos generales:

"Así se concibe que debe dejarse un espacio bastante grande entre la orilla del mar y la línea de los edificios o construcciones de servicio público, como son las gares (estaciones) de los caminos de hierro, a fin de que pueda hacerse holgadamente la circulación a todo alrededor del puerto sin que esta pueda estorbar ni ser estorbada por las operaciones de carga y descarga. Detrás de estas construcciones que podemos llamar de servicio público, debe dejarse una nueva zona muy ancha y holgada también, al borde de la cual podrán empezar las construcciones particulares." (TCC, p.406; § 1457)

Es interesante observar que, para la definición de la estación, sigue aplicando los dos criterios de la urbanización, a saber, el aislamiento (asociado a la salubridad) y la relación (asociada a la facilitación del movimiento):

"Pero su disposición general o el modo como han de estar combinadas con los espacios vacíos ha de satisfacer dos condiciones, a cuál más importante: 1.ª las de salubridad, y 2ª las del movimiento general de circulación establecido o que en lo sucesivo tenga probabilidades de establecerse. Por lo que toca a la primera, las reglas a que hay que atenerse se reducen todas ellas a la buena orientación de las calles con respecto a los vientos reinantes, cumpliendo al mismo tiempo, cuando se trata de reformar ciudades antiguas, con la circunstancia de atravesar los barrios más antiguos, más condensados y más insalubres. En cuanto a la segunda, queda pura y simplemente reducida a que las calles que a tal objeto se destinen partan todas del puerto en dirección a los puntos del interior del país por donde esté establecida ya o haya de establecerse la circulación de las personas y de las cosas, sin dejar de poner en comunicación fácil con el puerto todos los barrios de la ciudad. Hacer los bordes del puerto fáciles y cómodos es hacer más provechosos los servicios de la navegación, hacer partir del puerto los principales cruceros de la ciudad es suministrar la circulación al través de toda ella, es establecer líneas de comunicación que deben multiplicar las relaciones y hacerlas más productivas, es facilitar el tránsito de uno a otro extremo de la ciudad, es atraer al centro y poner al alcance de todos la actividad de la industria y del comercio, que su aislamiento sobre puntos excéntricos hace menos productivas." (TCC, p.406; § 1457)

Figura 191. Plano del Proyecto de Reforma y Ensanche de Barcelona de 1859 sobre el cual se han señalado los edificios administrativos e industriales (en gris y la estación central de ferrocarriles (en gris más oscuro).
Fuente: elaboración propia

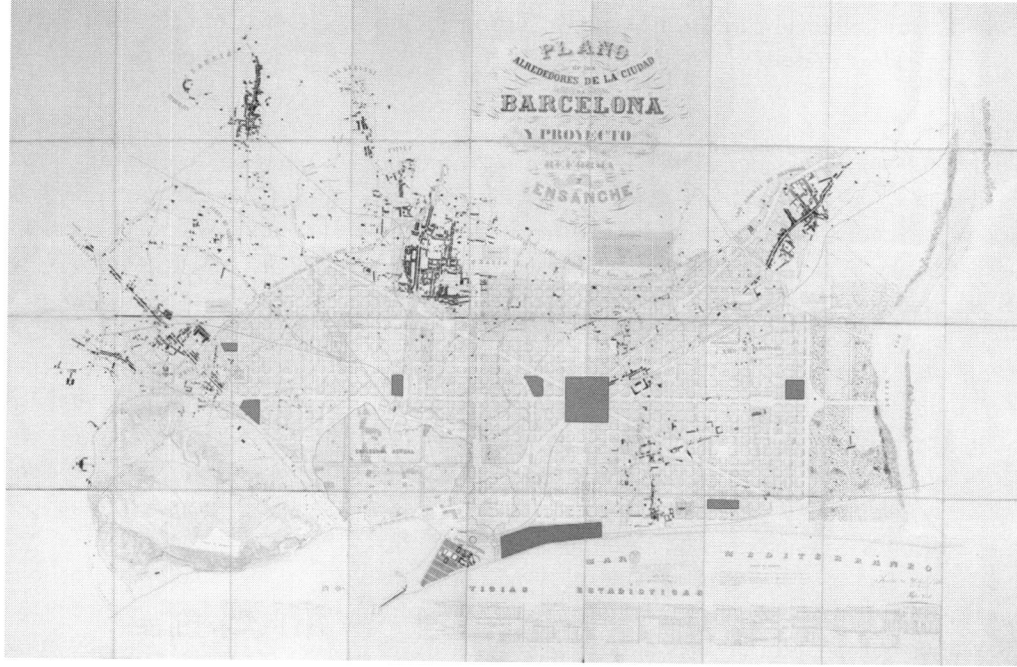

Figura 192. Hipótesis del esquema de la propuesta del Anteproyecto de Docks de Barcelona desarrollado en la Teoría de enlace de las vías marítimo-terrestres de 1863.
Fuente: Magrinyà, 1994.

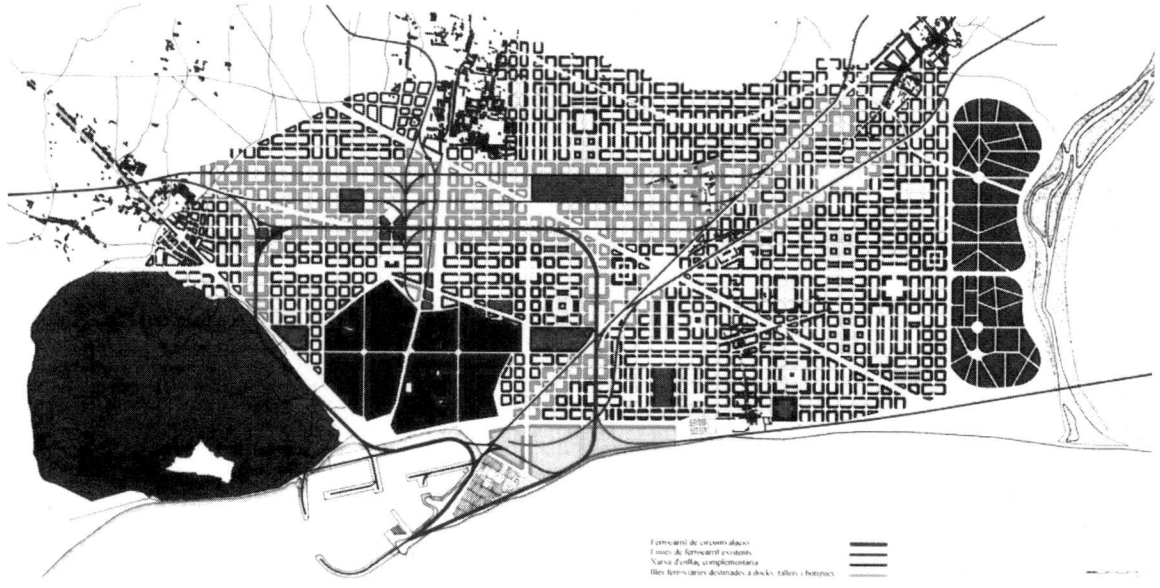

3.4. La formalización de la máxima: la urbanización de la locomotora

En la *Teoría general de la urbanización* (1867), Cerdà establece las bases de una teoría de la "urbanización de la locomotora". Pero es en el *Anteproyecto de Docks* de 1863 donde hace el primer intento de dar una respuesta precisa desde la escala del proyecto. Lamentablemente, no se ha encontrado el documento original, pero la recopilación de todos los materiales referentes al *Anteproyecto de Docks* de 1863 nos ha permitido realizar una aproximación cualitativa de la propuesta con la cual Cerdà intenta resolver la adaptación de la ciudad a la introducción del ferrocarril.[12]

Las fuentes de que disponemos son algunos informes sobre el Anteproyecto que elaboraron varias entidades y corporaciones en el proceso administrativo de su aprobación entre 1863 y 1868 y, por otra parte, un fondo documental denominado *Legado Cerdà*, en que hay un grupo de planos que podrían ser un borrador del Anteproyecto. El párrafo siguiente, extraído de uno de los informes que hacen referencia al contenido de este anteproyecto, muestra su pensamiento central:

"La idea de que la locomotora pudiese penetrar en el recinto de una población consagrada al servicio del movimiento marítimo y del terrestre, de modo que pueda circular por todas las barriadas, atravesar todas las manzanas, acercarse a cada una de las casas y hasta meterse en ellas para prestar en todas partes sus inapreciables servicios…"

El equilibrio entre estancia y movilidad, como concepto definidor de la urbanización, queda trastocado por la introducción del ferrocarril. Cerdà pretende que el nuevo medio de locomoción llegue hasta la parte más íntima de la estancia: la casa.

En el marco del desarrollo del Proyecto de Ensanche de 1859, Cerdà ya efectúa el replanteo del trazado del nuevo ferrocarril de Barcelona a Zaragoza, que utiliza la Meridiana como vía de paso. También replantea el nuevo trazado del ferrocarril a Sarrià y la ubicación de su estación, que sitúa sobre la calle de Pelai, junto a la plaza de Catalunya (v. figs. 143 y 144). En esta propuesta, considera de forma explícita la necesidad de una estación central situada junto al puerto. Según Cerdà, el puerto debe ampliarse hacia el oeste y la estación de estaciones, hacia el este. Cerdà recoge precisamente el proyecto de puerto de José Rafo de 1859, que se aprueba junto a su proyecto y que respeta los muelles exteriores. En el marco del Proyecto de Ensanche de 1859, Cerdà propone una red ferroviaria que se adapta a las líneas existentes. Propone tan solo conexiones para que todas las líneas puedan acceder a la estación central:

"En cuanto a los ferrocarriles, no producimos en su trazada más variación que la necesaria para facilitar su confluencia a la estación central."[13]

Por otra parte, dibuja una propuesta de estación general de ferrocarriles que ocupa una gran franja entre el final del Ensanche y la línea de costa (v. figs. 191 y 192). Cerdà está perfilando, pues, su idea de estación de estaciones.

La discusión sobre cómo debe ser este centro y dónde debe localizarse será el objeto central del *Anteproyecto de Docks* de 1863. Analiza distintas ubicaciones: las Huertas de San Bertrán, la Ciutadella, la Barceloneta. Cabe tener presente la importancia que tiene el *boom* del transporte marítimo ante las expectativas que suscita la apertura del Canal de Suez, cuyo promotor es Lesseps, persona muy cercana a Barcelona y a Cerdà:

"Considerando en particular la importancia mercantil del puerto de Barcelona, en enlace directo con los más próximos del océano; el gran número de vías de comunicación, así ordinarias coma férreas, que con-

curren en dicha ciudad; el desarrollo de su industria y de su comercio, tanto en el interior de dicha capital, como en las poblaciones que la rodean a una cierta distancia, y la cifra del tonelaje que la combinación de tantos movimientos produce, consigna el autor que la estación marítima de Barcelona debe ser de grande extensión y dispuesta [...] haciendo desaparecer en lo posible la solución de continuidad que existe entre la navegación y las vías terrestres [...].".

Para Cerdà, es fundamental unir perfectamente el transporte marítimo con el transporte terrestre y establecer una nueva red trascendental que permita conectar dos puntos cualesquiera del globo. Es significativa, al respecto, la propuesta de 1855 de Coello, que propone una red combinada de ferrocarriles y canales de navegación por la Península (v. fig. 96).

Es importante señalar que la aprobación del *Proyecto de Reforma y Ensanche de Barcelona de 1859* se hace conjuntamente con el Proyecto de Puerto de José Rafo. Tal como señala Novoa, no se puede aprobar un proyecto sin el otro. No se puede aprobar un proyecto sin el otro.[14] Para Cerdà, el enlace y servicio recíproco del movimiento marítimo y terrestre debe ser el órgano más esencial de la vida social:

"Se trata nada menos que de hacer funcionar con toda holgura y mayor vigor uno de los órganos más esenciales de la vida social, no de una localidad, sino de toda una nación, que aspira a ser grande y debe serlo en la civilización presente, como lo ha sido dignamente en las civilizaciones pasadas."

Y continúa:

"Me convencí de que el único medio adecuado para comunicar la fuerza vivificadora indispensable a ese órgano esencial de donde parte e irradia la vida a los demás miembros del cuerpo social era conceder firme y franca entrada en él a la locomotora, pues, si había de ser conveniente permitir la circulación de este elemento de vida y de civilización en todas las poblaciones, es necesario, apremiante, imprescindible admitirla con agradecimiento en un gran centro a que confluyen y de que parten un sinnúmero de vías marítimas y terrestres, y que ha menester sobre de vida para transmitirla y sobre de civilización para comunicarla."

La conexión íntima de los dos modos de locomoción asociados al vapor debía representar una transformación radical de la movilidad. Con el fin de deducir cuál es el espacio necesario para este enlace, considera la analogía con una estación de ferrocarril:

"De dichas consideraciones, deduce la memoria que, si un ferrocarril de mediana circulación necesita en su punto extremo una gran estación con todas las dependencias que son indispensables para dirigir su explotación, para el servicio de los viajeros, y para recibir, depositar y expedir las mercancías, y además, a su proximidad, fondas, almacenes y otros servicios dependientes o conexionados con los de la línea férrea, del mismo modo y con igual objeto se necesitan análogas construcciones y dependencias en los puertos mercantiles, término de las vías marítimas, siendo sin duda las que a estas corresponden de mucha mayor importancia que las primeras en los puertos de mucho movimiento, por la mayor cantidad de mercancías que en su estación se reúnen provenientes para repartir entre la localidad y las diversas arterias del movimiento que de ellas parten para el interior del país."

De ahí deduce cómo debe ser la estación de enlace marítimo-terrestre situada cerca del puerto:

"Deben prolongarse o ponerse en comunicación con los muelles de aquel todos los caminos de tierra y aún las vías ordinarias que deben levantarse junto al puerto, las edificaciones convenientes para el expurgo, revisión, depósito y exposición de las mercancías, facilitándose así las transacciones con la mayor economía de tiempo y dinero, habitaciones para el personal necesario a todos los servicios que en esta estación de enlace hayan de desempeñar, y aun para viviendas o paradas de los viajeros en tránsito."

Aunque no conocemos el contenido exacto, Cerdà hace una descripción exhaustiva de todas las operaciones que debían efectuarse en la estación de enlace:

"[...] las operaciones que así para los viajeros como para las mercancías, separadamente o reunidos, se han de llevar a efecto, tanto al embarcarse para la exportación, cuanto al llegar al puerto, sea que se queden en el punto de llegada antes del embarque, sea que lo verifiquen a la introducción, teniendo o no, según los casos, un destino seguro o incierto" y que describe como *"cargas, descargas, transbordos, depósitos, exposiciones, ventas y traslaciones, que todo esto tiene lugar en las mercancías, y para la parte correspondiente a las estancias de los viajeros, en todos los puntos en que las vías de comunicación sufren soluciones de continuidad, y muy especialmente en los grandes puertos de comercio, en que hay la separación de las vías terrestres y de las marítimas."*

El ferrocarril y su red se convierten, de este modo, en el enlace entre el transporte marítimo y el terrestre. La red se centra, en el caso de Barcelona, en el ferrocarril de circunvalación y su conexión con las estaciones generales de mercancías y de pasajeros.

El enlace, elemento central del anteproyecto, está constituido por las vías de primer orden que forman el ferrocarril de circunvalación y su conexión con las líneas de ferrocarriles existentes y proyectadas en la época:

"Por las explicaciones que se dan en la memoria y más aún por la inspección de los planos, se ve que esta vía principal se enlaza fácilmente con los varios caminos de hierro que parten de Barcelona."

Esta idea entra dentro de la línea seguida por Cerdà desde las propuestas iniciales de 1855 y 1859. Las vías de primer orden que conectan el ferrocarril de circunvalación son las líneas de Barcelona a Mataró, de Barcelona a Granollers, de Barcelona a Martorell, la nueva línea de Barcelona a Zaragoza apoyada sobre la traza de la Meridiana y las líneas de unión de Barcelona con Gràcia y Sarrià (v. fig. 192).

Sobre las vías de primer orden, Cerdà diseña una red de segundo nivel:

"Igualmente, se observa que de aquella [la vía de circunvalación] se destacan las vías de 2.° orden que se dirigen a los extremos de los muelles que forman las dársenas, que atraviesan la Barceloneta, donde se supone que podrán establecerse los grandes edificios destinados a los servicios que antes se han enumerado y que pueden recorrer ciertas calles principales del Ensanche tranvías que podrán establecerse en otras cuando las necesidades de tráfico lo reclamen."

Por un lado, las vías de los muelles constituyen la estación marítima y, por el otro, el eje trilineal (v. fig. 193) y las estaciones localizadas en las Huertas de San Bertran, la Barceloneta y la Ciutadella han de ser las estaciones terrestres, siendo el ferrocarril de circunvalación el enlace. Si analizamos el esquema de circunvalación grafiado en el plano de 1863 (v. figs. 192-196), observamos que coincide exactamente con la descripción incluida en uno de los informes:

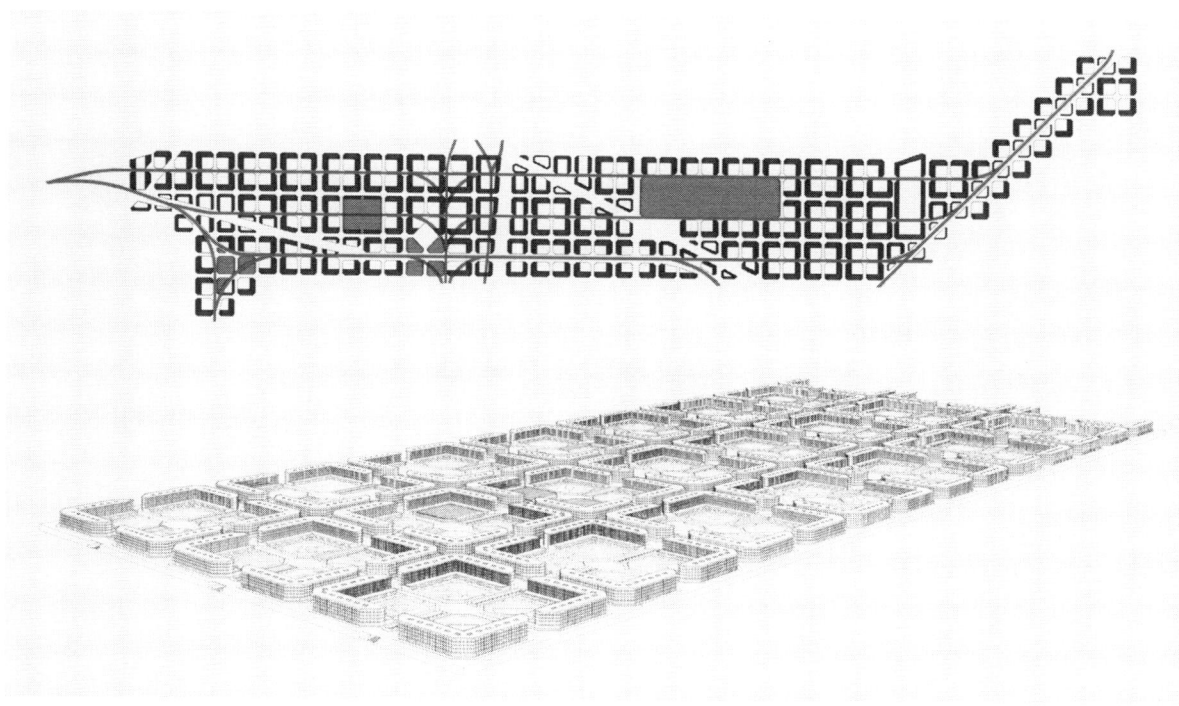

194

Figura 193. Planta y perspectiva del eje trilineal ferroviario extraído del Anteproyecto de Docks de Barcelona, desarrollado en la Teoría de enlace de vías marítimo-terrestres de 1863.
Fuente: Magrinya, 1994.

Figura 194. Propuesta de estación de enlace de la Ciutadella, diseñada en el marco del Anteproyecto de Docks de Barcelona, desarrollado en la Teoría de enlace de vías marítimo-terrestres de 1863. Dibujada sobre uno de los planos del Fons Cerdà.
Fuente: Arxiu Històric de la Ciutat de Barcelona. Fons Cerdà

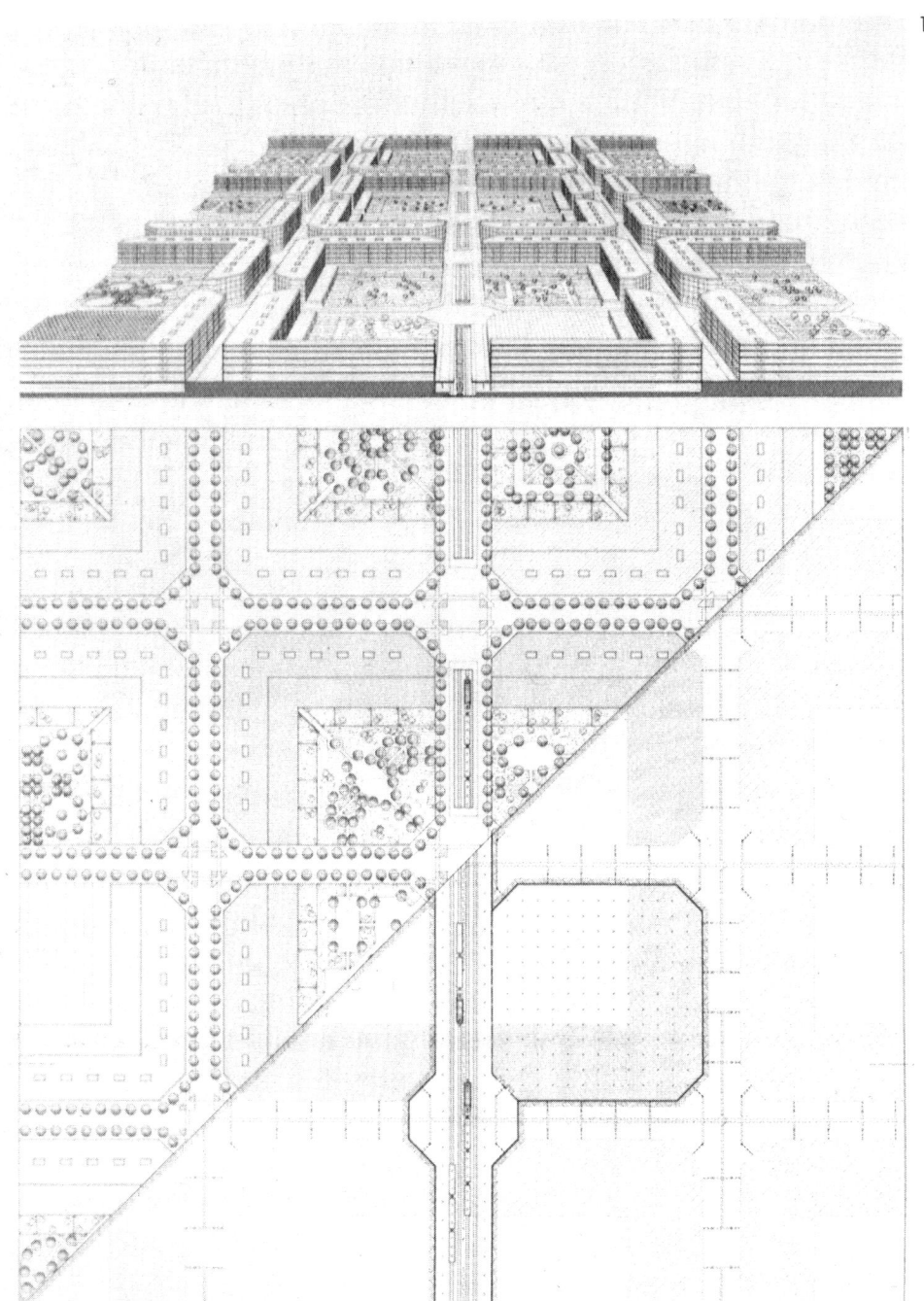

Figura 195. Hipótesis de la manzana ferroviaria de 1863, deducida de la propuesta del Anteproyecto de Docks de Barcelona, desarrollado en la Teoría de enlace de vías marítimo-terrestres de 1863. Se conecta el ferrocarril con las viviendas y talleres. Perspectiva y planta.
Fuente: Magrinyà, 1994

Figura 196. Agrupación de 2×2 manzanas superponiendo viviendas, talleres, fábricas y el ferrocarril soterrado.
Fuente: Magrinyà, 1994

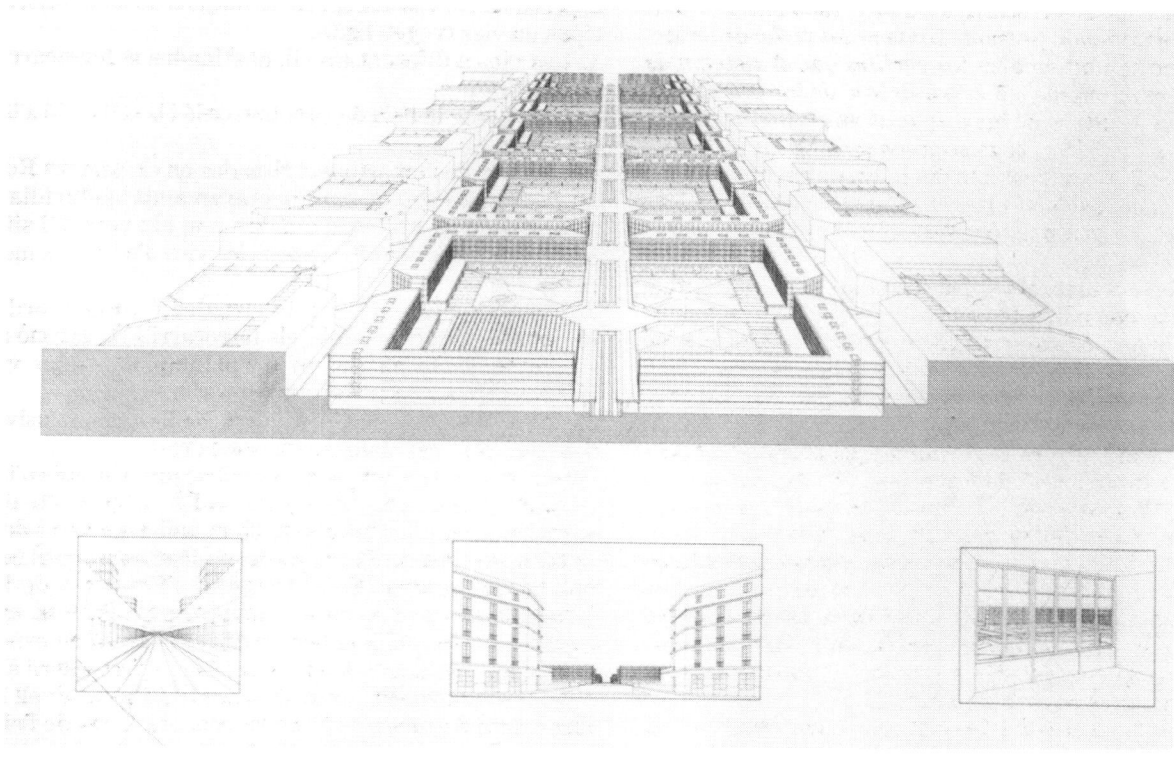

Figura 197. Zanja del tren en la calle de Aragó (1890-1900).
Fuente: Colección KLUMPCOL, SL

Figura 198. Plaza de Catalunya. Líneas subterráneas (1932). Arquitectos: GATPAC.
Fuente: Archivo Histórico del Colegio de Arquitectos de Cataluña

197

198

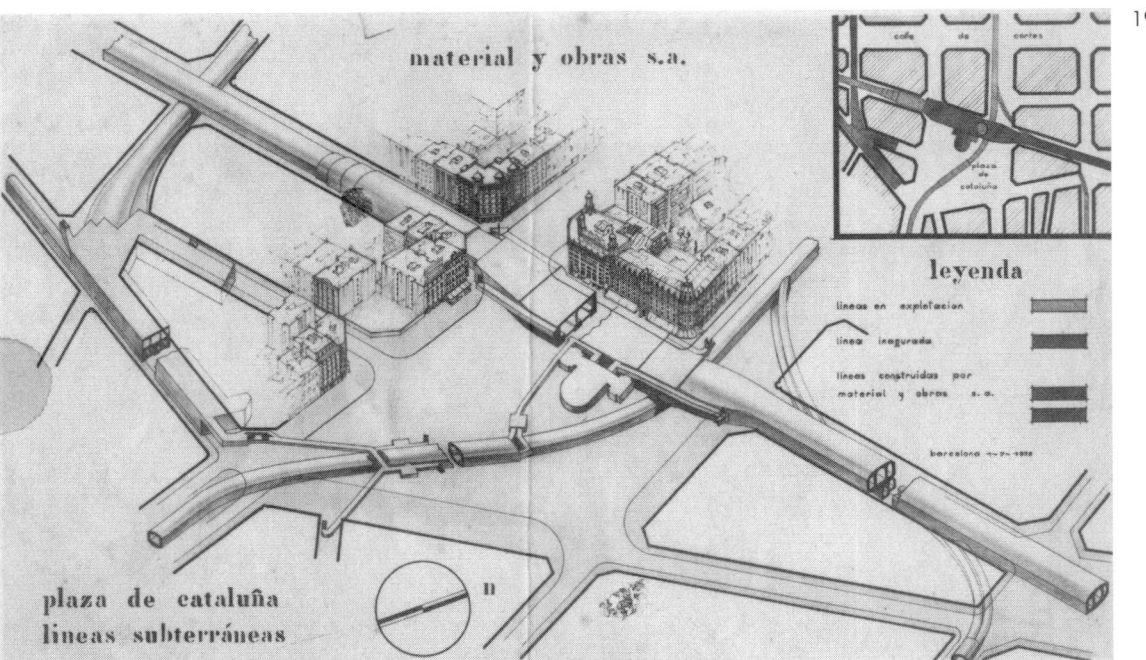

"Se toma por punto de partida el andén bajo el muelle del puente, que se supone a 2,25 m sobre el nivel del mar, y en él, desde el extremo del muelle del Este, arranca la vía férrea general que recorre todo el perímetro del puerto hasta rebasar la ciudad actual dejándola a la derecha, rodea siguiendo las calles que, por el sistema adoptado por el ingeniero Cerdà para el ensanche de Barcelona, designa con los nombres de Paralelo 15L y 40, hasta llegar a la playa en la parte opuesta de la ciudad, la sigue por detrás de la Barceloneta hasta que esta arteria principal empalma consigo misma en los diques al extremo actual del muelle del Este."

Siguiendo la nomenclatura de calles de Cerdà, la vía de circunvalación empieza y termina en los muelles de la Barceloneta, por delante y por detrás, y se apoya en el circuito formado por el Moll de la Fusta, el Paralelo, las calles de Entença y Aragó, y la avenida de la Marina, hasta el actual paseo de la Barceloneta (v. fig. 192).

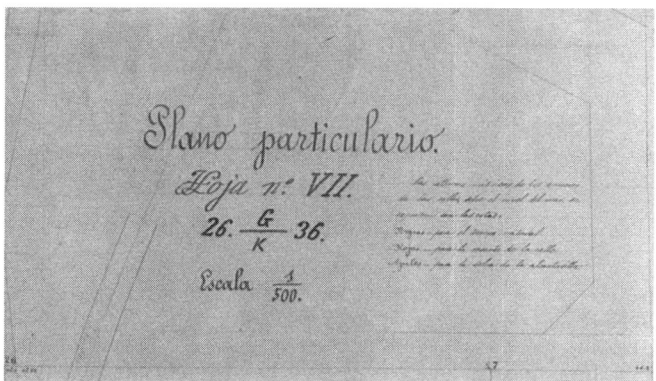

Figura 199. Detalle del Plano particulario (hoja VII) a escala 1:500, en que la leyenda indica la señalización de las cotas de terreno, urbanización y alcantarillado propuestos.
Fuente: Arxiu Històric de la Ciutat de Barcelona. Fons Cerdà, 11216

La propuesta más interesante, sin embargo, es el eje trilineal, que es la concreción de su idea de extender el ferrocarril para el Ensanche (v. fig. 193). El eje trilineal está apoyado sobre las calles de Rosselló, Mallorca y Aragó, y se enlaza con la trama sobre dos ejes perpendiculares.

Por un lado, sobre la calle de Balmes, que le permite la conexión con la plaza de Catalunya, estación central de viajeros, y, por otra parte, el propio eje trilineal (NE-SO), que se conecta con la Meridiana y la continuación de la línea de ferrocarril de Martorell por la avenida de Roma y la futura estación de Sants. Sobre este eje trilineal, Cerdà diseña unas agrupaciones de cuatro manzanas, denominadas *manzanas ferroviarias*, que conforman una nueva supermanzana de 2×2 manzanas, aprovechando la misma trama de alineaciones de 1859. Cada nueva agrupación es cruzada por un eje central en que sitúa el ferrocarril a distinto nivel. Esta combinación le permite que el contorno de la macromanzana tenga las mismas fachadas que las del proyecto de 1859 y combine la circulación ordinaria (diligencia y tranvía) con la circulación perfeccionada (ferrocarril) a diferente nivel (v. figs. 195 y 196).

En este nuevo esquema, el nexo de unión del sistema viario y ferroviario es la vivienda. La edificación pasa a ser de dos niveles de conexión (sótano y planta baja) y aumenta el volumen de los bloques, que deben adaptarse a las nuevas dimensiones de la macromanzana de 2×2 manzanas del Ensanche.

A partir de los datos de los informes del expediente, de las manzanas grafiadas en el Plano del Anteproyecto y del ejemplo de las dos manzanas que Cerdà desarrolla como facultativo de la sociedad Fomento del Ensanche (v. fig. 185), hemos formulado una hipótesis constructiva de la manzana ferroviaria (v. fig. 195).[15] Para elaborarla, hemos seguido el ejemplo de la agrupación de las dos manzanas de la sociedad Fomento del Ensanche, que es el elemento constructivo más representativo de las propuestas construidas por Cerdà.

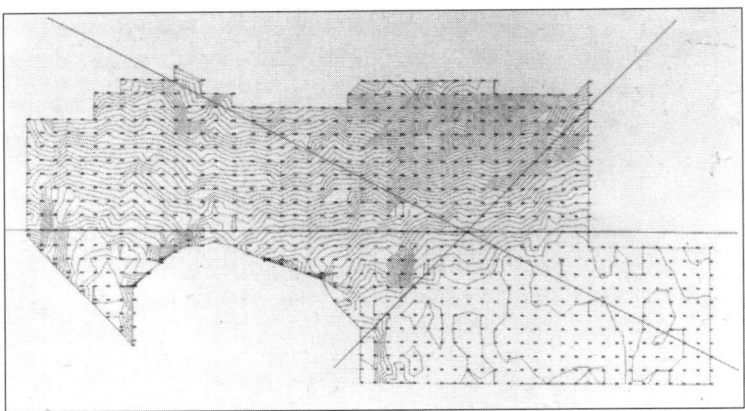

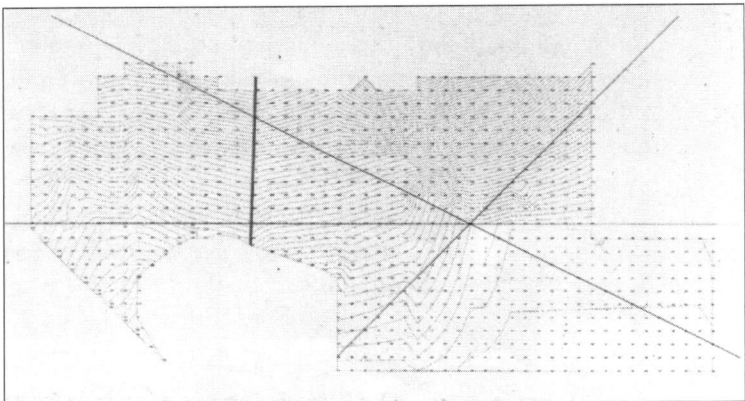

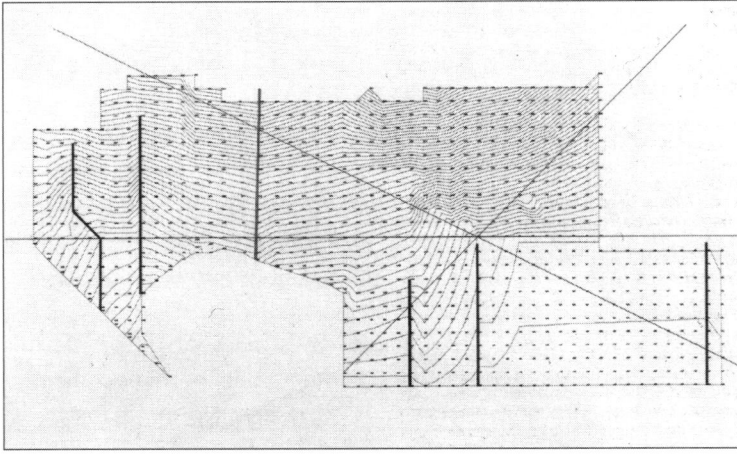

Figura 200. a) Plano topográfico a partir de las cotas de terreno de los planos particularios. b) Plano topográfico a partir de las cotas de urbanización de los planos particularios que muestra la existencia de dos planos vertientes. c) Plano topográfico a partir de las cotas de saneamiento y de los ejes de los colectores principales.
Fuente: Magrinyà, 1998

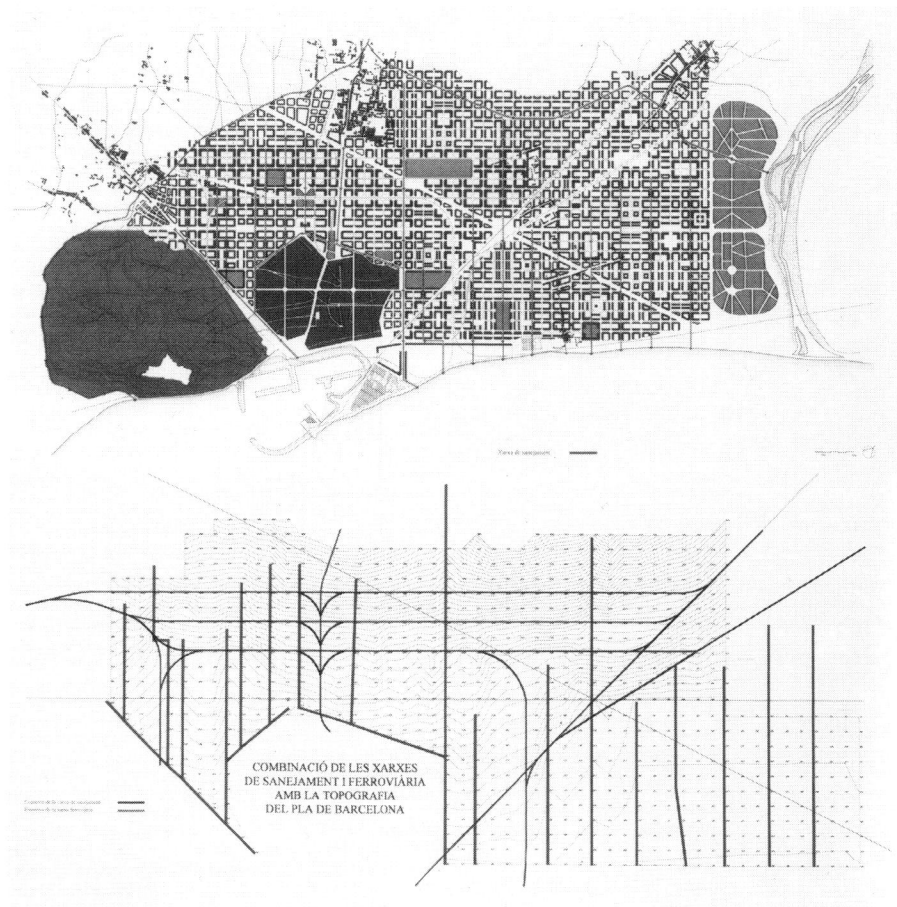

Figura 201. Red de saneamiento deducida de las cotas de saneamiento (arriba). Hipótesis de la red de saneamiento sobre el Plan de Ensanche (abajo).
Fuente: Magrinyà, 1998

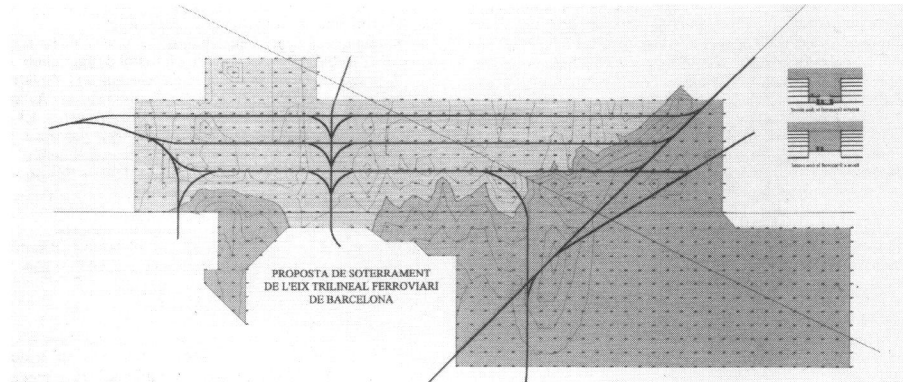

Figura 202. Plano que indica la diferencia entre la cota de saneamiento y la de urbanización, y permite distinguir cuándo el ferrocarril es subterráneo y cuándo no lo es.
Fuente: Magrinyà, 1998

Aparte del eje trilineal que se deduce del plano de 1863, disponemos de una propuesta de estación de enlace de la Ciutadella, dibujada sobre uno de los planos del Legado Cerdà (v. fig. 194). No sabemos con exactitud cuándo se grafía esta propuesta, aunque coincide con la descripción de la localización en que se refiere el Anteproyecto de *Docks* de 1863. Cabe destacar, sin embargo, que no está recogida en el plano de 1863. Una hipótesis razonable es que estuviera ligada a la aprobación definitiva del Anteproyecto de *Docks* de 1868, año en que la Ciutadella dejó de ser zona polémica y se inició su derribo.

La estructura grafiada en gris oscuro sobre el plano topográfico tiene forma de espina de pescado, en que la Meridiana es el eje central (v. fig. 194). Tal como está orientada la red ferroviaria, se deduce que la conexión entre el puerto y la estación es la privilegiada. Se observa, además, que las ramas de conexión se cruzan a distinto nivel con ciertas calles. En cambio, el eje de la Marina y el de la Meridiana lo hacen a nivel. Todos estos datos coinciden con las descripciones de los informes del *Anteproyecto de Docks* que proponen el ferrocarril enterrado a distinto nivel. Si analizamos las agrupaciones de manzanas grafiadas, vemos que son de 2×1, 2×2 y 3×2 manzanas del Ensanche. De lo que se observa en el dibujo, se deduce que Cerdà siempre deja un espacio de 20 m por ferrocarril, y el resto se distribuye, a partes iguales y a ambos lados, en bloque y espacio abierto. Este esquema coincide con el criterio expresado por Cerdà de que la edificación ocupe el 50% del espacio. Cabe destacar, finalmente, que las profundidades de los bloques llegan hasta los 56 m en el caso de las agrupaciones de 2×2 y 2×3 manzanas. Lamentablemente, no disponemos de ninguna planta con más detalle ni alzado en que pueda observarse la distribución de este espacio.

Cerdà propone que el ferrocarril esté enterrado 5 m:

"Por esta disposición y teniendo presente, como se ha dicho anteriormente y como se confirma en los perfiles, que el sistema de vías férreas se mantiene a 5 m por debajo de las ordinarias y se observa que la altura de las primeras no perturba ni complica el movimiento que por la segunda se verifica [...]."

Y lo aplica tanto para el eje trilineal coma para el ferrocarril de circunvalación: "La idea de hacer subterráneo el camino de circunvalación es aceptable para no perturbar el movimiento urbano [...]."

No obstante, decide que los cruces de vías de ferrocarril entre sí se pueden hacer a nivel: "Sentado después de haberlo razonado con acierto que los cruzamientos de las diversas líneas de ferrocarriles deben verificarse de nivel, como el de las calles ordinarias tiene lugar, y como debe establecerse en el de los tranvías."

Por otra parte, considera que las calles del Ensanche pueden admitir perfectamente la introducción de ferrocarriles a tracción animal (tranvías):

"Por lo llano y poco inclinado del terreno del Ensanche, por la latitud de sus calles, que miden en general 20 m, y por la holgura de sus cruceros, todas las referidas calles son susceptibles de recibir líneas de caminos de hierro de fuerza animal, no verificándose lo mismo por las estrechas calles de la actual población, en la cual habrá de realizarse su reforma interior según está aprobada antes de que semejante mejora se lleve a cabo."

Por tanto, la introducción del ferrocarril obliga a proponer una zanja para crear otro nivel, mientras que en el caso del tranvía (ferrocarril a tracción animal) se adaptaba perfectamente a las calles del Ensanche y podía ir a nivel.

Con la introducción del ferrocarril, Cerdà propone, de hecho, una especialización de las vías según los medios de locomoción, en que distingue tres tipos de vías:

a) Las vías que van a distinto nivel, destinadas al ferrocarril, y que incluyen:
   - Las vías que forman el ferrocarril de circunvalación y la conexión a las vías ya existentes.
   - Las vías que forman el eje trilineal situadas en las calles de Rosselló, Mallorca y Aragó, que se conectan con la Meridiana y con la misma calle de Aragó, así como con un nuevo eje vertical situado en la calle de Balmes. Y, por otro lado, las vías que dan acceso a los muelles del puerto.W.

b) Las vías que combinan la circulación rodada ordinaria (diligencias y carruajes) con la circulación sobre carriles con ferrocarriles a tracción animal (tranvías). Lo pueden ser todas las vías del Ensanche y las de la reforma interior.

c) Las vías de circulación ordinaria, dedicadas exclusivamente a diligencias y carruajes, que son el resto.

Como ya hemos visto, la vivienda hace de nexo de unión entre la vía ordinaria y la vía ferroviaria, que están situadas a distinto nivel:

"El ferrocarril [...] se lleva al descubierto por el interior de las manzanas y a una profundidad que permite atravesar las calles por pasos inferiores; a uno y otro lado de la zona que se destine a la anchura de las vías, dos órdenes o pisos de tinglados para la carga, descarga y depósito provisional de las mercancías, por una y otra parte; siguen después los edificios cuyas fachadas exteriores dan a las calles por donde se verifica la circulación ordinaria y en las cuales podrán establecerse los ferrocarriles de fuerza animal cuando las necesidades del tráfico lo exijan."

Cerdà propone un esquema de vivienda de tres niveles que podría incluir los tres tipos de actividades mencionados en el título del Anteproyecto: almacenes, industrias y tiendas:

"El piso bajo de los dos órdenes de tinglados de que antes se ha hecho mención está al mismo nivel de los sótanos de las casas, con respecto a las calles, los cuales se destinan a almacenes: el piso superior de los tinglados resulta al nivel del piso bajo de las casas, que estando al roce de las calles sirven preferentemente para talleres, bazares o tiendas para exposición y venta. Los pisos superiores de las casas pueden ser establecimientos industriales accesorios o dependientes de los situados en los pisos inferiores, o destinados a los usos generales para que sirven las fincas urbanas, siendo sin duda preferidas a otras estas habitaciones por los que dependan de los establecimientos de comercio o de industria que en los mismos edificios se establezcan."

El Anteproyecto no se reduce a una propuesta de *docks*, sino que mantiene las actividades comerciales y de residencia que tenía la propuesta de 1859, introduciendo las instalaciones ligadas al ferrocarril:

"Aborda y resuelve con decisión disponiendo el trazado por el interior de las manzanas, modificando la edificación interior de las mismas de un modo propicio para el servicio comercial, sin alterar las condiciones generales de las edificaciones de las calles del Ensanche."

Cerdà elabora hasta las últimas consecuencias su propuesta de situar las vías de ferrocarril a distinto nivel respecto de la cota de las calles destinadas a circulación ordinaria. Esta decisión le lleva a analizar la articulación de las redes de servicios con las de transporte, en un espacio de tres dimensiones:

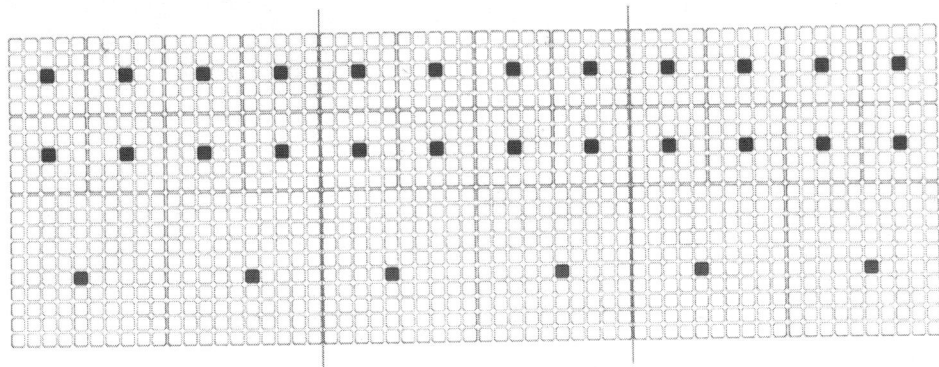

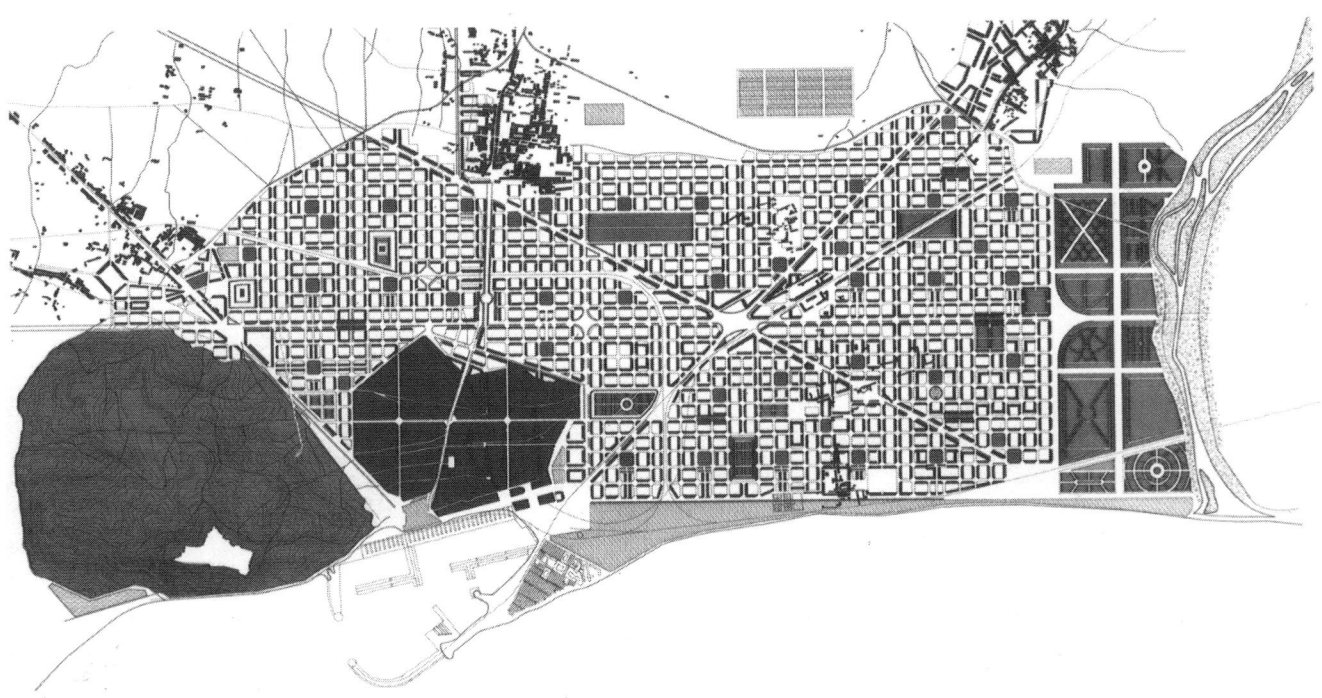

Figura 203. Esquema teórico de los barrios, distritos y sectores y su aplicación al Proyecto de Ensanche de 1859, y los equipamientos correspondientes (centros sociales y mercados).
Fuente: Fons Cerdà, Urbs i Territori

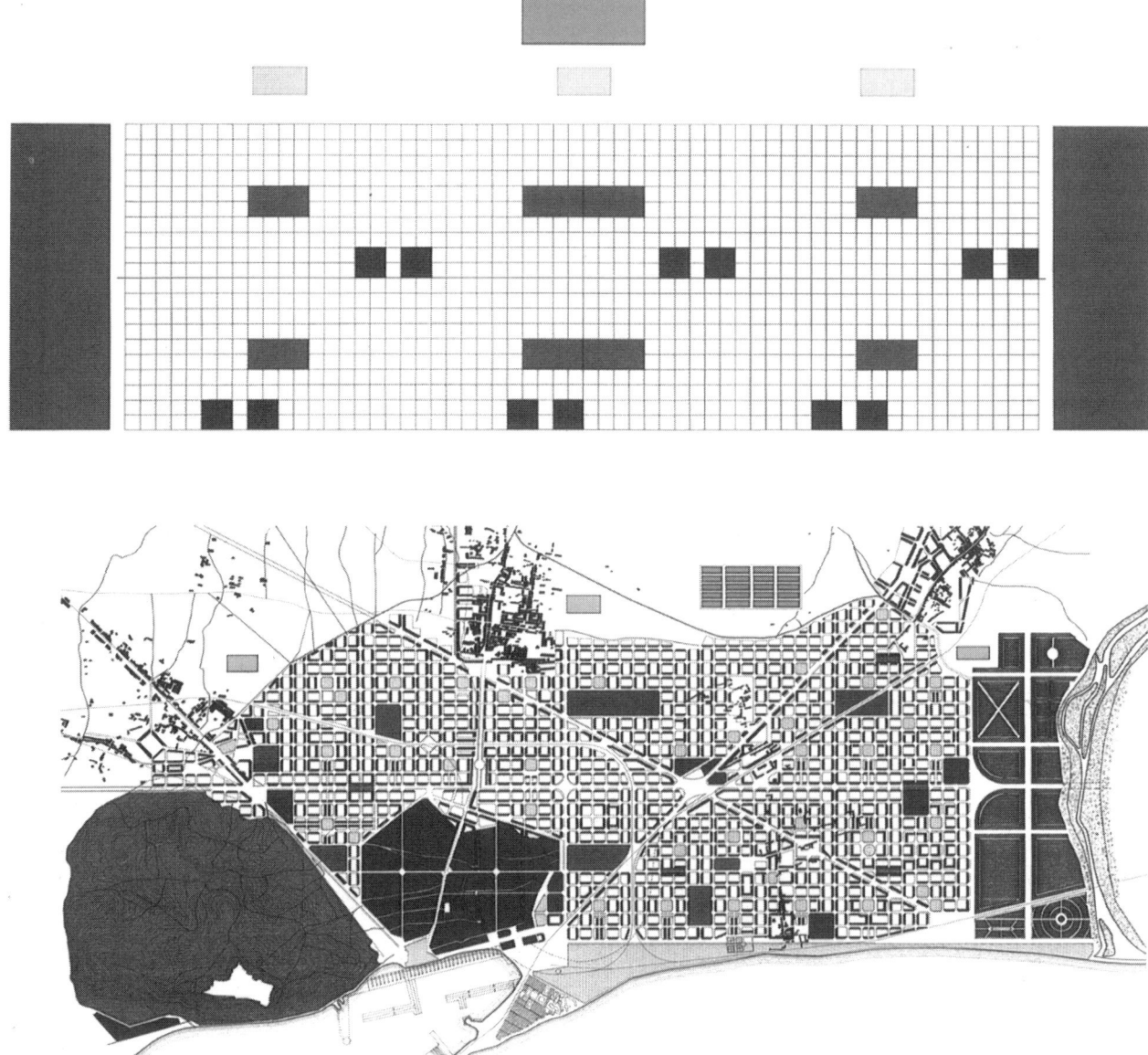

Figura 204. Esquema teórico de los equipamientos de conjunto (edificios de la Administración, parques urbanos, hospitales, cementerio y matadero) y su aplicación al Proyecto de Ensanche de 1859.
Fuente: Fons Cerdà, Urbs i Territori

"[...] tomo en consideración los trazados de otros servicios urbanos para fijar las que pueden tener concesión con los de los ferrocarriles, desde el punto de vista de la relación de sus respectivas rasantes."

En los planos conocidos como particulares, grafiados a escala 1:500, se encuentran indicadas tres cotas en los cruces de los ejes de las calles. En la leyenda de los planos, se indica que las cotas corresponden a las de terreno, urbanización y alcantarillado (v. fig. 199). Estas anotaciones, como veremos después, corresponden perfectamente a las indicaciones de la compatibilización del ferrocarril enterrado con las redes de servicios, y especialmente de la red de saneamiento que se describe en la memoria del *Anteproyecto de Docks* de 1863.

Según Cerdà, en el caso de la articulación de la red de saneamiento y la ferroviaria, es necesario definir las cotas de saneamiento y de ferrocarril y, finalmente, las de urbanización, que vendrán condicionadas por las cotas de desagüe de los colectores de saneamiento:

"Pero no se verifica lo mismo con el trazado del alcantarillado, cuyo desagüe está determinado en el mar, que ha de recibir los desagües de la vía férrea y que han de sanear la parte baja de las construcciones en general, así públicas como particulares. Teniendo presentes estas circunstancias, y con la condición de que el alcantarillado sea registrable, determina el autor las cotas fundamentales de su proyecto."

Cerdà fija el criterio a seguir en la relación de alturas entre las cotas de saneamiento, ferrocarril y urbanización. Esto coincide con las cotas de saneamiento y de urbanización en los puntos más bajos. Para Cerdà, la introducción del vapor en los medios de locomoción debe cambiar radicalmente el sistema de movilidad. El enlace entre el transporte marítimo y terrestre se convierte en el punto central de su plan. Cerdà encuentra en el ferrocarril de circunvalación y en la extensión por el Ensanche de un eje trilineal la solución a la introducción de la locomotora. La nueva elaboración del Proyecto de Ensanche de 1863 se convierte así en un plan para extender el sistema de almacenes, talleres y tiendas como generadores de la movilidad de la nueva ciudad industrial y comercial.

El sistema de equipamientos se distribuye sobre la cuadrícula configurando la urbe y asegurando su autonomía

Tal como ya se ha analizado, Cerdà utiliza la analogía entre urbe e intervías, y considera la urbe como una suma de pequeñas urbes correspondientes a cada uno de los intervías. Según él, el intervías tiene las mismas características que una urbe:

"En cada uno de esos espacios aislados por las vías urbanas, existe un pequeño mundo, una pequeña urbe —o urbe elemental, si se quiere— que, en su conjunto y en sus detalles, conserva la más admirable analogía y hasta semejanza con la grande urbe que, todo bien mirado, no es más que un conjunto armónicamente compuesto de tales urbes elementales, enlazadas entre sí por el gran sistema viario urbano." (TGU, p.363; § 984)

Para Cerdà, según el principio de accesibilidad, hay que asegurar la conexión de cualquier intervías con el resto del sistema urbano. La cuadrícula va a permitir una buena articulación entre el intervías y el sistema viario bien conectado a la vialidad universal (v. figs. 189-190). La propuesta de Cerdà consiste, pues, en una ciudad reticular, abierta e igualitaria, contraria al modelo de ciudad radioconcéntrica. El esquema viario básico lo define un tejido urbano conformado por una retícula de calles de 20 m de anchura, conectadas al exterior partiendo de unas *vías trascendentales* (según la denominación de Cerdà) de 50 m de anchura, que estructuran territorialmente la propuesta (av. Meridiana, av. Paral·lel, av. Diagonal y Gran Via).

El otro gran reto es que esta agrupación de intervías tenga asegurada su autonomía. Para ello, es necesario articular un sistema de equipamientos que asegure los servicios de la comunidad.

En el Plano de 1859, Cerdà señala las siguientes manzanas:

— **Manzanas con una A**: emplazamientos que pueden destinarse a edificios del Estado, así civiles como militares, o para grandes establecimientos industriales.

— **Manzanas con una cruz**: iglesias, guarderías, salas de asilo, escuelas y demás edificios y administraciones para el culto y la beneficencia parroquial.

En la exposición conmemorativa del centenario de la muerte de Cerdà (1876-1976), celebrada en 1976, se hizo un trabajo muy interesante para extraer información del Plano de Ensanche y del sistema de equipamientos que llevaba asociado.[16] Para Cerdà, a cada ámbito le corresponden unos equipamientos. Define como ámbitos el barrio, el distrito y el sector, con las siguientes dimensiones y equipamientos (v. figs. 203-204):

Barrio	5×5 manzanas	Centro cívico
Distrito	10×10 manzanas	Mercado
Sector	20×20 manzanas	Hospital
2 distritos	10×20 manzanas	Parque suburbano

Todo ello conforma un sistema de extensión de ciudad articulado según un esquema fractal de servicios y equipamientos.

La pregunta clave que responder en los tejidos actuales es si los sistemas de servicios corresponden a las necesidades de los habitantes de los intervías. Siguiendo el esquema jerárquico propuesto por Cerdà —centro cívico, mercado, hospital y parque—, vamos a repasar los sistemas de servicios actuales.

Para que una ciudad tenga autonomía, es fundamental que la construcción de equipamientos asegure los servicios prestados, que son la causa de la urbanización, es decir, su aglomeración, y en este sentido, Cerdà nos muestra una metodología fractal para la organización de los equipamientos.

En este capítulo se ha recogido el proceso metodológico seguido por Cerdà para diseñar un tejido y una ciudad, con sus intervías, su sistema viario y su sistema de equipamientos. Cerdà nos propone una síntesis entre higiene y movilidad. Para ello enfrenta en primer lugar el problema de acceso a la vivienda como origen de la urbanización. Sus reflexiones para proponer la unidad mínima de vivienda son de plena actualidad. Las condiciones de higiene y el cubo atmosférico son sus referentes iniciales. Pero va más allá, y enfrenta el control de la densificación a través de la articulación de la vivienda con el intervías y la preservación de la independencia. En paralelo define la articulación entre el sistema viario y el via-intervías, lo que le lleva a definir unas dimensiones de manzanas que preservan el 50% edificado y el 50% verde como criterio, así como unas dimensiones de calle y de cruces que siguen los principios de independencia de los modos de transporte y de continuidad del movimiento en los cruces. Finalmente articula un sistema de ciudad con un esquema fractal de equipamientos. Mas allá de la solución, lo que nos muestra Cerdà son unos principios y una metodología de diseño. Su pensamiento nos ilumina para el diseño actual de los tejidos retomando las necesidades de hábitat, de movilidad y de servicios, en unas nuevas condiciones de contexto en el que la independencia y la sociabilidad están mediatizadas por los sistemas de información y de transporte que dan una nueva dimensión al diseño urbano y a la planificación urbanística.

Notas

1 Es razonable pensar que tras su mediación ante el conflicto de la huelga de 1855, y como miembro de la comisión que se debe dirigir a Madrid para exponer las razones del conflicto, Cerdà elaborará la *Monografía estadística de la clase obrera* en 1856

2 CERDÀ, Ildefons [1856] (1971): *Monografía estadística de la clase obrera de Barcelona en 1856*. Madrid: Imp. Española, 1868. Apéndice en el vol. II de la TGU, de la cual Cerdà publicó una edición. En: ESTAPÉ, F. (1971): *Op. cit.*

3 CABRÉ, Anna; MUÑOZ, Francisco (1994): "Ildefons Cerdà y la insoportable densidad urbana: algunas consideraciones a partir de la cartografía y análisis de las estadísticas presentadas en la Teoría general". En: MAGRINYÀ, F.; TARRAGÓ, S. (eds.) (1994): *Mostra Cerdà. Urbs i territori. Catálogo de la exposición*, septiembre de 1994-enero de 1995. Barcelona: Electa, pp. 37-46.

4 CABRÉ, Anna; MUÑOZ, Francisco (1994): *Op. cit.*

5 Las reatas son cuerdas o correas para atar dos o más caballerías. Existía, pues, una jerarquía de calles según pudieses acoger vehículos de caballerías con reatas o no.

6 LE CORBUSIER (1935): *La Ville radieuse. Soleil, espace, verdure*. Boulogne-sur-Seine: Éditions de l'Architecture d'Aujourd'hui. LE CORBUSIER (1953): *The Marseilles Block*. Londres: Harvill Press.

7 MAGRINYÁ, Francesc (2014): "Una entrevista imposible con Ildefons Cerdà". *EWT/ EcoWebTown. Magazine of Sustainable Design*. Edizione SCUT, Universita Chieti-Pescara.

8 TERÁN, Fernando de (1999): El urbanismo europeo en América y el uso de la cuadrícula. Cerdá y la ciudad cuadricular. *Ciudad y Territorio. Estudios Territoriales*, 119(12): 21-40. Disponible en https://oa.upm.es/19953/

9 REPS, John (1965): *The Making of Urban America: A History of City Planning in the United States*. Princeton: Princeton University Press.

10 SORIA, Arturo (1996): *Op. cit.*

11 SORIA, 1996: Op.cit. p.264

12 MAGRINYÀ, Francesc (1994): El Anteproyecto de Docks de 1863: una propuesta de urbanización del ferrocarril para Barcelona. En: MAGRINYA, Francesc; TARRAGÓ, Salvador (eds.) (1994): *Mostra Cerdà. Urbs i territori. Catálogo de la exposición*, septiembre de 1994-enero de 1995. Barcelona: Electa, pp. 225-254.

13 Todas las citas de este apartado se han extraído de los documentos siguientes: Archivo General de la Administración (AGA). Educación y Ciencia, caja 8253 (legajo 8985/1-26) (1864-1866), Anteproyecto de enlace de vías terrestres y marítimas, construcción de *docks*, talleres y bazares, Ildefonso Cerdà, 1864-1866. Archivo General de la Administración (AGA). Obras Públicas, caja 22249 (1862), Expediente de estudios de una estación de enlace al servicio marítimo y terrestre de Barcelona, D. Ildefonso Cerdà, año 1862.

14 NOVOA, Manuel (2009): Cerdà y el frente marítimo de Barcelona. *Ingeniería y Territorio. Revista del Colegio de Ingenieros de Caminos, Canales y Puertos*, 88, pp. 20-29.

15 Este apartado se ha extraído de MAGRINYÀ, Francesc (1994): *Op. cit.*

16 TARRAGÓ, Salvador; SORIA, Arturo (1976): *Cerdá 1876-1976. Catálogo de la exposición conmemorativa del centenario de su muerte*. Barcelona: Colegio de Ingenieros de Caminos, Canales y Puertos.

VII. LAS CINCO BASES DE LA URBANIZACIÓN: LOS INSTRUMENTOS PARA LA APLICACIÓN DE UNA TEORÍA URBANÍSTICA EN EL CASO DE LA REFORMA Y EL ENSANCHE DE BARCELONA

1. Las cinco bases de la teoría general de la urbanización para pasar del proyecto a la realización

2. La base facultativa o técnica: la formalización del vía-intervías a través del plano de alineaciones

3. La base legal: la formalización del sistema de reparcelación

4. La base administrativa: la articulación de la vivienda con el intervías

5. La base económica: la articulación de las redes de transporte y de servicios urbanos y la financiación de la urbanización

6. La base política: la aplicación del principio de transacción-transición para la construcción efectiva de un sistema de alineaciones reticular de apoyo a la urbanización

7. La decantación de la forma de crecimiento urbano del Ensanche como articulación de una forma de urbanización desde los operadores de redes de transporte y de servicios urbanos sobre el soporte del sistema de alineaciones

8. La acogida de la residencia, la industria y los equipamientos en la nueva forma de crecimiento urbano con sus potenciales y límites

9. El marco legislativo como base indispensable de referencia para un buen desarrollo urbanístico

10. Hacia una lectura de la urbanización desde las redes de transporte y de servicios urbanos

11. Los mecanismos de densificación de la viviendaen el Ensanche: el caso del operador inmobiliario Núñez y Navarro

12. Los mecanismos de trituración del espacio verde en la cuadrícula de Cerdà

13. La evolución del principio de la independencia de los modos de transporte tras la aparición del modelo de urbanismo sostenible y saludable

14. Evaluación de las bases de la urbanización a la luz de su aplicación en el Ensanche

1. Las cinco bases de la teoría general de la urbanización para pasar del proyecto a la realización

Otra de las aportaciones trascendentales de Cerdà es que el Proyecto de Reforma y Ensanche de 1859 se ha aplicado y ha estado vigente durante casi un siglo (1859-1953), hasta que se aprueban el Plan Comarcal en 1953 y la Ley del Suelo en 1956. Posteriormente, el Plan General Metropolitano de Barcelona (PGMB) de 1976 reivindica el tejido urbano construido en el Ensanche y recupera el modelo de manzana con patio interior verde y PB+5 de las Ordenanzas municipales de Barcelona de 1891.[1] De hecho, el PGMB de 1976, todavía vigente bien entrado el siglo XXI, reivindica el Ensanche de Cerdà, que ha continuado siendo el referente urbanístico de la ciudad y de la aglomeración de Barcelona.

Por todo ello, nos interesa conocer cómo consiguió Cerdà implementar el Proyecto de Reforma y Ensanche de 1859, y que rol tuvieron las cinco bases de su Teoría general de la urbanización tal como señala Soria[2] (v. fig. 205):

- Una base facultativa, que, recogiendo las aportaciones de la ingeniería, la arquitectura, la higiene, la estadística, la historia y la geografía, aborda de manera sistemática y clarifica las grandes opciones que se plantean al redactar los proyectos de urbanización.
- Una base económica, que establece criterios y mecanismos para la financiación de las redes urbanas y el reparto de las cargas y de los beneficios.
- Una base legal, que determina los derechos y los deberes de la Administración y de los propietarios afectados y que fija unos procedimientos sencillos de reparcelación.
- Una base administrativa, que define los principios doctrinales que deben inspirar las ordenanzas municipales de construcción.
- Una base política, cuya función consiste en estudiar cómo armonizar lo teóricamente deseable con lo que es posible en la práctica.

Como señala Garcia Bellido, Cerdà propone:

"Una integración metodológica en el urbanismo (técnica aplicada de la urbanística) del Derecho público y la Economía, inseparablemente entrelazados, en lo que Cerdà llamaría "las bases legal, económica, administrativa y política". Para él, estas bases, como disciplinas condicionantes y estructuradoras del diseño físico-espacial que artísticamente suele dibujar el facultativo con el proyecto o plan que él llamaba "base facultativa" [...]; configurando así la moderna tríada del urbanismo aplicado u operativo, basado en la Geometría, el Derecho público y la Economía urbana."[3]

Este planteamiento interdisciplinario, que profundiza en las aportaciones del derecho, la economía, la gestión administrativa y la política, es un elemento clave de la visión que aporta Cerdà a la disciplina urbanística que resulta de plena actualidad. La mirada actual, demasiado especializada y fragmentada, ha reducido la disciplina urbanística a su parcela técnica o facultativa, así que debería retomar la perspectiva de Cerdà, especialmente en un contexto tan complejo como el actual, en que aquella mirada, entendida como una suma de especialidades, se confirma como limitada.

En este capítulo, nos planteamos analizar con detalle cómo se han formalizado estas bases, cómo se han construido los instrumentos para pasar de la potencia al acto, del proyecto a la construcción, y su capacidad de implementar un modelo de urbanización como es el del Proyecto de Reforma y Ensanche. Nos interesa analizar en qué medida los planteamientos iniciales se han implementado o se han quedado a medio camino, y por donde es necesario avanzar en la disciplina actual. Por ello, las conclusiones de este capítulo se desplegarán en el capítulo final, ya que nos interesa considerar las aportaciones de Cerdà en un contexto de futuro.

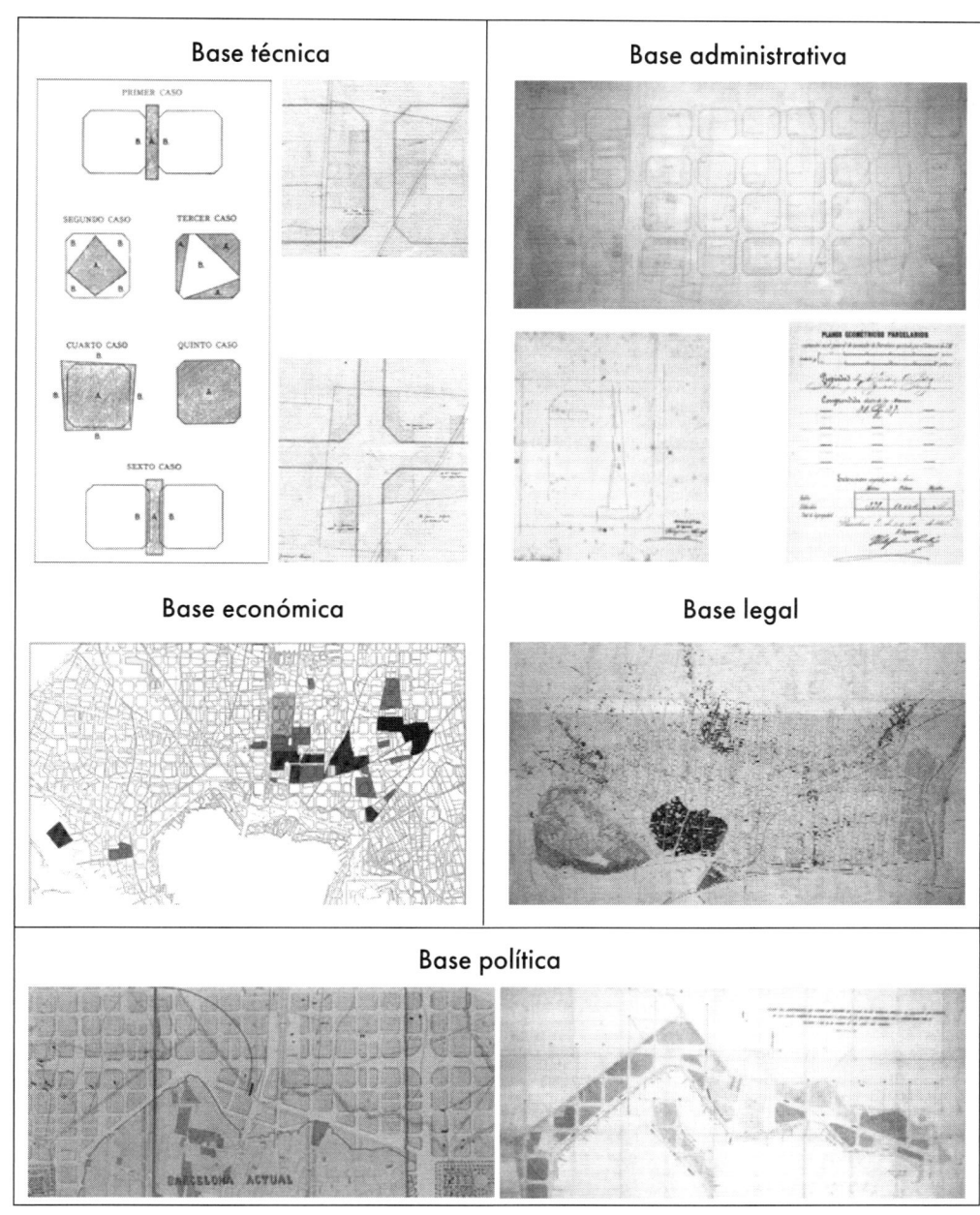

Figura 205. Los instrumentos de aplicación de las cinco bases de la urbanización propuestas por Cerdà.
Fuente: Magrinyà, 2008

2. La base facultativa o técnica: la formalización del vía-intervías a través del plano de alineaciones

El planteamiento científico de Cerdà, que hemos recogido en el capítulo III, en el ámbito facultativo, lo podemos ver expresado en esta cita:

"Imposible parece que haya un facultativo de corazón que no tiemble al trazar las primeras líneas del plano de una ciudad, cuando debe saber que esas líneas deciden el porvenir material y moral de un sin número de familias, a quienes no puede ser indiferente ni la magnitud, forma y exposición de las manzanas ni la anchura y dirección de las calles, ni la existencia de puntos destinados a la vegetación más para recreo, para la purificación de la atmósfera. Y, sin embargo, al examinar algunos planos y más que todo aun al recorrer algunas memorias, se encuentra solo impremeditación y ligereza y el simple deseo de presentar un plano bonito que halague al vulgo." (TVU, p.155, § 855)

Cerdà, antes de formular una propuesta gráfica, definirá de forma razonada aquellos elementos esenciales que justifican su propuesta y que exponemos a continuación para esta base.

2.1. La propuesta de una urbanización ilimitada y plurimunicipal

En primer lugar, como señala Bassols[4], Cerdà destaca el carácter supramunicipal del Ensanche de Barcelona y su incidencia general por razones de utilidad pública, lo cual justifica, a su juicio, su aprobación por parte del Ministerio de Fomento, así como la intervención por vía consultiva de distintas corporaciones estatales, asegurando así la ausencia de tentaciones localistas, con dictámenes de corpora-

ciones apasionadas, que designa despectivamente como "corporaciones legales". Además, Cerdà plantea la unión íntima entre reforma y ensanche, asociada al concepto de ensanche ilimitado:

"Necesario es, pues, desentenderse completamente de la ciudad antigua y no tenerla presente más que para conocer sus defectos y evitarlos. No nos empeñemos en sujetar las nuevas calles a la dirección de las existentes, como no sean las más principales que se hallen, ya según la dirección de los vientos más saludables o en el sentido de la dirección general del movimiento establecido o que pueda establecerse en lo sucesivo. Hágase un ensanche que facilite la unión de la ciudad actual con sus arrabales apiñados alrededor de la zona militar y diese a su ensanche y extensión que permitan al caserío distribuirse de una manera análoga al de las poblaciones fundadas por nuestros ilustres abuelos en el continente americano." (TCC, p.407, §1462)

Figura 206. La base técnica: los principios de diseño del trazado de la ciudad.
Fuente: Lluïsot

Junto a ello, el lanzamiento de la idea de Ensanche indefinido o ilimitado adquirirá un valor simbólico en el orden jurídico, que se corresponderá con las aspiraciones de la liberación de la propiedad urbana y con los intereses económicos del liberalismo, en fase de consolidación a mediados del siglo XIX. Cerdà proclama con insistencia que:

"... limitar, bajo cualquier concepto, la superficie que se puede edificar equivale a conceder a los terrenos favorecidos el privilegio de multiplicar su valor, según les parezca a sus dueños; es querer aumentar de una manera fabulosa el valor de la propiedad territorial a expensas de todos los demás ramos de la riqueza pública; es perpetuar el precio elevado de los alquileres en beneficio del fisco; es enriquecer a los propietarios de los terrenos por medio del abuso del monopolio protegido por la ley y a expensas de la salud, la vida y el dinero de los habitantes de las ciudades. Finalmente, limitar el espacio para la edificación dejando a los propietarios el derecho de aumentar el precio de sus terrenos es, a los ojos de la humanidad y de la justicia, lo mismo que si se impusiera a una industria cualquiera la obligación indispensable de servirse de un número determinado de obreros, dejándoles el privilegio de exigir el jornal que quisieran. Esto sería matar la industria, aquello es atentar contra la humanidad." (TCC, p.407, §1461)

Este planteamiento adquiere toda su actualidad cuando las aglomeraciones crecen con el radio de influencia de las redes de transporte, servicios y comunicaciones y, a la vez, se densifican en sus centros. En el período de la tercera revolución urbana, el paradigma era saltar la ciudad amurallada y antigua, y extenderla para ofrecer unas buenas condiciones de vivienda a la aglomeración. Cerdà, en línea con este planteamiento, asocia la posibilidad de dar a la población un acceso asequible a la vivienda con hacer un ensanche ilimitado. Más adelante, analizaremos ccon más detalle la actualidad de este planteamiento.

2.2. La definición del vía-intervías como instrumento de referencia de la base facultativa

Tal como se ha señalado en capítulos anteriores, la aportación más significativa de Cerdà en el ámbito facultativo es, sin duda, la definición del concepto de vía-intervías, es decir, la pareja formada por las vías y el espacio rodeado por ellas (intervías), como nueva unidad mínima de urbanización. Cerdà plantea una lectura de la urbanización como un equilibrio entre espacios de movilidad y espacios de estancia. El nuevo sistema de vía-intervías pasa del esquema casa-calle a un nuevo esquema donde el solar y la casa se insertan en el intervías con su espacio edificado y su espacio verde, articulados a partir de las nuevas condiciones de movilidad.

Para Cerdà, ante la preponderancia cada vez más determinante de la movilidad, la edificación y el parcelario ya no pueden determinar la forma urbana como elementos de base, sino que quedan insertados en la nueva unidad mínima de la urbanización que es el intervías (v. fig. 207).

Como ya se ha analizado anteriormente, con la articulación progresiva del territorio urbano, según la cual cada modo de transporte genera una nueva forma de urbanización (v. figs. 124-127), es necesario condicionar la vivienda y las parcelas al nuevo equilibrio entre vías-intervías. Si se diese prioridad al parcelario, el tejido preexistente debería acoger unas necesidades de movilidad en la etapa de la movilidad perfeccionada, en un tejido organizado por una movilidad anterior, asociada al carro y a la diligencia, y unos asentamientos más rurales. Cerdà se plantea preservar un espacio para el viario que debe acoger los nuevos modos de transporte. Una vez definido el dimensionado de las calles de 20 m por el principio de independencia de los modos de transporte, establece un sistema de alineaciones en que, para que un terreno pase de suelo rural a suelo urbano, se debe ceder la parte correspondiente del nuevo espacio viario. Cada manzana comparte con la adyacente la mitad de la calle (v. figs. 183 y 208). Esta aportación implica un cambio de perspectiva urbanística y es el referente de la modernidad en la urbanización. En este sentido, una de las aportaciones centrales de la obra de Cerdà es la capacidad de imponer un instrumental adaptado a la nueva urbanización, asociada a la introducción del transporte mecanizado y de las comunicaciones (v. fig. 192).

En la figura 258, hemos recogido gráficamente los principios y los instrumentos que Cerdà articuló en el Ensanche de Barcelona para pasar de un tejido rural, con sus parcelas y caminos, a un tejido urbano con unas calles y unas manzanas que articulaban un tejido urbano de calidad. Cerdà plantea unos instrumentos que están relacionados con la generación de una nueva forma de crecimiento urbano, conocida como *ensanche* (v. fig. 260). Estos instrumentos están asociados al intervías como nueva unidad, al rol de la urbanización y sus redes de servicios y transporte como elementos estructurantes de la urbanización, y a la definición de una edificación conocida como *casa de renta*, que será la base de la construcción edilicia que preserva unas condiciones adecuadas de higiene.

2.3. La concreción del vía-intervías: un esquema sencillo que articula la vivienda tipo, el jardín (50% de la parcela)

Para la *base técnica*, como ya se ha mostrado en el capítulo VI, Cerdà partió de un análisis de la vivienda en el Anteproyecto de Ensanche de 1855 en que desarrolló cuatro modelos de casa obrera y cuatro modelos de casa burguesa. De ahí surgiría la unidad mínima de habitación, definida en el modelo de casa obrera de cuarto orden (piso de 50 m² para cuatro miembros y servicios comunitarios). En el otro extremo, se encontraba la casa de primer orden burguesa, una casa de 20×20 m (400 m²), con un jardín que ocupaba la misma superficie. Entre estos dos extremos, Cerdà acabaría defendiendo en el Proyecto de Reforma y Ensanche de 1859 la casa burguesa de 4.º orden como modelo de referencia. Una solución entre medianeras de 20×20 m, que acogía cuatro apartamentos por planta, que daba como resultado unas viviendas de 100 m², en que se aseguraba el principio de independencia del individuo en el hogar (v. figs. 48 y 178).

A partir de la solución de la vivienda definida, Cerdà estableció el modelo de manzana de dos bloques aislados, separados por un jardín central (figs. 60, 61, 185 y 187). De esta forma, se pasaba del edificio aislado al bloque aislado. Con este diseño, se preservaba el principio de independencia del hogar en la ciudad.

En el Anteproyecto de Ensanche de 1855, Cerdà había definido una sección de calle de 35 m, compuesta por un espacio para el peatón, cargado o no (14 m), un espacio para el carro y la diligencia (14 m) y otro para el ferrocarril (7 m) (v. fig. 129). Ante la necesidad de llegar a una sección mínima más asequible, optó por una jerarquización entre vías principales de 50 m, que albergaban el ferrocarril, y la calle tipo del Ensanche de 20 m, que incluía los otros modos, preservando con esta sección el principio de independencia de los medios de transporte en la sección (v. fig. 130).

Además, definió una mejora de la trama con la introducción del chaflán, siguiendo el principio de continuidad del movimiento, punto crítico de la circulación (v. figs. 131-132) y elemento identificador de la forma urbana del Ensanche de Barcelona. Como ya se ha analizado en el capítulo anterior, el resultado es un tejido con calles de 20 m y manzanas achaflanadas, que caracterizan intrínsecamente el Ensanche actual y que aseguran adecuadamente el principio de independencia de los diversos géneros de movimiento en la vía urbana. Una vez definidas las dimensiones de la calle de 20 m y de la casa de 20×20 m de profundidad, Cerdà abordó el cálculo de las dimensiones más adecuadas para la cuadrícula. El método utilizado aplicaba el principio de una densidad máxima de 40 m² por habitante, es decir, 250 hab./ha.

Cerdà había definido unas manzanas que siguen el modelo a dos bandas o a cuatro bandas, pero siempre con un esquema muy sencillo en que toma el modelo de la casa de renta, con una profundidad de entre 20 y 28 m, que no permitía una ocupación de la edificación más allá de los 28 m de profundidad y aseguraba que el reparto entre la casa y el jardín fuese al 50% (v. fig. 209). De esta manera, se obtiene una profundidad de parcela de 56 m, que, doblada al bloque de la otra parte, genera una manzana de 112 m

de lado. Esta es la dimensión deducida de la fórmula para el cálculo del tamaño de la manzana, que coincide exactamente con la de 113 m, si tenemos en cuenta los grosores de las paredes. Este modelo de manzana articula perfectamente edificación, solar y parcela con el nuevo intervías y, además, crea un patio interior de manzana cuadrado de 56 m de lado (112-2×28) (v. fig. 209).

Esta solución, con un patio interior de manzana que acogía una zona central ajardinada y de uso público, era el criterio para permitía el principio de "urbanizar lo rural y ruralizar lo urbano". En los apartados posteriores, veremos cómo es capaz de imponerlo en parte, y cuál es la evolución del tejido urbano.

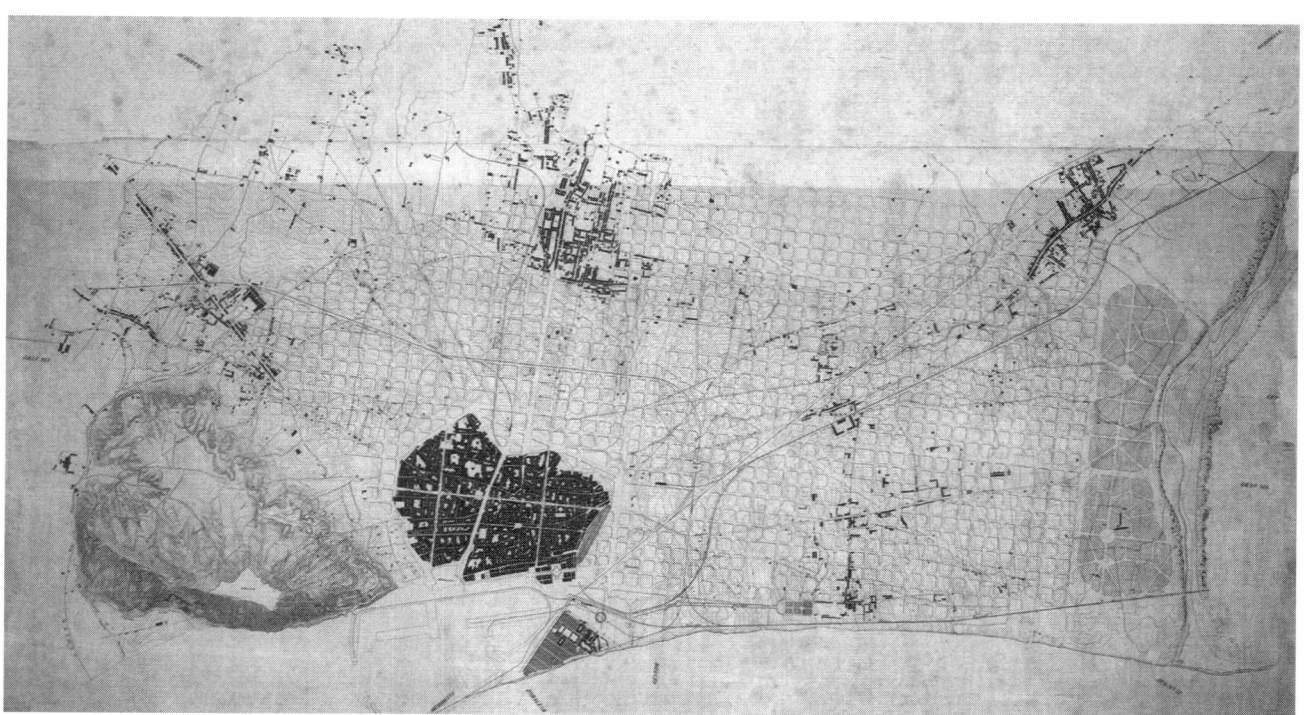

Figura 207. Plano de alineaciones del Ensanche elaborado por Cerdà a escala 1:5.000.
Fuente: Arxiu Històric de la Ciutat de Barcelona: Fons Cerdà 11242

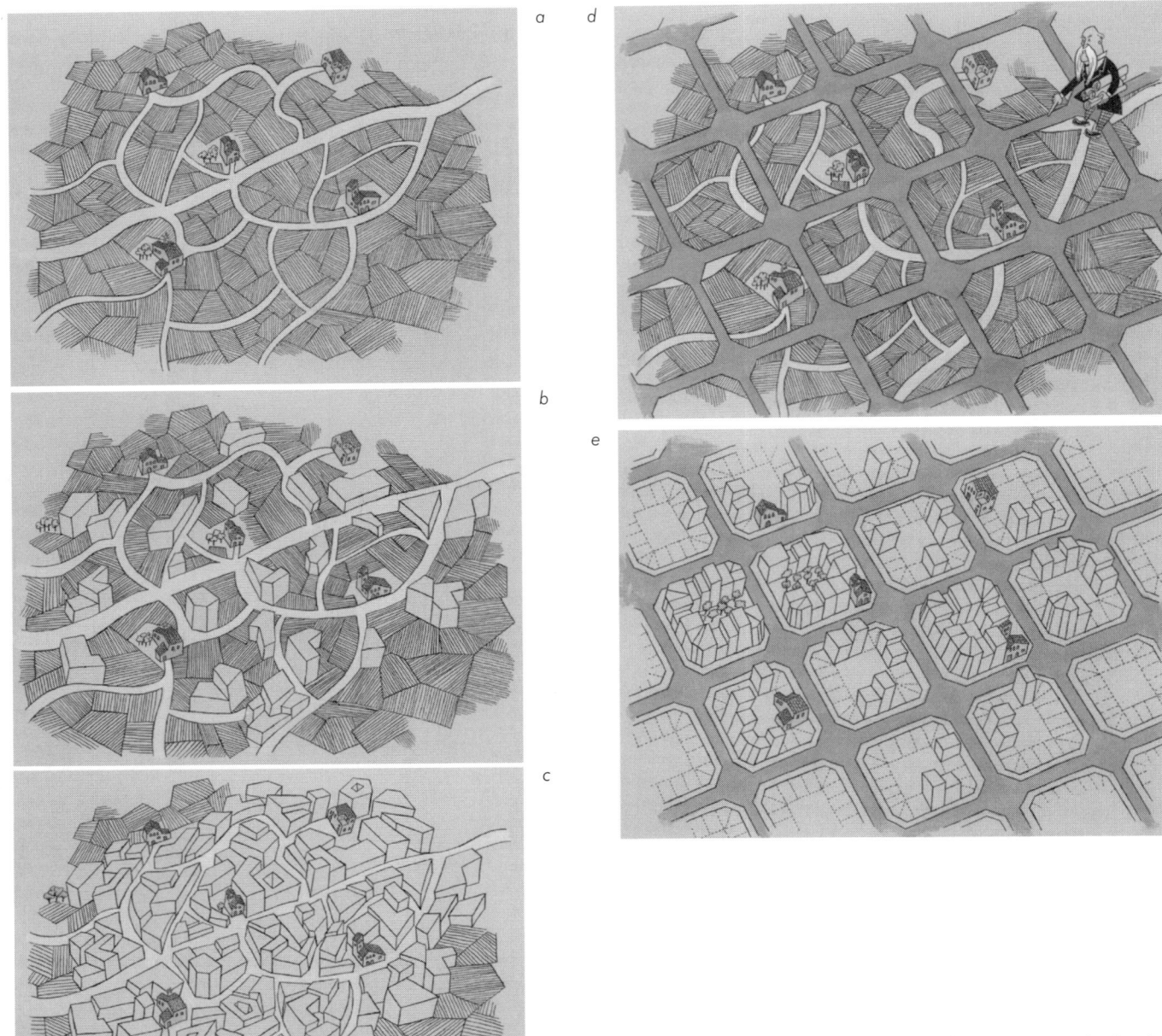

Figura 208. Esquema de evolución del tejido según si está planificado o no: a) tejido rural; b) tejido rural colmatándose; c) tejido rural colmatado y urbanizado; d) tejido rural con malla de alineaciones superpuesta; e) tejido rural urbanizado con nueva malla colmatándose.
Fuente: Lluïsot

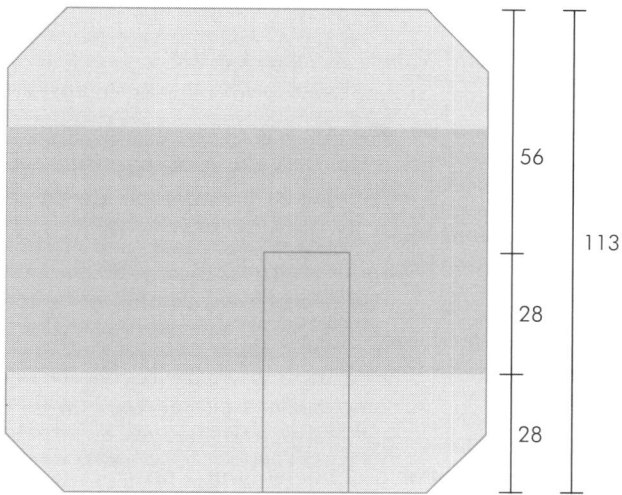

Figura 209. Esquema de articulación de la vivienda y la manzana según un modelo de vivienda de una vivienda entre medianeras, con una profundidad de 28 m, que dispone de un 50% de jardín (28 m de profundidad). El mismo esquema en el otro bloque suma $(28\times2)\times2 = 112$ m. *Fuente: elaboración propia*

2.4. El Plano de Alineaciones se inscribe en un territorio preexistente que condiciona su construcción y diseño final

La noción de urbanización ilimitada es entendida por Cerdà como ausencia de límite. Como se ha descrito en el capítulo II, a partir de 1843 apareció la noción de ciudad sin límites, entendida como la eliminación de las murallas. Cerdà unió a esta noción el concepto de urbanización ilimitada, con la idea de disminuir el valor del precio de la vivienda. Este planteamiento lo establece a través de un proyecto plurimunicipal que multiplica por diez la superficie de la ciudad antigua y que se extiende más allá del municipio de Barcelona (v. figs. 212 y 213). La correlación entre la ciudad antigua y la ciudad proyectada evidencia que el Proyecto de Reforma y Ensanche de Cerdà representa la fundación de una nueva población con estructura reticular, frente a las iniciativas de ensanches de ciudad proyectadas hasta el momento, en que tan solo se planificaba un sector parcial y reducido de la aglomeración.

Sin embargo, este planteamiento tenía sus límites. A continuación, analizaremos los límites geográficos de un modelo homogéneo e isótropo. El sistema urbano de la futura aglomeración de Barcelona quedaba definido, en aquella época, por el centro urbano del antiguo municipio de Barcelona, un núcleo urbano delimitado por las antiguas murallas y unos alrededores limitados (v. fig. 212). La estructuración de Barcelona como plaza militar entre 1714 y 1856 definió un llano vacío, delimitado por unos arcos de circunferencia de 1.250 m en torno a los fuertes de las antiguas murallas (v. fig. 212). En su interior estaban prohibidos los asentamientos urbanos. Por ello, más allá de estos límites, se fueron instalando una serie de edificaciones que posteriormente formarían los núcleos de Hostafrancs, Camp de l'Arpa, El Clot, La Llacuna, Poblenou. Estos núcleos quedaban delimitados por el futuro Ramblar Colector, representando un primer sector semicircular (v. figs. 212 y 259). Aunque la propuesta era ilimitada, en la práctica los límites existían y eran definidos por la estructura geográfica del llano de Barcelona, articulada alrededor de los núcleos urbanos (v. fig. 213). Al diseñar el Ensanche, Cerdà partía del esquema de ciudades preexistentes y se inscribía en un espacio que quedaba delimitado por la montaña de Montjuïc, el río Besòs y los núcleos de Sants, Les Corts, Sarrià, Sant Gervasi, Gràcia, Horta y Sant Andreu (v. figs. 212 y 213). Este hecho evidencia que, aun planteando un modelo reticular, el proyecto recoge, en cierta medida, una perspectiva geográfica radioconcéntrica, con centro en el núcleo urbano de Barcelona. En cualquier caso, el Ensanche representaba un cambio de escala que significaba pasar de una escala urbana a una escala territorial, que multiplicaba por diez veces la nueva dimensión planeada.

2.5. El desarrollo inicial del llano de Barcelona sigue la estructura de las poblaciones dominantes, articulada en torno a la tríada Barcelona-Gràcia-Sants

El ámbito plurimunicipal del Proyecto de Reforma y Ensanche de 1859 (siete de los municipios del llano de Barcelona antes de la unificación de 1897) implicaba que la competencia urbanística era del Gobierno Civil, y no de los municipios (v. fig. 214). Es decir, Cerdà había conseguido imponer un modelo reticular definido por el plano de alineaciones, frente a una lógica radioconcéntrica del municipio de Barcelona. Cabe recordar que, en aquel entonces, el municipio de Barcelona limitaba al norte con el municipio de Gràcia por la calle de Provença y con el municipio de Sant Martí poco más allá del paseo de Sant Joan.

Si analizamos el plano del Proyecto de Reforma y Ensanche, observamos que el núcleo de Barcelona quedaba descentrado respecto de estas nuevas centralidades. Cerdà proponía una cuadrícula que, si disponía de alguna centralidad, esta se situaba en el nuevo *cardo-decumanus* definido por la Gran Via y el paseo de Sant Joan, cuyo cruce es la actual plaza de Tetuán, o en la plaza de les Glòries como centro de movilidad metropolitana, si consideramos la confluencia de la avenida Meridiana, la Gran Via y la avenida Diagonal. Este esquema chocaba con el sistema de ciudades del llano de Barcelona, centrado alrededor del núcleo urbano del municipio de Barcelona.

Por otra parte, cualquier propietario podía edificar en cualquier punto del Ensanche. Este planteamiento quedaba condicionado por el hecho de que cualquier vivienda necesitaba un acceso a una calle o vía accesible y una conexión a los servicios de agua, gas, alumbrado. De hecho, hubo múltiples asentamientos ubicados de forma fragmentada, siguiendo el plano de alineaciones, pero siempre apoyados sobre la vialidad preexistente. A pesar de todas las limitaciones infraestructurales, el llano de Barcelona ofrecía la posibilidad de edificar en cualquier punto de la malla aprobada con el Plan de Reforma y Ensanche de 1860 (v. figs. 207, 268 y 306).

No obstante, si analizamos la relación entre los núcleos del llano de Barcelona y la superficie municipal que ocupaba en cada uno de ellos la propuesta del Ensanche, observamos que el proyecto de Cerdà se centraba fundamentalmente en la tríada de municipios de Barcelona-Sant Martí de Provençals y Gràcia. Este esquema se basaba en un primer eje de unión entre los municipios de Sant Martí de Provençals y Barcelona, a través del eje de la Gran Via. En el proyecto, los demás municipios quedaban como núcleos periféricos, con funciones de delimitación del contorno proyectado.

De facto, y durante el primer cuarto de siglo, el sistema urbano del llano de Barcelona quedó estructurado por el núcleo central del municipio de Barcelona y por un segundo municipio en importancia y más cercano, que era Gràcia, con un 8,1%, frente al 77,3% de Barcelona. A una distancia mayor, se distribuía una segunda cinta, definida por los núcleos de La Bordeta, Sants, Les Corts, Sarrià, Sant Gervasi, Horta y Sant Andreu. Esta estructura geográfica configuró profundamente el desarrollo inicial del Ensanche (v. fig. 210).[5]

Municipio	1860	%	1877	%
Barcelona	189.948	77,3%	249.106	1,1%
Gràcia	19.969	8,1%	33.766	9,6%
Sants	7.984	3,2%	15.959	4,6%
Sant Martí	9.333	3,8%	24.829	7,1%
Les Corts	8.280	0,3%	2.550	0,7%
Sarrià	4.201	1,7%	4.224	1,2%
Sant Gervasi	2.512	1,0%	5.141	1,5%
Sant Andreu	11.055	4,5%	14.615	4,2%
Total	245.830	100,0%	350.190	100,0%

Figura 210. Evolución de la población de los municipios del Plan de Ensanche de Barcelona en el período 1860-1877.
Fuente: elaboración propia a partir de Tatjer, M., 1995a

Se observa que la población de Barcelona (189.948 habitantes) multiplicaba casi por diez la mayor población que le seguía a continuación, que era la de Gràcia (19.900 habitantes) (v. figs. 210 y 213). Los municipios que seguían a continuación eran Sant Andreu y Sant Martí, con 11.000 y 9.300 habitantes, respectivamente, a mayor distancia. En importancia, le seguía la población de Sants, que era la más significativa y cercana a Barcelona después de la de Gràcia. Por ello, el crecimiento inicial de la edificación se articuló a través de la tríada de estos tres municipios. Los núcleos del municipio de Sant Martí quedaron en un segundo nivel de influencia, ya que tenían un esquema polinuclear, con poblaciones pequeñas y estructurados sobre un eje periférico (Poblenou–El Clot–Camp de l'Arpa (v. fig. 212 y 245). Cabe afirmar, pues, que, si aplicamos un modelo de distribución territorial gravitatorio sobre una malla homogénea, el centro de gravedad del crecimiento de la nueva población tendió, en una primera etapa, hacia el eje de Barcelona-Gràcia (1860-1897), mientras que en una segunda etapa (1897-1929) siguió el eje de Barcelona-Sants a través de la Gran Via y de la futura plaza de Espanya.

Si se analiza la evolución de los crecimientos de población en el período 1860-1877 (v. fig. 210), se observa un incremento proporcionalmente significativo del peso de los municipios de los alrededores de Barcelona. Estos crecieron de forma más intensa –Les Corts (4,9 veces), Sant Martí (3,9 veces), Sant Gervasi (2,5 veces), Sants (2,4 veces), Gràcia (1,6 veces)–, que el incremento medio del llano de Barcelona que solo creció un 0,7 respecto del total.

En la serie 1900-1930 (v. fig. 211), se han analizado separadamente los crecimientos de los núcleos de Barcelona, del Ensanche central y de Gràcia respecto del total del llano; los núcleos más industriales (Sants-Les Corts,

Municipio	1900	1905	1910	1915	1920	1930
Ciutat Vella	192.828	173.291	183.561	184.246	208.788	230.107
Eixample	158.592	167.541	179.752	188.499	216.050	311.371
Poblesec-Hostafranchs	32.632	35.681	42.529	46.948	53.091	71.205
Zona Franca-Can Tunis	501	283	455	692	1.177	10.672
Sants-Les Corts	32.414	33.258	37.313	39.884	45.762	78.093
Pedralbes (Maternitat)	1.485	1.170	2.108	1.833	1.484	3.573
Sarrià-Vallvidrera					11.534	10.472
Bonanova (Via Augusta)	5.587	5.869	7.616	8.413	11.092	19.506
Sant Gervasi (centre)	7.409	8.650	9.813	10.501	12.643	18.281
Gràcia (centre)	35.559	38.562	40.503	42.460	45.875	69.380
Vallcarca-Carmel	1.682	2.621	3.357	4.063	5.750	12.937
Guinardó	5.951	6.663	8.007	9.491	12.537	29.578
Horta-Santa Eulàlia	6.043	5.666	7.061	8.145	8.737	16.116
Clot-Sant Andreu	35.875	38.568	42.292	44.446	50.899	70.182
Sant Martí	19.212	18.789	23.170	22.952	25.427	52.173
Nou Barris						6.109
Total	535.770	536.601	587.537	612.573	710.846	1.009.755

Figura 211. Evolución de la población de los municipios del llano de Barcelona en el período 1900-1930.
Fuente: Tatjer, M., 1995b

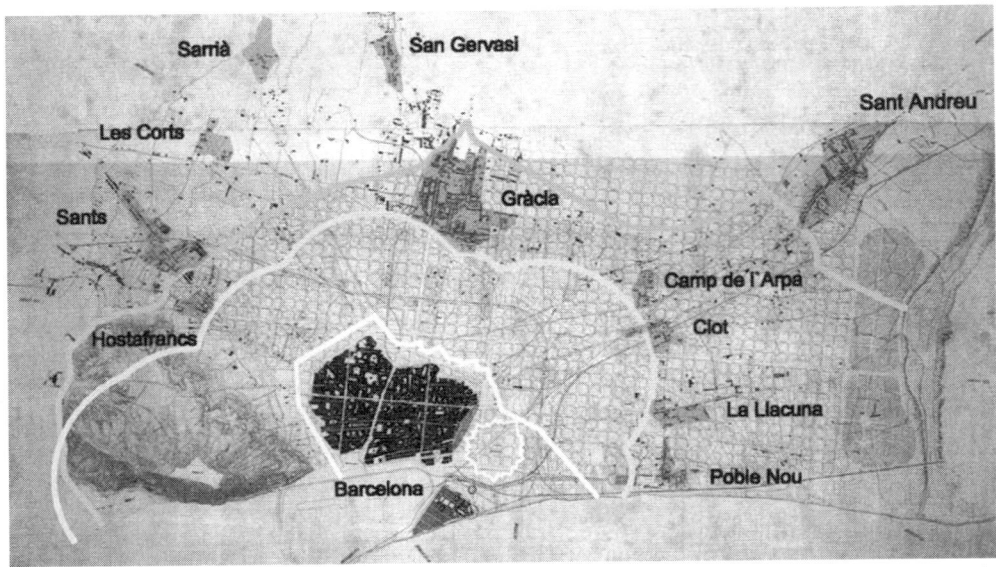

Figura 212. Plano topográfico de los alrededores de Barcelona con indicación del sector no edificable situado entre los recintos de murallas y un ancho de 1.250 m a su alrededor.
Fuente: elaboración propia

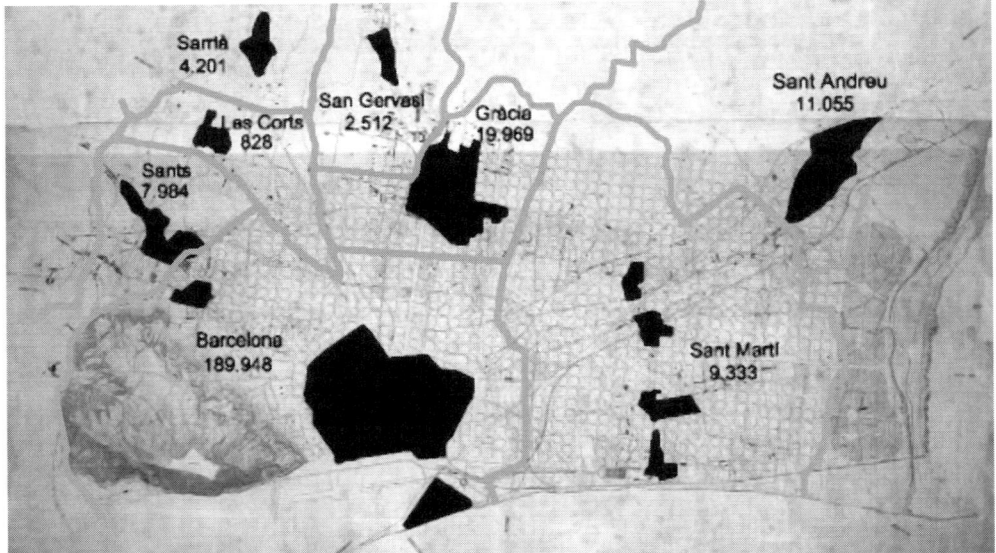

Figura 213. Plano de Alineaciones sobre el cual se han señalado los núcleos del llano de Barcelona, con indicación de la población de los núcleos en el momento de la aprobación del Proyecto de Ensanche de 1860.
Fuente: elaboración propia

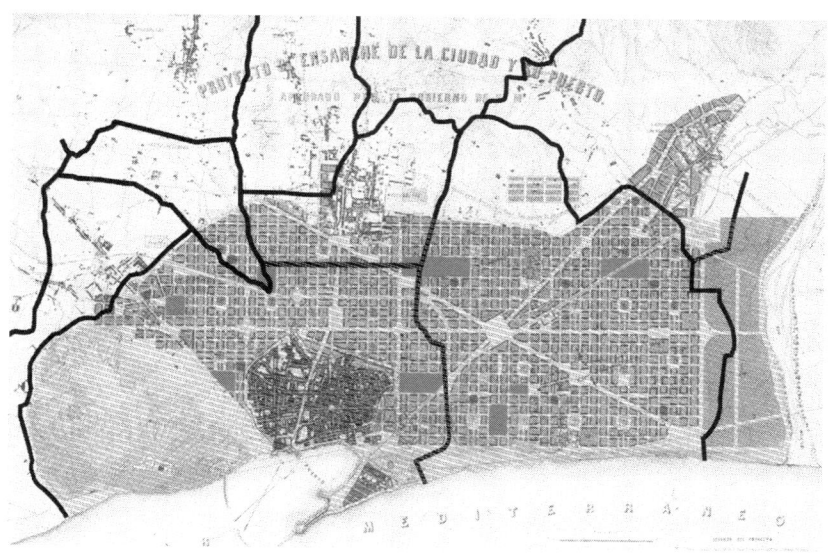

Figura 214. Proyecto de Reforma y Ensanche aprobado definitivamente el 30 de mayo de 1860, con indicación de los límites municipales.
Fuente: elaboración propia a partir del AHCB

Figura 215. Plano topográfico de Barcelona de 1891 en el cual se han remarcado los límites municipales y el ámbito de influencia del Proyecto de Ensanche de Cerdà.
Fuente: elaboración propia a partir del AHCB

Sant Martí, El Clot-Sant Andreu, El Poble Sec) y los núcleos más suburbanos asociados (La Bonanova, Sant Gervasi, Vallcarca, El Guinardó, Horta-Santa Eulàlia). Se observan unos altos crecimientos en Sant Martí y El Poble Sec, cercanos al 20% entre 1900 y 1905, y un gran crecimiento en el periodo 1900-1930 (del 35% en el Poble Sec y del 100% en Sant Martí). En el período 1905-1920, se observa un crecimiento superior de los municipios suburbanos (del 15 al 40%), frente a los más cercanos (del 5 al 15%).[6]

Si comparamos estos diferentes períodos, constatamos un crecimiento totalmente paralelo del Ensanche y del total del llano de Barcelona entre 1905 y 1930, cuando anteriormente había sido superior en el Ensanche que en la media del llano. En los apartados siguientes, observaremos que, en una primera etapa, el crecimiento se produce por la difusión de la industria en el llano de Barcelona y, en una segunda etapa, por la consolidación del tranvía en el área más suburbana, especialmente a partir de 1905.

3. La base legal: la formalización del sistema de reparcelación

3.1. El control de las alineaciones y la cesión de terreno para viales como mecanismo para pasar de suelo rural a urbano

La *base legal* implica, para Cerdà, crear un corpus jurídico que le permita imponer esta nueva forma urbanística. La introducción de un nuevo modelo de ciudad exige unos instrumentos para transformar el sistema parcelario preexistente en otro sistema, definido por los vías-intervías. Por ello, es necesario implantar un modelo de vía-intervías para el conjunto de la ciudad, representado por el Plano de Alineaciones de 1861 (v. fig. 207), y un mecanismo de reparcelación, plasmado por Cerdà en la publicación *Cuatro palabras sobre el Ensanche*[7] (v. fig. 217). Este sistema está basado en una justa distribución de los bene-

ficios y de las cargas entre los propietarios, al pasar de solares rurales a solares urbanos regulares y edificables, en proporción a la parcela aportada y adaptada a las nuevas necesidades de transporte (v. fig. 208). Sin estos instrumentos, no habría sido posible la construcción del Ensanche según el Proyecto.

Con esta visión, Cerdà publicó *Cuatro palabras sobre el Ensanche* y tenía en perspectiva editar la *Teoría general de la urbanización* como manual de referencia a publicar en el Congreso de los Diputados, para que tuviese carácter de patente urbanística. Este planteamiento tuvo una influencia clara en el Proyecto de Ley de Reforma, Ensanche y Saneamiento de Poblaciones, presentado por el ministro Posada Herrera en el Congreso en 1861.[8] La apuesta consistía en formalizar legalmente los nuevos proyectos de reforma, ensanche y saneamiento de poblaciones

Figura 216. La base legal: el establecimiento de un sistema de reparcelaciones.
Fuente: Lluïsot

como un solo producto, siguiendo el modelo propuesto. Se trataba de unir, al ensanche de las ciudades, la reforma de la ciudad antigua y la previsión del saneamiento de las aguas pluviales. De hecho, con el proyecto de ley se quería legalizar una experiencia moderna de transformación de poblaciones.

Las propuestas de Cerdà representaban un paso cualitativo en los planteamientos. Pero estos no surgían de la nada. Como ya hemos visto en el capítulo II, destacan, como experiencias de referencia, los ensanches de poblaciones asociados a puertos, como el de Vigo, de José Pérez en 1853, recogido por Cerdà en la bibliografía de la TCC (TCC, p.117; §12). Por otra parte, los proyectos de alineaciones de plazas y calles emblemáticas ligadas a las nuevas necesidades de circulación en el interior de las ciudades eran un referente. La apertura del eje Ferran-Jaume I-Princesa entre 1821 y 1853[9] o la experiencia de regulación y embellecimiento de la madrileña Puerta del Sol en 1854 fueron los precedentes. En este marco, se había redactado la normativa sobre formación de planos geométricos de 1846 (v. fig. 24), que Cerdà tomó como referencia, además de la experiencia de Haussmann en Paris.

3.2. Los instrumentos para la formalización legal del sistema de reparcelación

El artículo tercero del Real Decreto de 30 de mayo de 1860, que aprobaba definitivamente el proyecto, disponía que el Gobierno Civil de la provincia controlara el replanteo de las nuevas alineaciones, el relieve de las rasantes y el resto de obras, con sujeción al plano de Cerdà.

En el período 1860-1865, desde la aprobación definitiva del proyecto hasta la aprobación de la nueva Ley de Ensanches de 1864 y su Reglamento de 1867, Cerdà, como ingeniero del Gobierno Civil encargado de ejecutar el Plan, facilitó a los propietarios interesados un plano a escala 1:500 en que daba a conocer con exactitud la situación de cada finca sobre la nueva alineación de las

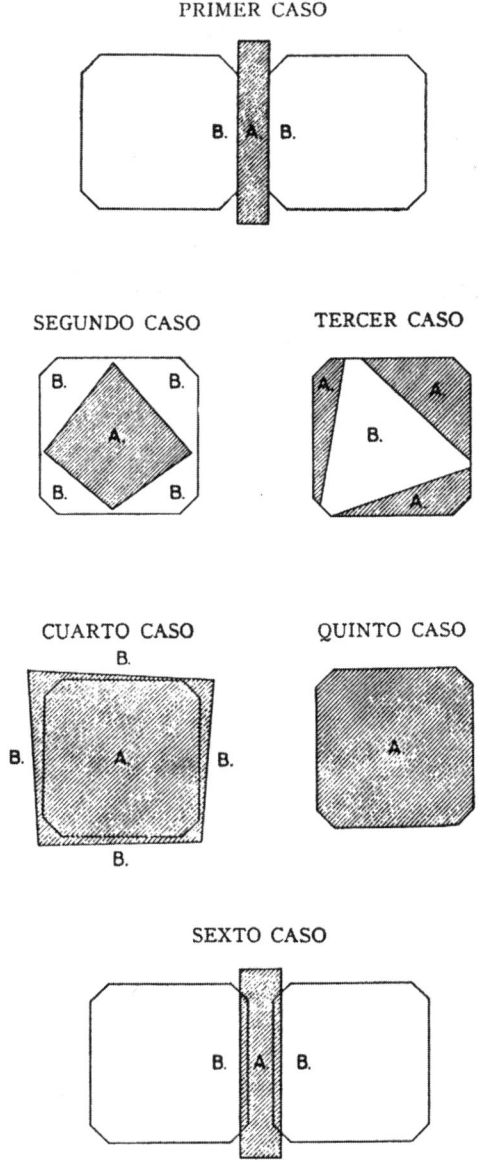

Figura 217. Ejemplos de reparcelaciones propuestos por Cerdà.
Fuente: Cuatro palabras sobre el Ensanche, dirigidos al público de Barcelona, 1861

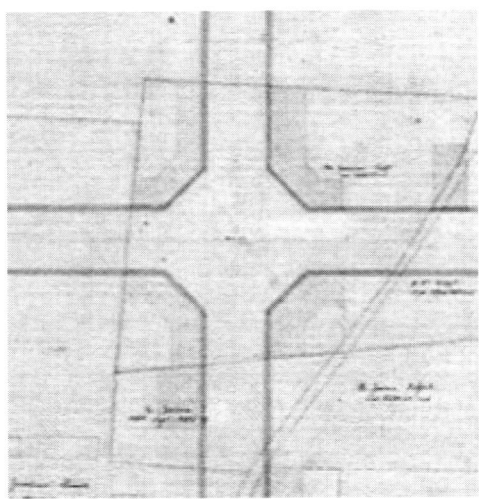

Figura 218. Sector de un plan particulario con parcelaciones en la plaza de Cerdà.
Fuente: Fons Cerdà Urbs i Territori

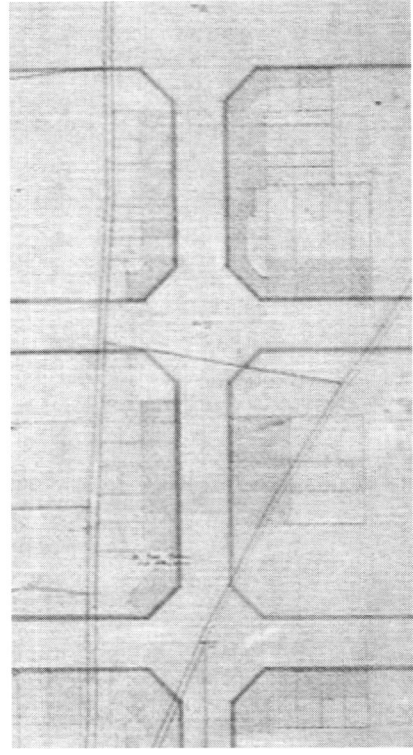

Figura 219. Sector de un plan particulario con parcelaciones en dos tramos de la calle de Girona.
Fuente: Fons Cerdà Urbs i Territori

calles (v. figs. 218 y 236). El plano y una hoja adjunta con el encabezamiento *Planos geométricos parcelarios* particularizaban el nombre del propietario, las manzanas afectadas, la superficie de la finca apta para la edificación y la superficie de la finca correspondiente a los viales (v. figs. 218 y 236). Como puede observarse en los distintos casos, Cerdà obligaba al propietario a ceder los terrenos de viales y le asignaba una superficie edificable en el interior de manzana con edificaciones encaradas a la alineación de la calle.

Complementando la tarea anterior, Cerdà grafiaba el territorio del Ensanche en una serie de 28 planos particulares a escala 1:500 y, al mismo tiempo, señalaba las fincas rústicas existentes y las nuevas parcelaciones definidas por él mismo (v. figs. 218, 219 y 235). Posteriormente, sobre la misma base, también indicaría en los cruces de las calles, la cota del terreno, la cota propuesta y la destinada al alcantarillado (v. fig. 199). Del mismo modo, cabe mencionar el conjunto incompleto de siete planos de perfiles longitudinales, que servían para establecer la nivelación de las futuras vías.

En junio de 1865, Cerdà dimitió del cargo de asesor facultativo del Estado y provocó, indirectamente, un auténtico colapso en la concesión de licencias de obras. Su dimisión avivó una larga discusión entre las entidades implicadas, por la necesidad de actualizar el plano oficial ante su adaptación a la realidad del Ensanche. Pero, *de facto*, la práctica de la generación de planos geométricos parcelarios y del control municipal quedó internalizada, tanto por la práctica de continuidad de su amigo y colega, el arquitecto municipal Leandre Serrallach[10], encargado del Ensanche, como por la obligación legal de aplicar los planos de alineaciones aprobados.

Figura 220. Detalle del plan particulario n.º XXIII, elaborado por Cerdà en el sector del Poblenou, donde aparecen parcelas alargadas de tipo suburbano.
Fuente: Fons Cerdà, Urbs i Territori

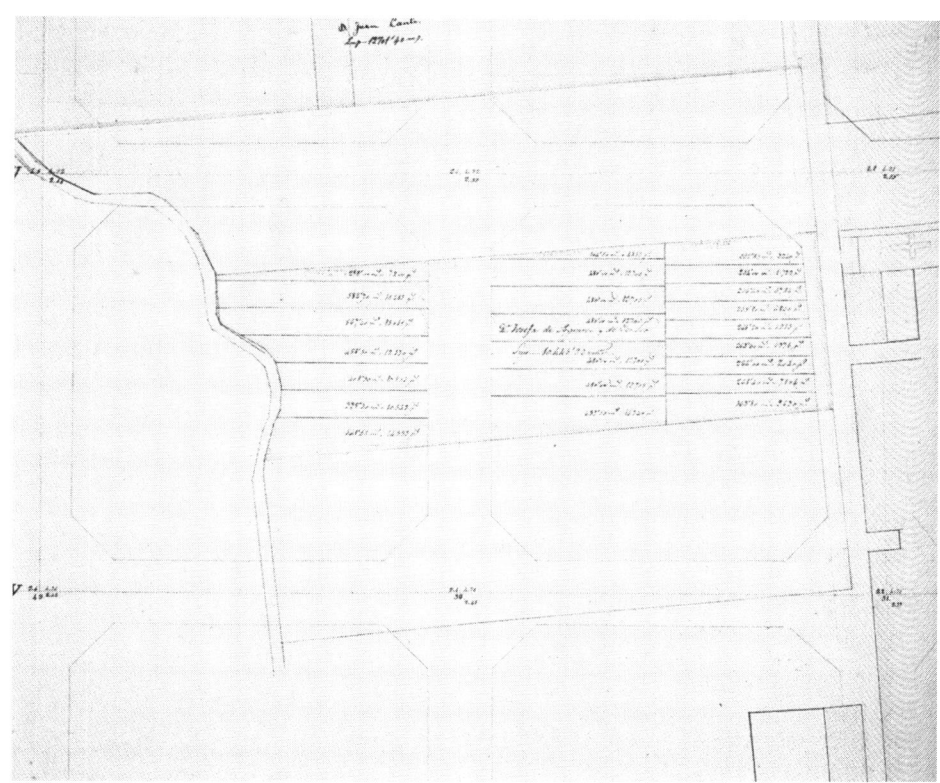

Con la ejecución de los trabajos como facultativo del Gobierno Civil, el control de Cerdà sobre la incipiente transformación del plan en la zona edificable evidencia una tutela directa sobre los primeros cinco años del proceso de urbanización del Ensanche, que formalizaron una praxis urbanística que perduró en el tiempo.

3.3. Las primeras operaciones del Ensanche con sociedades de crédito para la urbanización permiten saltar de la escala de la parcela a la escala de la manzana

Junto con la práctica legal y administrativa, era necesario el impulso de los promotores del nuevo Ensanche. Este rol lo lideraron las sociedades de Ensanche.

Durante los primeros años de la década de 1860, se crearon una serie de compañías privadas, de crédito e inmobiliarias, que ayudaron a impulsar el proceso de urbanización del Ensanche. Estas sociedades invertían en la compra de suelo rústico para convertirlo en edificable, hasta asumir, en muchos casos, la construcción y venta de las viviendas. Según Corominas,[11] la distribución de terrenos entre algunas de las sociedades se realizaba de la siguiente manera: Fomento del Ensanche, 23,5 ha; Crédito y Fomento, 13,4 ha; Constructora Catalana, 8,5 ha, y Crédito Mercantil, 8 ha. Los solares más disputados fueron los que estaban situados a la derecha del Ensanche, en torno al paseo de Gràcia (v. fig. 221).

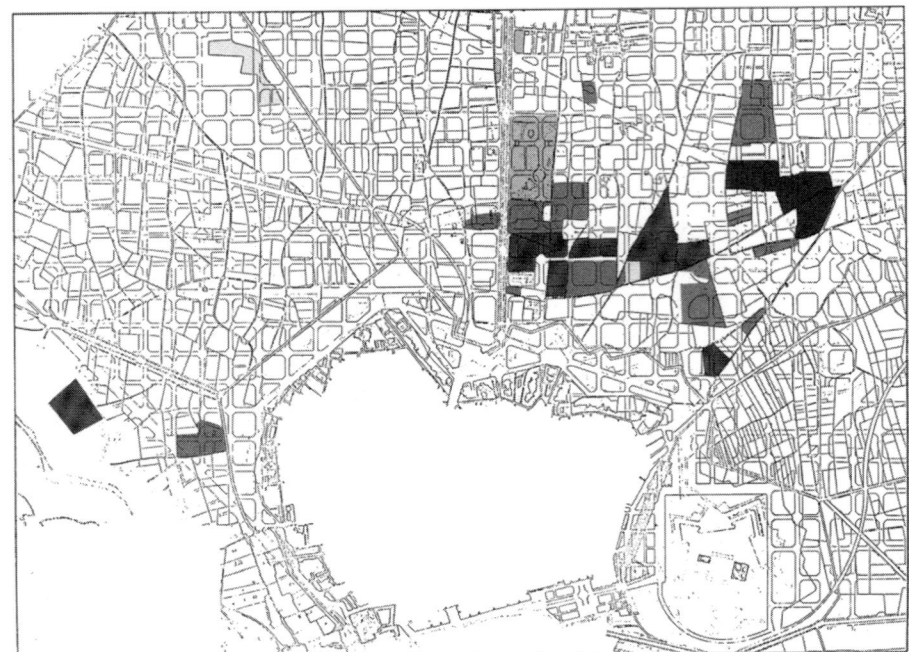

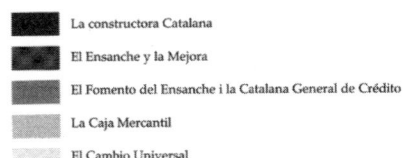

La constructora Catalana

El Ensanche y la Mejora

El Fomento del Ensanche i la Catalana General de Crédito

La Caja Mercantil

El Cambio Universal

Figura 221. Plano de los terrenos adquiridos por las principales sociedades de Ensanche. *Fuente: Corominas, 1986*

Cerdà asumió la dirección facultativa de una de ellas, la sociedad Fomento del Ensanche desde 1863 (v. fig. 185), hasta que dimitió en mayo de 1865. Esta dirección representaba una garantía para la sociedad, puesto que Cerdà, además de ser el autor del Proyecto de Reforma y Ensanche, compaginaba la doble condición de técnico del Gobierno provincial y de concejal municipal. Desde el propio consistorio, Cerdà defendió la independencia de las sociedades privadas frente al municipio.

Las sociedades Fomento del Ensanche y Ensanche y Mejora de Barcelona, esta última creada en 1862 y sociedad anónima desde 1863, editaron sus respectivos folletos con el fin de promocionarse. En el folleto publicado en 1863 (v. fig. 185) por Fomento del Ensanche, Cerdà proponía un modelo de parcelación de dos manzanas entre la Gran Via y la calle de la Diputació, y las calles de Roger de Llúria y Girona (31 M/N 32 y 32 M/N33) (v. fig. 185). Las manzanas se presentaban dispuestas en forma de U, con acceso por el eje de la calle de Bruc. Cada manzana constaba de veinte fincas con su propio jardín —más grande en los chaflanes— formando un perímetro alrededor del jardín comunal. La entrada a los jardines estaba flanqueada por dos edificaciones aisladas. Los datos correspondientes a las superficies de las zonas edificadas y de jardín quedaban reflejados en un doble cuadro con la medición en metros y palmos. En cuanto a las condiciones económicas, los inmuebles se podían pagar a plazos en un período máximo de diez años, a un interés del 6%; se preveía la propiedad horizontal y también el sistema de cesión por diez años en usufructo a la propia sociedad, lo cual rebajaba el precio total de la compra.

Figura 222. Folleto de divulgativo del proyecto de edificación de 211 casas, de José Serraclara, publicado en 1867.
Fuente: Serraclara, J., 1867

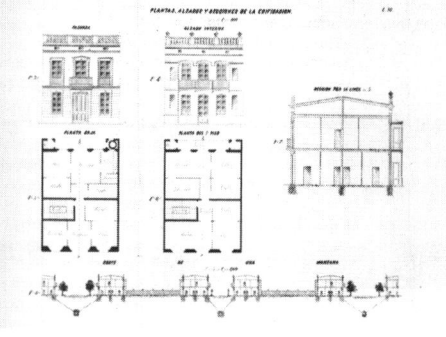

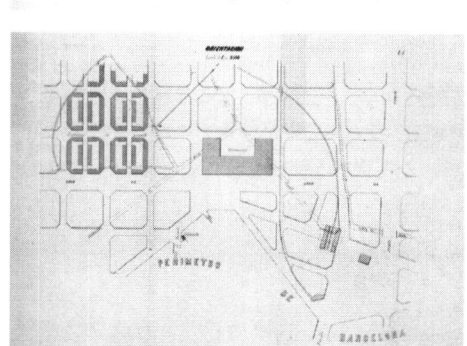

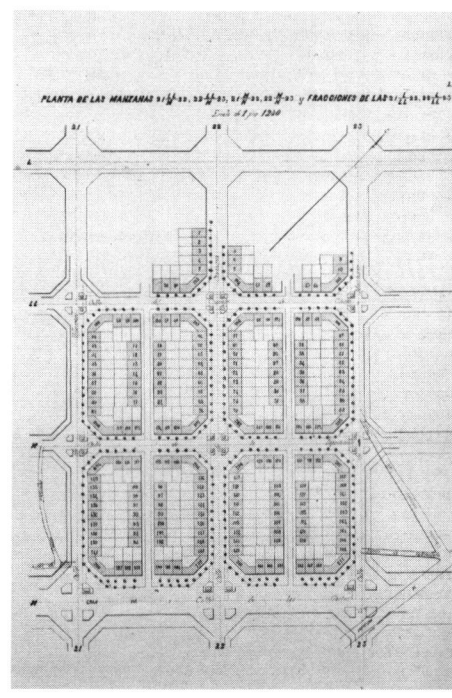

En 1865, en una de las iniciativas para paliar los efectos de la crisis industrial, Fomento y otras sociedades crediticias e inmobiliarias adelantaron un préstamo de dos millones de reales, concedidos sin interés. En 1867, apareció publicado otro folleto que promovía una iniciativa particular de construcción a gran escala (fig. 222). Se trataba del proyecto de edificación de 211 casas de José Serraclara. El proyecto afectaba las manzanas comprendidas entre la Gran Via y la calle del Consell de Cent, y las calles de Villarroel y Muntaner, más unas fracciones de manzana formadas por los chaflanes de Consell de Cent con Casanova y Muntaner; todo el conjunto muy próximo a la universidad. La intención era construir, en cinco años, 211 viviendas para instalar más de 400 familias, con una previsión de dos años más para completar la urbanización de la zona (pavimentación de

las calles de 20 metros de anchura, alcantarillado, etc.)[12] (v. fig. 222).

Todas estas actuaciones muestran la importancia de la presencia de Cerdà desde la legitimidad institucional (técnico del Gobierno Civil y regidor municipal) y desde la iniciativa privada para definir el salto de escala que representaba pasar de una urbanización desde un parcelario preexistente, al cual se adaptaba la edificación, a otro esquema en que el referente era la escala de la manzana como nueva unidad mínima de urbanización de referencia. El rol de las sociedades de Ensanche y las primeras urbanizaciones realizadas por ellas fueron clave para mostrar el salto de escala edificatorio articulado alrededor de la manzana y las dimensiones de las calles definidas, frente a la tradicional del camino y la parcela adyacente a este.

AGRUPACIONS INTERVIÀRIES DEL PROJECTE DE 1859

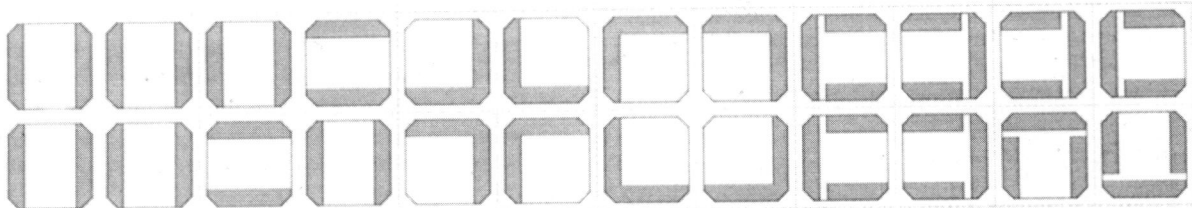

AGRUPACIONS INTERVIÀRIES DE LA REELABORACIÓ DE 1863

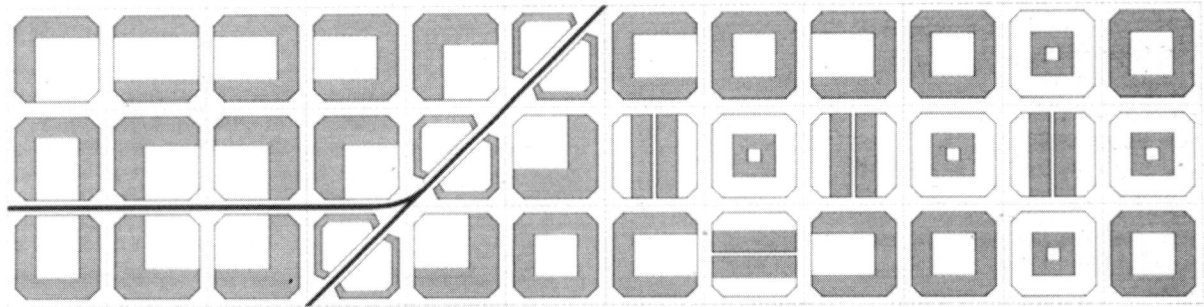

DIFERENTS PROJECTES D'AGRUPACIONS INTERVIÀRIES

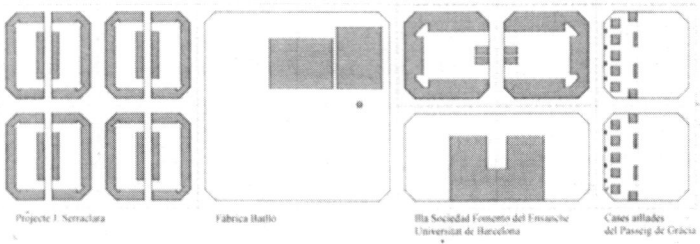

Figura 223. Diferentes agrupaciones de manzanas propuestas por Cerdà o construidas en la primera época: Plan 1859, Plan 1863 y Proyectos promocionados por Cerdà: Serraclara, Fábrica Batlló, Fometo del Ensanche, Universidad y Casas particulares de Passeig de Gracia.
Fuente: Fons Cerdà, Urbs i Territori.

3.4. La consolidación del mecanismo de edificación de la casa entre medianeras con la alineación de fachada como sistema de referencia

En las figuras 224 a 227, se puede visualizar el paso progresivo de suelo rural a suelo urbanizado. El Plano de Alineaciones, como definidor del objeto vías-intervías, es un instrumento que ha permanecido inalterado y vigente durante 150 años y que ha configurado el tejido del Ensanche. En la figura 228, se puede ver, en una foto de vuelo aéreo de 1947, la plasticidad del tejido urbano, en que se delimita el avance de la cuadrícula urbanizada sobre el suelo rural, especialmente en el municipio de Sant Martí.

En la maqueta de la figura 224, cuya información ha sido extraída de un sector de este vuelo fotográfico de 1947, puede observarse la transición de suelo rural a urbano en un sector del Poblenou.

En la figura 223, se observa cómo se marcaron las alineaciones y se construyeron las verjas que delimitaban las manzanas en la calle de Espronceda, en el Poblenou, en los años veinte del siglo pasado, que prepararon el tejido para su ocupación futura. Sin embargo, este planteamiento ya se observa en la parte central del Ensanche. Así, por ejemplo, en la figura 226, una fotografía tomada probablemente hacia 1885, se observan, en el plano del fondo, las partes traseras de los edificios de la Rambla de Catalunya, y se puede ver el ferrocarril de Barcelona a Sarrià que circula por la actual calle de Balmes, que no tenía edificios en la fachada. En una visión más cercana de esta misma fotografía, se observan las verjas de la delimitación de las fachadas que iban a configurar la futura plaza del Doctor Letamendi, fruto del cruce de la calle de Aragó con la calle de Enric Granados. Se observa asimismo el cruce de ferrocarriles a distinto nivel, ya que en 1882 se había ejecutado el soterramiento de la línea de ferrocarril de Aragó. En la figura 225, se puede observar el cruce entre las calles de Casanova y València, que marca

el límite urbano del antiguo municipio de Barcelona, donde coincide un antiguo camino que hacía las veces de torrente y que había sido sustituido recientemente por la nueva cuadrícula, en la cual todavía no se habían marcado los nuevos límites de la alineación, y tan solo se había ejecutado la explanación, que era el espacio de juego de unos niños.

Una muestra más de este proceso de ocupación de la cuadrícula nos lo ofrecen las vistas aéreas de 1920 de las figuras 229-230, en que se observa el avance de la urbanización de la cuadrícula en dos sectores periféricos del antiguo municipio de Barcelona. En la figura 229, se observan los alrededores de la actual plaza de les Glòries, en que se cruzaban diversos trazados ferroviarios con las trazas de las carreteras del Clot y de Ribes. En la figura 230, se observan los alrededores de la Sagrada Família. Este templo está ubicado fuera del antiguo límite de Barcelona y se observa que las manzanas correspondientes al futuro eje de la avenida de Gaudí, que todavía no estaban ocupadas, serían utilizadas por la Comisión de Ensanche de 1927 para abrir la única avenida diagonal no planificada por Cerdà. Se observa, además, una manzana cercana a la Sagrada Família, delimitada por las calles de Sardenya, Sicília, Provença y Rosselló, en la cual se había levantado un único edificio entre medianeras, que tenía un ancho de fachada estrecho, ubicado en la calle de Sardenya, edificado hasta una profundidad de 28 m, siguiendo claramente el esquema de Cerdà. Todos estos ejemplos nos permiten ver gráficamente el mecanismo de construcción de la ciudad, que predominó en la parte central del Ensanche, en el ámbito del antiguo municipio de Barcelona, y que se mantuvo vigente entre 1860 y 1953.

Si analizamos la figura 223, observamos que el modelo de manzana de dos bloques, predominante en el proyecto de 1859, quedó anulado con la aprobación del de 1860, ya que el decreto de aprobación permitía la ocupación a tres lados, que es la que Cerdà desarrolla como

Figura 224. Maqueta de un sector del Poblenou en transformación de suelo rural a suelo urbano. Concepción: Francesc Magrinyà y Fernando Marzá. Realización: Taller de Maquetas ETSAV-UPC, 2009.
Fuente: Col·lecció Fundació Urbs i Territori Ildefons Cerdà (FUTIC)

Figura 225. Obras en el cruce de las calles de Casanova y València (1926). Fotografía: Juan Mas Guàrdia.
Fuente: Arxiu Històric del Col·legi d'Arquitectes de Catalunya

Figura 226. Perspectiva de la construcción del Ensanche en la primera época, con la plaza del Doctor Letamendi en primer plano (sin fecha). Fotografía: Autor desconocido.
Fuente: Col·lecció Fernando Marzá & Neus Moyano

Figura 227. Calle de Espronceda. Memoria de la Comisión de Ensanche. Ayuntamiento de Barcelona, 1927.
Fuente: Arxiu Històric del Col·legi d'Arquitectes de Catalunya

Figura 228. Fotoplano de Barcelona y sus entornos 1:10.000 (1947). Fotografía: Compañía Española de Trabajos Fotogramétricos Aéreos (CETFA). *Fuente: Institut Cartogràfic de Catalunya*

director facultativo de la sociedad Fomento del Ensanche (v. fig. 185). Cabe señalar que el propio Cerdà, en la reelaboración que incluye en el Anteproyecto de *Docks* de 1863, ya dibuja manzanas ocupadas a los cuatro lados (v. fig. 223).

El resultado de este proceso de construcción de la forma urbana del Ensanche nos muestra el valor de una planificación urbanística si comparamos el tejido del centro histórico con la nueva malla del Ensanche (v. fig. 231). Estas dos fotografías se realizaron en un vuelo en helicóptero a la misma altura. Su comparación permite constatar que, sobre una misma unidad de edificios entre

medianeras, se ha pasado de un modelo de calle de 3-8 m a otro con una calle mínima de 20 m, y que la manzana pasa a tener unas dimensiones de 113 m de lado, lo cual permite unos patios interiores de 56 m de lado, a pesar de que se ha perdido la parte de jardín en la mayoría de las manzanas. Si bien este esquema general se impondría, en principio, por su eficacia en la ocupación del espacio, destacan las múltiples soluciones que permite el nuevo intervías, especialmente en construcciones iniciales del Ensanche. Entre las primeras casas construidas en el Ensanche, aparecen las soluciones de casas burguesas aisladas, como las definidas por Cerdà como primer tipo

Figura 229. Vista aérea de la finalización de la Gran Via de les Corts Catalanes, a la altura de la plaza de les Glòries. Segundo viaje de Martí Cargol (18 de julio de 1920). Fotografía: Martí Cargol.
Fuente: Centre Excursionista de Catalunya

Figura 230. Vista aérea de la Sagrada Família. Segundo viaje de Martí Cargol (18 de julio de 1920). Fotografía: Martí Cargol.
Fuente: Centre Excursionista de Catalunya

de casa burguesa (v. fig. 223). Son las correspondientes a una primera urbanización en la zona de Jardinets de Gràcia.

Por otra parte, como se analiza en apartados posteriores, existe la posibilidad de densificar la manzana con la aparición del pasaje, que permite la introducción de edificaciones de menor tamaño. Este es el caso de la promoción de viviendas del proyecto de Serraclara (v. figs. 222 y 223) o del pasaje de Permanyer, con casas adosadas de estilo inglés (v. fig. 233.c). En el caso del pasaje de la Concepció, el aprovechamiento es mucho más tardío y se realiza en el período 1897-1917, coincidiendo con el

desarrollo de los equipamientos del barrio de La Concepció, cerca de la avenida Diagonal (v. fig. 233a), al igual que la promoción de Grassot, cerca de Gràcia, que planteaba también manzanas con pasaje. Otra solución es la de la manzana con pasaje, en que se sigue, por un lado, el modelo de manzana de dos bloques, pero en su interior la zona verde se ocupa con edificaciones aisladas (pasaje de Méndez Vigo) (v. fig. 233.b). Todos estos ejemplos muestran la riqueza y las posibilidades de articulación de la vivienda en la manzana del Ensanche.

Figura 231. Comparación de los tejidos del centro histórico y del Ensanche a la misma escala. Fuente: *Fons Cerdà, Urbs i Territori*

Figura 232. Comparación del parcelario de un sector
del llano de Barcelona y su construcción posterior.
*Fuente: elaboración a partir de Corominas, M. (1986)
y del Fons Cerdà, Urbs i Territori*

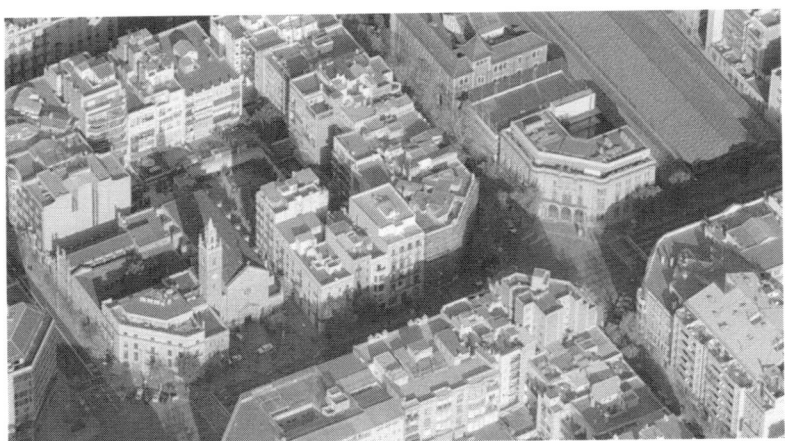

Figura 233. *a.* manzanas que acogen equipamientos del barrio de la Concepción con la Iglesia, el centro del barrio y el mercado; *b.* manzana con pasaje Mendez Vigo; *c.* manzana del pasaje Permanyer.
Fuente: Fons Cerdà, Urbs i Territori

4. La base administrativa: la articulación de la vivienda con el intervías

4.1. Los elementos clave de las Ordenanzas de Construcción de la Barcelona de Cerdà

Tal como señala Sabaté, los referentes en el ámbito de las ordenanzas de la ciudad de Barcelona, eran, por una parte, el Edicto de obrería, de 1771, que se centraba en las fachadas de los edificios y la limitación en la ocupación de la calle, y, por otra, las recientes Ordenanzas municipales de edificación, que implicaban un ensanchamiento de las calles en las nuevas reedificaciones y la realineación y regularización de las calles existentes en la ciudad antigua de Barcelona en 1856.[13] Cerdà participó en el debate que llevó a la aprobación de las Ordenanzas de 1856. De hecho, las ordenanzas que presenta para el Ensanche en 1860 son fruto de las reflexiones de este debate y, al ser para el desarrollo del Ensanche, incluyen una regulación de las edificaciones en su relación con la manzana.

Tal como señala Bassols,[14] siguiendo el esquema facultativo, en las Ordenanzas de construcción elaboradas por Cerdà en 1860 (OCB, 1860) se planteaban las temáticas siguientes:

a) Ensanche supramunicipal.

b) Las unidades de referencia, que son el sistema viario y las manzanas, con la definición de la formación de las manzanas y su ordenación, así como la cesión terrenos para viales.

c) La ordenación de usos y la zonificación.

d) El régimen de la edificación residencial y las servidumbres.

e) El régimen de ejecución de las obras y el control sanitario de las construcciones.

A continuación, analizamos cada una de estas temáticas:

a) Ensanche supramunicipal. Ordenanzas de construcción de ámbito supramunicipal

El Ensanche, además de la ciudad de Barcelona, comprendía los pueblos de Sant Adrià del Besòs, Sant Andreu de Palomar, Sant Martí de Provençals, Gràcia, Sant Gervasi, Les Corts de Sarria y Sants, que en aquella fecha eran municipios independientes.

Figura 234. La base administrativa: régimen de funcionamiento a través de las Ordenanzas municipales.
Fuente: Lluïsot

b) Las unidades de referencia son el sistema viario y las manzanas, con la definición de la formación de las manzanas y su ordenación, así como la cesión terrenos para viales

Cerdà planteaba el esquema de zonas y sistemas. Como señala el artículo 13: *"dos grandes zonas: la destinada a vías públicas y aquella que consta de todas las manzanas vacías o llenas, determinadas por la combinación de las diversas superficies que forman el primer grupo"*.

De ahí se derivaba que la ordenación previa de la vialidad y la manzana eran el presupuesto para la posterior ordenación tipológica y de detalle del edificio o la construcción singular.

Para la formación de manzanas y la cesión de terrenos para viales, Cerdà pedía la conformidad de todos los propietarios a ceder sus terrenos para la vía pública o, en caso contrario, el compromiso de los peticionarios a indemnizar a quienes se opusiesen a la apertura (art. 16.6). El Ayuntamiento acompañaba la aprobación de la apertura de la vía pública con una señalización sobre los planos y perfiles presentados de alineaciones, trazados de calles, alcantarillas y albañales; obras de pavimentación, accesorios y desmontes, como se observa en los Planos geométricos particularios (v. fig. 236).

Según el artículo 82, *"la figura y extensión superficial de las manzanas formadas por la edificación actual no están sujetas a ningún tipo general, pero las de la parte nueva tendrán la forma de cuadrados sobre el lado de 113 metros, con una superficie bruta de 12,769 metros, de la cual hay que deducir la de los chaflanes de las esquinas"* (OCB, p. 533, art.82).

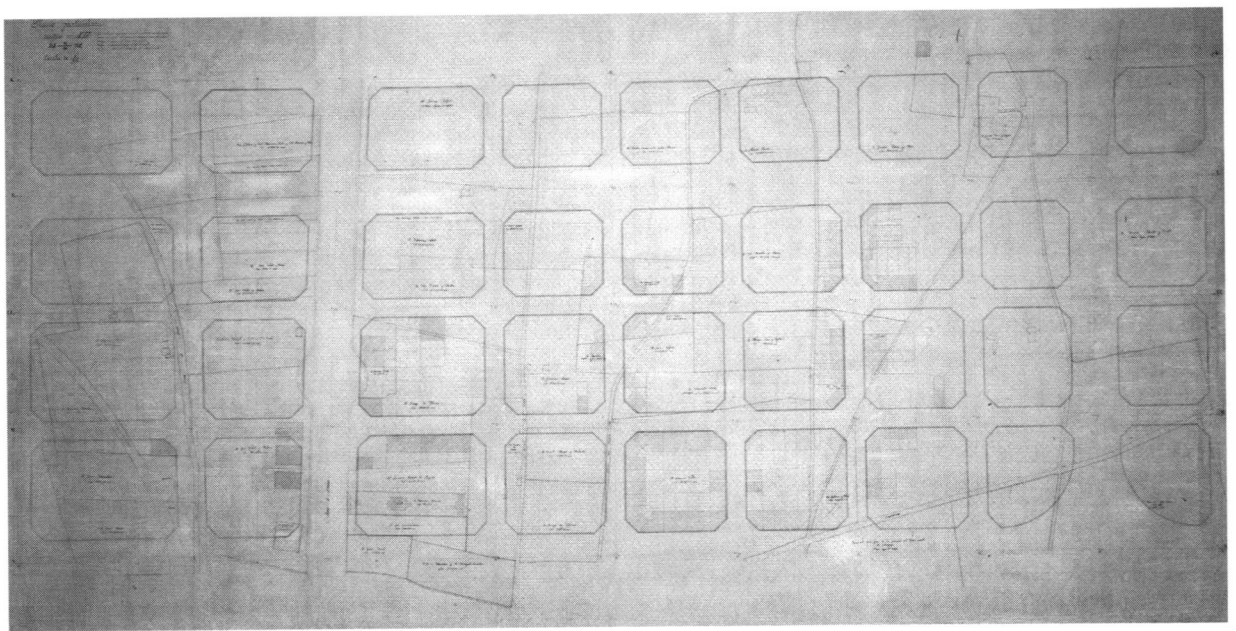

Figura 235. Plano particulario, hoja XII (26 K/N 36).
Fuente: Arxiu Històric de la Ciutat de Barcelona: Fons Cerdà 11220

c) Ordenación de usos y zonificación

Cerdà consideraba tres grandes categorías de uso:
- edificaciones de habitaciones privadas,
- usos meramente industriales y
- edificios administrativos (todos aquellos cuya construcción, conservación y mantenimiento correspondan al Estado, a la provincia o al municipio) (v. fig. 191).

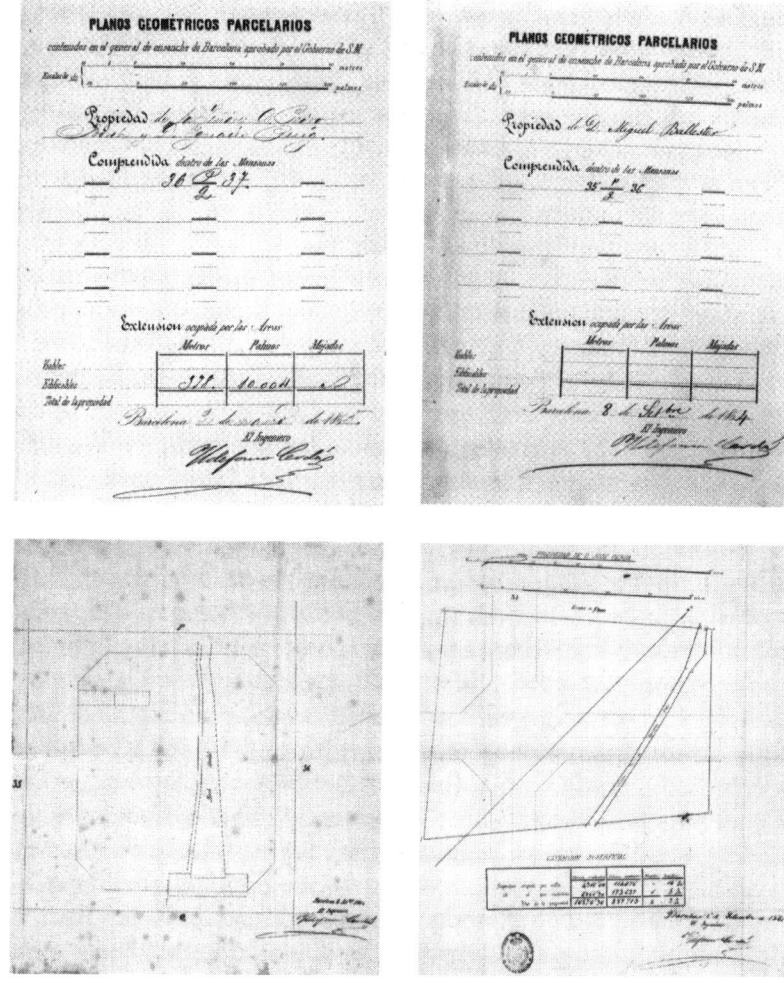

Figura 236. Ejemplos de planos geométricos particularios.
Fuente: Arxiu Municipal Administratiu de Barcelona

La gran novedad radicaba en la ordenación de los usos industriales (establecimientos fabriles movidos por medio del vapor, fundiciones, alfarerías, ladrillerías, tintorerías, fábricas de productos químicos, fábricas de curtidos, fábricas de gas, almacenes de materias combustibles e inflamables, etc.). Esta zonificación se articulaba en función no solo de unos usos detallados, sino también de las superficies, puesto que el artículo 208 dividía el Ensanche en dos grandes zonas, a tal efecto: una constituida por la actual Barcelona y por la Barceloneta y lo que se hiciese de nuevo hasta la vía de circunvalación (v. figs. 191-192), delimitada por las actuales calles de Entença, Aragó y Marina, de 30 m de anchura, en la cual estaría totalmente prohibida la instalación de establecimientos que contuvieran calderas de vapor, y la zona exterior a la delimitada, en la cual podrían instalarse las distintas industrias. Cabe señalar que, inicialmente, Cerdà no prevé la zonificación, sino que su preocupación es que las manzanas puedan acoger las industrias y proteger las manzanas residenciales de las posibles contaminaciones de la actividad industrial.

d) El régimen de la edificación residencial y las servidumbres

Uno de los elementos clave para la ordenación de la manzana era la exigencia de un fondo de jardín igual al de la construcción en las manzanas y en los edificios (art. 95). Asimismo, se proponía regular aquellos servicios comunes que debían estar bajo la intervención de la autoridad (paredes, fachadas, pozos, gas y agua potable, letrinas, basureros, escaleras, etc.) y aquellos que, "sin ser de servicio común, deben estar bajo la intervención de la autoridad" (tubos de chimeneas, cuadras, fraguas, etc.).

En el prólogo de las Ordenanzas se exigían determinadas condiciones a las escaleras, consideradas una prolongación de la vía pública en el interior de los edificios y un elemento de una arquitectura filosófico-higiénica, que consideraba fundamentalmente el hueco de la escalera como un canal de ventilación.

"... se dejará que los particulares sigan su gusto o sus caprichos con tal de que dejen satisfechas las condiciones prescritas para los miembros que pueden afectar a la colectividad y que para los restantes se ciñan a dar a las habitaciones la distribución interior, la capacidad, la independencia, la luz y la ventilación indispensables a la salud de las personas que hayan de habitarlas." (OCB, p. 538, art. 207)

Asimismo, se insistía en la abolición de las servidumbres existentes (arts. 270-282):

"No se consentirá la construcción de plazas cerradas, ni mucho menos que los edificios que las limiten estén sujetos a la servidumbre de tener que destinar sus balcones a palcos de servicio público para determinados espectáculos." (OCB, p. 538, art. 270)

e) Régimen de ejecución de las obras y control sanitario de las construcciones

El título VII (arts. 283-322), bajo la rúbrica "Policía de las obras", contenía un conjunto de preceptos cuya regulación constituía lo que hoy denominamos propiamente *disciplina urbanística*: la caducidad de las licencias de obras, la responsabilidad en la construcción, el régimen de demoliciones, la recepción de las obras, el certificado final de las obras, la demolición en caso de desajustes, etc. Cerdà, profundamente preocupado por la habitabilidad higiénica, establecía un control de habitabilidad de toda construcción, de tal suerte que toda vivienda que no la acreditara (por construcción viciosa, defectos de ventilación, falta de limpieza, insuficiencia del cubo atmosférico —escalera—, falta de servicios higiénicos, etc.) sería considerada inhabitable y desalojada, y en su fachada se colocará un cartel del siguiente tenor: "Casa interdicha por causa de insalubridad" (art. 321).

Cabe señalar que, en las Ordenanzas, Cerdà no hace hincapié en la separación entre casas para obreros y casas para burgueses.

Finalmente, cabe destacar la creación de un órgano consultivo, denominado Consejo de Salubridad y Construcción, para asesorar a todos los ayuntamientos del Ensanche en todas *"las cuestiones que directa o indirectamente influyan en la higiene urbana y, particularmente, sobre todos los extremos previstos en estas Ordenanzas"*. Aquí hay que señalar la visión especial de Cerdà sobre el mundo local como sede de la arbitrariedad, del favoritismo y de la oposición al progreso.

4.2. El control de las alineaciones en los primeros años que decanta la manzana ocupada a 4 lados con un 73% de ocupación

Las *bases administrativa y legal*, implícitas en el Proyecto de Ensanche de Barcelona, en el período 1860-1867, cuando se aprobó el Reglamento de la Ley de Ensanches de 1864, eran el plano de alineaciones y la articulación de las edificaciones respecto de la alineación en fachada.

De hecho, Cerdà había implementado una práctica de funcionamiento simple, un mecanismo que permitía pasar de suelo rural a suelo urbano a través del uso de los *planos geométricos parcelarios* y los *planos particularios*, redactados y controlados por él mismo.

Cerdà había diseñado, en una primera etapa, un modelo de vivienda entre medianeras de PB+2 y una profundidad de 20 m (v. fig. 178). En el proyecto de 1859, había propuesto manzanas de dos bloques con este modelo (v. fig. 60). Pero, con la aprobación del proyecto en 1860, se impuso una manzana en U con tres bloques, de la cual desarrolló un modelo para la sociedad Fomento del Ensanche en 1863 (v. fig. 185). Más tarde, el propio Cerdà permitió construcciones a cuatro lados, y ello

decantó posteriormente el modelo de manzana cerrada (v. fig. 223).

El esquema inicial de manzana a dos bandas, definida a través de la parcela con una ocupación del 50% de esta y un fondo de 28 m, derivó automáticamente, al aceptar la manzana cerrada a los cuatro lados, en una manzana tipo con una ocupación del 73,3%, que era el resultado de aplicar el esquema de 28 m de profundidad edificatoria y la ocupación a los cuatro lados.

Cerdà veló por el cumplimiento de estas alineaciones y, cada vez que algún propietario no las cumplía, él lo denunciaba a la Administración. En este sentido, fue sumamente estricto ante intentos de alteraciones.[15] En el caso de las ocupaciones de esquinas en diferentes manzanas del Ensanche, Cerdà impuso sus alineaciones en todos los casos, y este es un elemento distintivo que limitó ulteriores alteraciones, que habrían sido muy visibles. Para la implementación de este esquema, Cerdà planteó, en cada caso, una cesión de terrenos y una alineación de la edificación a la línea de fachada de las nuevas alineaciones de calle, ya fuera en un tramo de calle o en un cruce de calles (v. figs. 218 y 219).

Sin embargo, se produjeron algunas alteraciones. El caso más significativo fue el de las alineaciones del inicio del paseo de Gràcia, en los terrenos donde Cerdà había previsto una gran plaza, en la intersección entre la Gran Via y la carretera de Gràcia (v. fig. 251). En este caso, Cerdà no pudo imponer las alineaciones según su plan y se vio obligado a reubicar la gran plaza por debajo de la Gran Via, que finalmente situó en la actual plaza de Catalunya (v. fig. 252). Las principales críticas a las nuevas alineaciones vinieron de los propietarios del paseo de Gràcia, porque quedaban afectados en el ámbito de esta plaza. Estas fueron las únicas críticas significativas, pero han quedado en el relato ciudadano como si hubiesen sido generalizadas.[16]

Este mecanismo simple y efectivo se fue aplicando de forma consistente durante cuatro décadas y quedó legitimado por las Ordenanzas de construcción de 1891 (v. fig. 292), como veremos en el apartado 8 de este capítulo, que vivieron a sancionar el modelo de manzana propuesto por Cerdà.

4.3. La extensión de la edificación a través del modelo de casa de renta

La estructura inicial de la vivienda se situaba entre PB+1 y PB+3. Pronto se decantaría el modelo de casa entre medianeras, denominada *casa de renta*. En ella, el propietario reparcelaba, se situaba según el plano de alineaciones en cualquier punto de la ciudad y construía un edificio con la planta principal destinada a su residencia y el resto a alquiler. Este esquema se adaptaba perfectamente a las necesidades de la economía constructiva del Ensanche,[17] especialmente en el municipio antiguo de Barcelona.

El *Pla de Barcelona* no exigía grandes inversiones en infraestructuras. Cabe señalar que la gran inversión fue la destrucción de las murallas y la urbanización de las rondas, que fue asumida por el Gobierno central, que capturó las rentas de la reparcelación de los terrenos de las murallas (1865) para financiar la urbanización. Este proceso fue liderado por Madoz y el por propio Cerdà[18] (v. fig. 252). Una vez resuelto el salto de murallas con el foso incluido (v. fig. 147), era factible una primera explanación que permitía construir este tipo de edificación tras una cesión de los terrenos correspondientes a viales y la conexión al sistema de vialidad existente (v. figs. 246 y 247). Observamos que la implementación de la unidad edificatoria de la casa de renta permitía, a su vez, implementar los servicios urbanos. El proceso se iniciaba con una explanación, que aseguraba la conexión a la red viaria de las edificaciones instaladas inicialmente. Posteriormente, se implementaba la conexión a la red de abastecimiento de agua y a la red de saneamiento, a medida que se extendían las redes. Más tarde, ya entrados en el siglo XX, se implementaría, según la jerarquía de calles, un sistema de alumbrado por gas. El gas se distribuía a las industrias y, posteriormente, a la vivienda. A continuación, aparecería la red eléctrica, que entraría en competencia con la red de gas. Estos servicios se habían podido ir implementando con el aumento de las contribuciones territoriales. Sobre este esquema, se producirían variaciones, según la época, los usos y su posición respecto al centro, como analizaremos a continuación.

La casa de renta con jardín inicialmente era aislada, como es el caso de las casas de Els Jardinets de Gràcia; posteriormente, aparecerían edificios con una medianera, como se muestra en la maqueta de la Casa Lorenzo Oliver (v. fig. 237a), y, después, con dos medianeras. Más tarde, se desdoblaría la planta baja y se crearía el entresuelo, especialmente con la introducción del comercio (1880) y la ocupación de talleres, como se muestra en la maqueta de la Casa Singer (v. fig. 237b). Finalmente, se añadirían el ático y la planta baja en el interior de manzana, logrando una ocupación máxima con industrias que posteriormente se reconvertirían en servicios, como se muestra en el Edificio Astoria, donde se encaja una sala de cine comercial (v. fig. 237c).

Observamos, pues, que la evolución del Ensanche ha sido posible por su capacidad de incrementar el valor del suelo a través de una densificación progresiva de la casa de renta, sin perder las condiciones ambientales, asociadas principalmente al patio de manzana. En cualquier caso, se ha perdido la parte central ajardinada, como se analizará en el apartado 11 de este capítulo.

En el Ensanche inicial, conviven las viviendas nobles con viviendas entre medianeras. El caso de la Casa Calvet y la remodelación de la Casa Batlló en el paseo de Gràcia (v. fig. 5), o la construcción de la Casa Amatller, son casos emblemáticos de esta calidad. Pero otro elemento emblemático son los edificios construidos en las esquinas. donde encontramos las viviendas de mejor calidad (v. fig. 238). El caso paradigmático es la Casa Milá de Gaudí, conocida como La Pedrera, en que se apuesta por unos grandes patios interiores que consiguen unas buenas condiciones

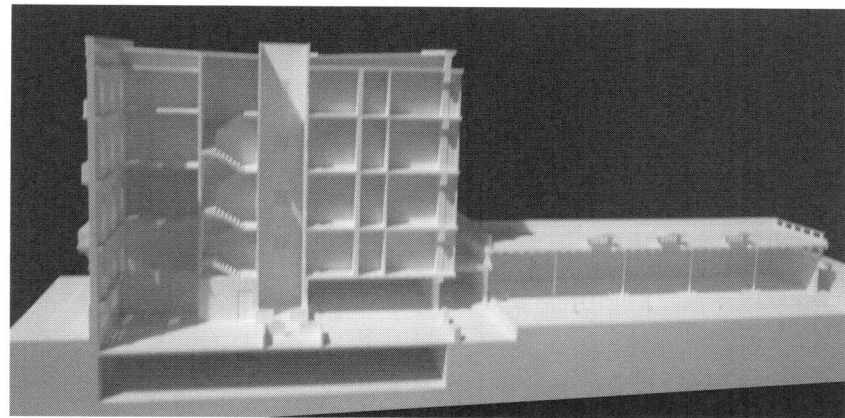

Figura 237. Esquema evolutivo de la casa de renta: una ocupación inicial residencial de 16 m de profundidad y PB+2, en 1860 (arriba); una ocupación residencial (PB+4) y comercial en planta baja de 24 m de profundidad, con ocupación de la planta baja en el patio posterior, en 1890 (medio); una ocupación residencial de PB+entresuelo+6+ático+sobreático con una profundidad de 28 m y usos de servicios en el patio trasero (Cine Astoria), en 1930.
Fuente: Magrinyà & Marzá, 2009

c

d

Figura 238. Evolución de la casa de renta y su seguimiento en fachada: *a)* casa de planta baja+2, conocida como Casa Paulina Fabra en la Rambla de Catalunya; *b)* casa de planta baja+P3 con altillos y semisótano, conocida como Casa Dominga Juera de Vilara, ubicada en el paseo de Gràcia con Mallorca, hoy desaparecida. *c)* casa con planta baja+4 con semisotano conocida como Casa Josep Sagrera en Rambla de Catalunya esquina con Mallorca. *d)* Casa con planta baja +5 +entresuelo, conocida como Casa Isidra ubicada en la esquina de Diputación con Girona.
Fuente: Rogent y Pedrosa, F. [1897]: Arquitectura moderna de Barcelona

de relación con el interior y con el exterior. Con el exterior, por su buena relación con la longitud de la fachada y con el patio interior de la manzana, y con el interior, por la buena calidad de los patios interiores de la vivienda, que se convierten casi en patios interiores a escala edificatoria.[19]

En una primera etapa, las construcciones tienen una profundidad de 20 m. Más tarde, son sustituidas en las localizaciones más privilegiadas por construcciones de PB+4 y, posteriormente, de PB+5, utilizando ya profundidades de 28 m, con la institución formal de la casa de renta.[20] En este proceso y para manzanas mayores o, en algunos casos, iniciales, también surge la manzana de pasaje.

Como señala Tatjer:

"En 1920, el número de edificios de una y dos plantas en Barcelona suponía el 60,05% del total, mientras que los de tres y cuatro plantas tan solo representaban el 15,47%, y el 24,45% los de cinco o más plantas. Es decir, la importancia de los edificios de una y dos plantas dentro del conjunto del parque era extraordinaria, a pesar de que casi un 25% tenía alturas de cinco o más plantas. La situación en 1927 no había cambiado mucho. El 60,06%, es decir, prácticamente el mismo porcentaje que en 1920, continuaba siendo de edificios de una y dos plantas; los de tres y cuatro habían crecido en porcentaje, pasando a ser el 16,6%, y los de cinco o más plantas reducían su peso dentro del conjunto, llegando al 23,34% del total de edificios."[21]

El modelo de PB+5 se había asentado en la parte central del Ensanche, pero la gran mayoría de los edificios eran todavía de PB+2 en 1930. Fue con la introducción de la propiedad horizontal que se incrementaron las edificaciones hasta PB+5 y, después de la Guerra Civil, a PB+6, con áticos y sobreáticos.[22]

Todo este proceso se había generado sobre la base de la casa de renta como vivienda tipo, que se mantuvo como modelo hasta la década de 1930. Fue a partir de entonces que apareció por primera vez el modelo de la propiedad horizontal, es decir, la posibilidad de vender cada uno de los pisos de la finca de forma separada. Observamos que este modelo de propiedad horizontal ha sido el predominante hasta bien entrado el siglo XXI, cuando, en un fenómeno motivado por la globalización, los fondos inversores han ido a la búsqueda de las fincas pertenecientes a un solo propietario, es decir, originarias de la propiedad vertical, que están experimentando un cambio de uso y de régimen, con la aparición del negocio turístico y de las promociones residenciales de alto *standing*.

Nos encontramos, pues, con un modelo asociado a la casa de renta que ha permanecido vigente desde 1860 hasta 1953 y que ha marcado completamente la construcción del Ensanche, especialmente en su parte central hasta la actualidad.

5. La base económica: la articulación de las redes de transporte y de servicios urbanos y la financiación de la urbanización

Una vez definido el mecanismo técnico sobre una base legal y administrativa, se trataba de establecer los mecanismos de gestión económica, utilizando, además, el principio político de transición-transacción, como veremos en la aplicación de las *bases económica y política*.

5.1. El interés público de la urbanización y la definición del sistema de calles y de servicios urbanos legitiman un sistema concesional de la urbanización generado por la Comisión de Ensanche

Cuando Cerdà se planteaba la base económica de la urbanización, se centraba en los criterios y en los instrumentos económicos y de financiación para llevar a cabo la reforma y el ensanche de una población, sabiendo que era el punto clave para el desarrollo del Ensanche, junto con el sistema de reparcelación.

Para la financiación de estos gastos, Cerdà consideraba contrarios a la justicia tanto el sistema de expropiación forzosa de los terrenos y edificios a cargo del Estado (que implicaría "pagar muy caro a un propietario el derecho de hacerle más rico"), como la imposición de un impuesto extraordinario y, muy especialmente, el sistema de empréstitos públicos.

Descartados estos procedimientos, consideraba que la base de su sistema debía apoyarse, como se ha remarcado en el capítulo III, en el principio *"qui sentit*

Figura 239. La base económica: las relaciones entre propietarios y Administración establecidas en el *Pensamiento económico*. *Fuente: Lluïsot*

commodum incommodum sentire debet" ("quien goza del provecho debe sufrir el daño").

Por ello consideraba, que *"en cualquier obra de utilidad pública, los gastos que son siempre reproductivos han de correr a cuenta de aquellos que hayan de reportar las ventajas provenientes de la misma obra"*.

Sobre estas premisas (OCB, p. 518), partía de la consideración de que la reforma y el ensanche de una ciudad son una obra de utilidad pública: *"No es simplemente municipal, puesto que no afecta solo los intereses de la provincia y llega a afectar también los del Estado"* (PEC, p. 460, §11).

Como señala Bassols, Cerdà proponía evaluar los costes de las acciones asociadas al Ensanche y formulaba un inventario de obras que era necesario realizar tanto para el ensanche (apertura del cauce colector para todas las aguas torrenciales; expropiación, explanación, afirmación, plantaciones y obras subterráneas de las calles, plazas, paseos, jardines públicos; expropiación y explanación de los sitios que habían de ocupar los edificios públicos y su construcción), como para la reforma (expropiación y demolición de edificios que se encontrasen en las vías que hubiesen de abrirse, expropiación de los solares en que debían levantarse los nuevos edificios y realización de las obras subterráneas). Según Cerdà, estos gastos tenían una profunda repercusión en los distintos intereses del Estado, de la provincia y del municipio ya que, en cuanto a la reforma, tenían como objetivo el saneamiento de la población y la seguridad pública, mientras que los del ensanche pretendían impedir la condensación de la población y que se formase un laberinto de calles estrechas y tortuosas por donde fuese difícil e incómodo el tránsito público.[23]

La concreción de este principio en fórmulas operativas presenta el siguiente cuadro de situaciones, como sintetiza Bassols:

– Cuando se trataba de abrir nuevas calles en las afueras de las poblaciones en terrenos rústicos para convertirlos en solares o para abrir una calle en medio de una manzana completamente cerrada para la construcción de casas, habían de ser los propietarios interesados en la apertura los que costeasen el importe del terreno, con todos sus accesorios de alcantarillado y cañerías de toda clase, cediéndolo todo y entregándolo a la municipalidad y al dominio público *ad perpetuam*, una vez construido. La justificación de esta obligación Cerdà la fundamentaba, después de un extenso análisis sobre el significado de las calles y las vías de comunicación, en que *"naturalmente la calle y hasta la plaza es, si se quiere, un accesorio, pero un accesorio necesario, indispensabilísimo y, en rigor, de verdad una parte integrante del mismo edificio, parte esencial como la misma puerta, puesto que no puede existir casa alguna sin entrada, ni entrada sin camino practicable que a ella facilite el acceso".* (PEC, p. 462-463, §35)

— Cuando se intentan abrir largas y anchas calles de uno a otro extremo de la población, cortando casas y atravesando la manzana de una manera irregular en aras de la rectitud de la vía pública y de la reforma interior de las poblaciones para su salubridad y comodidad, propone la técnica adoptada en París de expropiar las dos zonas colaterales de la vía pública y abordar su urbanización con unidad de criterio y gestión. Como subrayaba Cerdà:

"La Administración propietaria de esta triple zona tiene, en verdad, la obligación de costear la calle con todos sus accesorios pero, al propio tiempo, tiene el derecho exclusivo de aprovecharse de todas las ventajas que la apertura de la misma calle puede proporcionarle, es decir, que concurren en una misma entidad las obligaciones y los derechos, los perjuicios y las ventajas, los gastos y beneficios, es decir, la aplicación exacta y genuina de aquel principio inmutable del derecho natural, y de derecho escrito, de qui sentit comodum incommodum sentire debet." (PEC, pp. 465-466, §57)

Para Cerdà, sería injusto que el coste de esa obra urbanizadora recayera en la Administración, ya que los cuantiosos sacrificios públicos redundarían en beneficio de los propietarios colindantes. Y, para obviar estos inconvenientes, proponía que, dado que la reforma y el ensanche estaban destinados a producir un cuantioso incremento en la prosperidad pública que tendría su reflejo en el aumento de la tributación por la contribución urbana, se podrían conceder una serie de exenciones temporales por espacio de treinta años a quien asumiese la empresa de urbanizar y construir en las zonas expropiadas. Así pues, Cerdà consideraba que la unidad de gestión urbanizadora que proporcionaba el sistema ideado no debía ser asumida por la Administración:

"La Administración no debe ser constructora, no le conviene, no puede serlo. Es una verdad proclamada por los economistas de todas las escuelas que la Administración es la peor administradora." (PEC, p. 468 , §79)

Una de las novedades de la tercera revolución industrial es la introducción de las redes de servicios urbanos y de transporte mecanizado. Las infraestructuras asociadas a las redes van íntimamente ligadas a la nueva urbanización. Cerdà estaba muy vinculado a los operadores de las nuevas redes ferroviarias y a los promotores de las nuevas redes de servicios urbanos, como hemos visto en el capítulo II. Para ello proponía, en analogía con la legislación de ferrocarriles, que se adjudicara en subasta pública a una empresa privada, a un concesionario, de tal suerte que, *"si la exención en el aumento de la contribución territorial que creemos indispensable conceder a la empresa constructora de nuestro proyecto se considerase como una subvención del Estado, se verifique la licitación siendo la duración de aquella exención la base de la subasta."* (PEc, p. 469, §90)

Como hemos visto, en el Plan Económico del Ensanche y la Reforma Interior, Cerdà establece un sistema destinado a la realización material de la urbanización, rechazando el sistema utilizado por Haussmann en París, en que la Caisse des Travaux Publics,[24] avalada por el Banco de Francia, era la que permitía la reforma de París según Cerdà (TVU). Como ya se ha señalado, y tomando como guía la igualdad y la justicia distributiva de cargas y beneficios, Cerdà establecía que toda reforma urbana se tenía que financiar con las ventajas que proporcionaba. Y, si eran los propietarios con fachada a la calle quienes se beneficiaban de las nuevas vías, gracias a la plusvalía o al aumento del valor de los terrenos y de los edificios, ellos debían financiarlas.

Cerdà añadía, a su *Teoría de la viabilidad urbana y de la reforma de Madrid*, de 1861 (TVU, p. 240-241, § 1530-1538), una normativa procesal al idear un procedimiento para la adjudicación de obras, a través de la analogía con el *Pliego de condiciones para la concesión de ferrocarriles*, de 1844 y su aplicación en la Ley de ferrocarriles de 1855. De hecho, Cerdà planteaba la financiación de los ensanches mediante la aportación patrimonial de las parcelas en la parte correspondiente a los espacios viarios sobre el esquema de la cesión obligatoria y gratuita de los viales. El principio de Cerdà era que los propietarios pasaban de tener una parcela rural a tener una parcela urbana, y ello incrementaba su valor más de quince veces (TCC, 1859); por tanto, eran estos propietarios quienes debían ceder los terrenos para los viales y pagar la urbanización. Esta tarea se concretaría en las comisiones de Ensanche (v. fig. 241), que era el órgano que recibía las contribuciones urbanas y urbanizaba las calles, previa cesión de los terrenos. Este órgano es el que se ha erigido finalmente en el operador urbanístico del Ensanche, aunque no con la fuerza y el liderazgo que Cerdà había imaginado.

Según el *Pensamiento económico*, el Ensanche se debía plantear como una sociedad cuyo capital debía estar formado por el conjunto de los terrenos de los torrentes y los caminos. Este modelo lo desarrollaría con más detalle en la Instancia y Proposición al Ministerio de Fomento de 20 de abril de 1872,[25] con la cual quería instrumentar las infraestructuras y su visión administrativa. Esta propuesta se concretaba en cuatro puntos:

a) La construcción del Ramblar Colector.

b) La urbanización de la montaña de Montjuïc.

c) La utilización de los terrenos de las rieras y de los torrentes como propiedades que tienen un valor económico para la Administración pública.

d) El mecanismo administrativo a partir de la creación de una empresa que gestione estos cargos y que permita llevar a término la construcción del Ensanche.[26]

Si se hubiese llevado a cabo el esquema propuesto por Cerdà, se habrían podido financiar, con los terrenos de las rieras y de los torrentes que pertenecían a la Administración, las infraestructuras y los equipamientos previstos para un mejor desarrollo del Proyecto de Reforma y Ensanche. No obstante, las juntas de Ensanche, que más tarde pasaron a denominarse *comisiones de Ensanche*, no tendrían un rol relevante como operador público de urbanización hasta principios del siglo XX, una vez realizada la anexión de los municipios. Fue en la perspectiva de las exposiciones de 1917 y 1929, y especialmente con los recursos económicos municipales facilitados por el Estatuto Municipal de 1925, que las comisiones de Ensanche adquirieron un rol más activo.

5.2. La financiación del Ensanche surge de las plusvalías del cambio de uso de suelo rural a urbano y de una urbanización progresiva

En el periodo inicial de construcción del Ensanche (1860-1867), fue esencial el papel que desempeñaron las sociedades inmobiliarias de promoción del Ensanche y el sistema financiero, en que resultaron claves la creación del Banco de Barcelona en 1844 y la aprobación de la Ley de Bancos en 1856.[27] A ello habría que añadir la disponibilidad de los capitales financieros asociados a la construcción del ferrocarril y las sociedades de Ensanche, así como la llegada de los capitales de los indianos[28] y los beneficios de la industria textil, muy pujante tras la llegada del vapor en la década de 1830.[29]

Cada sociedad agrupaba varias parcelas, que generaban un terreno que ocupaba dos o tres manzanas del Ensanche (v. fig. 221). A esta escala tomaba sentido el mecanismo de reparcelación. Como hemos visto en el apartado de la base legal, Cerdà, como director de una de las sociedades promotoras, la sociedad Fomento del Ensanche, fue uno de los principales impulsores de este cambio conceptual (v. fig. 221). Pero la crisis económica de 1866 afectó los valores de la Bolsa de Barcelona, entre ellos los de las compañías inmobiliarias del Ensanche, y eliminó a gran parte de ellas como agentes de construcción del Ensanche.

También es clave el proceso de urbanización de los terrenos de las murallas. Cerdà recibió el encargo del Ministerio de la Gobernación de reparcelar los terrenos de las murallas, que abarcarían una superficie de una dimensión similar al total de la ciudad antigua (4/5 de la ciudad intramuros)[30] (v. figs. 246-247). De hecho, esta fue otra de las muestras de referencia del proceso de reparcelación en la etapa inicial. Para el resto del Ensanche, fuera de los terrenos de las murallas, y ante la precariedad legal, predominaría la reparcelación a pequeña escala, parcela por parcela, mediante el mecanismo económico de la cesión de terrenos de viales, como ya hemos señalado.

En el momento de la redacción del Anteproyecto de Ensanche en 1855, la relación de precios entre los sectores de ensanche y los del centro histórico era de 1 a 300 (TCC, p. 259 § 517). Esta relación se reduciría en la década de 1860, pero no bajaría de una relación de 1 a 15. Esta proporción de precios entre el ámbito rural y el urbano todavía permitía que el propietario o los propietarios estuviesen dispuestos a reparcelar con el mecanismo de cesión de los espacios viales, y, de hecho, este acabaría siendo el mecanismo preponderante en la etapa inicial de construcción del Ensanche.

5.3. La falta de una articulación institucional entre la Administración general y la Administración local para financiar las inversiones a capital fijo de las redes

Si bien Cerdà había planteado claramente el modelo de reparcelación, la urbanización requería una financiación que iba asociada a la introducción de las redes de transportes y de servicios urbanos. En este marco, cabe afirmar que hubo una falta de articulación institucional para favorecer la financiación de la urbanización y, en definitiva, un desarrollo continuado de la reforma y el ensanche de las poblaciones. Como señala Bassols:[31]

"El modelo de financiación propuesto por la Ley de 1864, liberalizador y muy favorable a los intereses de la propiedad, mantenía un equilibrio entre la autofinanciación del territorio del Ensanche. De hecho, retenía la plusvalía generada en la zona, manifestada a través de la recaudación impositiva, y la previsión de un sistema de cesiones voluntarias de terrenos y costeo de obras, compensadas fiscalmente.

Pese a estos perfiles originales, en la práctica, el sistema fracasó y los ensanches experimentaron un considerable retraso en su realización. Además de los efectos negativos de la coyuntura económica subsiguiente a la Ley, al fundamentarse el sistema en la capacidad de rendimiento de la contribución urbana, impuesto de carácter estatal instaurado en la reforma fiscal de 1845, y la efectividad de los correspondientes recargos municipales en la realización material de las construcciones, al demorarse en el tiempo y efectuarse de forma dispersa, obligaron a acudir al empréstito con la garantía de los futuros rendimientos de dicho impuesto, poniendo en serias dificultades la Hacienda del Ensanche."

La falta de fondos financieros impedía atender adecuadamente la urbanización de forma anticipada a la edificación, y ello determinó que los ayuntamientos admitieron excepciones a las prescripciones de los planes y ordenanzas de construcción con tal de atraer la edificación potencialmente rentable, en la esperanza de obtener financiación para poder atender a la urbanización con posterioridad. Para paliar la crisis de financiación, la primitiva Ley de Ensanche de 1864 fue objeto de una reforma en 1876 con tres aportaciones significativas:

a) Sustitución de las juntas de Ensanche por comisiones, con exclusión de los propietarios, dando representación exclusivamente a los concejales.

b) Supresión de las divisiones del ensanche por zonas y, en consecuencia, imposibilidad de acudir a los empréstitos parciales.

c) Imposición obligatoria del sistema de cesión de la quinta parte del terreno para las calles y plazas o el pago de su precio cuando la iniciativa de la apertura de una calle correspondiera al municipio, todo ello bajo la amenaza de expropiación en caso de incumplimiento de estos deberes.

Como señala Bassols,[32] el desorden en la realización de los ensanches de Madrid y Barcelona y su crisis financiera obligaron a dictar una nueva ley para estas dos ciudades en 1892, que incluía medidas de fomento e incrementaba la afectación de la contribución urbana y sus recargos de 25 a 30 años, el otorgamiento de una indemnización del 4% anual para todas las propiedades ocupadas sin haber seguido la normativa de la expropiación forzosa y la generalización del sistema de cesión obligatoria de la mitad de los terrenos para la apertura de nuevas calles y paseos —cesión que se compensaba con los correspondientes beneficios fiscales al expropiarse la otra mitad por su valor de mercado. Los propietarios que no aceptasen la cesión podrían ser expropiados totalmente y por el valor que tuviesen los terrenos antes de la apertura de la calle.

Finalmente, se restauraron las comisiones de Ensanche con la presencia, nuevamente, de los propietarios, junto con los concejales, y se permitió de nuevo la división en zonas. El protagonismo de estas comisiones de Ensanche sería fundamental, al movilizarse la construcción de edificios a finales del siglo XIX y primeros años del XX, lo cual permitió recuperar los rendimientos de la contribución urbana y privatizar las plusvalías, al tiempo que convertirían los ensanches en zonas fiscales privilegiadas en relación con el resto de la ciudad, tal como antaño habían actuado las murallas físicas.

La legislación de ensanche de 1892, inicialmente solo para Madrid y Barcelona, se extendería progresivamente a otras ciudades y se convertiría en el modelo legislativo más extendido: Cartagena (1895), Alicante (1896), Valencia (1900), Santander (1902), Palma de Mallorca (1904), etc., hasta que el Estatuto Municipal de 1924 lo generalizaría para todos los municipios. Su vigencia formal se extendió hasta la Ley del Suelo de 1956, que la derogó formalmente. En cualquier caso, sus aportaciones más relevantes fueron la pretensión de autofinanciación a través de un presupuesto especial frente al ordinario, la normalización del sistema de cesiones del suelo para calles y paseos (limitada a la mitad de su extensión y compensada fiscalmente) y, finalmente, la utilización decidida de la expropiación forzosa como instrumento o amenaza para exigir la colaboración de los propietarios en el cumplimiento de sus deberes. Este régimen de cesiones y de utilización de la expropiación forzosa encontraría un amplio eco en la legislación urbanística a partir de 1956.

5.4. La financiación económica de la Reforma y Ensanche: un proceso factible en la extensión y más complejo en la reforma

La aplicación del Proyecto de Reforma y Ensanche, a pesar de todas las dificultades, era más claro en el caso del ensanche que en el caso de la reforma. La idea de la íntima relación entre el ensanche y la reforma, propuesta por Cerdà en la primera década del desarrollo del proyecto, se fue obviando y se tendió a considerar tan solo el ámbito del ensanche. No obstante, hubo diversos intentos de enfrentarse a la reforma de la ciudad existente, especialmente en torno al proyecto de apertura de la Via Laietana.[33]

La propuesta de reforma (como señalaban los planos y las litografías del proyecto) se identificó exclusivamente en la apertura de tres ejes de enlace con el ensanche: la prolongación de las calles 30 (Pau Claris-Via Laietana), 23 (Muntaner) y T (Pallars-Campo Sagrado) (v. fig. 110), conocidos a partir de 1880, en el proyecto de reforma de Ángel Baixeras, como las grandes vías A, B y C, respectivamente (v. fig. 240).

Aun así, la reforma se convirtió en un tema complejo, refrenado por la superposición de disposiciones legales vigentes y por la fuerza moral del Ayuntamiento, que había iniciado sus estudios y proyectos del casco de la ciudad con anterioridad a Cerdà.

En 1846, se promulgó la Real Orden de 25 de julio, que instaba a los ayuntamientos a levantar sus respectivos planos geométricos. Se pedía que dichos planos generales también previeran las futuras alineaciones de reforma de la ciudad. En 1854, cuando se iniciaron los trabajos preliminares para la tramitación del Ensanche de Barcelona, el gobernador civil Ciril Franquet dispuso que, en paralelo al levantamiento del plano topográfico de las afueras, a cargo de Cerdà, se elaborara, a cuenta de los recursos pecuniarios y técnicos del Ayuntamiento, el levantamiento del plano geométrico de la ciudad.

Este trabajo lo acabó asumiendo el arquitecto municipal Miquel Garriga i Roca, que lo presentó definitivamente acabado en 1861.

El 17 de febrero de 1865, el Ayuntamiento acordó iniciar el estudio de la apertura de las tres calles de la reforma siguiendo el plan oficial. Durante todo el año, junto con otros concejales y con los arquitectos municipales Serrallach y Artigas, analizaron las condiciones económicas para la ejecución del proyecto. Siguiendo los principios de Cerdà, contemplaban la expropiación de las dos zonas de 20 m adyacentes a las vías, es decir, un total de 60 m de anchura; pero, al mismo tiempo, había que buscar alternativas de financiación para superar la limitación impuesta por la Ley de Expropiación Forzosa, vigente desde 1836. A efectos de solucionar lo que era económicamente irrealizable, se decidió paliar el déficit estimado entre ingresos y gastos, proponiendo la venta de servidumbres (derechos de paso, luz, ventilación, estilo edilicio), el aumento de la contribución territorial sobre todos los bienes inmuebles durante 25 años y la creación de un empréstito especial avalado por el Gobierno. En febrero de 1866, cambió el rumbo de la cuestión cuando, debido a los temores del gobernador civil y de una parte del Consistorio, se aprobó una propuesta destinada a abaratar costes mediante la reducción de la anchura de 20 a 14 m (siguiendo la anchura del proyecto de Garriga) de la prolongación de la calle núm. 30. Cerdà denunció el hecho y consiguió que en mayo de aquel año se anulase ese acuerdo y rigiese la iniciativa de consultar al Gobierno central sobre los estudios anteriores, realizados durante 1865.[34]

Por otra parte, el proyecto de reforma de Garriga i Roca obtuvo la aprobación oficial en septiembre de 1866, pero un año más tarde se anuló su vigencia. En realidad, tanto la Administración municipal como los propietarios del casco antiguo estuvieron divididos en su preferencia e interés por uno u otro proyecto hasta la década de los setenta (Garriga/Cerdà).[35]

En el período 1872-1874, Cerdà intervino otra vez en el estudio y la gestión de la reforma. En mayo de 1872, el Ayuntamiento constituyó una Comisión especial para elegir el mejor proyecto facultativo y económico. La Comisión tenía una representación mixta: cuatro tenientes de alcalde (Domingo Call), cuatro diputados provinciales (Benito de Arabio-Torre), cuatro propietarios (Antonio Xuriguer, presidente de la comisión), un comerciante, un fabricante, dos abogados (Manuel Duran i Bas), un maestro de obras (Jeroni Granell) e Ildefons Cerdà en calidad de ingeniero de caminos, canales y puertos. La Comisión, limitada entre otros problemas por la guerra carlista, tuvo que depender del personal técnico y jurídico del Ayuntamiento. En mayo de 1874, el arquitecto municipal Antoni Rovira i Trias presentaba los estudios de la traza de la calle de Bilbao (la actual Via Laietana) y, en julio, las nuevas rasantes de la vía entre las calles de Fontanella y Comtal.[36] Además del estudio y proyecto de reforma de la calle de Bilbao, la Comisión presentó a la aprobación del Ayuntamiento las bases de un plan económico de ejecución, que no se aprobaría hasta el 9 de julio de 1875.[37]

Todas estas discusiones influyeron en la Ley de Expropiación Forzosa de 1879, que se promulgó, entre otros motivos, como consecuencia de ese debate y que introdujo el derecho a expropiar los laterales de la vía para rentabilizar los efectos de la revalorización de los terrenos adyacentes a ella, con el fin de financiar las obras de urbanización de la propia vía, tal como ya se recoge en la base segunda del *Pensamiento económico* de Cerdà (PEC, p.470, § 96), de 1860. Además, la Ley de 1879 permitía que los municipios contrajesen empréstitos para la adquisición y venta de solares regularizados, así como la adquisición de ventajas fiscales. Este fue un gran avance.

En 1878, Josep Àngel Baixeras había presentado un Proyecto de Ley de Reforma Interior de las Grandes Poblaciones, que se integró en la nueva Ley de Expropiación Forzosa de 1879. En 1880, presentó en el Ayuntamiento de Barcelona el Proyecto de Reforma Interior, que recogía fundamentalmente las tres vías de reforma de Cerdà y que sería aprobado por el Gobierno en 1889.

Pero hasta la llegada de la Ley de Obras de Saneamiento y Mejora Interior de las Grandes Poblaciones de 1895 no pudieron empezarse a formalizar los mecanismos de expropiación forzosa basados en la Ley de Expropiación Forzosa de 1879, que sustituiría la de 1836,[38] para visualizar la construcción real de las vías de reforma.

La nueva legislación planteaba tres parámetros clave. Primero, aumentaba los beneficios fiscales. Segundo, aumentaba el ancho de las bandas laterales, que pasaba de un máximo de 20 m a un mínimo de 20 m y un máximo de 50 m, lo cual hacía viable económicamente el proceso. Y, en tercer lugar, introdujo la posibilidad de utilizar el sistema de concesión a sociedades privadas para la gestión de la apertura de las vías.

Con la reunificación municipal de Barcelona en 1897, la entrada en el gobierno local de la Lliga Regionalista en 1901 y el recurso de la legislación de 1895, se reanudó en serio la idea de abrir la Via Laietana. El 2 de noviembre de 1905, el Pleno municipal aprobó un contrato de la Tesorería de la municipalidad con el Banco Hispano-Colonial para la concesión de la gestión de apertura de la nueva vía. El Banco Hispano-Colonial gestionaba y preparaba la adquisición de fincas y, además, actuaba como financiador de la operación. Asimismo, subcontrataba a la sociedad Fomento de Obras y Construcciones las obras de demolición de viviendas, de adquisición de material y de construcción de las obras de urbanización. De esta forma, las obras de la Via Laietana se iniciaron en 1909.

Se estaba aplicando, finalmente, la idea de una empresa concesionaria propuesta por Cerdà en su Plan económico. Pero se había necesitado casi medio siglo (1859-1909) para crear el arsenal jurídico de la reforma, a través de la aprobación de dos leyes: la Ley de Expropiación Forzosa de 1879 y la Ley de Saneamiento de Grandes Poblaciones de 1895.

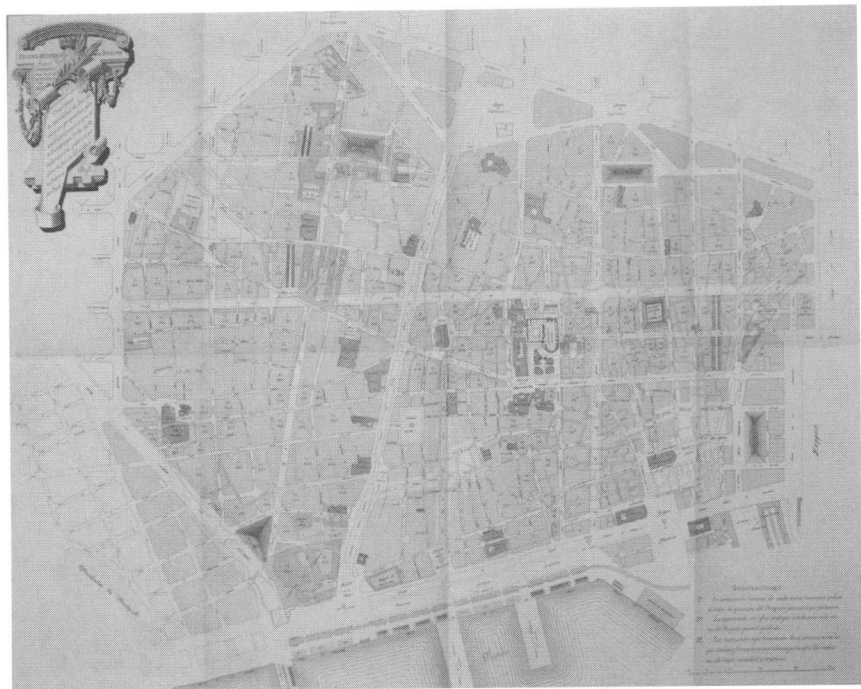

Figura 240. Plan Baixeras. Plano aprobado por el Real Decreto de 14 de julio de 1889, con indicación de los sucesivos proyectos parciales propuestos por Victoriano Felip.
Fuente: Ayuntamiento de Barcelona, 1895

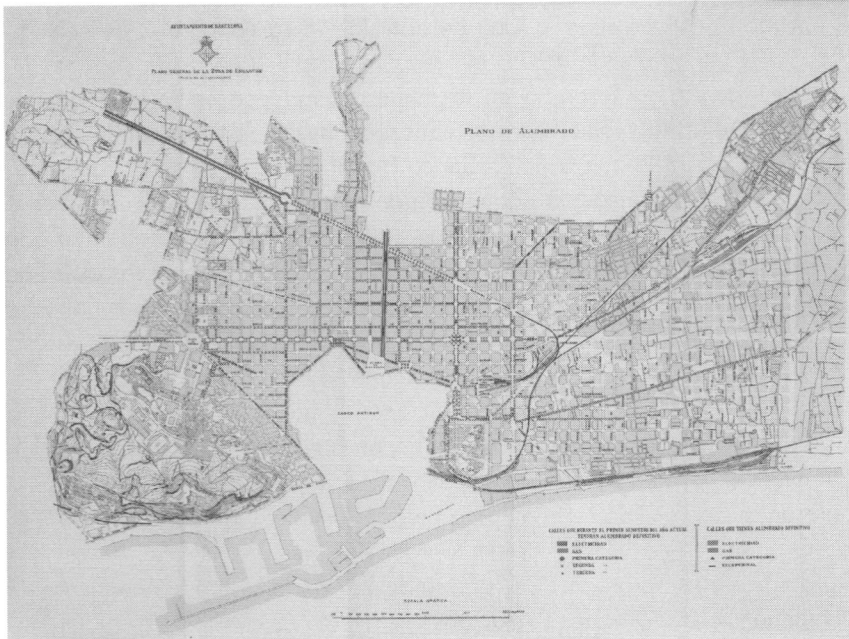

Figura 241. Ámbito de la Comisión de Ensanche en 1928, con indicación de las obras de urbanización.
Fuente: Comisión de Ensanche, 1928

Figura 242. Reforma y obras del metro en la Via Laietana en 1914. Fotografía: Frederic Ballell. Fuente: *Arxiu Fotogràfic de Barcelona*

Figura 243. Reforma de la Via Laietana en el sector de la riera de Sant Joan. Fotografía: Joan Vidal i Ventosa.
Fuente: Arxiu Històric de la Ciutat de Barcelona

6. La base política: la aplicación del principio de transacción-transición para la construcción efectiva de un sistema de alineaciones reticular de apoyo a la urbanización

Cerdà proponía la *base política*. En la historia del urbanismo, ha habido infinidad de planes que se han quedado en el papel. La gran virtud de Cerdà fue su capacidad para imponer su proyecto y llevarlo a cabo en sus parámetros esenciales. Para ello, aportaba como guía de intervención el principio de transición-transacción. Consciente de que la solución proyectada no podía ser asumida desde el principio, confiaba en la transición hacia el modelo propuesto, pero con el imperativo de conseguir unos mínimos o una transacción que asegurasen la línea de tendencia. Esta flexibilidad de los instrumentos acabaría siendo uno de los puntos fuertes del proyecto.

6.1. La plasmación del principio de transacción-transición a través de la imposición de un modelo reticular flexible frente a un modelo radioconcéntrico

El desarrollo del Plano de Alineaciones de Cerdà proyectaba una población de nueva fundación ilimitada en la cual la ciudad antigua reformada se insertaba en el Ensanche. Este planteamiento no fue asumido por la Ley de Ensanches aprobada finalmente en 1864. Por un lado, la Ley planteaba el ensanche de forma aislada a la reforma y, por otro, proponía una visión del ensanche como la extensión de un sector que se adjuntaba a la matriz central de la ciudad existente. Como señala Bassols, el Reglamento de 1867 de la Ley de Ensanche de Poblaciones de 1864 establecía la idea de que se precisaba una vinculación física del espacio delimitado como ensanche con la del ámbito del casco o núcleo interior de una población, de ahí que en la definición comentada subrayase el matiz de la incorporación a la población o al agregado urbano de los nuevos terrenos urbanizados.[39] De este modo, el ensanche

Figura 244. La base política: el principio de transición-transacción. *Fuente: Lluïsot*

no era considerado una formación autónoma de un nuevo núcleo de población, sino propiamente la extensión de los límites del agregado urbano existente

En ese momento, la idea innovadora de reticularidad de Cerdà quedaba mermada, frente al tradicional esquema radioconcéntrico. El Reglamento de 1867 no hizo más que acentuar esta perspectiva. Para la formalización del Ensanche, el Reglamento establecía que era necesario delimitar zonas de desarrollo. La zonificación propuesta por Rovira, arquitecto municipal de Barcelona en 1868, era la plasmación de un esquema radioconcéntrico, que por cierto se asemejaba mucho al proyecto que había presentado en el Concurso de Ensanche de 1859 (v. figs. 248 y 58a). Otro detalle de la imposición del esquema radioconcéntrico era la formalización del sistema de representación del plano topográfico. Así, el

Reglamento de 1867 especificaba la necesidad de elaborar un plano topográfico a escala 1:2000, que comprendiese la zona del Ensanche, la antigua población y los accidentes topográficos de otra zona alrededor de los límites de aquella en una extensión de 1 km, cuando el radio de influencia del Proyecto de Cerdà era de 4 km, es decir, cuatro veces mayor.

A pesar de todo ello, el Ensanche de Barcelona fue supramunicipal hasta 1897, año en que se formalizó la primera anexión de los alrededores del núcleo de Barcelona. En ese período, y pese a la legislación vigente, la urbanización del llano de Barcelona se seguía basando en el esquema reticular del plano de alineaciones de Cerdà.

El modelo del Ensanche de Cerdà planteaba la fundación de una nueva población con una estructura próxima a una centuriación romana. El eje horizontal era la Gran Via y sus límites superior e inferior eran, respectivamente, la Travessera de Gràcia y la línea del ferrocarril de Barcelona a Mataró. Según el modelo de Cerdà, la ciudad se podía extender de forma ilimitada. No obstante, el esquema reticular estaba protegido por el Ramblar Colector, que ejercía de verdadero límite radioconcéntrico de la nueva población (v. fig. 259). Se observa, pues, la confluencia de las estructuras reticular y radioconcéntrica, imponiéndose la estructura reticular a escala urbana y la estructura radioconcéntrica a escala geográfica.

La cuadrícula de Cerdà aparentemente es muy rígida, ya que la noción de ortogonalidad y de repetición se ha impuesto con toda su fuerza. No obstante, tras estas nociones, se observa una gran flexibilidad para acoger ejes preexistentes. La topología de la manzana, un octógono con cuatro lados y cuatro chaflanes, es muy clara y compleja a la vez. Su flexibilidad permite variaciones de los lados, pero impide la modificación del octógono como objeto topológico.

Cerdà adaptó la cuadrícula a los ejes preexistentes. Ni la Rambla de Catalunya ni el paseo de Gràcia ni la calle de Sant Joan de Malta coincidían con los ejes orto-

gonales de la cuadrícula (v. fig. 245). La flexibilidad del esquema fue precisamente una de las grandes virtudes de esta propuesta y lo que le permitió implementar su modelo reticular. Cerdà adaptaba, de hecho, la cuadrícula a estos ejes preexistentes. Si una vía debía tener un ancho mayor, como era el caso del paseo de Sant Joan, las manzanas adyacentes se dibujaban más estrechas. Y cuando se encontraba con vías preexistentes de fuerte presencia y no podía obviarlas, como la carretera de Ribes o la carretera de Francia (Pere IV), mantenía algunos tramos con edificación consolidada y los convertía en vías locales. Los casos más significativos son el tramo de la carretera de Ribes en la zona del Clot y la carretera de Francia o Pere IV en su cruce con el eje de Sant Joan de Malta. En estos casos, y tras fijar estos tramos de vía como vías locales y no urbanas, es decir, sin un recorrido entre barrios de la ciudad, formalizaba de hecho unas grandes agrupaciones o intervías urbanos, con lo cual el sistema viario trascendental y urbano de la nueva estructura propuesto no quedaba afectado. Lo mismo sucedía cuando existían núcleos preexistentes, como era el caso del tejido del núcleo de Camp de l'Arpa. La opción del proyecto era inscribirlo en una agrupación de manzanas o macromanzana. Exactamente lo mismo sucedía con el núcleo del Poblenou.

Bajo la apariencia de una malla que se imponía, Cerdà estaba aceptando gran parte del tejido antiguo. Para ello, optaba por absorber estos núcleos en un gran intervías que en el Proyecto de 1859 dibujaba en un marco de zona verde. Cerdà confiaba en la capacidad del tejido para regenerarse y en el proceso imparable de transformación de los intervías para adaptarse a las nuevas condiciones de movilidad. Era el mismo planteamiento que se observaba en el caso del centro de Barcelona, donde proponía diseñar unas vías de reforma que, por sí solas, transformarían ya el tejido histórico.

El proceso de redefinición de los terrenos de las murallas que el propio Cerdà elaboró fue otra muestra de esta flexibilidad. Cerdà redefinió las alineaciones de las manzanas en este sector, al ponerse de manifiesto que la unión entre el Ensanche y la ciudad antigua se iba a efectuar alrededor de una nueva plaza central situada en esos terrenos. No obstante, Cerdà imponía que la cuadrícula en esa zona marcase su predominancia frente al tejido de la ciudad antigua, para que esta quedase insertada en el proyecto de fundación de una nueva población siguiendo unos criterios igualitarios. El Ayuntamiento de Barcelona, a través de su arquitecto municipal Garriga, proponía un proyecto de bulevar radioconcéntrico, con una avenida de 45 m de anchura. Este proyecto rompía con el esquema reticular propuesto por Cerdà (v. fig. 252b): Cerdà luchó por imponer una nueva propuesta en que la ronda se adaptase al ensanche, y no al revés (v. apartado siguiente).

Para ello, aprovechó la necesidad de construir los colectores de las rondas, que él mismo dirigió, para imponer unas rondas de 30 m de anchura, del mismo nivel que la calle del Comte d'Urgell o el paseo de Sant Joan. Asimismo, se observa que aquellos trazados que no disponían de urbanización a sus lados eran, para Cerdà, perfectamente modificables. Este fue el caso de la carretera de Barcelona a Sarrià, diagonal a campo abierto y sin ninguna edificación adyacente proyectada por Cerdà en 1845, que no tuvo ningún reparo en eliminarla de su Proyecto de Ensanche, aunque fuese él quien la había proyectado (v. fig. 29). Y lo mismo sucedió con la Travessera de Gràcia (v. fig.245).

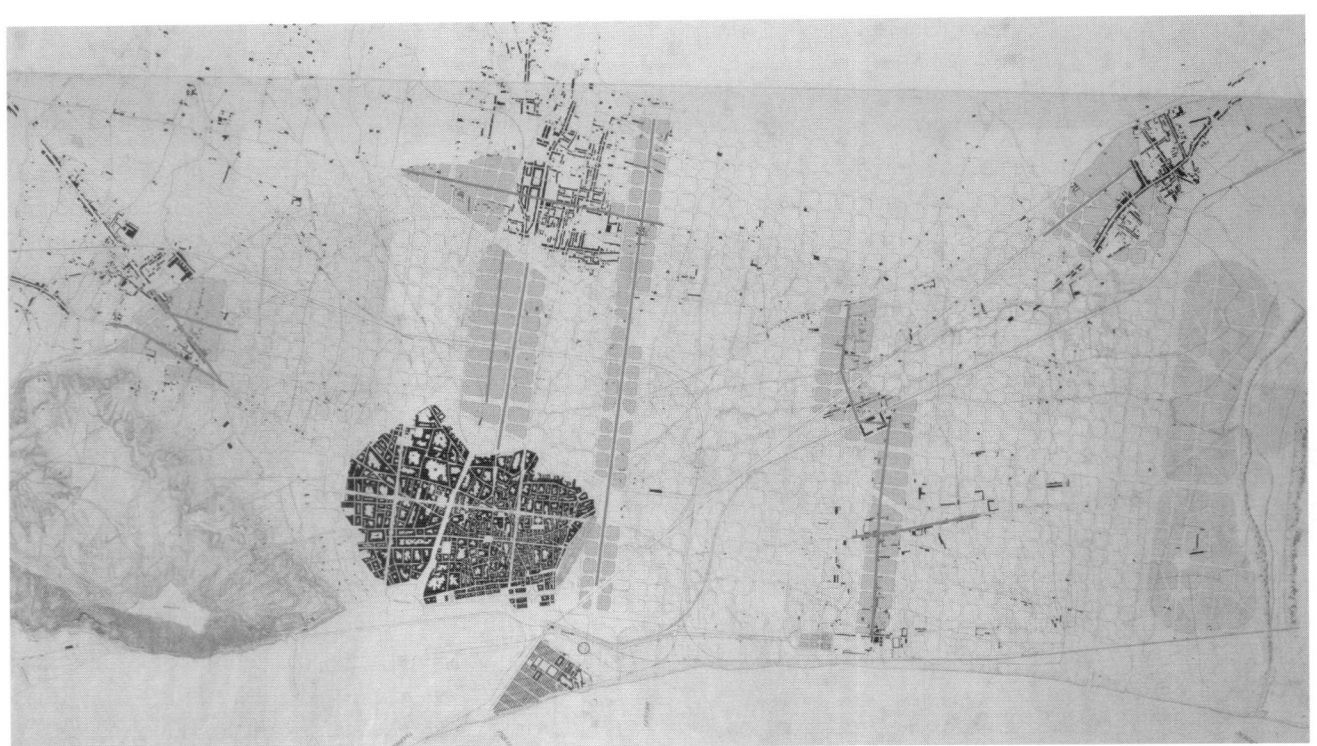

Figura 245. Plano de alineaciones del Ensanche, elaborado por Cerdà a escala 1:5000 con indicación de los ejes existentes respetados por la cuadrícula.
Fuente: elaboración propia a partir de Arxiu Històric de la Ciutat de Barcelona: Fons Cerdà 11242

En una primera aproximación, podemos concluir que, en la estructuración de la retícula, Cerdà partía de la vialidad para llegar a los intervías. De esta forma, recogía los ejes preexistentes y adaptaba las manzanas a sus exigencias.

Las modificaciones más significativas del Plan de Cerdà de 1859, en lo referente a las alineaciones del Ayuntamiento, se encuentran, al margen de la zona de murallas, en el barrio de Hostafrancs.[40] No obstante, conocemos varios intentos de reducción de la anchura de las calles y de supresión de los chaflanes. El intento más significativo de reducción de la sección de las calles fue la demanda de diferentes propietarios en relación con la urbanización de las Hortes de Sant Bertran (actual Poble-sec). En esta ocasión, los propietarios pretendían que el ancho de la avenida del Paral·lel se redujera primero a 20 m y después a 16 m. A petición de la Junta de Ensanche, en 1870 el propio Cerdà emitió un informe en que no accedía a dicha demanda, y la Junta lo ratificaba el 3 de enero de 1871.[41] Por otra parte, hay una rectificación significativa que sí triunfa: fue la reducción a 30 m de la sección de la calle de Aragó, que inicialmente era de 50 m, aprobada el 30 de julio de 1874.[42] El mantenimiento de los chaflanes según el plan original de Cerdà ha sido otro punto esencial de la permanencia del carácter de la propuesta, aunque no han faltado iniciativas para variar el proyecto, como ha sido el caso de la plaza de la Universitat.

La formalización de esta retícula homogénea se consumó en su estructura de vía-intervías, es decir, en el Plano de Alineaciones y en la definición de la calle, pero no así en cuanto la definición de los intervías. Estos se construyeron siguiendo una distribución en el tiempo y en el espacio y con unas formas urbanas que dibujaban un esquema radioconcéntrico. En ellas tuvo que ver, de forma clara, el rol de los límites, así como la especialización del territorio con la aparición de los flujos de transporte.

6.2. La imposición de la retícula a través de la reparcelación de los terrenos de la muralla y la parcelación del eje de la Gran Via

En la etapa inicial, había dos cuestiones que eran centrales para decantar una buena transición hacia el modelo reticulado de Cerdà. La primera y fundamental era la redefinición de la unión del Ensanche con el casco antiguo, ya que es allí donde se jugaba la primera etapa de la plasmación del proyecto. En este sentido, fue clave que Cerdà controlase el Proyecto de alineaciones de los terrenos de murallas de 1865. La segunda fue la construcción, en los primeros años, del tramo central de la Gran Vía de 50 m de ancho, una vía tangente al centro histórico, que en sus años iniciales no disponía de mucho tráfico, pero que era esencial para afianzar la construcción del Ensanche según un modelo reticular frente a una visión radioconcéntrica tradicional (figs. 248, 249 y 250).

Así, si comparamos el Proyecto de Reforma y Ensanche de 1859 con el Plano de Reparcelación de los Terrenos de las Murallas aprobado en 1865 (v. fig. 252), constatamos unos cambios esenciales que afectan la plaza de Catalunya y representan una gran flexibilidad en la obra de Cerdà, que proyectó una gran plaza en el paseo de Gràcia, muy cerca del centro histórico pero por encima de la Gran Via. Cerdà quería una plaza que estuviese junto a las vías básicas, la Gran Via y el paseo de Gràcia. Los propietarios de las parcelas que daban al paseo de Gràcia, entre Gran Via y Consell de Cent, veían que resultaban afectados por esta plaza y consiguieron que el Plano del Ensanche fuese aprobado en 1860, con la condición de aceptar modificaciones a través de una Real Orden aprobada en 1861, con lo cual se eliminaba esta plaza. Cerdà reaccionó y situó la plaza debajo de la Gran Via, en la que es hoy la plaza de Catalunya, y lo hizo a través del Proyecto de Reparcelaciones de los terrenos de murallas de 1865 (v. figs. 251 y 253). Un detalle que muestra este cambio es que la primera casa

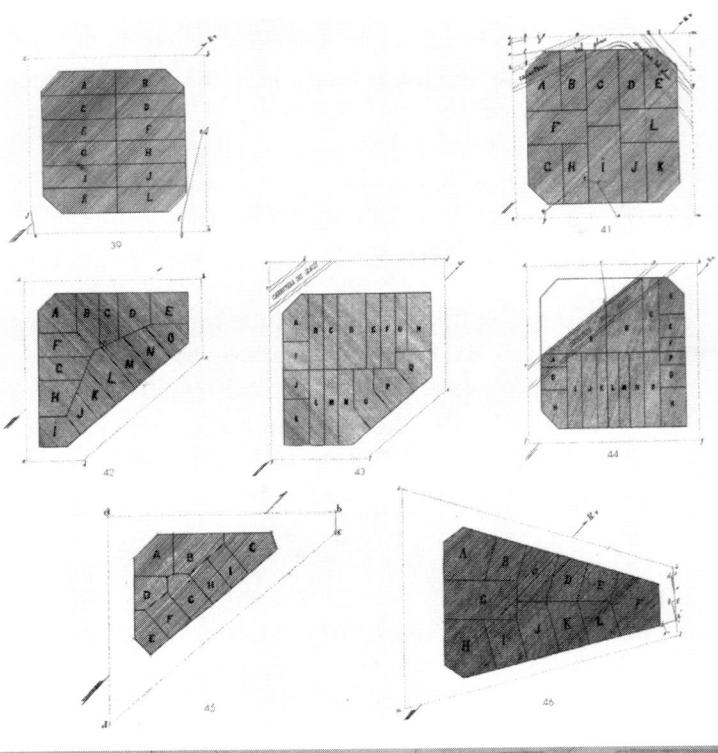

Figura 246. Diversos ejemplos de parcelaciones de los terrenos de murallas que pertenecen al Estado.
Fuente: Soria, 1996

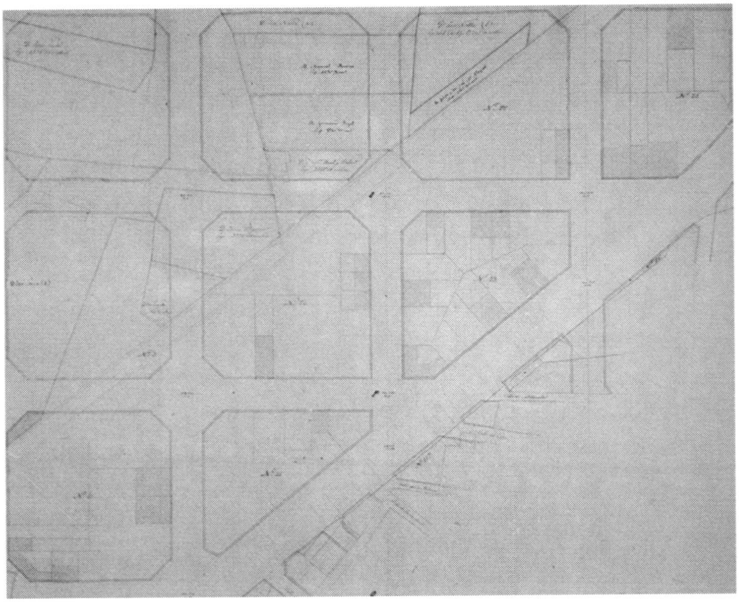

Figura 247. Detalle del Plan Particulario n.º XVI, situado sobre la zona de los terrenos de murallas y en el cual se observan las primeras edificaciones.
Fuente: Soria, 1996

que se construyó en la actual plaza de Catalunya (v. fig. 253) fue promovida por Gibert, que había sido presidente de la Diputación, amigo de Cerdà y uno de los impulsores iniciales del Ensanche. Pero esta primera edificación, que se había construido en 1860-1861 siguiendo las alineaciones del plano aprobado en mayo de 1860 (v. fig. 253), había quedado desubicada con el nuevo Proyecto de Reparcelaciones de los terrenos de murallas de 1865. Esta edificación fue eliminada. Pero, en paralelo, Cerdà promocionó la centralidad de la plaza de Catalunya con una estación central de ferrocarriles, en lo que hoy es la estación de ferrocarriles de Sarrià y en el emplazamiento de la Casa de Correos (v. fig. 253), símbolos de la centralidad de las redes de transporte y de telecomunicaciones.

6.3. La imposición del plano de alineaciones con el tiempo gracias a la definición del soporte de la calle a nivel de proyecto y a una legislación favorable (1860-1953)

Para analizar la imposición del Proyecto de Reforma y Ensanche de Cerdà, es necesario recordar que, a partir de la aprobación del Ensanche de Barcelona el 30 de mayo de 1860, aun cuando se plantearon algunas variaciones iniciales significativas relacionadas con las alineaciones de la unión entre el núcleo de Barcelona y el Ensanche, no hubo apenas otras modificaciones de alineaciones y, si en algún caso las hubo, fueron puntuales y escasas.

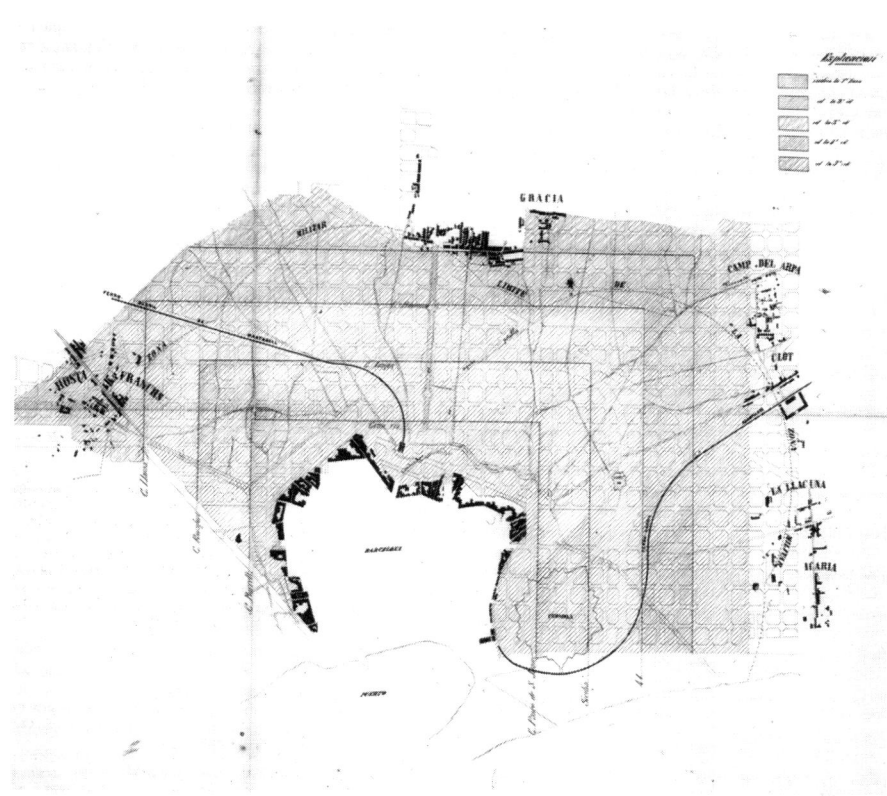

Figura 248. Plano de sectorización de las fases de desarrollo del Ensanche de Antoni Rovira, arquitecto municipal de Barcelona de 1868.
Fuente: Archivo Administrativo del Ayuntamiento de Barcelona. Exp. 129-AI

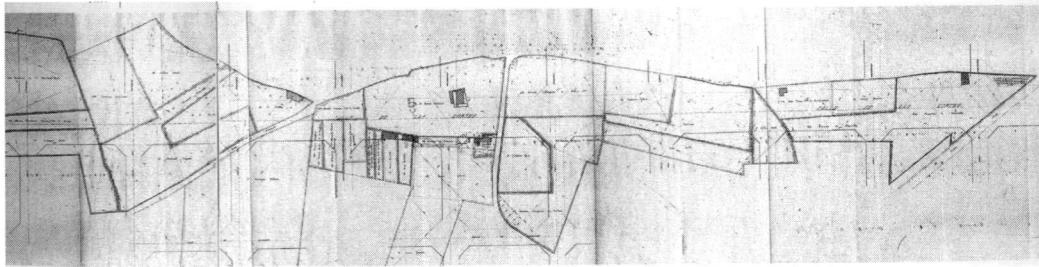

Figura 249. Urbanización de la Gran Via de les Corts Catalanes con explanación de la calle, plantación de arbolado y alumbrado (1873). Fotografía: autor desconocido.
Fuente: Arxiu Mas. Fundació Institut Amatller d'Art Hispànic

Figura 250. Reparcelaciones de los terrenos de la Gran Via en 1870.
Fuente: Arxiu Administratiu de Barcelona

Las modificaciones se centraron especialmente en el tipo de ocupación de la manzana. En el momento de la aprobación del proyecto, el 30 de mayo de 1860, se prescribió una ocupación a tres lados, aunque rápidamente se fueron permitiendo reparcelaciones que consagraban la construcción de la manzana cerrada construida a cuatro lados. En este sentido, y como ya hemos señalado anteriormente, cabe destacar que el propio Cerdà ya dibujó ocupaciones a cuatro lados en las manzanas en torno al centro histórico (v. figs. 223 y 252). Formalmente, las distintas modificaciones no se contrastaron con el proyecto de Cerdà hasta la aplicación de la Ley de Ensanche para Madrid y Barcelona, promulgada el 26 de julio de 1892, cuando dicho proyecto ya llevaba tres décadas en construcción, desde su aprobación en 1860.

El artículo 29 de la Ley de 1892 preceptuaba que *"en el plazo de seis meses se presentarán al Ministerio de la Gobernación, para su aprobación, las reformas parciales y ampliaciones que, en el plano general del Ensanche de Barcelona, aprobado en 1892, se hayan introducido y carezcan de aquel requisito"*.

En la Ley de Ensanches de 26 de julio de 1892 y en el Reglamento de 31 de mayo de 1893, aplicado después a los ensanches de los pueblos agregados, se imponía a todos los ayuntamientos que se acogían a dicha legislación la obligación de legalizar las modificaciones, reformas o ampliaciones introducidas en el Plano oficial del Ensanche hasta ese momento. Para ello, se debía formular el oportuno proyecto que incluyera con dichas modificaciones, el proyecto de urbanización de la zona de ensanche y otro de clasificación de calles, que se distribuían entre dos relaciones. Una primera relación, que comprendía las calles abiertas y más o menos urbanizadas, y una segunda relación, compuesta por dos grupos. Un primer grupo de calles cuya urbanización era de interés preferente y otro grupo de calles cuyo interés fuese secundario. Estos tres proyectos debían ser sancionados por el Ministerio de Gobernación. El plazo perentorio para presentar los planos de adiciones y

modificaciones, unas veces por retraso o por incidencias, en particular por falta de la documentación complementaria, y otras veces por incumplimiento de alguno de los pueblos del llano, hicieron que la aprobación tuviera lugar mucho más tarde en la mayoría de aquellos municipios. Solo los municipios de Barcelona y Gràcia siguieron ese procedimiento.

El municipio de Barcelona, sin los pueblos agregados, formuló su plano de alineaciones, elaborado por el ingeniero de Caminos don José M. Jordán, jefe de Vialidad y Conducciones, que fue aprobado por la Real Orden de 14 de noviembre de 1894 (v. fig. 254). La elaboración y la aprobación del plano de alineaciones correspondiente al municipio de Gràcia las gestionó el arquitecto municipal don Miguel Pascual, y este fue aprobado el 1 de marzo de 1909 (v. fig. 256).

La municipalidad de Sant Martí de Provençals no tuvo una primera copia del plano de alineaciones de Cerdà hasta 1871. Como detalla Caballé, no había la voluntad de modificar el Ensanche en su término municipal. En 1879, el arquitecto municipal Pere Falqués elaboró un plano a escala 1:2000 donde replanteaba la trama de Cerdà y las construcciones existentes, la carretera de Ribes y los trazados ferroviarios (v. fig. 255):

"El ayuntamiento hizo levantar en 1878 un plano que, teniendo por base el Ensanche de Barcelona y salvando en todo lo posible sus alineaciones, se enlazara en ellas con las iniciadas en las agrupaciones antes referidas (núcleos de población anteriores a 1859) lográndose así una unión perfecta entre lo antiguo y la moderna urbanización."[43]

No obstante, cabe señalar que, en este plano, no se replanteaban las manzanas que contradecían la carretera de Mataró-Pere IV. El proyecto de Cerdà mantenía el tramo entre la Rambla del Poblenou y el cruce de la carretera con la avenida Diagonal. De hecho, cuando se cita el proyecto de Pere Falqués, se está todavía en una

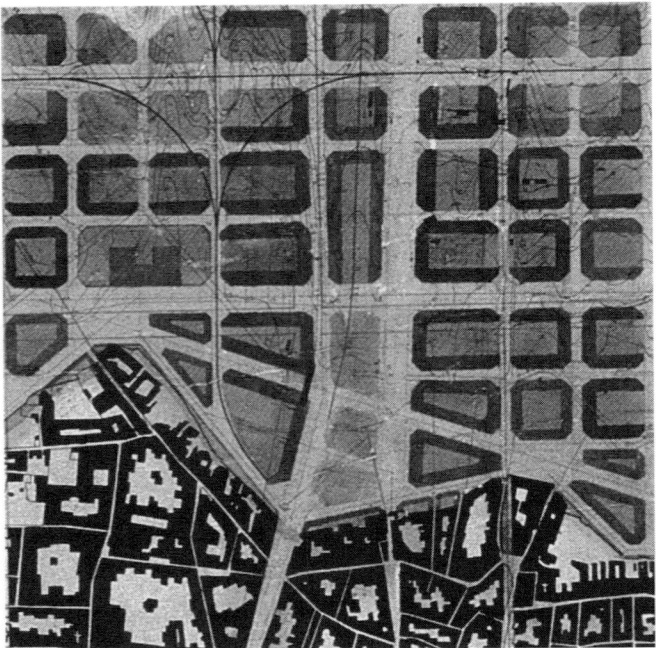

Figura 251. Evolución de la plaza de Catalunya en los proyectos de 1859 y 1863.
Fuente: Fons Cerdà, Urbs i Territori

Figura 252. Evolución de las alineaciones del Ensanche en los terrenos de las murallas:

a) calle de ronda, de 30 m de sección, según el proyecto de Cerdà de 1859. Fuente: *Arxiu Històric de la Ciutat de Barcelona.*

b) propuesta de bulevar de ronda, de Garriga, de 45 m de anchura, de 1862. Fuente: *Arxiu Històric de la Ciutat de Barcelona.*

c) proyecto de alineaciones de Cerdà, firmado en 1865.
Fuente: Arxiu Municipal Administratiu de Barcelona

BARCELONA ACTUAL

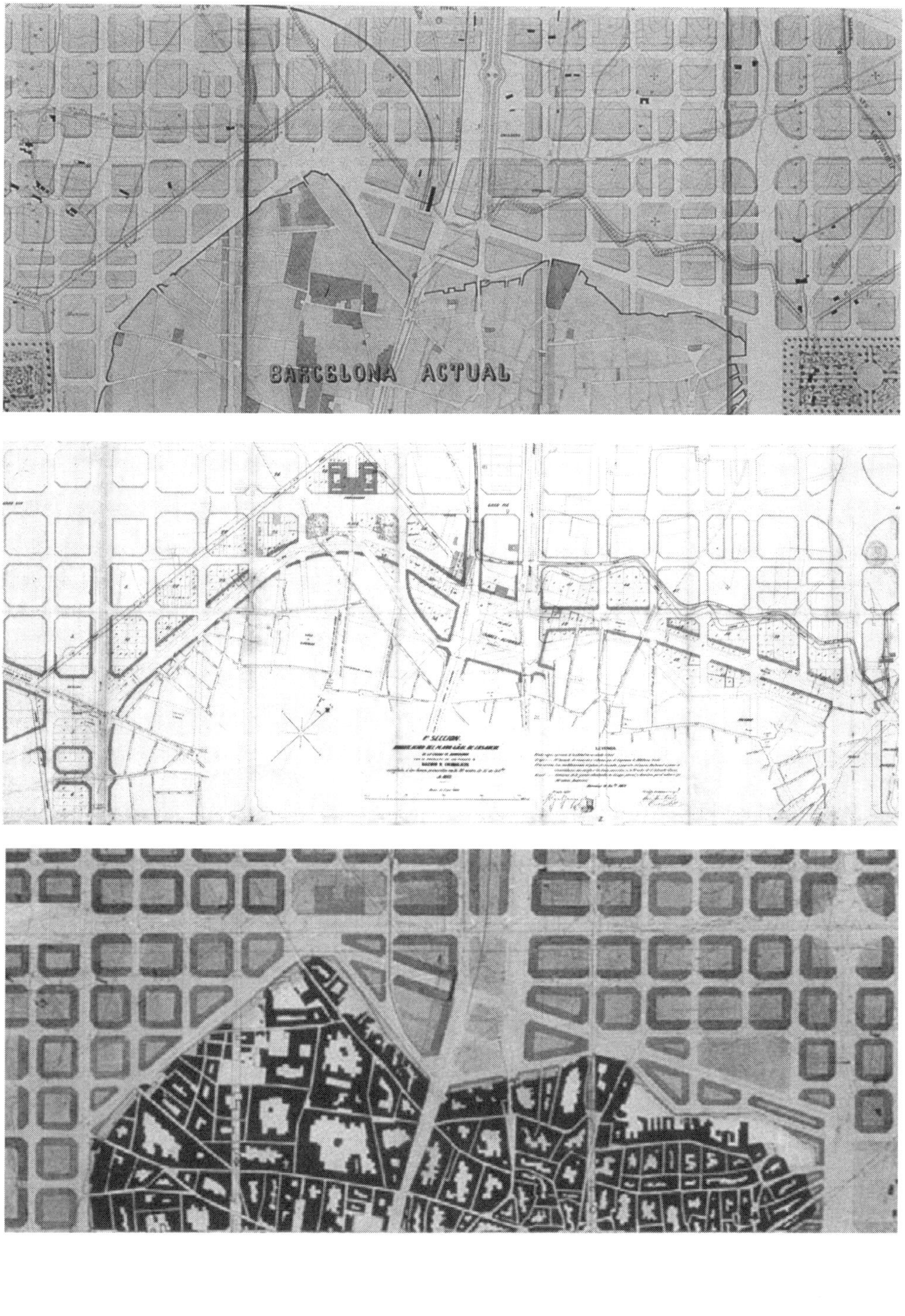

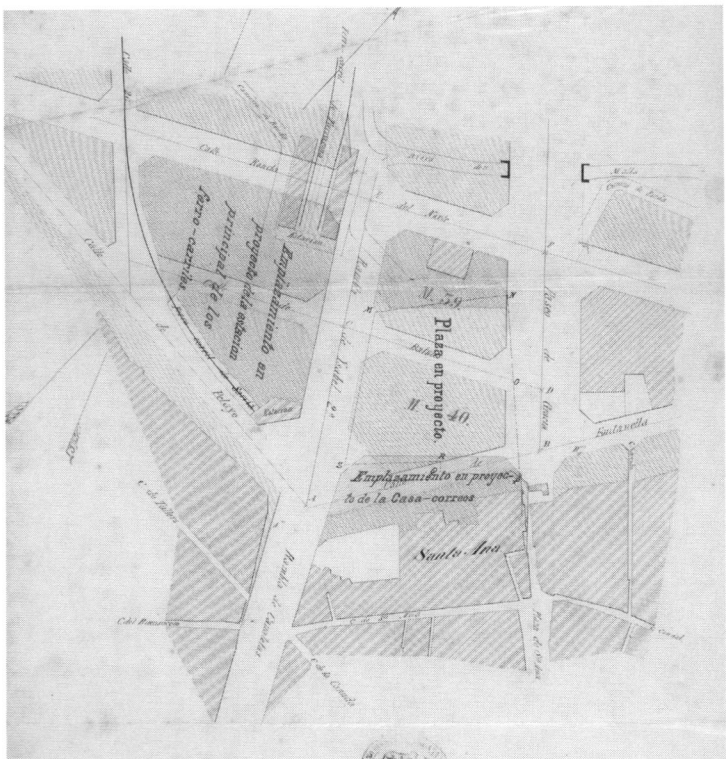

Figura 253. Plano inicial del proyecto de una plaza en la gran explanada del norte, entre las expuertas de Isabel II y del Ángel de la ciudad de Barcelona, estudiado por el arquitecto municipal don Leandro Serrallach, 4 de mayo de 1866.
Fuente: AHCB, Gràfics, Pl. 8.4.-2812

Figura 254. Plano de alineaciones elaborado por el ingeniero de caminos don José M. Jordán, jefe de Vialidad y Conducciones, y aprobado por la Real Orden de 14 de noviembre de 1894.
Fuente: AHCB

Figura 255. Plano de alineaciones del municipio de Gràcia, gestionado por el arquitecto municipal don Miguel Pascual y aprobado el 1 de marzo de 1909.
Fuente: AHCB

Figura 256. Plano general de Sant Martí de Provençals, 1887, de Pere Falqués.
Fuente: AHCB

253

254

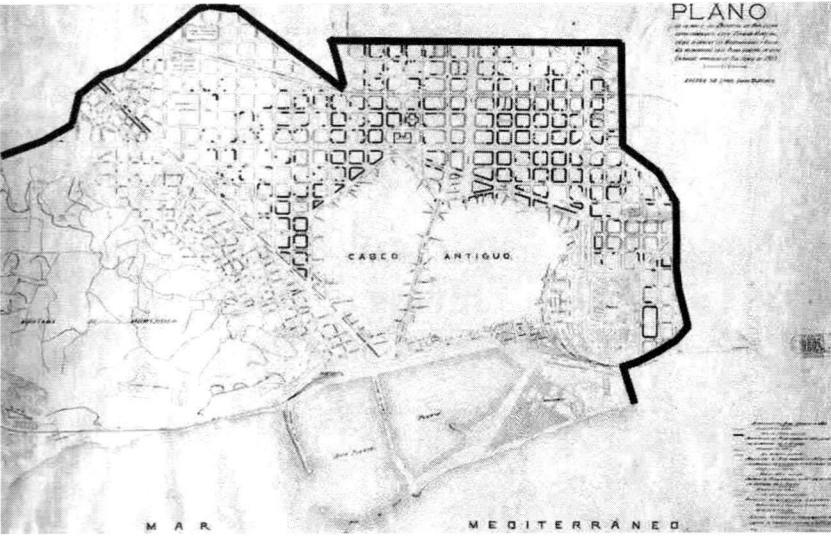

255

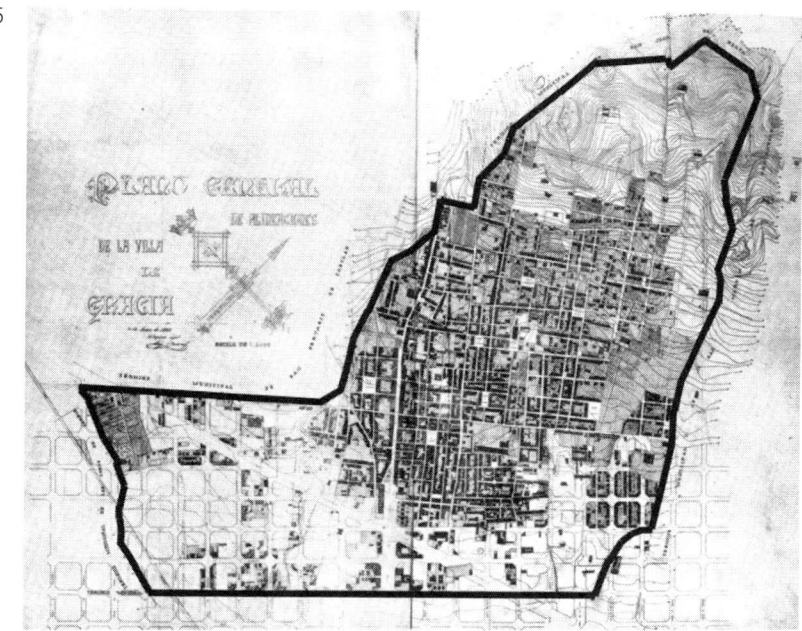

256

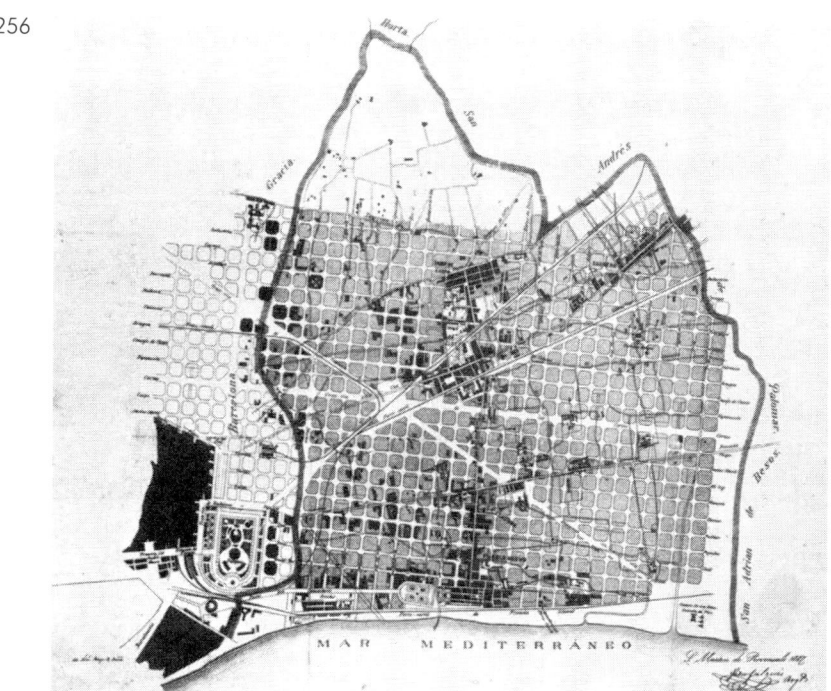

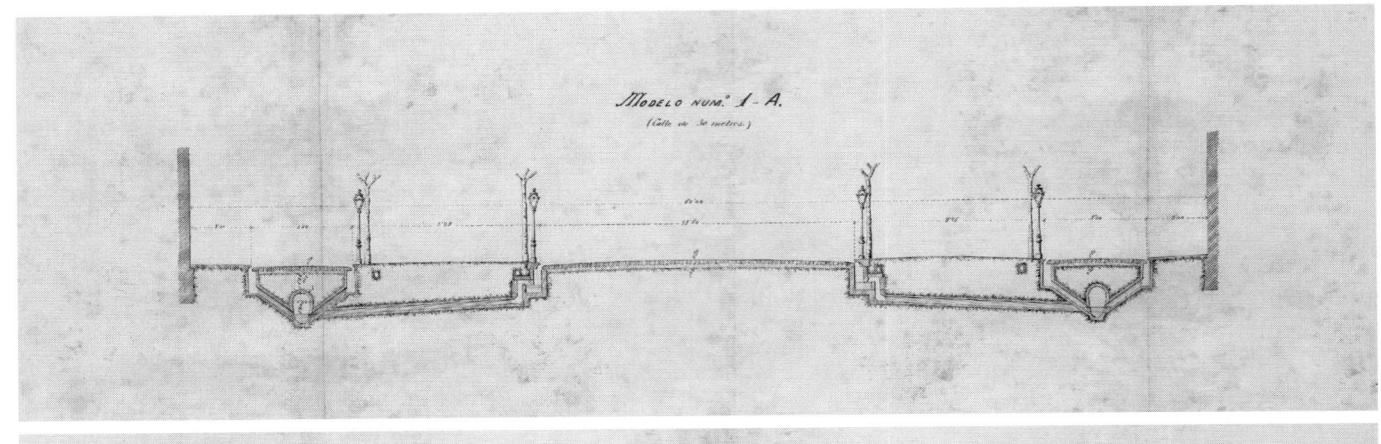

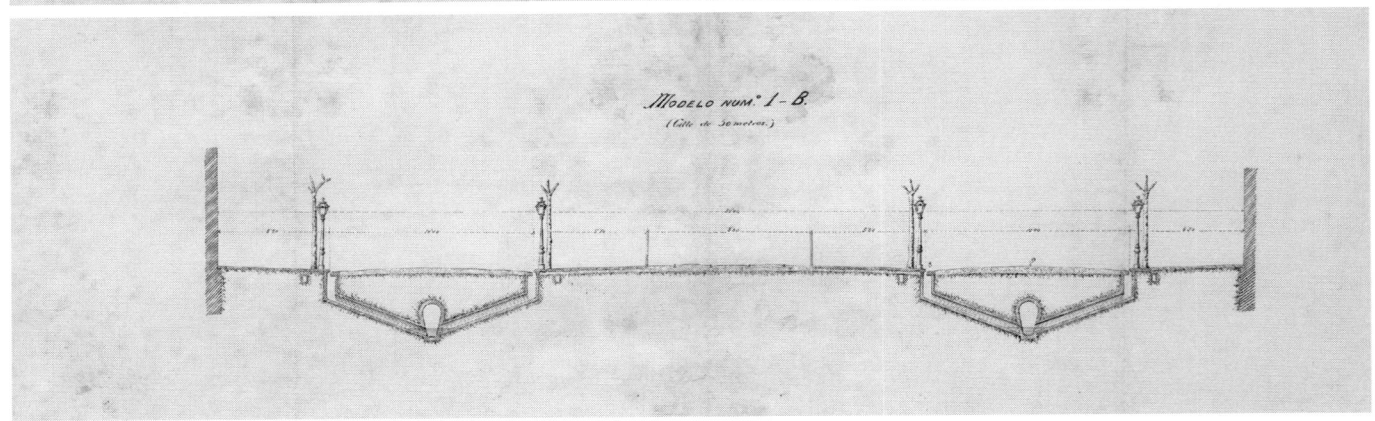

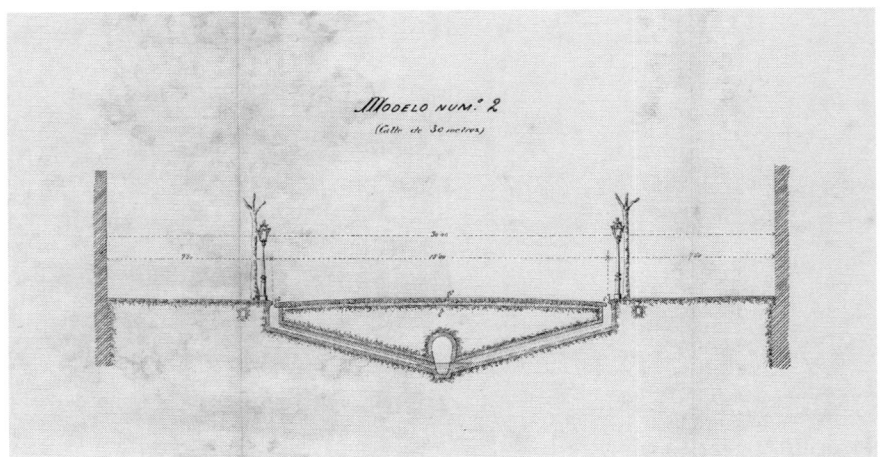

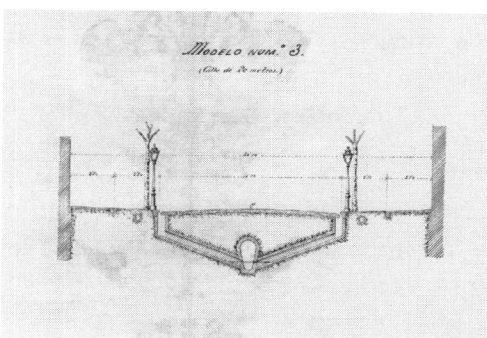

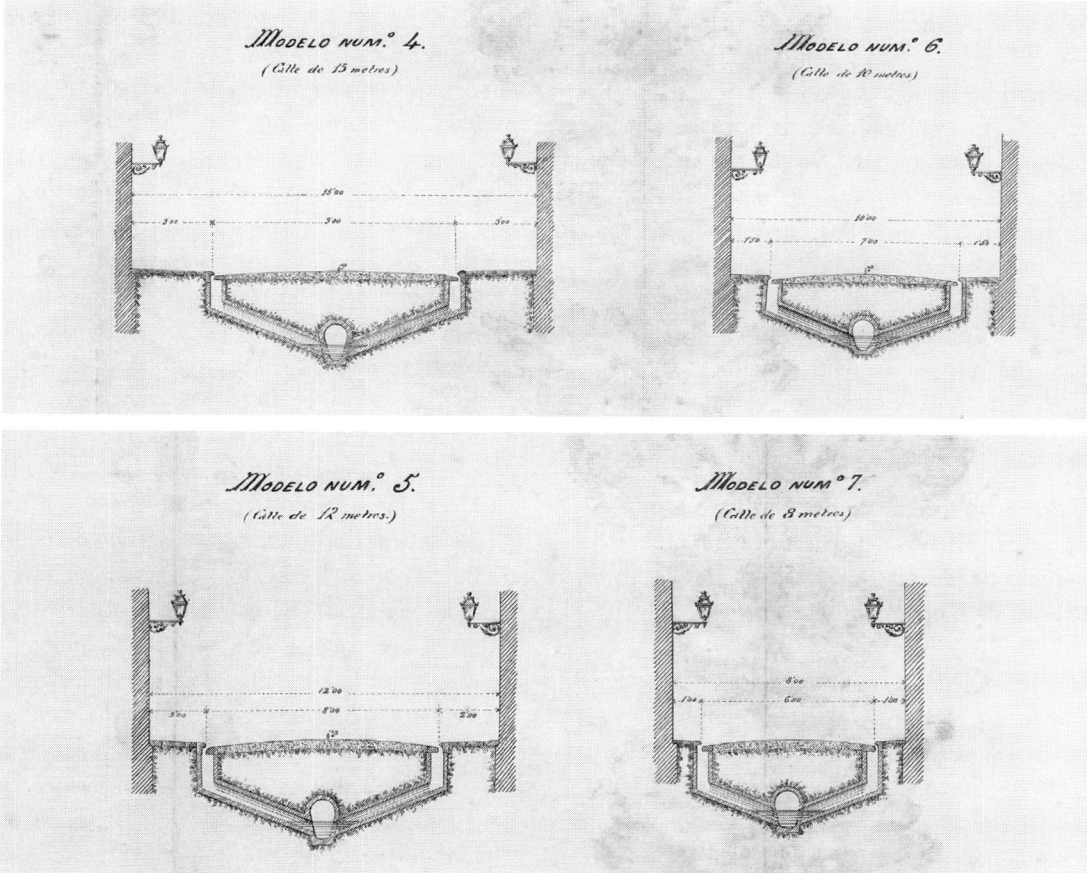

Figura 257. Secciones tipo de urbanización para el proyecto general de urbanización de todas las vías correspondientes al Ensanche que afectan el término municipal de Sant Martí de Provençals (1894). Arquitecto: Claudi Duran Ventosa.
Fuente: Archivo Municipal del Distrito de Sant Martí

etapa en que dominaba la perspectiva de un proyecto de alineaciones y en que tan solo se replanteaba, de forma clara, el trazado de la carretera de Mataró-Pere IV, que se mantuvo (v. fig. 256).

Más tarde, siguiendo la Ley de 1892, en 1894 el arquitecto municipal Ventura Gassol elaboró un proyecto general de urbanización de las vías del Ensanche en su término municipal que llevaba por título *Proyecto general de deslinde entre la población interior y su ensanche con sujeción al nuevo plano de la urbanización de Sant Martí de Provençals*. Cabe destacar que ese fue un momento clave, ya que el municipio de Sant Martí de Provençals no solo asumía el sistema de alineaciones, sino también el mismo sistema viario que el municipio de Barcelona había aplicado. El sistema de vías que definía ese proyecto general de urbanización de Sant Martí de Provençals de 1894, de Claudi Duran i Ventosa, asumía exactamente el mismo sistema de secciones de vías del Ensanche que había desarrollado Cerdà en 1863 en *Necesidades de la circulación* (v. fig. 257) (NDC, 1863). De esta forma, el Proyecto de Reforma y Ensanche de Cerdà tenía un impacto cualitativo, al doblar la superficie (a la de Barcelona sumaba la de Sant Martí de Provençals).

6.4. El modelo urbanístico de la Lliga con el Plan Jaussely en 1903 no logra imponerse ante a la permanencia del sistema de reticular del Plano de Alineaciones de Cerdà, vigente hasta 1953

A partir de 1901 y durante el primer cuarto del siglo XX, el partido político de referencia en el Ayuntamiento de Barcelona fue La Lliga, bajo la dirección del arquitecto Puig i Cadafalch, que planteó, tras las anexiones de 1897, un cambio de paradigma basado en la renovación urbana de Barcelona siguiendo el modelo de bulevares de París. Este modelo se contraponía a la cuadrícula igualitaria de Cerdà. Puig i Cadafalch había puesto su foco en el desarrollo del bulevar de la avenida Diagonal. De hecho,

promovió edificios significativos como el edificio de Les Tres Punxes (1905) o el edificio del Baró de Quadras (1902), edificios que el mismo proyectó, pero no logró desarrollar una operación urbanística de envergadura en esta avenida. El problema para Puig i Cadafalch era que, tras cuatro décadas de urbanización (1860-1901), los precios de los solares a urbanizar habían subido y, para promover una transformación de la nueva avenida, con nuevos edificios de fachada siguiendo el modelo de París, era preciso desarrollar un sistema de expropiaciones que, en aquel momento, con la legislación existente, era impracticable. La operación que se deseaba desarrollar implicaba ampliar el ancho de banda de expropiación para hacer viables económicamente las operaciones de transformación. Pero el plano de alineaciones de Cerdà y la legislación vigente obligaban a basarse únicamente en la cesión pura y simple del espacio viario, sin derecho a expropiaciones asociadas. Ese escenario solo se podría cambiar alterando una legislación estatal que nunca pudo modificarse. Así pues, la acción del municipio para promover el proyecto de Jaussely no podría hacerse efectiva hasta que no cambiara el *statu quo*. Ello no llegaría hasta la aprobación del Estatuto Municipal de 1925, momento en que el Ayuntamiento ya tenía potestad y recursos económicos para intentar modificar el Plan de Ensanche.

Una vez aprobada la anexión de municipios del llano de Barcelona en 1897, los sucesivos intentos de modificación de alineaciones fracasaron. Cabe remarcar, además, que era necesario ajustar el replanteamiento topográfico de la avenida Diagonal para cuadrar las coordenadas de referencia de los municipios de Barcelona y Sant Martí, tras más de cincuenta años de funcionamiento independiente.

De todo ello se deduce que existían dos ensanches en cuanto a su gestión. Por una parte, se encontraba el ámbito formado por la zona de Ensanche en el ámbito de los municipios de Barcelona y Gràcia, donde la urbanización podía desarrollarse normalmente al seguir los procedimientos requeridos por la Ley de 1892. Y, por otra, se encontraba el ámbito del Ensanche situado en los municipios restantes. Este es uno de los elementos decisivos del desarrollo central del Ensanche que no se ha valorado en su justa medida. Tal como se afirmaba en la Comisión de Ensanche, hasta que no se aprobara el proyecto de modificación del Ensanche no sería posible proceder a la apertura de otras vías que aquellas en que los propietarios de los terrenos los cediesen gratuitamente, y siempre que el valor de estos compensase las obras de urbanización que debían realizarse en ellas.

A este condicionante se añadía el hecho de que el mecanismo de cesiones era el que había funcionado en el Ensanche central en el período 1860-1897, ya que el valor de las propiedades era superior a los gastos que podía representar la cesión de terrenos con la asunción de una primera urbanización. Pero, en la periferia del Ensanche, donde las expectativas de valorización de los terrenos no eran tan elevadas, ya no resultaba rentable la urbanización según el modelo de cesiones que había funcionado en las primeras décadas en el espacio central.

Hasta 1925 no se publicó la Real Orden que daba conformidad a las modificaciones de Ensanche de Sant Martí, junto con los municipios de Sants, Les Corts y Sant Andreu. Con todo, las modificaciones de 1925 fueron menores. Como señala Bassols:

"El plano de Barcelona de Jordán respetó, en sus grandes líneas, el plano de Cerdà, debiéndose anotar como modificaciones relevantes las consignadas en el R. D. de 9 de febrero de 1904, relativa a la Gran Vía Diagonal, en que se modifican las alineaciones de esta importante zona, so pretexto de la desaparición de los mojones que colocó el autor del Plano de Ensanche, cuyo plano está a la escala sobradamente reducida para hacer el replanteo, y en el R. D. de 16 de marzo 1916, por el que se reforma el Plano para el emplazamiento de la nueva estación del Clot (Sagrera)." [44]

En ese momento, los ámbitos municipales de los antiguos municipios de Sants, Les Corts, Sant Martí y Sant Andreu, con la elaboración del correspondiente proyecto elaborado por el arquitecto municipal don Ubaldo Iranzo, obtuvieron su aprobación por R. O. de 29 de enero de 1925, o sea, transcurridos más de 32 años tras la aprobación de la Ley de 1892 y tras más de 65 años de la aprobación del Proyecto de Cerdà. No fue realmente hasta esa fecha que el Ayuntamiento de Barcelona tuvo la legitimidad para la gestión conjunta del Ensanche.

En el caso de los terrenos del municipio de Sant Martí, y especialmente de los sectores del Poblenou y del barrio de la Sagrada Familia, la construcción de las manzanas tomó otras formas urbanas de crecimiento, con manzanas con pasajes, tal como se analizará más adelante. En el caso de las modificaciones de los antiguos municipios de Sant Martí, Sants, Les Corts y Sant Andreu, se centraron en pequeñas adaptaciones de los alrededores de los núcleos antiguos y en la aceptación de tramos de las vías trascendentales preexistentes.

Se puede afirmar, como primera conclusión, que el operador urbanístico de Cerdà, es decir, el conjunto de bases de urbanización propuestas, se articuló en torno al Plano de Alineaciones formalizado con las variaciones de los terrenos de las murallas, la definición de la plaza de Catalunya, el paseo de Gràcia y Rambla Catalunya (v. figs. 251-252). Su esquema funcionó como un sistema de reparcelaciones por el sistema mayoritario de cesiones, una edificación según el esquema de la casa de renta y una urbanización precaria, consistente en la explanación de calles y la introducción de arbolado, en que las únicas inversiones en infraestructuras serían las colectoras de las rondas (1863), el desvío de la Riera d'en Malla por la avenida Diagonal y el paseo de Sant Joan (1879), y la unión ferroviaria de la línea de Martorell con la de Francia en zanja por la calle de Aragó en 1882, tal como había previsto Cerdà.

Este modelo se mantuvo y se confirmó a partir de la aprobación del Estatuto Municipal en 1925, con las pequeñas variaciones antes mencionadas. Los municipios no transformaron finalmente estas alineaciones. Los cambios vinieron por la formalización constructiva de las manzanas. Cerdà ya había elaborado los instrumentos para la formalización del modelo de manzana de cuatro lados y patio central, que las Ordenanzas de 1892 no hicieron más que legitimar y consolidar.[45]

En este marco, y durante el período 1860-1925, el rol del Estado había sido omnipresente y el papel de los municipios había quedado reducido tan solo a la gestión de las Ordenanzas Municipales, entre las cuales destacaban las del municipio de Barcelona de 1892, que consolidaban el modelo de la manzana en la parte central del Ensanche, siempre dentro del ámbito del municipio de Barcelona anterior a la anexión de 1897.

Después de 1925, fueron las Comisiones de Ensanche las que asumieron un papel predominante. Su ámbito de intervención se había extendido. Cabe destacar la agregación a la Comisión de Ensanche de las barriadas de la França, Poble-sec o Santa Madrona y Hortes de Sant Bertran por R. D. de 13 de julio de 1898 y la incorporación de la calle de Balmes y zonas laterales por R. D. de 9 de enero de 1923, nuevos límites del Ensanche que se pueden observar en los planos de las comisiones de ensanche de 1927 y 1928 (v. figs. 241).[46]

A partir de aquel momento, las Comisiones de Ensanche tuvieron el rol de construir aquellas infraestructuras que permitiesen desarrollar el Plan de Alineaciones de 1860, modificado según la Ley de 1892 y ratificado por las disposiciones del Estatuto Municipal.

Por ello, se puede afirmar que los planteamientos iniciales de la Lliga Regionalista de intervenir en el proyecto urbanístico de la ciudad con el modelo del Anteproyecto de Jaussely de 1903, especialmente en la avenida Diagonal como nuevo bulevar al estilo de París, como símbolo de la nueva transformación urbana, no fructificaron. El Gobierno municipal se vio obligado a focalizar su acción en otro escenario. Esta vez, en torno a la reforma urbana de la Via Laietana y la urbanización de la montaña de Montjuïc, a raíz de la celebración de la Exposición Universal de 1929.

La apertura de la Via Laietana fue el gran proyecto urbano de la Lliga Regionalista en el ámbito del Proyecto de Reforma y Ensanche de Cerdà. Este eje de reforma urbana sí podría ejecutarse, aunque con muchas dificultades en sus expropiaciones (1909-1953)[47], gracias al apoyo legal de la Ley de Saneamiento de Grandes Poblaciones de 1895, que ofrecía la posibilidad de ejecutar la Ley de Expropiaciones de 1879 de forma razonable en la reforma de la ciudad. Esta obra de envergadura se impuso tras el impacto que habían tenido las revueltas conocidas como la Semana Trágica en 1910, que representaron un pulso radicalizado entre el movimiento obrero y el sector conservador, con la Iglesia como ariete.

7. La decantación de la forma de crecimiento urbano del Ensanche como la articulación de una forma de urbanización desde los operadores de redes de transporte y de servicios urbanos sobre el soporte del sistema de alineaciones

La aparición de los operadores de redes y su rol clave en la disciplina urbanística ha sido uno de los cambios más significativos de la tercera revolución urbana. Estos operadores surgen con la aparición de las sociedades anónimas a mediados del siglo XIX, reguladas en España por la Ley de Sociedades Anónimas de 1856. Los operadores de redes se caracterizan por su capacidad de realizar inversiones a capital fijo en el territorio en un largo período de tiempo. Su existencia se ve consolidada por la aparición de legislaciones internacionales que permiten la aparición de grandes grupos de inversores. La tercera revolución urbana de los siglos XIX y XX, siguiendo la nomenclatura de Soja, se produce a través de la urbanización de las redes.

En el mecanismo de formalización del Ensanche y sus formas urbanas, Cerdà introdujo los principios e instrumentos que permitían la urbanización en esta tercera revolución industrial y que confluirían en la formalización de la forma de crecimiento urbano conocida como *Ensanche* (v. fig. 258). Recopilando las aportaciones de las bases propuestas por Cerdà, podemos considerar tres elementos clave: los mecanismos de reparcelación (base legal), la urbanización a través de las redes de transporte y de servicios urbanos por saltos de umbral y el sistema de financiación que conlleva (base económica), así como un esquema edificatorio flexible, adaptado al intervías (manzana), como nuevo objeto urbanístico con potencial de crecimiento (bases facultativa y administrativa).

Para analizar con detalle la implementación de esta nueva forma de crecimiento urbano, estudiaremos de qué manera se formalizan los tres actos constituyentes de la forma urbana del Ensanche: parcelación, urbanización y edificación. Para su observación, analizaremos cómo incidieron las diferentes bases propuestas, constitutivas de la propuesta de Cerdà, en cada uno de estos actos y cómo se articularon entre sí. Para su análisis, consideraremos:

— los principios del proyecto (v. fig. 258),
— los instrumentos del proyecto ejecutivo (v. figs. 258 y 259) y
— los mecanismos de transacción-transición respecto del proyecto, para su adaptación a la realidad (v. figs. 244, 251 y 252).[48]

De lo presentado en las bases facultativa, legal y administrativa hemos mostrado que:

— La parcelación se transforma a partir del principio que el nuevo sistema de transporte requiere un espacio para el sistema viario, y por ello un sistema de reparcelación como instrumento.

— La urbanización sigue el principio de un sistema de vias que se concreta en la definición de un proyecto urbano de urbanización del conjunto tramo de calle-cruce como instrumento.

— La edificación sigue el principio de una vivienda modelo entremedianeras, denominada casa de renta, articulada al bloque y al intervías, que se concreta en el proyecto de urbanización de dos manzanas, desarrollado a través de la Sociedad de Fomento del Ensanche como instrumento. (v. fig.258)

7.1. La urbanización del sistema viario del Ensanche a través de las redes de transporte y de servicios urbanos y su crecimiento según saltos de umbral a lo largo del tiempo

Cerdà propone construir la urbanización desde el sistema viario como elemento central, al que luego articula el intervías en el que debe insertarse la vivienda y el espacio verde. Nos proponemos, pues, y en primer lugar, hacer una lectura de la urbanización según el desarrollo de las redes de transporte y de los servicios urbanos sobre la base del sistema de alineaciones, consolidado desde 1860. Para ello seguiremos el principio de que cada modo de transporte genera una forma de urbanización trasladado a la historia de los 150 años del Ensanche, en que los diferentes modos de transporte han determinado escalas de intervención y sectores privilegiados de la ciudad. Las diferentes formas de urbanizar, asociadas a la modalidad de transporte predominante en cada etapa, exigen la construcción de nuevas infraestructuras que permiten extender la urbanización y que denominamos *saltos de umbral*.[49]

En el esquema de crecimiento en saltos de umbral, se produce un doble fenómeno:

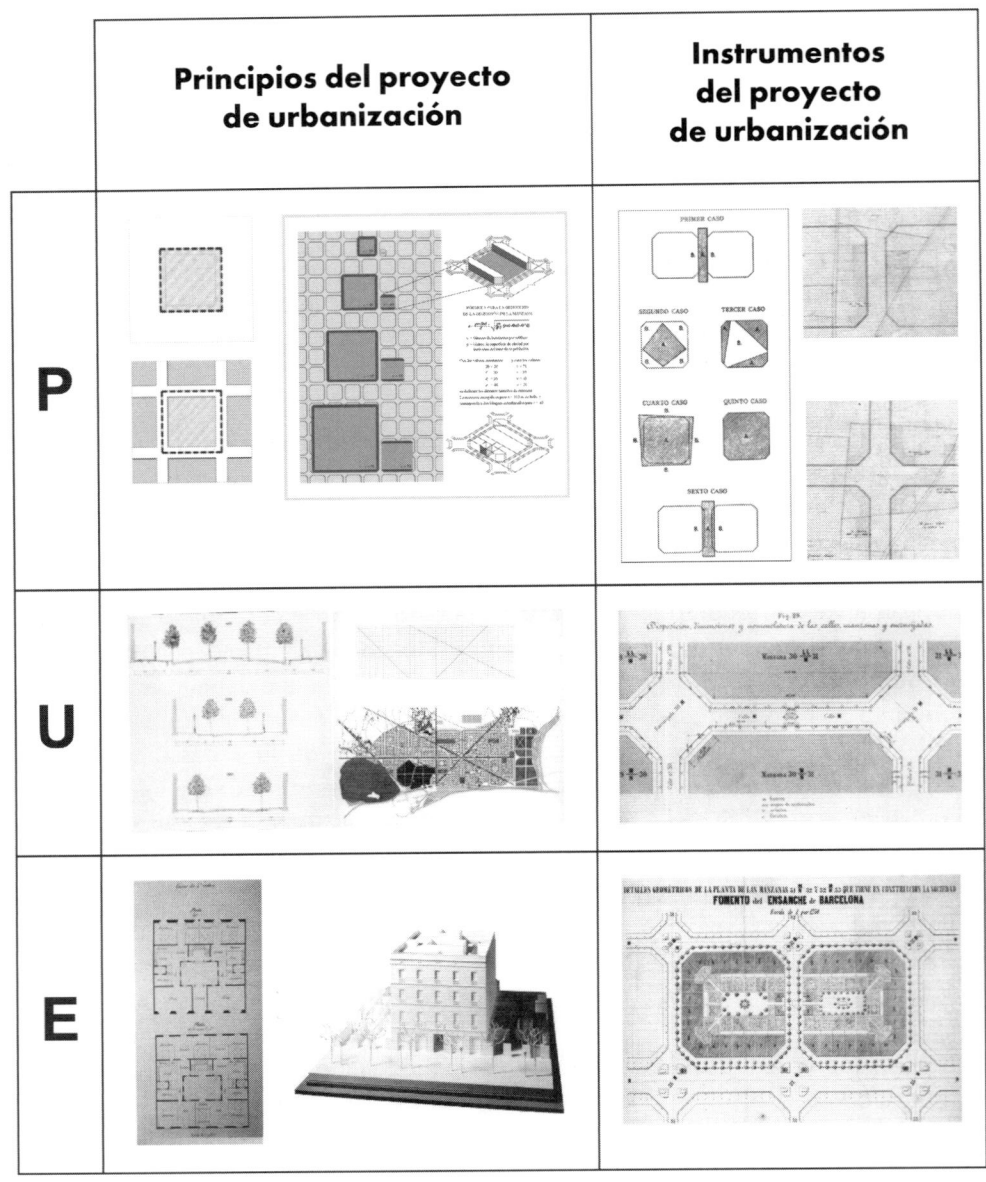

Figura 258. Los principios y los instrumentos de la urbanización de Cerdà, según el criterio de las formas de crecimiento urbano.
Fuente: Magrinyà, 2008

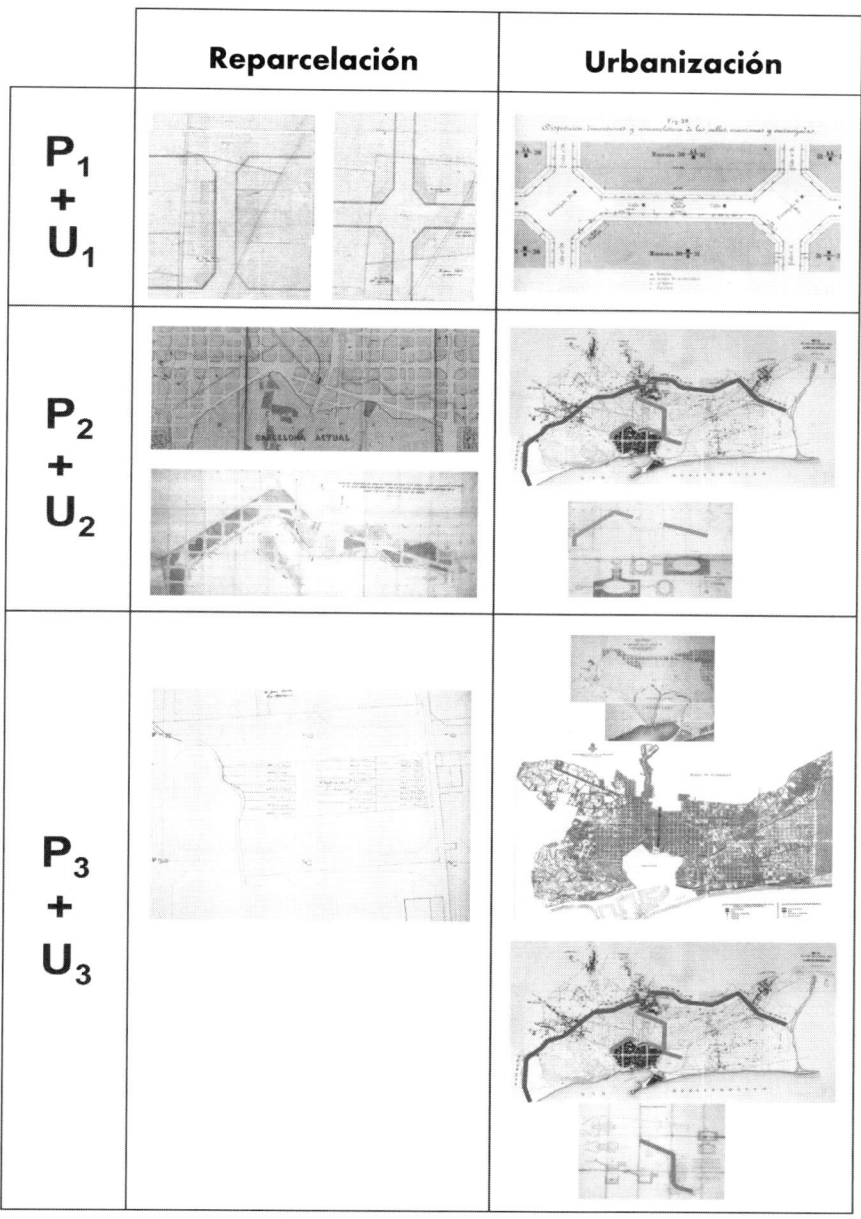

	Reparcelación	**Urbanización**
$P_1 + U_1$		
$P_2 + U_2$		
$P_3 + U_3$		

Figura 259. Lectura evolutiva de la forma de crecimiento urbano de ensanche que combina parcelación, urbanización y edificación en el caso del Ensanche de Barcelona.
Fuente: Magrinyà, 2008

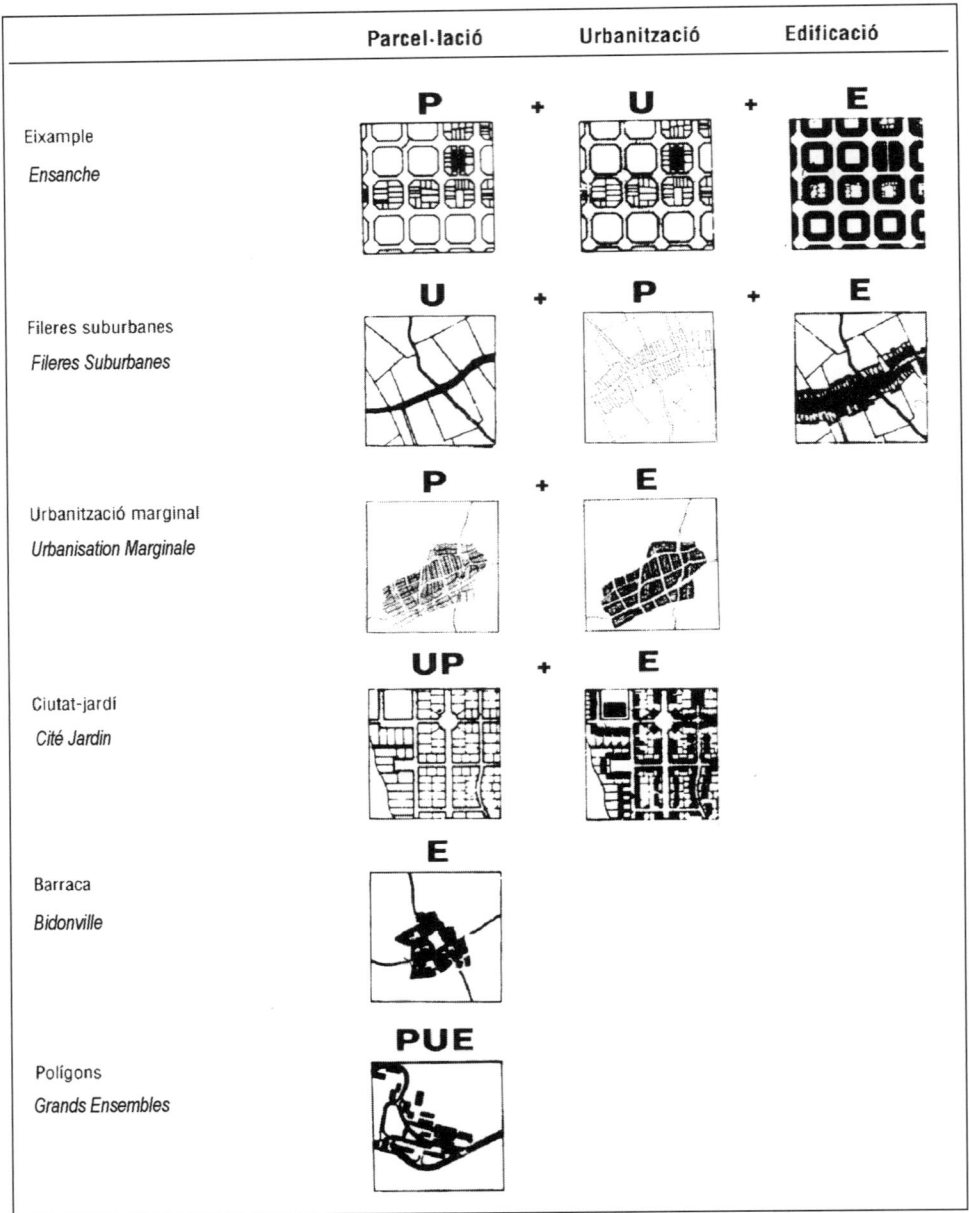

	Parcel·lació	Urbanització	Edificació

Eixample
Ensanche

P + U + E

Fileres suburbanes
Fileres Suburbanes

U + P + E

Urbanització marginal
Urbanisation Marginale

P + E

Ciutat-jardí
Cité Jardin

UP + E

Barraca
Bidonville

E

Polígons
Grands Ensembles

PUE

Figura 260. Las formas de crecimiento urbano según Solà Morales, en que se considera una combinación distinta de la parcelación, la urbanización y la edificación (PUE).
Fuente: de Solà Morales, 1993

– Una reestructuración de la ciudad ya edificada gracias a la construcción de infraestructuras que ordenan el tejido urbano y lo preparan para un nuevo salto de umbral.

– La extensión de la ciudad que se produce sobre la base de la nueva modalidad de transporte asociada al salto de umbral.

Sobre este esquema, proponemos las siguientes fases:[50]

1859-1897: La articulación inicial del Ensanche sobre la base del antiguo municipio de Barcelona

– Primera extensión de la ciudad a partir del saneamiento de los terrenos de murallas y de la extensión de las redes de abastecimiento de agua y de gas como servicios.

– La extensión de los *ripperts* y los tranvías de sangre[51], por un lado, y de los ferrocarriles interurbanos y los tranvías de vapor interurbano, por otro, que interconectan y preparan la estructuración del sistema urbano a la escala del ámbito del Ensanche (v. fig. 147).

1897-1925. El Ensanche articula los municipios del llano de Barcelona

– Extensión lineal de la ciudad hacia el Ensanche y los municipios del llano a través del tranvía y la electricidad.

– Extensión de los tranvías eléctricos suburbanos y los ferrocarriles interurbanos de vía estrecha que conectan el núcleo de Barcelona y su extensión primera con los núcleos del llano de Barcelona (v. fig. 148).

1925-1953: El Ensanche es el centro de la comarca de Barcelona

– Extensión en continuo urbano más allá del ámbito del llano de Barcelona con el autobús, el metro y el ferrocarril suburbano (Ferrocarrils de la Generalitat y Ferrocarrils Catalans).

– Extensión de las líneas de autobús y metro. Hay una extensión suburbana del autobús y la coexistencia de los diferentes modos de transporte (automóvil, autobús, tranvía, modo a pie) (v. fig. 149).

Junto al impulso de los operadores de redes de transporte, surge el impulso de las redes de servicios urbanos que preparan el proceso posterior de urbanización, especialmente de agua y gas en la segunda mitad del siglo XIX y de la electricidad y el tranvía en las primeras décadas del siglo XX.

Para analizar este proceso de urbanización, vamos a observar, en el primer salto de umbral, las primeras lógicas de extensión de las redes de transporte de tranvías y de las redes de servicios urbanos en el ámbito del llano de Barcelona.

Es significativa la extensión de las líneas de tranvías en el período 1872-1884 (v. figs. 263 y 200). Al principio, la extensión adopta el formato de tranvías de carga animal o de tracción a vapor, que alcanzan su punto álgido coincidiendo con la celebración de la Exposición Universal de 1888. En ese período, las líneas de tranvía se plantean, inicialmente, como una extensión radioconcéntrica del núcleo de Barcelona (1872-1877) y, posteriormente, como una unión física del núcleo de Barcelona con los núcleos del llano: Poblenou, Badalona, Sant Andreu, Gràcia, Sant Gervasi, Sarrià, Les Corts y Sants (1877-1897).

La primera red de servicios urbanos que se extiende con empresas operadoras de servicios es la red de gas,

1820 -1867

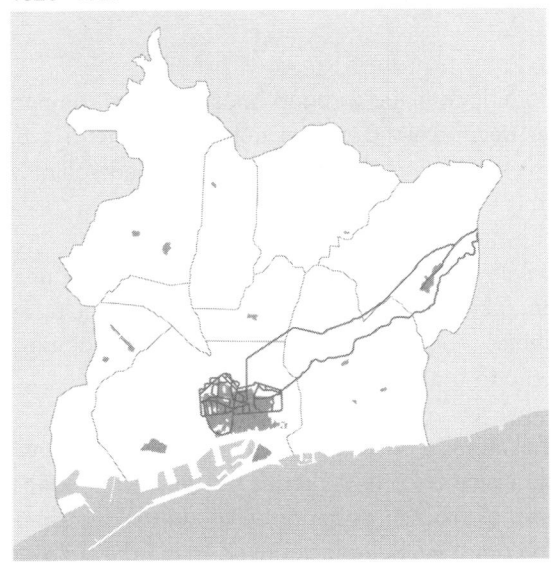

1867 -1881

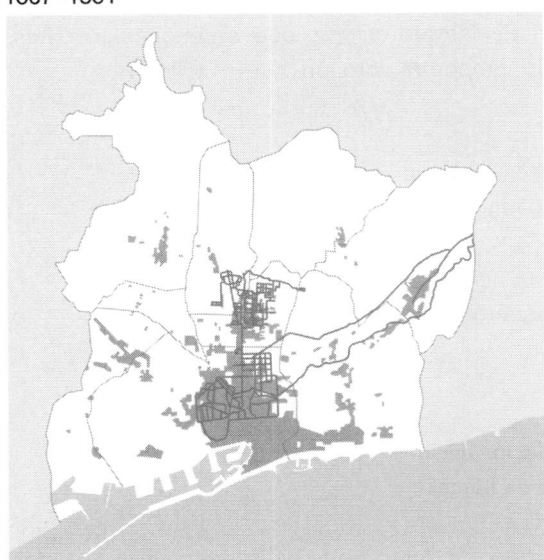

1881-1895 ECASRLL

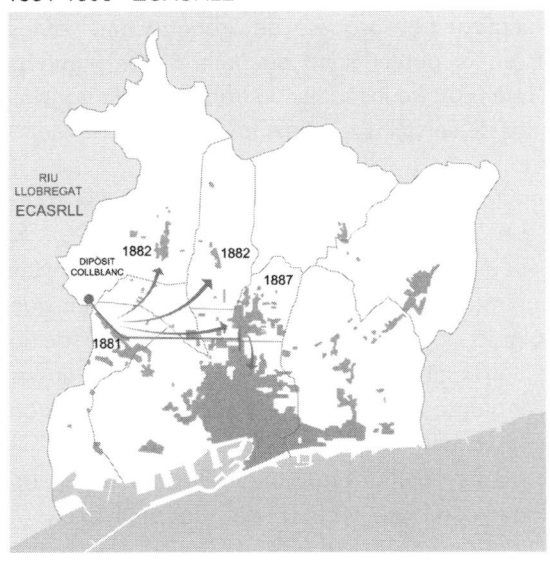

1881-1895 SGAB

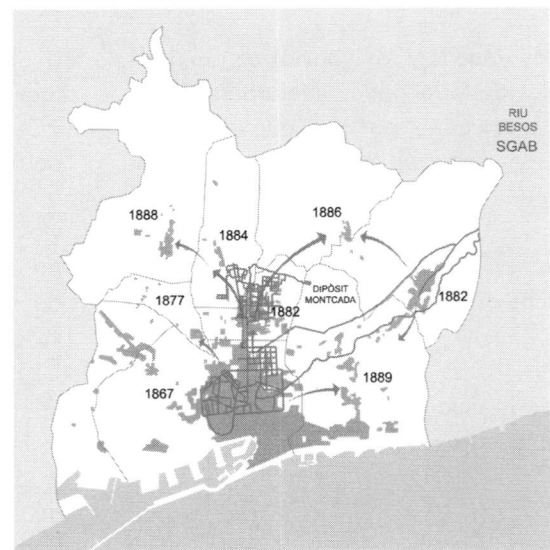

Figura 261. Etapas de extensión de la red de agua en Barcelona.
Fuente: Magrinyà, 2001

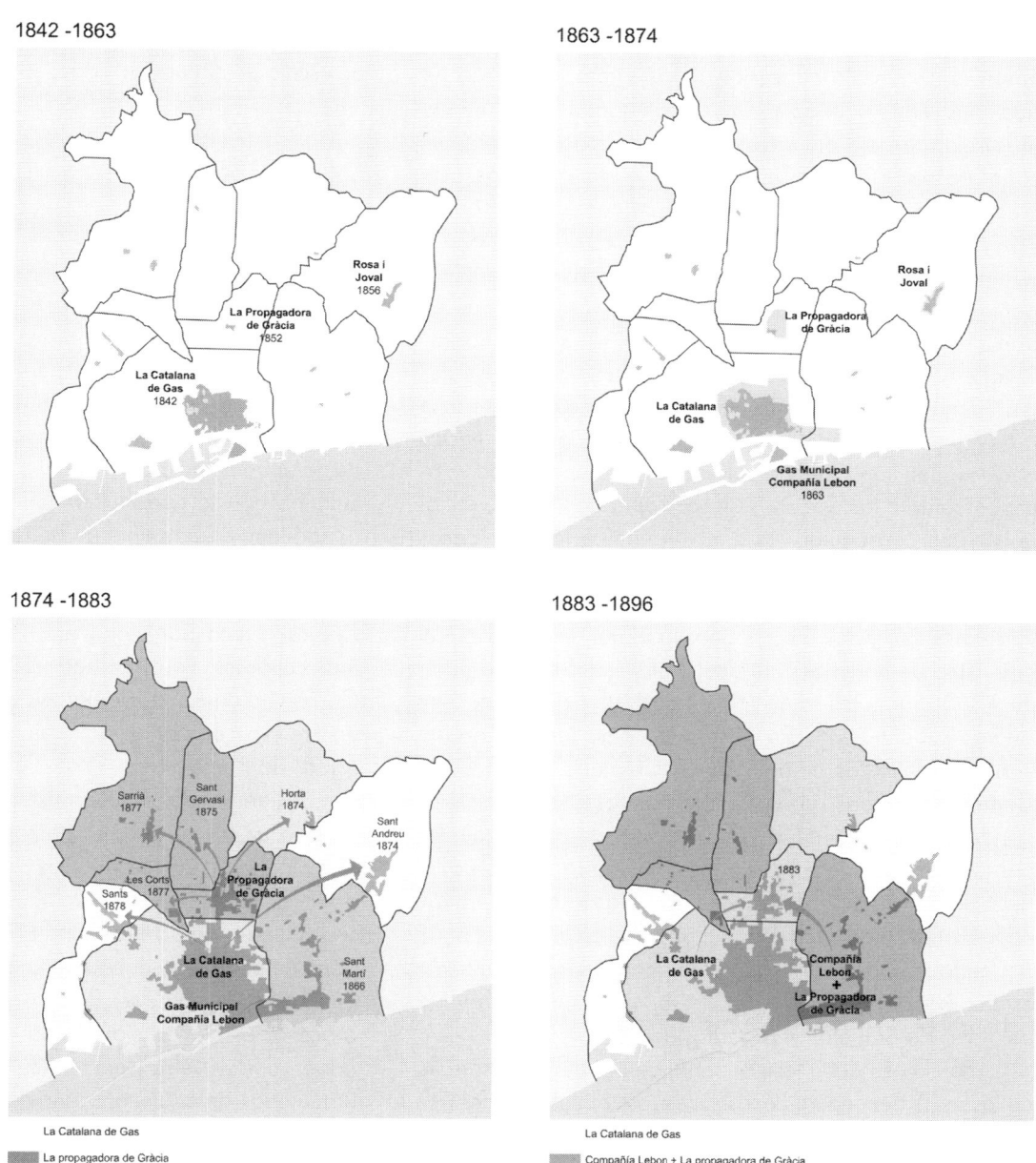

Figura 262. Etapas de extensión de la red de gas en Barcelona.
Fuente: Magrinyà, 2001

liderada por la empresa La Catalana de Gas.[52] Esta empresa obtiene la concesión del alumbrado público de gas entre 1844 y 1863 y capta la demanda de las industrias del municipio de Barcelona. Tras la salida del empresario promotor Charles Lebon de La Catalana de Gas, este crea la Compañía de Gas Lebon, que consigue la concesión del alumbrado público del municipio de Barcelona a partir de 1863. Una vez constituidas las diferentes compañías en los distintos núcleos (La Catalana de Gas en Barcelona, La Propagadora de Gracia en Gràcia, Roser i Joval en Sant Andreu) (v. fig. 262), se genera una estrategia competitiva de colonización del territorio del Ensanche a través de las concesiones de alumbrado público en los núcleos del llano de Barcelona. La Compañía de Gas Lebon compra las acciones de La Propagadora de Gracia, que había conseguido las concesiones en los municipios de Sant Gervasi y Les Corts en 1875 y de Sarrià en 1877 (v. fig. 262). La compañía La Catalana de Gas consolida su estrategia sobre los consumidores industriales del municipio de Barcelona desde 1844 y se extiende, a partir de 1863, hacia los municipios industriales de Sants, Sant Andreu y Sant Martí. En 1883, se consolida un reparto territorial entre las compañías La Catalana de Gas y la Compañía de Gas Lebon. Se constata que, en municipios donde el consumo industrial no existe y donde se apuesta por la obtención de concesiones de alumbrado público, el negocio del alumbrado fracasa, ante la descapitalización de los municipios. Como quien dispone de la mayor parte del negocio industrial es La Catalana de Gas, finalmente esta compañía ganará la batalla sobre el control territorial del llano de Barcelona, a partir de 1923.

En el caso del abastecimiento de agua,[53] el desarrollo de las redes dependerá de las sucesivas capitalizaciones que permiten financiar las sucesivas extensiones de acueductos. El objetivo es acceder a las fuentes que aseguran el acceso al agua a una población cada vez mayor. Cada nueva inversión requiere nuevos accionistas, que aportan más capitales para financiar las nuevas infraestructuras. En Barcelona, la oferta de abastecimiento se asegura con los siguientes saltos de escala en el período 1860-1895 (v. fig. 261):

— De los pozos al acueducto de Montcada, junto al río Besòs (1869)

— El acueducto de Dosrius, cerca de Mataró, a 30 km de Barcelona (1882)

— Las aguas subterráneas del río Llobregat, entre Cornellà y Sant Joan Despí (1895)

La construcción del acueducto de Montcada consolida la aparición de un consumo privado que se apodera de la infraestructura de aprovisionamiento tradicional y culmina con la constitución de una compañía moderna, denominada Compañía de Aguas de Barcelona, en 1867. El siguiente salto consiste en traer agua de Dosrius (municipio situado cerca de Mataró, a unos 40 km de la Ciudad Condal) hasta Barcelona en 1882, que obliga a buscar más capitales. Para realizar este salto, los capitales de la Compañía de Aguas de Barcelona quedan absorbidos por una nueva compañía, denominada Sociedad General de Aguas de Barcelona.

La demanda se sitúa inicialmente en la extensión del servicio en los núcleos existentes del llano de Barcelona. El salto fuera de los núcleos se centra en una primera extensión a la derecha del Ensanche, y posteriormente se extiende de forma conurbada sobre el sistema de Barcelona-Gràcia, fundamentalmente en el ámbito del antiguo municipio de Barcelona (v. fig. 261). En este proceso, es clave la extensión de fuentes públicas en la parte central del Ensanche, en el municipio antiguo de Barcelona, antes de acceder de forma mayoritaria a las viviendas (v. fig. 298).

El tercer salto de la red de abastecimiento de agua se caracteriza por la lucha definitiva por el control del llano de Barcelona entre la Sociedad General de Aguas de Barcelona (SGAB) y el otro gran competidor, que es

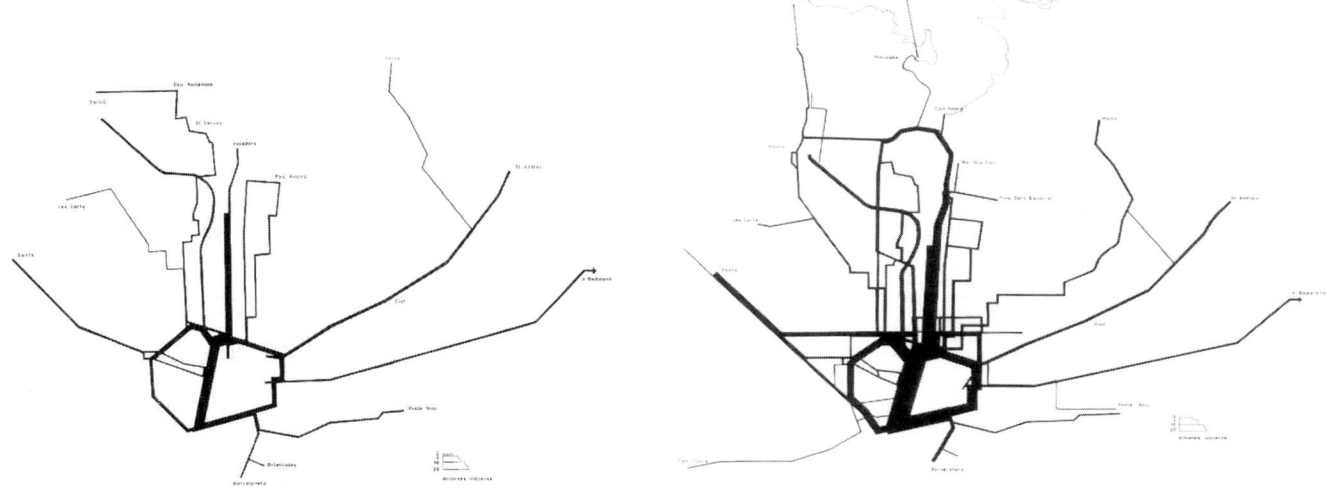

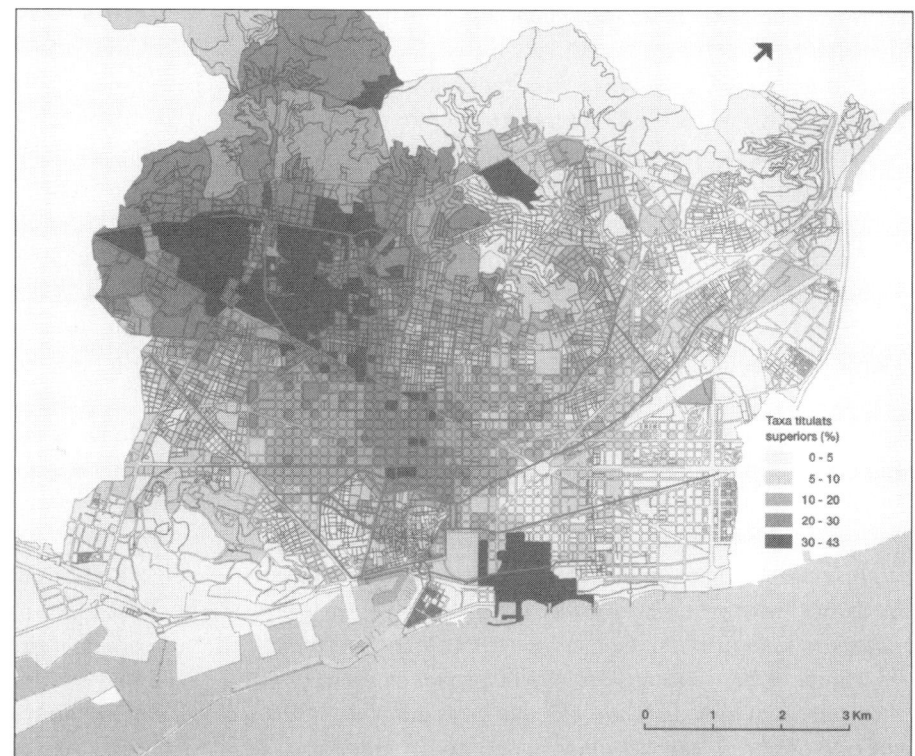

Figura 263. Flujos de transporte tranviario en 1894 y en 1910.
Fuente: Oyón, J. L., 1992

Figura 264. Tasa de titulados superiores en 2005 en Barcelona y extensión de la red de tranvías en 1915.
Fuente: elaboración propia

la Empresa de Aguas Subterráneas del Río Llobregat (ECASRLL) (v. fig. 261). SGAB y ECASRLL luchan por obtener las concesiones de los municipios del llano de Barcelona (v. fig. 261). Para el control de este territorio, la estrategia de SGAB es comprar todas las compañías de su entorno para erigirse en el operador de referencia del llano de Barcelona. Lo consigue a través de la compra de varias compañías durante la década de 1880. Finalmente, en 1895, la SGAB gana la batalla y se hace con las acciones de ECASRLL, con lo cual controla el conjunto del llano de Barcelona y salta a la comarca del Vallès. De esta forma, la red de abastecimiento de agua en 1895 ya está en una situación de monopolio, con un capital importante de empresas que aportan tecnología y disponen de los capitales que les proporcionan los bancos y las sociedades de crédito. Las tecnologías inglesas, francesas y belgas son los referentes. En 1897, momento de la anexión de los municipios del llano de Barcelona, los sectores del gas y el agua actúan ya en régimen de oligopolio, mientras que el debate sobre el mercado de redes se centra en el sector de electricidad, con el gas como competencia. Se puede afirmar que las redes de abastecimiento de agua y gas sientan, durante el siglo XIX, las bases de la urbanización del llano, que se impulsará especialmente en las primeras décadas del siglo XX.

El segundo salto de umbral, entre 1897 y 1925, lo van a liderar las redes de tranvías eléctricos y la red de electricidad.

La red de electricidad se inicia tecnológicamente con La Sociedad Española de Electricidad en 1881, pero se extenderá realmente con la creación de la Compañía Barcelonesa de Electricidad (1896).[54] La estrategia de extensión de estas redes se apoyará en la introducción de motores eléctricos en la industria, desde la perspectiva de los inversores alemanes, y en la venta de cableado eléctrico para la industria, desde la perspectiva de los inversores franceses. En la extensión inicial, el negocio central es el tranviario que se pretende electrificar. A partir de 1896, AEG desarrolla la construcción de una nueva fábrica para la producción de electricidad, con motores de tecnología alemana facilitados por la misma empresa, a las empresas del llano de Barcelona que utilizan electricidad.

Las redes de tranvías inician a partir de entonces su proceso de electrificación. La introducción de la tecnología eléctrica en los transportes representa la absorción de determinadas compañías de tranvías y la entrada de nuevos capitales en el sector. En 1897, ante la crisis de la Compañía General de Tranvías (CGT) y de Tranvía de Barcelona a Sants (TBS), estas empresas buscan nuevos capitales en AEG a través de la Compañía Barcelonesa de Electricidad (CBE). En la evolución del sector tranviario entre 1896 y 1912, se pueden observar dos etapas. Una primera, entre 1896 y 1905, en que las redes de tranvías se interconectan entre ellas accionarialmente y finalmente se consolidan tres grandes compañías, y una segunda etapa, entre 1905 y 1912, en que la empresa Barcelona Tramways, resultado de la absorción de las tres anteriores, se erige en la líder del sector en régimen de monopolio. Con la entrada progresiva de los tranvías y de la electricidad, la vía pública cambia de panorama y de forma. Los raíles del tranvía estructuran la calzada y la introducción de los báculos para el alumbrado ofrece otro panorama de la calle (v. fig. 266). Pero la calla ahora ya es un acceso a los servicios: a la distribución extensiva de los servicios de agua y de gas, se le unen la electricidad y el saneamiento. Esta etapa la podemos situar en el período 1897-1925.

El tercer salto de umbral, fuera del llano de Barcelona se va a producir a partir de 1912, con la entrada en acción de la compañía Barcelona Traction, conocida como *La Canadiense*, y su asociada Riegos y Fuerza del Ebro. Esta compañía se hace con el control del accionariado de CBE y, por tanto, también de la Barcelona Tramways, y se propone extender las redes a una escala territorial. La compañía Barcelona Traction extiende el mercado de las redes de electricidad del llano de Barcelona a la Zona Franca del puerto y a la comarca del Vallès (v. fig. 301 y 302). Ello supone construir una nueva red de ferrocarril y considerar el desarrollo de la urbanización del sector por detrás de Collserola, entre Barcelona y Sabadell y Terrassa, que al mismo tiempo coincide con la expansión del puerto.[55] El modelo de *La Canadiense* tiene la base del negocio en el salto de escala territorial. Para ello necesita a un grupo de inversores, que la legislación canadiense le permite, que aseguran la inversión en capital fijo. En el proceso, va generando nuevas obligaciones, lo cual le permite seguir pagando dividendos a los inversores, que esperan obtener una gran rentabilidad del salto de escala en el negocio de la electricidad. Esta estrategia ya había sido probada y testada por el grupo La Canadiense en otras grandes aglomeraciones, como São Paulo o México D.F.[56]

A partir de la década de 1920, empieza la extensión y el soterramiento del metro y la aparición del automóvil, que, después de la Guerra Civil, adoptará un rol preponderante. Ahora la sección de la calle se caracteriza por la introducción de un pavimento que primero es de adoquines y, más tarde, de aglomerado asfáltico (v. fig. 267). Si antes los distintos servicios eran una opción, ahora ya son mayoritarios. Esta etapa la podemos situar en el período de 1925 a 1953. La extensión de las diversas redes es progresiva y depende de los barrios, así como sus niveles de servicio.

7.2. La adaptación del proyecto urbano de calle a las distintas necesidades a lo largo del tiempo, a través de las Comisiones de Ensanche

Cerdà sigue el principio de independencia de los diferentes géneros de movimiento en la vía urbana para el diseño de las calles del Ensanche y ello lo lleva a definir una sección mínima de 20 m. En los primeros años, controlará la aplicación de este modelo en la parte central del Ensanche, y su aplicación continuará vigente a finales de siglo XIX. Cerdà diseñó, además, la calle y el chaflán con todo detalle (ver NEC, 1863), al igual que los proyectos

urbanos actuales. Los diferentes pavimentos, los pasos a nivel y el mobiliario, en especial el arbolado y el alumbrado, están dibujados con tal detalle que sus dibujos podrían ser aprobados en la práctica urbanística actual (v. fig. 186).

Tal como lo muestran los modelos de calles a urbanizar en el municipiode Sant Martí a partir de 1894 (v. fig. 257) permiten constatar que el modelo de calle definido por Cerdà en 1863 (NEC, 1863) se extiende de los municipios de Barcelona y Gracia al municipio de Sant Martí. El modelo de calles definido por Cerdà se había consolidado sobre toda la cuadrícula del proyecto y sería la base de su continuidad.

Sobre esta base, la calle va evolucionando a medida que va acogiendo las distintas redes de transporte y de servicios urbanos. La introducción de los servicios urbanos de agua y de gas suponía la incorporación de las redes de servicios a la sección de las calles, que se añadían al arbolado y a los faroles de petróleo existentes. En la figura 265, se observa el paseo de Gràcia en 1870-1879, con un pavimento de tierra compactada, con el arbolado que marca los espacios y el alumbrado de gas con detalles de los carriles del tranvía a sangre y de los paseos de peatones laterales. Más tarde, con la introducción de la electricidad, se añaden las farolas del alumbrado eléctrico y carriles para el tranvía (v. fig. 266), y se reordenan las secciones de la calle, como es el caso de la Rambla Catalunya (v. fig. 241).

En la figura 266, puede observarse la reurbanización de la Gran Via de les Corts Catalanes en 1906, con un empedrado para la introducción de los carriles del tranvía y del alumbrado eléctricos. En ese momento, ya se han extendido de forma generalizada las redes de agua, gas y electricidad. Posteriormente la introducción del automóvil y del autobús implicará pavimentar las calles principales del Ensanche e incorporar en ellas el mobiliario asociado: paradas de bus y gasolineras. En la figura 267, se muestra la reurbanización de la calle de Balmes con pavimento

265

266

267

Figura 265. El paseo de Gràcia con detalles de los carriles del tranvía a sangre y de los paseos de peatones laterales (1870-1879). Fotografía: Joan Martí.
Fuente: Arxiu Fotogràfic de Barcelona

Figura 266. Reurbanización de la Gran Via de les Corts Catalanes con empedrado para la introducción de los carriles del tranvía eléctrico (1906). Fotografía: Frederic Ballell.
Fuente: Arxiu Fotogràfic de Barcelona

Figura 267. Reurbanización de la calle de Balmes con pavimento asfáltico coincidiendo con el soterramiento de la vía del tren de Sarrià (1929). Fotografía: F. Argila.

Fuente: Arxiu Fotogràfic de Barcelona

asfáltico, coincidiendo con el soterramiento de la vía del tren de Sarrià (1929). La evolución de la calle nos permite ver que la ciudad es el resultado de la superposición de los diferentes servicios y mobiliario, asociados a la introducción de cada uno de estos servicios: agua, gas, electricidad, tranvía y automóvil.[57]

El diferente alumbrado y la pavimentación de las calles representarían la consolidación de una jerarquización viaria y, en definitiva, la puesta en valor del espacio público. El plano de las obras de alumbrado de la Comisión de Ensanche de 1928 (v. fig. 241) nos muestra, además, cómo el ámbito de las comisiones de ensanche se extendió más allá del proyecto inicial del Ensanche de Cerdà, siguiendo la urbanización de la avenida Diagonal hasta el Palacio de Pedralbes y la calle de Balmes, con la construcción de la línea de ferrocarril en la avenida del Tibidabo. Es interesante analizar los 150 años del Ensanche con la evolución de la calle a partir de la introducción de los diferentes servicios y de las redes asociadas, así como de los diferentes elementos de mobiliario y de ocupación del espacio.

1.ª Diligencia con agua y gas: se marca el arcén; se plantan árboles; se colocan imbornales y alcantarillado, y se pasa el servicio de agua.

2.ª Se realiza el empedrado de las calles y aparece el gas.

3.ª Tranvía y electricidad: se añaden los carriles del tranvía y los postes de electricidad.

4.ª Aparecen el metro enterrado y el autobús con las paradas.

5.ª El automóvil adquiere preponderancia, junto con el teléfono: se añaden las paradas de autobús, los semáforos, las gasolineras y los postes del teléfono.

6.ª Se crean el carril bus y el carril bici, y aparece el cableado óptico. Aparecen los paneles de publicidad estandarizados, la marquesina de bus, la marquesina de la ONCE. Se crean los pasos transversales para servicios (22@)

Últimamente con el fomento de los modos de transporte sostenibles, se vuelve a reservar un espacio para cada modo: los carriles bici, los carriles bus, los itinerarios peatonales, con lo cual se retorna al principio cerdaniano de independencia de los modos de transporte en la sección de la calle.

7.3. Una lectura de la construcción inicial del Ensanche que vincula la financiación de la urbanización, las redes de movilidad y la edificación

Sobre la base de la lectura del sistema de redes de transporte y de servicios urbanos analizaremos como se formaliza la construcción del tejido del Ensanche, enmarcado en el plano de alineaciones.

A mediados del siglo XIX, las primeras redes de ferrocarriles en España iban asociadas a grupos bancarios, como por ejemplo las bancas Rothschild y Pereire, que tendrían una influencia significativa en Madrid y Barcelona. En Barcelona sería especialmente a través del liderazgo de Crédit Mobilier francés (Grupo Pereire). Tal como se ha analizado en el apartado 3.3 de este capítulo, la construcción de redes ferroviarias iba asociada a la compra de terrenos de nueva urbanización a través de las sociedades de ensanche, como la Sociedad Catalana General del Crédito, que preparaban la reparcelación de los terrenos para la urbanización a escala de la manzana. Como ya hemos señalado, el propio Cerdà participó formalmente como operador privado a través de la promoción de la sociedad Fomento del Ensanche. Estas sociedades de ensanche serían quienes impulsarían el Ensanche del primer período (1860-1866), hasta el impacto del crac de la Bolsa de Londres de 1865, del cual no se recuperarían hasta mediados de 1870. Todas estas empresas y sociedades trabajaban en una lógica de expansión de las redes de servicios urbanos y de transportes. Pero las redes tienen sus ritmos y, sobre todo, vienen condicionadas por la lógica propia de las redes: requieren una gran inversión inicial y un mecanismo de inversiones menores, de coste marginal, entre cada gran inversión de infraestructuras.[58]

Por ello, es esencial entender estos saltos estructurales y localizar los mecanismos de financiación de estas inversiones para formalizar la urbanización efectiva del Ensanche. Como hemos remarcado, las redes terminan funcionando por saltos de umbral (v. fig. 261, 262 y 296), asociados a cada incremento de la estructura principal.

Entre un salto de umbral y el siguiente, se generan períodos de urbanización diferenciados.

En la etapa inicial del Ensanche (1859-1880), se pueden distinguir tres fases. En una primera fase (1860-1863), se debió superar la barrera que representaban las murallas. Para ello, fue necesario construir una serie de puentes que cruzaban el foso de las murallas y las rieras existentes (v. fig. 122). En el caso de la red de abastecimiento de agua, se requirió una gran inversión inicial, asociada a la captación de aguas, que, en su aplicación al caso de Barcelona, venía marcada, en una primera fase, por la construcción del depósito de Montcada en 1868. Más tarde, implicaría una segunda inversión asociada a la traída de aguas en 1882 desde Dosrius, cerca de Argentona. Lo mismo sucedía en el caso de la red de saneamiento con la Colectora de rondas de 1863 y el Colector de desviación de la Riera d'en Malla, desde la Diagonal a la altura de Rambla Catalunya, hasta el paso de Sant Joan, y de allí al colector del Bogatell, construido en 1878. Como consecuencia de ello, aparece la necesidad de un operador gestor de la red que pueda financiar estas inversiones iniciales. Este puede ser tanto una empresa privada como el propio municipio. En el caso de la red de abastecimiento de agua y de gas, fueron operadores privados, mientras que, en el caso de la red de saneamiento, el operador fue la Comisión de Ensanche.

En esta primera fase, la urbanización tiene un carácter precario, asociada a los mecanismos de reparcelación, sin ninguna gran inversión ni infraestructura (1859-1863). Este es el caso de la urbanización dispersa por diferentes puntos del Ensanche, aunque se concentra de forma dispersa entre la carretera de Gracia (el actual paseo de Gràcia) y el paseo de Sant Joan (v. fig. 122). Cerdà muestra ejemplos de reparcelación a lo largo de un tramo o para la formación de una plaza achaflanada (v. figs. 218 y 219). En este tipo de urbanización, lo que existe es la simple explanación de la calle con la delimitación de las aceras y la línea de fachada, así como el establecimiento del alumbrado y del arbolado.

En una segunda fase (1863-1866), fue central la reparcelación de los terrenos de murallas. Como ya hemos señalado, el debate sobre la urbanización de las rondas estuvo condicionado por la construcción de la Colectora de rondas, especialmente después de las lluvias torrenciales de septiembre de 1862, que evidenciaron que la destrucción de las murallas desprotegía la ciudad antigua ante las lluvias. En esa etapa, se debatía sobre cuál debía ser la relación entre la ciudad antigua y el Ensanche. Esta discusión venía marcada por dos aspectos, uno técnico y otro político. El aspecto técnico se concretaba en un debate sobre la solución proyectual de las rondas, que correspondían a dos modelos de ciudad. Una primera solución era la proyectada por el arquitecto municipal Garriga, que proponía unas rondas de gran sección (primero de 60 m y después de 45 m), propias de un modelo radioconcéntrico al estilo de la *Ringstrasse* de Viena (v. fig. 252b). Una segunda solución de 30 m, proyectada por Cerdà, planteaba las rondas como unas vías de sutura entre el centro histórico y el Ensanche, en que el elemento predominante era la reticularidad del Ensanche, articulada sobre la Gran Via, y el centro histórico era tan solo un gran intervías (v. fig. 252c).

El otro aspecto de carácter político se centraba en el control de la reparcelación y la legitimidad del proceso. Hubo un gran debate sobre quién era el propietario de los terrenos de las murallas. Empezaron a aparecer personas con escrituras relacionadas con los terrenos de las murallas anteriores a su construcción (previas a 1714). El debate no era menor, ya que las propiedades habían adquirido un gran valor.

La conjunción de los aspectos técnico y político permitió a Cerdà imponer su modelo. Por una parte, el Gobierno central dictaminó que era él el propietario de los terrenos que permitirían pagar la demolición de las murallas, y fue Cerdà quien elaboró el proyecto de reparcelación. Pero, en paralelo, Cerdà impuso su proyecto, especialmente a partir de 1863, desde su posición de concejal municipal (1863-1866) y a través de la construcción de la Colectora de rondas, proyecto redactado por Serrallach, técnico municipal, responsable del Ensanche y amigo suyo. En esta discusión técnica, la articulación entre la reparcelación y la urbanización a través del saneamiento fue el elemento clave para legitimar técnicamente la solución propuesta por Cerdà, con unas rondas de 30 m que él mismo diseñó.

En una tercera fase (1867-1880), una vez asegurado el elemento central de conexión de los alrededores de la ciudad antigua, se trataba de asegurar el respeto del modelo reticular propuesto. Ello implicaba dos elementos estratégicos:

El primer elemento fue asegurar la imposición de la urbanización de la Gran Via como estructuradora de un esquema reticular frente a un elemento radioconcéntrico. Cerdà consiguió imponer la reparcelación de la Gran Via en su tramo central en 1870 (v. figs. 246 y 247).[59]

El segundo elemento fue articular las principales infraestructuras de saneamiento del Ensanche. Cerdà había proyectado un canal colector (Ramblar Colector) para interceptar el agua de lluvia procedente de los torrentes, antes de atravesar la zona del Ensanche, y así evitar inundaciones y preparar la ciudad para la nueva urbanización. Siguiendo este esquema, Serrallach, como técnico municipal, recibió el encargo de redactar el proyecto ejecutivo de un Ramblar Colector en 1865 (v. fig. 259). Finalmente, como ya hemos señalado, se impuso una solución intermedia, con la desviación de la Riera d'en Malla a la altura de la avenida Diagonal hasta el paso de Sant Joan, protegiendo la parte central del Ensanche, entre Balmes y el paso de Sant Joan.

De todo este conjunto de hechos, se pone en evidencia que la urbanización (U) no se da de una vez (v.fig. 259), sino que se va implementando progresivamente y con diferentes etapas asociadas a los saltos de umbral característicos de las redes de servicios urbanos. En este escenario, una vez resueltos el saneamiento con la Colectora de rondas y la unión entre la ciudad antigua y el Ensanche, separados inicialmente por el foso de las murallas, el abastecimiento de agua sería el referente.

El desarrollo del Ensanche de Barcelona muestra, en primer lugar, la interrelación entre urbanización y reparcelación. El acto de urbanización va estrechamente ligado a la imposición de una reparcelación y esta, a su vez, está íntimamente ligada a la primera (v. fig. 259). Una segunda constatación es la evidencia de que el proceso de urbanización está estrechamente ligado a las infraestructuras, tanto viarias como de saneamiento de pluviales, y a sus respectivos saltos de umbral. Y, como tercera constatación —y esta es fundamental—, cabe destacar que, para cada una de estas etapas, se encontraron los instrumentos legales y económicos para llevar a cabo la urbanización.

La Comisión de Ensanche fue el operador central de la construcción de la ciudad, al impulsar y decidir las obras de infraestructuras de urbanización y de equipamientos durante el período 1864-1953, definido por las fechas de aprobación de la Ley de Ensanches de 1864 y del Plan Comarcal de Barcelona de 1953.

8. La acogida de la residencia, la industria y los equipamientos en la forma de crecimiento urbano del ensanche con sus potenciales y límites

8.1. La evolución de la casa de renta en su extensión y densificación en un esquema de propiedad vertical hasta 1930

La evolución de la vivienda del Ensanche viene marcada fundamentalmente por el paso del règimen de propiedad vertical hasta 1930, y por una transición, a partir de aquel momento hacia un modelo de propiedad horizontal. En paralelo, se producirá un proceso de densificación de la vivienda con el incremento del número de pisos por edificación.

Como señala Llobet, en el Ensanche, el porcentaje que se alcanzó por edificación de una y dos plantas era bastante importante, pues en 1927 llegó a ser, en el sector central (ciudad antigua) y en los distritos de la derecha e izquierda del Ensanche (distritos IV y VI de la organización de distritos de 1924), prácticamente el 25% de la edificación del distrito. De todas formas, la casa de vecinos era la forma predominante de edificación residencial. La edificación plurifamiliar se caracterizaba por ser de propiedad única e indivisa del promotor de la edificación, el cual obtenía el rendimiento de la inversión a través de las rentas de alquiler correspondientes a cada una de las viviendas[60]. Como señala Tafunell, en el Ensanche de Barcelona, predominaba hasta 1930 la casa de renta, y los promotores eran básicamente individuales:

"Del total de las iniciativas que se emprendieron entre 1860 y 1896, el 60% fueron promovidas por individuos que mandaron levantar una única casa. Las 4/10 partes restantes se distribuyen del modo siguiente: el 12,6% de los edificios fueron construidos por promotores de dos inmuebles; el 8,3%, de tres;

el 6,2%, de cuatro, y el 12,8%, de cinco a más. Si tomamos en consideración que en la segunda de las categorías mencionadas los dos inmuebles suelen ser contiguos y se construyen al mismo tiempo, puede afirmarse que cerca de 3/4 de la actividad de promoción inmobiliaria se llevó a cabo mediante acciones absolutamente aisladas y singulares.
Así pues, hubo una intervención masiva de los propietarios —demandantes de vivienda como bien de inversión— en el mercado de la construcción. Y no es que no existiesen empresarios genuinos en el sector —aquellos que producían para vender. Pero sus operaciones, consideradas globalmente, eran más bien marginales: en torno al 15 o, a lo sumo, al 20% de la oferta de nuevas viviendas fue provisionada por verdaderos promotores. A ello habría que añadir algo insólito: la casi nula presencia de empresas promotoras organizadas en forma societaria. La actividad constructora de las contadísimas sociedades inmobiliarias creadas en la época fue, en conjunto, residual."[61]

Esta visión continúa, como constata Tafunell:

"Durante la década de 1920, en cuyo transcurso se asiste a un formidable ciclo constructor, [las sociedades inmobiliarias] emprendieron tan corto número de iniciativas de edificación que [...] ¡no alcanzaron a representar el 1% del total! Es evidente que dichas sociedades no se sintieron atraídas por la producción de viviendas y desplegaron sus actividades en el campo de las obras públicas y la ingeniería civil, ámbitos en que la presión de la demanda —tanto privada como pública— fue muy fuerte durante el período."[62]

A partir de 1930, tal como recoge Llobet,[63] el Código Civil reconocía la capacidad a la propiedad horizontal de los edificios. Una constatación de este hecho se puede encontrar en la revista *Su Finca*, muy ligada a los intereses inmobiliarios y de la propiedad urbana. Según esta revista, fue en 1930 cuando se lanzó por primera vez en Barcelona una iniciativa de promoción de un edificio plurifamiliar según los principios de la propiedad horizontal:

"Una acogida favorabilísima ha tenido nuestra iniciativa. La construcción y venta de casas por pisos individuales en España va a ser un hecho. Barcelona, con el espíritu de renovación, de avance y de expansión, dará un nuevo aspecto a la construcción moderna y a la propiedad a base de pisos individuales."

No obstante, cabe indicar, también, que aquella promoción se produjo tras haberse publicado y valorado en *Su Finca* el nuevo Reglamento de la propiedad mancomunada de inmuebles, que seguramente aportaba a la definición del Código algunos medios que facilitasen la resolución de los problemas que esta nueva concepción de la propiedad comportaba.[64] Esta situación indica, por tanto, que, en el Ensanche, la forma de valorización de los capitales invertidos en la promoción de vivienda se producía a largo plazo a través de los alquileres, lo cual generaba una rotación lenta del capital. Además, la forma de financiación de la urbanización, realizada a través de las cesiones de impuestos, y la propia implantación de los servicios de urbanización se producían a largo plazo. Es decir, el conjunto del proceso del Ensanche se planteaba como una operación a largo plazo.

Se puede afirmar, por tanto, que la forma predominante hasta 1930 fue la casa de renta, y a partir de entonces se empezó a introducir la casa de venta. Este proceso de sustitución fue lento y ha perdurado durante décadas. La aparición de la propiedad horizontal representaría una mayor rotación de capital y una mayor búsqueda de rentas, que irían indefectiblemente asociadas a la densificación.

8.2. La extensión de la industria junto con la vivienda por la malla de Cerdà

Los trabajos de Mercè Tatjer nos dan una información remarcable sobre la implantación de la industria en la primera época del Ensanche. La información de este apartado se ha extraído de sus publicaciones.[65] De ellas se deduce que inicialmente la industria se distribuye por todos los barrios, aunque más tarde se concentrará en el municipio de Sant Martí (v. fig. 268).

La trama del Ensanche de Cerdà correspondiente al antiguo municipio de Barcelona y a los municipios de Gràcia, Les Corts y buena parte de Sant Martí, cobijó, a lo largo del período 1875-1897, el incremento fabril de la *Barcelona Gran*, surgida de las agregaciones municipales de 1897. Los datos de la contribución industrial de 1897-1898 muestran que el 33,4% del total estaban en el ámbito del Ensanche.

Cabe señalar, en primer lugar, el barrio de Sant Antoni, un espacio del Ensanche cercano a la ciudad antigua. De hecho, no solo sería uno de los primeros espacios en ocuparse, sino que se convertiría en uno de los primeros "pulmones industriales" de Barcelona, en algunos casos antes y en otros al mismo tiempo que el territorio del Poblenou. Como señala Tatjer, los procesos de difusión e implantación de las industrias desde Ciutat Vella hacia fuera se realizan más por difusión hacia áreas en contacto directo que por expansión a espacios más alejados. En este sentido, vale la pena señalar que, en el período 1863-1874, se censaron en el Ensanche de Sant Antoni un total de 20 empresas, 10 de ellas fábricas, 4 prados de indianas y 6 telares. Mención especial merece el caso de la macromanzana destinada a parque, según el Proyecto de Ensanche de Cerdà, situada en el actual barrio de Sant Antoni. Unos terrenos de esta macromanzana fueron adquiridos, en parte, por la sociedad Fomento del Ensanche[66] (entidad cuyo facultativo era Ildefons Cerdà), y finalmente este espacio se convertiría en un conjunto de manzanas separadas —como se observa en el plano geométrico del Ensanche de 1865– con una ocupación industrial muy intensa: fábrica de puntas de París de A. Olivella en 1880, cuadros de la Sociedad Catalana de Tranvías en 1876 y fábrica de básculas y arcas Pibernat en

1895 (v. fig. 269). Lo mismo sucedió con la manzana destinada a equipamiento de barrio, que, atravesada más adelante por la avenida de Mistral, a partir de 1877 dio paso a un espacio industrial donde se situó la fundición Plana,

1860

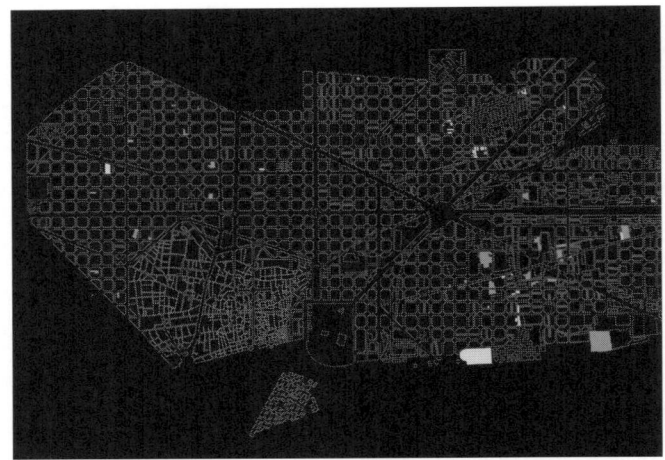

1861-1870

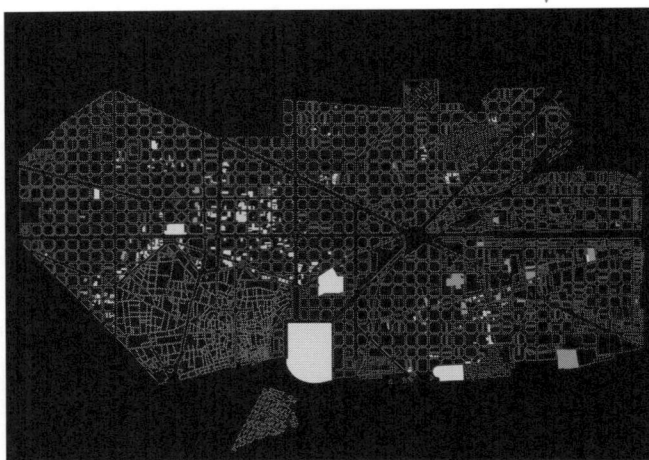

1911-1930

1931-1950

Agustín y Escorsa.[67] Es decir, el propio Cerdà se mostraba favorable a facilitar la implementación de la industria, y más tarde ya se ocuparía de la promoción de los equipamientos. En el Ensanche central, también se encuentran algunos establecimientos industriales. Una fábrica de vidrio en el interior de la manzana comprendida entre las calles de Aribau, Diputació y Muntaner. Y tampoco faltan las industrias compartidas (en las calles de Villarroel, Pau

1871-1890

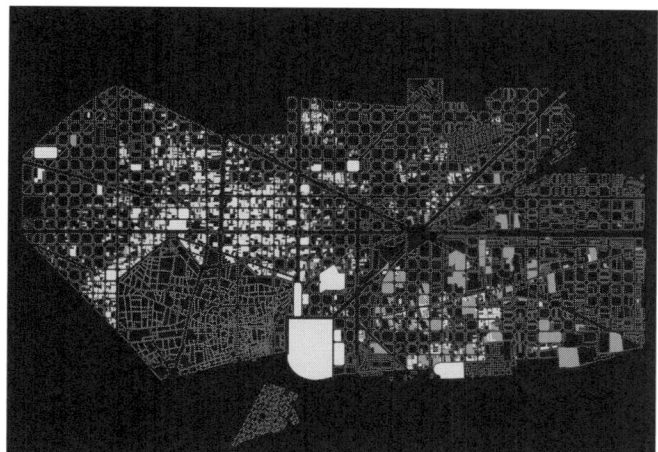

1891-1910

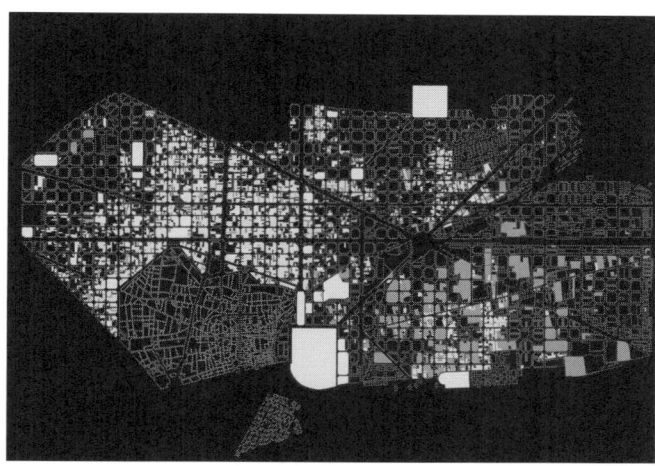

1951-1970

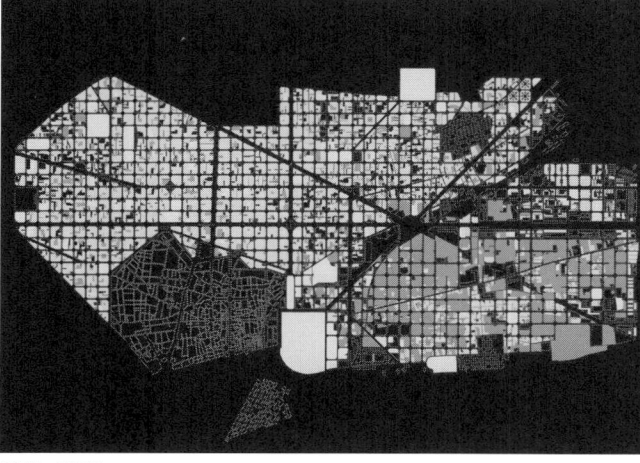

1971-1993

Figura 268. Evolución de los usos residenciales e industriales, de los espacios verdes y de los equipamientos en el Ensanche de Cerdà (1994): a) situación preexistente en 1860; b) entre 1961 y 1870; c) entre 1871 y 1890; d) entre 1891 y 1910; e) entre 1911 y 1930; f) entre 1931 y 1950; g) entre 1951 y 1970; h) entre 1971 y 1993.
Fuente: Institut d'Estudis Territorials. Departament de Política Territorial i Obres Públiques. Generalitat de Catalunya

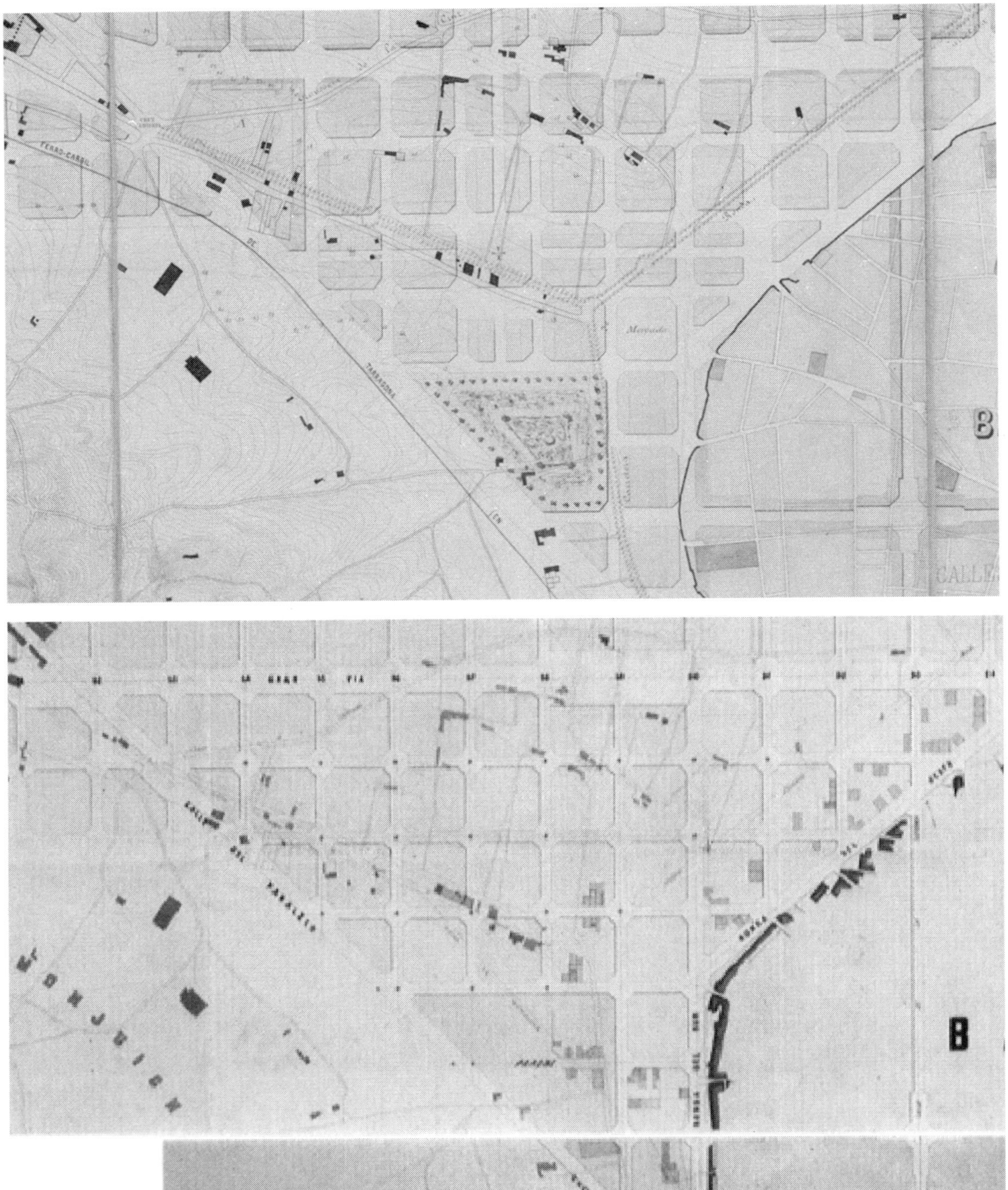

Figura 269. Comparativa en el sector del barrio de Sant Antoni entre: *a)* el Proyecto de Reforma y Ensanche de 1859 de Ildefons Cerdà.
Fuente: Archivo de la Real Academia de Bellas Artes de San Fernando de Madrid.
b) Plano geométrico del Ensanche de 1865, de Leandre Serrallach.
Fuente: Archivo Histórico del Colegio de Arquitectos

Figura 270. Agrupación de 4 manzanas para acoger la industria de Can Batlló. Vista aérea (1926). Fotografía: Autor desconocido.
Fuente: Arxiu Mas. Fundació Institut Amatller d'Art Hispànic

Figura 271. Localización de las principales industrias de la Barcelona Gran en 1906, a partir de los datos de la matrícula industrial.
Fuente: Bou, Ll.; Caballé, F.; Tatjer, M., 2010

Claris, Aribau, Creu Coberta...),[68] así como los alquiladores de fuerza mecánica. En 1897, por contribución industrial, cotizaron cuatro alquiladores de fuerza (compañías de energía), dos en el Ensanche de San Antoni, uno en la calle de Fontanella y otro en la derecha del Ensanche.[69] La parte más central del Ensanche y algunas manzanas de la parte derecha (lo que se ha llamado "El Quadrat d'Or")[70] fueron también espacios de ubicación de fábricas. En la parte más acomodada y próxima al paseo de Gràcia, se instalaron algunas industrias ligeras, como las fábricas de géneros de punto de Mas y Aixelà (paseo de Gràcia, 79) o la de Joan de Déu Ortínez (Balmes, 39).[71]

En el barrio del Poblenou, se encontraban diversos recintos industriales siguiendo el Plan Cerdà, lo cual facilitó la construcción de las primeras viviendas obreras (entre 1864 y 1870) y permitió alinear las fábricas con la trama de Cerdà (Can Torras, Rivière) o adaptarlas mediante permutas y la cesión de suelo para los nuevos viales, manteniendo la ocupación productiva del interior de manzana (el caso de los Gironella, en 1873).[72]

Podemos concluir que la industria, desde sus inicios, tuvo un rol significativo en la construcción del Ensanche, tal como nos lo señala la localización de las principales industrias en el ámbito del Ensanche (la *Barcelona Gran*, según Tatjer) en 1906, a partir de los datos de la matrícula industrial[73] (v. fig. 271). No obstante, con los años se fue consolidando una dualidad entre la actividad residencial en la parte central del Ensanche y una actividad industrial en los municipios más periféricos del llano de Barcelona. Cabe señalar, como se observa en la figura 268, que hay una dualización progresiva entre el Ensanche central del municipio antiguo de Barcelona más residencial, y el municipio de Sant Martí, más industrial. No obstante, en los barrios de Sant Antoni, Izquierda del Ensanche y Sagrada Familia se observa una mixtura entre residencia, industria y comercio, con la solución de manzana con pasaje.

8.3. Del modelo de manzana más residencial articulado alrededor de la casa de renta a la manzana con pasaje que combina vivienda, industria y comercio

En los sectores de la Izquierda del Ensanche y de la Sagrada Familia las edificaciones ya no eran tan nobles, como puede observarse al analizar el ancho de fachada, que en promedio disminuye. Las viviendas más nobles, que en general se construían sobre crujías de 5 m de ancho, pasaban de ser estructuras de 4 crujías a ser de 3 y 2 crujías, es decir, de fachadas de 20 m a fachadas de 15 y 10 m. Ello tenía sus implicaciones en los patios de ventilación, que eran esenciales en unas edificaciones que tenían profundidades de hasta 28 m. Junto a ello, se produjo la introducción del entresuelo con una planta baja semienterrada. Las viviendas de la Izquierda del Ensanche ya habían perdido el espacio verde del patio central de la manzana.

Cuando se plantean las formas de crecimiento urbano, se apunta que, en cada período histórico más o menos homogéneo, catalizan unos actores que definen una forma urbana como resultado de la concreción de la combinación de la parcelación, la urbanización y la edificación.

En este caso, con la entrada de la electricidad apareció la construcción de la edificación que combinaba residencia, comercio y talleres industriales. En el caso del Ensanche, distinguimos el período en que la planta baja tomaba solo el uso del comercio (1880-1910). El comerciante articulaba una planta baja con entresuelo en el cual convivían la residencia con el comercio. Cuando al comercio se le añadió el taller industrial, que llegó principalmente con la introducción del motor eléctrico, se generó una nueva ocupación de la planta baja y se eliminaron los patios traseros. Y, en cualquier caso, quien tenía acceso al patio era el residente del piso principal, propietario de la edificación.

La población que convivía en un tejido que combinaba comercio y talleres ya no era la población más acomodada. Fue en este escenario donde cuajó la manzana con pasaje, en que la vivienda no iba a tener tanta profundidad y los patios de ventilación reducirían su superficie. Este escenario lo encontramos en los barrios periféricos al primer recinto definido por la Derecha del Ensanche y parte de la Izquierda, la que hoy se denomina *Nueva Izquierda del Ensanche*. Así aparecen los barrios de la Izquierda del Ensanche, el barrio de Sant Antoni y el barrio de Sagrada Familia, adyacente a las fábricas del Camp d'en Grassot, junto al municipio de Gràcia. Configuraban estos barrios los núcleos de fábricas y los tejidos de talleres adjuntos. Este fenómeno confirma que la posición de la manzana era importante porque determinaba un tipo de configuración más acomodada en el centro, en el ámbito conocido como *El Quadrat d'Or*, y menos acomodada en la periferia, con mayor densificación de pasajes o, en su caso, con viviendas de menor fachada y más densificadas. En cualquier caso, las viviendas siempre se articulaban con unas manzanas con la mínima ventilación adecuada. No sería este el caso del barraquismo, que se instalaría dentro y fuera de la cuadrícula, pero progresivamente sería expulsado del ámbito del Ensanche.

8.4. La falta de una política pública de acceso a la vivienda para las clases obreras en la construcción del Ensanche de Barcelona, como en las principales ciudades europeas del siglo xx

La disciplina urbanística, desde sus orígenes, ha centrado sus esfuerzos en la necesidad de construir vivienda accesible para las clases obreras. Esta fue una de las motivaciones de Cerdà con su propuesta de Ensanche ilimitado y de la casa de renta. Finalmente, su propuesta sirvió para que tuvieran acceso a la vivienda las clases medias, pero no la clase obrera, que se ubicó principalmente fuera del Ensanche.

Cabe señalar que el impulso liberal que vive Cerdà hasta la Primera República queda roto. Tras la Restauración, se generó el nuevo poder burgués que articularía el estamento rentista asociado a la desamortización de Mendizábal, a la nueva burguesía nacida de la revolución textil y agrícola, y a la nueva red de indianos que regresaban a la metrópolis con capitales y con capacidad de inversión. Como señala McDonogh,[74] esta articulación de familias burguesas de segunda generación con matrimonios cruzados se presentaría en sociedad con la celebración de la Exposición Universal de 1888. Se trata de una articulación compleja, que requiere una revisión sobre el rol que adoptó la nueva burguesía para aprovechar el Ensanche como negocio inmobiliario.[75] En cualquier caso, con la Restauración los avances en los derechos de la clase obrera experimentaron un retroceso. Las clases obreras, que acabaron ubicándose junto a las industrias (v. fig. 272), alteraron el modelo de manzana unitario y se creó la figura del pasaje, en que las viviendas disminuyeron su superficie y empezaron a aparecer edificaciones precarias.

El momento más extremo de inmigraciones en el Ensanche coincide con la explosión de la revolución urbana del siglo xx, asociada a la introducción de la electricidad y al transporte mecanizado con el tranvía, especialmente con la llegada del metro y la preparación de la Exposición Universal de 1929. En ese momento de máximo impulso de la inmigración y la urbanización, se produjo una sucesión de gobiernos conservadores, al tiempo que el movimiento obrero y sindicalista se organizaba hasta alcanzar su punto álgido con la huelga de la Canadiense en 1919.

En esta fase de evolución del Ensanche, los proyectos de construcción de vivienda para la clase obrera fueron muy escasos. A pocas manzanas de distancia, convivían el barraquismo cerca de la prisión La Modelo, junto a la vía del tren (v. fig. 280), con la renovación de las viviendas en el paseo de Gràcia, con la Manzana de la Discordia como referente (v. fig. 5). Las propuestas de ley de casas baratas de 1911 y 1921, y otras posteriores, no dieron una respuesta real a las necesidades de vivienda y, si lo hicieron, fue en el exterior del ámbito del Ensanche de Cerdà, como las casas baratas del Bon Pastor y, más tarde, las de Eduard Aunós (v. fig. 281).

Esta situación se contraponía radicalmente con los planeamientos urbanísticos municipales de entreguerras en Europa, como la Viena Roja en Austria, que construyó 65.000 viviendas (1919-1934)[76] (v. fig. 332), o las propuestas de vivienda para Ámsterdam de Berlage y Van Eesteren (1915-1935), el nuevo Frankfurt de Ernst May y el Movimiento Moderno (1925-1935) (v. fig. 331) o el proyecto de la *Unité d'Habitation* de Le Corbusier, construido en Marsella en 1952, tras la Segunda Guerra Mundial. Estas propuestas urbanísticas, centradas en el acceso a la vivienda y a los equipamientos para la población más desfavorecida, no existieron realmente en la Barcelona anterior a la II República. Barcelona, que había tenido una propuesta urbanística avanzada con Cerdà desde 1860, perdió el tren de las propuestas urbanísticas asociadas a la vivienda en el periodo 1901-1930, dominada por gobiernos municipales conservadores.

8.5. El barraquismo y sus soluciones dentro y fuera de la malla de Cerdà

Cuando, en 1930, Barcelona alcanzó 1 millón de habitantes, la falta de vivienda se había convertido en un grave problema social, especialmente con las migraciones de la década de 1920 asociadas a la construcción del metro. Los esfuerzos municipales dirigidos a solventar esta situación resultaron fallidos. De hecho, no se logró crear el Patronato Municipal de la Vivienda hasta 1927, bastantes años después del primer intento de funcionamiento del Institut de l'Habitació entre 1915 y 1918, siguiendo los modelos centroeuropeos.

Entre 1920 y 1930, el barraquismo se convirtió en una de las formas de vivienda popular de iniciativa privada alternativas al grave problema de la vivienda que existía en la capital catalana especialmente a partir del primer tercio de siglo. Las dificultades para acceder a una vivienda digna, debido a los altos precios de los alquileres y a la escasez de alojamientos, ante la llegada masiva de inmigrantes, hizo del problema de la vivienda un mal endémico. Ni desde el sector público ni desde las entidades sin ánimo de lucro —denominadas *tercer sector*— se logró solventar, a pesar de varias iniciativas y propuestas, que o bien fracasaron o bien tuvieron escasa incidencia.

Es entonces cuando aparece la tipología conocida como "pasillos", una tipología residencial popular que recibe este nombre porque se organiza en torno a un pasillo o patio (introduir nota). Podemos definir el pasillo barcelonés como un conjunto de entre cinco y doce pequeñas viviendas con superficies comprendidas entre los 15 y los 50 m^2, en construcciones de una sola planta, a menudo de altura mínima. Se organizan en torno a un estrecho pasillo o patio que les da acceso y, a la vez, las comunica con el exterior. La disposición más habitual era la construcción en forma de U, ocupando tres lados del pasillo y dejando uno para el acceso; también se podían encontrar pasillos en forma de T y pasillos construidos en un solo lado. (v. figs. 278 y 279). Tal como señala Tatjer, las barracas constituyeron, en la Izquierda del Ensanche, una forma de vivienda, resultado de la ocupación de los huertos o de la especulación de los propietarios, que dividían los solares en pequeñas parcelas donde, por alquiler e incluso por venta mediante censo, se construían viviendas precarias.

Los pasillos eran propiedad del titular del inmueble en altura, que alquilaba tanto los pisos como las viviendas del pasillo. Según datos del Padrón de habitantes de 1930, el precio de alquiler de las viviendas de los pasillos se situaba entre las 60 y las 80 pesetas al mes, mientras

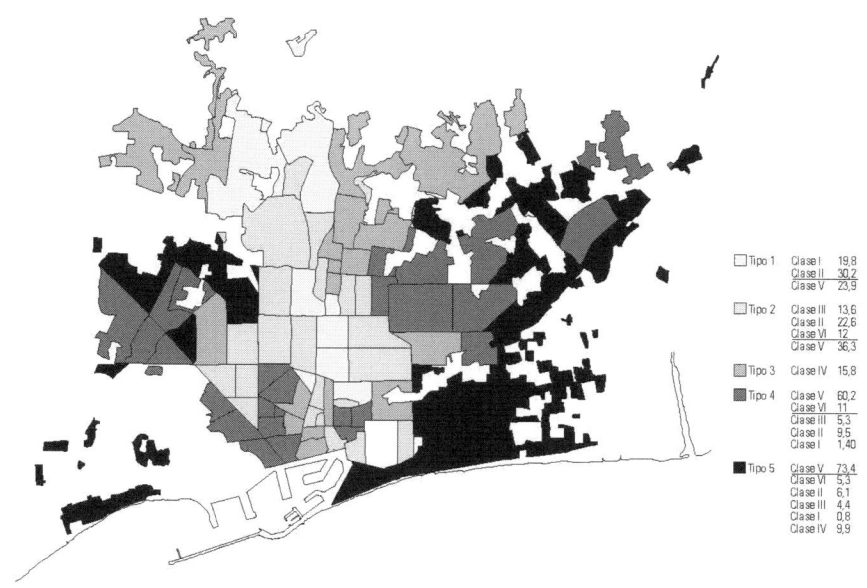

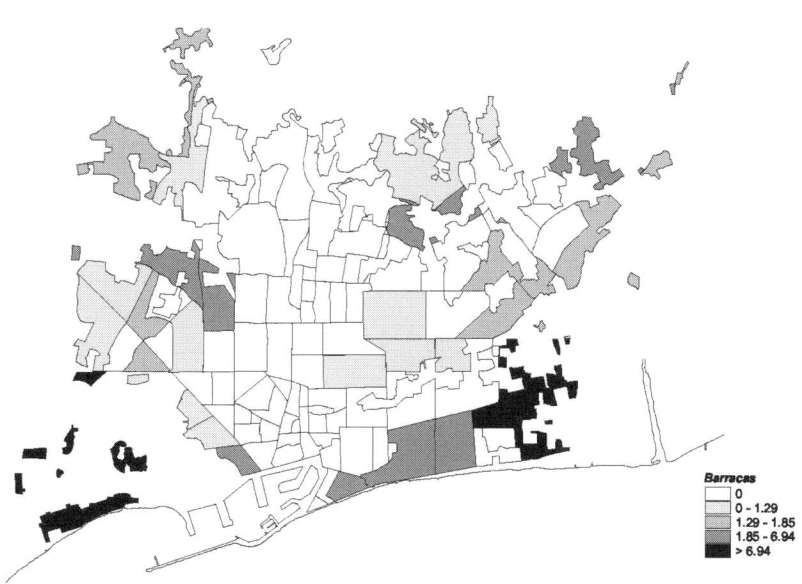

Figura 272. Distribución de las diferentes clases sociales en el municipio de Barcelona en 1930. *Fuente: Oyón et al., 2001*

Figura 273. Distribución de las barracas en el municipio de Barcelona en 1930. *Fuente: Oyón et al., 2001*

Figura 274. Apertura de la calle de Vilamarí y destrucción de barracas. Memoria de la Comisión de Ensanche. Ayuntamiento de Barcelona. 1928.
Fuente: Arxiu Històric del Col·legi d'Arquitectes de Catalunya

Figura 275. Plano de indicación de la ubicación de barracas en 1929, según la encuesta de Pons & Martino.
Fuente: Pons & Martino, 1929

Figura 276. Destrucción de barracas cerca de la avenida del Paral·lel y la calle de Vilamarí (1930-1932).
Fotografía: Josep Domínguez.
Fuente: Arxiu Fotogràfic de Barcelona

Figura 277. La calle de Vilamarí acaba de abrir. Memoria de la Comisión de Ensanche. Ayuntamiento de Barcelona, 1928.
Fuente: Arxiu Històric del Col·legi d'Arquitectes de Catalunya

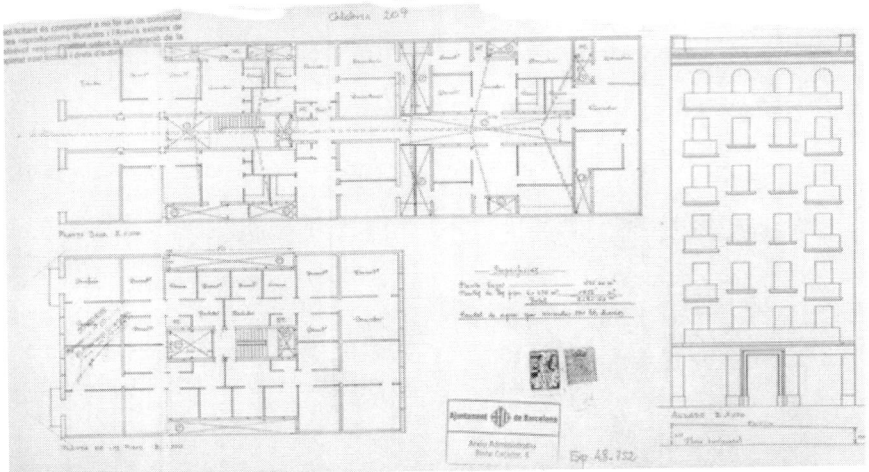

Figura 278. Planta baja con el pasillo y planta de los pisos de un edificio de la Izquierda del Ensanche de Barcelona, proyectado en 1930 y todavía existente.
Fuente: AMAB. Expediente 48752

Figura 279. Maqueta de la finca de Tomàs Musqueras en la calle de Llançà en 1930, con casas pasillo en el interior de la manzana. Concepción: Mercè Tatjer, Francesc Magrinyà y Fernando Marzá. Realización: Taller de maquetas ETSAV-UPC, 2009.
Fuente: Col·lecció Fundació Urbs i Territori Ildefons Cerdà (FUTIC)

Figura 280. Barracas entre las vías del tren a lado y lado de la actual avenida de Roma, cerca de La Modelo, 1926. Fotografía: Josep Maria Segarra i Plana.
Fuente: Fons Josep Maria Segarra i Plana. Arxiu Nacional de Catalunya

Figura 281. Casas baratas de Eduardo Aunós en la Zona Franca
Fuente: Ajuntament de Barcelona

Las cinco bases de la urbanización: los instrumentos para la aplicación de una teoría urbanística   415

que el de los pisos del mismo inmueble alcanzaba las 100 o las 105 pesetas. Los dueños de los inmuebles eran mayoritariamente propietarios rentistas, ya que ninguno residía en el mismo edificio, sino que tres vivían en la parte más central del Ensanche, uno en Sant Gervasi y dos en dos de las calles de más estatus de Ciutat Vella; todas estas áreas se convirtieron, desde fines del siglo XIX y a lo largo del siglo XX, en los espacios de residencia de los propietarios rentistas de la ciudad.[77]

De hecho, el barraquismo, que comprendía diferentes tipologías, tanto urbanísticas como de gestión y tenencia, llegó a ser un fenómeno tan extendido que, en 1922, médicos higienistas estudiosos del tema, como señala Pons y Martino en 1929, llegaron a contabilizar cerca de 4.000 barracas, que en 1930 alcanzaron la cifra de 15.000. Ocupaban tanto espacios públicos del litoral –las playas del Gasómetro y del Somorrostro– como privados –las huertas de Montjuïc e incluso la periferia de la Izquierda del Ensanche (fig. 275).[78]

Durante la Segunda República (1931-1939), se intentaría incrementar la eficacia de las cooperativas como forma de solucionar los problemas de la vivienda obrera.[79] Para ello, se impulsó su organización regional y estatal y se propuso la creación del Servicio de Crédito Social, en colaboración con el Instituto Nacional de Previsión y las Cajas de Ahorro, y se planteó una ayuda importante a las cooperativas de vivienda, tal como señala Arias, pero la falta de legislación no permitió un desarrollo significativo. La intervención directa del Estado a través de sus diferentes instancias solo se produciría de forma intensa y fuertemente regulada en el período de la Dictadura franquista. Un entramado de diferentes organismos, en el contexto del nacionalsindicalismo (Instituto Nacional de la Vivienda, Obra Sindical del Hogar, Gobiernos civiles, Patronato Francisco Franco, etc.), junto con la actuación de los propios municipios e incluso de las diputaciones, concretaron propuestas al problema de la vivienda.[80]

8.6. El Ensanche, una vez ocupado con residencia e industria, acoge los equipamientos a escala de la aglomeración

Además de las modificaciones de la manzana, se permitió la ocupación para uso residencial de manzanas destinadas a parques y equipamientos, especialmente los centros cívicos. Cerdà proponía un centro social cada 5×5 manzanas (v. figs. 188, 203), propuesta que no tuvo seguimiento. Los equipamientos del Ensanche no tuvieron nunca la dimensión de una manzana. Esto hizo que no se organizasen equipamientos de barrio alrededor de la manzana. Finalmente, el referente que podía ser la iglesia quedó como una edificación más entre medianeras. Quizás el único ejemplo de plaza junto a la iglesia es el caso del barrio de La Concepció. De hecho, Cerdà vivía en la calle de Bruc, 49, y fue uno de los promotores de esta idea, que se llegó a concretar con los equipamientos del barrio de La Concepció. Cerdà vivía en una finca adyacente a la del arquitecto municipal Serrallach (Bruc 49 y 51 respectivamente). Estas fincas estaban ubicadas en este barrio y tenían como centro la manzana del mercado de La Concepció, que en la actualidad acoge la sede del Distrito del Ensanche y contiene el conjunto de equipamientos administrativos del distrito. En esta misma manzana, existen actualmente dos equipamientos, como el Mercat de la Concepció y el Conservatorio Municipal. En la manzana adjunta, se ubican la iglesia y un convento con una plaza generada por retranqueo de la iglesia frente a la calle de Aragó (v. figs. 197, 233 y 287).

También existe la manzana del Mercat del Ninot, en el barrio de la Izquierda del Ensanche, en que se ubica el servicio de Bomberos y está prevista una escuela y un centro de salud de atención primaria. Pero, en general, el esquema de una manzana con un centro de equipamientos no cuajó.

La primera reflexión es que la movilidad permite múltiples relaciones y grupos diversos. En la actualidad, el centro cívico va asociado a la noción de barrio. Pero el barrio tiene unas dimensiones más cercanas a las del distrito de Cerdà (10×10 manzanas) que a las agrupaciones de 5×5 manzanas. Este ámbito de mayor proximidad corresponde, en la actualidad, a las áreas de influencia de las escuelas (v. fig. 282). Estos ámbitos de influencia cambian con las legislaciones y las políticas municipales. Los radios de priorización de las escuelas (5×5 manzanas) implican una mayor homogeneidad en el acceso a la educación y unas prácticas de mayor proximidad. Cuando se establece una nueva familia, se establece una vinculación al barrio en el momento en que los hijos ingresan en la escuela, que es el momento mayor vinculación y arraigo social. Aparte de los distintos recorridos personales: familiares, de trabajo, afectivos, las experiencias personales y de los hijos son elementos clave del arraigo social. Si se analiza la figura 282, se observa que la distribución de las escuelas y los parques o jardines de proximidad son espacios de sociabilidad centrales. En el caso del proyecto de Cerdà, la formalización de los centros cívicos sí corresponde a la escala de proximidad, pero la tipología de servicio de referencia no es la del centro cívico, sino la de la escuela.

De hecho, no se genera un centro de barrio alrededor de una manzana hasta la realización del conjunto de equipamientos de la plaza del Fort Pienc, en que se realiza un encargo conjunto de una escuela de primaria, una guardería, un centro cívico, una biblioteca, un edificio para las personas mayores y un mercado. Todo este conjunto se ofrece en una plaza cruzada por el eje peatonal de la carretera de Ribes. Se consigue así un centro social organizado sobre una manzana. Pero esta gestión a la escala de una manzana no llega hasta finales del siglo XX (fig. 283) ni tampoco se extiende a otros ejemplos. La Administración continua mostrando un perfil bajo a la hora de conseguir equipamientos para la ciudad a la escala de la parcela, y no la de manzana, con una posición central estratégica.

La escala siguiente de equipamientos en el modelo de Cerdà es la del distrito (10×10 manzanas) y que

corresponde al mercado. Lo que se observa en el caso del tejido del Ensanche es que la denominada *escala de distrito* es la combinación más estructurante y decisiva a nivel de gobernanza que aporta el Plan de Ensanche y su concreción a lo largo del tiempo.

El sistema de barrios se impuso inicialmente en algún sector (en Sant Antoni y alrededor del Mercat de la Concepció) (v. figs. 286 y 287), pero después faltaron sistemas de equipamientos y lo que predominó fue la manzana y la propiedad individual, quizás por falta de una iniciativa potente a escala municipal, que se concretó únicamente en la red de mercados municipales.

Hubo varias tentativas para conservar la calificación de los terrenos de los equipamientos según el Plan de 1859. El 18 de marzo de 1866, la Junta de Ensanche solicitaba que *"se proceda con toda urgencia a la expropiación de los terrenos necesarios para la formación de plazas y la construcción de edificios públicos"*. Más tarde, hubo distintas tentativas de recuperación de los espacios públicos, como el Acuerdo de la Junta de 1882 por el que la municipalidad adquiría unos terrenos en que Cerdà había previsto jardines. Pero no fue hasta que se alcanzó una cierta densidad de población en el nuevo Ensanche que la Administración municipal tomó una preponderancia significativa y se introdujeron los mercados y otros equipamientos significativos.

Hay un período previo al proyecto de Ensanche y posterior a la formalización del Estado liberal tras la aplicación de la desamortización de Mendizábal de 1835 y la Constitución de 1845, en que se constituyen los mercados de La Boqueria (1847) y Santa Caterina (1848). Posteriormente, se construyen el Mercat central del Born (1876), el de Sant Antoni (1882) y los mercados de barrio de los núcleos antiguos: La Concepció (1888), Hostafrancs (1888), El Clot (1889), La Unió (Poblenou) (1889) y La Llibertat (1888). Y, más tarde, los equipamientos generales del Escorxador (1892) o la Abacería central de Gràcia (1892).

Figura 282. Representación de las áreas de influencia de las escuelas y sus espacios verdes accesibles en el barrio de la Izquierda del Ensanche.
Fuente: Pujol i Magrinyà, 2013

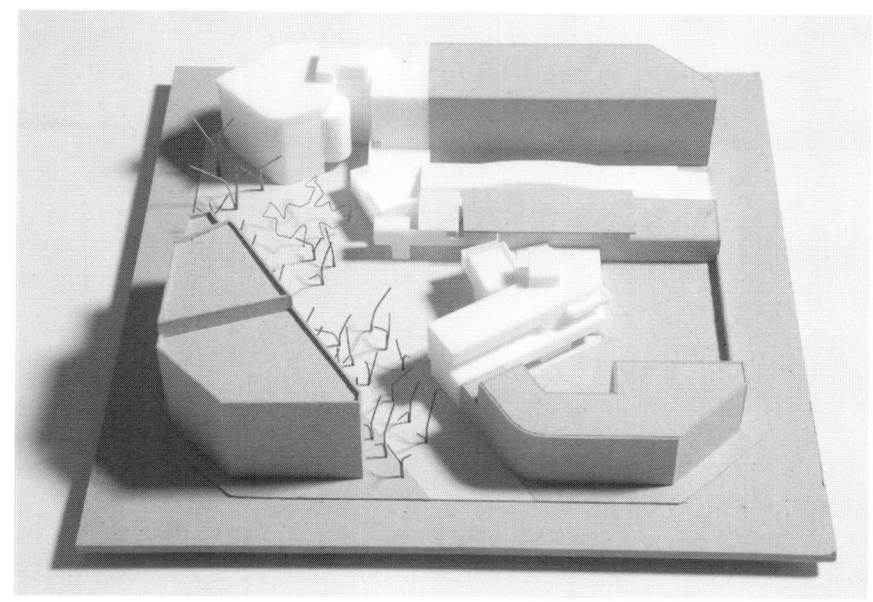

Figura 283. Modelo de uso integrado de centros sociales que se combinan en el interior de la manzana: guardería, escuela, centro cívico, centro comercial y residencia de la tercera edad en la manzana conocida como Fort Pienc, en el Ensanche de Barcelona. Concepción: Josep Llinàs.
Fuente: Lluch, M., 2008

Si analizamos la planificación de los mercados de Cerdà y su ubicación definitiva, observamos que Cerdà acertó plenamente en esta estructura de servicios.

En la actualidad, se ha producido un cambio radical en las necesidades de las redes de producción, distribución y consumo. Observamos que las redes de supermercados se acercan más a la lógica de proximidad (5×5 manzanas), en un escenario de competencia entre distintas cadenas de supermercados o tiendas de proximidad.

Con respecto a los servicios de hospitales, cementerio y matadero, observamos que se produce un mecanismo de ubicación que consiste en ubicarse en la periferia de cada ámbito de gobernanza en cada época. En una primera etapa, se construyen el Hospital de Sant Joan de Déu (1867) y el Institut Frenopàtic (1870) en Les Corts, y las obras del Clínic se inician en 1895 (v. fig. 285). En una segunda fase (1897-1953), aparecen el Hospital Clínic (1906), el Hospital del Mar (Infecciosos, 1905), La Modelo (1904), el Hospital de L'Aliança (1917), la Creu Roja (1924), Sant Pau (1916-1930) y Wad-Ras (1921). Y, en una tercera fase (1953-1976), el Hospital Vall d'Hebron (1955) y el centro penitenciario de La Trinitat (1954).

Si se observa su distribución en el territorio (v. fig. 285), se ve que, en una primera época, estos equipamientos se ubican en los límites del municipio antiguo de Barcelona: el Hospital del Mar, el Hospital Clínic, La Modelo y los cementerios del Poblenou y de Montjuïc. El Ayuntamiento estaba dispuesto a comprar terrenos en el exterior del municipio para ubicar estos equipamientos (Cementerio del Poblenou y Hospital Clínic). Este escenario se mantuvo hasta principios del siglo XX. A partir de entonces, el nuevo límite fue el ámbito de la Comisión de Ensanche. En su periferia, se ubicaron los hospitales de Sant Pau, L'Aliança y la Creu Roja. Posteriormente, en la siguiente etapa, el límite ya fue el del actual municipio de Barcelona y en su periferia se ubicaron el Hospital Vall d'Hebron y el Cementerio de Collserola.

9. El marco legislativo como base indispensable de referencia para un buen desarrollo urbanístico

9.1. La pérdida de una parte del pensamiento de Cerdà al no aprobarse el Proyecto de Ley de Ensanches, de Posada Herrera, ni las *Ordenanzas de construcción* ni el *Pensamiento económico*

Lamentablemente, el Proyecto de Ley de Reforma, Ensanche y Saneamiento de Poblaciones, de José de Posada Herrera, que recogía los principios de Cerdà según los cuales reforma y ensanche iban juntos, y los recursos de las contribuciones territoriales se reinvertían en inversión en infraestructura y en equipamientos, no se llegó a presentar. Tres años más tarde, se aprobó una nueva versión de Ley de Ensanche de Poblaciones de 1864, que recogía por

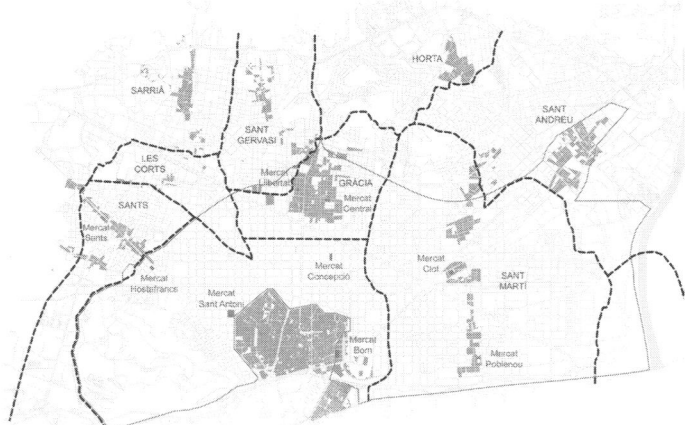

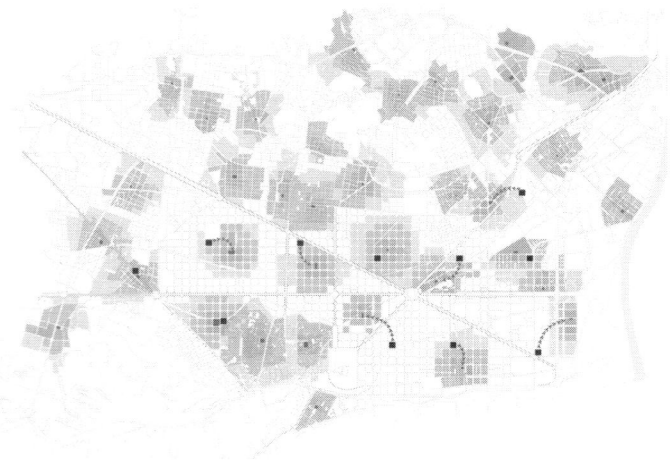

Figura 284. *a)* Aplicación del modelo de distribución de mercados de Cerdà en el Ensanche de Barcelona. *b)* Comparativa entre la ubicación de los mercados en el modelo y en su aplicación.
Fuente: Magrinyà & Marzá, 2009

primera vez y de forma legal la nueva figura urbanística denominada *ensanche*. Esta ley, junto con el Reglamento aprobado en 1867, fueron la referencia inicial de la forma urbanística que hoy se conoce en España como *ensanche*.

Al iniciarse el período de la Restauración (1873-1923), se aprobó una segunda ley, en 1876, que de hecho era una revisión de la ley anterior, con algunas mejoras. A pesar de todas las limitaciones de las leyes

de ensanche aprobadas, todo ese arsenal hizo que la experiencia urbanística española se avanzase en más de veinte años a las legislaciones urbanísticas alemanas de la década de 1870, consideradas hasta hace muy poco las instauradoras del urbanismo moderno.[81]

En la Ley de Ensanches aprobada en 1864, se recogían, de forma precaria, los mecanismos de reparcelación que se habían aplicado en la etapa inicial del Ensanche

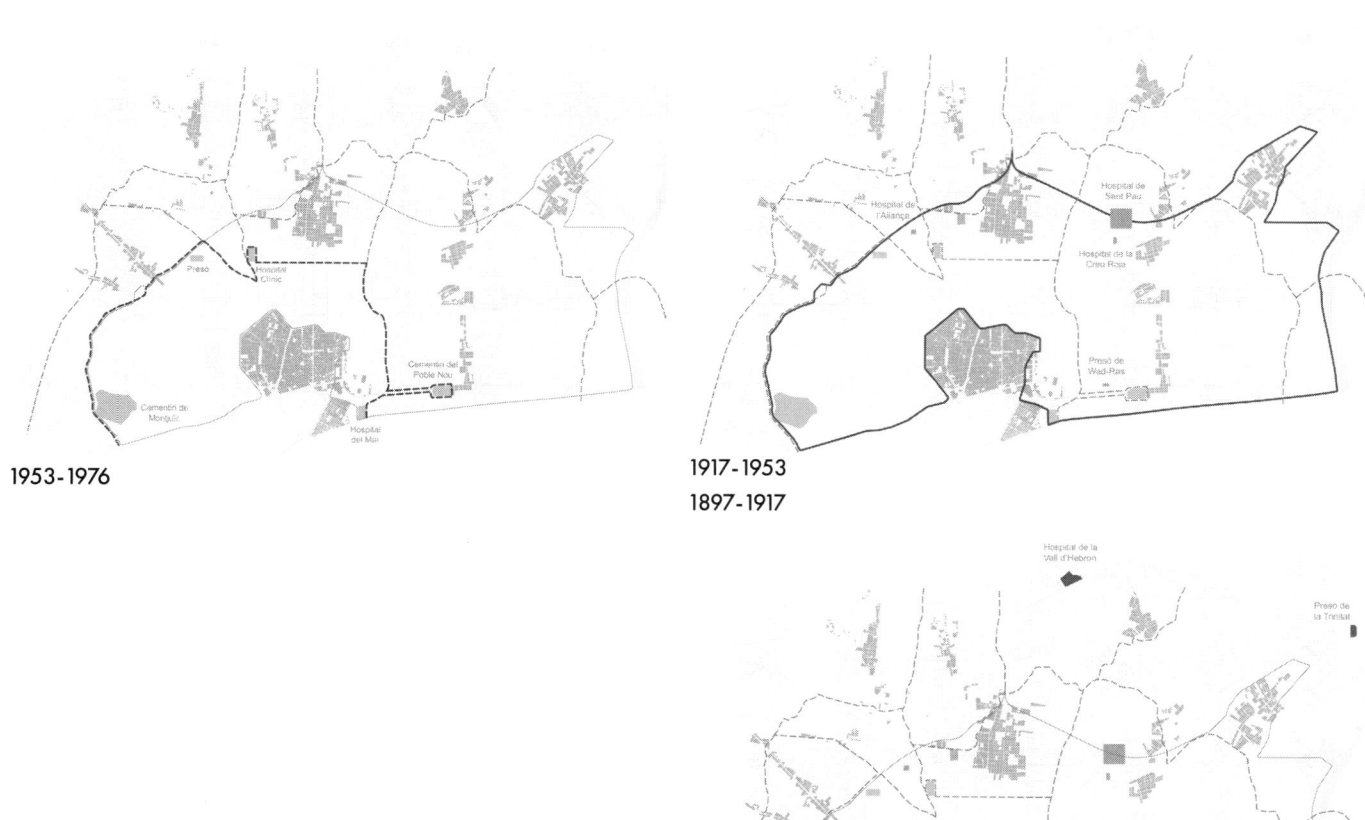

1953-1976

1917-1953
1897-1917

Figura 285. Aplicación del modelo de distribución de equipamientos (hospitales, cementerios y matadero).
Fuente: Magrinyà, & Marzá, 2009

Figura 286. Mercado de Sant Antoni (1878).
Fotografía: A. Torija.
Fuente: Maquinista Terrestre y Marítima y Arxiu Nacional de Catalunya

Figura 287. Fachada y cubierta del mercado de la Concepció (sin fecha). Fotografía: Josep Maria Sagarra i Plana.
Fuente: Arxiu Històric del Col·legi d'Arquitectes de Catalunya

Figura 288. Vista general del Matadero municipal de Barcelona (1931-1932). Fotografía: Gabriel Casas i Galobardes.
Fuente: Fons Gabriel Casas i Galobardes. Arxiu Nacional de Catalunya

Figura 289. Necrópolis de Barcelona en la montaña de Montjuïc. Plano de distribución (1883). Arquitecto: Leandre Albareda.
Fuente: Arxiu Històric de la Ciutat de Barcelona

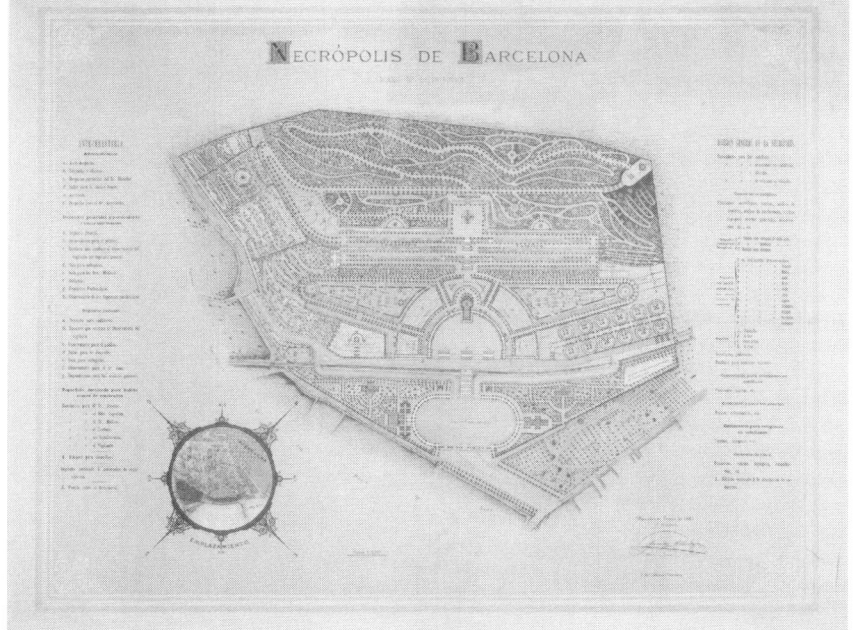

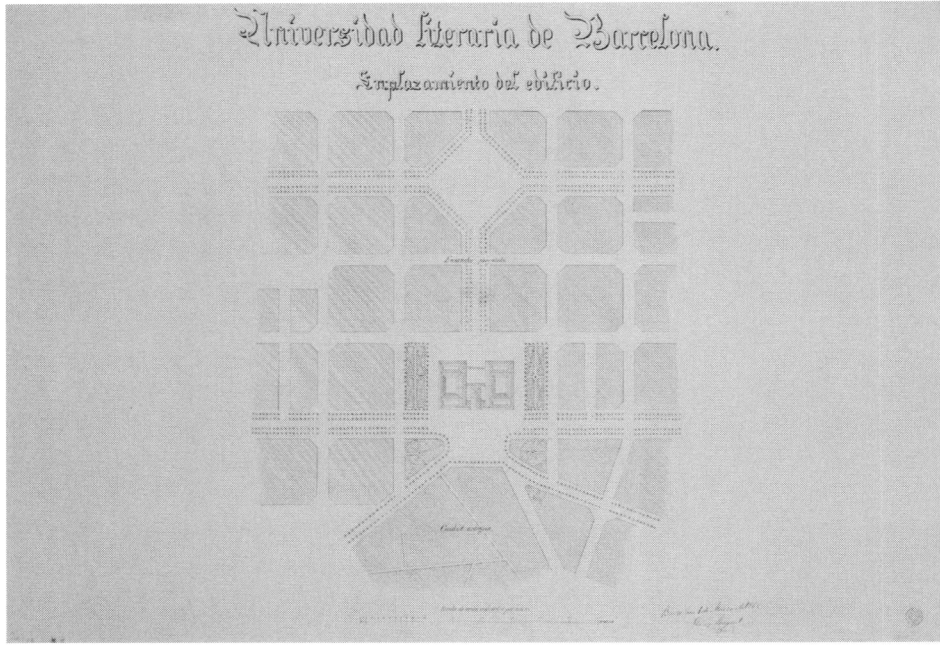

Figura 290. Hospital de la Santa Creu i Sant Pau. Perspectiva del conjunto (1901-1903). Arquitecto: Lluís Domènech i Montaner.
Fuente: Arxiu Històric del Col·legi d'Arquitectes de Catalunya

Figura 291. Universitat de Barcelona. Emplazamiento (1862). Arquitecto: Elies Rogent.
Fuente: Arxiu Històric del Col·legi d'Arquitectes de Catalunya

de Barcelona (1860-1864). Sin embargo, la ley se planteaba desde el esquema de que había que eliminar todos los impedimentos para fomentar la edificación de las zonas de expansión de las ciudades. Ello tuvo consecuencias. Por un lado, la ley se ciñó al Ensanche, obviando la reforma y el saneamiento. Por otra parte, la preocupación por el fomento de la edificación representaba una postura pasiva ante las exigencias a la propiedad a la hora de ceder terrenos para la urbanización.

El resultado fue que la ley no exigió la cesión de terrenos para viales, sino que esta pasó a ser voluntaria –de hecho, planteaba compensaciones fiscales en caso de cesión de viales. La gestión de la urbanización, especialmente la expropiación de los terrenos para uso público y la realización de obras y servicios urbanos, debía realizarla el ayuntamiento, y no una asociación de propietarios, al estilo de las sociedades de ensanche impulsadas por Cerdà. A pesar de todo ello, en la primera época de construcción del Ensanche de Barcelona (1860- 1874), la rentabilidad de los terrenos a urbanizar era tan alta que los propietarios se prestaban a ceder parte de sus terrenos para viales sin necesidad de expropiar, como comentaremos en el apartado siguiente. En cualquier caso, los dos elementos más interesantes de la Ley de Ensanches de 1864 eran, por un lado, que el Estado transfirió a los ensanches las cuotas de contribución territorial de la ciudad y, por otro lado, que la ley previó gestionar el ensanche a través de las juntas, órganos que habían de establecer el justiprecio de las expropiaciones y la gestión de las contribuciones territoriales. Estas juntas se fueron consolidando y acabarían siendo la caja de la urbanización, al margen del presupuesto municipal. Las juntas gestionaban las contribuciones de los terrenos del recinto del Ensanche, y la mayoría de las nuevas contribuciones se situaban en el Ensanche, ya que la ciudad antigua estaba prácticamente ocupada, por lo cual las inversiones del municipio se concentrarían en el nuevo ámbito de ensanche. Ello tuvo su importancia cuando el ámbito del Ensanche adquirió una dimensión superior a la del centro histórico.

Con la segunda Ley de Ensanches de 1876, las juntas pasaron a denominarse *comisiones de ensanche* y se convirtieron, en el caso del Ensanche de Barcelona, en las encargadas de urbanizar el ensanche hasta 1953, año en que se aprobó el Plan Comarcal de Barcelona. Aunque en un marco legal precario en instrumentos para el Ensanche de Barcelona, Cerdà había conseguido articular unos mecanismos de reparcelación efectivos para la construcción inicial, la articulación de las empresas promotoras de servicios y la introducción de la Comisión de Ensanche, que se convertiría en el agente urbano decisivo para la construcción del tejido planeado.

9.2. La falta de una legislación urbanística y de unos criterios claros entre las obligaciones de la Administración general y de la Administración local

Cerdà elaboró, además del *Proyecto de Reforma y Ensanche de Barcelona* y de las *Ordenanzas de construcción de Barcelona* de 1859 (OCB, 1860), el *Pensamiento económico* (1860) (PEc, 1860), que planteaba el Ensanche como una empresa concesionaria. Ya hemos visto que la falta de aprobación de las *Ordenanzas de construcción de Barcelona* elaboradas por Cerdà se sustituyó por un proceder administrativo impuesto por Cerdà en los primeros años y legitimado de alguna forma por la aprobación de las leyes de Ensanche de 1864 y 1876. No sucedió lo mismo con la estrategia económica, que se basaba en el *Pensamiento económico para el Ensanche* de Barcelona, que tampoco fue aprobado.

El sistema impuesto por las leyes de Ensanche de Poblaciones de 1864 y 1876 promovía el sistema de expropiación previa de los terrenos por parte del ayuntamiento, pero no aportaba un mecanismo eficaz de expropiación. Pese a existir los dos sistemas, el mecanismo dominante continuaba siendo el de la cesión de viales, puesto que los instrumentos de expropiación no eran eficaces y, además, el ayuntamiento no disponía de recursos económicos para ejecutarla.

A partir de principios del siglo XX, las comisiones tuvieron un cierto impulso ante la expectativa de diversos eventos: el Concurso de Enlaces de 1903 y las expectativas de las exposiciones internacionales, primero con la Exposición fallida de 1917 y, más tarde, con la Exposición Universal de 1929, que además contó con la Ley del Estatuto Municipal de 1925, que dotaba de capacidad de inversión a los municipios.

No es de extrañar que se disponga de publicaciones de las comisiones de Ensanche de Barcelona de esos años (1904, 1914, 1927 y 1928), que son los años en que se impulsaron nuevas urbanizaciones asociadas a las expectativas de aquellos eventos.

9.3. Las diferentes ordenanzas de ensanche en Barcelona legitimaron un proceso de densificación de la manzana

Al no aprobarse las *Ordenanzas Municipales* propuestas por Cerdà y al ser las de 1856 unas ordenanzas más centradas en la ciudad antigua, las primeras que marcaron el Ensanche fueron, *de facto*, las Ordenanzas de 1891. Estas ordenanzas consolidaron el modelo de manzana ocupada a los cuatro lados, con un fondo de edificación máxima de 28 m y un aumento de la altura máxima que se situaba en los 22 m, 2,60 m más de lo que estaba permitido hasta ese momento. Dicho aumento permitió convertir los semisubterráneos en tiendas con el nivel de suelo algo más bajo que el nivel de la calle. Casas con este tipo de semisótanos serían normales en la Rambla de Catalunya de principios de los noventa (v. fig. 238). En esa misma década, y tras asumir el desdoblamiento de la planta baja (PB), las viviendas empezaron a construir

espacios laterales a la entrada principal para tiendas a nivel de la calle (v. fig. 237). Esto quedó recogido posteriormente y para cada período en las diferentes ordenanzas, que *de facto* legalizarían la realidad existente en la vivienda (v. fig. 292):

- 1891: se introduce el altillo de 2,5 m
  Se permiten cuerpos de 4,40 m de altura en el interior del patio de manzana.
- 1923: la planta baja se desdobla en semisótano y entresuelo
  Se permiten cuerpos de 5,50 m de altura en el patio interior de manzana.
- 1932: sobre la base anterior, se gana 1 m de altura total (de 22 a 23 m)
- 1942: aparece el ático (23,85 m)
- 1947: aparece el sobreático (24,40 m)

Este mecanismo llevó al crecimiento en altura, de modo que las ordenanzas de 1942 y 1947 permitieron el ático y el sobreático. En general, las ordenanzas han sido más bien la legalización de un proceso iniciado anteriormente, como señala Joan Antoni Solans.[82]

A partir de 1972, el proceso de densificación de las décadas de 1950 a 1970, que había implicado una densificación máxima de las manzanas del Ensanche central (v. figs. 308 y 309), se revirtió con la eliminación del sobreático, y todavía más con el Plan General Metropolitano de 1976.

- 1972: se suprime el sobreático (24,40 m)
- 1976: se vuelve a PB+5 y 20,75 m

Posteriormente, se ha retomado de nuevo el intento de crecer en altura, que se ha desarrollado con más intensidad en el sector del Poblenou y, especialmente, en los alrededores del Fórum de las Culturas (v. fig. 294). En la parte central del Ensanche, la tendencia al incremento de valor del suelo se concretó a través de una cierta especialización de las manzanas del paseo de Gràcia y la Derecha del Eixample como tejido de oficinas (v. fig. 295c). Esta tendencia se detuvo con las Ordenanzas de 1988, que limitaron las oficinas bancarias en los pisos superiores. En resumen, y desde una perspectiva legal, podemos afirmar lo siguiente:

— Las Ordenanzas de 1891 representaron la decantación y validación del modelo de manzana iniciado por Cerdà, que dio lugar a un modelo de manzana cerrada a cuatro lados con una profundidad edificatoria máxima de 28 m.

— En el período 1891-1932, se desarrolló el desdoblamiento de la planta baja con la aparición del entresuelo y del semisótano en la zona edificada y la ocupación del patio interior de manzana hasta una altura de 5,5 m (planta baja+entresuelo) para dedicarla a la industria.

— El período 1932-1976 se caracterizó por la densificación de la vivienda mediante la aparición de un sexto piso con las Ordenanzas de 1932, la aparición del ático y del sobreático en las Ordenanzas de 1942, y la ocupación en semisótano del patio interior de manzana.

— El período de recuperación se iniciaría con las Ordenanzas de 1972, que eliminaron la posibilidad de construir el sobreático, y las Ordenanzas de 1976, que pasaron del PB+ entresuelo+6 pisos+ático al PB+ entresuelo+5 pisos (v. figs. 292, 308 y 309).

— Cabe señalar la coexistencia de la casa de renta y los talleres o la casa de PB+1 y PB+2, que determinó la generación del modelo de manzana con pasaje, como medio de densificación desarrollado básicamente en los barrios de Sagrada Família y del Poblenou (v. fig. 293). Estas dos zonas no instalaron el modelo de casa de renta de forma extensiva. En la mayoría de los casos, se asociaron a otras tipologías unifamiliares posteriormente densificadas. Cuando la parcela fue dividida por una calle de pasaje, esta proporción cambió radicalmente.

10. Hacia una lectura de la urbanización desde las redes de transporte y de servicios urbanos

10.1. Lectura previa de la evolución de la extensión de las redes de transporte y de servicios urbanos

El Proyecto de Reforma y Ensanche de Cerdà de 1859 (v. fig. 2), aprobado en 1860 ha estado vigente hasta la aprobación del Plan Comarcal de 1953 (v. fig. 306). En dicho período, el ámbito del Ensanche de Cerdà se ha convertido en una trama que separa el espacio viario (de los servicios urbanos y de transporte) del espacio interviario (destinado a residencia, industria y comercio). Este espacio homogéneo e isótropo ha permanecido inmutable durante un siglo y medio hasta la actualidad (v. fig. 207).

El análisis del proceso evolutivo de ocupación de este espacio homogéneo e invariante permite analizar la correlación entre el crecimiento de las redes y el crecimiento de la urbanización de la aglomeración de Barcelona.

Analizamos en primer lugar las curvas de crecimiento asociadas a cada red de servicio en Barcelona, según el modelo de red en S, cuya expresión gráfica se muestra en la figura 296. En él se constata que hay dos redes iniciales, de agua y gas, que se extienden de forma predominante a lo largo del período de 1842 a 1897. En el caso del servicio de agua, la curva de crecimiento no modifica la pendiente hasta la década de 1880, cuando se convierte en la red dominante, mientras que en el caso de la red de

ORDENANCES CERDÀ 1859

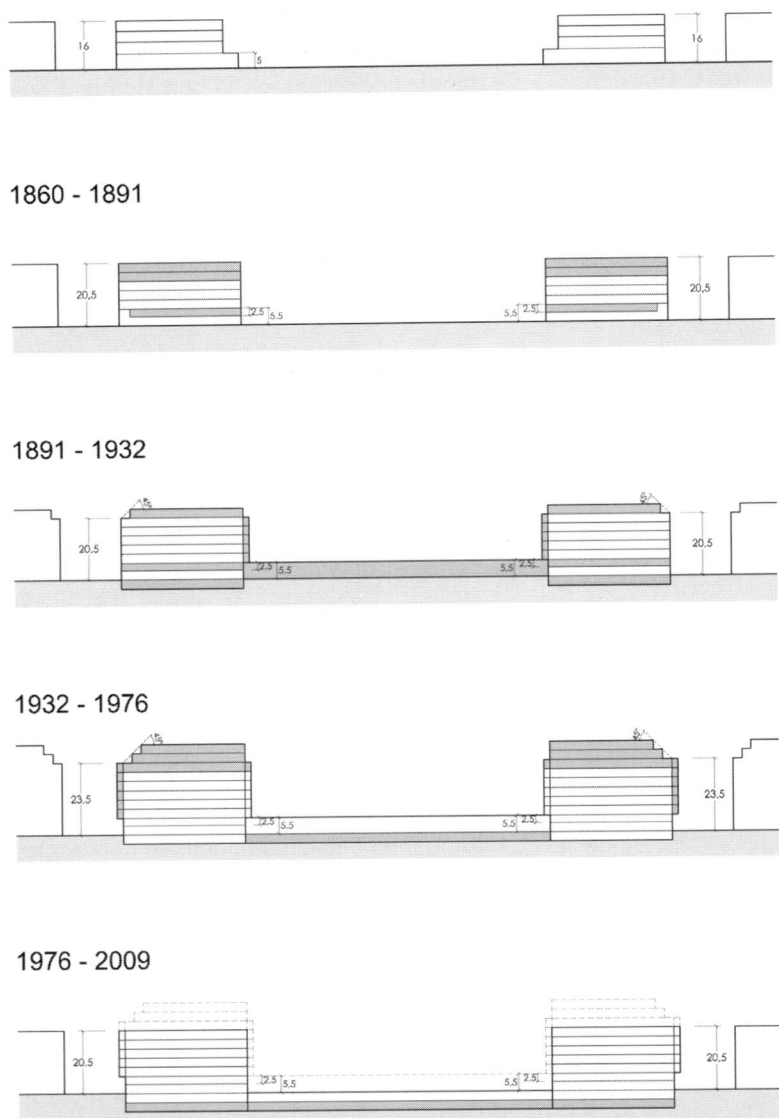

1860 - 1891

1891 - 1932

1932 - 1976

1976 - 2009

Figura 292. Evolución de las Ordenanzas del Ensanche en su aplicación a la forma de la manzana de Cerdà.
Fuente: Magrinyà, F.; Marzá, F., 2009.

Figura 293. Vista aérea del barrio de Sagrada
Familia.
Fuente: Arxiu Fotogràfic de Barcelona

Figura 294. Rascacielos al final de la avenida
Diagonal.
Fuente: Todó, J.; TAVISA, 2008

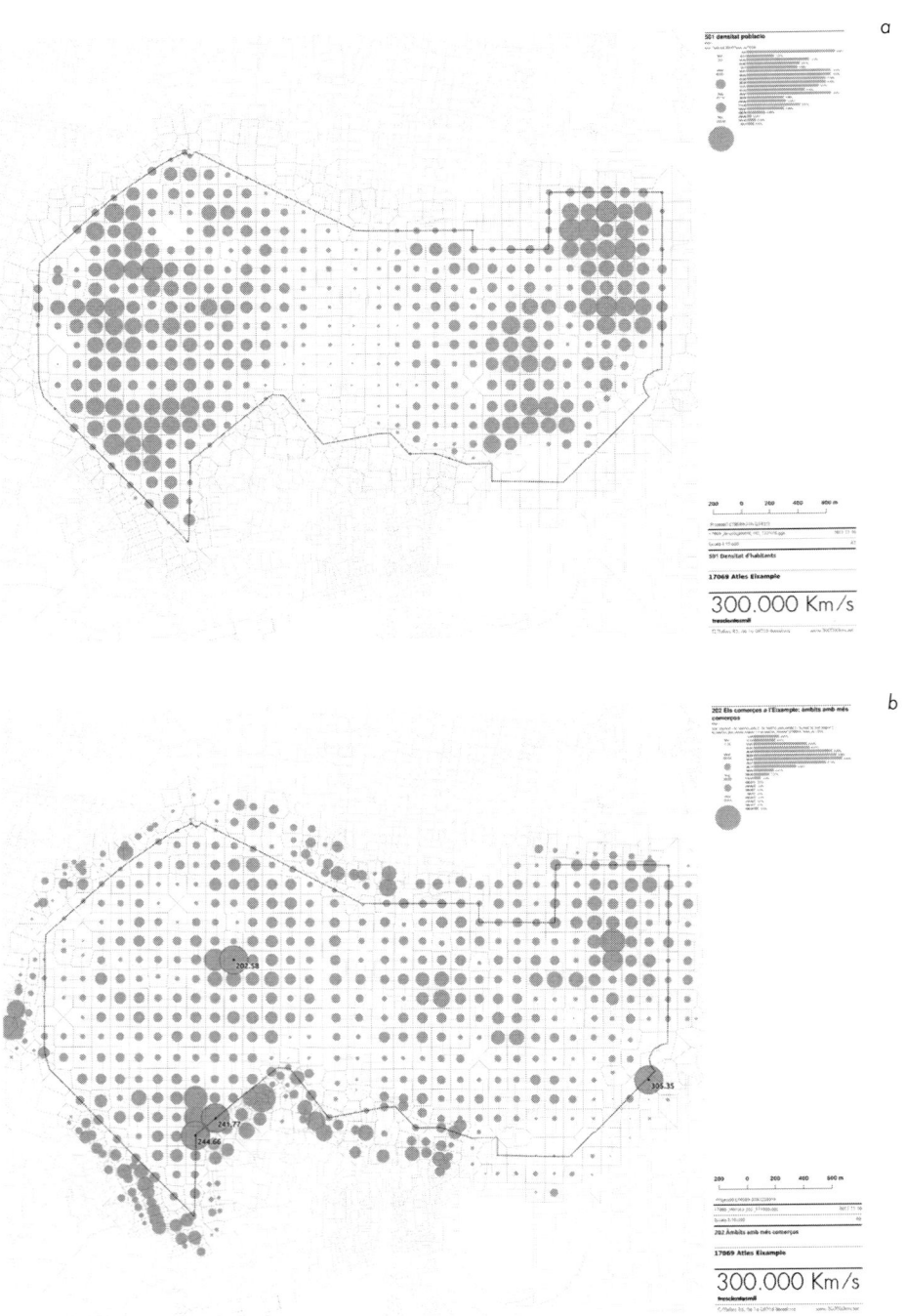

Figura 295. Caracterización del Distrito del Ensanche: *a)* densidad de habitantes por manzana; *b)* número de comercios por sector; *c)* superficie de oficinas por manzana; *d)* media del precio de alquiler.
Fuente: 300.000 km/s

gas se registra un crecimiento inicial significativo, pero se observa que un cambio de pendiente cuando se ve afectada por la aparición de la red de electricidad en 1882 y cuya demanda se disparará a finales de la década de 1900.

Si se observan las tres redes conjuntamente –gas, agua y electricidad–, se constata que las curvas del agua y de la electricidad siguen de forma más explícita el modelo en S, mientras que la curva del gas, que es la que tiene una mayor preponderancia en la etapa inicial, se ve afectada por la aparición de un crecimiento significativo de la electricidad en la primera década del siglo XX. Por otra parte, cabe destacar que, a partir de la década de 1920, la electricidad se convierte en la red dominante frente al agua, en cuanto a los operadores que lideran la urbanización. Por su parte, la red de gas no registrará un crecimiento mayor hasta la década de 1950, coincidiendo con la posibilidad de transportar el gas por tubería, combinada con el almacenamiento de gas líquido para el transporte marítimo.

De la lectura conjunta de los períodos evolutivos de las distintas redes según sus etapas de crecimiento (v. fig. 296), se puede establecer un primer período, asociado a la Primera Revolución Industrial y a la introducción y primera extensión de las primeras redes de servicios urbanos (agua y gas), que se desarrolla entre 1840 y 1900; un segundo período definidor de la Segunda Revolución Industrial, asociada a la introducción de la electricidad y de los transportes urbanos mecanizados, como el tranvía, de 1900 a 1930, y, finalmente, una tercera etapa, asociada al movimiento mecanizado derivado del petróleo, que supone un salto de escala en que en un primer momento se sitúa el autobús (1940-1960) y en un segundo momento, el automóvil y la extensión de la red telefónica como referentes (1960-1980). Cabe señalar que, en la etapa de 1900 a 1930, la extensión y consolidación de la red de electricidad coincide con la consolidación de la red de agua.

Esta articulación de varias redes en el tiempo, así como la progresiva substitución o la coexistencia de algunas de ellas, nos permite leer y correlacionar las etapas de crecimiento del Ensanche y su conurbación con las lógicas de extensión de las redes que preparan y activan el crecimiento urbano (v. fig. 297).

10.2. La primera extensión de los operadores de redes sobre la cuadrícula del Ensanche de Cerdà

Podemos correlacionar los saltos de umbral en el desarrollo de la urbanización con el predominio de cada una de las redes.

El primer cambio de escala viene caracterizado por el salto al exterior de cada uno de los núcleos del llano de Barcelona (1860-1882). Este salto supone salir de los núcleos existentes, pero como extensión de cada uno de ellos de forma independientemente, y se desarrolla con el soporte de la extensión de las redes de los servicios urbanos de gas y agua sobre la base de la malla de Cerdà (v. figs. 261 y 262). Por una parte, se produce el desarrollo de la Derecha del Ensanche, que se muestra como el territorio de la nueva clase burguesa innovadora del núcleo histórico de Barcelona en que se introducen los servicios de agua y de gas. A ese período corresponde la construcción del canal de Dosrius a Barcelona y un depósito situado en la frontera entre Sant Martí y Gràcia (1867-1882), que, junto con la Torre de las Aguas, situada a la Derecha del Ensanche, serán los referentes para el abastecimiento de agua (v. fig. 261). Cabe señalar que, en esta primera extensión por continuidad respecto del núcleo histórico de Barcelona, al primer avance de las redes de agua y gas con las primeras edificaciones se añade, al final del período, el saneamiento del sector de la Rambla Catalunya, asociado a la construcción del desvío de la Riera d'en Malla.

Cabe señalar que, en la década de 1880, los mercados se incorporan como nuevos centros de equipamientos en esta zona del Ensanche en que cristaliza el barrio de La Concepció (la Derecha del Ensanche, dentro del municipio antiguo de Barcelona) y se convierte en uno más de los núcleos del llano de Barcelona (v. fig. 284). Junto a esta urbanización inicial, se produce una estrategia de colonización del territorio a través de las concesiones de servicios en los núcleos del llano de Barcelona. En el caso de la red de gas, se observan dos estrategias distintas. Por un lado, las de la Compañía de Gas Lebon y La Propagadora de Gracia, que se extienden sobre los municipios del llano de Barcelona a raíz de los contratos de alumbrado público (v. fig. 262). La compañía Lebon consigue en 1863 la concesión de Barcelona y la de Sant Martí y La Propagadora de Gracia, la de Sant Gervasi en 1875 y la de Les Corts y Sarrià en 1877. Por su parte, la compañía La Catalana de Gas, que ya había extendido su red por el municipio de Barcelona en el período 1844-1863, consolida su estrategia sobre los consumidores industriales del municipio y se extiende hacia los municipios industriales de Sants, Sant Andreu y Sant Martí a partir de 1863.[83]

En esta etapa, las redes de tranvías de sangre se plantean como una extensión del núcleo de Barcelona a partir de la circunvalación del centro histórico y de la extensión por las calles principales del centro histórico y su extensión exterior en dirección a Gràcia, La Barceloneta y Poblenou (1872-1877).

10.3. La colonización de la malla del Ensanche sobre la base de la extensión previa de las redes de servicios y transportes urbanos

El segundo cambio de escala se caracteriza por el salto de interconexión entre los municipios, con el llano de Barcelona como base (1880-1897). El sistema de interconexión se realiza por el procedimiento de absorción de compañías situadas en los núcleos del llano. Ello se produce en el caso de la red de abastecimiento de gas en la década 1870-1880 y, en el de la red de abasteci-

miento de agua, en la década de 1880 a 1890 (v. figs. 261 y 262).

Por otra parte, entre 1874 y 1882, se extiende la red de tranvías a vapor o de tracción animal, que representan la unión física, estable y visible del núcleo de Barcelona con los demás municipios del llano de Barcelona. Estas distintas redes preparan, de hecho, la unificación de los municipios del llano, que se realiza en 1897, con la referencia urbanística clara del Plan Cerdà (v. fig. 2). Esta etapa se caracteriza por el predominio de las redes como gestores de abonados. Las empresas plantean la red claramente como un negocio en que las demandas van cambiando y es necesario ir adaptándose, pero la base inicial ya existe.

10.4. La explosión de la ciudad en el llano de Barcelona, más allá del ámbito del Ensanche de Cerdà

El tercer cambio de escala se refiere a una extensión sobre los municipios del llano de Barcelona, pero más allá del ámbito del Ensanche de Cerdà (1897-1912). Las compañías de gas establecen, a partir de 1896, con la creación de la Compañía Catalana de Electricidad, un pacto de repartición de los territorios y se plantean una colmatación de las redes en los municipios del llano. Esta colmatación implica extenderlas más allá del espacio definido por la trama de Cerdà y los núcleos existentes situados a su alrededor, sobre el espacio definido por las actuales rondas del Litoral y de Dalt. Lo mismo sucede con la red de agua a raíz de la unificación de la Sociedad de Aguas de Barcelona y la Empresa de Aguas Subterráneas del Río Llobregat en 1895.

La red de gas se extiende a partir de 1923, superado el peligro de municipalizar la red y, en cierto modo, como una protección frente a esta posibilidad y desde una nueva dirección. Por su parte, la red de aguas, una vez asentado su desarrollo por el lado del río Besòs, se extiende hacia el río Llobregat, primero por Cornellà y, más tarde, por Sant Joan Despí, para desarrollar a continuación los recursos del Vallès. La red de electricidad realiza su extensión masiva sobre el llano de Barcelona a partir de 1907, coincidiendo con la extensión de la corriente alterna, especialmente a partir de 1912, cuando establece su red básica (v. fig. 301). Nos encontramos en el marco territorial de la colmatación del Plan Cerdà y del desarrollo de los nuevos municipios anexados según el Plan de Enlaces de Romeu y Porcel (v. fig. 10).

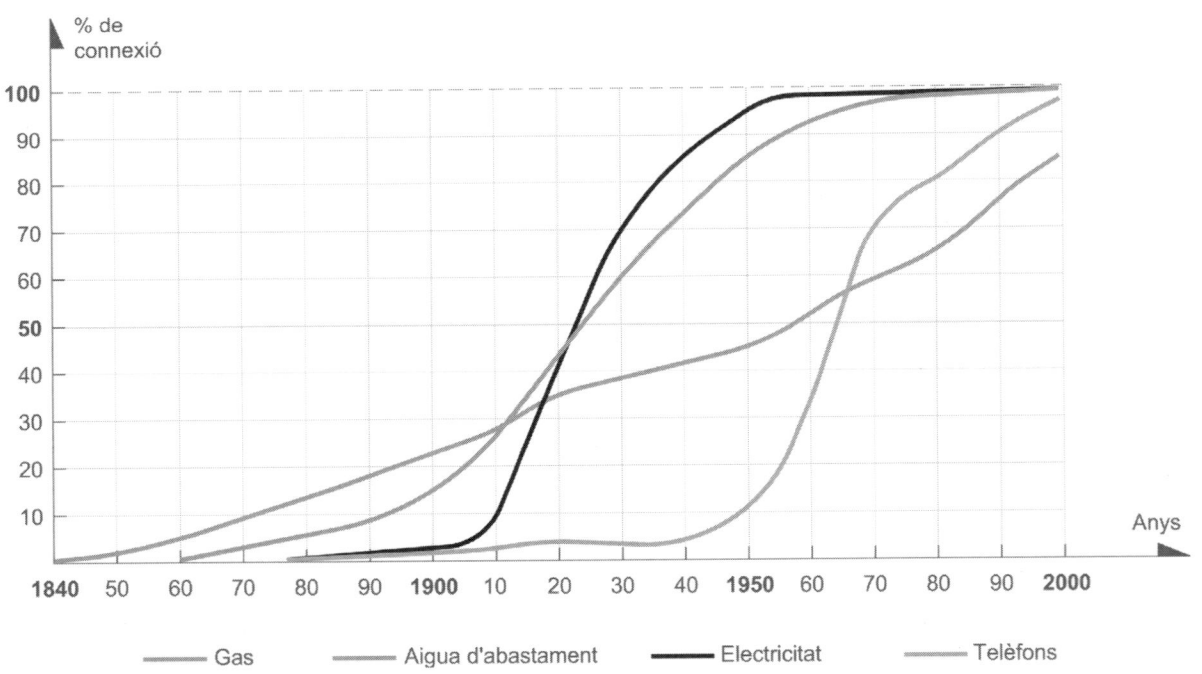

Figura 296. Curvas de la evolución de la cobertura territorial conjunta de las redes de servicios en Barcelona.
Fuente: Rodriguez, 2000

Periodo	Planeamiento urbanístico y eventos	Red predominante		Salto de Escala			Planeamiento urbanístico de referencia
1860-1878	Aprobación del Proyecto de Reforma y Ensanche de Cerdà en 1860.	Red de agua Red de gas		Salto a los municipios del Pla de Barcelona			**Proyecto de Reforma y Ensanche de Cerdà (1860)**
1878-1897	Preparación de la Exposición Universal de 1888.						
1897-1915	Anexión de los municipios del Pla de Barcelona en 1897. Comisiones de Ensanche de 1904 y 1914		Red de electricidad Red de tranvías eléctricos	Salto a la Comarca del Barcelonés			Anteproyecto de Enlaces de Barcelona de Jaussely (1905-1917)
1915-1925							
1925-1953	Preparación de la Exposición Universal de 1929. Comisiones de Ensanche de 1927 y 1928 Regional Planning 1932						Regional Planning (1932)
1953-1976	Aprobación del Plan Comarcal de Barcelona de 1953. Proyecto de la Gran Barcelona 1960		Red de autobuses Red de Metro y de ferrocarril suburbano Vehículo privado		Salto al Area Metropolitana de Barcelona		Plan Comarcal de Barcelona (1953)
1976-1986	Aprobación del Plan General Metropolitano de Barcelona de 1976.						**Plan General Metropolitano de Barcelona (1976)**
1986-2010	Preparación de los Juegos Olímpicos de 1992 y del Forum 2004 Plan Territorial Metropolitano de Barcelona 2010		Red de Cercanías y metro ligero Vehículo privado (2/3 veh/familia)			Salto a la Región Metropolitana de Barcelona	Plan Territorial Metropolitano de Barcelona (2010)

Figura 297. Etapas de evolución de las redes de servicios urbanos y de transporte en Barcelona y planeamiento urbanístico.
Fuente: elaboración propia

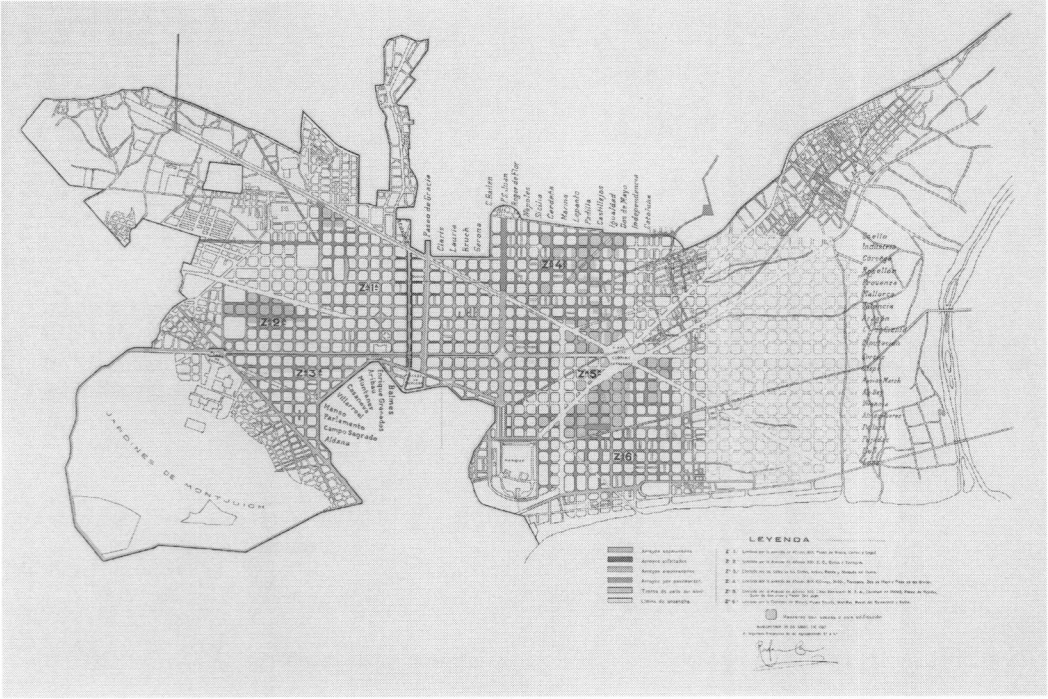

300

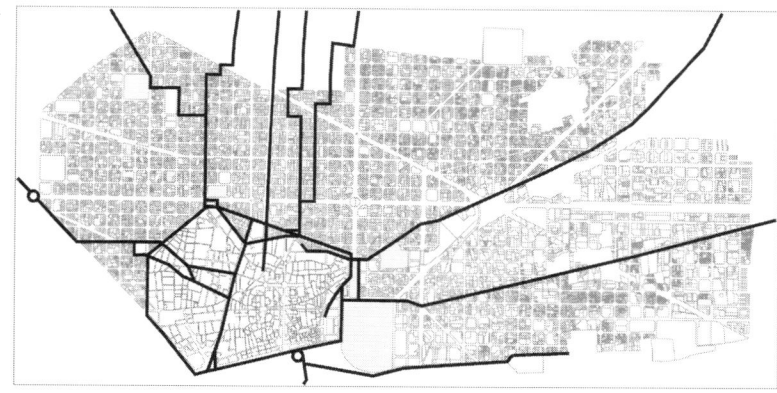

1888

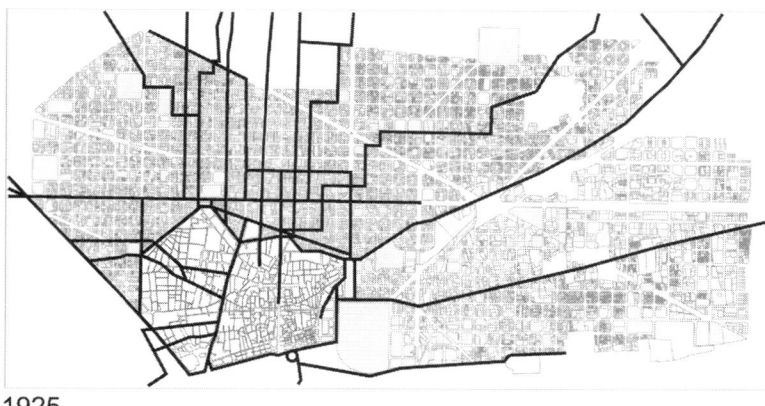

1925

Figura 298. Extensión de la red de saneamiento, de fuentes públicas y de mercados en el Ensanche de Barcelona en 1914 y límites municipales.
Fuente: elaboración propia sobre la base de la red de saneamiento de la Comisión de Ensanche de 1914

Figura 299. Plano de los proyectos de pavimentación de la Comisión de Ensanche de 1927.
Fuente: AHCOAC

Figura 300. Esquematización de la correlación entre la evolución de la red de tranvías y la urbanización del Ensanche: a) 1888; b) 1925; c) 1936.
Fuente: elaboración propia

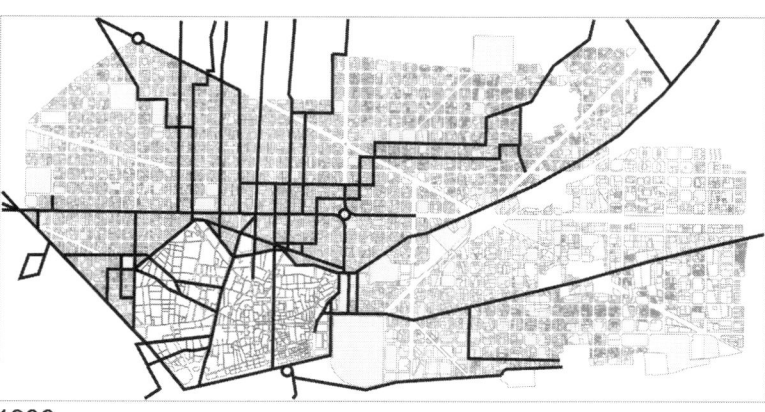

1936

10.5. El contexto urbanístico y la construcción del Ensanche: los referentes urbanísticos en Europa y en los Estados Unidos

En Europa y en Norteamérica, se iban generando nuevas propuestas urbanísticas, que tuvieron una influencia en el pensamiento urbanístico de la Barcelona de principios de siglo. El Plan de Haussmann, desarrollado entre 1852 y 1871, rebosaba de esplendor a principios del siglo XX. Las propuestas norteamericanas de proyectos de ciudades como la de Burham para Chicago en 1893, conformadas alrededor del *Civic Art*, marcaban una tendencia de afirmación de un urbanismo más organicista, con diagonales frente a la retícula de la ciudad de nueva fundación. La propuesta de Jaussely recogía esta tendencia, pero significaba también la introducción del concepto de *zoning*. Sus propuestas se enmarcaban en un proceso de formalización de una etapa urbanística que superaba el sistema del plan regulador anterior, en cuya tradición se inscribía el Plan de Cerdà. Posteriormente, las experiencias alemanas y norteamericanas plantearían, con un mayor grado de desarrollo, la posibilidad de controlar el mercado del suelo a través de la división en zonas y, en definitiva, la estructura de la población. Las experiencias de Frankfurt en Alemania, con la legislación de Adickes, en Alemania, y de Manhattan en 1916, en los Estados Unidos, acabarían siendo la referencia.

Junto a este movimiento de la arquitectura moderna, habían surgido las experiencias de las ciudades-jardín en Inglaterra, con los proyectos de Unwin y Parker para algunos barrios de Londres o las propuestas de Letchworth o Welwyn. La difusión de estas experiencias en Cataluña fue liderada por Cebrià de Montoliu y, más tarde, por la Sociedad Civitas y por el Colegio de Arquitectos.

Todas estas experiencias intentaron aplicarse en Barcelona, pero se encontraban con la presencia de un proyecto, el de Cerdà, que se hallaba en su etapa madura del proceso de urbanización. En las primeras décadas del siglo XX, el operador del Ensanche explotaba sus máximas potencialidades, especialmente entre los propietarios del Ensanche, los cuales, tras la inversión realizada con una edificación asociada a una urbanización precaria, podían finalmente sacar rendimiento del aumento de valor del tejido del Ensanche, que iba ganando centralidad frente al núcleo antiguo de Barcelona. El salto de las clases dirigentes de la Barcelona antigua al Ensanche se realizó fundamentalmente a finales de siglo XIX y durante la primera década del siglo XX. Por otra parte, la legalidad urbanística estaba controlada por el Gobierno central, y la máquina de producción de ciudad que era el Ensanche de Cerdà funcionaba perfectamente y disponía aún de un gran margen de extensión.

Por tanto, el modelo propuesto por Cerdà con el Proyecto de Reforma y Ensanche de Barcelona y sus bases de urbanización finalmente no fue cuestionado *de facto*. Así pues, las propuestas de control de la ciudad por el *zoning* y por unos trazados más orgánicos solo pudieron aplicarse fuera del ámbito del Ensanche. En definitiva, la intención de controlar el mercado del suelo y el ensayo de otras formas urbanas de crecimiento chocó con la propia dinámica del Ensanche.

Las propuestas del urbanismo del siglo XX se extendieron más allá del llano de Barcelona. En concreto, los crecimientos suburbanos se desarrollaron en los municipios de Sarrià, Sant Gervasi y Horta, y las propuestas de crecimiento en forma de tejido de ciudad jardín se propusieron para estos antiguos municipios y para el salto hacia el Vallès, con el proyecto ferroviario de La Canadiense.

A partir de 1917, los planes de Jaussely y Romeu tuvieron una incidencia mínima. La más destacada fue la apertura del eje diagonal de la avenida Gaudí entre la Sagrada Familia y el Hospital de Sant Pau, no se culminaría a finales de los años veinte. De hecho, fue la perspectiva de la inauguración de la Exposición de Industrias Eléctricas en 1917 lo que planteó, de forma clara, la necesidad de asumir la urbanización de la parte central del Ensanche, que se centró en la mejora del sistema de infraestructuras de la ciudad, formalizada a través de la Comisión de Ensanche de 1914. En ese momento, se planteó desplazar el centro de gravedad del eje Barcelona-Gràcia hacia la plaza de Espanya a través de la Gran Via. Paralelamente, las actividades y las redes de servicios urbanos y de transporte estaban realizando un cambio de escala territorial que implicaba un salto comarcal, dominado por la introducción de la industria eléctrica y por los transportes mecanizados, y recogida por el planeamiento de la década de 1930. La llegada al poder de la Dictadura de Primo de Rivera en 1923 supuso, como elemento más significativo, la redacción del Estatuto Municipal en 1925. Su aprobación como nuevo instrumento legal implicó volver al instrumento de las comisiones de ensanche, pero ahora desde un mayor marco de competencias urbanísticas y económicas, desde los ayuntamientos, y el Ensanche se convirtió así en un espacio privilegiado, por las inversiones que concentraba.

En esta etapa, se acabaron de articular los ejes principales del Ensanche de Cerdà y se colmató el tejido, a excepción del eje de la Gran Via entre la plaza de les Glòries y el río Besòs, y del tejido alrededor del eje de la avenida Diagonal desde la plaza de les Glòries hacia el mar. En este marco, la llegada de la Segunda República en 1932 permitió formalizar una nueva propuesta urbanística para el municipio de Barcelona: el Plan Macià (1932) del GATPAC. Este proyecto, sin grandes consecuencias en sus realizaciones, representó una relectura de la malla de Cerdà, con la introducción del concepto de supermanzanas 3×3 y la extensión de una ciudad del ocio en la costa de Castelldefels. Junto con esta propuesta, apareció una concepción del territorio que se extendía al conjunto de Cataluña. Una primera muestra de ello fue el *Regional Planning* (1932). Este proyecto era una plasmación del *zoning* a la escala territorial de Cataluña del que han quedado las propuestas de preservación de los espacios verdes. La otra muestra fue el Plan de Obras Públicas de la Generalitat de Catalunya de 1935, que representó proyectar las infraestructuras de transporte y las obras hidráulicas territoriales de Cataluña.

Tras el *impasse* de la Guerra Civil, y una vez instaurado el régimen franquista, se desarrollaron dos planes significativos para el llano de Barcelona: el Plan de Enlaces de 1944 y el Plan Comarcal de Barcelona de 1953, que propiciaron por primera vez una reflexión sobre la estructura viaria asociada a la entrada del automóvil, que encontró como base el análisis de la urbanización realizada por la Comisión de Ensanche en el período 1939-1944. De ellos surgió la necesidad de considerar la conexión de la Barcelona central con el resto de la aglomeración que estaba en proceso de consolidación.

El Ensanche de Cerdà, vigente *de facto* hasta la elaboración del Plan Comarcal de 1953, continuó siendo el elemento central de la nueva urbe. Su estructura reticular lo convirtió en el referente estructurador de la nueva aglomeración durante más de un siglo.

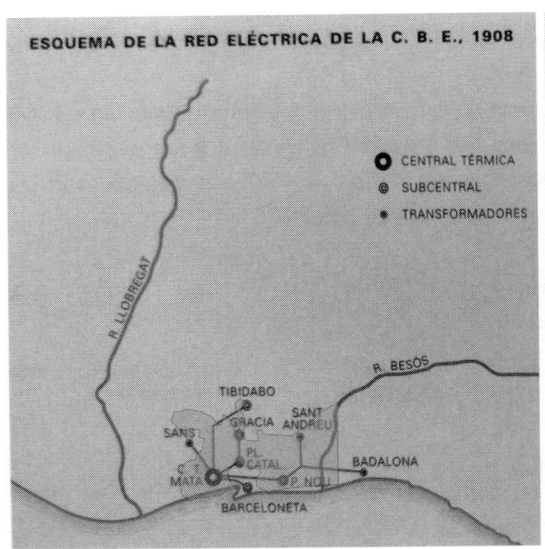

ESQUEMA DE LA RED ELÉCTRICA DE LA C. B. E., 1908

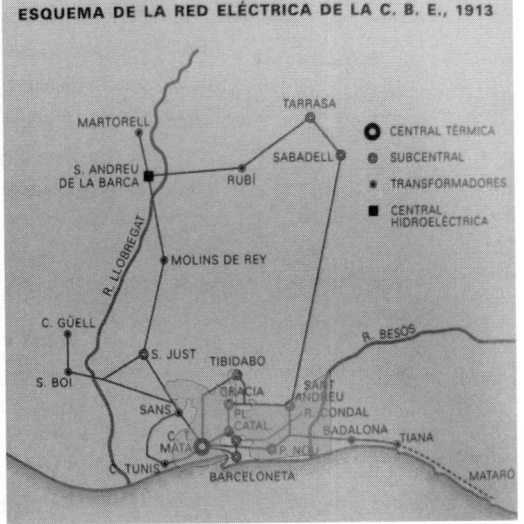

ESQUEMA DE LA RED ELÉCTRICA DE LA C. B. E., 1913

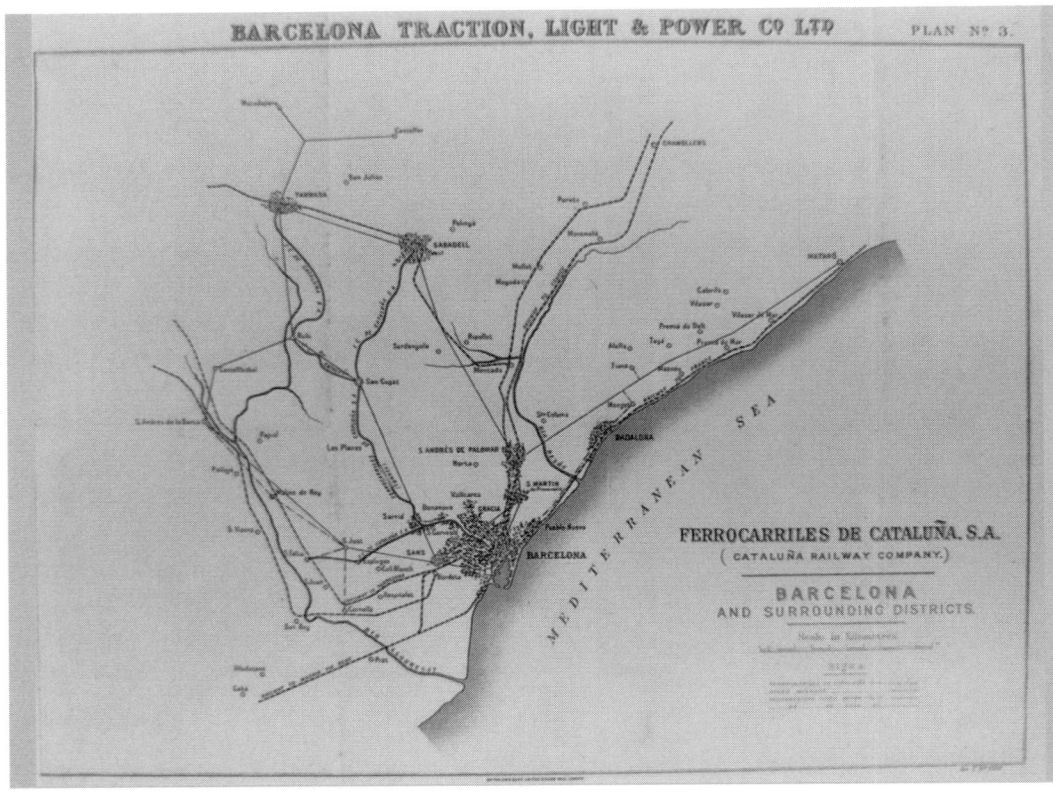

303

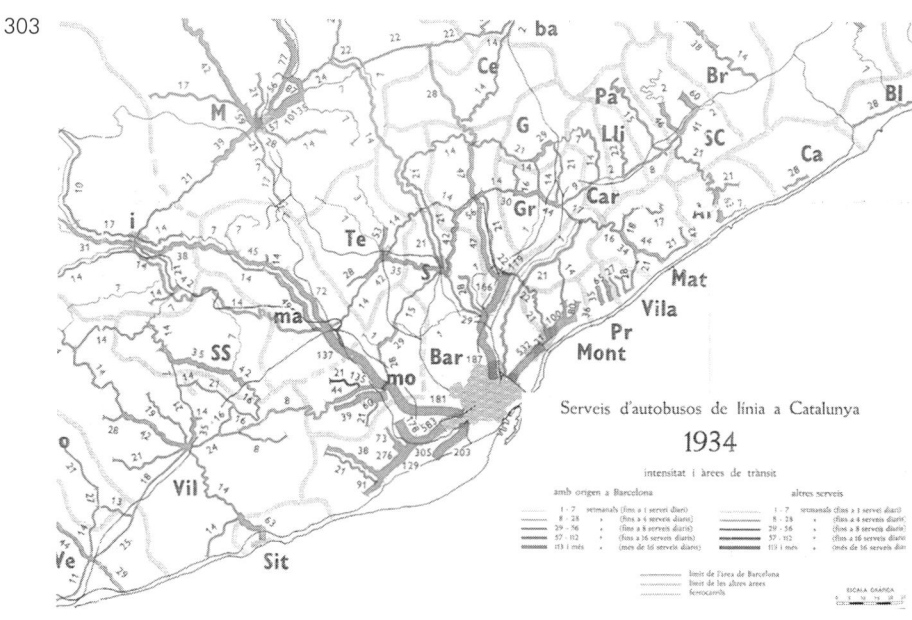

Serveis d'autobusos de línia a Catalunya
1934
intensitat i àrees de trànsit
amb origen a Barcelona
altres serveis
Bar
Mat
Vila
Pr
Mont
Car
Gr
Te
SS
Sit
Vil
Ca
SC
Br
Bl

304

Període 1926–1929
Període 1945–1954
Període 1955–1964
Període 1965–1975
Carreteres nacionals i Autopistes

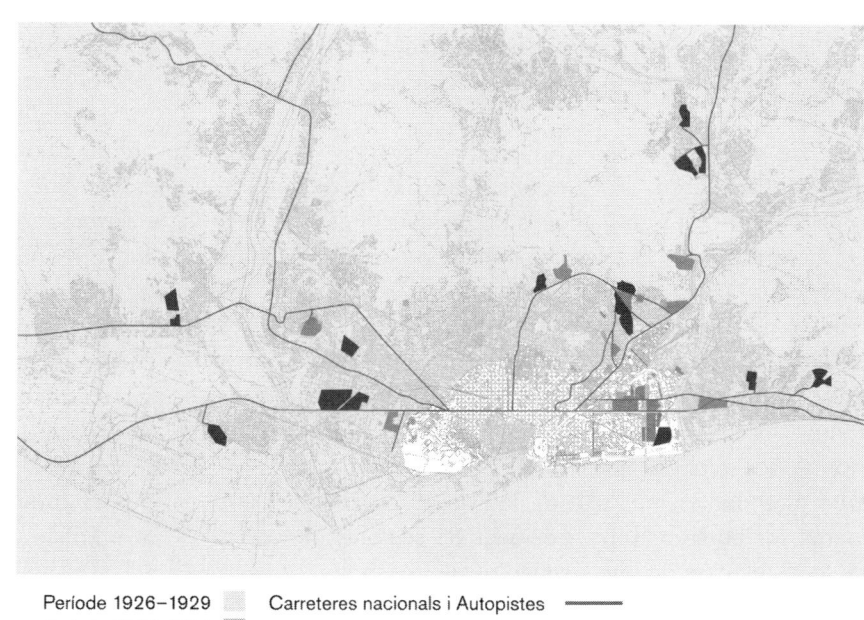

Figura 301. La extensión inicial de la red de electricidad, primero en el Ensanche y luego hacia las comarcas del Vallès y del Baix Llobregat.
Fuente: elaboración propia a partir de Capel, 1994

Figura 302. Proyecto de Ferrocarriles de Cataluña de Barcelona Traction, Light & Power.
Fuente: AFSGT n.°1. 102 f.

Figura 303. Servicios de autobuses de línea en el ámbito de influencia de la aglomeración de Barcelona.
Fuente: Lluch, E., 1968

Figura 304. Evolución en la implementación de polígonos de habitación en el periodo 1926-1975.
Fuente: Magrinyà, F.; Marzá, F., 2009

10.6. El salto de la urbanización de la aglomeración de Barcelona a una escala territorial

Desde una lectura territorial, 1906 es el origen de la red que va a generar el salto territorial que se producirá a partir de 1912 con las redes de transportes mecanizados de viajeros.

Los proyectos de tejidos suburbanos asociados al tranvía surgen de forma explícita con el proyecto de la Compañía Madrileña de la Ciudad Lineal en Madrid, propuesto por Arturo Soria en 1882. Este tipo de propuestas aparecen también en Barcelona con la compañía El Tibidabo y la extensión de una línea de ferrocarril asociada a la urbanización. En 1898, se constituye la Sociedad Anónima El Tibidabo, impulsada por Salvador Andreu, para urbanizar la zona de montaña más cercana a Barcelona, proyecto que incluye un servicio de tranvía y un funicular que llega hasta el Tibidabo. Ciento veintiséis vecinos y propietarios que apoyan la concesión "esperan con verdadera ansiedad el establecimiento de la línea, porque de ello depende que pueda habitarse durante todo el año".

Como señala Monclús: "Los proyectos de prolongaciones desde 1898 dan cuenta del fenómeno de construcción de torres y chalets de residencia permanente en la vertiente de Collserola, fomentado por los nuevos medios de transporte. Mientras que en el proyecto del tranvía del Tibidabo ya existía una coordinación entre promoción, transporte y construcción, en los proyectos de las tres prolongaciones realmente construidas en estas zonas (Josepets-Can Gomis-La Bonanova, Vallvidrera y Horta), los planos muestran que las construcciones ya eran abundantes más allá de las viejas terminales. Estas fueron las primeras urbanizaciones de sectores derivadas de la instalación de nuevos medios de transporte."[84] Estas urbanizaciones se sitúan como extensiones lineales de los núcleos del llano de Barcelona (v. fig. 305).

El crecimiento en el llano de Barcelona se consolida a través del tranvía. Primero, con la conexión del eje definido por los municipios de Barcelona, Gràcia, Sant Gervasi y Sarrià, y posteriormente sobre los ejes de conexión del centro histórico de Barcelona con los municipios de Sants, Les Corts, Horta, Sant Andreu y Badalona, además de la conexión con Barceloneta y el Poblenou (v. fig. 305).

Finalmente, en la cuarta y última etapa, se produce una extensión más allá del llano de Barcelona (1912-1925), una vez consolidado este territorio, desde posiciones de monopolio. Entonces, las empresas se lanzan al exterior, primero a escala comarcal y, más tarde, a escala territorial de toda Cataluña. La red de electricidad inicia este proceso a partir de 1912, a través de la interconexión de la red de distribución con las centrales hidroeléctricas de los Pirineos. A partir de aquel año, las redes ferroviarias dan un salto más allá del llano de Barcelona, especialmente los Ferrocarriles de la Generalitat, que se desarrollan hacia el Vallès, y los Ferrocarriles Catalanes, hacia el Llobregat. Por su parte, las redes eléctricas consideran todo el ámbito de Cataluña a partir de 1918.

Los promotores de la extensión de la red de electricidad en Barcelona plantean, paralelamente, el desarrollo de una línea ferroviaria que una Barcelona con Sabadell y Terrassa y, sobre esta traza, proyectan la urbanización del corredor (v. fig. 302). Pero las esperanzas depositadas en el desarrollo paralelo de la electricidad y la urbanización no tienen su correspondencia en la aglomeración de Barcelona. En el período inicial de la extensión de la red eléctrica fuera del llano de Barcelona (1912-1930), el consumo es básicamente industrial, y ello no tiene consecuencias en el desarrollo de urbanizaciones del tipo ciudad-jardín. Se puede afirmar que en ese período no se produce una promoción conjunta de la infraestructura del transporte y la urbanización, ya que, como señala Artigas Solà: "Otra desilusión que ha tenido Barcelona, esperanza que había hecho concebir aquel atrevido canadiense que se llamó Mr. Pearson, ha sido el del tren eléctrico de Sarrià. Parecía que, al extenderse hacia el Vallès y desparramarse en dirección al Llobregat, había de poner en comunicación zonas despobladas con la plaza de Catalunya. Convertidas las ciudades de Sabadell y Terrassa en puntos terminales, y vigentes unas tarifas de viajeros caras y sin abonos, no ha estimulado a la población, y el éxito obtenido en el simple transporte de uno a otro núcleo urbano ha convencido a los dirigentes de la compañía explotadora de que no era necesario ofrecer nuevas facilidades..." Al respecto, es interesante señalar los distintos proyectos de tranvías suburbanos propuestos en el período 1900-1910 que no se llegan a realizar, como señala Navas.[85]

Habrá que esperar a la década de 1930 para encontrar nuevos intentos de desarrollo de la urbanización de tipo ciudad-jardín. La idea de relacionar estrechamente los medios de transporte con la urbanización se plantea de nuevo y de forma clara en el XX Congreso Internacional de Tranvías, Ferrocarriles de Interés Local y Transportes Públicos Automóviles, celebrado en Barcelona en octubre de 1926, en que participan representantes de estas empresas. En una de las conclusiones se dice que "los transportes no pueden ayudar ventajosamente a la repoblación de las zonas no urbanizadas, más que en el caso de que se hallen ligadas a una política financiera de forma cualquiera, y dirigida por la persona moral y administrativa que se halle encargada de proyectar el plan de extensión en todo su conjunto". Se propugna, pues, una unidad de gestión y de promoción que cabe entender dirigida a dar al capital bancario, que ya controla las inversiones en el transporte urbano, también el control de la urbanización de los nuevos sectores que están cerca. Esta posición de dominio para un solo operador está lejos de producirse en nuestro contexto, al menos de forma acusada.

Pero, aparte de las promociones puntuales asociadas a los ferrocarriles suburbanos, los verdaderos generadores del crecimiento suburbano serán los autobuses. En este sentido, destaca la creación de la sociedad

Urbanizaciones y Transportes, SA (URBAS), constituida en 1944 con la finalidad de realizar el transporte suburbano con autobuses y monopolizar el transporte a las zonas de nueva urbanización residencial, construidas por la misma compañía. En efecto, la compañía Tranvías de Barcelona SA suscribe el 90% de las acciones de la nueva sociedad y va estableciendo líneas que conectan Barcelona con los municipios de los alrededores: Badalona, Sant Adrià de Besòs, Santa Coloma de Gramenet, Mollet, Sant Just Desvern, Esplugues de Llobregat, Cornellà de Llobregat y El Prat de Llobregat. Al igual que a finales del siglo XIX el tranvía llegó a las faldas del Tibidabo, a mediados de los años treinta y, especialmente, en las décadas de 1950 y 1960, la urbanización llega con los transportes mecanizados del autobús (v. figs. 303, 304 y 305).

10.7. Las redes de transporte y de servicios urbanos como precedentes de los progresivos cambios de escala legitimados posteriormente por los planes urbanísticos y territoriales

Se ha establecido una correlación precisa entre la implementación de las redes de servicios urbanos y de transporte, y las formas de la extensión de la urbanización. Los operadores de las redes siguen un proceso de expansión asociado a la posibilidad tecnológica de conectar actividades en el territorio, y cada nueva entrada de operadores de redes plantea una estrategia de crecimiento y de extensión en el territorio que será avalada posteriormente, y de forma institucional, a través del planeamiento urbanístico.

Si tratamos de establecer correlaciones entre el planeamiento urbanístico y el despliegue de las redes, concluimos que, en el caso del llano de Barcelona, el Proyecto de Reforma y Ensanche de Cerdà se erige en un referente de un urbanismo de redes.[86] El proyecto plantea un espacio homogéneo que ha permanecido vigente durante cien años, con el objetivo principal de buscar un equilibrio entre independencia y sociabilidad, entre estancia y movimiento, entre hábitat y movimiento, articulados en torno al concepto de vía-intervías en que el espacio viario está asociado a la urbanización de las redes de servicios y de transporte.

Cabe señalar que, tras la agregación de 1897, el Ayuntamiento de Barcelona tomó las riendas de la planificación urbana, especialmente con la llegada al poder municipal de la Lliga Regionalista en 1901. Con ocasión de la anexión de los municipios de los alrededo-res de Barcelona, la Lliga planteó la necesidad de definir el nuevo modelo de ciudad y convocó un concurso de anteproyectos en 1903. El anteproyecto ganador fue el de Jaussely de 1905, que desarrolló una propuesta que orga-nizaba los sectores de los municipios de Sants, Les Corts, Sarrià, Sant Gervasi, Gràcia y Sant Andreu, más allá de lo que hoy es la Ronda del Mig y que seguía, en gran parte, la traza del Ramblar Colector de Cerdà. La propuesta se

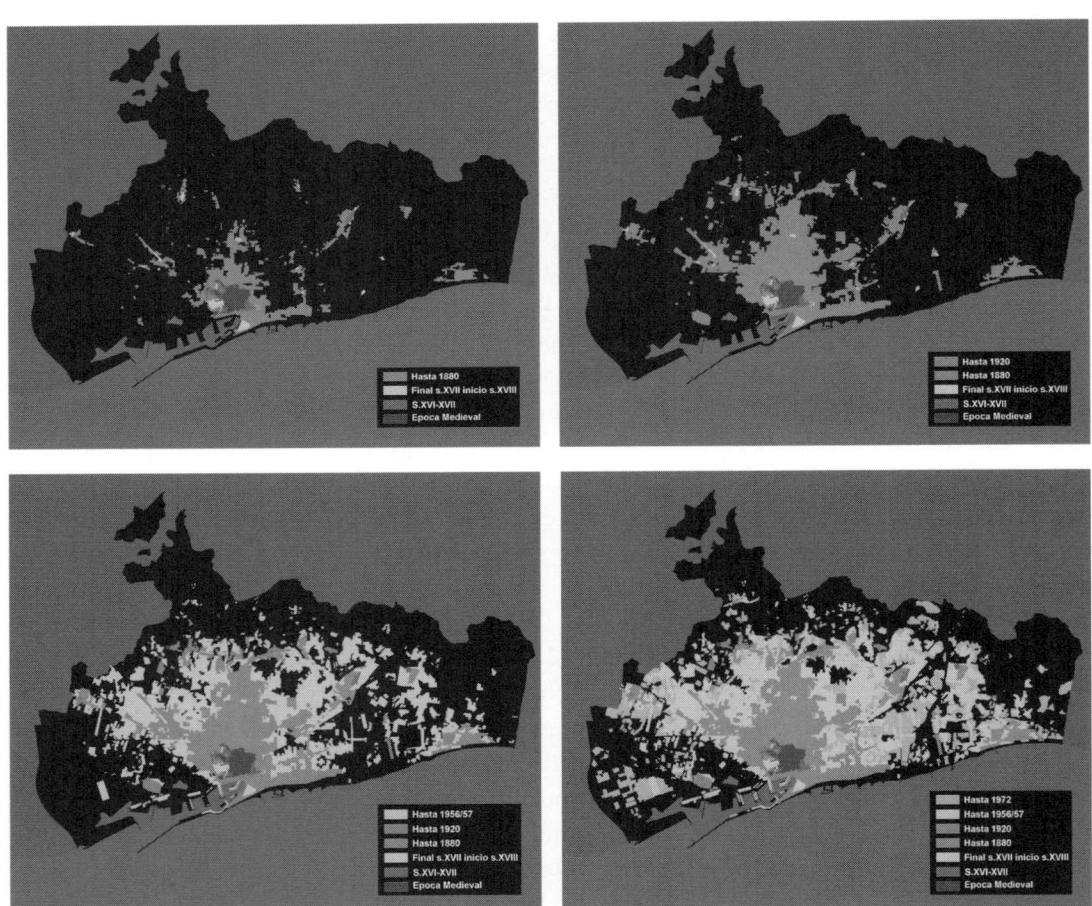

Figura 305. Extensión espacial de Barcelona.
Fuente: Instituto de Estudios Territoriales, 1996

extendía de forma orgánica a partir del centro urbano existente, que en aquel momento ya era el conjunto formado por el tejido medieval y la parte central del Ensanche. Por otra parte, abordaba la reforma del núcleo de Barcelona a través de la apertura de la Via Laietana, inaugurada en 1909. Ante la evidencia de la legalidad del Ensanche y su incapacidad para modificarlo, las propuestas se focalizaron en los terrenos de los municipios del llano que quedaban fuera del ámbito del Ensanche. En este marco, en 1917 se aprobó el Plan de Enlaces de Romeu , que constituía una reafirmación del modelo de Jaussely, pero fuera del ámbito del Plan de Reforma y Ensanche de Cerdà.

10.8. Hacia una nueva lectura de la planificación urbanística de Barcelona y la construcción efectiva de la aglomeración

La lectura tradicional de la planificación de la ciudad de Barcelona, entendida como una sucesión de proyectos: el Proyecto de Reforma y Ensanche de Cerdà, el Anteproyecto de Enlaces de Jaussely (1905), el Proyecto de Enlaces de Romeu (1917), el Plan Macià (1932) y el Plan Comarcal de Barcelona (1953) se confirma como limitada. En primer lugar, muchos de estos planes y proyectos no fueron considerados ni aprobados legalmente, como es el caso del Anteproyecto de Enlaces o el Plan Macià. Por otra parte, proyectos como el de Enlaces de Romeu de 1917 y el Plan Comarcal de 1953 representan básicamente una ordenación que legitima *de facto* el ámbito de actuación de los operadores de la urbanización. No son más que un intento de ordenar un tejido que va más allá del plan de Cerdà pero que toma formas diferentes a los planes y cuyo resultado está condicionado por la forma de la extensión de las redes. Por su parte, el *Regional Planning* de 1932 no es más que la legitimación de la nueva escala territorial que ha provocado el desarrollo de la red eléctrica y de los transportes suburbanos.

En este marco, es clave destacar el rol de las comisiones de ensanche, que elaboran una práctica urbanística esencial desde la financiación de los diferentes proyectos urbanos y de redes, que son los que realmente guían la construcción del llano de Barcelona en el período 1860-1953. Cualquier lectura de la evolución urbanística de Barcelona debe plantearse como una lectura dialéctica entre las propuestas de los planes y proyectos y los proyectos urbanos concretados a través de las comisiones de ensanche.

Desde esta perspectiva, proponemos una lectura de la urbanización en períodos que articula saltos de umbral, modos de transporte de referencia, formas de crecimiento urbano y planes o eventos de referencia (v. fig. 307). En esta lectura, destacan tres planes urbanísticos que han tenido un impacto decisivo en la construcción de la aglomeración de Barcelona (v. figs. 207 y 307):

– El Plan Cerdà como referente, con su esquema de vía-intervías en la extensión de la parte central de la aglomeración.

– El Plan Comarcal de 1953, como referente de la construcción de la primera conurbación, al legitimar los planes parciales que van a permitir la construcción de los polígonos residenciales.

– El Plan General Metropolitano de 1976 como referente de los 26 municipios que configuran legalmente el Área Metropolitana, al reestructurar el sistema urbano sobre un esquema muy parecido al del Plan Cerdà con el instrumento del vía-intervías y unas dotaciones de equipamientos, al cual se añade el sistema de espacios verdes.

Junto a ellos, se sitúan los planes territoriales, que representan el salto de escala territorial: el *Regional Planning* de 1932 y el Plan Territorial Metropolitano de Barcelona de 2010 (v. fig. 307).

A ellos, hay que superponer los eventos y, especialmente, los períodos previos a su preparación, asociados a las exposiciones universales de 1888 (1873-1888) y 1929 (1925-1929). En ambos casos, las comisiones de ensanche son el instrumento central para su desarrollo y también en el período intermedio (1901-1914), ligado al intento fallido de conseguir la Exposición de las Industrias Eléctricas de 1914. En estos períodos, el Anteproyecto de Jaussely (1905), el Plan de Romeu y Porcel (1917) y el *Regional Planning* de 1932 se observan como planes inspiradores, más que como planes ejecutores de la urbanización (v. figs. 297 y 307).

En definitiva, son las redes de servicios urbanos y de transportes las que lideran la urbanización. Por todo ello, podemos afirmar que, a partir del inicio de la Revolución Industrial, lo que se desarrolla es fundamentalmente un urbanismo de redes, que se articula a través de las figuras tradicionales de los planes urbanísticos y territoriales. Esta nueva aproximación metodológica de la urbanización permite una mejor comprensión del salto de la escala urbana a la escala territorial, tan necesaria en la actualidad.

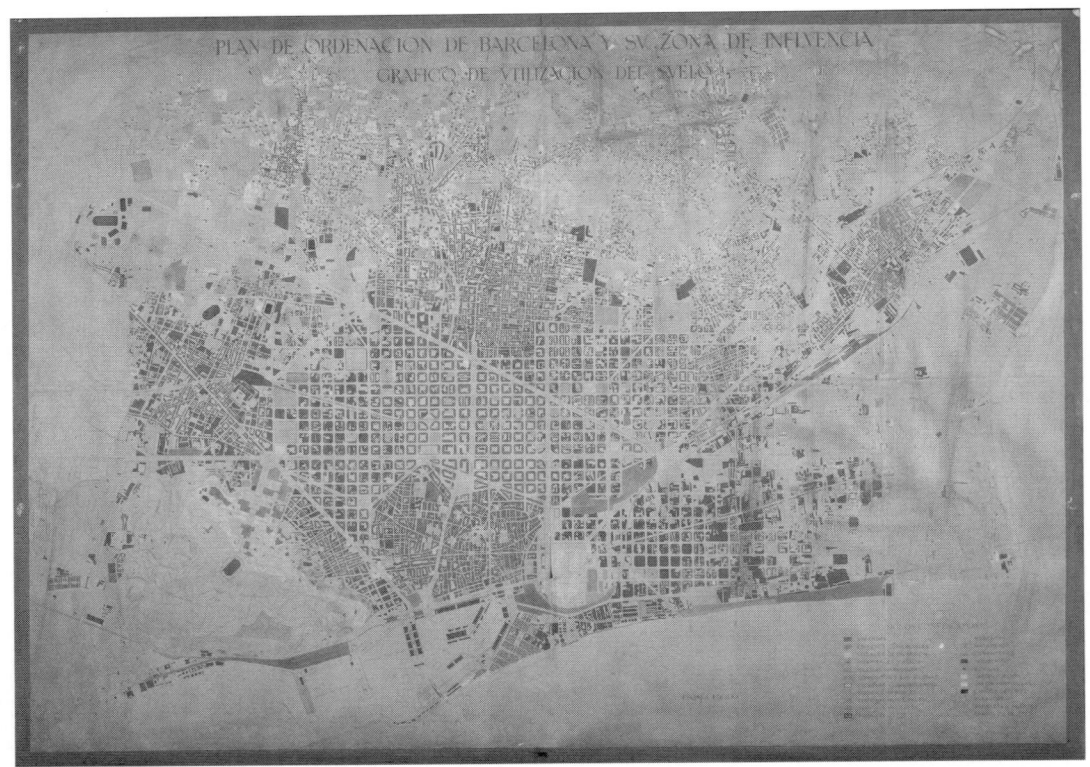

Figura 306. Plano de usos del suelo de Barcelona y su zona de influencia (1953). Plan Comarcal de Barcelona de 1953.
Fuente: Ayuntamiento de Barcelona

Periodo	Salto de Umbral	Modo de transporte	Forma urbana de crecimiento	Planeamiento urbanístico y eventos
1860-1878	1º Salto de umbral 1860-1878	Ferrocarril, diligencias y ripperts	Salto fuera de murallas y a la derecha del Ensanche	Aprobación del Proyecto de Reforma y Ensanche de Cerdà en 1860.
1878-1897	2º Salto de umbral 1878-1897	Tranvías de sangre e interconexión de estaciones de ferrocarril	Salto por encima de la calle Aragón hacia los municipios de Gracia y Sant Gervasi	Preparación de la Exposición Universal de 1888.
1897-1915	3º Salto de umbral 1897-1925	Tranvías eléctricos	Connexión hacia los municipios del Pla de Barcelona	Anexión de los municipios del Pla de Barcelona en 1897. Comisiones de Ensanche de 1904 y 1914
1915-1925			Extensión lineal hacia los núcleos del Pla de Barcelona sobre la trama del Ensanche	
1925-1953	4º Salto de umbral 1925-1953	Primeras líneas de autobús, metro y ferrocarril suburbano	Salto hacia los municipios del Pla de Barcelona sobre la trama del Ensanche y más allá de la Ronda del Mig	Preparación de la Exposición Universal de 1929. Comisiones de Ensanche de 1927 y 1928 Regional Planning 1932
1953-1976	5º Salto de umbral 1953-1976	Substitución del tranvía por el autobús y extensión del metro	Ocupación del Ensanche hacia el antiguo municipio de Sant Martí. Salto del Pla de Barcelona al Área Metropolitana de Barcelona (26 municipios)	Aprobación del Plan Comarcal de Barcelona de 1953. Proyecto de la Gran Barcelona 1960
1976-1986	6º Salto de umbral 1976-1986	Extensión del autobús y del automóvil	Consolidación del Area Metropolitana de Barcelona y Reformas urbanas municipales	Aprobación del Plan General Metropolitano de Barcelona de 1976.
1986-2010	7º Salto de umbral 1986-2010	Extensión metropolitana de la oferta viaria y sistema ferroviario metropolitano	Recuperación de la fachada marítima. Salto a la Región Metropolitana de Barcelona (166 municipios)	Preparación de los Juegos Olímpicos de 1992 y del Forum 2004 Plan Territorial Metropolitano de Barcelona 2010

Figura 307. Etapas de evolución de las redes de servicios urbanos y de transporte en Barcelona y planeamiento urbanístico.
Fuente: elaboración propia

10.9. El Ensanche de Cerdà como un patrimonio urbanístico de Barcelona

Actualmente, la parte central del Ensanche, conocido como *El Quadrat d'Or*, se erige como elemento simbólico de referencia por la calidad arquitectónica de los edificios que contiene, y ya forma parte del centro histórico de la ciudad, junto con el núcleo medieval. Pero no tan solo esta parte central merece preservar su valor patrimonial. Se pueden considerar los siguientes sectores como elementos de un valor patrimonial urbanístico:[87]

a) La primera etapa de construcción del Ensanche, que se sitúa en el barrio de la Derecha del Ensanche, en los

b) alrededores de Sant Antoni y en los terrenos de las murallas. Esta etapa ofrece soluciones diversas en las manzanas, antes de su densificación.

c) La etapa de construcción del tejido central y comercial del Ensanche alrededor del sector conocido como *El Quadrat d'Or* y la manzana de la discordia.

d) La construcción del Ensanche industrial del barrio del Poblenou, donde se acoge un tejido industrial sobre la trama de Cerdà.

e) La construcción del Ensanche de mezcla urbana, desarrollado en los tejidos de Sant Antoni, de la Izquierda del Ensanche y de la Sagrada Familia, asociados al período de electrificación de la ciudad.

f) La construcción del tejido del Movimiento Moderno sobre la trama de Cerdà, especialmente en el distrito de Sant Martí.

g) La construcción del Ensanche con la llegada de un distrito de innovación denominado 22@.

Se puede afirmar que el Ensanche es hoy para Barcelona lo que es Manhattan para Nueva York, o la parte central de los bulevares de Haussmann para París.

En esta lectura global de la construcción de la Barcelona central, catalizada en torno al Proyecto de Reforma y Ensanche de Cerdà, se observa el rol central de las comisiones de Ensanche por su poder de control en la parte central de la aglomeración.

Se puede afirmar, como conclusión, que la tradicional lectura de la planificación de la ciudad de Barcelona posterior al Proyecto de Cerdà como una sucesión de proyectos es limitada. En primer lugar, los planes de 1905 y 1932 y otros proyectos no fueron considerados ni aprobados legalmente. En segundo lugar, las comisiones de ensanche elaboraron una práctica urbanística fundamental para comprender el proceso de urbanización de la aglomeración de Barcelona hasta 1953. Cualquier relectura de la evolución urbanística de una aglomeración debe plantearse como una lectura dialéctica entre las propuestas de los planes y proyectos y el rol central de las redes de transporte y de servicios urbanos.

11. Los mecanismos de densificación de la vivienda en el Ensanche: el caso del operador inmobiliario Núñez y Navarro

Los mecanismos de trituración y densificación de la manzana son diversos, aunque bastante tipológicos. Por ello, vamos a analizar los mecanismos generados por este operador inmobiliario y constructor de viviendas, que con sus prácticas ejemplariza los mecanismos de densificación y trituración del tejido residencial del Ensanche en el período 1950-2000. Para ello, vamos a seguir a continuación los mecanismos de trituración de la vivienda, el solar y el intervías descritos por Cerdà en los capítulos anteriores y los vamos a confrontar con los ejemplos utilizados por el operador Núñez y Navarro.

11.1. La apuesta por explotar las esquinas

En primer lugar, el operador opta por comprar las fincas de las esquinas de la manzana. Estas parcelas tienen el inconveniente de que no tienen acceso al patio interior de manzana. Muchas de estas fincas tenían usos en la planta baja y el piso que se caracterizaban, en muchos casos, por ubicar negocios antiguos, que se renovaron como lecherías, con un bajo valor en el coste de la compra. Este operador localiza aquellos terrenos que puede comprar a buen precio, ya que en aquel momento todavía quedan fincas libres que tienen apertura a la calle y al patio de la manzana. Las fincas de la primera época y las más nobles se ubicaban en las esquinas, pero sus tamaños eran mayores y permitían resolver bien la esquina y su acceso al patio interior de la manzana. Uno de los más emblemáticos es el de la Pedrera, que apuesta por crear grandes patios interiores. La propuesta de Núñez y Navarro es explotar al máximo la minoración de los patios de ventilación y convertir en las habitaciones más nobles del piso las que dan a la calle. Núñez y Navarro desarrolla una distribución de habitaciones que aprovecha al máximo las posibilidades de la esquina y las estandariza (v. figs. 308).

11.2. La apuesta por maximizar el número de habitaciones

Su modelo consiste, en primer lugar, en apostar por maximizar el número de habitaciones del piso, llevando al límite los patios de ventilación. Son, por tanto, pisos cuya única aireación viene de las habitaciones que dan a la calle y su precio de venta se maximiza al aumentar el número de habitaciones por m² de piso. Es lo mismo que se produce en los pisos de 35 m² de la Barceloneta, cuyos precios se sitúan entre los más elevados por m² de vivienda. Al respecto, observamos que esta empresa va siempre al límite de las ordenanzas en cuanto a los patios de ventilación, forzando nuevas soluciones que, en definitiva, degradan el tejido al encarecerlo.

11.3. El criterio de ganar altura con el fenómeno de la superposición: la aparición de entresuelos, áticos y sobreáticos

El siguiente paso de trituración lo encontramos en aquellas viviendas que tocan, en parte, a una fachada que da a una calle de mayor ancho en que, según las ordenanzas, se permite una mayor altura. Esta característica se extiende a toda la finca, aun cuando esta tenga una gran parte asociada a una calle con menor ancho.

Cerdà optó por una cuadrícula con calles de 20 m como sistema igualitario. Aun así, existen algunas calles de 30 y 50 m de ancho, que, con las ordenanzas del siglo XX, correlacionan la altura máxima con el ancho de la calle. En el caso que analizamos, observamos que, sobre la base del acceso de una pequeña parte de la finca a una vía de mayor ancho, en este caso la avenida de Mistral, de 30 m de anchura, la finca obtiene mayor altura y, por tanto, puede subir un piso más (y pasar de las 5 plantas de base a las 6). A ello se añade el derecho a ático y sobreático. Además, se consolida la figura del entresuelo como una planta más. En la figura 308, se puede comparar el volumen incrementado de la finca de Núñez y Navarro con una finca de finales del siglo XIX. Mientras la finca antigua sigue el esquema de las Ordenanzas de 1891 de planta baja + cinco pisos sin entresuelo, la finca de Núñez y Navarro, aunque su parte de fachada que da a la vía de 30 m es mínima, extiende el derecho a un mayor número de plantas a todo el tramo de la calle de Rocafort, de 20 m. Lo mismo sucede con la finca adyacente por el otro lado. Se puede observar, pues, cuál es el volumen de edificación que se ha ganado entre 1891 y 1976: cuatro pisos de incremento.

Cabe señalar que las ordenanzas elaboradas entre 1947 y 1971 explotaron la extensión de los áticos y los sobreáticos (v. fig. 292), pero las del PGMB de 1976 volvieron a retomar el esquema de PB+5 con entresuelo, eliminando el ático y el sobreático. En el caso de las fincas

Figura 308. Comparativa entre un edificio de finales del siglo xix con PB+5 y un edificio desarrollado por la empresa Núñez y Navarro, que llega al límite de la legalidad en los años 1970, aprovechando su acceso a una calle de 30 m.
Fuente: TAVISA

Figura 309. Remonta por encima de un edificio del Ensanche ubicado en la esquina de las calles de Aragó y Bailèn.
Fuente: Feliu, R.

de Núñez y Navarro, se observa que muchas de ellas no respetan el criterio de la inclinación a 45° de la visual que obligaba que el ático y el sobreático se retranquearan (v. fig. 308). Esta explotación todavía es más exagerada si tenemos en cuenta que los patios interiores de manzana han incrementado aún más la explotación. Y se disponen hasta tres plantas de parking sobresaliendo en el patio interior de la manzana, con dos de ellas por encima del nivel del suelo.

Figura 310. Edificio de PB+10 ubicado en la esquina de las calles de Bruc y València, que consigue una mayor altura con el argumento de un retranqueo y siguiendo una regulación volumétrica que incrementa el valor del precio del m2 de los pisos por encima de la media del Ensanche.
Fuente: Magrinyà, 2021.

11.4. La yuxtaposición que reduce los patios de ventilación

A la densificación anterior se une la solución de la esquina con 10 plantas edificadas y 3 plantas de *parking* y con un tamaño de habitaciones que maximiza el precio y minimiza los patios de ventilación, pues estos no se aumentan con la altura de la edificación, una medida que sería razonable.

11.5. La apuesta por edificios que incrementan su altura en forma de rascacielos a cambio de no ocupar toda la parcela edificada

Otro paso en la trituración es la creación de edificación en altura por encima de lo permitido por las ordenanzas. La estrategia es ofrecer un retranqueo de la línea de fachada y crecer en altura por encima del PB+5 (más ático y sobreático), con la excusa de que el techo total es el mismo. Ahí se abre la veda al crecimiento en altura, sabiendo que estos pisos de mayor altura que las demás fincas se van a pagar a un precio mayor por m², ya que disponen de mejores vistas. Además, este tipo de edificios siguen la estrategia de ennoblecer la fachada para incrementar el precio de la vivienda por m² (v. fig. 310). Se constata que quien ha extendido esta estrategia a más fincas ha sido el promotor inmobiliario Núñez y Navarro.

Por otra parte, cabe señalar que con esta apuesta se han eliminado piezas emblemáticas del patrimonio histórico, como la que había en la esquina de la calle de Balmes con Còrsega, conocida como Casa Trinxet, que fue demolida. En cambio, la Casa Golferichs logró salvarse gracias a la presión de las organizaciones vecinales.

12. Los mecanismos de trituración del espacio verde en la cuadrícula de Cerdà

12.1. La pérdida de verde en los intervías

La preservación de la independencia en el Ensanche de Cerdà no se centra tanto en la alteración de la manzana, como en la pérdida del espacio verde, tanto en las manzanas como en la estructura del sistema de espacios verdes

Cerdà tiene una idea clara de que el espacio verde es esencial y que el arbolado es un instrumento central:

"Las plantaciones de árboles son [...] el medio más eficaz de prevenir la infección del suelo, de sanear el terreno y hasta de purificar la atmósfera. Sus raíces, ramificándose al infinito, absorben de la tierra, con la cual se hallan en inmediato contacto, el agua y las materias orgánicas y las sales que tienen en disolución, y esta absorción, rompiendo el equilibrio de la humedad estacionada en las capas superiores del terreno, produce un movimiento incesante de agua hacia el interior de la tierra y es en extremo favorable a la salubridad del suelo. Al mismo tiempo, sus hojas, apenas se hallan calentadas por la acción del sol, restituyen a la atmósfera parte del oxígeno que pierden por la respiración y la combustión, contribuyendo de esta manera a la purificación del aire. De manera que los árboles, con su aspiración, contribuyen poderosamente a sanear el suelo y, con su expiración diurna, a purificar la atmósfera de una población." (TCC, p. 382, § 1252)

Quizás el elemento más esencial del proyecto del Ensanche en cuanto a verde: el arbolado de las calles lo ha convertido en un buen referente para otras ciudades.

Además, es un medio eficaz para rebajar la densidad de población:

"[Los espacios verdes] disminuyen la densidad de la población, aumentando la extensión relativa del espacio ocupado por cierto número de casas: pueden y deben mirarse como vastos depósitos de aire que contribuyen poderosamente a la circulación del de las calles y del de las habitaciones." (MAEB, p. 81, § 117)

Y añade:

"Es indispensable que en cada manzana se les destine, cuando menos, una superficie igual a la edificada." (TCC, p. 382, § 1252)

Por ello, propone un reparto de espacios verdes con arreglo al siguiente esquema:

"En cada calle debiera haber una plazuela, en cada barrio una plaza, en cada cuartel un jardín." (MAEB, p.81, § 117)

A pesar de todos estos planteamientos, y especialmente ante la falta de aprobación de las Ordenanzas de construcción (OCB, 1860) y del Pensamiento económico (PEc, 1860), a partir de la década de 1880 se produce una pérdida del verde en los intervías, en varias fases, aunque el proceso es más lento y complejo de lo que se ha relatado normalmente.

En la propuesta del Plan de Reforma y Ensanche de Cerdà de 1859 con la solución en dos bloques, el verde está representado en una proporción de 50% de superficie libre y 50% de superficie edificada. Con la aprobación definitiva del Plan en 1860 y la obligación de edificar el tercer lado, la relación pasa a ser de 40/60. Cuando las manzanas están abiertas en forma de U, existe un acceso a un parque comunitario y a un jardín individual (v. fig.185). De hecho, las viviendas de la esquina también disponen de jardín. Cada finca tiene su jardín y existe además un jardín comunitario central. De hecho, cuando posteriormente se

ocupa el interior de la manzana, se busca una solución en la cual el techo de los almacenes interiores sirve de terraza para el piso principal. En cualquier caso, en ese momento existe la posibilidad de un patio interior de manzana. No queda claro si este jardín central corresponde a los vecinos de la manzana o es de uso más abierto.

De todas formas, pronto cuaja la ocupación a los cuatro lados. De hecho, Cerdà ya dibujó, en una reelaboración del Plano de ensanche de 1863 con motivo del Anteproyecto de Docks, manzanas ocupadas a los cuatro lados (v. figs. 8 y 252.c). Esta fue la práctica que se acabó imponiendo.

Como ya hemos comentado, hasta 1880, el Ensanche era básicamente residencial. Las actividades comerciales se ubicaban en el centro histórico. Pero, a partir de esa fecha, con la urbanización de la Rambla de Catalunya se produjo un cambio decisivo, que fue la creación del entresuelo que se convertía en el espacio de vivienda para el comerciante y que, además, legitimaba la ocupación hasta la mitad del intervías para almacén. Esta conversión se hacía dando por sentado que el propietario de la finca, que se ubicaba en el principal, seguía teniendo un espacio de salida exterior en la terraza. Se había producido así un intercambio de uso comercial. Más tarde, y especialmente de forma más intensa a partir de la introducción de los motores eléctricos hacia 1910, los talleres industriales y artesanales ocuparían algunas de estas plantas bajas y entresuelos, que convivirían con la residencia. Esta convivencia la encontramos especialmente en los barrios de la Sagrada Familia, la Nova Esquerra de l'Eixample y Sant Antoni, desarrollados a partir de esa época.

Evidentemente, esta adaptación de la manzana a las necesidades edificatorias y ala necesidad de acoger los usos comerciales e industriales que generó una centralidad al Ensanche, fue en detrimento del espacio verde.

No fue hasta la llegada de la normativa del Plan General Metropolitano de Barcelona (PGMB) en 1976 , en que se apostó por recuperar el modelo de las Ordenanzas de 1891 en que se formalizaba el modelo de manzana de

Cerdà de PB+5 (aunque se incorporaba el entresuelo) y se recuperaba de nuevo el patio interior de la manzana. Con las modificaciones del PGMB de 1988 y con la creación de la empresa municipal ProEixample, se generaron los instrumentos para una recuperación efectiva de los interiores de manzana. En el período 1988-2020, se han recuperado 49 manzanas y 8 son privadas (v. fig. 315). Esta recuperación, aunque importante, no es suficiente. Muchas de estas recuperaciones se han producido por intercambios y recrecimientos en altura de ciertas fincas o, literalmente, por expropiaciones. No obstante, quedan numerosos casos en que, si no se encuentran más recursos, esta recuperación será difícil. El operador ProEixample

fue suprimido en el mandato Trias (2011-2014) y posteriormente no se ha recuperado el liderazgo en la recuperación de interiores de manzanas como lo fue en el periodo 1988-1997.

12.2. La pérdida de verde por el intercambio por equipamientos

Otra de las reconversiones que han experimentado los espacios interiores de las manzanas ha sido debida a equipamientos educativos y sanitarios, muchos de ellos establecidos en terrenos adyacentes a iglesias, que eran las propietarias iniciales de los terrenos (v. fig. 314).

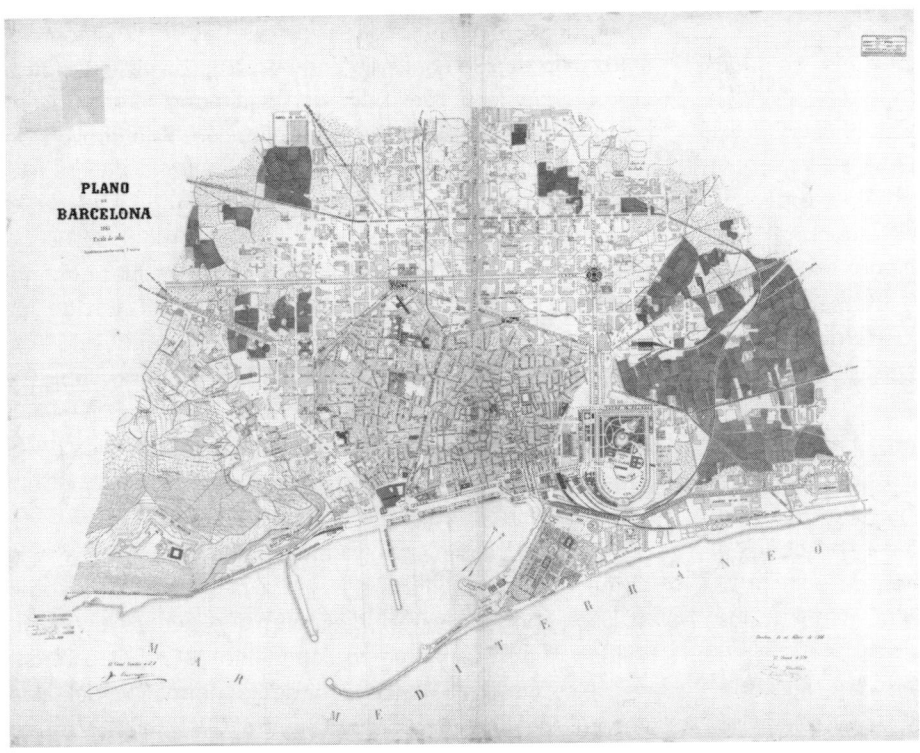

Figura 311. Plano de Barcelona de 1885, con indicación de las zonas verdes existentes. Barcelona, 10 de febrero de 1886.
Fuente: Archivo Cartográfico de Estudios Geográficos del Centro Geográfico del Ejército. Ar. F-T.6-C.3-122

Actualmente, en el caso de la trama de Ensanche perteneciente al distrito de L'Eixample, se localizan hasta 27 manzanas con uso de los patios interiores como equipamientos o patios de escuelas (v. fig. 315).

12.3. La pérdida de los parques planificados y su recuperación con los ayuntamientos democráticos durante dos décadas

Si analizamos los planos de espacios verdes del Plan Cerdà y los comparamos con un plano topográfico de 1885 del municipio de Barcelona (v. figs. 2, 311 y 312), observamos, en primer lugar, que en 1871 se decide convertir el antiguo recinto de la Ciutadella en un parque. No se sigue, pues, el esquema de Cerdà, que consideraba que ese espacio debía ser residencial. De hecho, se intercambia el espacio de parque, que debía estar situado entre la calle de Almogàvers (cinco calles por debajo de la Gran Vía) y el paseo de Pujades, actual límite norte del Parc de la Ciutadella. El resultado actual entre el Parc de la Ciutadella y el Parc del Nord sí deja en buen lugar la propuesta de espacio verde en este sector.

Si miramos a la izquierda del antiguo municipio de Barcelona (v. figs. 269 y 312), se constata que se mantiene reservado el actual espacio del Parc de Joan Miró, pero se pierde el parque en forma de triángulo ubicado en Sant Antoni, entre la avenida del Paral·lel y las calles de Manso y Comte Borrell. Por otro lado, se impone el mismo criterio de intercambiabilidad que en la zona de la Ciutadella. En cambio, el parque que Cerdà ubicaba entre la avenida de Roma y las calles de Casanova, Provença y Muntaner se traslada a la izquierda, entre Comte d'Urgell y Viladomat.

El Parc del Hipòdrom, que ocupa 14 manzanas (7×2), y que se situaba fuera del antiguo municipio de Barcelona, justo donde se ubica el edificio de la Sagrada Familia, entra en una dinámica de falta de planificación, ya que solo se planificaban parques y equipamientos en el antiguo municipio de Barcelona. Este hecho perjudicó

claramente la apuesta por el Parc del Hipòdrom, un gran parque central situado entre el paseo de Sant Joan y las calles de Padilla, Rosselló y Mallorca. Este espacio permaneció vacío hasta finales de siglo XIX y en él se ubicó únicamente el edificio de la Sagrada Familia a partir de 1882.

Por otro lado, cabe señalar que la apuesta de Cerdà por generar plazas en los cruces de vías (v. figs. 132 y 133) no cuaja, especialmente por la velocidad de los modos de transporte. Este planteamiento no se retomará hasta la creación de vías peatonales en el Ensanche, con el proyecto de ejes verdes, en que la confluencia de dos calles peatonales dará lugar a una plaza (v. figs. 319 y 320). Este es el caso de la plaza del Mercat de Sant Antoni, como resultado del cruce de las peatonalizaciones de las calles de Tamarit y Comte Borrell (v. figs. 317-318), y de las cuatro plazas generadas en la primera fase del proyecto de *Superilla* de 2017, que pueden llegar a ser 21 con el proyecto de *Superilla* de 2021 (v. figs. 319-320).

Si analizamos el proceso evolutivo de generación de parques y espacios verdes (v. fig. 312), cabe señalar que, antes del Proyecto del Ensanche de Cerdà, los espacios de ocio se situaban en los arrabales de la ciudad antigua. El paseo de la Esplanada, cerca de la Ciutadella, y los jardines situados a ambos lados del paseo de Gràcia eran los lugares de ocio preferidos por los habitantes de Barcelona en 1850 (v. fig. 312.a). Posteriormente, ha habido otros arrabales del Plan de Ensanche, como los situados al pie de la montaña de Montjuïc, los terrenos actuales del Turó Park y la montaña de Collserola, como Les Planes.

Si se analiza la evolución del verde en el marco del espacio definido por el Plan de Alineaciones, se observa que, en una primera época del Ensanche, se construyó el Parc de la Ciutadella, proyectado por Josep Fontserè en 1871 (v. fig. 312.b), y los demás espacios previstos como parques se preservaron hasta cerca de la Exposición Universal de 1888.

Cabe señalar, también, que el Ensanche era un tejido espacioso en el cual la movilidad todavía no se había

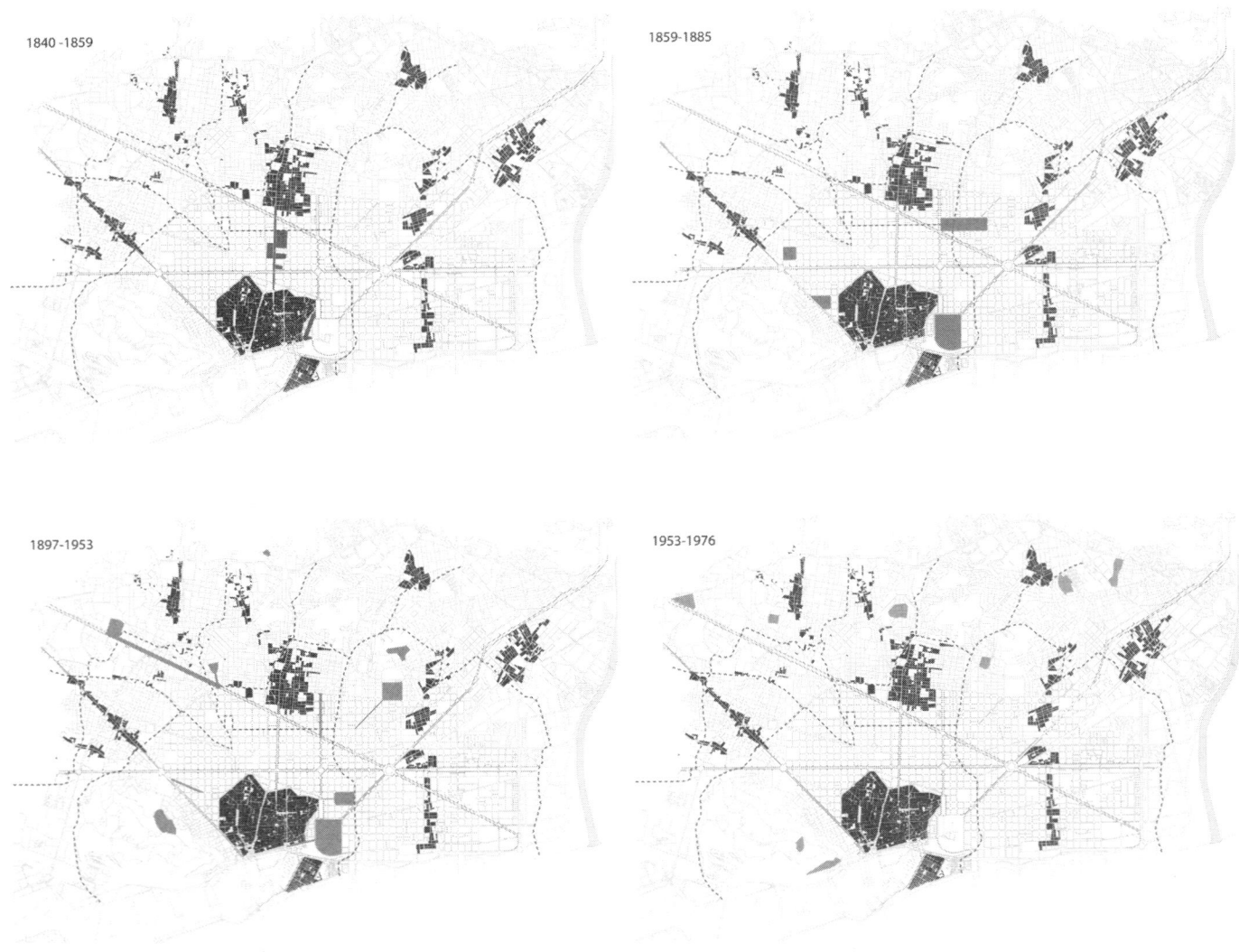

Figura 312. La evolución de los espacios verdes del Eixample durante 150 años.
Fuente: Magrinyà, F.; Marzá, F., 2009

1976-1992   1992-2009

había impuesto. Las calles ejercían de punto de encuentro y espacio de ocio (v. figs. 132 y 133). Quizás por ello, la Administración no emprendió acciones para preservar los espacios verdes. Por ejemplo, únicamente se han recuperado parques en la zona central del Ensanche en las dos parcelas adyacentes a la Sagrada Familia, pero solo por una cuestión de perspectiva. El otro parque era el de la Ciutadella, como sustitución del parque urbano previsto por encima. Jaussely planteaba dos grandes parques (Besòs y Pedralbes), como en París (v. figs. 9 y 312).

La acción pública, sobre todo la municipal, no fue capaz de imponerse con actuaciones simbólicas y de equipamientos desarrollados para las capitales de Estado: este no era el caso de Barcelona. No ha existido nunca un poder fuerte capaz de imponer unas actuaciones de este tipo.

El siguiente plan de referencia para Barcelona es el Plan Jaussely. Este proyecto apuesta por los bulevares como elementos centrales del espacio, siguiendo el modelo de París. En la distribución de parques, se observa que Jaussely sigue el esquema parisino (que dispone de los parques de Vincennes y Boulogne) y propone recuperar el Parc del Besòs de Cerdà y planificar un segundo gran parque en Pedralbes (v. fig. 312.c). Junto a estos dos grandes parques, y a un segundo nivel, observamos los parques de Montjuïc, Laribal y El Guinardó. A un tercer nivel, ubica toda una serie de pequeños parques (v. fig. 312.c).

Como ya se ha indicado, el Plan de Jaussely no fue aprobado en el ámbito del Ensanche. El ideólogo urbanístico de Barcelona durante el primer tercio de siglo XX, Puig i Cadafalch, tuvo que esperar a las obras de preparación de la Exposición Universal de 1929 para desarrollar sus propuestas. Con motivo de la preparación de la ciudad ante la Exposición Universal, se urbanizaría la montaña de Montjuïc, que dejó de ser sector militar. Pero el Ayuntamiento no dispuso de recursos hasta la aprobación del Estatuto Municipal de 1925 y que aplicó a través de los presupuestos de las Comisiones de Ensanche de 1927 y 1928.[88] Estas evidenciaron que se habían ido ocupando algunas de las manzanas del Ensanche destinadas a parques, aunque aún era posible implementar algunos de los parques en las que todavía estaban vírgenes:

"La imposibilidad en que se ha hallado el Ayuntamiento, por la escasez de recursos, de hacer

respetar los emplazamientos de parques que señal-
aba Cerdà y el rápido desarrollo de la edificación
han sido causa de que muchos de aquellos empla-
zamientos se cubrieran de edificaciones particulares,
destruyendo con ello la posibilidad de poder realizar
esta parte del plan tan conveniente para la nueva
urbe. Sin embargo, alguno se conserva aún virgen
de edificación. Si se estiman aceptables los empla-
zamientos de parques interiores que señalaba Cerdà,
convendría que se adquirieran los restos de los mis-
mos que en la actualidad quedan aún libres de edi-
ficación y se aprovecharan asimismo los que puedan
serlo entre los señalados en el Plan Jaussely."[89]

Por otra parte, se toman en consideración los dos
grandes parques de la ciudad: el Parc de Montjuïc y el Parc
del Besòs. El de Montjuic está situado dentro del antiguo
municipio de Barcelona. En cambio, el del Besòs se halla
entre el antiguo municipio de Sant Martí y el de Sant Adrià.
Esta es una de las excusas que la Comisión plantea para
no tomar en consideración esta iniciativa.

"El establecimiento de otro gran parque en las proxi-
midades del río Besòs, tal como lo emplazó Cerdà, es
realmente una de las obras de más importancia que
podrían ejecutarse con motivo de la Exposición y que,
indudablemente, tiene en la opinión un ambiente
muy favorable. Los suscriptos convienen en ello, pero
como el asunto no tiene un estado oficial definido,
como ni siquiera se ha acordado —a lo menos a los
suscriptos no les consta— realizar estudio alguno,
como se carece de datos para calcular el valor de la
adquisición de los terrenos y el de las obras que han
de realizarse en ellos, juzgan que no deben entrar a
fondo en este asunto, limitándose a recoger aquí lo
que entienden que es una aspiración de la opinión
y una mejora de gran interés y conveniencia para
Barcelona, por si esa Iltre. Comisión entiende que

debe abordarse el asunto, haciendo los estudios
necesarios y cumpliéndose, si no se han cumplido,
los requisitos que exige la agregación a este término
municipal de los terrenos que se hallan fuera de él,
para dar al pensamiento estado consistorial." [90]

La preservación del Parc de Montjuïc puede deberse,
en parte, a su ocupación con ocasión de la Exposición
Universal de 1929, cuyas primeras propuestas surgieron a
raíz de las expectativas de la Exposición de las Industrias
Eléctricas prevista para 1917.

En la Memoria de 1928, se observa que se opta por
ganar pequeños espacios de algunas vías, como el paseo
de Sant Joan[91] o los Jardinets de Gràcia.[92] Se opta, además, por la terminación en perspectiva con un gran edificio
al final del paseo de Sant Joan con la Travessera de Gràcia;
la creación de la avenida Mistral (avenida de Milans),
la avenida de la Estació del Nord, los alrededores de la
plaza de Espanya; la plaza de Magaz como terminación de
Maragall, la avenida de Gaudí (avenida de Primo de Rivera)
y el paseo de Maragall (avenida de Martínez Anido).

En este sentido, no fue hasta la restauración del poder
político del Estado, representado por el Gobierno de la
Generalitat de Catalunya a partir de 1980, o posteriormente con la cita de los Juegos Olímpicos de 1992, que
el Ayuntamiento pudo ejercer un poder simbólico, cuyo
resultado fueron, por ejemplo, los equipamientos del Teatre
Nacional de Catalunya y de L'Auditori. Pero no ha habido
una política clara de equipamientos y más tarde solo se ha
podido actuar en la recuperación o el traslado de otros equipamientos (Parc de l'Escorxador, Parc de l'Estació del Nord).

Con la propuesta del *Regional Planning*, de Rubió i
Tudurí en 1932, se retomó el sistema de parques, pero ya
a escala metropolitana (v. fig. 312). A partir de la aprobación del Plan Comarcal de 1953, la ciudad planificada
va más allá del Proyecto de Ensanche de Cerdà y se pla-
nifican los parques del Turó de la Peira, de Cervantes, del
Putxet y de la Guineueta, entre otros, que se construirán en

Figura 313. Comparativa entre: *a)* el Parc del Besòs, previsto en el Proyecto de Reforma y Ensanche de Barcelona de 1859, y *b)* el espacio público del Frente Marítimo: el Parc del Litoral.
Fuentes: Archivo de la Real Academia de Bellas Artes de San Fernando de Madrid y Todó, J. / TAVISA, 2009

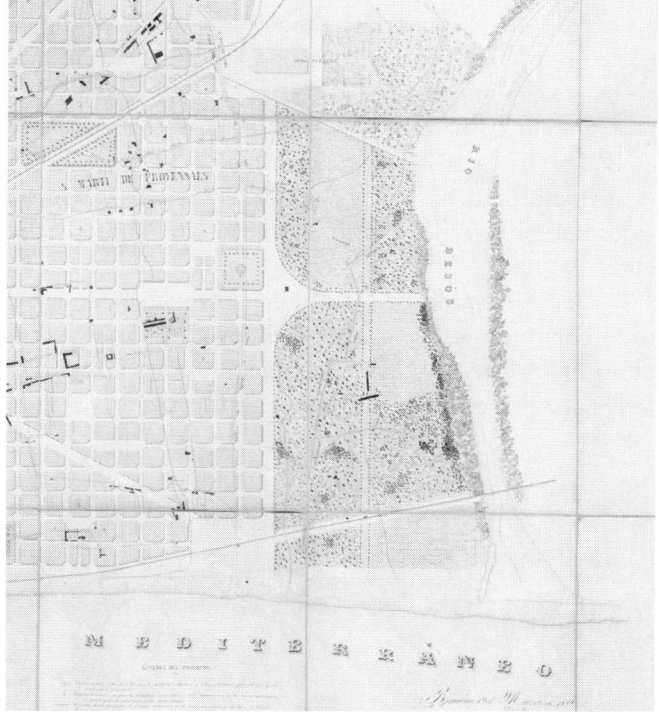

las décadas de 1950 a 1970, siguiendo el esquema propuesto por Rubió i Tudurí, que apostaba por una red de parques entre la ciudad y Collserola (v. fig. 312.d).

Con la aprobación del Plan General Metropolitano de Barcelona de 1976, se recuperan algunas zonas industriales para parques urbanos, como el Parc de l'Espanya Industrial, el Parc del Clot o el Parc de la Pegaso, entre otros.

Con la llegada de los ayuntamientos democráticos, se urbanizaron estos espacios reservados. Entre ellos, destacan el Parc de Joan Miró, donde estaba ubicado el Matadero (v. fig. 312.e); el Parc del Clot (v. fig. 312.e);

la urbanización del Parc de l'Estació del Nord; el Parc de Sant Martí (fig. 312.e), y los distintos parques del Litoral, que se han convertido en el parque alternativo al nunca urbanizado Parc del Besòs, planificado por Cerdà (v. fig. 313).

Los Juegos Olímpicos son un nuevo impulso para la construcción de nuevos parques, como el de Les Glòries, el de La Trinitat o el Port Olímpic (v. fig. 312.e y f). En una última etapa, tras los Juegos Olímpicos, se han urbanizado los parques del Poblenou y de Diagonal Mar (v. fig. 312.f), que han culminado la recuperación de verde a través de parques en el ámbito del Ensanche.

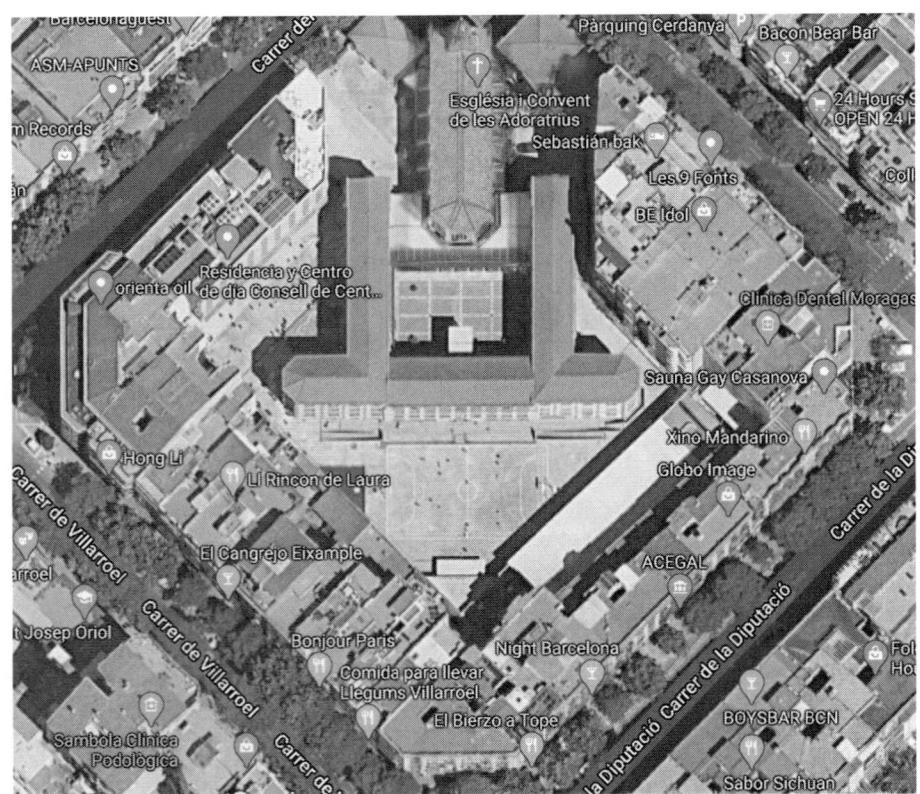

Figura 314. Manzana del Ensanche ubicada en el cruce de las calles de Casanova y Consell de Cent, en que se ubica una iglesia, a la cual se ha adherido la Escuela del Roser y un centro de día, que ocupan el patio central de la manzana. *Fuente: Google Maps*

13. La evolución del principio de la independencia de los modos de transporte tras la aparición del modelo de urbanismo sostenible y saludable

13.1. De la vivienda urbana higiénica y accesible al tejido saludable e innovador

Cerdà tomó como referencia el lema "la densidad mata" y constató que los pisos de la cuarta planta pagaban un 35% más caro el metro cúbico de aire que los pisos principales (primera planta). Para él, era necesario ofrecer un acceso digno a la vivienda. Sus propuestas surgieron de los principios higienistas y de movilidad. Se trataba de controlar la densidad y asegurar el acceso a la salud, con unas viviendas que garantizasen, por un lado, un mínimo volumen de aire y de acceso al verde y, por otro, la accesibilidad igualitaria al transporte, con una trama de calles iguales. Como ya hemos visto en el capítulo VI, la aprobación del Plan de Reforma y Ensanche de 1860 impuso la edificación mínima a tres lados de cada manzana, que más tarde aumentaría a cuatro, y la ocupación por comercios y talleres de los patios verdes proyectados. Después, la vivienda crecería en altura: entresuelo, ático sobreático. Todo ello implicaría que la densidad prevista

Interiores de Manzana

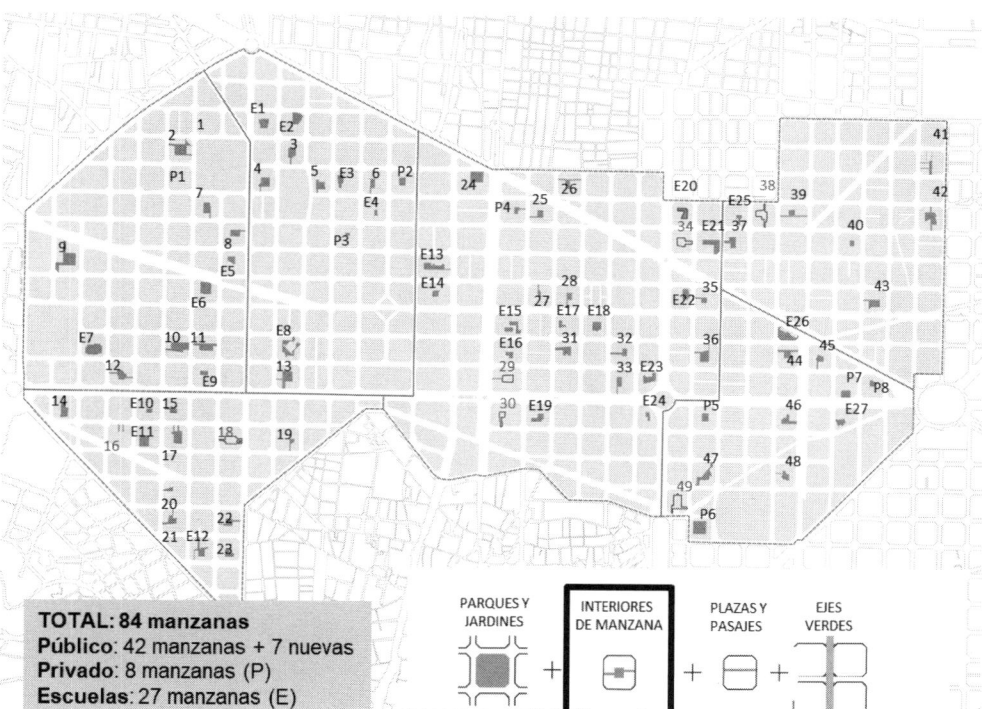

Figura 315. Mapa de los interiores de manzana con patios verdes u ocupados por equipamientos escolares.
Fuente: Distrito de L'Eixample del Ayuntamiento de Barcelona

TOTAL: 84 manzanas
Público: 42 manzanas + 7 nuevas
Privado: 8 manzanas (P)
Escuelas: 27 manzanas (E)

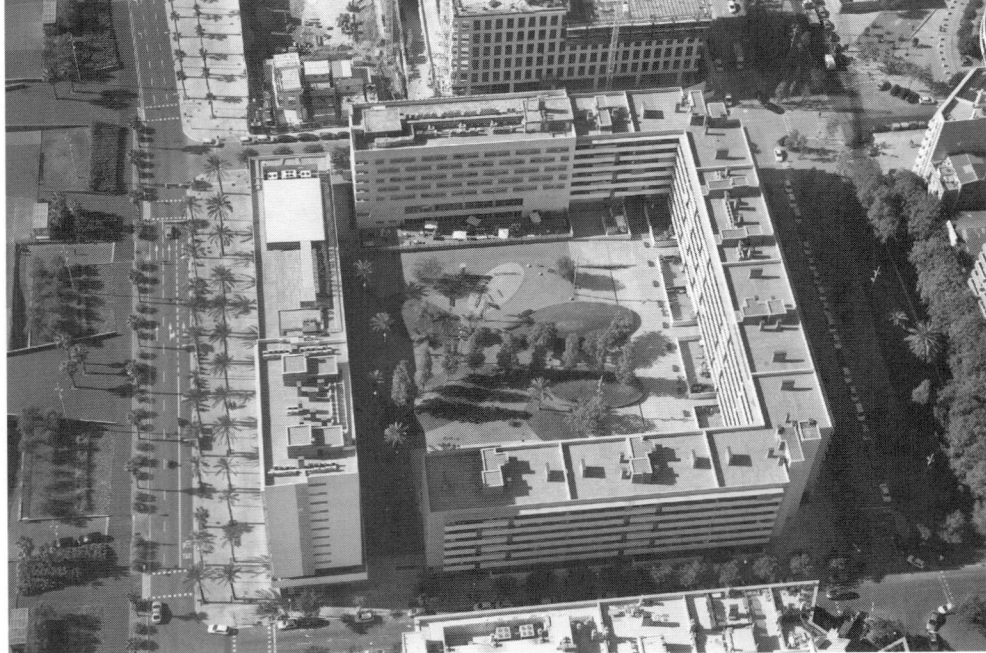

Figura 316. *a)* Interior de manzana verde y accesible; *b)* Interior de manzana con equipamientos escolares en su interior.
Fuente: Magrinyà, F.; Marzá, F., 2009

inicialmente (250 hab./ha) aumentase hasta los actuales 500-750 hab./ha (según si se incluye una manzana de parque o no). Este aumento de la densidad residencial y de las actividades económicas ha venido acompañada del desarrollo de una especie invasora: el automóvil, gran consumidor de espacio y principal contribuyente a la contaminación ambiental de la ciudad. Es de señalar que cuando Cerdà diseñó el Plan de Reforma y Ensanche en 1859 el paradigma era el ferrocarril, no el automóvil. El coche llega a ocupar el 60% del espacio viario cuando solo representa el 25% de los desplazamientos. Esta especie tiene en el Ensanche una presencia de consecuencias insoportables (Barcelona tiene 6.000 automóviles por km^2, frente a los 1.200 de Londres). Según la Agencia de Salud Pública de Barcelona (2020), cada año hay mil muertes prematuras por contaminación, el 7% de los fallecimientos anuales de la ciudad. Además, el 33% de los nuevos casos de asma infantil (525 al año) y el 11% de los nuevos casos de cáncer de pulmón (110 al año) son atribuibles a la mala calidad del aire. Este efecto se acentúa radicalmente en el distrito del Ensanche, donde la mortalidad supera la media de la ciudad en un 42%. En la actualidad, los epidemiólogos advierten que la falta de vivienda y el hecho de tener unas calles con el aire contaminado por el automóvil hace que dejemos de tener un tejido saludable.[93]

El proyecto de Cerdà se ha corrompido. Los edificios disponen de ventilación en los patios de manzana y el espacio de la calle se ha preservado. Pero ni los espacios verdes ni el reparto modal diverso se han asegurado. Si bien la densidad de ocupación de las viviendas del núcleo antiguo se redujo en el Ensanche, la densidad se ha trasladado de la vivienda al tejido urbano, haciéndolo insalubre por contaminación ambiental. El Ensanche barcelonés se encuentra hoy entre los tejidos urbanos más densos de Europa y el efecto de esta densidad, a partir de ciertos niveles, es negativo,[94] por mucho que se haya reivindicado la ciudad densa y compacta mediterránea.[95] Lo que cuenta no es la densidad, sino los indicadores de salud (espacio verde, niveles de contamina-

ción o consumos energéticos globales de la metrópolis). De hecho hay una transición del discurso de la ciudad que mata a la ciudad que paga ya que en principio se pudo densificar con la aparición de las vacunas.[96] Pero la densidad sigue matando, ahora por contaminación de los vehículos.[97]

No obstante, el Ensanche tiene un margen considerable para la transformación del espacio público y de su calidad ambiental, precisamente por el espacio de las viviendas, por el principio de independencia del individuo en la urbe y por el espacio disponible en las calles con el principio de independencia de los distintos modos de transporte.[98]

13.2. La reestructuración metropolitana a través del sistema de movilidad con la red de ejes verdes y de un reequilibrio territorial metropolitano de la innovación

Le Corbusier intervino en Barcelona a través del Plan Macià de 1932 y propuso el modelo de supermanzana de 3×3 manzanas con regulación semafórica cada tres calles. El primer semáforo que se implantó en Barcelona fue en la calle de Balmes en 1927. Este plan no se aplicó en la parte central de Barcelona, pero quedó en el imaginario de la ciudad.

En los años sesenta, el vehículo privado ocupó masivamente el espacio de las calles. Los ingenieros de tráfico, que debían dar una respuesta a esta nueva demanda de la sociedad para mejorar la eficiencia, diseñaron las calles con un solo sentido de circulación. Se doblaba así la capacidad de los flujos de las calles de la ciudad. Si algún día quisiéramos volver a calles de doble sentido con bulevares para avenidas como la Gran Via o la calle de Aragó, deberíamos reducir el flujo de vehículos a la mitad, algo inalcanzable con la densidad actual de la metrópolis. Con la llegada de los ayuntamientos democráticos, se decidió establecer una red básica de vías que racionalizaba la circulación, retomando el modelo de supermanzanas de

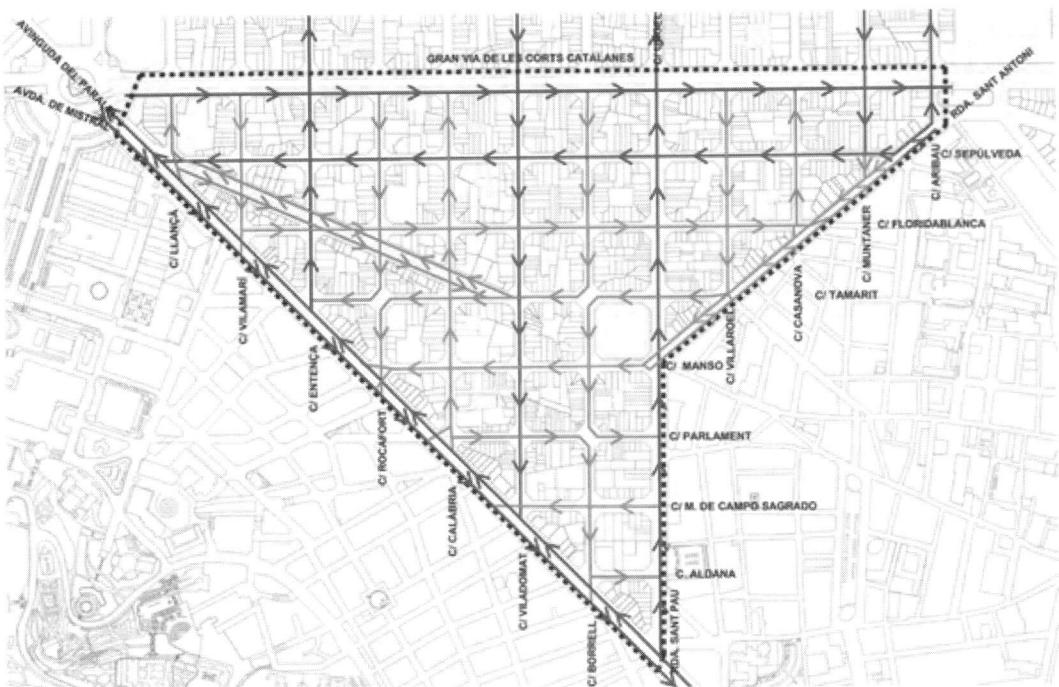

Figura 317. Ejes verdes ejecutados en Sant Antoni en 2018, ejes verdes y plazas ajardinadas a construir en 2023 y ejes verdes planificados.
Fuente: Ayuntamiento de Barcelona

Figura 318. .*a)* Imagen de la calle del Comte Borrell antes del eje verde (izquierda). *b)* Imagen de la calle del Comte Borrell una vez implementado el eje verde (derecha).
Fuente: Ayuntamiento de Barcelona

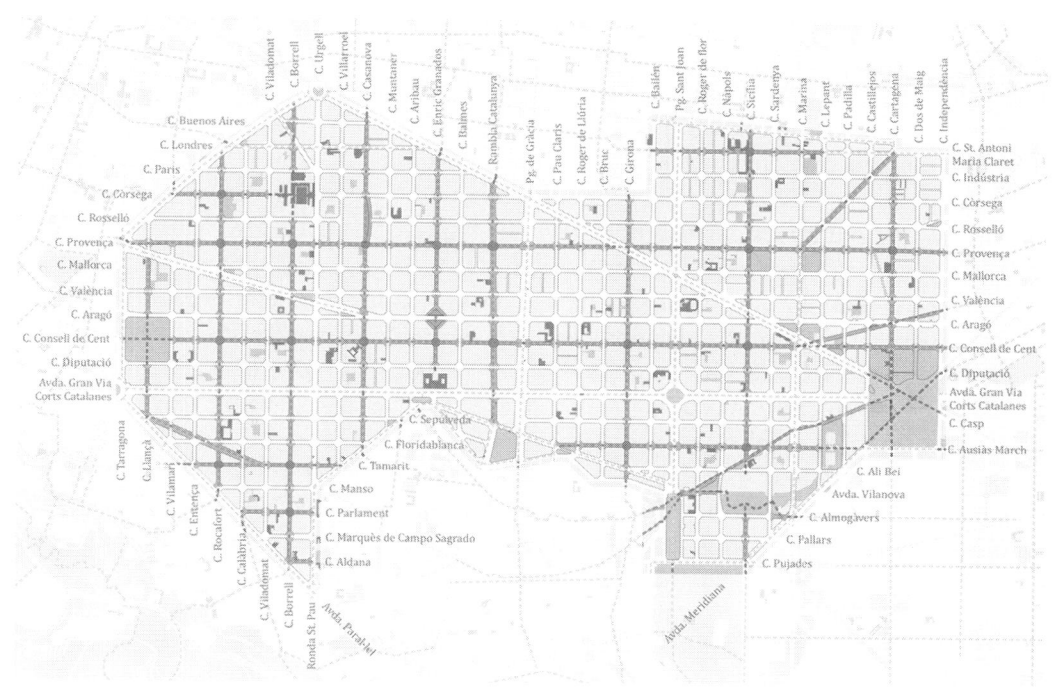

Figura 319. Plan para ejecutar 21 km de ejes verdes en el distrito de L'Eixample antes de 2030.
Fuente: Ayuntamiento de Barcelona

Figura 320. *a)* Imagen del proyecto del eje verde de la calle de Girona (izquierda). *b)* Plaza ajardinada en el cruce entre Consell de Cent y Rocafort (derecha).
Fuente: Ayuntamiento de Barcelona

Le Corbusier, que se bautizó como Plan de Vías de 1984. Una década más tarde, la Unión Europea introdujo el concepto de ciudades sostenibles (Carta de Alborg, 1994). La Agencia de Ecología Urbana de Barcelona, creada en 1999, se apropió del concepto de supermanzana y planteó la idea de limitar el acceso al interior de cada agrupación de 3×3 manzanas definido por el Plan de Vías de 1984. El relato era impedir el tráfico de paso para reducir los niveles de ruido en esos espacios. Los peatones y los ciclistas podrían circular por su interior, pero el automóvil y el transporte público deberían ir únicamente por las vías exteriores de las agrupaciones de 3×3 manzanas.[99]

Como ya se ha señalado,[100] cuando se planteó establecer una red ortogonal de autobuses sobre la red básica (2002), los técnicos de la compañía de autobuses (TMB) evidenciaron que la ciudadanía nunca aceptaría ir por una calle y volver por otra que estuviera a tres calles de distancia. Solo aceptarían volver por la misma calle o por la de al lado. Esto quedaría confirmado plenamente con la implementación de la nueva red de bus (2013-2018). A partir del momento en que se asumía la nueva red de bus, quedaba invalidado el modelo de recintos de 3×3 manzanas. La propuesta de expulsar el coche de los recintos de 3×3 manzanas no funcionaba. Se evidenció que la propuesta que tenía más sentido era ganar espacio para el peatón a través de una red de calles peatonales, más que expulsar coches. De ahí surgió la propuesta de modelo de una red de calles peatonales con una plataforma única en una de cada tres calles del Ensanche.[101]

Para introducir un planeamiento mas humanista que acogiese las distintas redes de movilidad para cada modo de transporte (a pie, bicicleta, transporte público y vehículo privado) era necesario rediseñar el espacio público y el espacio viario. Para ello se desarrollaron hitos en su formalización.[102]

A este planteamiento, se le sumó un hecho trascendental: la constatación de que la contaminación de las calles implicaba unas 3.500 muertes prematuras en el Área Metropolitana de Barcelona, como publicaba el CREAL en 2009,[103] y que el 70% de la contaminación que recibe un ciudadano en la calle proviene del automóvil.

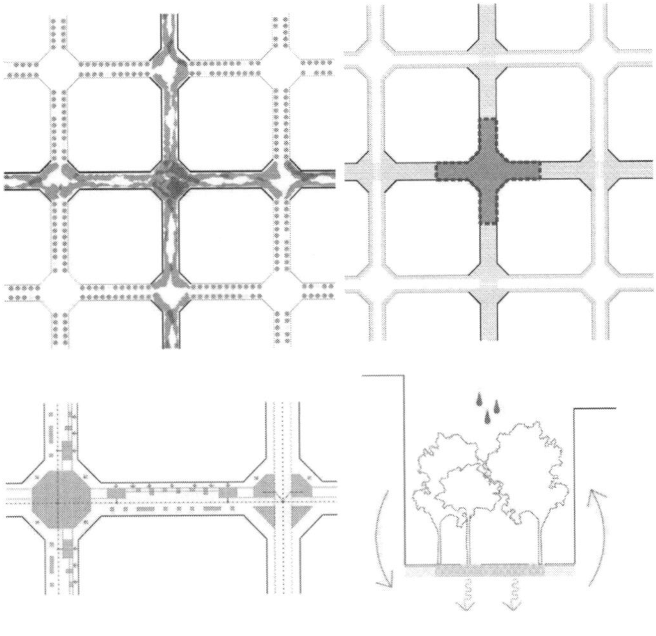

Figura 321. Principales actuaciones para la configuración de ejes verdes como infraestructura verde y movilidad activa. En el subsuelo, continuidad de suelo para la continuidad de las raíces (abajo-izquierda) y la filtración del agua de lluvia (abajo-derecha). En planta, zona prioritaria para la movilidad activa y actividades estacionarias (arriba a la derecha). A nivel aéreo, desarrollo de árboles y otras especies de plantas (arriba a la izquierda).
Fuente: Magrinyà, Mercadé-Aloy, Ruiz-Apilánez, 2023

El discurso de que la contaminación ambiental mata, que han difundido el CREAL y después ISGlobal, a partir de 2009 han sido decisivos para tomar conciencia del impacto de la contaminación ambiental sobre la salud y que es necesario cambiar el diseño del espacio público.

En una calle del Ensanche en que se permita el tráfico motorizado de paso, enseguida se alcanza una intensidad media diaria de más de10.000 vehículos y se superan los niveles de contaminación acústica y ambiental permitidos (65 dB de nivel de ruido, 40 μgr/m^3 de PM10).

Es necesario reducir la presencia de vehículos (con medidas como la tasa de congestión) y tender a una cierta especialización de las calles del Ensanche, unas para el tráfico motorizado y otras para el peatón.

La propuesta de red de ejes verdes implica que en los cruces se puede recuperar la idea de Cerdà de generar plazas como puntos de encuentro. Además, la apuesta por una red de ejes verdes se proyecta como la solución de equilibrio entre mantener y transformar la actividad económica y asegurar la calidad ambiental. Mantener el tejido actual con el discurso igualitario de preservar la uniformidad se convierte, en el fondo, en un argumento conservador que no ha entendido la necesidad de adaptar el tejido a las nuevas necesidades. El principio igualitario se mantiene si la red de ejes verdes se extiende de forma homogénea a toda la ciudad.

En el mandato de 2015-2019, aprovechando la inauguración del Mercat de Sant Antoni, se aplicó el modelo de ejes verdes al barrio de Sant Antoni (v. figs. 317 y 318). En vista del éxito de la propuesta, en el segundo mandato de Ada Colau (2019-2023) se apostó por extender el modelo de ejes verdes al centro del Ensanche, con el nombre de *modelo Superilla Barcelona* como referente (v. figs. 319-320).

La propuesta de una red de ejes verdes ha de ser un componente central del espacio verde que le falta a este tejido tan densificado y, de hecho, supone una mejora cualitativa ambiental, social y económica que debe per-mitir que el Ensanche siga siendo el corazón económico de la ciudad.[104]

El Plan Metropolitano de Movilidad Urbana de 2024, aprobado recientemente, ya prevé una reducción del vehículo privado, que solo afecta al 5% de la movilidad de la ciudad. Lo básico es que los alcaldes metropolitanos decidan aplicar una verdadera política metropolitana de movilidad sostenible. En este marco, la propuesta de ejes verdes no supone un perjuicio para la actividad económica de la parte central de la metrópoli y, de hecho, este proyecto ofrece un camino de futuro para la parte central de Barcelona y será, con toda seguridad, un referente para el futuro de la metrópolis.

En paralelo, es necesaria una reflexión a escala metropolitana que tome en consideración la tasa de congestión. Pero, más allá de la gestión de la movilidad, hay que proyectar a escala metropolitana una estructura polinuclear en la cual se deberá reubicar el Ensanche, como lo hizo París intramuros, en su momento, con La Défense. Los distritos de innovación fueron la respuesta, con el 22@ en la trama de Cerdà del Poblenou. Pero continúa la demanda de otras ubicaciones (Tres Xemeneies, Esplugues, Sant Feliu, Sant Cugat), ya fuera de la malla de Cerdà.

Este esquema configura un cambio de paradigma y una hoja de ruta realista. Se caracteriza por: a) la perspectiva ecológica de traer el verde a la ciudad y conectarlo a la red de espacios verdes metropolitana; b) su vertiente social, al organizar los barrios como unidades socio-ecológicas que se articulan desde las plazas como nuevo lugar de encuentro y que reivindican una mirada ecológica transformadora, y c) la incorporación de condicionantes tecnológicos, que implican el ensamblaje de los cuatro sistemas de transporte con sus redes (ejes verdes peatonales, bicicletas, transporte público y, también, el vehículo privado) en el contexto del diseño de los tejidos y sus calles desde el proyecto urbano (v. fig. 323).

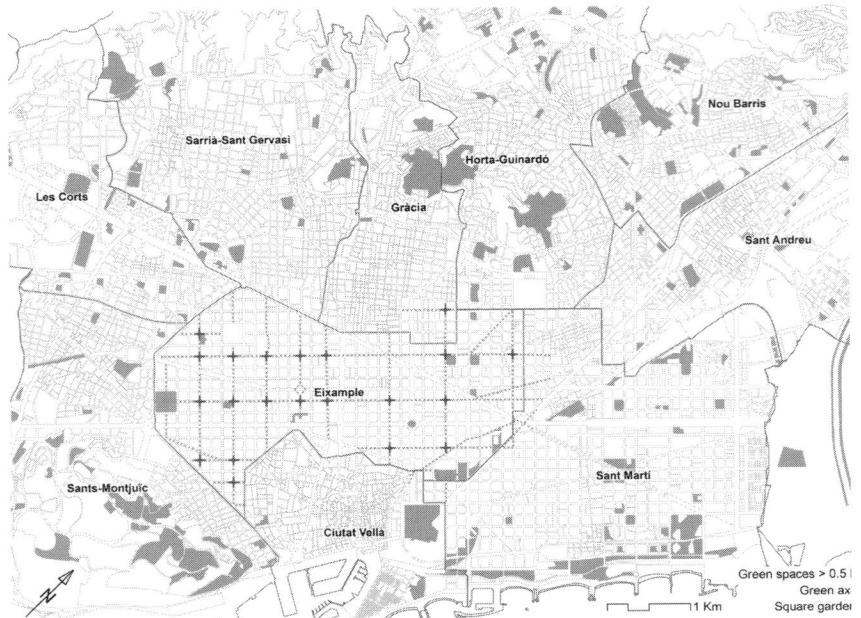

Figura 322. Espacios verdes de Barcelona con los ejes verdes en los distritos de L'Eixample y Sant Martí. Los cruces entre ejes verdes constituyen espacios verdes de 0,5 ha —jardines cuadrados— que se destacan en los mapas.
Fuente: Magrinyà, Mercadé-Aloy, Ruiz-Apilánez, 2023

Figura 323. Modelo Barcelona de movilidad: una red para cada modo de transporte, que implica una red de calles para peatones, una red de carriles bici, una red de carriles bus y una red de calles básicas para el vehículo privado.
Fuente: Ayuntamiento de Barcelona.

El planteamiento proyectado finalmente sitúa, en primer lugar, la relación con la naturaleza, al introducir los ejes verdes; en segundo lugar, afronta el metabolismo urbano y es capaz de reestructurar las redes de servicios urbanos (ciclo del agua, energía y materiales), y reorganiza el tejido urbano al servicio de una mirada social y de salud con una autoorganización de la reforma desde los barrios. Ello cristaliza en un modelo de movilidad activa que combina una red ortogonal de autobús, una red de carriles bici y una red de ejes verdes. Son una red de calles peatonales que articulan el nuevo sistema verde urbano, que permitirá gestionar la complejidad en las próximas décadas.

Asimismo, es necesario elaborar una solución que haga efectiva la recuperación de espacios verdes en los interiores de manzana que sean accesibles. También es imprescindible renovar la funcionomía del tejido del Eixample. Por un lado, lograr preservar a la población de estos barrios y controlar la gentrificación, y para ello es necesario implementar políticas de alquiler accesible. Por otro lado, es preciso renovar los edificios y adaptarlos a los nuevos modelos de innovación económica. En este caso, se trataría de hacerlos atractivos para las actividades económicas asociadas a la sociedad del conocimiento y adaptarlos a las necesidades de la transición energética, lo cual implica que las edificaciones sean construcciones más pasivas, es decir, que no necesiten ser calentadas en invierno y refrescadas en verano con consumo de energía, y ubicar energías renovables en su tejido. Todo un reto de futuro en el que el Plan de Alineaciones sigue siendo el referente.

14. La evaluación de las bases de la urbanización a la luz de su aplicación en el Ensanche

En este capítulo, se ha evidenciado que, siguiendo el principio de la dualidad independencia-sociabilidad con el instrumento de la cuadrícula del plan de alineaciones que formaliza el concepto vías-intervías, y a partir del establecimiento de unas bases de la urbanización con sus instrumentos asociados, es posible organizar una buena construcción de las aglomeraciones.

Cerdà propone, desde una perspectiva "liberal" siguiendo el concepto de la generación de Cerdà, unos pocos elementos reguladores para articular una urbanización a lo largo de un siglo, que organiza un tejido de gran calidad:

a) Un esquema sencillo, que articula la vivienda tipo, el jardín (50% de la parcela) y la manzana o intervías (base técnica).

b) Los instrumentos legales asociados al sistema de reparcelación que permiten construir el tejido en cuadrícula: el control de las alineaciones y la cesión de los terrenos para viales como mecanismo para pasar de suelo rural a urbano (base legal).

c) El control de las alineaciones en los primeros años, que decanta la manzana ocupada a 4 lados, con un 70% de ocupación (base administrativa).

d) La financiación económica de la construcción de la Reforma y Ensanche: un proceso factible en su extensión y más complejo en su reforma (base económica).

e) La reparcelación de los terrenos de la muralla y la imposición de un modelo reticular frente al modelo radioconcéntrico. Ello lo consigue a través del principio de transacción-transición (base política).

f) La adaptación del proyecto urbano de calle a las distintas necesidades a lo largo del tiempo, a través de las comisiones de ensanche (base legal y administrativa).

En todo este proceso, es fundamental articular bien las redes de transporte y de servicios urbanos con la cuadrícula, así como la manzana con el modelo de la casa de renta. También hemos visto que el modelo de la casa de renta no se articula bien para las clases obreras de principios del siglo XX. Se adapta primero con la manzana con pasaje, pero más tarde es necesario potenciar una política de vivienda social que no existe realmente en Barcelona en el primer tercio del siglo XX, como así ha sido en el período de entreguerras en Europa.

Por otro lado, se constata el rol clave de la Comisión de Ensanche, que ha permitido preservar un modelo reticular articulado sobre un plan de alineaciones que permaneció siempre vigente (1860-1953). Este es un modelo reticular, pero flexible.

No obstante, también hemos observado procesos de densificación asociados al paso de la propiedad vertical a la propiedad horizontal. Se derivan de los mecanismos de trituración y densificación de la vivienda y de maximización de la rentabilidad:

a) La apuesta por explotar las esquinas para el uso del automóvil.

b) La apuesta per maximizar el número de habitaciones.

c) El criterio de ganar altura con el fenómeno de la superposición: la aparición de entresuelos, áticos y sobreáticos.

d) La yuxtaposición, que reduce los patios de ventilación.

e) La apuesta por edificios que incrementan su altura en forma de rascacielos, a cambio de no ocupar toda la parcela edificada.

Se constata que las bases aportadas por Cerdà fueron los elementos clave para formalizar un modelo que mejoraba las condiciones de movilidad y de higiene de la vivienda, aunque también hacía aflorar una gran contra-dicción. Por una parte, se ha generado un centro con una densidad y una mezcla urbana que han catalizado una centralidad económica metropolitana gracias a los locales en planta baja, que en muchos casos llegan a tener superficies de 2.000 m^2, con la ocupación de la planta baja en el interior de manzana, y que generan una mezcla urbana de residencia, comercios y servicios. Pero, por otra parte, se constata la incapacidad de frenar el proceso de trituración del espacio verde en la cuadrícula, especialmente en los interiores de manzana.

En cualquier caso, se ha generado un proceso creativo de recuperación de espacios verdes, primero a través de los espacios verdes de los patios interiores de manzanas y, más tarde, con la recuperación de verde a través de los ejes verdes peatonales. Ello implica una reestructuración metropolitana a través del sistema de movilidad, con la red de ejes verdes, y un reequilibrio territorial metropolitano de la innovación asociado a la sociedad del conocimiento, que la aglomeración de Barcelona todavía debe encontrar.

Finalmente, es de destacar que en este proceso de construcción y renovación del Ensanche es fundamental el rol de la legislación urbanística y el liderazgo político que puede acompañar el proyecto o no. Como dice Cerdà el origen de la urbanización es la vivienda y su causa la generación de unos servicios y equipamientos que ofrece la aglomeración de viviendas. En la actualidad constatamos que no hay un buen urbanismo sin una buena política de vivienda, y esta fue casi inexistente en el Ensanche en el periodo de la revolución eléctrica de principios de siglo, al contario de las políticas de vivienda en Viena, Rotterdam o Frankfurt en el periodo entre guerras.

Cerdà preveía que con la extensión y el cambio de valor de los terrenos era posible asegurar una vivienda digna y unos equipamientos a su servicio. Actualmente observamos que junto a la extensión se produce un fenómeno de globalización que encarece los centros urbanos. Es necesario cambiar la legislación para regular los fenómenos de gentrificación y que las inversiones en renovación urbana no jueguen a la contra del acceso a la vivienda y a los equipamientos.

Una política de equipamientos y espacios verdes es fundamental, tal como hemos observado. En los periodos de máxima presión de necesidades de vivienda hay tendencia a privatizar los equipamientos colectivos. A su vez es de destacar que a medida que las aglomeraciones y sus espacios funcionales avanzan en tamaño, también los debe hacer su gobernanza. En el periodo 1859-1953 fueron las comisiones de Ensanche. Posteriormente fue la Corporación Metropolitana de Barcelona creada con el PGMB de 1976 y eliminada en 1987. Actualmente la metrópolis funcional va más allá de el Área Metropolitana de Barcelona y sus 36 municipios. Deben encontrarse aquellos instrumentos de gobernanza que permitan articular la vivienda y la urbanización de la metrópolis en sus redes metabólicas y en sus servicios y equipamientos comunitarios frente a la revolución de sociedad de la información.

Notas

1 SERRATOSA, A. (1979): *Objetivos y metodología de un plan metropolitano: la revisión del Plan Comarcal (1953) de Barcelona*. Oikos-Tau, Ed.; TORT, Joan, CATALÀ, Rosa, & SERRATOSA, Albert. (2011): *Pensar el territori: converses amb Albert Serratosa*. Dèria.

2 SORIA, A. (1999): *Actualidad de la teoría de Cerdá*. Ciudad y Territorio Estudios Territoriales, pp.125-134.

3 GARCIA BELLIDO, Javier (2000): Ildefonso Cerdà y el nacimiento de la urbanística: la primera propuesta disciplinar de su estructura profunda. *Scripta Nova: revista electrónica de geografía y ciencias sociales*, 4, 61.

4 BASSOLS, Martí (1999). *La influencia de Ildefonso Cerdà en la fundamentación jurídica de la urbanización*. Ciudad y Territorio Estudios Territoriales, 189-208; BASSOLS, Martí (1999): *La influencia de Ildefonso Cerdà en la fundamentación jurídica de la urbanización*. Ciudad y Territorio Estudios Territoriales, 189-208.

5 TATJER, Mercè (1995): "L'evolució de la població de Barcelona entre el 1869 i el 1897". En: SOBREQUES, Jaume (Ed) (1995). *Història de Barcelona*. Vol.6, Enciclopèdia Catalana; TATJER, Mercè: (1995). "Evolució demogràfica". En: SOBREQUES, Jaume (Ed) (1995): *Història de Barcelona*. Vol.7. El Segle XX. De les annexions a la fi de la guerra civil. Enciclopedia Catalana. pp. 71-122.

6 OYÓN, J. L., & MALDONADO, J. A. y GRIFUL, Eulàlia (2001): *Barcelona 1930: un atlas social*. Barcelona: Edicions UPC. Aula d'Arquitectura

7 CERDA, Ildefons (1861;1971;1991). *Cuatro palabras sobre el Ensanche*. Barcelona: Imp. N. Ramírez, 1861. En: ESTAPÉ (1971: 571-589) y CERDÁ Y BARCELONA (1991: 577-589).

8 BASSOLS, Martí (1973): *Génesis y evolución del derecho urbanístico español (1812-1956)*. Madrid: Montecorvo, 1973.

9 LOPEZ GUALLAR, Marina (ed.) (2010): *Cerdà y Barcelona. La primera metròpolis, 1853-1897*, Barcelona, MUHBA, Ajuntament de Barcelona, Institut de Cultura y SECC Barcelona, 2010; ISBN: 978-84-9850230-5

10 Tal como ya se ha señalado, Cerdà y Serrallach se instalaron a partir de 1865 en dos fincas adyacentes del Ensanche (Bruc 49 y 51) en la conocida doble manzana de la *Sociedad de Fomento del Ensanche* que había liderado Cerdà.

11 COROMINAS, Miquel (1986): *Suelo, técnica e iniciativa en los orígenes del Ensanche de Barcelona*. Tesis doctoral leída en la ETSAB (UPC), 1986.

12 GIMENO, Eva & MAGRINYÀ, Francesc (1994): *La intervención de Cerdà en la construcción del Eixample*, En: MAGRINYÀ, Francesc y TARRAGÓ, Salvador (Eds) (1994): *Catálogo de la Exposición "Mostra Cerdà. Urbs i territori"*, septiembre 1994-enero 1995. Barcelona: Electa 1994. pp.167-188.

13 SABATÉ BEL, J. (1990): "Vers l'ordenança de l'Eixample", En: AAVV (1990): *La formació de l'Eixample de Barcelona. Aproximacions a un fenòmen urbà*, Barcelona : Olimpíada Cultural y L'Avenç.

14 BASSOLS (1999): *Op.cit.*

15 GIMENO & MAGRINYÀ (1994): *Op.cit.*

16 PERMANYER, Lluís (1991): *Historia del eixample*. Barcelona: Editorial Plaza & Janés.

17 TAFUNELL, X. (1994). *La construcció de la Barcelona moderna. La industria de l'habitatge entre 1854 i 1897*. Barcelona: Ajuntament de Barcelona, Area de Hisenda (Col.lecció Estudis d'Hisenda, 4); TAFUNELL, X. (1992): "La construcción en Barcelona, 1860-1935: continuidad y cambio". En: GARCIA DELGADO, J.L. (1992): *Las ciudades en la modernización de España. Los decenios interseculares: VIII Coloquio de Historia Contemporánea de España* (pp. 3-20). Siglo XXI de España.

18 GARCIA BELLIDO, Javier, MANGIAGALLI, Sara (2008): "Pascual Madoz y el derribo de las murallas en el albor del Ensanche de Barcelona". En: GRAU, Ramon (Coord.) (2008). *Cerdà i els altres. La modernitat de Barcelona 1854-1874*. Quaderns d'Historia (14): 165-205. (ISSN: 1135-3058).

19 MAGRINYÀ, Francesc (2002): "Gaudí-Cerdà: una contraposición sugerente". *Ingeniería y Territorio*, nº 59, Gaudí. Estructura y Naturaleza, 2002, pp. 84-91. ISSN: 0213-4195

20 GARCIA ESPUCHE, Albert (1990): *El quadrat d'or. centre de la Barcelona modernista. La formació d'un espai urbà privilegiat*. Barcelona: Olimpiada cultural Barcelona'92 y Lunwerg.

21 TATJER, Mercè (2010). "L'Eixamplament de l'Espai industrial de Barcelona, 1875-1897". En R. GRAU (coordinador). *Dilemes de la fi de segle, 1874-1901*. (Quadern d'Historia n.16). Barcelona: Ajuntament de Barcelona. pp. 201-234.

22 TAFUNELL (1994): *Op.cit.*

23 BASSOLS (1999): *Op.cit.*

24 FAURE, A. (2004). "Spéculation et société: les grands travaux à Paris au XIX e siècle XX". *Histoire, économie et société*, 23(3), 433-448.

25 CERDA, Ildefons (1872; 1991). "Instancia y Proposición al Ministro de Fomento, 1872". En: *Cerdà y Barcelona* (1991: pp. 625-628).

26 GIMENO & MAGRINYÀ (1994): *Op.cit.*

27 PASCUAL, P.; SUDRIÀ, C. (2008): "Industrialización, desarrollo financiero y oferta monetaria en Barcelona a mediados del siglo XIX". *Investigaciones de Historia Económica*, 2008, 4.12: 45-77.

28 RODRIGO y ALHARILLA, Martín & TARRAGONA, Josep (2007): *Indians a Catalunya: capitals cubans en l'economia catalana*. Barcelona: Fundació Noguera.

29 PASCUAL, P. (1999): *Los caminos de la era industrial: la construcción y financiación de la red ferroviaria catalana, 1843-1898* (Vol. 1). Barcelona: Edicions Universitat Barcelona.

30 GIMENO & MAGRINYÀ (1994): *Op.cit.*

31 BASSOLS (1999): *Op.cit.*

32 BASSOLS (1999): *Op.cit.*

33 Para este apartado recogemos la información de GIMENO, Eva & MAGRINYA, Francesc (1994): "La intervención de Cerdà en la construcción del Eixample", En: MAGRINYA, Francesc y TARRAGÓ, Salvador (Eds) (1994). *Catálogo de la Exposición "Mostra Cerdà. Urbs i territori"*, septiembre 1994-enero 1995. Barcelona: Electa 1994. pp.167-188.

34 AMAB, Expediente 37-AI (1865-66): "Sobre la apertura de las tres calles de la Reforma interior de esta ciudad"

35 Uno de los momentos críticos se produjo en 1865, cuando la prensa barcelonesa excitó la polémica divulgando una posible operación mercantil con un plano firmado por Cerdà situando "la estación de estaciones" en la Barceloneta: *El Comercio de Barcelona* (22, 26 y 28 de marzo), *La Corona* (30 de marzo - 4 y 20 de abril - 24 de enero de 1867) y *El Telégrafo* (11 de abril).

36 Diario de Barcelona, 13-IX-1872 (ed. tarde): "Reforma del Antiguo Casco Urbano de Barcelona"; *El Consejero*, 26-I-1874: "Reforma del Antiguo Casco Urbano". *AMAB: Actas del Ayuntamiento*, 1874 (1 de mayo), f. 130. ICr: 1872, 1873 y 1874.

37 Las once bases propuestas se encuentran reproducidas en: CALL, Domingo (1878): *Mejoras de Barcelona*, pp.50-52.

38 BASSOLS (1973): *Op.cit.*

39 BASSOLS (1973): *Op.cit.*

40 AMAB, Junta de Ensanche de Barcelona N°73, Expediente relativo al Informe reclamado por el Excmo. Ayuntamiento acerca el plano de unión de Barcelona con el Ensanche ideado por D. Leandro Serrallach, 1870-76, Carta de la Comisión de la Junta de Ensanche con fecha 12 de junio de 1870.

41 AMAB, Junta de Ensanche de Barcelona N° 182, Sobre reducción de la latitud de la Avenida del Paralelo promovido por varios propietarios de terrenos situados en la suprimida 3ª zona del castillo de Montjuich (Pórticos), 1870-85.

42 AMAB, Junta de Ensanche de Barcelona N° 140, Informe reclamado por el Ayuntamiento sobre la linea de edificación de la plazoleta formada por el cruce de las calles de Aragón y Universidad, 1873-74.

43 BASSOLS (1999): *Op.cit.*

44 BASSOLS (1999): *Op.cit.*

45 SABATÉ BEL, Joaquim (1990): Vers l'ordenança de l'Eixample. En: AA.VV. *La formació de l'Eixample de Barcelona. Aproximacions a un fenomen urbà*. Barcelona : Olimpíada Cultural y L'Avenç.

46 AYUNTAMIENTO DE BARCELONA (1927). *Memoria de la Comisión Especial de Ensanche*. Barcelona: Ayuntamiento de Barcelona; AYUNTAMIENTO DE BARCELONA (1928). *Memoria de la Comisión Especial de Ensanche*. Barcelona: Ayuntamiento de Barcelona.

47 A.A.V.V. (2001): *La construcción de la gran Barcelona: l'obertura de la Via Laietana 1908-1958*, Serveis Editorials Estudi Balmes SL, Institut de Cultura de l'Ajuntament de Barcelona.

48 La información que se desarrolla en este apartado está recogida en el análisis de MAGRINYÀ, Francesc (2008). "Les propostes d'Ildefons Cerdà, 1854-1875: l'expressió urbanística i territorial d'un projecte de modernització". En: GRAU, Ramon (Coord.) (2008). *Cerdà i els altres. La modernitat de Barcelona 1854-1874*. Quaderns d'Historia (14): 81-116. (ISSN: 1135-3058).

49 MAGRINYÀ, F. & F MARZA, F. (2009): *Cerdà 150 años de modernidad*, Barcelona: Edicions ACTAR.

50 Este apartado se nutre también de las aportaciones de: MAGRINYÀ, Francesc (2001): "Tendències històriques en l'extensió de les xarxes de serveis urbans i de telecomunicacions". En: ROCA, Joan & OLIVELLA, Lluís (2001), *Barcelona i les telecomunicacions. Cable, urbanisme i globalització*, Barcelona, Aula de Barcelona, p.67-79.

51 Un tipo de ómnibus tirado por caballos para transporte urbano.

52 Para la entender la extensión de la red de gas ver: ARROYO, Mercedes (1996): *La industria del gas en Barcelona, 1841-1933*. Barcelona: Ediciones del Serbal.

53 Para entender la extensión de la red de agua ver: MARTÍN PASCUAL, José Manuel (2007): *Aigua i societat a Barcelona entre les dues exposicions (1888-1929)*, Tesis Doctoral, Barcelona, Univesitat Autònoma de Barcelona; GUÀRDIA, Manel (2011): *La revolución del agua en Barcelona. De la ciudad preindustrial a la metropolis moderna, 1867-1967*. Barcelona: MUHBA.

54 CAPEL, Horado (Ed.) (1994): *Las Tres Chimeneas. Implantación industrial, cambio tecnológico y transformación de un espacio urbano barcelonés*, 3 Volúmenes, Barcelona: FECSA.

55 ALEMANY, Joan (1991): *Los puertos españoles en el siglo XIX*. Madrid: CEHOPU, MOPT.

56 GANGOLELLS, B. (2008). *Els territoris del negoci elèctric. El model*

de Pearson i la seva aplicació a Sao Paulo, México DF, Rio de Janeiro i Barcelona. Tesis de Master. ETSECCPB. Barcelona: UPC. https://hdl.handle.net/2099.1/5773

57 Una muestra de ello es el catálogo de la Exposición: *Cerdà 150 años de modernidad* en la que se restauraron y expusieron los documentos de esta evolución. Ver: MAGRINYA, F. & F MARZA, F. (2009): *Cerdà 150 años de modernidad*. Barcelona: Edicions ACTAR. 320 p. ISBN: 978-84-92861-09-5

58 MAGRINYÀ, Francesc (2001): *Op.cit.*; MAGRINYA, F. & F MARZA, F. (2009): *Op.cit.*

59 TORRES I CAPELL, Manuel; LLOBET, Josep; PUIG, Jaume (1985): *Inicis de la urbanística municipal de Barcelona: mostra dels fons municipals de plans i projectes d'urbanisme, 1750-1930*. Barcelona: Ajuntament de Barcelona.

60 LLOBET, Jaume (1990): "Urbanització i finançament pública l'Eixample". En: AAVV. (1990): *La formació de l'Eixample de Barcelona. Aproximacions a un fenomen urbà*. Barcelona Olimpíada Cultural & L'Avenç. pp.61-73.

61 TAFUNELL, X. (1992): *Op.cit.*

62 TAFUNELL, X. (1992): *Op.cit.*

63 LLOBET (1990): *Op.cit.*

64 LLOBET (1990): *Op.cit.*

65 TATJER, Mercè & VILANOVA, Antoni (2005): *Estudi patrimonial de l'edifici deis Radicals*. Barcelona: Ajuntament de Barcelona; TATJER, Mercè (2008): "La indústria a l'Eixample de Barcelona: el sector de Sant Antoni, 1860-1874", En: GRAU, Ramon (coord.) (2008). *Cerdà i els altres. La modernitat a Barcelona*, Barcelona. Barcelona: Ajuntament de Barcelona (Barcelona Quaderns d'Historia, 14), pag. 279-302; TATJER, Mercè (2010): "L'Eixamplament de l'Espai industrial de Barcelona, 1875-1897". En R. GRAU (coord.)(2010). *Dilemes de la fi de segle, 1874-1901*. Barcelona: Ajuntament de Barcelona (Quadern d'Historia n.16), p. 201-234 (ISSN: 1135-3058); BOU, Ll.; CABALLÉ, F. & TATJER, M. (2010). "Les principals indústries de la Barcelona Gran", En: LÓPEZ GUALLAR, M. (dir.) (2010): *Cerdà i Barcelona. La primera metropoli 1853-1897*, Barcelona, MUHBA, pp. 170-175.

66 TATJER (2008): *Op.cit.*

67 TATJER (2008): *Op.cit.*

68 TATJER (2010): *Op.cit*

69 TATJER (2010): *Op.cit*

70 GARCIA ESPUCHE, Albert (1990). *El quadrat d'or. centre de la Barcelona modernista. La formació d'un espai urbà privilegiat*. Barcelona: Olimpiada cultural Barcelona'92 y Lunwerg.

71 TATJER (2010): *Op.cit.*

72 TATJER (2010): *Op.cit.*

73 BOU, Ll.; CABALLÉ, F. & TATJER, M. (2010): *Op.cit.*

74 McDONOGH, Gary (1997): *Las buenas familias de Barcelona. Historia social de poder en la era industrial*. Barcelona: Ed. Omega.

75 SOLÀ, Àngels. (2004): "La societat barcelonina en una època de canvis". En: GRAU, Ramon (coord.) (2004): *La ciutat i les revolucions, 1808-1868. II, El procés d'industrialització*. Barcelona: Ajuntament de Barcelona (Quaderns d'Història, 11). pp.39-68.

76 SIEDER, Reinhard (1985): "Housing Policy, Social Welfare, and Family Life in'Red Vienna', 1919-34". *Oral History*, 1985, 13.2: 35-48.

77 TATJER, M (2003): "La vivienda popular en el Ensanche de Barcelona". Scripta Nova. *Revista electrónica de geografía y ciencias sociales*. Barcelona: Universidad de Barcelona, 1 de agosto de 2003, vol. VII, núm. 146(021). <http://www.ub.es/geocrit/sn/sn-146(021).htm>

78 TATJER (2003): *Op.cit.*

79 TATJER, Mercè (1998): "Solucions a la crisi d'habitatge popular a Barcelona: les primeres experiències a Sant Andreu (1909-1937)". En: CHECA, M. (Coord.) (1998) *Sant Andreu, de poble a ciutat (18751936)*. Barcelona: Centre d'Estudis Ignasi Iglesies (Finestrelles, nº 9), p. 61-76. [ISBN 1130-0272]

80 TATJER (2003): *Op.cit.*

81 GARCIA BELLIDO, Javier (2000): *Op. cit.*

82 SOLANS, Juan. Antonio (1975): De las constituciones a los edictos de obrería, de los edictos a las ordenanzas de edificación, de las ordenanzas a las normas urbanísticas. *Arquitecturas Bis*, 5.

83 ARROYO, Mercedes (1996): *Op. cit.*

84 MONCLÚS, Francisco Javier; OYÓN, José Luis (1990): Eixample i suburbanització: trànsit tramviari i divisió social de l'espai urbà a Barcelona, 1883-1914. En: AA. VV., *La formació de l'Eixample de Barcelona. Aproximacions a un fenomen urbà*. Barcelona: Olimpíada Cultural, pp. 151-174.

85 NAVAS, Teresa (2012): *Planificació, construcció i mobilitat: la modernització a la xarxa viària a la regió de Barcelona. 1761-1969*. Tesis doctoral. Barcelona: Universitat de Barcelona.

86 MAGRINYÀ, Francesc (2002): *La théorie urbanistique de Cerdà et son application à l'Ensanche de Barcelone: une genèse d'urbanisme de réseaux*. Tesis doctoral. París: École Nationale des Ponts et Chaussées (ENPC), mayo.

87 MAGRINYÀ, Francesc (2023): El patrimonio urbanístico del Plan

Cerdà. Propuestas de intervención para su preservación. I Congreso Internacional de Patrimonio de la Obra Pública y de la Ingeniería Civil. Toledo, 26-29 de septiembre.

88 Ayuntamiento de Barcelona (1927): *Op. cit.*; Ayuntamiento de Barcelona (1928): *Op. cit.*

89 Ayuntamiento de Barcelona (1928): *Op. cit.*, p. 39.

90 Ayuntamiento de Barcelona (1928): *Op. cit.*, p. 39.

91 Ayuntamiento de Barcelona (1928): *Op. cit.*, pp. 111-113.

92 Ayuntamiento de Barcelona (1928): *Op. cit.*, p. 105.

93 MAGRINYÀ, Francesc (2021): Barcelona: Un cambio de paradigma hacia una movilidad activa. En: RUIZ APILANEZ, Borja; SOLÍS, Eloy (2021): *A pie o en bici: Perspectivas y experiencias en torno a la movilidad activa*. Universidad de Castilla-La Mancha, Ediciones de la Universidad de Castilla-La Mancha. Atenea, 25, pp. 137-149.

94 BREHENY, M.J. (1992): "The contradictions of the compact city: a review". En MJ. BREHENY (éd.) (1992). Sustainable development and urban forms, Londres, Pion Ltd, 1992, p. 156. 25. Welbank, M., Opening address at Royal Town Planning Institute annual conference, Birmingham, 9 juin 1992.

95 RUEDA, Salvador (1999): "La ciutat mediterrània compacta i diversa, un model de ciutat sostenible". AAVV (1999): *La ciutat sostenible: un procés de transformació*. Girona, Universitat de Girona, 1999, 13-29.

96 CLÉMENT, Pierre; GUTH, Sabine (1995): "De la densité qui tue à la densité qui paye. La densité urbaine comme règle et médiateur entre politique et projet". *Les Annales de la recherche urbaine*. 1995. p. 72-83.

97 PEREZ, P., SUNYER, J., KÜNZLI, N. (2009): "Estimating the health and economic benefits associated with reducing air pollution in the Barcelona metropolitan area (Spain)", *GacSanit*. 2009; 23(4): 287–294.

98 MAGRINYÁ, Francesc (2021): *Op.cit.*

99 MAGRINYÀ, Francesc; MERCADÉ-ALOY, Jodep; RUIZ-APILÁNEZ, Borja (2023): Merging Green and Active Transportation Infrastructure towards an Equitable Accessibility to Green Areas: Barcelona Green Axes. *Land*, 12(4): 919.

100 MAGRINYÀ, Francesc (2021): Barcelona: Un cambio de paradigma hacia una movilidad activa. En: RUIZ APILANEZ, Borja; SOLÍS, Eloy (2021): *A pie o en bici: Perspectivas y experiencias en torno a la movilidad activa*. Universidad de Castilla-La Mancha, Ediciones de la Universidad de Castilla-La Mancha. Atenea, 25, pp. 137-149.

101 HERCE, Manuel; MAGRINYÀ, Francesc; MIRÓ, Joan (2007): *L'espai urbà de la mobilitat*. Barcelona: Edicions UPC, 223 p.

102 HERCE, M.; MAGRINYA, F. & MIRO, J. (2007): *L'espai urbà de la mobilitat*. Barcelona: Edicions UPC. ISBN: 8483019175; MAGRINYÁ, Francesc (2008): "Mobilité durable et qualité urbaine: les quartiers de Gràcia, Poblenou et El Prat de Llobregat (Barcelone)", URBIA *Les cahiers du développement urbain durable*, (7), pp.43-65. https://www.unil.ch/files/live/sites/ouvdd/files/shared/URBIA/urbia_07/urbia_07_complet.pdf ; HERCE, Manuel, MAGRINYÁ, Francesc (2013): *El espacio de la movilidad urbana*, Editorial Café de las ciudades. https://cafedelasciudades.com.ar/producto/el-espacio-de-la-movilidad-urbana-digital/; MAGRINYÁ, Francesc (2013): "Las carreteras y la planificación territorial: elementos para un cambio de paradigma hacia una movilidad sostenible". *Revista de Obras Públicas*, 2013, 3540: 59-64; MAGRINYÁ, Francesc (2016): "Movilidad sostenible y reestructuración de la ciudad de Barcelona. Una comparativa entre contexto europeo y latinoamericano"; En: NEGRETE, M.E., (2016): *Urbanización y política urbana en Iberoamérica*, México: Ed. El Colegio de México; MAGRINYÁ, Francesc (2021): Op.cit.; MAGRINYÀ, Francesc; MERCADÉ-ALOY, Josep; RUIZ-APILÁNEZ, Borja (2023). "Merging Green and Active Transportation Infrastructure towards an Equitable Accessibility to Green Areas: Barcelona Green Axes". *Land*, 2023, 12.4: 919.

103 PÉREZ, Laura; SUNYER, Jordi; KÜNZLI, Nino (2009): Estimating the health and economic benefits associated with reducing air pollution in the Barcelona metropolitan area (Spain). *Gaceta Sanitaria*. 23(4): 287-294.

104 MAGRINYÀ, Francesc, *et al.* (2023): *Op. cit.*

VIII. UNA LECTURA DE LA TEORÍA URBANÍSTICA DE CERDÀ EN PERSPECTIVA DE FUTURO

1. El lema de la portada de la *Teoría general de la urbanización* representa la síntesis del pensamiento de Cerdà

Al inicio de la *Teoría general de la urbanización* (TGU) y en su portada, Cerdà presenta los siguientes principios:

"Independencia del individuo en el hogar.
Independencia del hogar en la urbe.
Independencia de los diversos géneros de movimientos en la vía urbana.
Rurizad lo urbano: urbanizad lo rural:
... Replete terram"

Podemos concluir, en primer lugar, tras nuestro recorrido por su obra, que esta leyenda es la mejor síntesis de la *Teoría general de la urbanización* y de su pensamiento.

Hemos mostrado cómo los conceptos de independencia de la casa, de la urbe y de los diferentes modos de transporte en la sección de la calle van asociados a las dualidades independencia-sociabilidad y aislamiento-relación, que son las claves de su concepto de urbanización. En este sentido, la decantación del objeto vía-intervías y la lectura de la urbanización desde el equilibrio entre los espacios de movimiento y los espacios de estancia son algunas de las claves de su aportación a la teoría urbanística, en especial desde una lectura del urbanismo desde las redes. En la actualidad, esta aproximación urbanística es muy pertinente, especialmente para contrarrestar las aproximaciones urbanísticas demasiado fragmentadas en el espacio y en el tiempo.

La teoría urbanística de Cerdà pone de manifiesto la necesidad de adoptar una perspectiva cinética. Los nuevos medios de transporte transforman la noción territorial con las nuevas características cinéticas y con el predominio de los flujos y del movimiento frente al quietismo. El predominio de la noción de conexión, es decir, el establecimiento de relaciones de comunicación, y la disminución del peso del factor de la distancia, frente a la característica de la propia conexión, transforman los territorios. Cerdà lo intuye desde el principio y arma una teoría sobre estas bases. Constata que los distintos puntos del territorio quedan en relación sistémica, a través de una nueva correlación de espacios y tiempos.

Para ello, propone una nueva topología territorial, generada por los nuevos espacios de movilidad, con unas nuevas condiciones cinéticas que han de implicar necesariamente una nueva concepción de la urbanización. Su aproximación cinética y topológica le lleva a una proposición urbanística que une ciudad y territorio a través de las redes de transporte y de telecomunicaciones. Adoptando la mirada de un urbanismo de redes, que considera que las características cinética, topológica y adaptativa son elementos centrales de la perspectiva urbanística, observamos que en la teoría urbanística de Cerdà emerge con fuerza la idea de *conexidad* (estar conectado), expresada a través de la noción de comunicatividad, entendida como la facilitación de la comunicación. Su propuesta es el análisis de las condiciones de *viabilidad*, término que significa precisamente "facilitar el movimiento" y que utiliza en la TVU y posteriormente transforma en *vialidad*, que es el vocablo que utiliza mayoritariamente en la TGU. Así pues, centra su análisis en el impacto que tienen los nuevos medios de transporte y de telecomunicaciones sobre la urbanización y sobre el territorio. Cerdà está convencido de que los efectos de la nueva civilización acabarán por llegar y, según su concepción de modernidad y progreso, la función de los técnicos es precisamente la de facilitar esta transición a través de transacciones sucesivas, asociadas a la introducción de cada nueva generación de transporte.

Su perspectiva topológica de la urbanización le lleva a formular la hipótesis de que en la urbanización existen dos principios generadores: las necesidades de independencia y las de sociabilidad. Para Cerdà, los dos elementos de la dualidad independencia-sociabilidad son, respectivamente, el origen y la causa del desarrollo de la urbanización. Esta perspectiva de análisis le permite observar lo construido desde la correlación entre las dualidades edificación-agrupación y estancia-movilidad. A partir de su experiencia con el Ensanche de Barcelona, tiene claro que hay que preservar la independencia del individuo en el hogar y la de este en la urbe. Ello le lleva a establecer un plano de alineaciones que separa vías e intervías como forma que permanece más en el tiempo. Asimismo, es necesario controlar la densidad en la vivienda y en el intervías. Por su parte, la sociabilidad genera unas reglas de juego para la agrupación, que deben contener un sustrato ordenador, como es la cuadrícula, y un sistema de equipamientos con una distribución fractal de los servicios que se deben ofrecer a esta agrupación. Este sistema urbano debe asegurar, por una parte, la higiene, que hoy denominamos *tejidos saludables*, y, por otra, el acceso a los servicios urbanos y a los servicios de movilidad, que se convierten en el elemento central de la agrupación, al punto de afirmar que cada forma de transporte genera una forma de urbanización. Este es un planteamiento certero y actual, aunque en el contexto ahora más complejo, pues aparece el espacio virtual de las redes de comunicación que transforma la naturaleza de las relaciones.

La mirada de la urbanización desde una perspectiva adaptativa y evolutiva es otro elemento central de su teoría urbanística. El análisis detallado del proceso adaptativo de la urbanización nos muestra cómo Cerdà, por una parte, analiza la urbanización a través de la evolución del sistema viario como espacio de comunicación y sus impactos sobre los espacios de la estancia, y, por otra, cómo visualiza que el análisis de la evolución del intervías es el instrumento de control de la densificación del tejido. Cerdà afronta la transformación de las urbes ante la nueva civilización de su época. Su propuesta más elaborada, explicitada en la Teoría de enlace marítimo-terrestre (TEMT), se basa en diseñar unos enlaces adecuados de las urbes, entendidos como apartaderos de la vialidad universal, conectados por el ferrocarril y el telégrafo (v. figs. 189 y 192).

Figura 324. Comparación entre una habitación densa (arriba) y una habitación amplia con aislamiento, expresión de la independencia del individuo en el hogar (abajo).
Fuente: Lluïsot

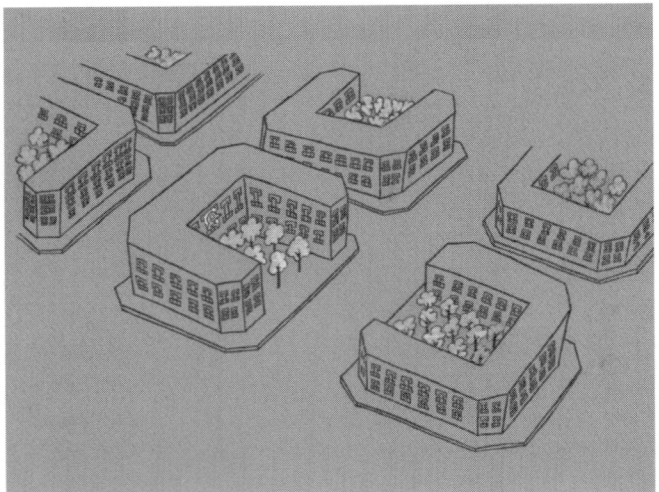

Figura 325. Comparación entre un tejido caótico y un tejido ordenado según intervías con condiciones de aireación, siguiendo el principio de independencia del hogar en la urbe.
Fuente: Lluïsot

Figura 326. Comparación entre un tejido con circulación caótica y un tejido con organización de la circulación según el principio de independencia de los distintos medios de transporte en la vía.
Fuente: Lluïsot

Desde la experiencia de haber construido una teoría urbanística a la vez urbana y territorial, propone, en la etapa final de su vida, y tras su experiencia territorial en la Diputación de Barcelona, la *Teoría general de la ruralización*, articulada a través del principio de la irradiación. Se trata de conocer la topografía del territorio y construir las redes fractales que deben conectar los diferentes puntos del territorio siguiendo la analogía con el sistema de ríos y con el esquema de la relación entre topografía natural y topografía artificial generada por la nueva urbanización.

En este escenario, propone extender el concepto de vía-intervías y la relación sobre el territorio a las distintas escalas de la urbanización. A la escala territorial, una de las aportaciones esenciales de la teoría urbanística de Cerdà es formular una estructura urbana articulada en torno al vías-intervías a las distintas escalas en una perspectiva fractal, es decir, una distribución equitativa de las redes y de los servicios en el territorio.

El esquema propuesto por Cerdà es un esquema fractal de urbanización, que se replica a cada escala: un campo de asentamiento, es decir, la comarca; un núcleo urbano, y un sistema de vías: vía de cintura, vías interiores o urbanas y vías exteriores o trascendentales. Al analizar la estructura viaria como elemento central, Cerdà jerarquiza las vías en dos grandes grupos. Por un lado, las vías trascendentales y urbanas y, por otro, las vías particularias. Cerdà replica esta estructura desde la escala del departamento individual, origen de la relación, que eleva hasta la escala territorial del país.

Siguiendo el esquema aislamiento-relación y aplicando el instrumento de la analogía, Cerdà observa que, a cada escala, el proceso de generación del intervías parte del aislamiento, al erigirse un recinto cerrado. Pero, a su vez, el recinto busca elementos de relación. La acera se convierte, a la escala de la manzana, en un elemento central y en el nexo de unión entre la noción de límite asociada a la cerca y la noción de relación asociada a la calzada. El viario y el recinto, interconectados por la acera, construyen el objeto vías-intervías.

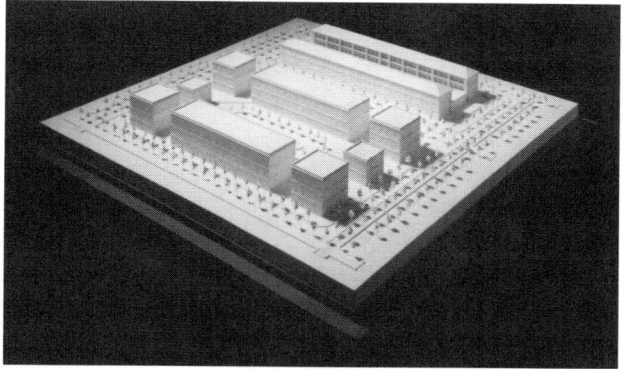

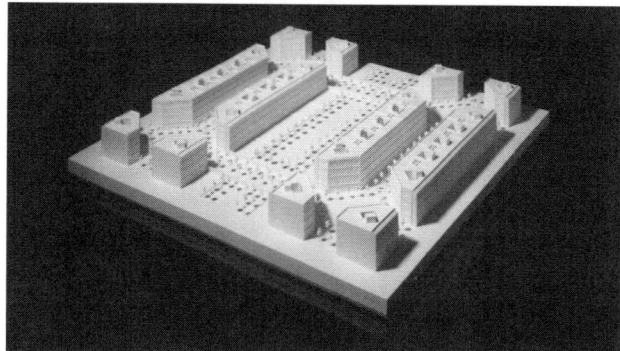

Figura 327. Maquetas de los intervías elaborados por Cerdà para: *a)* Anteproyecto de Ensanche de 1855; *b)* Proyecto de Reforma y Ensanche de 1859; *c)* Anteproyecto de Docks de 1863. Taller de maquetas ETSAV-UPC, 1994.
Fuente: Fundació Urbs i Territori Ildefons Cerdà (FUTIC)

Figura 328. Maqueta de una agrupación de combinaciones desarrolladas por Cerdà en el Anteproyecto de Ensanche de 1855.
Fuente: elaboración en el marco de la exposición Cerdà. Urbs i Territori, 1994. Gasull, A.; Magrinyà, F. Vídeo de la exposición

Su mirada escalar y analógica le permite relacionar el albergue con la urbe, que quedan interconectados por el sistema viario como un todo. Ello le obliga a comprender el sistema viario de la casa. En este punto, Cerdà plantea una analogía entre la casa y la urbe elemental, entre la vivienda y el intervías. De ahí surge la tesis de que cada elemento de urbanización (departamento, casa, intervías, urbe) necesita un campo de asentamiento y un sistema de vías, con unos enlaces adecuados. Por ello, parte de la estructura del recinto de toda la urbe, con sus puertas y portillos, y descubre que esta misma estructura se encuentra en la casa. A continuación, descubre otra

analogía entre el intervías, como agr[...]
una serie de analogías en cascada, e[...]
fractal aplicada a la cadena: urbe, int[...]

En paralelo, Cerdà centra el an[...]
nismo físico y organismo social. Su pl[...]
las ciudades y los territorios que articu[...]
para ajustarlo a sus necesidades. Par[...]
elementos de la urbanización, de la h[...]
asocia una estructura topológica, reco[...]
aportación esencial de su obra es la g[...]
desde una perspectiva sistémica y de [...]

Si bien, en la actualidad, con [...]

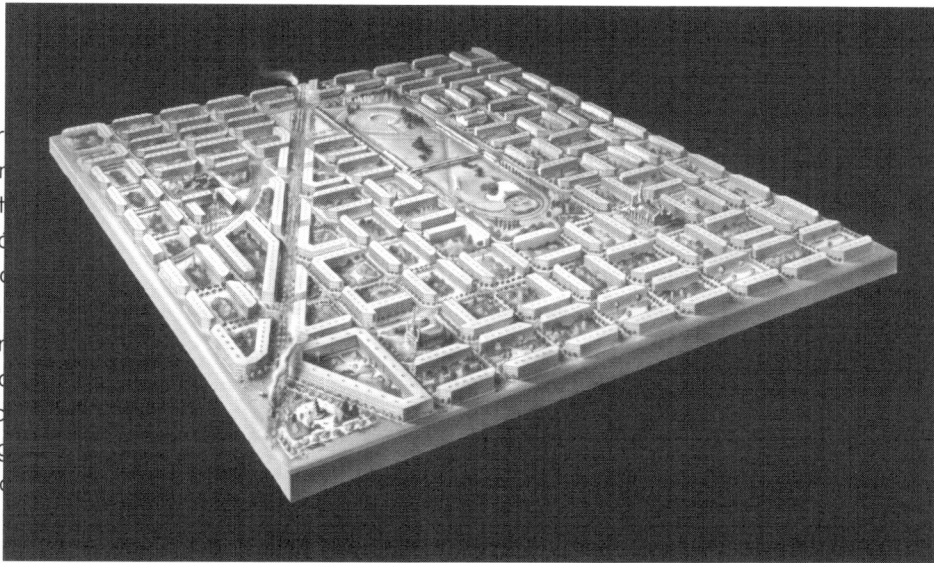

Figura 329. Maqueta de un sector del Proyecto de Reforma y Ensanche de Barcelona de 1859.
Fuente: elaboración en el marco de la exposición Cerdà. Urbs i Territori, 1994. Gasull. A.; Magrinyà, F. Vídeo de la exposición

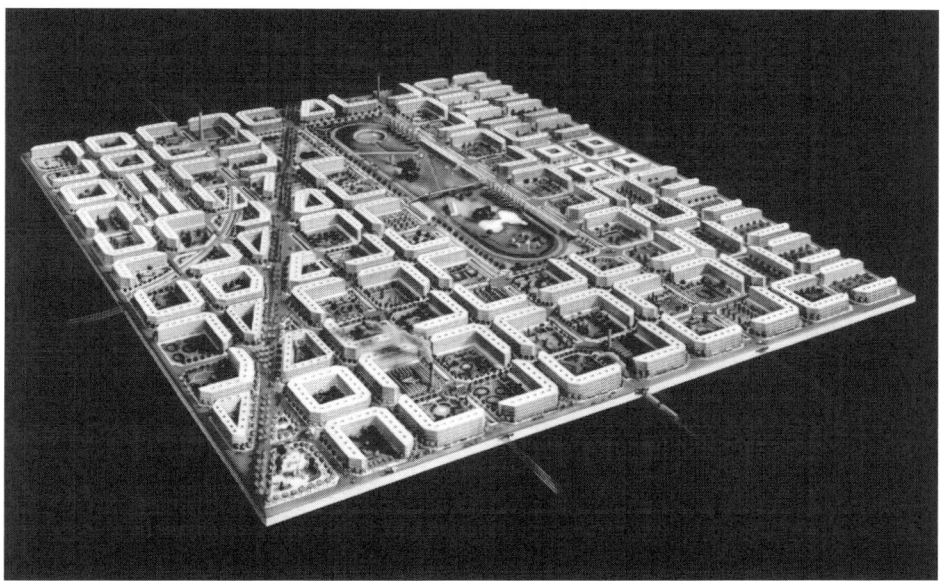

Figura 330. Maqueta de un sector de la reelaboración de 1863 del Proyecto de Reforma y Ensanche de Barcelona a partir del Anteproyecto de Docks de 1863.
Fuente: elaboración en el marco de la exposición Cerdà. Urbs i Territori, 1994. Gasull. A.; Magrinyà, F. Vídeo de la exposición

scale-free),[1] es decir, que cualquier par de seres humanos del globo terráqueo se pueden interconectar entre ellos con menos de cinco intermediarios conocidos entre ellos. Ya no es válido un esquema determinado fundamentalmente por una mirada desde las redes del transporte físico. Para Cerdà el telégrafo acompañaba al ferrocarril. Hoy constatamos que los actores eligen su posición no solo por la conexión al transporte físico, sino también por su proximidad y conexión a los *hubs* de telecomunicación. Pero su mirada topológica sigue siendo muy pertinente. Aunque, como dice Alexander, la ciudad no es un árbol,[2] —en la actualidad, las aglomeraciones se organizan en torno a unos *hubs* de telecomunicación que la estructuran—, sigue habiendo una red física de comunicación de transporte y de equipamientos que debe seguir teniendo una estructura fractal. La lectura de los sistemas urbanos complejos del siglo XXI será la suma de una interacción fractal de las redes de transporte, junto con la interacción de las redes *scale-free* asociadas a las redes de telecomunicaciones.[3]

Su mirada, que une modernidad y progreso, es muy característica de la tercera revolución urbana, basada en las revoluciones tecnológicas asociadas a la revolución industrial y capitalista de los siglos XIX y XX. Y, aunque las aportaciones centrales de la teoría urbanística de Cerdà nos ofrecen un instrumento de lectura de la urbanización muy característico de la tercera revolución urbana, esta metodología, a la vez urbana y territorial, es totalmente pertinente en la urbanización del siglo XXI.

2. Los instrumentos para la aplicación de una teoría urbanística: las cinco bases de la urbanización

Cerdà se planteaba en 1859 cuatro criterios para definir la urbanización:

– **Higiénico**: *"suministrar a cada persona la cantidad suficiente de aire respirable"* (TCC, p.335, §899).

– **Social**: *"que cada casa sirva para una sola familia"* (TCC, p.352, §1021)

– **Económico**: *"determinar la casa mínima en condiciones sin aumentar los precios de los alquileres"* (TCC, p.333, §893)

– **Político**: *"que la construcción de una vivienda represente el menor capital posible para que su compra o adquisición sea posible a la gente de menos recursos, aumentando el número de propietarios y, por tanto, aumentando las garantías de tranquilidad urbana y de orden público"* (TCC, p.333, §893)

Estos criterios de Cerdà, Soria los extiende al concepto de las bases de la urbanización, que Cerdà aplica de forma implícita:[4] facultativa, legal, administrativa, económica y política. Para nosotros, estas bases y sus principios asociados son su otra gran aportación a la disciplina urbanística y siguen siendo pertinentes en la actualidad, aunque adaptados a las nuevas necesidades de la sociedad de la información.

En la tercera revolución urbana, el esquema era la introducción de la industria y los servicios en el territorio y la extensión de la urbanización. En la cuarta revolución urbana en ciernes, el esquema de *hubs* y el sistema financiero han alterado el fenómeno de la extensión, al cual se une un fenómeno de la reforma de las centralidades existentes en que la urbanización ya no es tan solo extensión urbana, sino también reforma urbana, alterada por la focalización del beneficio financiero en las centralidades. La independencia y el acceso al albergue, origen de la urbanización, quedan desprotegidos, y es fundamental continuar preservándolos. De la misma forma, asegurar los equipamientos y su distribución equitativa en el territorio resulta más complejo, ya que la sociedad está acelerada y la urbanización sigue procesos de cambios de jerarquías entre los nodos del territorio.

La base facultativa se debería centrar en la organización esencial entre edificado, verde y redes de transporte y telecomunicaciones. El planteamiento es válido, pero actualmente en el marco de una superposición entre el espacio físico y el virtual y sus interacciones en el espacio físico.[5] Como señala Dupuy, "*el entorno urbano complejo, múltiple, multipolar y multicéntrico de hoy se entiende no tanto en términos de distancias como de ritmos y conexiones. La distancia es un obstáculo menor que un eslabón perdido en la red. Los nuevos distritos residenciales son el producto tanto de la nodalidad como de la concentración*".[6]

La base legal pone sobre la mesa las obligaciones que tiene la propiedad sobre los costes de la urbanización. En la tercera revolución urbana, los costes del incremento de valor asociado al paso de lo rural a lo urbano se centraban en la cesión de espacio del viario y en la reserva de espacio para equipamientos y servicios técnicos. En la actualidad, al fenómeno de la expansión urbana se une el fenómeno de la renovación urbana en los centros de polarización metropolitana. Por ello, junto a la generación de los recursos en el paso del suelo rural al urbano, deben generarse instrumentos para capitalizar los recursos generados en la renovación urbana que aseguren el derecho de los habitantes a su ciudad, especialmente una nueva regulación de las contribuciones urbanas y la reactualización del catastro, así como de los impuestos de los bienes inmuebles. En este nuevo escenario, las redes de transporte y de telecomunicaciones y los valores generados en el espacio juegan un rol clave. Este es uno de los retos centrales de la urbanización del siglo XXI.

La base administrativa pone de manifiesto la necesidad de unas reglas de juego en la urbanización que incluye la extensión y la renovación urbana. Cerdà aportaba unas ordenanzas que obligaban a una relación explícita entre la vivienda, el solar y el intervías, que asegurase la convivencia con la defensa de unos intereses comunes. Con la aparición del concepto de ciudad saludable, vinculada a la densificación, la contaminación y la relación con el verde, es esencial desarrollar unas ordenanzas que den respuesta a la preservación de estos elementos, especialmente del verde, y un buen diseño de los espacios de encuentro físico, que se articulen con los espacios virtuales.

Al mismo tiempo, el desarrollo de un capitalismo financiero que especula con el sistema inmobiliario llega a cuestionar el principio original de la urbanización, que es el acceso a la vivienda y a los servicios urbanos. No puede ser que las propias dinámicas de los operadores de redes vayan en contra del derecho a la ciudad. Es necesario reglamentar estos elementos básicos de la urbanización para que no fragilicen a los propios habitantes. Por ello, es preciso replantear las leyes del suelo, de la edificación y de las infraestructuras, y readaptar las ordenanzas municipales a las nuevas condiciones de urbanización y reurbanización, en que las redes y sus operadores juegan un rol clave, aunque a veces de forma poco transparente y no siempre al servicio del interés público.

La base económica plantea las condiciones en que debe desarrollarse la articulación del sistema de vía-intervías, que queda mediatizado por las redes y por sus operadores como nuevos intermediarios. Cerdà diseñó el Ensanche de Barcelona a partir del principio de una concesión para la urbanización del Ensanche, a través de la Comisión de Ensanche, que debía permitir definir los nuevos espacios de movilidad y financiar las redes de transporte y de servicios urbanos.

Cerdà propone el principio de que "quien se beneficia de la urbanización debe asegurar las cargas que esta urbanización requiere", es decir, el cambio del valor de una parcela por el beneficio de la apertura de una calle debe hacerse cargo de los costes de la construcción de la vía. Para ello, utiliza la analogía con las concesiones ferroviarias, para abordar la urbanización desde las redes. Hoy constatamos, de forma evidente, que hay unos tiempos de financiación más largos en la construcción y renovación de las redes urbanas, que son distintos de los tiempos de financiación de la edificación. Hay un momento de construcción del nuevo espacio urbanizado, pero cada vez será más necesario prever las necesidades de readaptación de las redes y de reordenación de los espacios viarios e interviarios según las necesidades evolutivas en el tiempo. La política tiende a capitalizar la actividad en el presente, pero las redes exigen reservar recursos a escalas temporales mayores, especialmente para afrontar los saltos de umbral necesarios en la evolución de las redes, que requieren grandes inversiones en determinados períodos para su renovación.

Por otro lado, Cerdà confía en la ciudad ilimitada como instrumento para asegurar un acceso a la vivienda. Hoy constatamos que este planteamiento, que podría parecer válido, se ha visto que no es cierto y que es preciso disponer de una política específica de acceso a la vivienda. Durante las décadas de la urbanización de la etapa industrial y expansiva, asociada al Estado del bienestar, ello se pudo producir en contextos adecuados, especialmente tras la Segunda Guerra Mundial. En la actualidad, nos encontramos en un nuevo marco, asociado al capitalismo financiero, en que a la expansión de las aglomeraciones se unen mecanismos de regeneración urbana que incrementan el valor del suelo y hacen inaccesible el acceso a la vivienda. Por ello, se requieren unas nuevas leyes, con unas reglas de juego económicas que articulen el derecho a la vivienda y el derecho de conexión a los servicios, en un escenario que transita de un sistema basado en la propiedad a otro sistema basado en el acceso a los servicios.

Asimismo, de la misma forma que Cerdà se preocupaba por generar los servicios y los equipamientos del barrio, hoy es necesario asegurar el acceso a los equipamientos desde la proximidad ("de los 15 minutos", siguiendo la metodología que propone Moreno),[7] en una lógica fractal, si se analiza lo urbano a la escala metropolitana.

La entrada de las redes de telecomunicaciones y de la revolución digital nos obliga a replantear la conexión con la globalidad y a revisar la generación de actividad económica asociada a los distritos de innovación y la capacidad de extender este planteamiento en función de su incidencia en la urbanización y en la gestión de las aglomeraciones metropolitanas.

Además, se evidencia la necesidad de disponer de los instrumentos de financiación de la implementación de las redes, y que no sea a costa de que los operadores de redes se queden con los beneficios, sin asumir sus cargas. Ello convierte el sistema urbano en un sistema más complejo, que hemos de gestionar para preservar el derecho a la ciudad, procurando que los presupuestos de la ciudad y de las aglomeraciones se destinen a las necesidades de sus habitantes.[8]

En una sociedad como la actual, que vive una transición del esquema de propiedad al sistema de conexión a los servicios, como señala Rifkin,[9] la aportación teórica y práctica de Cerdà se convierte en un referente para tener en cuenta.

Tomando como guía su propuesta de igualdad y justicia distributiva de cargas y beneficios, se debería establecer que toda reforma urbana deba financiarse con las ventajas que proporcione. Y, si son los propietarios colindantes quienes se aprovechan de los beneficios de las nuevas vías, gracias a la plusvalía o al aumento de valor de los terrenos y los edificios, serán ellos quienes deberán financiarlas, conforme a la expresión romana de que *"qui sentit commodum et incommodum sentire debet"* ("quien se beneficia del provecho debe sufrir el daño"), como ya se ha comentado anteriormente. Este principio debería ser central en un contexto como el actual, en que la urbanización se revoluciona por la potencia urbanizadora de los nuevos operadores de redes y las corporaciones que lideran los procesos en beneficio de sus propios intereses. Debe seguir siendo válido el concepto de derecho a la ciudad que define Harvey y que no se produzca un mecanismo de desposesión del acceso a la vivienda de sus habitantes por acumulación de capital por parte de los operadores de redes y de los fondos de inversión.[10]

Finalmente, la base política de Cerdà propone el concepto de transacción-transición en un esquema de modernización, asociado a la revolución liberal. En la época de Cerdà, se trata de pasar de un sistema feudal a un sistema burgués, que implica el registro de las propiedades y el control de los impuestos para la financiar las nuevas necesidades de servicios urbanos. Hoy el paradigma ha cambiado. De un capitalismo comercial e industrial hemos evolucionado a un capitalismo financiero en que se produce una transformación social asociada a la sociedad del conocimiento. En la tercera revolución urbana, el modelo era el sistema país, en que la administración del Estado del bienestar aseguraba la financiación combinada del acceso a la vivienda y la urbanización de las redes de los tejidos urbanizados. En el nuevo entorno, el sistema financiero ya es un sistema global con países con ritmos distintos y con sistemas metropolitanos cada vez más autónomos. En la época de Cerdà, los instrumentos motores eran las nuevas redes de transporte ferroviario y la banca que los financiaba, con un sistema capitalista que reinvertía en la reforma y la extensión de la ciudad. En el nuevo escenario, con los fenómenos de regeneración urbana y gentrificación, esto ya no es así. Además, ahora nos hallamos en un contexto de incertidumbre por la falta de energía y de materiales, en que la variación de precios va a ser cada vez más presente. En la cuarta revolución urbana, surgen la tendencia a un urbanismo fragmentado en que las nuevas corporaciones de la sociedad del conocimiento están transformando e incidiendo en la urbanización de forma disruptiva. El Estado está desaparecido y las uniones de países, como la Unión Europea o la Organización de las Naciones Unidas, no dan respuesta a las necesidades económicas de la población asociadas al acceso a los servicios. El acceso a la vivienda y a los servicios, que es el origen de la urbanización, se está precarizando, y ello no es admisible. Debemos reencontrar la forma de preservar las necesidades humanas y comunitarias, en un contexto cada vez más acelerado y fragmentado.[11]

3. Revisión de los elementos clave de la teoría urbanística desde la experiencia del Ensanche de Barcelona

Otro de los elementos centrales de la aportación a la teoría urbanística es haber elaborado y ejecutado un proyecto que multiplicaba por diez la ciudad existente, y que ha perdurado durante casi un siglo (1859-1953), hasta la aprobación del Plan comarcal de Barcelona de 1953. Todavía en la actualidad el Ensanche proyectado por Cerdà, especialmente su sistema de alineaciones, siendo el referente de la aglomeración de Barcelona.

Si analizamos la construcción del Ensanche desde la perspectiva actual, nos preguntamos qué elementos de la teoría urbanística han sido esenciales en su construcción y cuáles han sido sus límites como modelo. Los podemos concretar en diez ejes:

Una apuesta clara por una lectura espacial desde una estructura dual definida por el objeto vía-intervías que organiza el territorio urbano a través de una malla que absorbe la ciudad antigua y que prioriza una red principal de conexión global sobre la cual se conecta la agrupación de intervías ordenada por un sistema urbano con un sistema viario mínimo igualitario (v. figs. 188-192).

La articulación de un tejido de ciudad con unas pocas piezas, un modelo de tramo de calle y de cruce, sencillas y precisas, diseñadas a un nivel de detalle como los actuales proyectos urbanos (v. fig. 186), que extiende de forma fractal según el esquema vías-intervías; un modelo de vivienda con la casa de renta entre medianeras como referencia, perfectamente articulada a la dimensión de la manzana (intervías) (v. fig. 185), y el sistema de redes de servicios urbanos definido a partir de la sección de la calle (v. figs. 67 y 129-130). En este esquema, moderniza el esquema tradicional de calle y parcela, y lo evoluciona al esquema del vías-intervías. Cerdà reserva un espacio para el movimiento, las vías, y propone un equilibrio entre la vivienda y el jardín en los intervías (v. figs. 179, 180 y 185).

El planeamiento urbanístico exige que cualquier agrupación urbana necesita un sistema asociado de servicios urbanos que sigan una lógica fractal, de acuerdo con la economía y las necesidades higiénicas de cada comunidad. En el caso de Barcelona, disponemos de la experiencia del esquema de barrio con un centro social, del distrito con un mercado o del sector con un hospital, además de los equipamientos básicos de la ciudad (cementerio, matadero, parques urbanos, etc.) (v. figs. 203-204). Este esquema se ha cumplido perfectamente en la estructura de los distritos con los mercados (v. figs. 284), pero se observa que la estructura de los equipamientos a escala de barrio no se ha concentrado sobre una manzana, sino que ha quedado más repartida y fragmentada. En cuanto a los equipamientos generales, observamos que se van ubicando en el perímetro de cada ámbito, en una perspectiva evolutiva (v. fig. 285).

Una lectura evolutiva de la urbanización sobre la base de que cada forma de transporte genera una forma de urbanización. Ello le lleva a elaborar una historia de la urbanización a partir de las sucesivas adaptaciones de las vías-intervías a las distintas escalas (campo de asentamiento, casco urbano, recinto, cintura, red viaria urbana, espacios interviarios, edificación) (v. figs. 155 y 157-161). Para él, las formas urbanas se rigen por adaptaciones sucesivas ante la introducción de cada nuevo modo de transporte y de comunicación. Cerdà vivió en su época la introducción del ferrocarril y del telégrafo. Por ello, proyectó el Ensanche como un intercambiador de relaciones y actividades asociadas al nuevo modo de transporte que suponía, para él, el ferrocarril (v. fig. 192). Su propuesta era una estación de estaciones. En la actualidad, se requiere la interconexión puerto-aeropuerto y una buena articulación de las redes ferroviarias para acoger apartaderos, servicios de mantenimiento y estaciones terminales que atiendan a los diversos sistemas de transportes de pasajeros y mercancías, para los distintos niveles de velocidad y de servicio (v. fig. 190). La intermodalidad y sus espacios se convierten en elementos centrales de la organización de los barrios y de las ciudades, como apartaderos de las movilidades y las comunicaciones de lo local y lo global, de la proximidad y la conexión.

Cerdà introduce la analogía de las concesiones ferroviarias a la urbanización. El instrumento de la concesión ferroviaria permite expropiar terrenos para construir una línea de ferrocarril a través de una declaración de utilidad pública. Este mismo planteamiento lo traslada a la nueva urbanización, en que expropia los espacios de movilidad y de equipamientos de interés común por necesidades de utilidad pública. En una sociedad en red como es la actual, este planteamiento y sus reglas de juego se han convertido en elementos esenciales para ejecutar su proyecto.

Cerdà propone un criterio de gobernanza basado en el principio de transacción-transición. Este criterio lo pone en práctica en los primeros años de la aplicación de su proyecto y observamos que es básico para la implementación del *Proyecto de Reforma y Ensanche de Barcelona* de 1859, especialmente a través del nuevo sistema de alineaciones que articula la unión del ensanche con la ciudad existente y que pasa de un modelo radioconcéntrico a un modelo reticular.

Una de las condiciones necesarias por las cuales el Proyecto de Ensanche se ha mantenido vigente durante un siglo es que tenía un plan de alineaciones y un sistema de gobernanza autónoma, concretados en la Comisión del Ensanche con unos instrumentos o unas bases de urbanización (técnica, legal, administrativa, económica y política). Este sigue siendo uno de sus elementos clave, aunque ahora más complejo, para formalizar y canalizar la lógica económica de la construcción de equipamientos y servicios, así como la adaptación de sus redes de transporte y telecomunicaciones a las necesidades de cada etapa evolutiva.

Cerdà plantea que el origen de la urbanización es el acceso a la vivienda. La experiencia del Ensanche de Barcelona evidencia que no es válida la idea de que construyendo un ensanche ilimitado deberían poderse construir viviendas en alquiler para las clases trabajadoras y asegurar su acceso a ellas. Se demuestra que es necesaria una política explícita de acceso a la vivienda como la que desarrollaron ciudades como Viena durante un siglo (1918-2020), gracias a la cual, en la actualidad, esta ciudad tiene uno de los niveles más altos de calidad de vida, precisamente por haber asegurado el acceso a la vivienda, que es el origen de la urbanización.[12] En el caso del desarrollo del *Proyecto de Reforma y Ensanche de Barcelona*, el acceso a la vivienda no se preservó, especialmente a principios del siglo xx, en que las políticas de vivienda estuvieron ausentes en el contexto de la ciudad de Barcelona.

La reflexión sobre la vivienda nos permite incidir en un tema esencial de la urbanización, que es el concepto de independencia, aplicado a la habitabilidad. Para Cerdà, la lectura de la vivienda desde el intervías le permite controlar los fenómenos de la aglomeración y del confinamiento: la superposición de pisos en una finca y la yuxtaposición de fincas (una junto a otra). Para Cerdà, a la escala de la vivienda, con la subdivisión de los espacios y el aumento del número de habitantes por departamento, es esencial controlar la densidad. Ello se ha conseguido preservando el patio interior de la manzana y controlando la profundidad edificatoria, aunque, en ámbitos más periféricos, la manzana ha quedado dividida con un pasaje y se ha reducido la dimensión del patio interior de manzana.

No obstante, desde una perspectiva higienista de la época, Cerdà se centraba en la preservación de una ratio mínima de cubo atmosférico por habitante. Este concepto ha evolucionado, a raíz de la aparición de las vacunas, hacia el concepto de m² de techo por habitante. En la actualidad, se observa que ello tampoco es suficiente si se quieren conseguir aglomeraciones urbanas saludables. En el caso del Ensanche, con el control higiénico de la vivienda y la preservación del patio interior de la manzana, no se ha preservado suficientemente un territorio saludable, asociado al verde y a la falta de contaminación (ruido y partículas), principalmente a causa de la prevalencia de la vialidad en vehículo privado, con unos niveles de hasta 12.000 vehículos por km². Se ha comprobado que la contaminación ambiental asociada a los vehículos (causada por el motor y las ruedas) genera malas condiciones de vida para sus habitantes, que vienen a cuestionar la propia salud del tejido.[13] La constatación de que la contaminación de las calles de la ciudad implica unas 3.500 muertes prematuras en el Área Metropolitana de Barcelona[14] y que el 70% de la contaminación que recibe un ciudadano en la calle proviene del automóvil plantean la necesidad de modificar el diseño del espacio público. La solución decantada es recuperar el principio de independencia de los distintos modos de transporte en la sección de las calles y recuperar espacios para los modos de transporte de la movilidad activa (peatones y bicicletas), especialmente mediante una red de calles peatonales (una de cada tres calles), configuradas como infraestructura verde sobre la base de una red ejes verdes que aseguren un espacio saludable accesible a menos de 200 m (v. figs. 321 y 322).[15] Asimismo, hay que revisar los equilibrios de la densidad del tejido urbano y entre la actividad económica, la diversidad, la independencia y el acceso al recinto y a los espacios verdes.

Siguiendo el planteamiento de Cerdà, según el principio de que cada forma de transporte genera una forma de urbanización, se deduce que, ante la necesidad de una movilidad sostenible, es preciso recuperar espacio para los modos más sostenibles, y ya no basta el esquema tradicional de calles con aceras. Por ello, es esencial preservar una estructura en redes de movilidad en que cada modo de transporte configure un sistema, una red y unos espacios en el sistema vía-intervías. El ensamblaje de los cuatro sistemas de transporte con sus redes (red de calles peatonales –ejes verdes–, red de carriles de bicicletas, red de carriles bus de transporte público y la red básica de vehículo privado) debe configurar el diseño del espacio público de los sistemas urbanos y metropolitanos (v. fig. 323). Este es el planteamiento que el modelo de Ensanche de Cerdà cumple mejor, desde una lectura actual de la urbanización.[16]

La propuesta de un esquema territorial que supera la dialéctica entre campo y ciudad a través de la máxima "urbanizar lo rural y ruralizar lo urbano" sigue siendo plenamente actual y pertinente. Cerdà analiza hasta el último detalle el concepto de preservación de la independencia en el marco de la agrupación y plantea unas condiciones mínimas de espacio verde a la escala del intervías y a la escala de la ciudad que son esenciales. La preservación del verde y la introducción de verde en los tejidos urbanos resultan fundamentales para preservar unos tejidos saludables. El paradigma *"ruralizar lo urbano"* se vuelve esencial como planteamiento para articular los sistemas urbanos con los sistemas naturales, pues se trata de que unos penetren en los otros (v. fig. 322). El Ensanche adolece de una falta de verde, al no haberse construido parte de los parques previstos, especialmente los situados fuera del antiguo municipio de Barcelona (v. figs. 312-313). Actualmente, se plantea como alternativa a la densificación y a la falta de verde un esquema de red de ejes verdes que configura una infraestructura verde, especialmente en las plazas octogonales verdes generadas en torno al cruce de dos ejes verdes, que palia, en parte, esta carencia. En cualquier caso, si bien el planteamiento teórico de Cerdà es acertado, faltan los instrumentos para asegurar la preservación del verde y la ruralización de lo urbano.[17]

4. Una lectura actual de la *Teoría general de la urbanización* en el marco de una cuarta revolución urbana

4.1. La cuarta revolución urbana vendrá marcada por los impactos territoriales de las redes de información y por los límites ecológicos de la Tierra

La teoría urbanística de Cerdà se enmarca en la tercera revolución urbana, articulada alrededor de la Revolución Industrial de los siglos XIX y XX. A finales del siglo XX, entramos en una nueva revolución urbana, condicionada, por un lado, por el equilibrio del sistema urbano con el sistema natural, soporte de la urbanización, cada vez más precario, en un contexto de incertidumbre desde la perspectiva de la resiliencia, al haber alterado los equilibrios entre la especie humana y la biosfera.[18]

Por otro lado, las tecnologías de la información y los fenómenos de la globalización, que Giddens y Beck definen como segunda modernidad reflexiva,[19] centro de la futura sociedad del conocimiento,[20] generan un proceso de aceleración de la sociedad moderna, que entra en una nueva etapa, que Rosa denomina *tardomodernidad*.[21]

Desde una perspectiva territorial y de urbanización, Naredo plantea que las dinámicas actuales generan polarización territorial (la aparición de grandes metrópolis), dispersión urbana (la aparición de periferias con desigualdades) y uniformidad constructiva (una construcción desconectada de la proximidad territorial).[22] La tercera revolución urbana ha generado un incremento exponencial del consumo de materiales y de energía y el sistema Tierra empieza a mostrar sus límites, tanto en recursos como en impacto sobre el medio ambiente, con el impacto sobre la disminución de biodiversidad y sobre las condiciones de equilibrio de la biosfera.[23] En la tercera revolución urbana, el paradigma era, siguiendo la máxima de Cerdà, *"Replete terram"*. Esta revolución ha puesto y pone en riesgo los recursos de la Tierra y tiene efectos sobre el cambio climático, así como una interconexión global sobre la salud del ser humano. Al mismo tiempo, los límites del desarrollismo cuestionan el modelo de economía global y plantean importantes impactos sociales y migratorios, que van a alterar los sistemas de gobernanza de las sociedades.

En la cuarta revolución urbana, la relación con la naturaleza cambia. El concepto de límites de materiales y del acceso a la energía transforma las condiciones de la relación entre el sistema urbano y su entorno, entre el campo y la ciudad. En las próximas décadas, nos enfrentaremos a una lucha por captar los recursos, cada vez más escasos.[24] El *peak oil* de los combustibles fósiles, y de determinados materiales raros, va a condicionar la geopolítica global. Los sistemas urbanos y territoriales articulados en torno a las metrópolis van a luchar por conseguir los recursos escasos y van a buscar una organización social y económica más eficiente en el consumo de los materiales y de la energía.

Ello tiene necesariamente implicaciones en términos de desigualdad social, tanto a escala global como metropolitana y regional. Por ello, será cada vez más determinante la necesidad de reivindicar una mayor justicia social y ambiental. Será imprescindible elaborar una revisión social, económica y ecológica de la urbanización desde una perspectiva sistémica con la Tierra, en que se vislumbra la inconsistencia de un desarrollismo basado en el crecimiento del PIB. En la cuarta revolución urbana, seremos más conscientes de que el soporte de la Tierra nos muestra sus límites, y deberemos planificar la urbanización desde una perspectiva de respeto a los sistemas ecológicos, en que la estrategia de la justicia social será un nuevo vector de referencia, y en que será esencial la capacidad de generar una gobernanza acorde con las nuevas necesidades, una circunstancia que por el momento no se vislumbra, especialmente ante la desafección por la política, incapaz de responder a las necesidades del malestar existente y tendente a generar posturas totalitarias.

En paralelo, las redes de información, con su conexión instantánea, se convierten en unas redes sin escala o de mundo pequeño, cuando existen relativamente pocos pasos de separación entre dos nodos cualesquiera, independientemente del tamaño de la red,[25] a diferencia de las redes de transporte, en que la distancia todavía cuenta. Los sistemas de información cambian el paradigma urbano y territorial, al alterar la forma de configurar las aglomeraciones. Surgen nuevos nodos de conexión a un sistema de información, que permiten conectarse al mundo global sin necesidad de recurrir necesariamente el intermediario de las grandes aglomeraciones. Cualquier aglomeración urbana intenta capturar estos *hubs* de información, que pueden crear distritos de innovación. Las nuevas dinámicas de la movilidad generan policentrismos, al tiempo que amplían el radio de influencia de las aglomeraciones, que adquieren dimensiones metropolitanas, como señalan Soja, Capel o Ascher.[26]

La planificación urbana deberá potenciar la generación de *hubs* interconectados y generar a su alrededor espacios de proximidad que permitan el máximo de intercambios de actores conectados al sistema global. Pero, paralelamente, el territorio debe repartir fractalmente los servicios sobre el territorio, para optimizar el reparto de los beneficios de la generación de conocimiento y progreso de la aglomeración en su conjunto. Tal como señala Dupuy: *"La dimensión fractal expresa consistencia en la ocupación del espacio, de acuerdo con cualquier escala de observación. Cuando una red es de forma fractal, sirve al centro e incluso a la periferia más remota de la misma manera, aunque teniendo en cuenta el hecho de que las periferias presumiblemente cubren un área más amplia que el núcleo urbano. Como regla general, los fractales proporcionan una herramienta poderosa para encontrar nuevas formas de ver la interrelación entre los seres humanos y las áreas urbanas."*[27]

La cuestión esencial es construir una gobernanza de las aglomeraciones y un perfeccionamiento o transformación de la concepción de la democracia, en un contexto de introducción de redes de comunicación en que nos vemos desbordados por una sociedad cada vez más acelerada, pero con unos sistemas de gobernanza demasiado lentos.[28]

Las teorías urbanísticas de los siglos XIX y XX se centraban claramente en ofrecer vivienda, origen de la urbanización, y en construir las redes de infraestructuras de transporte, comunicación y servicios urbanos, causa de la urbanización, así como una estructura fractal de equipamientos.

La cuarta revolución urbana está por asentarse. En esta etapa de transición, Soja nos propone el concepto de *postmetrópolis*, que sintetiza algunos de sus ingredientes: fenómenos de desterritorialización y reterritorialización vinculados a oleadas de globalización, reestructuraciones económicas, reestructuraciones por gentrificación, así como la creación de mosaicos sociales estructurados con geografías de monoetnias y geografías multiculturales.[29] Para ello, describe y analiza el caso de Los Ángeles, una aglomeración especialmente alterada por los sistemas de información y la industria cultural. De su análisis, destaca el proceso acelerado de generación de la *edge city*,[30] donde abundan cada vez más los fenómenos de tejidos y territorios inestables, hasta que no se establezcan las reglas de juego de una Administración proactiva en la defensa del derecho a la ciudad.

Una constatación es clara: se producen cada vez más fenómenos de adaptación, que implican cambios constantes en la estructura y en la morfología de las metrópolis, que van generando nuevos polos, en una estructura policéntrica y compleja, en un territorio cada vez más fragmentado y en un proceso cada vez más acelerado. Y va a seguir siendo así durante la vigencia del capitalismo y sus oleadas de crecimiento, en un contexto de crisis energéticas y de materiales.[31] En este nuevo escenario, debería ser central el concepto de justicia social, tal como plantean Rawl y las acotaciones de Sandel,[32] y de gobernanza en un marco de complejidad, como plantea Innerarity,[33] en que la planificación debería desempeñar un papel central.

Cerdà, con su teoría urbanística, muestra que es esencial definir un sistema de vía-intervías igualitario que permanezca más en el tiempo y generar un sistema de equipamientos de estructura fractal que distribuyan los servicios. Las nuevas teorías urbanísticas del siglo XXI deberán llevar a una reformulación de las formas urbanas y su gobernanza, analizadas desde la complejidad, pero no deben perderse de vista las bases que toda teoría urbanística ha de tener: facultativa, legal, administrativa, económica y política, pero reformuladas en un nuevo contexto que debe preservar el acceso a los recursos y a los servicios, y potenciar la generación de talento, en la era de la sociedad del conocimiento.

4.2. La lectura de las redes como intermediario central de la organización urbana y territorial se convierte en un elemento central de las futuras teorías urbanísticas

Las lecturas actuales de la urbanización a través de las redes[34] evidencian la necesidad de analizar los efectos de las redes de movilidad y de servicios, que se han convertido en un intermediario clave para la planificación urbanística y la construcción de la ciudad. En este sentido, la teoría urbanística de Cerdà adquiere plena vigencia por su planteamiento en la definición de los tejidos urbanos desde las redes. Una lectura desde el urbanismo de redes de Dupuy pone de manifiesto que, con la aparición de las redes de circulación y comunicación, se ha generado un sistema territorial que está organizado según tres niveles de redes: las redes personales y de talento, las redes de producción, distribución y consumo, y las redes físicas de infraestructuras de transporte y telecomunicaciones (v. fig. 335).[35] Sin esta mirada previa, es imposible afrontar cualquier intervención urbana de forma pertinente.

El pensamiento de una urbanización en redes nos muestra que las características cinéticas, topológicas y adaptativas de las redes condicionan, de forma estructural, las conurbaciones, y se convierten en una perspectiva esencial de las futuras teorías urbanísticas.[36] De la evolución actual de los territorios, observamos que el carácter cinético de las redes implica la reorganización de los territorios. Se acercan los puntos y se alejan los usos, y las actividades se reestructuran frente a estas nuevas potencialidades.[37] La nueva topología de las redes de transportes y de telecomunicaciones va a transformar constantemente el funcionamiento de las metrópolis.[38] Y aquellas que se adapten mejor a los cambios van a posicionarse mejor en un mundo cada vez más interconectado. Las aglomeraciones y sus territorios deberán estar bien conectados con la globalidad y, por otra parte, deberán promover nodos urbanos generadores de innovación de proximidad. A nivel de redes, las aglomeraciones urbanas pueden estar totalmente interconectadas, ya que disponemos de las redes de mundo pequeño (con menos de cinco contactos, cualquier persona puede conectarse con cualquier otra del mundo). Se trata, pues, de generar nodos urbanos verdaderamente innovadores, con buenos contactos con el resto del globo. Resulta imprescindible una mirada de lo urbano y del territorio desde las redes, especialmente por el impacto de estas en la conformación y la renovación de los territorios.

Las experiencias recientes de planificación urbana y territorial han mostrado que, más que promover la accesibilidad, hay que conseguir unos niveles adecuados de conectividad global y, al mismo tiempo, preservar la proximidad local: la proximidad física a los servicios desde territorios autocontenidos y bien conectados a las redes de información.

En las próximas décadas, se formalizará una nueva revolución urbana, vinculada a la sociedad del conocimiento, que transformará profundamente las estructuras en que se han organizado las sociedades urbanas hasta la

actualidad. El problema es que, si desde la Administración no se tienen unas verdaderas políticas de inclusión, las redes de innovación generan segregaciones sociales, como ya han evidenciado Graham y Marvin.[39]

4.3. La lectura cerdaniana desde el vía-intervías y la integración de la naturaleza en lo urbano

Es necesario un nuevo equilibrio entre proximidad y conectividad, en el marco de la sociedad del conocimiento, en que el pensamiento cerdaniano, con sus dualidades y equilibrios (independencia-sociabilidad, aislamiento-relación, estancia-movilidad), puede ser un instrumento muy pertinente. Como muestra Cerdà, la mejora de las condiciones de vialidad hace aumentar la movilidad y concentrar las actividades en los intervías, lo cual implica, a su vez, un proceso acelerado de trituración que deberá controlarse. El análisis de Cerdà nos permite comprender el proceso morfológico de trituración experimentado por los distintos intervías para las respectivas escalas de urbanización. Se ha observado que, en definitiva, lo que controla el proceso de trituración es el principio de independencia, tanto en el departamento individual, en la casa, como en el intervías. En la tercera revolución urbana, los efectos de trituración y densificación eran generados por el aumento del tamaño de la aglomeración, gracias a los sistemas de transporte y comunicación. La entrada en una cuarta revolución, aún por definir, vendrá condicionada por las próximas oleadas capitalistas, caracterizadas por la financiarización del sistema mundial, que reactivarán los procesos de expansión y regeneración urbana, con los fenómenos asociados de gentrificación. Todo ello en un marco que obligará a asumir las limitaciones materiales y energéticas.

La revisión de los principios de independencia del individuo en el hogar y de independencia del hogar en la urbe adquiere todo su sentido (v. figs. 324 y 325). No obstante, el contexto es otro: el instrumento del intervías está adaptado a la nueva estructura topológica, que exige una estructura fractal del territorio, tanto en las formas urbanas como en los equipamientos.

A lo largo del siglo XX, se busca una nueva relación entre vivienda y zona verde en el intervías. Por una parte, en la ciudad jardín, con las propuestas inglesas de Unwin en Hampstead, Letchworth y Welwyn (1903-1915). Las agrupaciones de Radburn de 1928 en las afueras de Nueva York (v. fig. 333) tienen una buena acogida y se convierten en un referente para las futuras ciudades americanas. El negocio de la ciudad se articulará primero en Nueva York, con el *Moses Plan* a partir de 1933 y, tras la Segunda Guerra Mundial, en las demás ciudades norteamericanas. Pero ello se enmarca en un proceso de suburbanización dependiente del centro.[40]

Por otra parte, durante el siglo XX observamos que Europa apuesta por el bloque aislado, con equipamientos en la Viena Roja en 1919 (v. fig. 332 y, más tarde, construido de forma industrial por May en Frankfurt en 1933 y por Le Corbusier en Marsella en 1952. En cualquier caso, con el funcionalismo se produce una reflexión sobre el paso de la manzana tradicional al bloque aislado (v. fig. 331),[41] en que destacan las soluciones de intervías de las ciudades holandesas y austríacas. No obstante, a partir de los años setenta, el modelo de bloque aislado es cuestionado por la generación del *sprawl*, y se vuelve a reivindicar el modelo de la calle tradicional. Las reivindicaciones de Jacobs en Nueva York son un referente, en este sentido.[42]

En paralelo, en Europa, en ese mismo período fue necesario reorganizar las ciudades, especialmente sus centros urbanos, a raíz de la llegada del automóvil. Las primeras respuestas las encontramos en el *Rapport* de Colin Buchanan de 1961, del cual surgiría la publicación *Trafico en las ciudades* en 1963.[43] Pero, en las siguientes décadas, nos encontramos con unas conurbaciones en que predomina la ciudad fragmentada. Los centros siguen siendo los espacios de relaciones, pero paulatinamente se van trasladando las actividades comerciales a la periferia.

Con la llegada del discurso de las ciudades sostenibles, especialmente a partir de la Carta de Alborg de 1994,[44] el relato cambia de rumbo y se buscan ciudades compactas, complejas y diversas. Recientemente, se ha introducido el relato del respeto ambiental, con el fin de proporcionar unas comunidades más saludables.[45]

En la actualidad, nos situamos en una etapa cada vez más compleja, que implica una mayor presencia de los sistemas de transporte público y la generación de unos sistemas metropolitanos cada vez con más niveles y más complejos. El paradigma de esta complejidad la encontramos en el sistema de transporte de la ciudad de Tokio, en que una aglomeración de más de 25 millones de habitantes ofrece un sistema integrado de trenes de alta velocidad y de cercanías y metros que doblan las longitudes de los metros tradicionales (tipo RER), así como un sistema de transporte en superficie, que se combina con una red de estaciones en el territorio suburbano articulado a los centros comerciales con las estaciones de autobuses, para dar acceso al territorio de influencia (v. fig. 334).

Una relectura del pensamiento de Cerdà evidencia la necesidad de seguir teniendo en cuenta que la introducción de la velocidad y de la accesibilidad implica repensar los tejidos condicionados por la evolución del sistema viario. En este marco, podemos aprovechar el instrumento de la escuela cerdaniana desarrollado en el territorio metropolitano de Barcelona, en torno al concepto de zonas y sistemas (producto del concepto de vías-intervías de Cerdà), formalizado en el marco del PGMB de 1976 y su adaptación al proyecto urbano, especialmente entre la llegada de los ayuntamientos democráticos (1979) y la celebración de los Juegos Olímpicos de 1992. Recientemente, la renovación del pensamiento cerdaniano nos lleva a organizar un sistema de cuatro redes (peatonal, bicicleta, transporte público y vehículo privado),[46] que transiciona de la organización del territorio, con su sistema de redes segregadas, a otro en que se erigen con fuerza las redes urbanas y regionales de bulevares metropolitanos y ejes verdes metropolitanos.[47] Por otra parte, no se trata de una opción entre planes o proyectos, sino de definir un instrumento que permanezca en el tiempo (vías-intervías) y readaptarlo a las necesidades de cada proyecto y sus implicaciones territoriales, adoptando una mirada a la vez local y global, esta última demasiado ignorada, especialmente para las diversas redes de movilidad activa que cualifican el territorio.

Pero, como ya afirmaba Alexander, la ciudad no es un árbol.[48] Necesitamos generar una complejidad de relaciones. Para ello, se requieren unos instrumentos simples y eficientes, que intervengan en el control de los sistemas de información en el espacio y en el planeamiento a través de unos patrones relacionales.[49]

En este nuevo contexto, dominado por las redes de comunicación, será necesario repensar el concepto de vías-intervías y el equilibrio entre independencia y relación, ahora dominado por una gobernanza ejercida, a la vez, desde la proximidad y desde la conexión global. Desde una perspectiva morfológica y relacional, se trata de promover la escala de la ciudad de los 15 minutos[50] y, a la vez, desde la escala de la región, asegurar unas buenas relaciones de conexión que permitan la ciudad de los 45 minutos con calidad.

Y, en paralelo, será necesario asegurar la conexión a la escala global del conocimiento a través de la configuración de hubs metropolitanos de innovación conectados al mundo desde las redes libres de escala.[51] Para una evolución próspera de un territorio, es necesario, por un lado, disponer de las condiciones más favorables para la creación de unas redes libres de escala,[52] que son las que permiten catalizar la innovación en un territorio. Por otro lado, es necesario preservar los principios de independencia y de relación-conexión, en un marco de articulación de la naturaleza con lo urbano. Para ello, se debe realizar una lectura territorial desde los sistemas sociotécnicos y ecológicos, con vistas a desarrollar unos territorios prósperos e inclusivos.[53] Este nuevo escenario obligará a los territorios y a sus aglomeraciones a incrementar la resiliencia del sistema, en un contexto de transformación acelerada.[54]

En este marco, el lema cerdaniano *"Urbanizar lo rural, rurizar lo urbano"* adquiere cada vez mayor actualidad, pero ahora leído con la complejidad que implica una lectura desde los sistemas socioecológicos.[55]

Cerdà propone un esquema simple pero potente:

"En cada calle debiera haber una plazuela, en cada barrio una plaza, en cada cuartel un jardín." (MAEB, p. 57, § 117)

Este debería continuar siendo un principio simple, pero imprescindible, de cualquier nueva urbanización o reurbanización de tejidos urbanos. En este sentido, es clave la propuesta territorial que Cerdà plantea al marqués de Cervera en 1875,[56] que está en la misma línea que las propuestas de Geddes.[57] La lectura actual y futura de los sistemas ecológicos[58] evidencia la necesidad de potenciar la integración de los sistemas naturales en los sistemas urbanos. Al mismo tiempo, se plantea la necesidad de una mirada socioecológica en la cual se introducen las infraestructuras técnicas. La lectura de la urbanización desde una perspectiva ecológica a través de los sistemas socioecológicos[59] ha evidenciado que la introducción de las redes desde una perspectiva ecológica es un elemento central de la innovación tecnológica de la urbanización, pero en que los sistemas socioecológicos se hacen más complejos con las redes, que combinan procesos de transformación y resiliencia.[60] Un ejemplo de ello es la concepción del tejido urbano, entendido como una articulación de redes y de intervías en que la red de ejes verdes es esencial para asegurar la infraestructura verde y su acceso en la ciudad.[61]

En las próximas décadas, será clave una metodología estratégica y de concertación siguiendo el concepto de reflexividad territorial de Storper para llegar a consensos sobre la inversión en lo colectivo,[62] en un marco cambiante

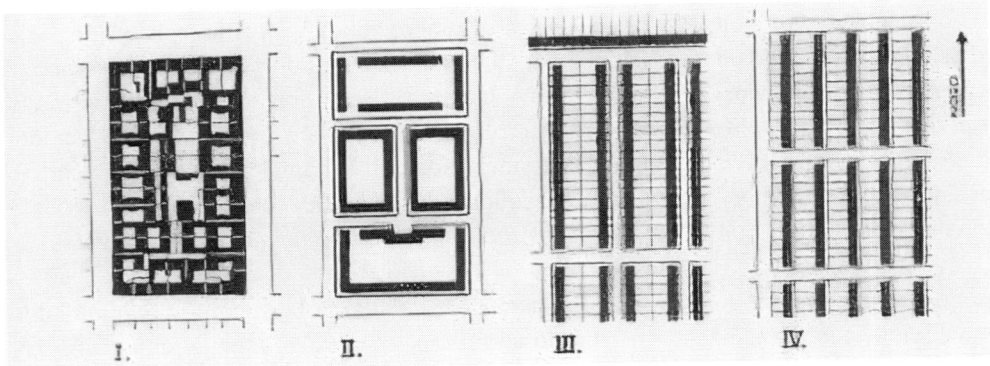

Figura 331. Comparativa de los intervías de París, Ámsterdam y Frankfurt.
Fuente: Panerai, Ph., 1997

Figura 332. Plano de Viena con la situación de algunas höfe

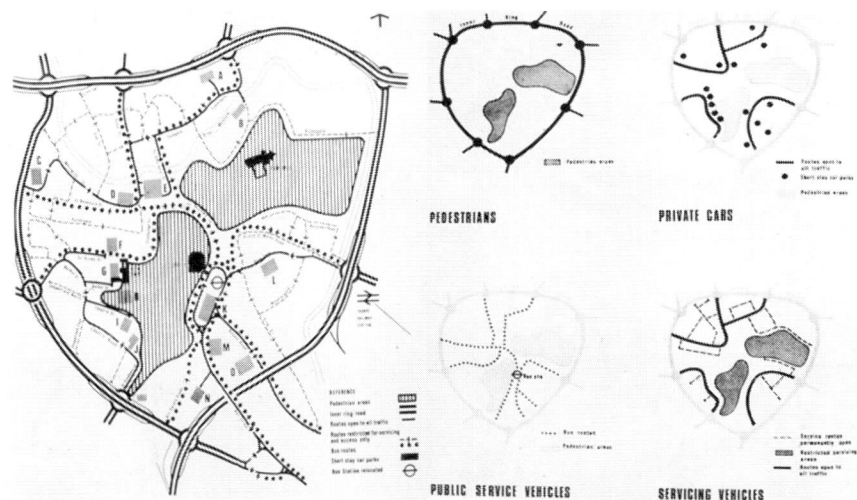

Figura 333. Propuesta de esquema de intervías en los suburbios de las aglomeraciones

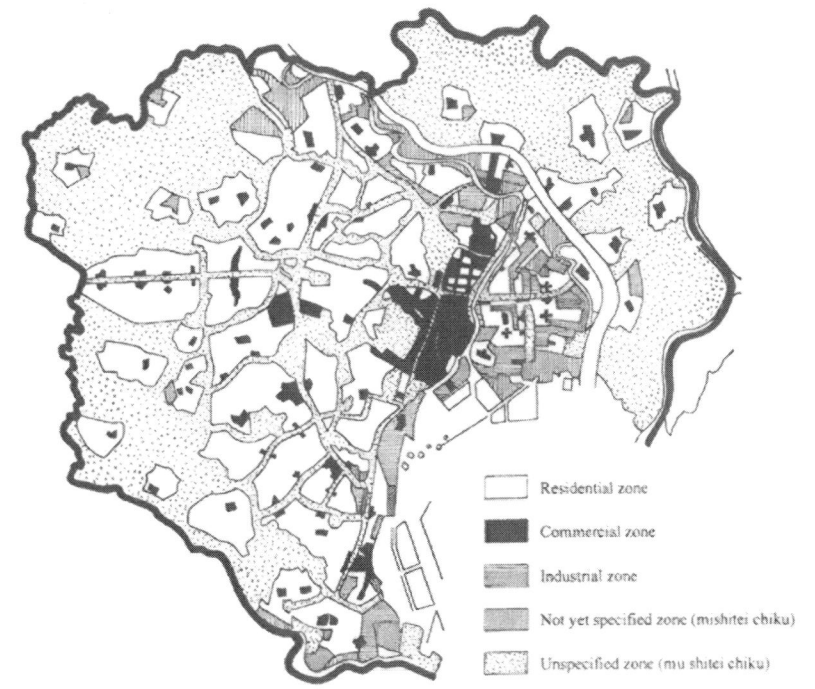

Figura 334. Plan de reconstrucción de Tokio de 1946.
Fuente: Hein, C. (2017)

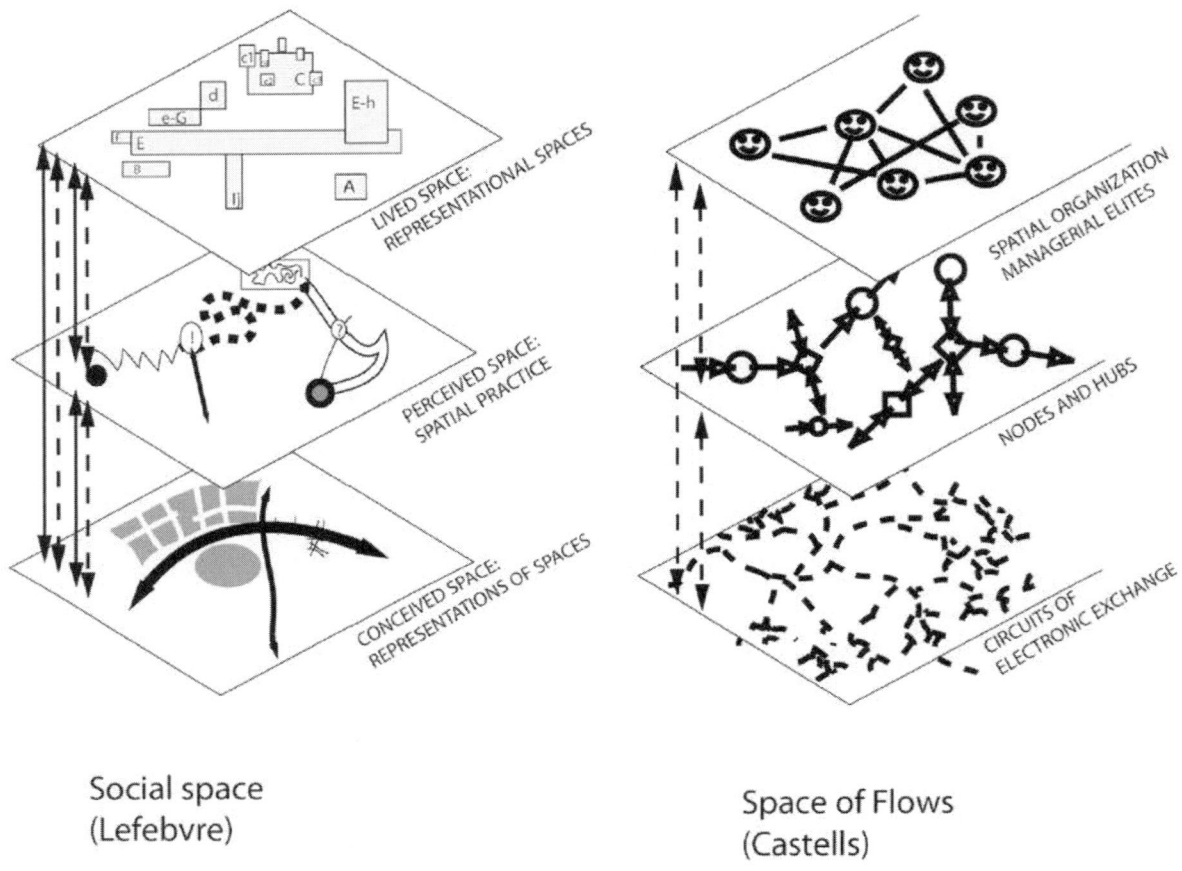

LIVED SPACE: REPRESENTATIONAL SPACES

PERCEIVED SPACE: SPATIAL PRACTICE

CONCEIVED SPACE: REPRESENTATIONS OF SPACES

SPATIAL ORGANIZATION MANAGERIAL ELITES

NODES AND HUBS

CIRCUITS OF ELECTRONIC EXCHANGE

Social space
(Lefebvre)

Space of Flows
(Castells)

Figura 335. Cuatro modelos estratificados en un marco comparable a modelos estratificados en tres capas: espacio social (Lefebvre), espacio de flujos (Castells), ciudad en red (Dupuy) y el planteamiento de capas de Heeling, derivadas del suelo urbano, con el plan como capa mediadora entre sustrato-territorio y uso-ocupación.
Fuente: Van Schaick, J. (2005)

que debe buscar necesariamente la resiliencia en escenarios de incertidumbre. En este proceso, será fundamental el instrumento del proyecto territorial asociado a sus redes de relaciones e infraestructuras (v. fig. 335).[63] Es necesario replantear las metrópolis para que sean resilientes y logren asegurar una justicia social y climática. Y ello solo es posible en un entorno metropolitano que busca la prosperidad y en un contexto de inclusión social que lucha por reequilibrar las desigualdades, en el marco de una gobernanza desde la complejidad.[64]

En este contexto, la propuesta de lectura del tejido urbano y territorial que Cerdà plantea con su esquema de

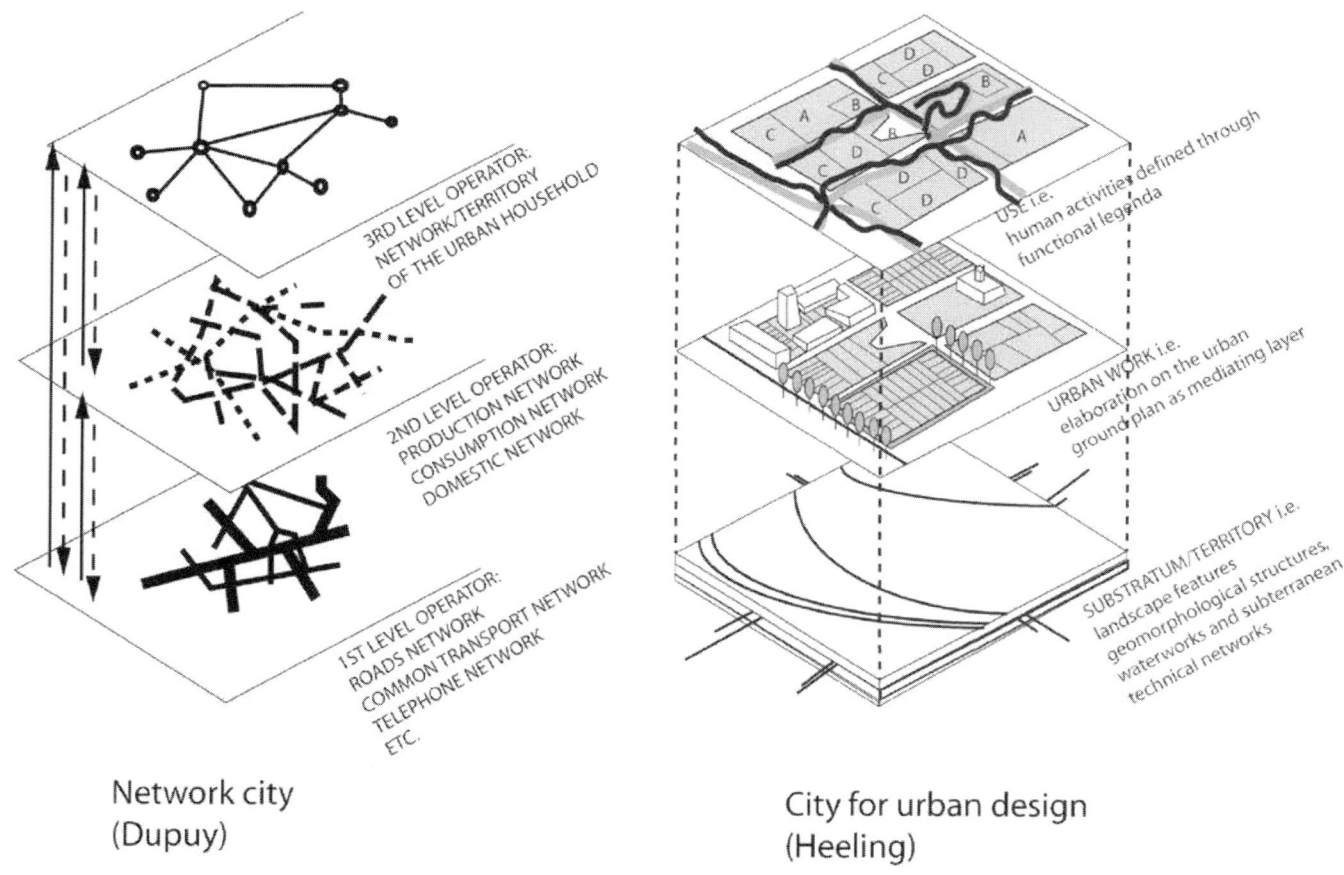

**Network city
(Dupuy)**

**City for urban design
(Heeling)**

dualidades (independencia-sociabilidad, aislamiento-relación, estancia-movilidad); su concepto de funcionomía urbana, que relaciona continente y contenido, así como las cinco bases de la teoría de la urbanización (técnica, legal, administrativa, económica y política) sigue siendo un buen marco epistemológico inicial para la construc-

ción de una disciplina urbanística del siglo XXI, que deberá superar el horizonte existencial de los siglos XIX y XX, inspirados en la máxima *"Replete terram"*, y proyectarlo sobre el horizonte existencial de hacer habitable la Tierra.[65]

Notas

1 BARABÁSI, Albert-Laszlo (2002): *Linked: the new science of networks*. Cambridge, MA: Perseus.

2 ALEXANDER, Christopher (1965): "A city is not a tree". *Architectural Forum*, 122(1): 58-62.

3 Barabási propone las redes *scale-free* como las mejor adaptadas a la potencialidad de las redes de telecomunicaciones. En una red *scale-free* o libre de escala, algunos nodos están altamente conectados, es decir, poseen un gran número de enlaces a otros nodos, aunque el grado de conexión de casi todos los nodos es bastante bajo. BARABÁSI, Albert-Laszlo (2002): *Op. cit.*

4 SORIA, Arturo (1996): *Op. cit.*

5 ALBRECHTS, Louis; MANDELBAUM, Seymour (eds.) (2005): *The network society. A new context for planning?* Nueva York: Routledge.

6 DUPUY, Gabriel (2005): Challenging the 'old' urban planning. Paradigm: the network approach. En: ALBRECHTS, Louis; MANDELBAUM, Seymour (eds.) (2005): *The network society. A new context for planning?* Nueva York: Routledge. pp.120-122.

7 MORENO, Carlos, *et al.* (2021): Introducing the '15-minute city': sustainability, resilience and place identity in future post-pandemic cities. *Smart Cities*, 4(1): 93-111.

8 HARVEY, David (2020): The right to the city: from capital surplus to accumulation by dispossession. En: Banerjee-Guha, Swapna (ed.), *Accumulation by dispossession: transformative cities in the new global order*. Sage Publications, pp. 17-32.

9 RIFKIN, Jeremy (2001): *The age of access: the new culture of hyper-capitalism*. Penguin.

10 HARVEY, David (2015): The right to the city. En: *The City Reader*. Routledge, pp. 314-322.

11 PIKETTY, Thomas (2021): *Una breve historia de la igualdad*. Barcelona: Ed. Deusto.

12 Véanse SIEDER, Reinhard (1985): Housing policy, social welfare, and family life in 'Red Vienna', 1919-1934. *Oral History*, 13(2): 35-48; LITSCHAUER, Katharina ; FRIESENECKER, Michael (2021): Affordable housing for all? Challenging the legacy of Red Vienna. En: *Vienna*. Routledge, pp. 53-67.

13 QUEROL, Xavier (2004): Speciation and origin of PM10 and PM2.5 in selected European cities. *Atmospheric Environment*, 38, pp. 6547-6555.

14 PÉREZ, Laura; SUNYER, Jordi; KÜNZLI, Nino (2009): Estimating the health and economic benefits associated with reducing air pollution in the Barcelona metropolitan area (Spain). *Gaceta Sanitaria*, 23(4): 287-294.

15 MAGRINYÀ, Francesc; MERCADÉ-ALOY, Josep; RUIZ-APILÁNEZ, Borja (2023): Merging green and active transportation infrastructure towards an equitable accessibility to green areas: Barcelona green axes. *Land*, 12(4): 919.

16 MAGRINYÀ, Francesc, *et al.* (2023): *Op. cit.*

17 MAGRINYÀ, Francesc; MERCADÉ-ALOY, Josep; RUIZ-APILÁNEZ, Borja (2023): *Op. cit.*

18 FOLKE, Carl, *et al.* (2021): Our future in the Anthropocene biosphere. *Ambio*, 50, pp. 834-869. Disponible en: https://doi.org/10.1007/s13280-021-01544-8

19 GIDDENS, Anthony (1991): *Modernity and self-identity. Self and society in the late modern age*; BECK, Ulrich (1998): *La sociedad del riesgo. Hacia una nueva modernidad*. Barcelona: Paidós.

20 ALBRECHTS, Louis.; MANDELBAUM, Seymour (eds.) (2005): *The network society. A new context for planning?* Nueva York: Routledge; ASCHER, François (1995): *Métapolis ou l'avenir des villes*. París: Odile Jacob, 346 p.; ASCHER, François (2001): *Les nouveaux principes de l'urbanisme*. París: Éditions de l'Aube.

21 ROSA, Hartmut (2016): *Alienación y aceleración: hacia una teoría crítica de la temporalidad en la modernidad tardía*. Buenos Aires: Katz Editores.

22 NAREDO, José Manuel (2005): Diagnóstico sobre la sostenibilidad: la especie humana como patología terrestre. En: HERNÁNDEZ AJA, Agustín (ed. y coord.), *La sostenibilidad en el proyecto arquitectónico y urbanístico*. Madrid: IAU+, Mairea Libros. Disponible en: http://habitat.aq,pm.es/iau+s/

23 FOLKE, Carl, *et al.* (2021): *Op. cit.*

24 SOLÉ, Jordi, *et al.* (2020): Modelling the renewable transition: Scenarios and pathways for a decarbonized future using pymedeas, a new open-source energy systems model. *Renewable and Sustainable Energy Reviews*, 132: 110105.

25 GARCÍA-VALDECASAS, José Ignacio (2005): La estructura compleja de las redes sociales. *Revista Española de Sociología*, 24: 65-84.

26 SOJA, Edward (2000): *Op. cit.*; CAPEL, Horacio (2002): *La morfología de las ciudades. I. Sociedad, cultura y paisaje urbano*. Barcelona: Ediciones del Serbal; CAPEL, Horacio (coord.) (2003): Redes, chabolas y rascacielos. Las transformaciones físicas y la planificación en las áreas metropolitanas. En: *Ciudades, arquitectura y espacio urbano*, pp. 199-238, col. Mediterráneo Económico, 3, ISSN 1698-3726; ASCHER, François (1995): *Métapolis ou l'avenir des villes*. París: Odile Jacob, 346 p.

27 DUPUY, Gabriel (2005): *Op. cit.*

28 ROSA, Hartmut (2016): *Alienación y aceleración: hacia una teoría crítica de la temporalidad en la modernidad tardía.* Buenos Aires: Katz Editores.

29 SOJA, Edward (2000): *Op. cit.*

30 *Edge city* es un concepto característico de la sociedad norteamericana, donde se genera una concentración de negocios, compras y entretenimiento fuera del centro de la ciudad o del tradicional distrito central de negocios, en lo que antes había sido una zona rural o residencial suburbana. *Vid.* GARREAU, Joel (1991): *Edge City: Life on the new frontier.* Nueva York: Doubleday. ISBN 9780385262491.

31 SOLÉ, Jordi, *et al.* (2020): Modelling the renewable transition: Scenarios and pathways for a decarbonized future using pymedeas, a new open-source energy systems model. *Renewable and Sustainable Energy Reviews*, 132, 110105.

32 RAWLS, John (2012): *Teoría de la justicia.* Madrid: Fondo de Cultura Económica de España; SANDEL, Michael J. (2011): *Justice: What's the right thing to do.* New York: Farrar, Straus and Giroux

33 INNERARITY, Daniel (2019): *Una teoría de la democracia compleja : gobernar en el siglo XXI.* Barcelona: Galaxia Gutenberg.

34 DUPUY, Gabriel (1991): *Op. cit.*; GRAHAM, Stephen; MARVIN, Simon (2001): *Op. cit.*

35 DUPUY, Gabriel (1996): *Op. cit.*

36 DUPUY, Gabriel; VAN SCHAICK, Jeroen; KLAASEN, Ina T. (2008): *Urban networks: network urbanism*, vol. 7. Ámsterdam: Techne Press.

37 HERCE, Manuel; MAGRINYÀ, Francesc (2002): *La ingeniería en la evolución de la urbanística.* Barcelona: Edicions UPC, 236 p.

38 ALBRECHTS, Louis; MANDELBAUM, Seymour (eds.) (2005): *Op. cit.*

39 GRAHAM, Stephen; MARVIN, Simon (2001): *Splintering urbanism: networked infrastructures, technological mobilities and the urban condition.* Londres: Routledge, 512 p.

40 FISHMANN, Robert (1979): *L'utopie urbaine au XXe siècle. Ebenezer Howard, Frank Lloyd Wright, Le Corbusier.* Lieja: Pierre Mardaga Éditeur. Col. Architecture + Recherches.

41 PANERAI, Philippe; CASTEX, Jean; DEPAULE, Jean-Charles Ch. (1997): *Formes urbaines: de l'îlot à la barre.* Marsella: Éditions Parenthèses.

42 JACOBS, Jane (1961): *The death and life of great american cities.* Nueva York: Random House.

43 BUCHANAN, Colin (1963): *Traffic in towns*, Londres: H.M. Stationery Office.

44 COMISIÓN EUROPEA (1996): *Ciudades europeas sostenibles. Informe.* Bruselas: Dirección General XI. Medio Ambiente, Seguridad Nuclear y Protección Civil.

45 BARTON, Hugh; GRANT, Marcus (2006): A health map for the local human habitat. *The Journal of the Royal Society for the Promotion of Health*, 126(6): 252-253.

46 MAGRINYÀ, Francesc, *et al.* (2023): *Op.cit.*

47 MAGRINYÀ, Francesc (2019): *Reflexión estratégica metropolitana para un territorio resiliente.* Barcelona: AMB. Colección DREAM, vol. 1. Disponible en: http://www3.amb.cat/repositori/DREAM/DREAM_01%20ESP.pdf

AMB (2023): *Aprovació inicial del Pla director urbanístic metropolità de l'Àrea Metropolitana de Barcelona.* Barcelona: AMB. Disponible en: https://urbanisme.amb.cat/informar-se/document-aprovacio-inicial

48 ALEXANDER, Christopher (1965): A city is not a tree. *Architectural Forum*, 122(1): 58-62.

49 ALEXANDER, Christopher (1977): *A pattern language: towns, buildings, construction.* Oxford University Press.

50 MORENO, Carlos, *et al.* (2021): *Op. cit.*

51 BARABÁSI, Albert-Laszlo (2002): *Op. cit.*

52 BARABÁSI, Albert-Laszlo (2002): *Op. cit.*

53 McPHEARSON, Timon, *et al.* (2022): A social-ecological-technological systems framework for urban ecosystem services. *One Earth*, 5(5): 505-518; COUTARD, Oliver; FLORENTIN, Daniel (2022): Resource ecologies, urban metabolisms, and the provision of essential services. *Journal of Urban Technology*, 29(1): 9-58.

54 MAGRINYÀ, Francesc (2019): *Reflexión estratégica metropolitana para un territorio resiliente.* Barcelona: AMB. Col. DREAM, vol. 1. Disponible en: https://recam.amb.cat/rest/api/core/bitstreams/85fe8b0c-7af1-49ff-8850-1593d797d2fe/content

55 FOLKE, Carl, *et al.* (2005): Adaptive governance of social-ecological systems. *Annual Review of Environment and Resources*, 30: 441-473.

56 CERDÀ, Ildefons [1875] (1991): *Op. cit.*

57 GEDDES, Patrick (1915): *Op. cit.*

58 FOLKE, Carl, *et al.* (2021): Our future in the Anthropocene biosphere. *Ambio*, 50, pp. 834-869. Disponible en: https://doi.org/10.1007/s13280-021-01544-8

59 FOLKE, Carl (2005): *Op. cit.*

60 ELMQVIST, Thomas, *et al.* (2019): Sustainability and resilience for transformation in the urban century. *Nature Sustainability*, 2(4): 267-273.

61 MAGRINYÀ, Francesc, *et al.* (2023): *Op. cit.*

62 STORPER, Michael (1997): *The regional world: territorial development in a global economy*. Nueva York; Londres: The Guilford Press.

63 VAN SCHAICK, Jeroen van (2005): Shift towards networks: integrating social and physical subsystems of the city through stratified models. *Nordes*, 1.

64 INNERARITY, Daniel (2019): *Op. cit.*

65 LATOUR, Bruno (2019): *Dónde aterrizar*. Barcelona: Taurus.

APÉNDICE

1. Proyectos de Cerdà en la reforma y ensanche de Barcelona

Figura A 335. Plano geométrico del término jurisdiccional de la ciudad de Barcelona, de Juan Soler y Mestres. Barcelona, 1 de enero de 1851. Escala 1:5.000.
Fuente: AHCB, R.2943.

Figura A 336. Plano topográfico de los alrededores de Barcelona (1855), de Ildefons Cerdà.
Fuente: Depósito temporal del Patronat del Castell de Montjuïc - Museu Militar

Figura A 337. Proyecto de Reforma y Ensanche de 1859 de Ildefons Cerdà.
Fuente: Archivo de la Real Academia de Bellas Artes de San Fernando de Madrid

Figura A 338. Proyecto de Reforma y Ensanche de 1859 de Ildefons Cerdà.
Fuente: Archivo de la Real Academia de Bellas Artes de San Fernando de Madrid

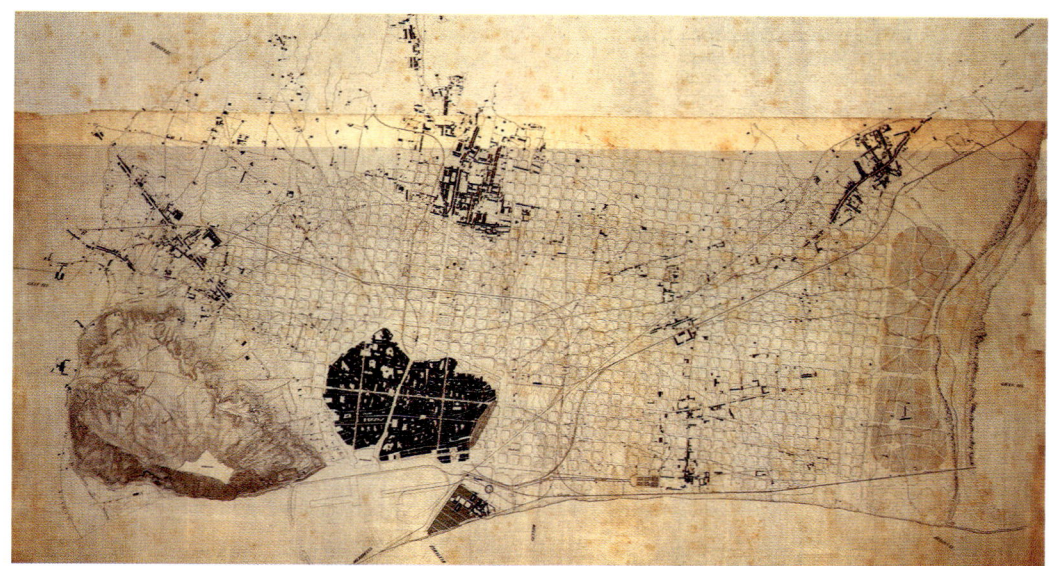
Figura A 339. Plano de alineaciones del Ensanche elaborado por Cerdà a escala 1:5.000.
Fuente: Arxiu Històric de la Ciutat de Barcelona: Fons Cerdà 11242

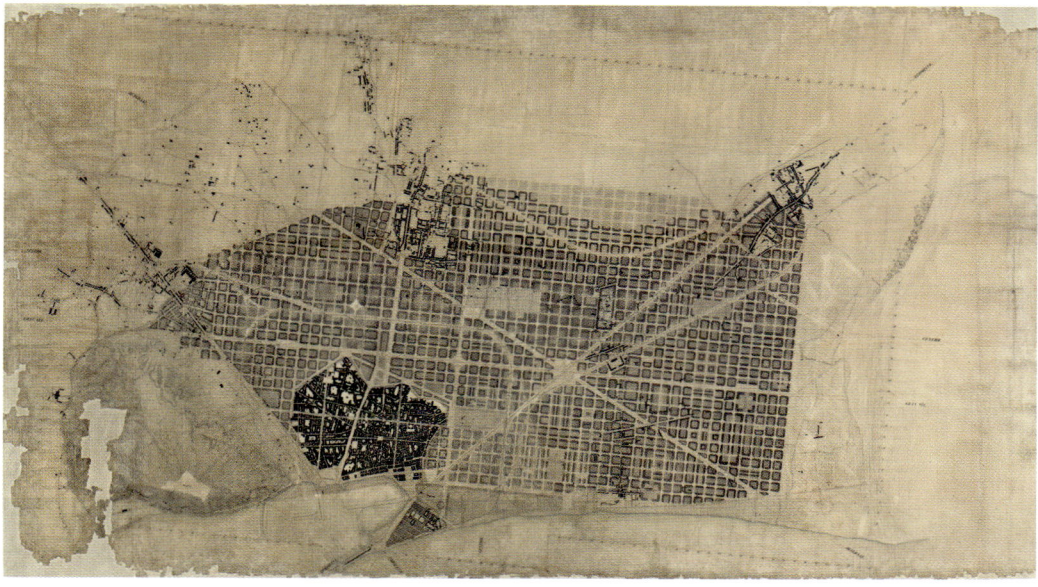
Figura A 340. Plano del Anteproyecto de Docks de Barcelona desarrollado en la teoría del enlace de las vías marítimo-terrestres de 1863
Fuente: Archivo Histórico de la Ciudad de Barcelona.

Figura A 341. Plano del Proyecto de Reforma y Ensanche de Barcelona de 1859 sobre el cual se han señalado los edificios administrativos e industriales (en azul) y la estación central de ferrocarriles (en rojo). *Fuente: elaboración propia*

Figura A 342. Hipótesis del esquema de la propuesta del Anteproyecto de Docks de Barcelona desarrollado en la Teoría de enlace de las vías marítimo-terrestres de 1863. *Fuente: Magrinyà, 1994.*

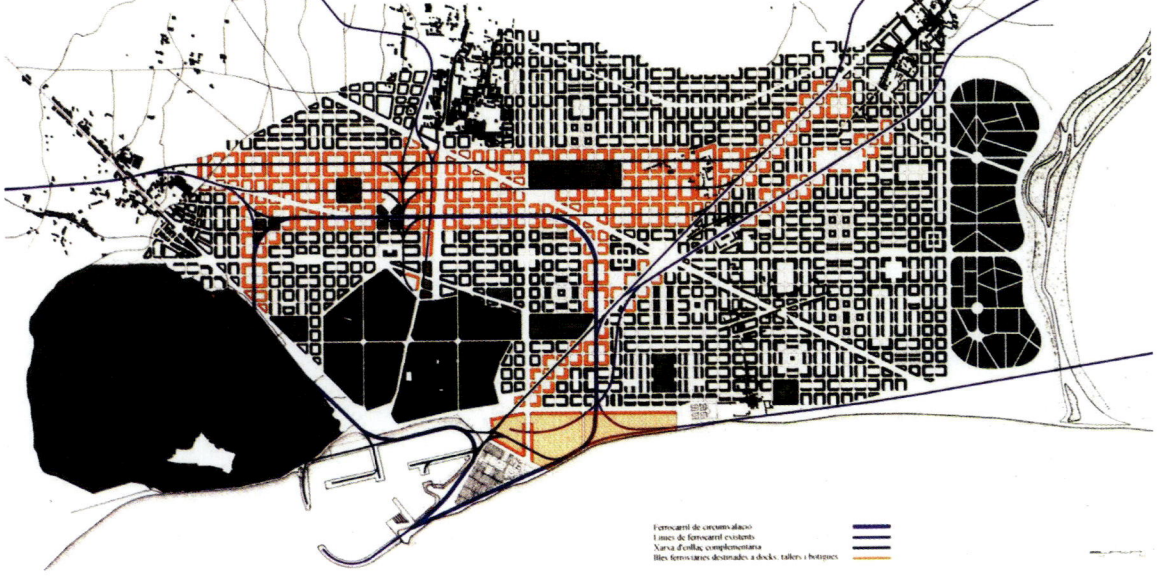

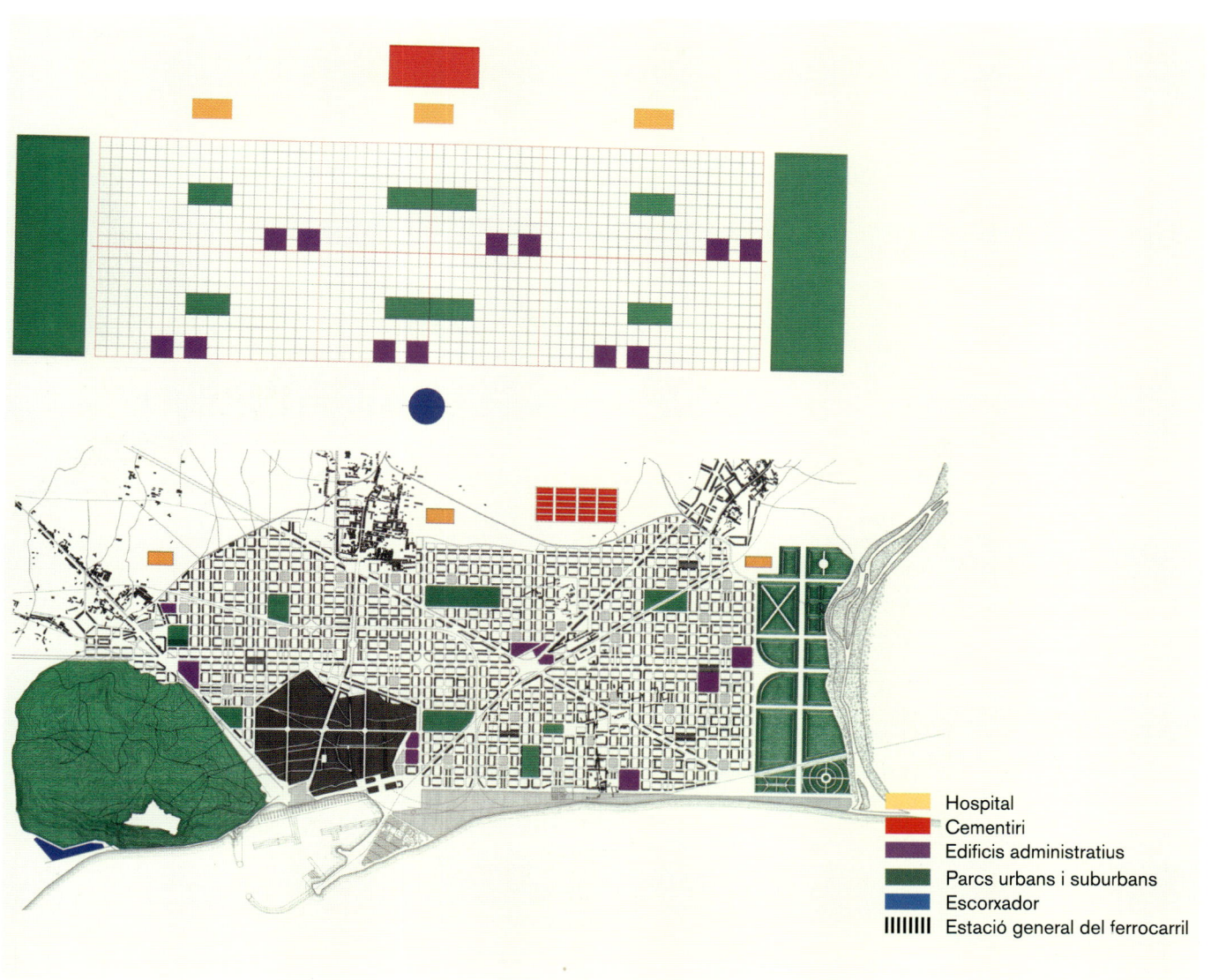

Figura A 343. Esquema teórico de los equipamientos de conjunto (edificios de la Administración, parques urbanos, hospitales, cementerio y matadero) y su aplicación al Proyecto de Ensanche de 1859.
Fuente: Fons Cerdà, Urbs i Territori

Legend:
- Hospital
- Cementiri
- Edificis administratius
- Parcs urbans i suburbans
- Escorxador
- ||||||| Estació general del ferrocarril

2. Teoría de Cerdà

HACIA UNA NUEVA FIGURA URBANÍSTICA: EL ENSANCHE

1855 ANTEPROYECTO DE ENSANCHE DE BARCELONA
1856 MONOGRAFÍA DE LA CLASE OBRERA
Estudio de los elementos de la urbanización

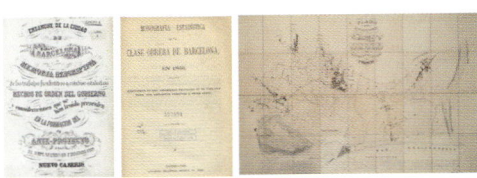

1859 TEORÍA DE CONSTRUCCIÓN DE CIUDADES
PROYECTO DE REFORMA Y ENSANCHE DE BARCELONA
Modelo de ensanche de ciudad: proyecto, ordenanzas y plan económico

1863 FOMENTO DEL ENSANCHE DE BARCELONA
Introducción de sociedades de construcción del ensanche

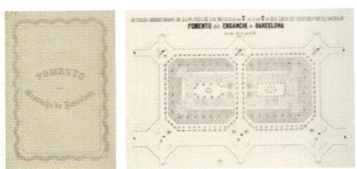

1861-1865 PLANO DE ALINEACIONES ENSANCHE DE BARCELONA
Aplicación del sistema de reparcelaciones al ensanche de Barcelona

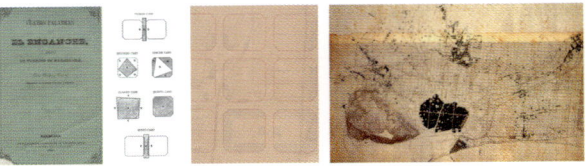

HACIA UNA TEORÍA GENERAL DE URBANIZACIÓN DEL TERRITORIO

1861 TEORIA DE VIALIDAD URBANA
PROYECTO DE REFORMA INTERIOR DE MADRID
Modelo de reforma interior de las ciudades

1863-68 TEORÍA DE ENLACE MARÍTIMO-TERRESTRE
ANTEPROYECTO DE DOCKS DE BARCELONA
Modelo de ensanche con articulacion de la movilidad ferroviaria

1867 TEORÍA GENERAL DE LA URBANIZACIÓN
Manual de urbanismo y aplicción
a los ensanches españoles

1872 TEORÍA GENERAL DE LA COLONIZACIÓN
Teoría general de la urbanización +
Teoría general de la ruralización

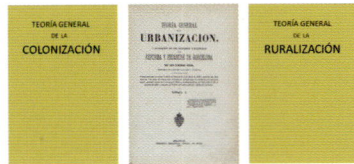

Figura A 344. Esquema de las obras y de los proyectos de Cerdà encaminados a la creación del Ensanche como una nueva figura urbanística y a la elaboración de una nueva teoría general de la urbanización del territorio.
Fuente: Elaboración propia a partir de originales de la obra de Cerdà.

3. Principio según el cual cada modo de transporte genera una nueva forma de urbanización

Figura A 345. Lectura evolutiva del territorio siguiendo el principio de Cerdà según el cual cada forma de transporte genera una nueva forma de urbanización (vialidad pedestre, vialidad ecuestre, vialidad, vialidad rodada (diligencia), vialidad rodada perfeccionada (ferrocarril) y vialidad del automóvil) aplicadas al territorio de Martorell.
Fuente: Lluïsot

Figura A 346. Aglomeración en las calles de los recintos históricos.
Fuente: Lluïsot

Figura A 347. Llegada del Ferrocarril y aglomeración en la estación.
Fuente: Lluïsot

4. Teoría de vialidad urbana

Figura A 348. Viabilidad de cada puerta en relación con todas las demás para definir la red de base del conjunto de las vías de comunicación. *Fuente: Atlas de la Teoría de la Viabilidad Urbana, 1861. Planos n.º 7, 8, 9 y 10.*

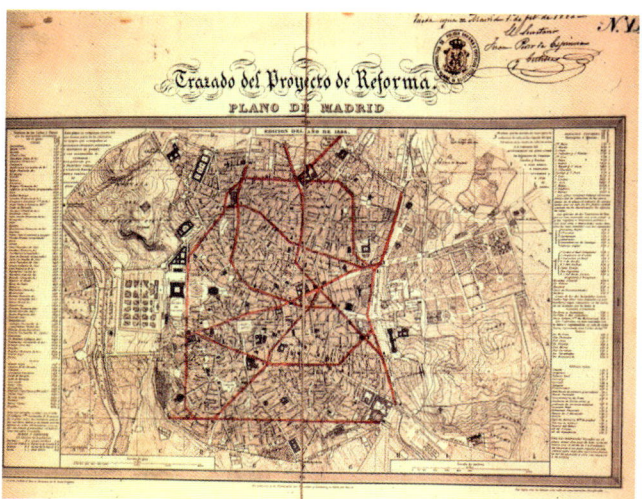

Figura A 349. Proyecto de Reforma Interior de Madrid.
Fuente: Atlas de la Teoría de la Viabilidad Urbana, 1861. Plano n.º 14.

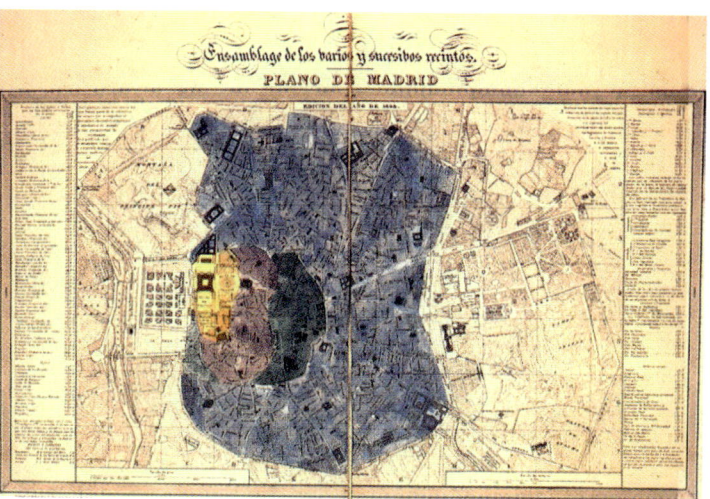

Figura A 350. Evolución de los recintos del centro histórico de Madrid.
Fuente: Atlas de la Teoría de la Viabilidad Urbana, 1861. Planos n.º 2, 3, 4 y 5.

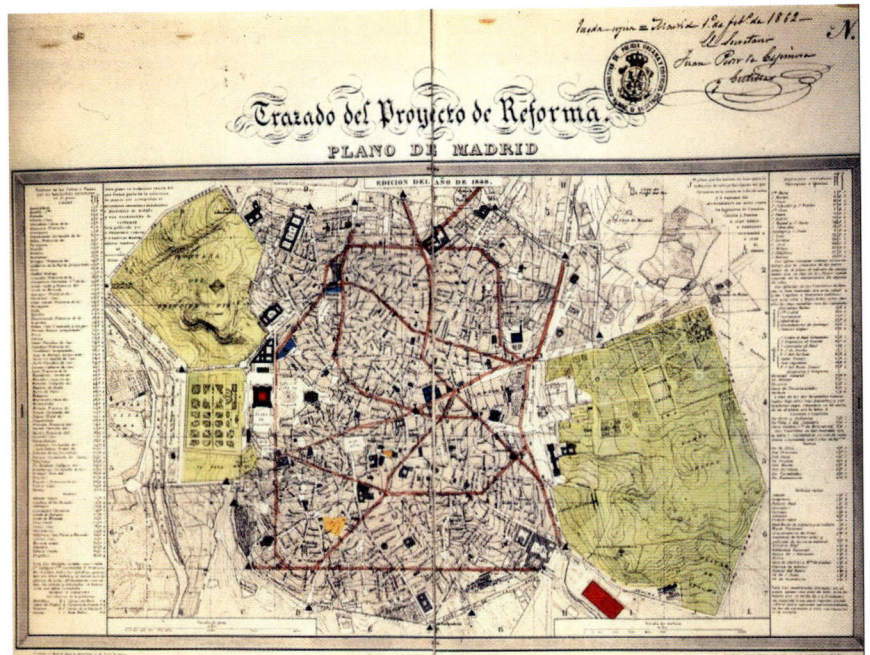

Figura A 351. Centros de movilidad conectados a las vías de reforma interior de Madrid.
Fuente: Fons Cerdà, Urbs i Territori

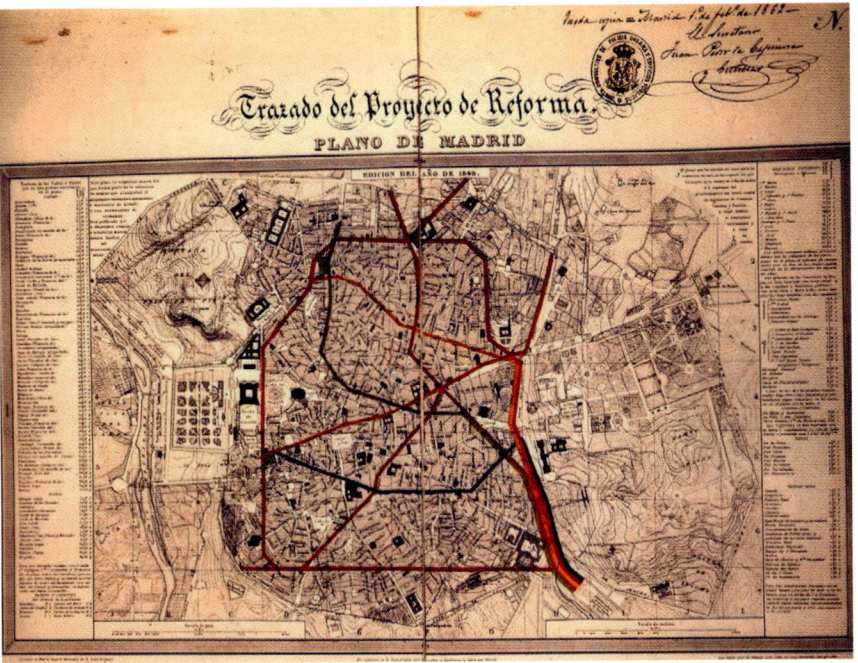

Figura A 352. Conexión de las vías de reforma, a través de la Estación de Atocha, con los puertos españoles.
Fuente: Fons Cerdà, Urbs i Territori

5. Bases de la urbanización

Base facultativa

Base legal

Base administrativa

Base económica

Base política

Figura A 353. Bases de la urbanización.

6. Sistema de reparcelación

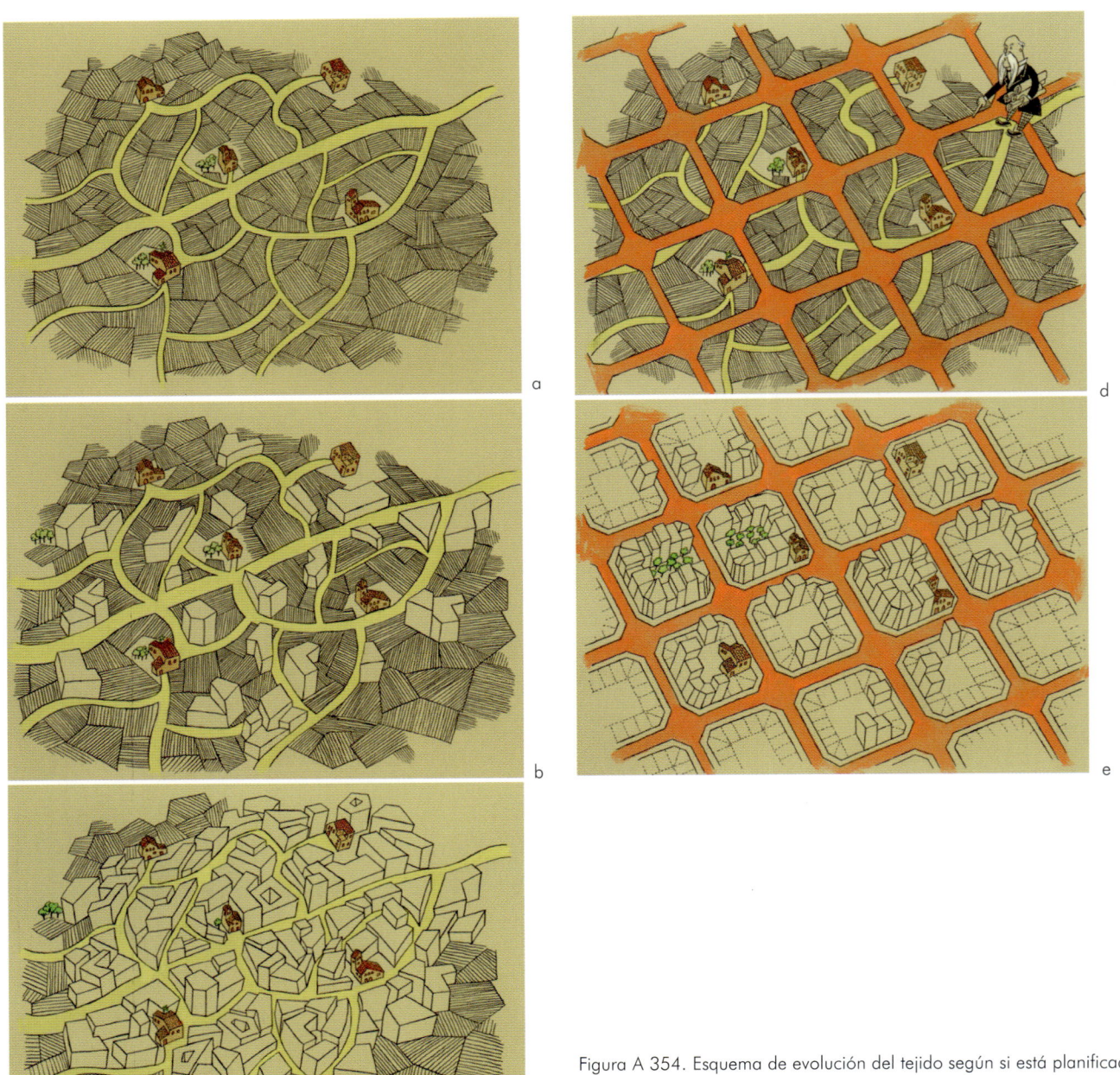

Figura A 354. Esquema de evolución del tejido según si está planificado o no: a) tejido rural; b) tejido rural colmatándose; c) tejido rural colmatado y urbanizado; d) tejido rural con malla de alineaciones superpuesta; e) tejido rural urbanizado con nueva malla colmatándose.
Fuente: Lluïsot

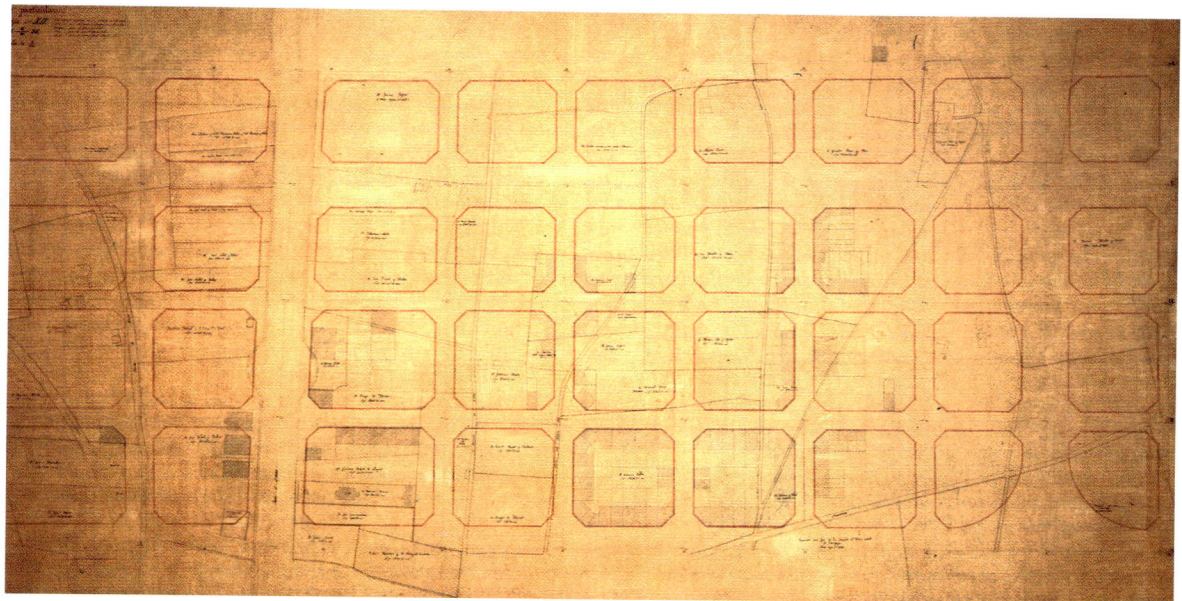

Figura A 357. Plano particulario, hoja XII (26 K/N 36).
Fuente: Arxiu Històric de la Ciutat de Barcelona: Fons Cerdà 11220

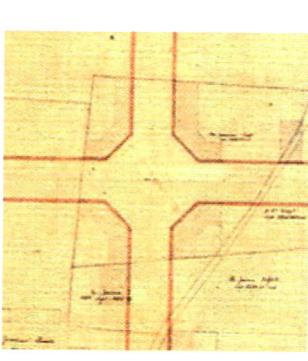

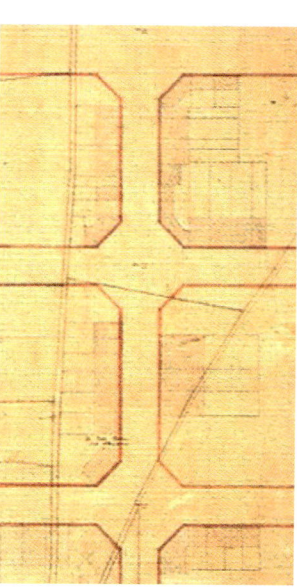

Figura A 355. Sector de un plan particulario con parcelaciones en la plaza de Cerdà.
Fuente: Fons Cerdà Urbs i Territori

Figura A 356. Sector de un plan particulario con parcelaciones en dos tramos de la calle de Girona.
Fuente: Fons Cerdà Urbs i Territori

7. Principios de la TGU

Independencia del individuo en el hogar

Figura A 358. Comparación entre una habitación densa (naranja) y una habitación amplia con aislamiento, expresión de la independencia del individuo en el hogar (azul).
Fuente: Lluïsot

Independencia del hogar en la urbe

Figura A 359. Comparación entre un tejido caótico y un tejido ordenado según intervías con condiciones de aireación, siguiendo el principio de independencia del hogar en la urbe.
Fuente: Lluïsot

Independencia de los diversos géneros de movimiento en la vía urbana

Figura A 360. Comparación entre un tejido con circulación caótica y un tejido con organización de la circulación según el principio de independencia de los distintos medios de transporte en la vía.
Fuente: Lluïsot

Ruralización de lo urbano, urbanización de lo rural

Figura A 361. Maqueta de una agrupación de combinaciones desarrolladas por Cerdà en el Anteproyecto de Ensanche de 1855.
Fuente: elaboración en el marco de la exposición Cerdà. Urbs i Territori, 1994. Gasull, A.; Magrinyà, F. Vídeo de la exposición

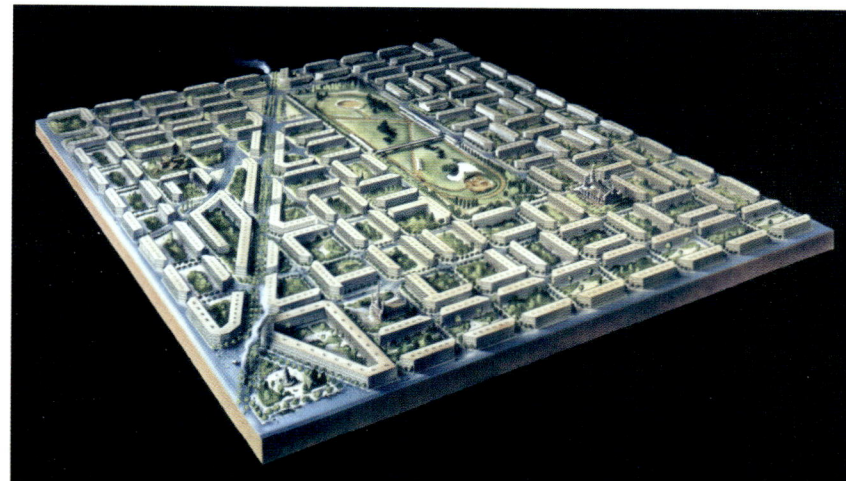

Figura A 362. Maqueta de un sector del Proyecto de Reforma y Ensanche de Barcelona de 1859.
Fuente: elaboración en el marco de la exposición Cerdà. Urbs i Territori, 1994. Gasull. A.; Magrinyà, F. Vídeo de la exposición

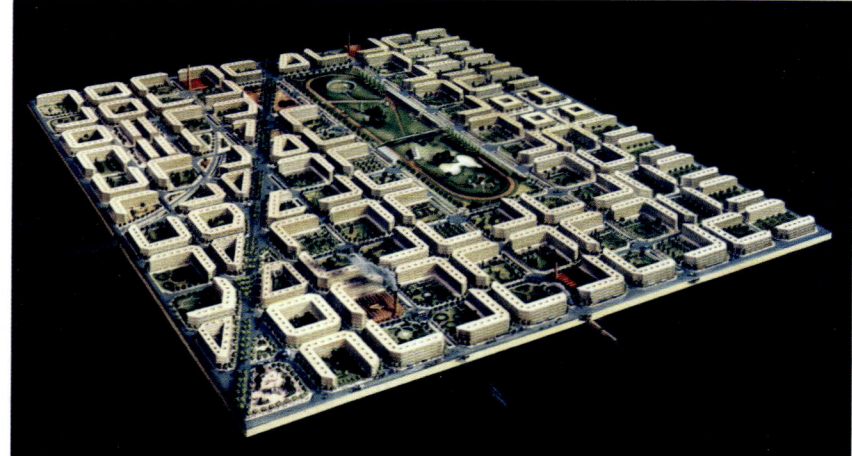

Figura A 363. aqueta de un sector de la reelaboración de 1863 del Proyecto de Reforma y Ensanche de Barcelona a partir del Anteproyecto de Docks de 1863.
Fuente: elaboración en el marco de la exposición Cerdà. Urbs i Territori, 1994. Gasull. A.; Magrinyà, F. Vídeo de la exposición

8. Construcción del Ensanche y su área de influencia

Figura A 364. Plan Baixeras. Plano aprobado por el Real Decreto de 14 de julio de 1889, con indicación de los sucesivos proyectos parciales propuestos por Victoriano Felip.
Fuente: Ayuntamiento de Barcelona, 1895

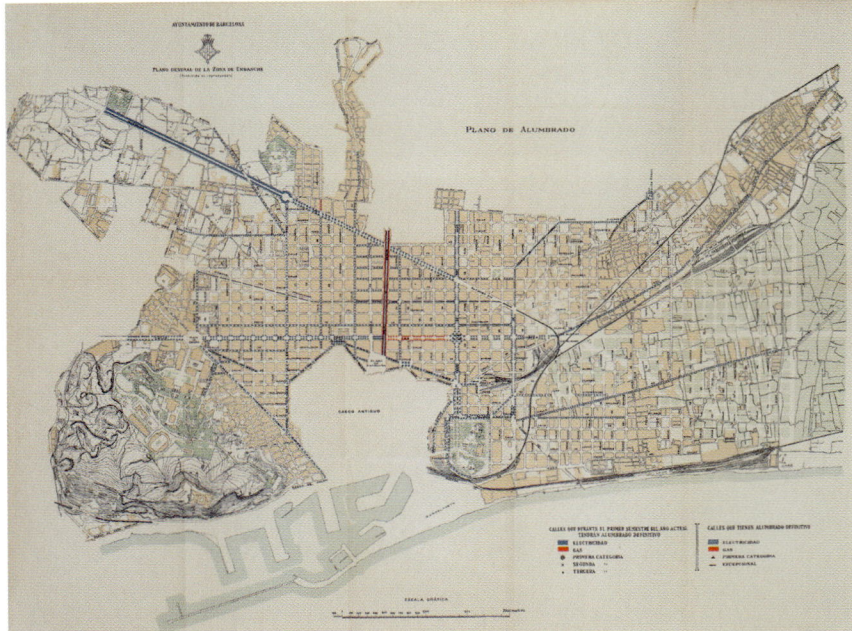

Figura A 365. Ámbito de la Comisión de Ensanche en 1928, con indicación de las obras de urbanización.
Fuente: Comisión de Ensanche, 1928

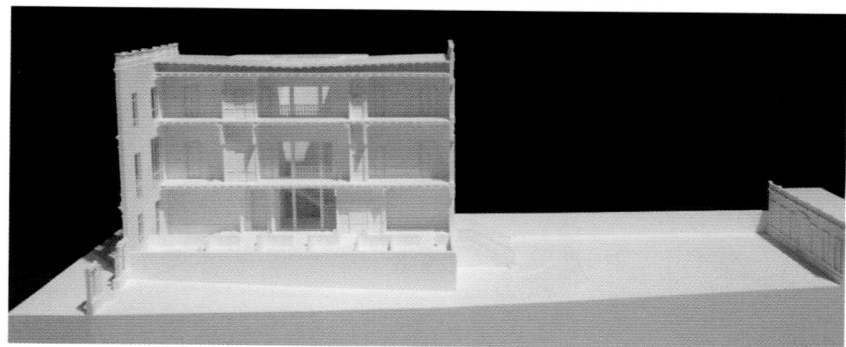

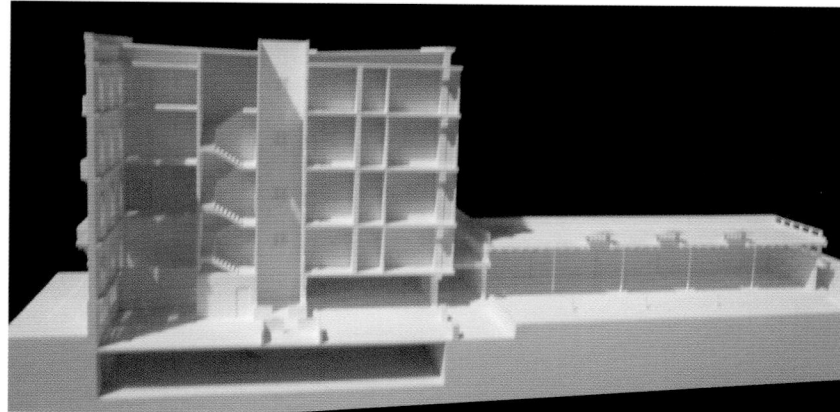

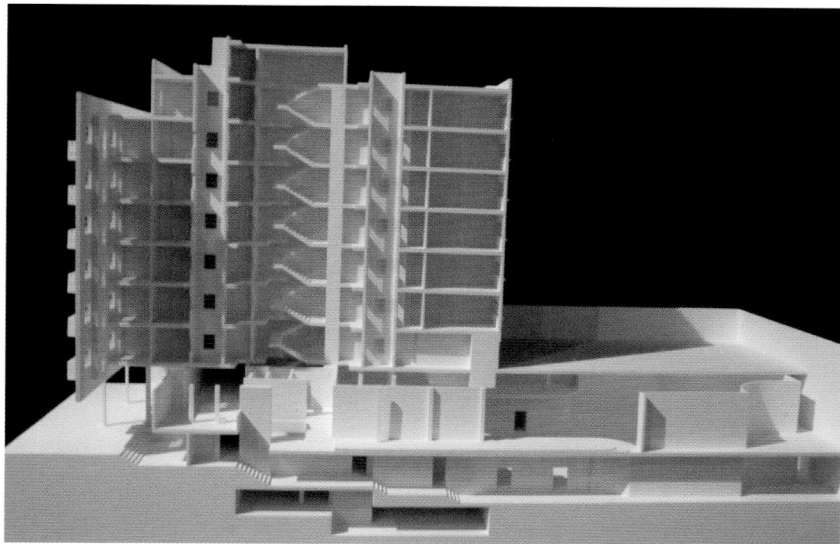

Figura A 366. Esquema evolutivo de la casa de renta: una ocupación inicial residencial de 16 m de profundidad y PB+2, en 1860 (arriba); una ocupación residencial (PB+4) y comercial en planta baja de 24 m de profundidad, con ocupación de la planta baja en el patio posterior, en 1890 (medio); una ocupación residencial de PB+entresuelo+6+ático+sobreático con una profundidad de 28 m y usos de servicios en el patio trasero (Cine Astoria), en 1930.
Fuente: Magrinyà & Marzá, 2009

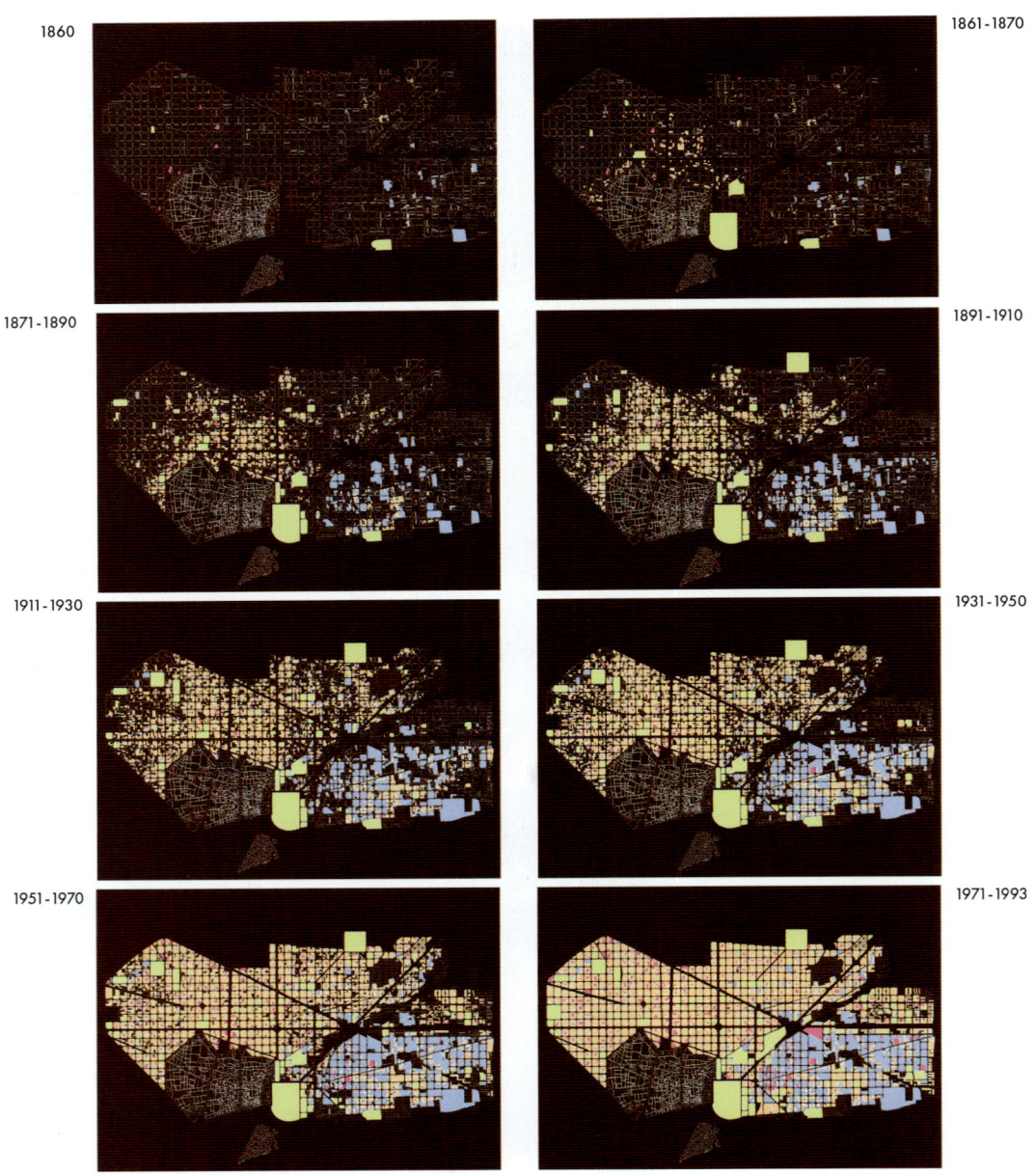

Figura A 367. Evolución de los usos residenciales (naranja) e industriales (azul), de los espacios verdes (verde) y de los equipamientos (lila) en el Ensanche de Cerdà (1994): *a)* situación preexistente en 1860; *b)* entre 1961 y 1870; *c)* entre 1871 y 1890; *d)* entre 1891y 1910; *e)* entre 1911 y 1930; *f)* entre 1931y 1950, *g)* entre 1951 y 1970; *h)* entre 1971 y 1993.
Fuente: Institut d'Estudis Territorials. Departament de Política Territorial i Obres Públiques. Generalitat de Catalunya

Figura A 368. Plano de usos del suelo de Barcelona y su zona de influencia (1953). Plan Comarcal de Barcelona de 1953.
Fuente: Ayuntamiento de Barcelona

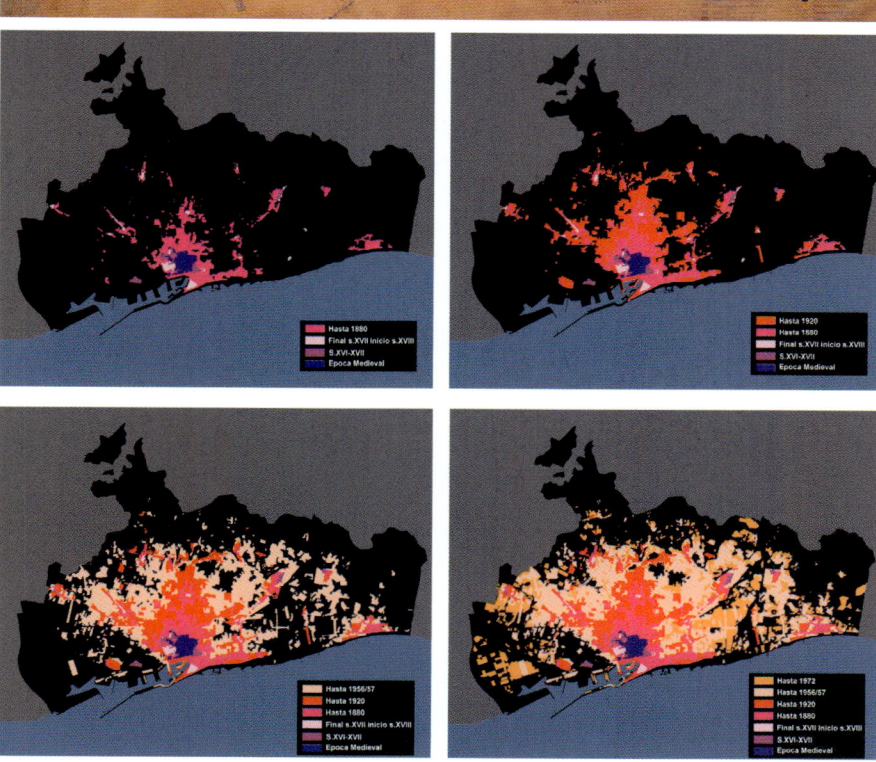

Figura A 369. Extensión espacial de Barcelona.
Fuente: Instituto de Estudios Territoriales, 1996

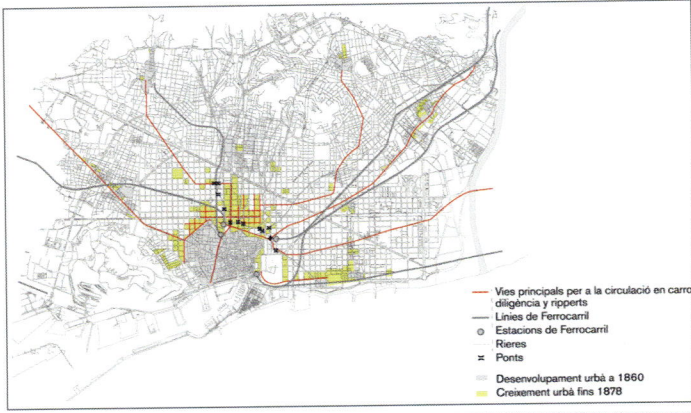

Figura A 370. Primer salto de umbral: 1860-1878.
Fuente: Magrinyà & Marzá, 2009

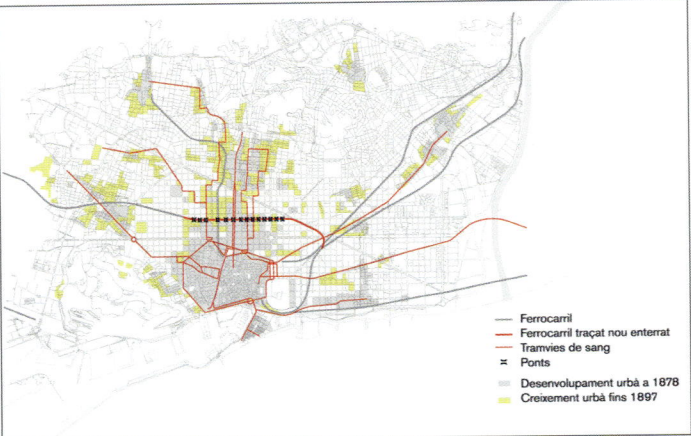

Figura A 371. Segundo salto de umbral: 1878-1897.
Fuente: Magrinyà & Marzá, 2009

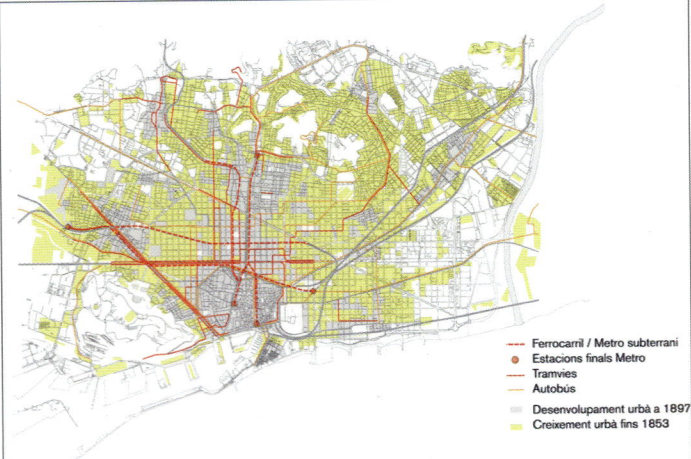

Figura A 372. Tercer salto de umbral: 1897-1953.
Fuente: Magrinyà & Marzá, 2009

1820 -1867

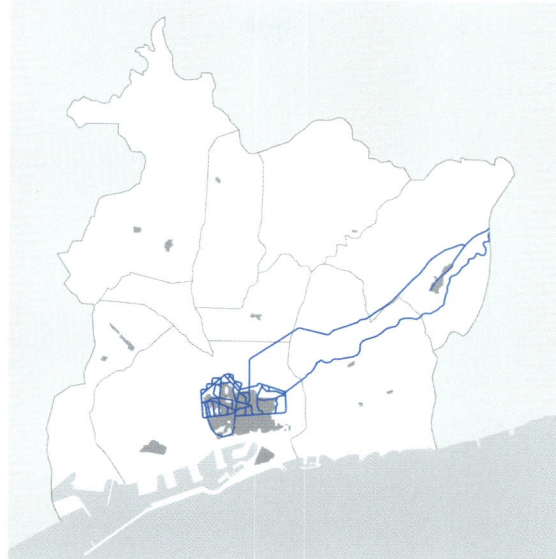

1867 -1881

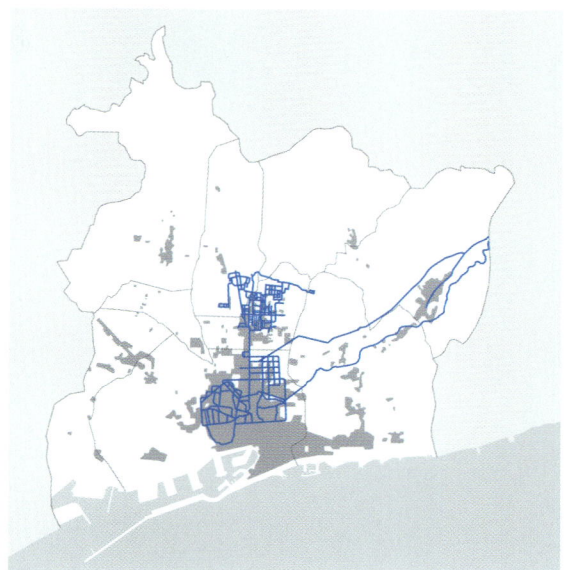

1881-1895 ECASRLL

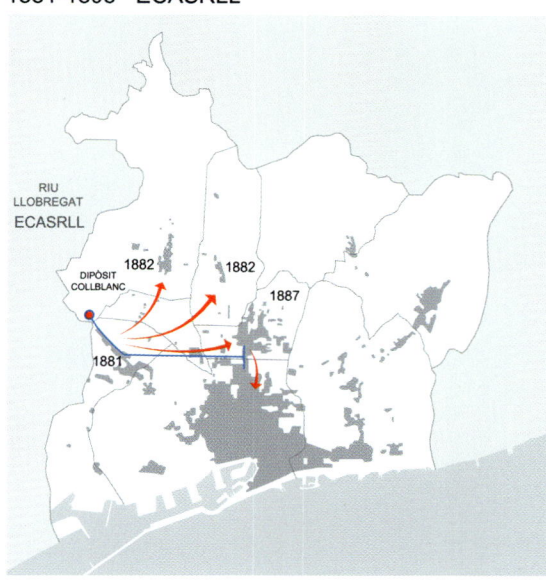

1881-1895 SGAB

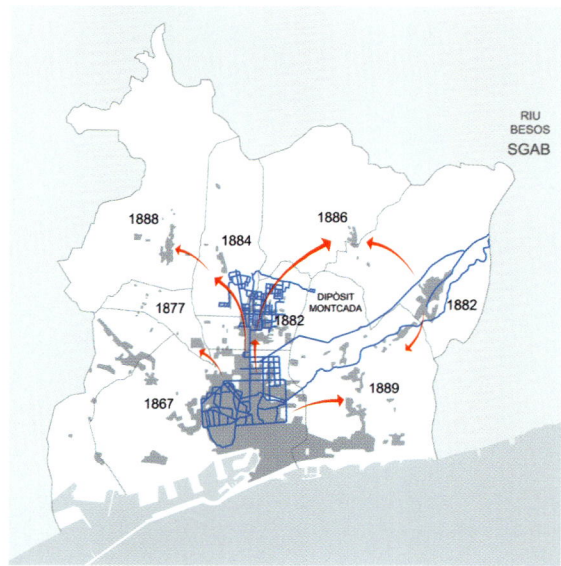

Figura A 373. Etapas de extensión de la red de agua en Barcelona.
Fuente: Magrinyà, 2001

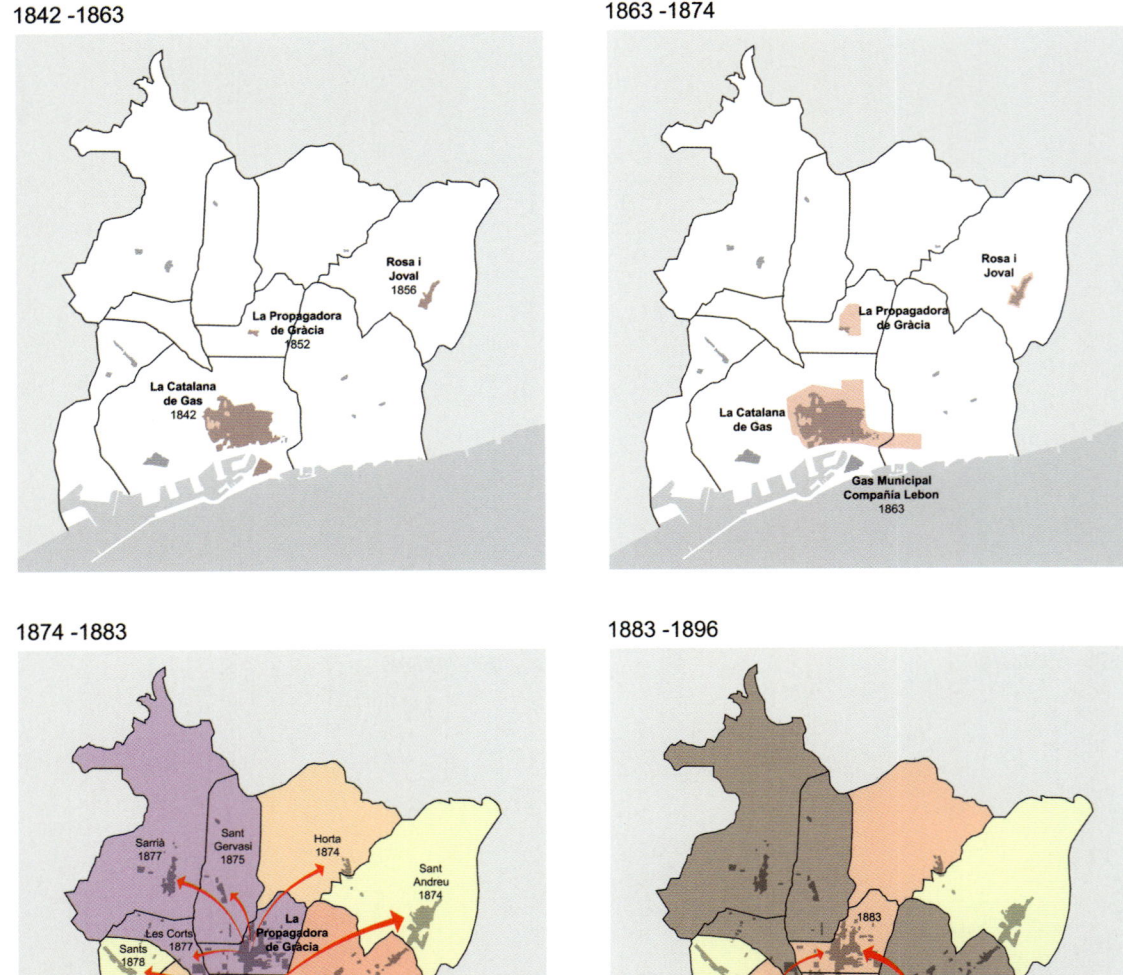

1842 -1863

Rosa i
Joval
1856

La Propagadora
de Gràcia
1852

La Catalana
de Gas
1842

1863 -1874

Rosa i
Joval

La Propagadora
de Gràcia

La Catalana
de Gas

Gas Municipal
Compañía Lebon
1863

1874 -1883

Sarrià
1877

Sant
Gervasi
1875

Horta
1874

Sant
Andreu
1874

Les Corts
1877

La
Propagadora
de Gràcia

Sants
1878

La Catalana
de Gas

Sant
Martí
1866

Gas Municipal
Compañía Lebon

▢ La Catalana de Gas
▢ La propagadora de Gràcia

1883 -1896

1883

La Catalana
de Gas

Compañía
Lebon
+
La Propagadora
de Gràcia

▢ La Catalana de Gas
▢ Compañía Lebon + La propagadora de Gràcia

Figura A 374. Etapas de extensión de la red de gas en Barcelona.
Fuente: Magrinyà, 2001

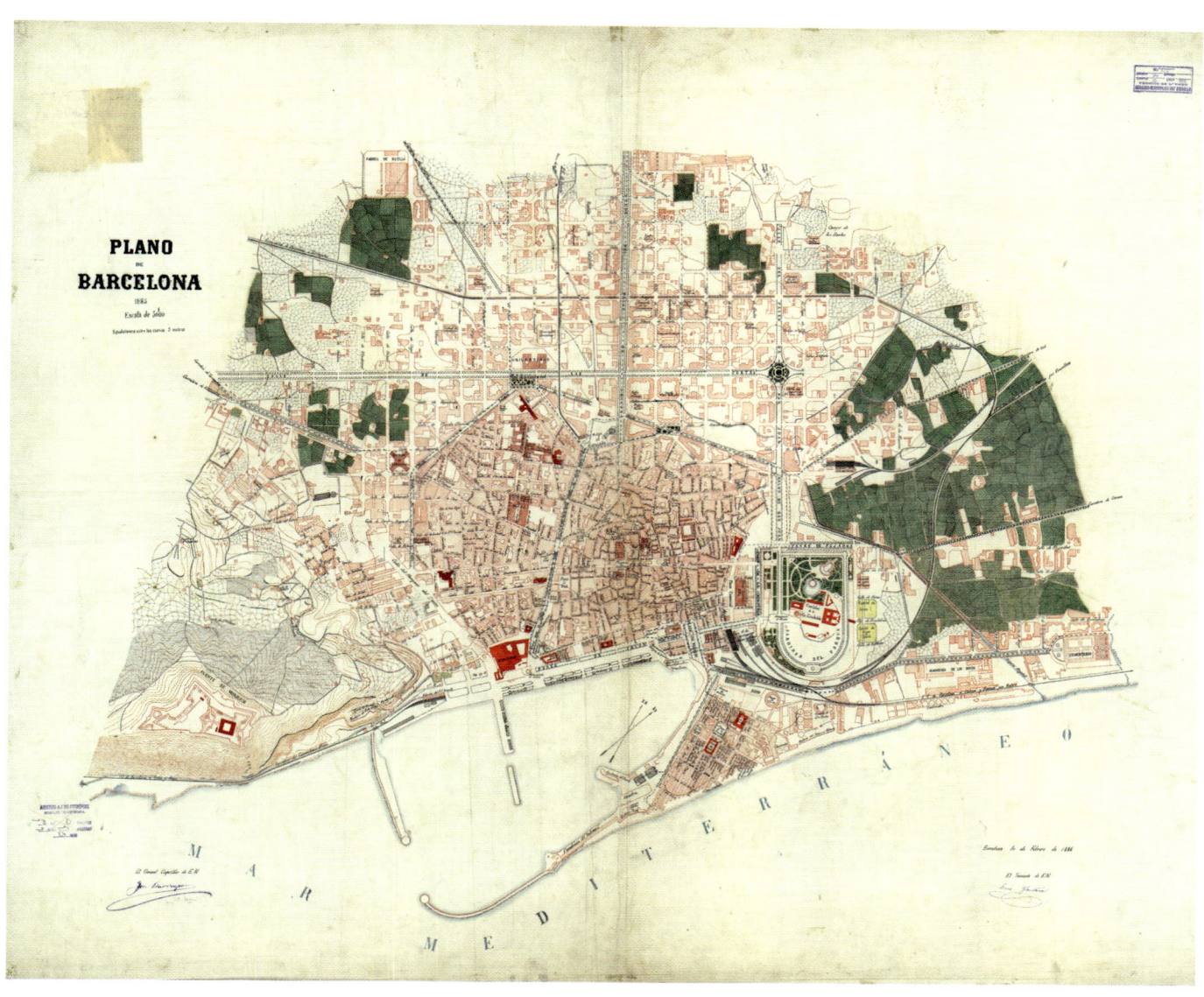

Figura A 375. Plano de Barcelona de 1885, con indicación de las zonas verdes existentes. Barcelona, 10 de febrero de 1886.
Fuente: *Archivo Cartográfico de Estudios Geográficos del Centro Geográfico del Ejército. Ar. F-T.6-C.3-122*

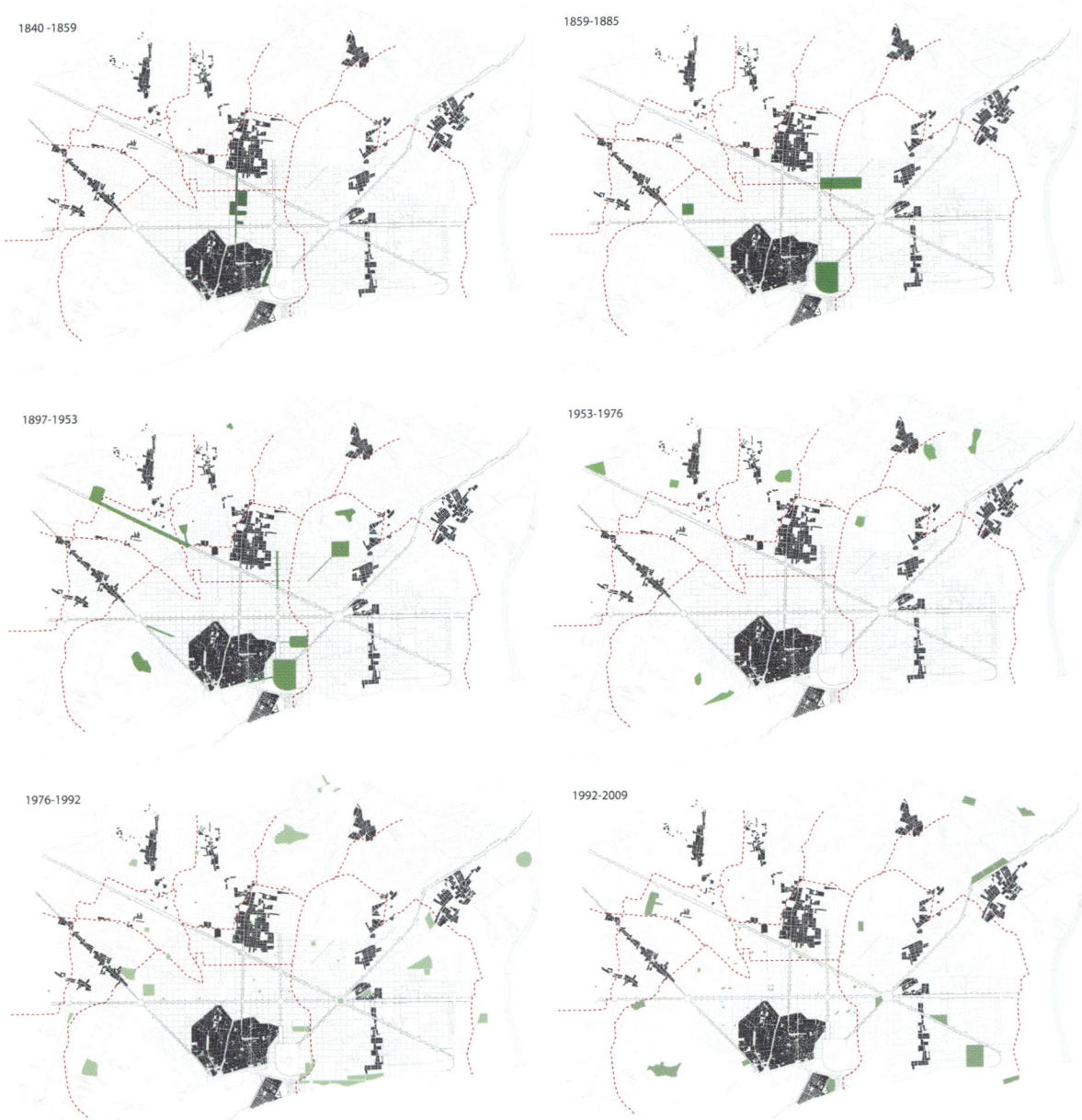

Figura A 376. La evolución de los espacios verdes del Eixample durante 150 años.
Fuente: Magrinyà, F.; Marzá, F., 2009

Figura A 377. *a)* Imagen del proyecto del eje verde de la calle de Girona (izquierda). *b)* Plaza ajardinada en el cruce entre Consell de Cent y Rocafort (derecha).
Fuente: Ayuntamiento de Barcelona

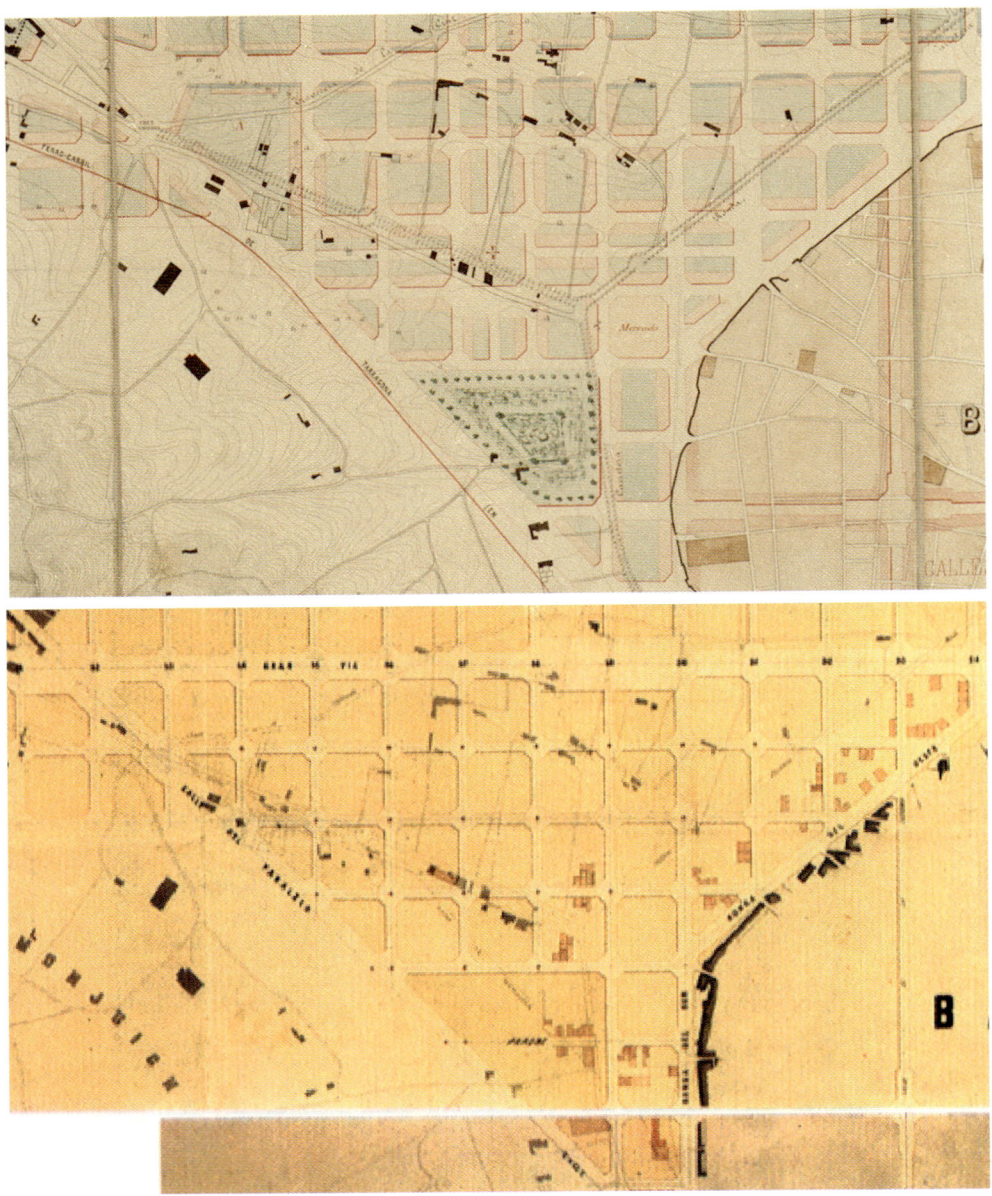

Figura A 378. Comparativa en el sector del barrio de Sant Antoni entre:
a) el Proyecto de Reforma y Ensanche de 1859 de Ildefons Cerdà.
Fuente: Archivo de la Real Academia de Bellas Artes de San Fernando de Madrid.
b) Plano geométrico del Ensanche de 1865, de Leandre Serrallach.
Fuente: Archivo Histórico del Colegio de Arquitectos

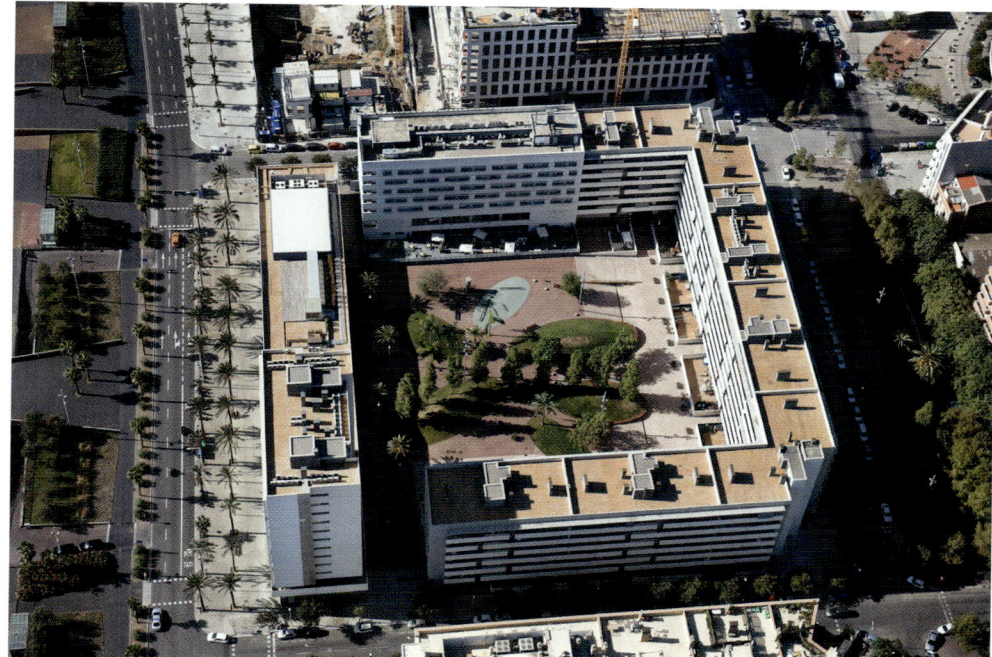

Figura A 379. *a)* Interior de manzana verde y accesible; *b)* Interior de manzana con equipamientos escolares en su interior.
Fuente: Magrinyà, F.; Marzá, F., 2009

Figura A 380. Comparativa entre un edificio de finales del siglo xix con PB+5 y un edificio desarrollado por la empresa Núñez y Navarro, que llega al límite de la legalidad en los años 1970, aprovechando su acceso a una calle de 30 m.
Fuente: TAVISA

Figura A 381. Remonta por encima de un edificio del Ensanche ubicado en la esquina de las calles de Aragó y Bailèn.
Fuente: Feliu, R.

9. La planificación territorial de la Provincia de Barcelona

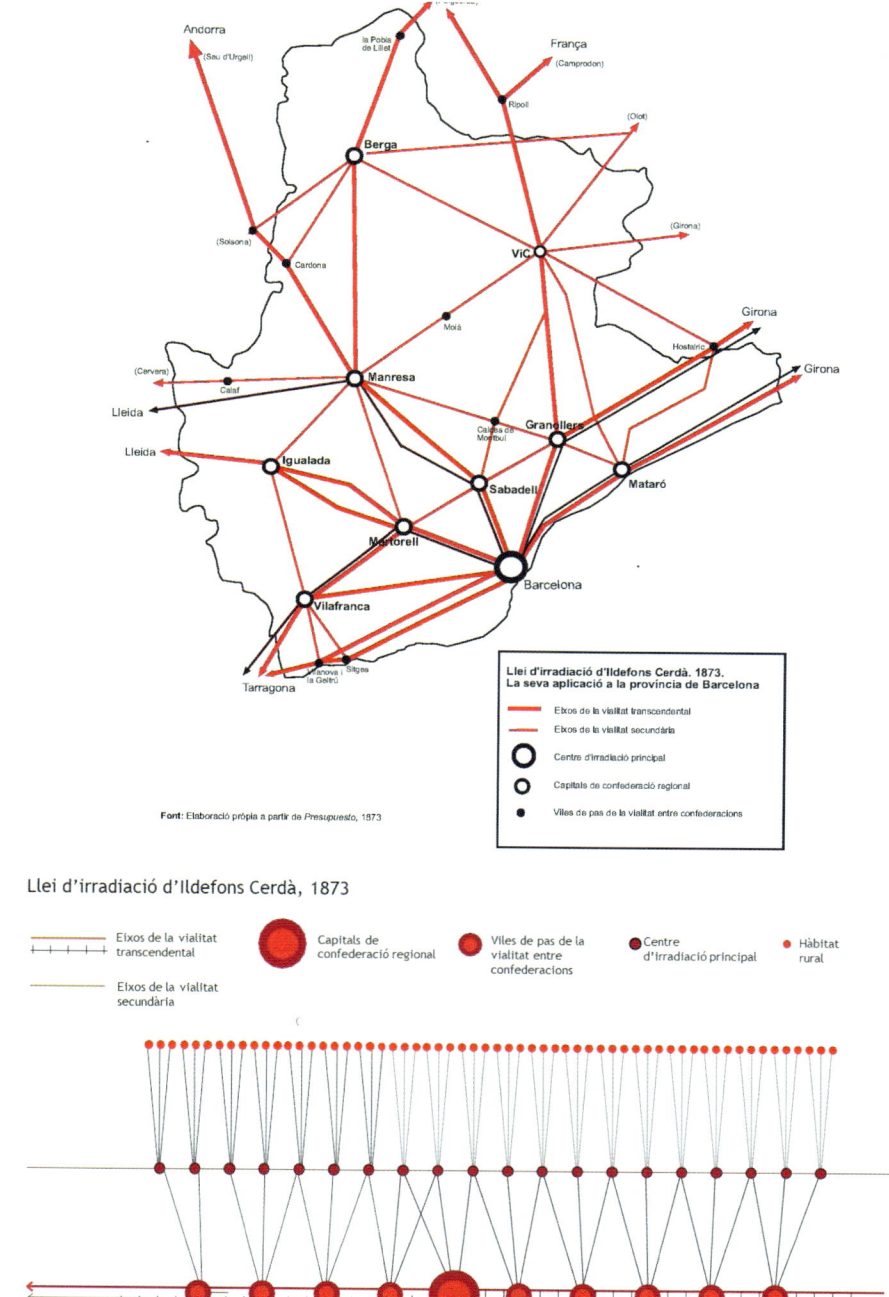

Figura A 382. Esquema de la Ley de irradiación de Ildefons Cerdà, de 1873, y su aplicación a la provincia de Barcelona.
Fuente: Navas, 2012

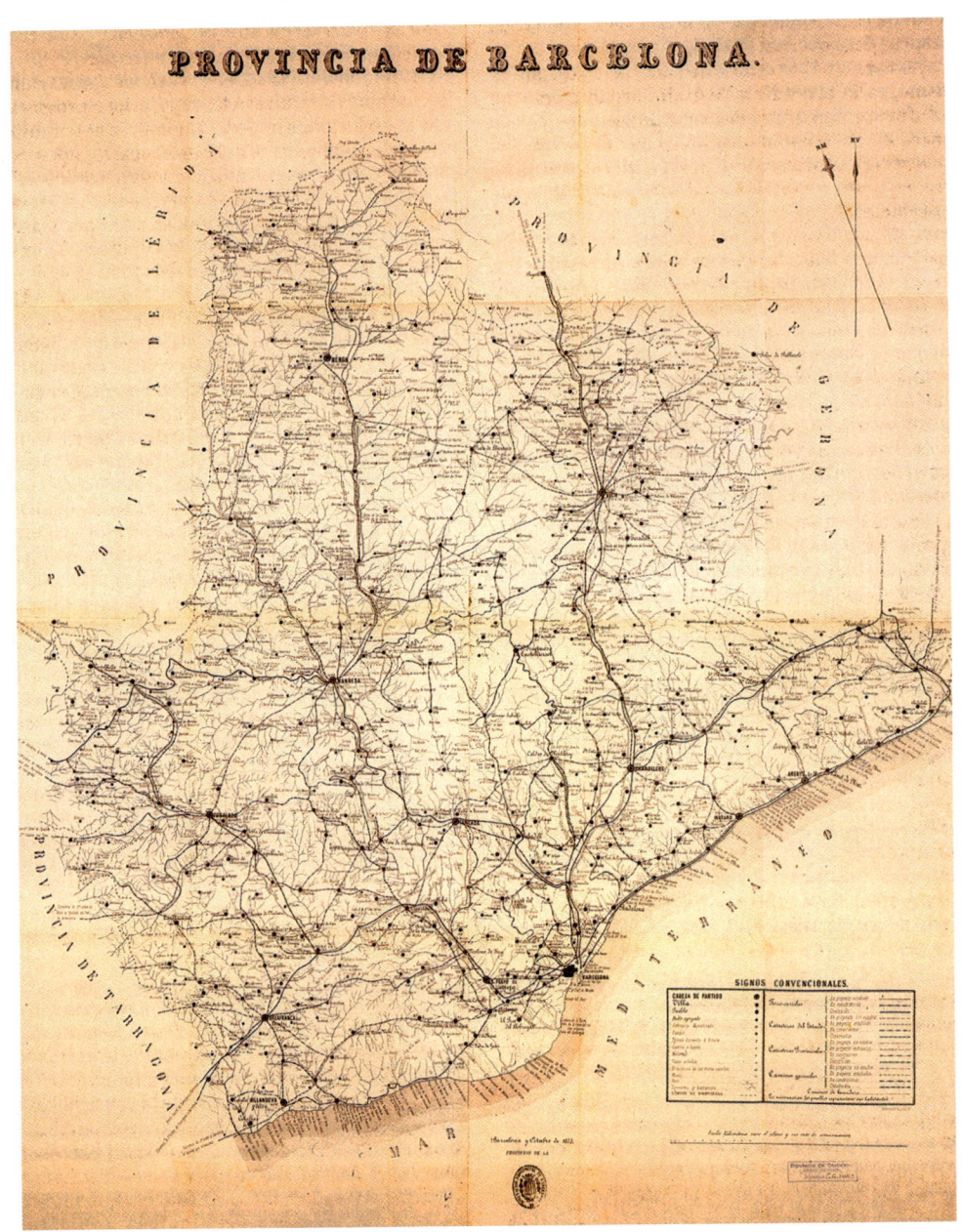

Figura A 383. Mapa del proyecto de división provincial en diez confederaciones regionales de municipios de 1873, con el diseño asociado de un plan de vías.
Fuente: Archivo General de la Diputación de Barcelona